PALÉONTOLOGIE FRANÇAISE.

Description zoologique et géologique

DE TOUS LES

ANIMAUX MOLLUSQUES ET RAYONNÉS,

FOSSILES DE FRANCE,

PAR ALCIDE D'ORBIGNY,

Avec des figures de toutes les espèces, lithographiées d'après nature,

PAR M. J. DELARUE.

2e PARTIE.

TERRAINS JURASSIQUES.

Prospectus.

Encouragé par les nombreuses sollicitations qui nous sont faites, de toutes les parties de la France, et même de l'Europe, de publier simultanément, avec la fin des fossiles des TERRAINS CRÉTACÉS, les espèces qui appartiennent aux TERRAINS JURASSIQUES OU OOLITIQUES, si répandus sur notre territoire, nous croyons ne pas devoir différer de nous rendre à ces témoignages de bienveillance de la part des personnes qui ont entre les mains ce que nous avons déjà publié des terrains crétacés.

La GÉOLOGIE est devenue, dans ces derniers temps, la science du jour. Tout le monde sent le besoin de l'étudier. Chacun aime à y retrouver l'histoire de notre planète et de la succession des êtres qui nous ont précédés à sa surface ; et c'est surtout sous ce dernier point de vue qu'elle a trouvé un grand nom-

1841

bre d'adeptes. La recherche des fossiles au sein des couches qui les renferment, leur classement zoologique ou géologique dans les collections sont d'un attrait irrésistible pour ceux qui ont commencé à s'en occuper; et l'idée de la vie, du mouvement de l'être organisé qui s'y rattache implicitement trouve chez l'homme une sympathie qui s'explique et se justifie pour lui par le souvenir de son essence.

La Paléontologie, ou l'*étude des animaux* fossiles, est donc, pour la géologie, une partie d'autant plus indispensable que c'est dans la comparaison de ces restes nombreux d'animaux éteints, avec les animaux qui couvrent actuellement le globe terrestre, qu'il faut puiser des inductions propres à expliquer, par l'étude comparative de leurs caractères et de leur répartition géographique actuelle, leurs formes zoologiques et les conditions d'existence des espèces perdues. Cette vérité, qu'ont sentie tous les géologues, devait amener une révolution dans les idées et revêtir d'un nouveau charme l'étude de cette branche de l'histoire naturelle. A l'instant où les fossiles cessèrent d'être considérés comme de simples jeux de la nature, dès qu'on y vit des êtres voisins de ceux qui sont nos contemporains, la Paléontologie prit un grand essor, surtout pour les animaux marins les plus multipliés dans les couches terrestres. Aux ouvrages des Knorr, des Bourguet, des Guettard, succédèrent des ouvrages tout-à-fait scientifiques, dont l'importance fait honneur aux nations qui les ont vus naître. MM. Parkinson, Sowerby, Mantell, Phillips, Murchison s'occupèrent spécialement du sol de l'Angleterre; MM. Goldfuss, Rœmer, le comte Munster, de celui de l'Allemagne; MM. Zieten, Hartmann, Hehl, du Wurtemberg; MM. Nilson, Hisenger, Wahlenberg, de la Suède; MM. Fischer et Pander, de la Russie, etc., etc.

Si, à ces ouvrages nationaux, nous comparons ceux que la France a produits, la France si riche en fossiles, qu'à elle seule elle en possède autant que les autres pays ensemble, nous verrons des travaux partiels fort importans sans doute, et dont le mérite n'est pas contestable, tels que ceux de MM. Brongniart,

Passy, d'Archiac et Michelin sur quelques parties de nos terrains crétacés ; de MM. Lamarck, Marcel de Serre, Deshayes, Grateloup, Basterot et Dujardin sur nos bassins tertiaires; mais rien encore n'avait été produit sur l'ensemble de notre sol. Une Paléontologie française, comprenant les animaux mollusques et rayonnés, devenait d'autant plus indispensable, que, pour s'occuper de ces fossiles, le grand nombre d'ouvrages étrangers, fort chers, qu'il faut acheter, le temps qu'il faut employer à faire des recherches, effraient et rebutent plus d'un courage, et empêchent la science géologique de se populariser en France.

C'est pour remplir cette lacune, et dans le but d'être utile à nos compatriotes, que nous avons conçu cette vaste publication à l'exécution de laquelle nous nous sommes décidé à consacrer une partie de notre existence, en y appliquant non-seulement le fruit de vingt années d'observation sur les mollusques et les animaux rayonnés de toutes les latitudes, de tous les climats, mais encore le résultat de nombreux voyages et de recherches minutieuses sur le sol de la patrie, que nous n'avons cessé d'exécuter dans ce but spécial, avant notre départ pour l'Amérique et depuis notre retour.

Deux conditions étaient indispensables pour assurer le succès de cet ouvrage, et nous n'avons rien négligé pour les remplir.

La première est une bonne exécution de toutes les parties; sous ce rapport, les planches, lithographiées avec le plus grand soin, par M. Delarue, sur nos études, et sur les objets en nature, peuvent au moins rivaliser avec celles de la belle publication de M. Goldfuss, si elles ne leur sont pas préférables. Toutes les *espèces d'animaux mollusques et rayonnés de France*, par terrains, y seront successivement représentées sur plusieurs faces, à differens âges et avec leurs variétés locales et leurs détails intérieurs, afin de dispenser de tout autre ouvrage. Le texte contient des vues générales sur la comparaison des faunes zoologiques par terrain et par étage, le caractère de toutes les divisions d'ordre, de famille, de genre d'espèce, de manière à pouvoir tenir lieu, pour l'étude de ces êtres, de tous les traités élémentaires.

De plus, par la généralisation des nombreuses observations consignées dans cet ouvrage, nous nous proposons d'en faire, non un simple répertoire d'espèces, mais bien un corps de doctrine complet, un cours étendu de paléontologie, traitant des formes zoologiques appliquées à la reconnaissance des étages des terrains, aux circonscriptions et aux modifications qu'ont subi les divers bassins aux différentes époques de l'histoire géologique.

Pour remplir la seconde condition, celle de rendre l'ouvrage accessible à tout le monde, il fallait trouver le moyen de le donner à un prix inférieur à celui de toutes les publications analogues qui se font en cet instant, et nous avons été assez heureux pour y parvenir, comme on a pu le voir par les conditions de souscription.

Nous n'aurions pas osé entreprendre un travail aussi étendu si nous n'avions compté sur l'appui de toutes les personnes qui, en France, recueillent des fossiles soit comme objet d'étude, soit à titre de délassement. Nous continuerons à y insérer les communications qu'elles voudront bien nous faire en citant scrupuleusement leurs noms; et, voulant que l'ouvrage non-seulement serve, à l'avenir, de guide pour les localités à fossiles, mais encore fasse connaître tous les amis de la géologie en France, nous réclamerons encore la communication des fossiles qu'ils possèdent, afin de pouvoir citer avec certitude, à chaque espèce, les différens lieux où elle se trouve et les noms des naturalistes qui l'ont découverte. Non moins heureux que M. Soverby ne l'a été pour les fossiles de l'Angleterre, nous avons rencontré en France une libéralité de communication au moins égale à celle que le savant anglais a trouvée dans sa patrie. Nous citerons M. Cordier pour les fosssiles de la collection géologique du Muséum d'histoire naturelle ; l'École des mines non-seulement pour les collections générales, mais encore pour celles que MM. Élie de Beaumont et Dufrénoy ont recueillies à l'appui de leur belle carte géologique de la France; MM. Alexandre Brongniart, Constant Prévost, de Villiers du Terrage, Desnoyers, de Verneuil, d'Archiac, de Vibraye, Defrance, Puzos, Raulin, Chassy, Jeannot, Lesueur, de Wegmann, de Marçais, Rouquerol, Michelin, Duclos, Millet, Rozet, Lévesque, Raquin, Robert à Paris; Fleuriau de Bellevue et d'Orbigny père à la Rochelle; Garran à Saint-Maixent; de Vielbanc à Thouars, Truelle à Saintes, Bauga à Cognac, Marrot à Périgueux, De la Noue à Nautron, Paillette et Braun à Perpignan; Rolland du Rocand à Carcassonne, Schlisler à Saint-Paul-de-Fenouillet, Aguillon à Toulon, Matheron et Charles Barbant à Marseille; Requien et Renaux à Avignon, Morel à Carpentras; Terver et Devilliers à Lyon, Nodot à Dijon, Clément Mullet à Troyes, Dupin à Ervy, Baudoin de Solène à Sens, Moreau et Desplaces de Charmasse à Avallon, Coteau à Chatel-censois, Largilliert, de Saint-Léger et Pouchet à Rouen, Eudes Deslonchamps, De Magneville et Tesson à Caën, de Lafresnaye à Falaise, de Gerville à Valognes, d'Hombres Firmas à Alais, Camille d'Ormois et Rathier à Tonnerre, Lallier à Auxerre, Goupil à la Flèche, Bouchard-Chantereaux à Boulogne, Bertrand-Geslin à Nantes, Émeric à Castellane, de Malartic à Busloup (Loir-et-Cher), Camille Bravais à Annonay, J. Couard d'Arnuel à Tronchoy; Duval, Astier, Camatte et de Sartous à Grasse, Honnorat à Dignes, Coquand à Aix, Rouy aîné à Gap, Dupuis à Auch, Scipion Gras à Grenoble, Hugârd, Chamousset en Savoie, Dudressier, Parandier et Gevril à Besançon, Mayor à Genève, Itier à Belley, Cabanet à Nantua; de Collegno, Gratteloup et Charles Desmoulins à Bordeaux, Osmin Espaillac à Royan, Cornuel à Wassy, Royer à Cirey, Honoré Martin à Martigues, Guibal à Nancy, Juillet, du Souich à Arras, Carteron à la Grand-Combe-des-Bois, Querry à Reims, Graves à Beauvais, Lejeune, Fournel, Holandre et Joba à Metz, Leymerie à Toulouse, La Haye à Cerans-Foulletourte, Gueranger au Mans, Moreau à Saint-Mihiel, Normand à Valenciennes, Nodot à Semur, comme ayant eu la bonté de nous communiquer leurs riches collections, ou le fruit de leurs recherches. C'est entouré de ce précieux concours que nous avons tenté d'élever ce monument national.

Depuis l'apparition de notre premier prospectus (août 1840) nous avons fait paraître successivement 33 livraisons des fossiles des TERRAINS CRÉTACÉS contenant les genres *Belemnites*, *Nautilus*, *Ammonites*, *Crioceras*, *Toxoceras*, *Ancyloceras*, *Scaphites* et *Hamites*. Les résultats auxquels nous sommes arrivé par l'étude de ces fossiles, pour l'histoire de notre globe, ont dépassé toutes nos prévisions et nous espérons que les TERRAINS JURASSIQUES, que nous allons entreprendre, ne nous en fourniront pas de moins intéressans. Déjà nous entrevoyons, par les immenses matériaux réunis dans notre collection, les faits les plus curieux, et des réformes sans nombre dans le chaos inextricable où se trouvent les espèces de Bellemnites et d'Ammonites. Nous serons heureux, si pour cette nouvelle partie (TERRAINS JURASSIQUES), nous obtenons la même bienveillance et le même accueil flatteur que pour les terrains crétacés.

Nous réclamons, dès ce moment, de la part des personnes qui s'intéressent aux progrès de la géologie, la communication de tout ce qu'elles possèdent en échantillons de Bélemnites et de Nautiles des terrains jurassiques. Ces échantillons leurs seront ensuite scrupuleusement renvoyés avec les noms bien positifs discutés sur l'ensemble des formes.

La première livraison, des **TERRAINS JURASSIQUES**, paraîtra en janvier (1842), et successivement ensuite il en paraîtra une tous les mois jusqu'à l'achèvement des terrains crétacés, que nous avons à cœur de terminer le plus tôt possible. Une fois cette première partie achevée, les terrains jurrassiques auront au moins deux livraisons par mois.

Comme on est libre de ne souscrire qu'à un seul terrain, sans que les précédens engagent pour les suivans, nous prions MM. les souscripteurs des terrains crétacés de vouloir bien nous faire connaître si leur intention est de recevoir les livraisons des terrains jurassiques.

TERRAINS JURASSIQUES,

PRIX DE LA SOUSCRIPTION :

Par livraison in-8°, composée de 4 planches lithographiées avec soin, tirées sur papier vélin, et du texte correspondant imprimé en caractères neufs :

Pour Paris . . . . 1 fr. 25 c.
Pour les départemens . . . . . 1 fr. 35 c.

Ces prix resteront les mêmes pour toutes les personnes qui se seront fait inscrire, avant le 15 mars prochain, sur la liste de souscription ouverte CHEZ L'AUTEUR, RUE LOUIS-LE-GRAND, N° 5. Ils seront portés à dater de cette époque :

Pour Paris, à . . . . 1 fr. 35 c.
Pour les départemens, à. . . . . 1 fr. 45 c.

Cette augmentation de prix, après le 15 mars 1842, n'est nullement en faveur de l'auteur ; mais un grand nombre de libraires ayant refusé de répandre la première partie, faute d'une assez forte remise, la différence sera entièrement consacrée à la librairie, pour la propagation de l'ouvrage.

Cette mesure, toute de nécessité, sera strictement exécutée à l'époque fixée ; elle ne saurait d'aucune manière être confondue avec des moyens analogues qu'on emploie souvent dans le seul but d'attirer promptement des souscripteurs.

Écrire franco.

Ouvrages du même Auteur:

PALÉONTOLOGIE
FRANÇAISE.

TERRAINS CRÉTACÉS.

Les 33 premières Livraisons comprenant les genres Bélemnites, Nautiles Ammonites, Crioceras, Toxoceras, Ancyloceras, Scaphites et Hamites sont déjà publiées : il continuera d'en paraître régulièrement deux Livraisons par mois.

Les prix sont par Livraisons, comprenant 4 planches in-8°, tirées sur papier vélin, et du texte correspondant :

Pour Paris. . . . . . . 1 fr. 25 cent.
Pour les départemens. 1 fr. 35 cent.

ON SOUSCRIT,

A Paris chez l'auteur, rue Louis-le-Grand, n° 5,
Et chez Arthus Bertrand, Libraire-Éditeur, rue Haute-Feuille, n° 23.

HISTOIRE NATURELLE
GÉNÉRALE ET PARTICULIÈRE
DES CRINOÏDES
VIVANS ET FOSSILES,

COMPRENANT LA DESCRIPTION ZOOLOGIQUE ET GÉOLOGIQUE DE CES ANIMAUX,

PAR ALCIDE D'ORBIGNY,

Avec des Figures de toutes les espèces gravées sur pierre d'après les dessins de l'auteur,

PAR M. EUGÈNE DE LA PLANTE.

Conditions de la Souscription.

L'ouvrage comprendra huit livraisons composées de six planches et du texte correspondant (environ 4 à 5 feuilles) ; les trois premières livraisons sont en vente, et il en paraît successivement une nouvelle tous les trois mois.

Le prix de la livraison in-4°, sur quart de jésus, est fixé à **7 fr.**

On souscrit:

Chez l'auteur, rue Louis-le-Grand n° 5;
Et chez Arthus Bertrand, Libraire-Éditeur, rue Haute Feuille, n° 23.

Imprimerie de COSSON, rue Saint-Germain-des-Prés, 9.

PALÉONTOLOGIE

FRANÇAISE.

Paris.—COSSON, Imprimeur de l'Académie royale de médecine,
rue Saint-Germain-des-Prés, 9.

PALÉONTOLOGIE
FRANÇAISE.

DESCRIPTION ZOOLOGIQUE ET GÉOLOGIQUE

DE TOUS

LES ANIMAUX MOLLUSQUES ET RAYONNÉS

FOSSILES DE FRANCE,

COMPRENANT

LEUR APPLICATION A LA RECONNAISSANCE DES COUCHES,

PAR ALCIDE D'ORBIGNY,

MEMBRE DES LÉGIONS-D'HONNEUR FRANÇAISE ET BOLIVIENNE, AUTEUR DU VOYAGE DANS L'AMÉRIQUE MÉRIDIONALE, VICE-PRÉSIDENT DE LA SOCIÉTÉ GÉOLOGIQUE DE FRANCE, ETC., ETC.

AVEC

les figures de toutes les espèces, lithographiées d'après nature,

PAR M. J. DELARUE.

TERRAINS OOLITIQUES OU JURASSIQUES.

TOME PREMIER.

A PARIS,

CHEZ L'AUTEUR, RUE LOUIS-LE-GRAND, N° 5.

1842.

A LA

SOCIÉTÉ GÉOLOGIQUE

DE

FRANCE.

HOMMAGE RESPECTUEUX
D'UN DE SES MEMBRES.

ALCIDE D'ORBIGNY.

CONSIDÉRATIONS GÉNÉRALES.

En publiant simultanément la faune des TERRAINS JURASSIQUES et celle des TERRAINS CRÉTACÉS, je me rends aux témoignages flatteurs d'encouragement qu'on a bien voulu m'accorder. Je le fais aussi d'autant plus volontiers, qu'ayant terminé la description des *Ammonites* et des autres céphalopodes de la première partie, l'étude comparative qu'il m'a fallu faire de ces êtres si nombreux et si variés dans leurs formes, m'a permis de saisir toutes les différences caractéristiques qui les séparent des espèces propres aux terrains que j'entreprends de décrire aujourd'hui, et dans lesquels ces animaux se présentent au maximum de leur développement numérique. D'ailleurs, encore tout rempli de mon sujet, mon travail n'en sera que plus rigoureux dans sa critique et dans ses résultats.

Désirant donner aux fossiles toute leur valeur d'application, j'ai dû, dans la partie publiée, chercher à discuter et à fixer les caractères spécifiques d'une manière positive, invariable, pour qu'on y puisse trouver, à l'avenir, des points d'appui certains. La comparaison minutieuse des modifications auxquelles sont soumis leurs différens âges, les variétés de leurs espèces, l'examen critique des dénominations qui leur avaient été appliquées, m'ont forcément conduit à réformer beaucoup d'espèces purement nominales, tandis que les matériaux immenses que j'avais réunis de toutes les parties du sol français me contraignaient d'en créer un grand nombre d'autres jusqu'alors inconnues. Cette vaste réunion d'espèces, en me fournissant des individus plus complets, et me permettant de circonscrire les genres en des limites plus étroites, m'a conduit aussi à créer de nouvelles coupes très-curieuses également ignorées avant mon travail; mais, toujours guidé par le seul désir de hâter les progrès de la paléontologie, et jamais par des considérations secondaires, j'ai mis à ces innovations ou rectifications toute la conscience possible, n'omettant jamais de développer les motifs qui les ont déterminées, afin qu'on en puisse constamment apprécier la portée scientifique.

Je tiens peu à la gloire de nommer, dans ma publication, un plus ou moins grand nombre d'espèces; je suis loin aussi de m'occuper uniquement de la partie zoologique, quoique je la traite avec le plus grand soin. Dans mon ouvrage, les genres et les espèces ne sont, pour moi, que des matériaux, des faits épars, qui n'ont de valeur qu'autant que les caractères en sont bien solidement établis et que la véritable position géologique, au sein des couches terrestres, en est positivement reconnue. Leur importance croît ensuite d'autant plus qu'ils se généralisent davantage, offrant ainsi des preuves plus incontestables des diverses époques de l'histoire de notre globe, et des modifications survenues dans l'ensemble des faunes qui se sont succédées à sa surface.

Pour atteindre ce but rigoureux, il a fallu m'assurer du gisement de chaque espèce; aussi, après avoir, dans cet intérêt, parcouru presque toute la France, ai-je encore eu recours aux découvertes des géologues qui, se renfermant dans un cercle plus ou moins restreint, ont pu scruter à fond les couches fossilifères des pays qu'ils habitent, ne balançant jamais, dès qu'il me restait quelques doutes sur la superposition ou les limites des couches, à me transporter immédiatement sur les lieux, afin d'en juger par moi-même. Malgré les élémens de vérité dont je cherche à m'entourer dans mon travail, quelques géologues peuvent néanmoins craindre d'accueillir des résultats qu'ils n'ont pu vérifier encore; mais, je le répète, procédant logiquement du connu à l'inconnu, et ne m'appuyant que sur de nombreux faits, dont j'ai préalablement discuté toute la valeur, mes résultats m'ont paru si rigoureux, que force m'a été d'admettre, entre les idées reçues, seulement celles qui ne se trouvaient pas en opposition avec l'ensemble des convictions nouvelles que je dois à mes recherches. Heureux d'ailleurs si d'illustres savans qui ont doté la science de travaux justement célèbres, en vérifiant les bases fondamentales de cet ouvrage, viennent ajouter l'autorité de leur expérience aux consciencieuses études que j'ai faites et ne cesse de faire, pour n'offrir que le résultat d'observations mûrement réfléchies.

La division des formations, celle des nombreuses couches qui les composent, me trouvent toujours d'accord avec les géologues spéciaux; et si je m'écarte parfois de leur opinion, quant au groupement des couches partielles de ces formations par étages distincts, c'est que nous partons de deux principes différens. Les géologues, dans leur classement, peuvent se laisser influencer par la composition minéralogique des couches, tandis que je prends pour point de départ, avec les limites des formes zoologiques, l'anéantissement d'une série d'êtres remplacée par une autre. Je procède seulement d'après l'identité de composition des faunes, ou l'extinction des genres ou des familles. Il s'ensuit, par exemple, que, dans les terrains crétacés (1), j'ai dû placer comme terrain néocomien supérieur une couche déjà indiquée dans cette position (2), quoique quel-

(1) Voyez les terrains crétacés, p. 418, 422.

(2) C'est l'opinion de M. Coquand (Bulletin de la société géologique de France, t. 11, p. 402).

ques savans aient cru devoir la laisser dans le grès vert inférieur au gault (1).

Dès mes premiers pas dans la carrière scientifique, il y a beaucoup plus de vingt années, j'étudiai la géologie des riches contrées que j'habitais alors (2), en y réunissant les intéressans fossiles qui s'y montrent en abondance. Depuis, j'ai toujours cherché à suivre les progrès de la science, sans cesser d'en observer les faits principaux sur la nature même. Huit années d'exploration en Amérique m'autorisaient assez, peut-être, à en faire connaître les résultats. Néanmoins, à mon retour, non-seulement je ne voulus pas publier la partie géologique de mon voyage, sans avoir trouvé des points de comparaison dans nos montagnes européennes; mais encore,

(1) Je veux parler ici de l'argile à plicatules de M. Cornuel, formant un vaste horizon bien caractérisé dans les départemens de l'Yonne, de l'Aube, de la Haute-Marne, du Doubs, au sein du bassin crétacé parisien, auquel il faut rapporter en Angleterre le *Lower green sand* de M. Fitton, les mêmes couches de Gargas (Vaucluse), de Vergons (Basses-Alpes), etc., dans le bassin provençal. Ces couches, et beaucoup de géologues sont, je crois, de mon avis, ne contiennent pas de fossiles du gault, pas plus qu'elles ne renferment d'espèces du terrain néocomien inférieur. Il fallait les rapporter à l'étage moyen ou gault, ou aux couches supérieures du terrain néocomien. Quelques géologues ont préféré le premier parti en se fondant sur des considérations minéralogiques. Quant à moi, après un mûr examen, j'ai cru devoir prendre le dernier, puisant mon opinion dans l'ensemble des caractères zoologiques. Lorsque je vois les Ammonites du terrain néocomien avoir pour caractère général (*Terrains crétacés*, p. 431) des points d'arrêt de distance en distance, et que je retrouve ce caractère dans les couches en litige, je dois d'autant plus les y rapporter, que les *Toxoceras*, et les *Ancyloceras*, deux genres de céphalopodes qui se sont montrés pour ainsi dire ensemble et pour la première fois avec les terrains néocomiens, ont les mêmes caractères et se retrouvent aussi dans ces mêmes couches sans les franchir, tandis qu'ils sont inconnus à l'étage du gault; paraissant ainsi spéciaux aux couches que je regarde comme néocomiennes. Appuyant mon opinion sur des faits aussi concluans, on comprendra que je n'aie pas balancé dans le classement de l'argile à plicatules.

(2) Le département de la Charente-Inférieure.

ayant conçu, tout aussitôt, le vaste projet que je mets maintenant à exécution, je ne cessai, pendant six années, d'explorer le sol de la France, amassant ainsi en silence de nombreuses observations sur les fossiles et sur la superposition des couches qui les renferment, et ne voulant commencer ma publication paléontologique qu'après m'être entouré d'une grande partie des matériaux que je jugeais nécessaires à l'exécution consciencieuse d'un si vaste plan.

Je ne viens point, dans cet ouvrage, me poser en réformateur; je n'y serai jamais que l'interprète de la nature. Les faits partiels, que je ne cesse d'étudier dans tous leurs détails, me conduisent nécessairement à des faits généraux, à des conséquences d'ensemble. Je cherche à les présenter avec méthode en posant des jalons solides pour l'application des formes zoologiques à la reconnaissance des couches. Ces premiers traits se rectifiant successivement les uns les autres, à mesure que des matériaux différens sont comparés, m'amèneront à les vérifier, à les modifier réciproquement eux-mêmes. Je ne me livrerai jamais aux idées préconçues; je dirai toujours, comme je l'ai fait jusqu'ici, ce que me dictera l'observation immédiate. Il m'est échappé, et il m'échappera sans doute encore des erreurs; mais je me fais une loi de les signaler, de les corriger, dans chaque résumé partiel ou général, aussitôt qu'une plus grande expérience me les aura fait connaître, n'ayant d'autre ambition que la découverte de la vérité, et n'attendant de mes efforts d'autre récompense que l'espoir d'avoir un jour contribué à la faire ressortir.

Toutes les faunes de terrain, dans ma *Paléontologie*, étant destinées à former des ouvrages particuliers, entièrement indépendans les uns des autres, diverses personnes peuvent posséder une seule de ces parties; aussi ne puis-je me dispenser de reproduire, à la tête de chacune d'elles, les idées qui ont présidé au plan de l'ensemble, et la marche que je dois suivre dans les faunes partielles. A cet effet, je crois devoir placer ici l'introduction déjà publiée en tête des terrains crétacés, en y ajoutant les modifications que m'y ont fait apporter les études constantes auxquelles je me livre.

La nature des couches terrestres et leur composition n'offrant pas toujours des caractères propres à faire distinguer les terrains avec certitude, il est réservé à la Paléontologie de fixer définitivement l'histoire des révolutions qui, parmi les êtres, se sont opérées, sur le globe, depuis le commencement de l'animalisation jusqu'à notre époque. C'est en effet dans la comparaison minutieuse des restes nombreux d'animaux éteints, que contiennent les couches terrestres, avec les animaux qui couvrent aujourd'hui notre planète, c'est dans l'étude approfondie de leurs caractères zoologiques, c'est surtout dans la comparaison de leurs faunes géologiques, avec leur répartition géographique actuelle, qu'il faut puiser des inductions propres à expliquer les conditions d'existence des espèces perdues, et leurs modifications successives à la surface du globe.

Il n'est pas nécessaire d'insister sur les avantages de l'étude de cette science, et sur l'intérêt qu'elle peut offrir, puisqu'à cet égard l'opinion est unanime. L'empressement qu'on met à s'en occuper dans tous les pays, l'attrait irrésistible qui s'y rattache en sont les meilleurs garans.

A l'époque où l'on ne voyait dans les fossiles que des jeux, que des bizarreries de la nature, la curiosité seule pouvait porter à les étudier; mais, dès qu'on y joignit l'idée de la préexistence de la vie, dès qu'on y reconnut des êtres analogues à ceux qui sont nos contemporains, la recherche des animaux marins, les plus répandus dans les couches terrestres, devint la science du jour, et de nombreuses publications sur les fossiles parurent dans toutes les parties de l'Europe. Malheureusement, parmi ces ouvrages, d'une très-grande importance, sans doute, on en remarque où les espèces sont si incomplètement représentées, qu'il y a incertitude, non-seulement sur leurs caractères, mais encore sur ceux des genres, ce qui devait amener un chaos inextricable dans la plupart des citations. L'espèce mal indiquée demeurant ainsi douteuse et prêtant dès-lors à la méprise, le même fossile s'est montré souvent sous un grand nombre de noms divers, et beaucoup d'espèces distinctes ont été, au contraire, rapportées à la même espèce.

Ce fait est si vrai, le désordre est si évident à cet égard, et le vague est tel sur les caractères des espèces, ainsi que sur leur véritable répartition au sein des couches, que quelques géologues ont été logiquement conduits à douter de la bonne application des fossiles à la reconnaissance des terrains. Si l'on cherche la cause de ce désordre apparent, on verra qu'elle n'existe pas dans la nature, où les choses sont ordonnées de la manière la plus admirable, mais qu'elle se trouve dans l'application de l'observation, souvent trop superficielle. Suffit-il, en effet, d'avoir vu un grand nombre de fossiles, pour en reconnaître les caractères spécifiques et génériques? Non; car on ne pourra recueillir sur les véritables limites de l'espèce que des idées tout-à-fait arbitraires, et nullement en rapport avec les faits. Ces limites plus ou moins larges, suivant les genres, suivant les séries animales, ne doivent pas, pour devenir appréciables, être arrêtées *dans le cabinet;* il faut les déterminer sur l'étude des animaux vivans, sur la nature même, d'après une suite d'observations locales, faites à toutes les latitudes, pour se fixer sur l'extension des influences qu'exercent la température et la configuration des lieux. Si l'on veut arriver à une publication positive sur les fossiles, à une bonne détermination des espèces, on devra donc avoir préalablement étudié les animaux vivans, avoir comparé les espèces fossiles aux espèces des mers actuelles, avoir surtout vu par soi-même les fossiles en place, afin de se former, au lieu d'idées préconçues, des idées basées sur les faits. On en conclura que le doute relativement aux espèces fossiles, à leur répartition constante au sein des couches, vient, non de l'ordre naturel des choses, mais seulement d'un malentendu, de figures incomplètes et de citations faites un peu légèrement, de sorte qu'une révision sévère des espèces mêmes, des figures exactes, des citations justes feront disparaître toute incertitude, et ramèneront la science à des bases positives et logiques.

On a aussi trop souvent considéré la Zoologie et la Paléontologie comme deux sciences tout-à-fait distinctes, tandis qu'au contraire sans la première, la seconde demeure incomplète. Comment, en effet, se rendre un compte satisfaisant des caractères génériques des espèces fossiles, comment se faire une idée juste de ce qu'elles ont été, si l'on n'a préalablement approfondi l'étude des corps vivans, plus faciles à comprendre; et si ensuite on ne leur a comparé les restes d'animaux rencontrés dans les couches terrestres? La Paléontologie ne peut donc marcher sans la Zoologie, sous le rapport de la forme des êtres; et l'union intime de ces deux sciences est indispensable à la certitude des résultats, qui ne sauraient offrir que par elles les garanties désirables au géologue, souvent obligé de s'y fier aveuglément.

Il ne suffit pas non plus au paléontologiste de connaître les caractères propres à chaque animal. Pour appliquer utilement ses travaux à la Géologie, il faut encore qu'il puisse apprécier la distribution géographique actuelle des êtres à la surface du globe, la température propre à chacune des séries animales, les modifications qu'elles subissent dans leur nombre, dans leurs formes, en raison des latitudes, des systèmes de courans, des accidens locaux, de la profondeur des mers qu'elles occupent.

Ces questions, de la plus haute importance pour la Géologie, puisqu'elles tendent à faire trouver, par ce qui existe aujourd'hui au sein des mers, ce qui pouvait exister aux diverses époques géologiques, ne seront résolues que par de longues observations, et par une classification toute spéciale des êtres. Cette classification elle-même ne doit plus suivre l'ordre zoologique général, qui ne permet aucune comparaison d'ensemble par lieux, mais elle doit être faite par faunes locales, afin que, d'un seul coup-d'œil on puisse embrasser les différences qui existent entre elles. Mes voyages en Amérique m'avaient fait reconnaître que, sous une même latitude, il pouvait y avoir, en des mers voisines, des faunes tout-à-fait distinctes (1), et que, dans le même océan, les espèces, suivant la latitude, changeaient complètement d'ensemble. Je voulus m'assurer s'il en était ainsi dans les autres parties du monde. Je classai, à cet effet, toutes mes collections (2) par divisions géographiques, suivant les mers et les latitudes, en en formant des faunes locales, et j'acquis bientôt la certitude des résultats curieux auxquels me conduirait cette classification, tout-à-fait nouvelle. Je l'étendis aux fossiles, rangés par terrains pour les formations antérieures aux terrains tertiaires, et par bassins pour ces derniers, afin d'avoir des points de comparaison.

(1) Voyez les généralités sur les *Mollusques*, *Voyage dans l'Amérique méridionale*, tom. V, et les généralités sur les *Foraminifères* du même continent. J'y ai prouvé que les deux côtes de l'Amérique n'offrent pas d'espèces communes aux deux océans. Voyez aussi mes faunes diverses des Antilles, dans l'*Histoire naturelle de Cuba*, de M. de la Sagra; et des Canaries, dans l'*Histoire naturelle des Canaries*, par MM. Webb et Berthelot. J'y démontre les immenses avantages des faunes distinctes.

(2) Ces collections ne se composent pas d'échantillons achetés chez des marchands, et pour lesquels on n'a pas d'indication précise de localité; elles ont été recueillies par moi, ou m'ont été communiquées par des naturalistes qui les ont formées dans leurs voyages : elles offrent donc toutes les garanties désirables.

Cette division, par faunes de terrains, me démontra de suite que si, pour la Zoologie spéciale, par monographies plus ou moins étendues où les êtres vivans et fossiles sont confondus (1), l'ordre méthodique de l'ensemble doit être préféré à tout autre, il n'en est pas ainsi, quand il s'agit seulement de fossiles et d'études applicables à la Géologie; ce qui importe le plus alors, c'est de faire ressortir la différence de l'ensemble des formes par terrains, les modifications qu'elles ont subies aux diverses époques. Je me promis de suivre à l'avenir, dans mes publications sur les fossiles, cette marche (2) qui, pour la même raison, est celle que j'ai adoptée dans la *Paléontologie française*.

On objectera, sans doute, que pour atteindre entièrement mon but, j'aurais dû ne pas me borner à la France et embrasser les fossiles du monde entier, en les envisageant par terrains, ce qui est vrai théoriquement, mais, par malheur, n'est pas exécutable. Dans ma manière de comprendre la Paléontologie, il ne suffit pas d'avoir des données approximatives sur les terrains où se trouvent les fossiles, sur les couches auxquelles les espèces appartiennent, ou de fixer arbitrairement leurs limites, sans les avoir vues. Il faut avoir des certitudes; et ces certitudes, je n'aurais jamais pu les acquérir pour l'ensemble du monde entier; tandis qu'en resserrant mon cadre, en me traçant un cercle qu'il m'était possible de parcourir personnellement et dans lequel je ne manquerais jamais de moyens de vérification, j'établissais une base certaine, positive, sur laquelle on n'aurait plus qu'à s'appuyer à l'avenir. D'ailleurs l'extension

(1) Mes monographies des *Céphalopodes acétabulifères* et des *Crinoïdes*, que je publie en ce moment, sont une preuve de l'application que je fais de ces différens modes de publications.

(2) C'est ce motif qui m'a déterminé à publier une faune des Foraminifères de la craie blanche. Voyez *Mémoire de la société géologique*, 1840.

de la France, la diversité de ses terrains, sa richesse en fossiles, méritaient bien qu'on la fît connaître séparément, par un travail analogue à ceux de MM. Sowerby, Phillips et Murchison sur l'Angleterre; Godlfuss, Roemer sur l'Allemagne; Zieten sur le Wurtemberg; Nilson et Hisenger sur la Suède; Pander sur la Russie, etc.; et qu'on mît les Français à qui leur fortune ne permet pas d'acheter ces ouvrages, très-éloignés du reste de contenir toutes les espèces de France, à portée de consulter, sur le sol de la patrie, un traité spécial où chacun d'eux pût reconnaître les espèces qu'il a constamment sous les yeux, y trouvant des points de comparaison où sans peine il puisera les élémens de la Géologie. Ces renseignemens lui permettant ensuite de concourir, par ses propres recherches, à l'avancement général de cette belle science, destinée à nous révéler l'histoire de notre planète, et des êtres qui nous ont précédés à sa surface.

Revenant au but spécial de l'ouvrage, à la *Paléontologie française*, si l'on cherche ce qui existe en publications sur les fossiles de la France, on verra Bourguet (1), le premier, en faisant connaître quelques-uns, mélangés à des copies de figures de ses devanciers, appartenant à d'autres pays; D'Argenville (2) suivant son exemple; Guettard (3) représentant incomplètement quelques espèces du Dauphiné; Picot de Lapeyrouse (4) décrivant des rudistes des Pyrénées; mais ces essais de l'enfance de la science peuvent à peine servir de points de comparaison, les espèces y étant, le plus souvent, méconnaissables. Il n'en est pas ainsi des travaux qui ont suivi, et que leur importance incontestable rend des plus recommandables. Je veux parler des

(1) *Traité des pétrifications*, 1742.
(2) *Histoire naturelle de l'Oryctologie*, 1755.
(3) *Mémoires sur la minéralogie du Dauphiné*, 1779.
(4) *Description de plusieurs espèces nouvelles d'Orthocératites*, 1781.

intéressans ouvrages de MM. de Lamarck (1) et Deshayes (2) sur les fossiles tertiaires du bassin de Paris, de M. Marcel de Serres sur ceux des environs de Montpellier, de MM. Gratteloup (3) et Basterot (4) sur ceux du bassin de la Gironde, de M. Dujardin (5) sur ceux de la Touraine; des savans mémoires de M. Brongniart (6) sur les terrains crétacés en général, de M. Passy (7) sur la Seine-Inférieure, de M. d'Archiac (8) sur la craie de l'ouest de la France. Il y a de plus quelques espèces du sol français décrites ou figurées dans les ouvrages généraux et les mémoires partiels de MM. de Blainville, Defrance, Deslonchamps, Lamouroux, Desmarets, Edwards, Fleuriau de Bellevue, Léveillé, de Boissy, Duval et Rolland du Roquan, d'Orbigny père, dans les miens, etc. En résumé, non-seulement rien n'avait été produit de complet sur la France, mais encore on voit qu'il n'y avait pas un seul terrain pour lequel on possédât un travail d'ensemble.

La vérité de ce fait m'avait frappé depuis plusieurs années; et, tout en parcourant la France, afin d'y recueillir des fossiles, je méditais une publication qui, non-seulement résumât tous les travaux que je viens de citer, mais qui, de plus, réunît cette innombrable quantité de nouveaux fossiles que l'impulsion depuis quelque temps donnée à la Géologie a fait découvrir sur les divers points de la France, par des naturalistes des plus recommandables. J'arrêtai alors le vaste projet de publier

(1) *Annales du Muséum.*
(2) *Coquilles fossiles des environs de Paris.*
(3) *Mémoires de la société linnénne de Bordeaux.*
(4) *Mémoires de la société d'histoire naturelle de Paris.*
(5) *Mémoires de la société géologique.*
(6) *Sur les caractères zoologiques des formations de la craie*, 1822.
(7) *Description géologique de la Seine-Inférieure*, 1832.
(8) *Mémoires de la société géologique.*

une *Paléontologie française* comprenant les animaux mollusques et rayonnés considérés sous le double rapport de la Zoologie et de la Géologie, et surtout sous celui de l'application des formes à la reconnaissance des terrains, ouvrage destiné à populariser parmi nous une science vers laquelle les esprits étaient entraînés; mais dont le nombre et le prix des publications étrangères nécessaires à son étude, le travail immense des recherches à entreprendre pouvaient entraver longtemps les progrès au sein de la patrie, relativement à la Paléontologie et à son application immédiate.

Une publication aussi importante, à laquelle je devais consacrer une partie de mon existence, était faite pour effrayer, et j'étais loin de m'en dissimuler les difficultés, surtout d'après les vues générales qu'il me paraissait indispensable de faire présider à son exécution, dans l'intention de la rendre réellement utile à la Géologie. D'un autre côté, il semblait que ma destinée m'eût fait, pour ainsi dire, suivre une carrière exceptionnelle, dont toutes les circonstances étaient favorables à mes projets. Très-jeune encore, avant 1820, j'avais commencé à étudier et à dessiner sur la nature même les animaux mollusques (1) et rayonnés de nos côtes. Guidé dans ce travail par un père avantageusement connu dans les sciences, dont les leçons étaient de tous les instans, j'avais étudié la composition géologique et les fossiles (2) du département de la Charente-Inférieure et des pays voisins, sous sa direction et sous celle de M. Fleuriau de Bellevue, riche de connaissances si profondes et si variées, et dont l'obligeance avec laquelle il soutint et encouragea mon début dans la carrière scientifique sera pour

(1) J'ai publié (*Magasin de Zoologie*) quelques-uns des nombreux dessins que je possède sur les animaux de France.

(2) Dès 1823, quelques-unes des espèces que j'avais découvertes ont été publiées (*Annales des sciences naturelles*).

moi l'objet d'une éternelle gratitude. Des recherches minutieuses sur les Foraminifères (1) m'apprirent dès lors combien, en descendant aux infiniment petits, pouvait s'étendre le domaine de la science. J'arrivai enfin à Paris, où je fus accueilli avec cette bienveillance qui caractérise les véritables savans. J'eus toutes les grandes collections à ma disposition pour continuer mes études scientifiques, et MM. Brongniart, Cuvier, Geoffroy-St-Hilaire, de Férussac, etc., etc., voulurent bien me soutenir de leur protection et m'aider de leurs conseils. En 1826, l'administration du Muséum daigna me confier la mission d'aller explorer l'Amérique méridionale, où, pendant huit années, je pus non-seulement m'occuper de Géologie sur une surface immense de ce continent, mais encore étudier les animaux mollusques (2) et rayonnés chez eux, par toutes les latitudes, depuis les régions équatoriales jusqu'aux parties tempérées, dans leurs modifications suivant les lieux, dans leur distribution géographique au sein des mers j'arrivai ainsi, en scrutant le fond des atterrages, à beaucoup de faits susceptibles de se rattacher à la Géologie.

Depuis mon retour, en 1834, j'ai chaque année entrepris plusieurs voyages pour étudier la Géologie française, et recueillir en place les fossiles des différens terrains. C'est ainsi que j'ai pu connaître la plus grande partie de notre territoire et former des collections très-étendues, dont les échantillons ne me laissent aucun doute sur leur gisement; d'ailleurs, avant de terminer les faunes des divers terrains, je me propose

(1) Le prodrome de ce travail a été présenté à l'Institut en 1825 (*Annales des sciences*, janvier 1826), et depuis j'ai publié quatre autres ouvrages sur ce sujet. Voyez *Histoire naturelle de Cuba et des Antilles*, *Histoire naturelle des Canaries*, *Voyage dans l'Amérique méridionale*, et *Mémoires de la société géologique*.

(2) J'ai déjà publié la plus grande partie de mes observations à cet égard (*Voyage dans l'Amérique méridionale*, Mollusques, etc.).

de visiter successivement les contrées de la France que je ne connais pas, afin de n'avoir pas d'incertitude sur le classement des fossiles qui s'y rapportent, et de pouvoir le rendre le plus complet qu'il me sera possible.

Bien qu'entouré de toutes ces ressources, je n'aurais pas sans doute osé entreprendre un travail aussi étendu, si je n'avais compté sur l'appui de toutes les personnes qui, en France, recueillent des fossiles, soit comme objet d'étude, soit à titre de délassement. Je me ferai donc un vrai plaisir d'insérer dans mon travail les communications partielles qu'elles voudront bien me transmettre, en citant scrupuleusement leurs noms. De plus, voulant en même temps faire connaître leurs recherches sur les différens points de la France, et les nommer à chaque espèce qu'elles ont découverte, je réclamerai la communication des fossiles qu'elles possèdent, afin d'être bien certain de l'identité des espèces que je citerai dans chaque terrain. Non moins heureux que MM. Sowerby et Goldfuss ne l'ont été pour les fossiles de l'Angleterre et de l'Allemagne, j'ai rencontré, en France, une libéralité de communication égale à celle qu'ont trouvée, dans leur patrie, les savans que je viens de nommer. Je puis déjà citer M. Cordier pour les fossiles de la collection de Géologie du Muséum d'histoire naturelle, où je trouve réuni le fruit des recherches d'un grand nombre de géologues français; fossiles d'autant plus intéressans qu'ils sont accompagnés des roches qui les recèlent. J'ai également la communication des riches collections générales de l'école des mines, auxquelles ont concouru tous les ingénieurs des mines, et en particulier les intéressantes collections formées par MM. Dufrenoy et Elie de Beaumont, à l'appui de leur importante carte géologique de la France. Je puis encore citer les collections particulières de MM. Alexandre Brongniart, Constant Prévost, de Villiers du Terrage, Desnoyers, de Verneuil, d'Archiac, de Vibraye, Defrance, Puzos, Raulin, Chassy, Jeannot, Lesueur, de Wegmann, de Marçais, Rouquerol, Michelin, Duclos, Millet, Rozet, Lévesque, Raquin, Robert, Prévost à Paris; Fleuriau de Bellevue et d'Orbigny père à la Rochelle; Garran à Saint-Maixent; de Vielbanc à Thouars, Truelle à Saintes, Bauga à Cognac, Marrot à Périgueux, De la Noue à Nontron, Paillette et Braun à Perpignan, Rolland du Rocand à Carcassonne, Schlisler à Saint-Paul-de-Fenouillet, Aguillon à Toulon, Matheron et Charles Barbant à Marseille, Requien et Renaux à Avignon, Morel à Carpentras, Terver et Devilliers à Lyon, Nodot à Dijon, Clément Mullet à Troyes, Dupin à Ervy, Baudoin de Solène à Sens, Moreau et Desplaces de Charmasse à Avallon, Cotteau à Chatelcensois, Largilliert, de Saint-Léger et Pouchet à Rouen, Eudes Deslonchamps, De Magneville et Tesson à Caen, de Lafresnaye à Falaise, de Gerville à Valognes, d'Hombres Firmas à Alais, Camille d'Ormois et Rathier à Tonnerre, Lallier à Auxerre, Goupil à la Flèche, Bouchard-Chantereaux à Boulogne, Bertrand-Geslin à Nantes, Émeric à Castellane, Camille Bravais à Annonay, J. Couard d'Arnuel à Tronchoy, Duval, Astier, Camatte et de Sartous à Grasse, Honnorat à Digne, Coquand à Aix, Rouy aîné à Gap, Dupuis à Auch, Scipion Gras à Grenoble, Hugard, Chamousset en Savoie, Dudressier, Parandier et Gevril à Besançon, Mayor à Genève, Itier à Belley, de Collegno, Gratteloup et Charles Desmoulins à Bordeaux, Osmin Espaillac à Royan, Cornuel à Wassy, Royer à Cirey, Honoré Martin à Martigues, Guibal à Nancy, Juillet, du Souich à Arras, Carteron à la Grand-Combe-des-Bois, Querry à Reims, Graves à Beauvais, Lejeune, Fournel, Holandre et Joba à Metz, Leymerie à Toulouse, La Haye à Cerans-Foulletourte, Gueranger au Mans, Moreau à Saint-Mihiel, Normand à Valenciennes, Nodot à Semur; et j'espère pouvoir nommer, dans le cours de l'ouvrage, un bien plus grand nombre de personnes, comme m'ayant communiqué leurs collections et le résultat de leurs recherches. C'est donc aussi puissamment secondé, et entouré de ce précieux concours, que je vais m'efforcer, en commençant cette deuxième partie, de continuer à la rendre digne des éloges qu'on a bien voulu accorder à la première. On a pu voir, par les deux premiers volumes des terrains crétacés terminés, que je n'ai négligé ni fatigue, ni recherche pour que le travail soit complet; j'y mettrai de nouveau tout ce que j'ai pu acquérir en connaissances sur les sujets traités; mais la grande difficulté qu'il présente me fait réclamer d'avance la nouvelle indulgence des lecteurs pour les erreurs qui pourraient se glisser à mon insu.

PLAN DE L'OUVRAGE.

La Paléontologie française se compose de faunes séparées par terrain; chacune avec une pagination distincte, et des numéros de planches différens. Chaque faune contiendra, à la fin, les généralités géologiques qui s'y rapportent, les comparaisons avec les autres faunes, et surtout les différences qui existent entre les faunes des divers bassins. Toutes les faunes terminées, je publierai un travail d'ensemble sur la Paléontologie générale de la France, dans lequel seront réunies les vues zoologiques et géologiques.

Les faunes sont publiées dans l'ordre suivant : 1° celle des terrains crétacés (dont les deux premiers volumes, comprenant tous les Céphalopodes, sont déjà terminés); 2° celle des terrains jurassiques que je commence; 3° celle du Muschelkalk;

4° celle du terrain carbonifère ; 5° celle des terrains siluriens ; 6° celle des terrains tertiaires par bassins séparés.

Suivant la marche adoptée, j'ai commencé par les *terrains crétacés*, et je continue par les *terrains jurassiques*. On pourrait me demander ce qui m'a fait choisir ces faunes de préférence aux autres, puisqu'elles ne sont, dans l'ordre de superposition, ni les premières ni les dernières. Les faunes étant indépendantes, et formant autant d'ouvrages séparés, peu importe par lesquelles je débute ; d'ailleurs, préparé plus particulièrement à celles-ci depuis plusieurs années, par les voyages que j'ai faits sur les terrains qu'elles occupent, j'ai dû naturellement commencer par elles, ayant déjà des matériaux immenses réunis pour leur publication, et parcourant continuellement les différens points, afin de les compléter.

La faune des terrains jurassiques contiendra tous les fossiles appartenant aux séries zoologiques des animaux mollusques et rayonnés, dans l'ordre du composé au simple ; ainsi je commencerai par les Mollusques, et ceux-ci, par les Céphalopodes, Gastéropodes, etc. ; je suivrai ensuite par les Échinodermes, les Foraminifères, et terminerai par les Polypiers.

Chaque classe, chaque ordre, chaque famille, dont, autant que possible, la terminologie sera uniforme, pour en faciliter l'application dans sa valeur relative, commencera par ses caractères zoologiques, exprimés en peu de mots, de manière à ce qu'on n'ait pas besoin d'ouvrages élémentaires, et qu'il y ait application immédiate, à ces coupes, des genres et des espèces fossiles qui s'y rapportent, et que chacun peut avoir sous les yeux. Ces caractères seront établis, non-seulement sur les animaux, mais encore sur les formes que la fossilisation ne peut détruire, et qui, tenant essentiellement aux parties dures, peuvent toujours être appréciées du géologue. Chacune de ces coupes, de classes, d'ordres, de familles et de genres, sera terminée par un resumé de distribution géologique et géographique général des espèces, et, en particulier, de tout ce qui se rattache à la faune des terrains jurassiques. Ainsi, chaque série sera comparée : 1° dans sa distribution actuelle générale ; 2° dans les caractères zoologiques distincts qu'elle offre avec les faunes des terrains supérieurs ou inférieurs ; 3° dans ses caractères distinctifs au sein des différentes couches des terrains crétacés, et suivant les divers bassins de ces terrains en France.

Les espèces seront publiées pour chaque genre, dans leur ordre d'ancienneté, en commençant par les couches les plus inférieures. Ainsi, celles du lias viendront les premières, puis successivement celles de l'oolite inférieure, de la grande oolite, des couches oxfordiennes, coralliennes, kimméridiennes et portlandiennes, afin de rendre sensibles au premier coup d'œil les différences existant entre les espèces de ces diverses couches, et de montrer les modifications de formes propres à chacune. Elles seront représentées dans le même ordre, avec la lettre **L** pour le lias, les lettres **L. O.** pour l'oolite inférieure, **G. O.** pour la grande oolite, la lettre **O** pour les couches oxfordiennes, les lettres **CR** pour le terrain corallien, la lettre **K** pour le kimméridien, et la lettre **P** pour le portlandien.

Chaque espèce portera, ainsi que dans la faune des terrains crétacés, le nom le plus anciennement donné par les auteurs, comme étant celui qu'il est juste de lui conserver ; mais ce nom ne sera appliqué qu'après une comparaison critique des caractères et des figures publiés, avec les objets eux-mêmes ; et cela seulement quand il y aura idendité parfaite, afin de ne pas tomber dans l'erreur trop commune, de rapporter légèrement telle ou telle espèce qui diffère quelquefois totalement de celle de l'auteur primitif, ce qui jette une confusion inextricable dans les applications à la Géologie. Rien de plus facile que d'indiquer un nom approximatif; mais le choix d'une bonne détermination demande la plus grande conscience et des soins qu'on ne saurait jamais pousser trop loin.

La synonymie de l'espèce sera chronologique et portera l'indication des dates de publication, afin qu'il n'y ait pas d'incertitude sur la priorité de découverte des auteurs, et sur le nom le plus anciennement donné. Cette synonymie se composera des citations d'ouvrages où l'examen des descriptions et des planches, m'aura fait acquérir la certitude complète de l'identité de l'espèce, quand il me sera prouvé par les échantillons que la localité citée est exacte; dans le cas contraire, je m'abstiendrai de toute mention, afin de ne pas accroître le désordre qui existe à cet égard dans la science.

Après la synonymie, je donnerai une phrase descriptive latine, suivie des dimensions de l'espèce, puis une description française complète des caractères constans, des modifications apportées par l'âge et par la localité.

Un autre paragraphe sera consacré aux *rapports* et aux *différences* de l'espèce avec celles qui pourraient donner lieu à confusion, dans le but de bien spécifier les caractères descriptifs auxquels on la reconnaîtra toujours; et de prévenir ainsi des rapprochemens inexacts. D'ailleurs ce paragraphe sera la critique de l'espèce, et pourra faire juger de la valeur des caractères qui la distinguent des autres.

Viendra ensuite la *localité*. Cette partie de la description, trop légèrement traitée jusqu'à présent, demande plus d'explications; je ne suivrai pas, à cet égard, la marche souvent adoptée de relever les auteurs qui ont cité l'espèce dans différens pays, et de les indiquer tous sans critique. Sur ce point, je veux être plus sévère, pour ne pas perpétuer les erreurs; je ne citerai que les lieux sur lesquels je n'aurai aucun doute; je ne les citerai pas non plus sur des notes qui pourraient m'être transmises, mais seulement lorsque j'aurai vu les échantillons en nature, et que je les aurai préalablement confrontés avec soin (1).

La description de chaque espèce, si elle a été méconnue ou si on l'a confondue avec d'autres, contiendra encore un court exposé historique des erreurs commises à son égard, et des motifs qui m'auront porté à préférer tel nom à tel autre.

Viendra enfin l'explication des figures, avec l'indication des collections où existent les types sur lesquels les planches auront été dessinées, afin qu'on puisse en vérifier l'exactitude.

ICONOGRAPHIE.

Les planches, confiées à M Delarue, dont j'ai depuis longtemps apprécié le talent, seront exécutées avec le plus grand soin, et seulement d'après nature. Chaque espèce, dont j'aurai préalablement fait le croquis d'ensemble et les études de détails, sera représentée sur plusieurs faces, dans ses différens âges, avec ses variétés, et toutes les coupes nécessaires à son histoire complète.

CONCLUSIONS.

Il est évident que, malgré tout le soin que je prendrai pour

(1) Désirant que cette partie, qui peut avoir beaucoup d'importance, en ce qu'elle détermine l'extension de chaque espèce au sein des diverses couches, et leur circonscription au sein des bassins, puisse être aussi complète que possible, et serve de base à la géologie, je crois devoir réclamer la communication des objets mêmes, afin de pouvoir citer à chaque espèce les localités positives et le nom de la personne qui l'aura observée. Je pourrai d'ailleurs être de quelque utilité à ceux qui voudront bien me communiquer ce qu'ils possèdent, en leur renvoyant leurs objets déterminés, non provisoirement, et avec des noms qu'ils seront obligés de changer quelques mois après, mais d'après la discussion des auteurs à laquelle mon travail m'oblige; et par conséquent avec un nom que chacun pourra sans crainte adopter dans ses collections et dans ses travaux particuliers sur la Géologie.

obtenir le plus d'espèces de chaque genre, décidé surtout à n'opérer que sur les objets eux-mêmes, à ne jamais copier; il est évident, dis-je, que, dans le cours de la publication, on découvrira et fera connaître des espèces appartenant à des genres déjà publiés et distinctes des espèces décrites, qui ne pourront plus être intercalées; mais, avant les conclusions générales de chaque faune, je compte réunir toutes ces espèces en un supplément, en donnant des tables qui serviront à les classer, dans l'ensemble, à la place qui leur aurait été assignée, ce qui achèvera de compléter l'ouvrage.

Pour qu'il reste moins à faire au supplément, pour que la publication soit, dès le principe, aussi complète que possible, je termine en renouvelant, au nom de la science et dans l'intérêt général de l'avancement de la Géologie, à toutes les personnes qui possèdent des fossiles de France, la prière de vouloir bien m'en communiquer jusqu'aux objets les plus communs, des classes que je traiterai. Ainsi aidé du concours de tous mes compatriotes, mes efforts, je l'espère, ne seront pas infructueux; et nous verrons enfin la France, si riche en fossiles de tous genres, rivaliser avec les autres nations européennes, pour l'étude si intéressante de la *Paléontologie*.

PALÉONTOLOGIE
FRANÇAISE.

TERRAINS JURASSIQUES.

MOLLUSQUES.

Cette série si nombreuse d'êtres, à laquelle on a donné le nom de Mollusques, est caractérisée zoologiquement par un corps mollasse, irritable, par le manque de squelette articulé, par un système nerveux dispersé en masses médullaires, et non réuni en une moëlle épinière, par un sang froid, blanc ou diversement coloré, par des muscles attachés principalement au derme ou aux parties crétacées qu'ils recouvrent et protégent. Ils ont différens modes de respiration, respirant l'air en nature, l'eau douce ou salée. Leur mode de reproduction varie aussi : ils ont les sexes séparés sur deux individus, les sexes réunis sur le même individu avec accouplement réciproque, les sexes réunis sans besoin d'accouplement; ils sont ovipares ou vivipares. Chez eux on trouve souvent très-compliqués les sens de la vue, de l'ouïe, du tact, etc. Leur mode de locomotion est aussi très-différent, suivant les classes : ils nagent vaguement au sein des mers, rampent sur la terre, sur le fond, aux atterrages des océans, ou sont fixés aux rochers.

Les uns sont nus ou manquent entièrement de parties solides; les autres en ont une ou plusieurs, internes ou extérieures, auxquelles on a donné le nom de *coquilles*. L'étude générale de ces dernières se nomme *conchyliologie*. La coquille, excessivement variable, symétrique ou non dans sa forme, diversement contournée ou accidentée, est la partie qui généralement a résisté aux révolutions du globe, et celle qu'on trouve plus spécialement à l'état fossile ; c'est aussi celle dont j'aurai presque exclusivement occasion de parler, les autres ayant, le plus souvent, disparu dans la fossilisation.

Les Mollusques, sur lesquels je ne veux pas m'étendre davantage, réservant leurs autres caractères spéciaux pour leurs coupes, peuvent être divisés en quatre classes, les *Céphalopodes*, les *Ptéropodes*, les *Gastéropodes* et les *Acéphales*.

PREMIÈRE CLASSE.

CÉPHALOPODES, CEPHALOPODA, Cuvier.

Céphalopodes, Cuvier, Lamarck, Duméril, etc. ; *Céphalophores* de Blainville.

Les Céphalopodes, caractérisés principalement par les bras, pieds ou tentacules qui couronnent la tête en avant, et qui leur ont valu le nom que leur a donné Cuvier, sont des plus avancés par leur organisation, et, sous ce rapport, se distinguent d'une manière tranchée des autres Mollusques. Ils sont formés de deux parties : 1° d'un corps, renfermé dans une coquille, ou contenant une partie crétacée ou cartilagineuse, alors souvent munis de nageoires ; 2° d'une tête bien distincte, pourvue d'yeux aussi complets que ceux des animaux vertébrés (1), d'organes de l'ouïe compliqués, d'organes de manducation très-puissans, et de bras ou de tenta-

(1) Dans mes considérations générales sur les modifications des organes appliquées à leurs fonctions chez les *Céphalopodes acétabulifères*, j'ai fait ressortir la perfection des organes chez ces animaux.

cules, servant à la préhension. Ces derniers organes, considérés à tort comme leurs seuls moyens de locomotion et de mouvement, n'en sont, au contraire, que des agens secondaires, tous les Céphalopodes étant pourvus, en dessous de la tête, d'un tube locomoteur, servant à faire avancer l'animal à reculons, par le refoulement de l'eau qui a servi à la respiration et que la contraction du corps chasse avec violence au dehors, par ce tube.

Les Céphalopodes, nageant vaguement au sein des mers et doués de puissans moyens de locomotion, sont loin de ramper péniblement sur les côtes, comme les Gastéropodes. Ils se tiennent par troupes au milieu des océans, quelques-uns n'apparaissant sur le littoral que périodiquement et dans la saison de la ponte. Ce sont les animaux mollusques les plus volumineux et les plus importans de presque tous les âges du monde.

Ils ont, en effet, toujours existé depuis la première animalisation, mais ont subi de nombreuses modifications, des séries entières de formes ayant été remplacées par d'autres tout-à-fait différentes. Ceux qui nous restent aujourd'hui, comme de faibles débris des légions qui devaient parcourir les mers anciennes, sont d'autant plus importans qu'ils peuvent seuls donner, par la comparaison, l'idée des formes de cette Zoologie éteinte.

Les Céphalopodes se reconnaîtront à l'état fossile, à leur coquille le plus souvent symétrique, droite, arquée, spirale, élégamment contournée et divisée par des cloisons droites ou foliacées. On les reconnaîtra encore à leur osselets internes, cornés ou crétacés, dont les empreintes, ou des parties seulement sont restées comme témoignage du nombre de ces animaux, sans coquille proprement dite, qui devaient exister alors.

On peut diviser naturellement les Céphalopodes en deux ordres : les *Acétabulifères* et les *Tentaculifères*.

PREMIER ORDRE.

ACETABULIFERA, Férussac et d'Orbigny.

Cryptodibranches, Blainville ; *Dibranchiata*, Owen.

Les *Acétabulifères* sont des animaux libres, symétriques, formés de deux parties distinctes, l'une antérieure (le corps) ronde, allongée, cylindrique, pourvue ou non de nageoires, ouverte en avant, contenant les viscères et deux branchies paires, un sac à encre, etc. L'autre antérieure ou céphalique, portant : en avant des bras toujours armés de cupules, de crochets pédonculés ou sessiles, au milieu des bras un appareil buccal, composé de deux mandibules cornées et d'une langue hérissée de pointes, latéralement des yeux saillans des plus complets, et un orifice auditif externe ; au dessous, un tube locomoteur entier.

L'animal est contenu dans une coquille symétrique non cloisonnée, ou renferme, dans la partie médiane dorsale de son corps, soit un osselet symétrique déprimé, corné ou crétacé, soit une coquille spirale cloisonnée, dont la dernière loge est trop petite pour contenir aucune partie de l'animal.

Ce premier ordre diffère du second, par sa tête distincte et non unie intimement au corps, par le manque d'appendice pédiforme servant à la reptation, par ses bras pourvus de cupules, par deux branchies au lieu de quatre, et par son tube locomoteur entier et non fendu, sur toute sa longueur. Les coquilles cloisonnées, lorsqu'elles existent dans cet ordre, sont contenues dans le corps de l'animal, et dès-lors n'ont pas besoin de cavité supérieure à la dernière loge, destinée à contenir l'animal, comme chez les Tentaculifères; ainsi l'on distinguera toujours, par ce caractère, les coquilles cloisonnées des deux ordres.

Célébrés dans l'antiquité par les poètes grecs, types des plus agréables comparaisons, des fictions les plus gracieuses (1), les animaux qui nous occupent présentent, dans leurs mœurs, les faits les plus curieux, les uns vivant solitaires, les autres exclusivement en troupes innombrables. Ils parcourent les mers où ils servent de nourriture aux oiseaux pélagiens, aux cachalots, aux dauphins et aux autres cétacés à dents. Tour à tour lisses ou couverts d'aspérités, rouges, pourprés, blancs ou bleuâtres, véritables caméléons aquatiques, ils changent de teinte avec la rapidité de la pensée, suivant les impressions qu'ils éprouvent. Ils sont des plus vifs dans leur natation, fendent l'onde avec la rapidité d'une flèche, et déploient assez de force pour s'élancer au-dessus des eaux, jusque sur le pont des navires. Ils représentent, au sein des eaux, pour les autres Mollusques et pour les poissons, les oiseaux carnassiers sur les continens.

Après avoir examiné comparativement un très-grand nombre de Céphalopodes acétabulifères actuellement vivans, après en avoir discuté les caractères zoologiques, j'ai cru devoir former, des genres connus et de ceux que leur étude m'a conduit à établir, les familles naturelles suivantes :

(1) On peut voir, à l'égard de leur classification générale, de leurs nombreuses espèces, de leurs mœurs, de leurs habitudes, de leur histoire et des fictions dont ils ont été l'objet chez les anciens, la *Monographie des Céphalopodes acétabulifères*, que j'ai commencée avec M. de Férussac, mais dont le texte m'appartient presque exclusivement. Cet ouvrage contient plus de *deux cents espèces* représentées en plus de cent planches coloriées.

Première tribu, OCTOPODA, Leach.

	Genres et sous-genres.
Famille unique, OCTOPIDÆ,	*Octopus*, Lamarck.
	Philonexis, d'Orbigny.
	Argonauta, Linné.

IIe tribu, DECAPODA, Leach.

Ire famille, SEPIDÆ,	*Cranchia*, Leach.
	Sepiola, Lamarck,
	Rossia, Owen.
	Sepia (1), Linné.
	Beloptera, Deshayes.
IIe famille, LOLIGIDÆ,	*Loligo*, Lamarck.
	Sepioteuthis, Blainville
	Teudopsis, Deslongchamps.
IIIe famille, LOLIGOPSIDÆ,	*Loligopsis*, Lamarck.
	Histioteuthis, d'Orbigny.
IVe famille, TEUTHIDÆ,	*Onychoteuthis*, Lichtenstein.
	Enoploteuthis, d'Orbigny.
	Kelaeno, Munster.
	Omastrephes, d'Orbigny.
Ve famille, BELEMNITIDÆ,	*Conoteuthis*, d'Orbigny (2).
	Belemnites.
	Belemnitella, d'Orbigny.

(1) Mon cadre ne me permet pas de dire ici pourquoi les Sèches à coquilles crétacées sont si loin des Bélemnites; je ne puis qu'annoncer que l'osselet, partie importante comme genre, n'a rien de positif dans les coupes d'ordre supérieur.

(2) Ce genre propre aux terrains crétacés st établi. Terrains crétacés, supplément.

VIe famille, SPIRULIDÆ, *Spirulirostra*, d'Orbigny (1).
Spirula, Lamarck.

De toutes les parties solides des Céphalopodes acétabulifères, celles que la fossilisation pouvait conserver consistent : 1° en une coquille non cloisonnée, mince, symétrique, comme dans l'Argonaute ; 2° en coquilles cloisonnées et sans cavité supérieure à la dernière loge, comme dans les Spirules et les Spirulirostres ; 3° en osselets internes, symétriques, allongés, placés sur la ligne médiane supérieure du corps, comme dans les Calmars et les Sèches, dont les empreintes pouvaient rester au sein des couches ; 4° en quelques parties plus solides de ces osselets, comme le rostre des Bélemnites ou les alvéoles des Conoteuthes ; mais, de tous ces corps on n'a vraiment, jusqu'à ce jour, rencontré que des empreintes d'osselets de divers genres, et le rostre terminal chambré des osselets de Bélemnites, des Spirulirostres et des Bélemnitelles.

Soit qu'ils n'aient jamais existé, soit que leurs restes ne se soient pas conservés, les Céphalopodes acétabulifères manquent jusqu'à présent dans les terrains siluriens, carbonifères, et dans le muschelkalk. Leur première apparition a lieu dans les terrains oolitiques, sous la forme de *Belemnites*, de *Sepioteuthis*, de *Teudopsis*, de *Sepia*, d'*Omnastrephes*, d'*Enoploteuthis*, et de *Kelaeno* (2). Dans les terrains crétacés, il ne reste

(1) Ce genre, découvert par M. Bellardi, dans les terrains tertiaires des environs de Turin, a pour caractère une série de loges en spirale, que protége extérieurement un encroûtement calcaire formant un rostre très-épais. La seule espèce connue est le *Spirulirostra Bellardiana*, d'Orbigny.

(2) Voyez, pour toutes ces espèces fossiles, les planches et les descriptions que j'en ai données dans la *Monographie des Céphalopodes acétabulifères*, d'après les généreuses communications qui m'en ont été faites par M. le comte Munster de Bayreuth, à qui la science doit de si belles publications sur les nombreux fossiles de sa magnifique collection.

plus que les genres *Belemnites, Belemnitella* et *Conoteuthis*, qui disparaissent ensuite pour toujours, les terrains tertiaires ne contenant que des *Sepia*, des *Beloptera*, des *Spirulirostra* et des *Argonauta*. Si l'on compare ces genres avec ce qui existe maintenant, on verra que les *Belemnites*, les *Teudopsis*, les *Kelaeno*, les *Beloptera*, les *Conoteuthis* et les *Spirulirostra* sont restés ensevelis dans les couches terrestres, tandis que les autres ont survécu jusqu'à nos jours, où ils sont à peu près généralement répartis au sein des diverses mers, et par toutes les latitudes.

Cet aperçu des Céphalopodes acétabulifères, dont j'ai cru devoir faire précéder les détails qui vont suivre sur la spécialité qui m'occupe, afin de donner une idée générale de leur distribution ancienne et actuelle ; ce rapide aperçu, dis-je, montre qu'il ne reste plus, aux terrains jurassiques, que les genres *Sepioteuthis, Teudopsis, Sepia, Ommastrephes, Enoploteuthis, Kelaeno* et *Belemnites*, dont je ne connais de représentans en France que pour le second et le dernier.

OCTOPODES, OCTOPODA.

Comme on a pu le voir, il n'existe jusqu'à présent, d'autre Octopode fossile que le genre Argonaute. C'est même une nouvelle acquisition due aux savantes recherches de M. Sismonda. Cette espèce (*Argonauta hians*, Solander), trouvée dans les couches tertiaires des environs de Turin, offre ce fait remarquable qu'elle n'habite pas aujourd'hui dans la Méditerranée, mais sous la zone équatoriale de l'Océan atlantique.

DÉCAPODES, DECAPODA.

Dans cet ordre, je ne connais dans les terrains jurassiques

de France, que deux familles : les *Loligidæ*, représentés par le genre des Teudopsis, et la grande famille des *Belemnitidæ*.

Famille des LOLIGIDÆ.

Caractères. Animal de forme générale allongée; corps subcylindrique, yeux dépourvus de paupières; membrane buccale le plus souvent armée de cupules; une forte crête auriculaire transversale. Cupules seulement sur deux rangs aux bras sessiles, pourvues de cercles cornés convexes en dehors, et munies d'un bourrelet étroit, saillant sur le milieu de sa largeur. Bras tentaculaires en partie rétractiles; tube locomoteur pourvu d'une double bride, se rattachant à la tête. *Osselet interne* penniforme, étroit en avant, élargi en arrière, pourvu, sur la ligne médiane, d'une saillie longitudinale, et latéralement d'expansions plus ou moins larges.

Les Loligidés ne renferment, jusqu'à présent, que le genre *Loligo*, composé des *Loligo* proprement dits, le sous-genre *Sepioteuthis*, et le genre *Teudopsis*, dont on ne connaît que l'osselet.

On trouve leurs espèces vivantes réparties sur le littoral des mers chaudes de tous les continens. Fossiles, on les a rencontrés principalement dans les terrains jurassiques.

Genre TEUDOPSIS, Deslongchamps.

Animal inconnu.

Osselet interne corné, spatuliforme, très-étroit en avant, fortement élargi en arrière; côte médiane, étroite, saillante; expansions latérales larges; ensemble convexe en dessus, concave en dessous, représentant une sorte de cuiller arrondie à son extrémité.

Rapports et différences. Par sa forme élargie, par ses lignes d'accroissement, le genre Teudopsis a beaucoup de rapports avec celui des *Sepioteuthis ;* néanmoins, il paraît s'en distinguer par sa partie antérieure saillante beaucoup plus étroite, par son extrémité tronquée, par sa forme plus concave en dessous, en forme de cuiller. La différence des formes dans les osselets internes chez les Céphalopodes accompagnant presque toujours des modifications organiques, j'ai cru devoir conserver cette coupe, malgré ses rapports très-évidens avec les *Sepioteuthis.*

Histoire. Sous le nom de *Teudopsis,* M. Deslongchamps place, en 1835, dans un genre qu'il crée, trois espèces qu'il regarde comme distinctes : les *T. Agassizii, Bunellii et Caumontii.* J'ai pu voir, chez ce savant observateur, les trois espèces en nature, et je me suis facilement convaincu que le *T. Agassizii* est un osselet de Bélemnite. Pour les deux autres, elles appartiennent, comme l'a également pensé depuis M. Deslongchamps, à une seule et même espèce, à laquelle je conserve le nom de *Bunellii.* M. Deslongchamps croit que l'osselet pouvait s'ouvrir et se fermer comme les valves d'un acéphale ; mais cette idée ne peut être admise. Le Teudopsis est tout simplement un osselet très-voisin de celui des Sépioteuthes, qui nous est parfaitement connu.

N° 1. Teudopsis Bunellii, Deslongchamps.

Teudopsis Bunellii. Deslongchamps, 1835, pl. 1re. Mém. de la société Linnéenne de Normandie, t. V., p. 74, pl. III, fig. 1, 2, 3.

Teudopsis Caumontii. Deslong. 1835, *id.*, *ibid.*, p. 76, pl. 3, fig. 4, 5.

T. testâ ellipticâ, lævigatâ, anticè attenuatâ, posticè subobtusâ ; supernè convexâ, infernè concavâ.

Dimensions. Longueur, 134 millimètres ;
Largeur, 43 millimètres.

Osselet interne, corné, mince, concave, spatuliforme, aminci en avant, obtus en arrière ; côte médiane élevée, étroite ; expansions latérales s'élargissant des parties antérieures au quart postérieur ; puis, de là, se rétrécissant brusquement, de nouveau pour former une partie arrondie.

Localité. M. Deslongchamps a trouvé cette espèce dans les rognons calcaires d'Amayé-sur-Orne, et à Curcy (Calvados). J'ignore à quel étage appartiennent positivement ces calcaires ; pourtant je les crois de la grande oolite. Ils ont été trouvés avec leur sac à encre.

Explications des figures. Pl. Ire, fig. 1re, osselet entier, figuré par M. Deslongchamps, sur un échantillon de sa collection ; fig. 2, le même, vu de profil, montrant la saillie de sa convexité ; fig. 3, un autre osselet, fig. 4, les deux extrémités d'un autre osselet qui, par suite de la pression, s'est fendu en avant, *a*, et en arrière, *b*, ce qui a pu faire croire que les deux parties étaient mobiles.

Famille des Belemnitidæ.

Je réunis sous ce nom tous les animaux pourvus d'un osselet interne corné, élargi à sa partie antérieure, rétréci et terminé postérieurement, par un godet plus ou moins profond, encroûté, en dehors, par un rostre, contenant invariablement une série de loges aériennes, empilées dans un alvéole conique.

La famille des Belemnitidées ne renferme, jusqu'à présent, que deux genres : les *Belemnites*, proprement dit, et les *Belemnitella*, pourvues d'une fissure antérieure communiquant avec l'alvéole. De ces deux genres le premier seul s'est trouvé jusqu'ici dans le terrain jurassique.

On ne trouve plus de représentans vivans de cette famille. Elle a commencé à se montrer sous la forme de Bélemnite avec le lias; elle renouvelle successivement ses espèces dans chaque série de couches, en diminuant de nombre des plus inférieures aux plus supérieures, dans les terrains jurassiques. Plus nombreuses encore aux couches inférieures des terrains crétacés, les espèces s'éteignent en remontant les étages, et ne sont plus représentées, dans les craies blanches, que, par des Bélemnitelles, derniers représentans de la famille des Bélemnitidées.

Genre Belemnites.

Animal inconnu.

Osselet interne, corné, élargi antérieurement, rétréci en arrière et terminé postérieurement, par un *godet* conique ou alvéole plus ou moins profond, contenant une série de loges aériennes empilées et traversées, sur le côté interne, par un siphon continu, que rétrécit l'étranglement de chaque loge. Le godet postérieur est protégé à l'extérieur par un encroûtement crétacé représentant un *rostre* épais, pointu ou obtus, généralement allongé.

Les Bélemnites sont encore peu connues, quoiqu'elles aient été le sujet de beaucoup d'écrits; je crois devoir, en conséquence, entrer à leur égard, dans une série de considérations générales qui détruiront toute incertitude sur leur véritable composition, et sur la place qu'elles doivent occuper dans l'échelle des êtres. Je ne chercherai point à reproduire les opinions plus ou moins bizarres que les auteurs ont professées relativement à leur forme primitive, et à l'animal auquel elle appartenait, ce que je ne pourrais faire sans sortir du cadre que je me suis tracé. Il me suffira d'expliquer les faits tels que j'ai pu les observer, en les rattachant aux connaissances que l'étude comparative des Céphalopodes vivans m'a données sur leur ensemble.

CHAPITRE PREMIER.

CARACTÈRES ZOOLOGIQUES.

Composition de l'osselet.

Des recherches minutieuses sur les restes de Bélemnites conservés au sein des couches terrestres, m'ont démontré, par l'inspection d'un grand nombre d'empreintes restées, soit sur les alvéoles (*Voyez* pl. III, fig. 3; pl. IV, fig. 1re), soit sur la paroi interne de la cavité alvéolaire du rostre, que la Bélemnite complète se compose de quatre parties intimement liées entre elles et constituant un osselet interne compliqué. Ces parties sont : 1° antérieurement une lame cornée, spatuliforme, élargie en avant, rétrécie en arrière; 2° en arrière un godet profond ou alvéole conique, contenant une série transverse de loges aériennes; 3° un siphon inférieur traversant toute la série de loges; 4° un encroûtement calcaire plus ou moins allongé, recouvrant et protégeant l'alvéole, et constituant un véritable rostre terminal. Je vais successivement passer en revue ces différentes parties, en les décrivant dans tous leurs détails.

Osselet corné (*Voyez* pl. II, III et IV). L'osselet corné chez les Bélemnites est peu variable dans sa forme, j'en ai pu juger sur plus de quinze espèces distinctes dont les rostres sont très-disparates, et je lui ai toujours trouvé la même configuration. Il se compose en avant, d'une lame élargie, spatuliforme, formée au milieu, d'une *région dorsale* large (1) (*a* fig. 1, pl. IV et 3,

(1) Ce sont les *Asymptotes* de M. Voltz, Mémoire, p. 3.

pl. III, la partie comprise entre les lignes *b b*), dont l'angle dépasse toujours dix degrés d'ouverture, couverte de stries d'accroissement en ogive, allant se réunir, de chaque côté, à la ligne médiane quelquefois saillante ou légèrement sillonnée. De chaque côté de la région dorsale règnent des *expansions latérales* (1), qui partent de cette région et forment, de chaque côté, des lames cornées, minces, marquées de lignes d'accroissement obliques de haut en bas et de dessus en dessous. Ces expansions accompagnent l'osselet sur toute sa longueur (*Voyez* pl. III, fig. 2; pl. IV, fig. 1, les parties comprises entre les lignes *c d*) et vont en diminuant de largeur du haut en bas jusqu'à la partie inférieure où elles forment un godet conique plus ou moins long, mais paraissant occuper le tiers environ de la longueur de l'ensemble. Sur les côtés, au point de jonction des expansions latérales de l'osselet au godet terminal ou alvéolaire, les lignes d'accroissement s'arquent tout-à-coup, forment des courbes dont la convexité est en bas, et deviennent ensuite transversales sur toute la *région ventrale*, pour constituer le godet terminal, espèce de cône renversé, corné, où les loges se forment successivement, au fur et à mesure de l'accroissement de l'animal.

En résumé, la partie cornée se compose : 1° d'une région dorsale large, analogue à la tige de l'osselet des Ommastrèphes, des Onychoteuthes, etc. (*Voyez* pl. II, fig. 4 et 5); 2° d'expansions latérales, semblables à celles qu'on remarque aux osselets de Calmars, d'Onychoteuthes, etc. (*Voyez* pl. II, fig. 3 et 5); 3° d'un godet terminal identique, mais plus grand que celui qui existe à l'extrémité de l'osselet des Ommastrèphes (pl. II, fig. 4). Ainsi, sans aucune hypothèse, en suivant, comme

(1) Ce sont ces lignes convexes, lorsque le cône est renversé, qui forment ce que M. Voltz appelle *régions hyperbolaires*.

je l'ai fait, sur l'empreinte même d'un alvéole (*Voyez* pl. III, fig. 3; pl. IV, 1), toutes les lignes d'accroissement de l'osselet, on arrive à restituer l'osselet tel qu'il devait être à l'état complet, de manière à ne plus laisser de doutes à son égard, quant à sa forme ou à ses rapports avec les autres Céphalopodes connus. Dès lors, il sera facile d'y rapporter ces empreintes d'osselets trouvés soit en Angleterre, soit en France (1), sur lesquels il pouvait rester encore quelque incertitude.

J'ai dit que j'avais pu reconnaître l'osselet corné sur les empreintes internes de plus de quinze espèces de Bélemnites, dont le rostre avait les formes les plus disparates, et que cet osselet m'avait paru partout absolument identique dans ses détails. C'est, en effet, ce que j'ai trouvé, puisqu'à l'exception d'une plus ou moins grande largeur de la région dorsale, largeur toujours relative à l'ouverture de l'angle de l'alvéole, je n'ai remarqué aucune différence appréciable dans tous ces osselets. On doit en conclure que, chez les Bélemnites comme chez les autres Céphalopodes, actuellement vivans, cette partie interne est en rapport avec les autres caractères zoologiques, et qu'elle peut avec certitude être adoptée comme caractère distinctif des genres.

Godet ou *cône alvéolaire*. Ce godet se compose de deux parties distinctes : du *cône alvéolaire*, que l'on a vu n'être que le prolongement corné de l'extrémité de l'osselet, et de l'*alvéole* ou empilement de loges aériennes qui vient se déposer dedans, au fur et à mesure des besoins de l'animal. Il en résulte que la partie extérieure du cône, toujours cornée, préexistait à ce dépôt des cloisons, et que celles-ci n'en ont en rien modifié la forme. Si j'en juge par un grand nombre d'empreintes que

(1) Le *Teudopsis Agassizii*, Deslongchamps, est dans ce cas. C'est un osselet de Bélemnite.

j'ai pu voir, le godet ou cône alvéolaire aurait occupé au moins le tiers de la longueur de l'osselet. Il paraît certain aussi que ses bords s'élevaient en avant comme les parois d'un cornet et dépassaient de beaucoup l'alvéole. Cette partie souvent un peu comprimée ne varie dans sa forme que par plus ou moins de largeur ; aussi son angle se trouve-t-il réduit à onze ou quinze degrés d'ouverture chez le *B. hastatus*, tandis que sa plus grande ouverture est de vingt-huit à trente degrés chez les *B. brevirostris* et *Tricanaliculatus*, sans que cette ouverture soit toujours en rapport avec la longueur respective du rostre extérieur, puisque, parmi les plus larges, se trouvent des espèces courtes et d'autres très-longues. Ce godet est loin de former invariablement un cône régulier. Quand on le voit en-dessus ou au-dessous, il est effectivement conique, et s'accroît régulièrement sur toute son étendue; mais, lorsqu'on le regarde de côté, il offre presque toujours une courbe marquée, la pointe s'inclinant évidemment vers la région ventrale (*Voyez* pl. XIV, fig. 1re; pl. XVII, fig. 2). Quelquefois il est presque droit. L'*alvéole* n'est donc pour moi que la série de loges aériennes déposée dans le godet corné, et se modelant sur la paroi interne de ce godet. Si j'étudie ces loges, je verrai que la première est de forme ovale, ronde ou cupuliforme (Pl. XIX, fig. 6), et qu'elle paraît appartenir à l'âge embryonnaire de la Bélemnite (j'en traiterai plus tard). Sur cette loge viennent successivement s'en déposer d'autres de forme déprimée, minces, convexes en dessous, concaves en dessus, et augmentant d'épaisseur proportionnellement à la largeur du cône dans lequel elles se déposent, de manière à ce que les premières soient les plus minces et les dernières les plus épaisses (Pl. XIX, fig. 6). L'étude de la composition des cloisons qui séparent ces loges me donne, comme je l'ai dit, la certitude qu'elles sont indépendantes non seulement du godet corné qui les reçoit, mais encore les unes des autres (1). En effet, lorsqu'on examine au microscope les parois des cloisons on s'aperçoit de suite, que chacune en particulier se forme d'une chambre spéciale, que chaque chambre, avec ses cloisons supérieure, inférieure et latérale, s'applique l'une sur l'autre, comme on pourra le voir pl. XIV, fig. 8, et que chacune des cloisons est elle-même composée de deux couches. Ces couches paraissent avoir été nacrées ainsi que les loges internes de toutes les coquilles multiloculaires des Céphalopodes.

En résumé, l'alvéole n'est qu'une suite de loges aériennes, déposée dans une cavité du godet terminal de l'osselet corné, analogue à celle de l'Ommastrèphe. Dès lors, elle n'est pas un animal parasite comme l'a pensé M. Raspail (2), ni un corps indépendant, comme le croyait Denis de Montfort. Cet alvéole paraît avoir un angle d'ouverture assez constant dans chaque espèce; on pourrait s'en servir comme caractère spécifique; mais il faudrait tenir compte de la compression qui existe presque toujours et modifie beaucoup l'ouverture de l'angle.

Siphon. Le siphon est un canal longitudinal qui traverse toutes les loges aériennes de l'alvéole, sans communiquer avec elles. Il se compose d'un tube formé de segmens obliques, renflés dans chaque loge, rétréci et comme étranglé à chaque cloison. En l'observant avec soin sur des échantillons remarquables de ma collection, j'ai reconnu qu'à chaque nouvelle loge ce siphon vient saillir en dehors. Dans la figure que j'en ai donné (Pl. XIX, fig. 7), on voit parfaitement qu'il y a un point de suture, non sur la ligne des cloisons et au point de rétrécis-

(1) M. Voltz a parfaitement reconnu cette circonstance. *Voyez* son Mémoire, p. 4.

(2) *Annales des sciences d'observation*.

sement, comme l'ont cru MM. Voltz (1) et Duval (2), mais bien dans l'intervalle de chaque cloison, sur le tiers inférieur du renflement; et cette suture très-marquée ne suit en rien, l'obliquité des cloisons, étant au contraire transversale à l'axe du cône alvéolaire. Ce siphon, toujours contigu aux parois externes de l'alvéole, est invariablement placé sur la partie médiane et marginale de la région ventrale de l'alvéole (3), c'est-à-dire en dessous de l'osselet.

Le siphon est une partie dont la position relative a beaucoup de valeur zoologique. Lorsqu'on voit, en effet, le siphon toujours marginal ou dorsal, chez tous les genres de forme si bizarre qui composent la famille des Ammonidées, tandis que chez les Nautilidées, également très-variés, il est médian ou assez près du bord ventral sans être contigu; on doit croire qu'il tient, parmi les corps organiques de ces êtres, une place très-importante, en rapport avec la forme des cloisons, et que, dès lors, sa position, relativement aux autres organes, est une conséquence de modifications organiques de grande valeur. S'il n'en était pas ainsi, le siphon ne conserverait pas, dans la grande famille des Ammonidées, une position identique, et varierait suivant les genres ou même suivant les espèces. Il n'est donc pas douteux que le siphon ne soit invariable dans sa position, selon les grandes coupes, et que, zoologiquement, il ne doive en être ainsi. Dans ces derniers temps, M. Duval (4), at-

(1) *Voyez* son Mémoire, p. 6.

(2) Bélemnites des Basses-Alpes, p. 22.

(3) M. Duval, *loc. cit.* p. 23, me suppose l'opinion que le siphon des Bélemnites est central, tout en ajoutant à son texte une note qui prouve le contraire. Cette citation était au moins inutile, puisque je n'ai jamais publié cette opinion, qui appartenait à Férussac, et qu'au contraire, en 1840 (*Paléontologie française*), j'ai fixé en termes non équivoques la place ventrale du siphon.

(4) *Bélemnites des Basses-Alpes*, p. 23, 36 et 40.

tachant à un simple sillon de la matière encroûtante du rostre de la Bélemnite plus d'importance qu'au siphon lui-même, parce qu'il rencontrait un sillon du côté opposé où il se trouve le plus souvent, y a vu un déplacement du siphon, et n'a pas craint de renverser toutes les lois organiques, en fondant sur ce caractère des groupes qu'il appelle *familles* (1), comme ses *Notosiphites*, pour les Bélemnites qui ont, selon lui, le siphon dorsal, et ses *Gastrosiphites*, pour celles qui l'ont ventral. Or, il y a lieu de se demander lequel des deux organes, du sillon du rostre ou du siphon, a zoologiquement plus de valeur. Les sillons sur les corps internes, tels que les osselets de sèches et de calmars ne sont point dus à une grande modification organique; ils sont formés, comme je m'en suis souvent assuré, par un simple pli ou un épaississement de la paroi interne des tégumens qui enveloppait l'osselet; ils ne sont pas non plus le siége d'attache musculaire, mais sont simplement des crans longitudinaux destinés à empêcher l'osselet de changer de place, de remuer dans la gaîne charnue (2). Leur valeur zoologique est donc entièrement nulle. J'ai fait voir quelle était l'importance réelle du siphon d'après sa place invariable; je crois inutile de pousser plus loin la comparaison. Tous les zoologistes auront déjà compris, que pour les Notosiphites de M. Duval, c'est le sillon qui devient dorsal, tandis que le siphon est dans sa place normale. Dès lors, les noms de *Notosiphites* et *Gastrosiphites*, donnés par ce naturaliste ne peuvent plus être conservés dans la science, à moins que cette position inverse du siphon ne soit justifiée par

(1) En zoologie, le mot *famille*, consacré depuis long-temps, est un terme collectif qui embrasse plusieurs genres dont les affinités sont sensibles. La *famille* ne doit donc renfermer que des *genres;* et les genres ne peuvent renfermer des familles, à moins de changer toute la nomenclature scientifique.

(2) *Voyez* plus loin l'explication de leurs fonctions dans l'économie animale.

l'ensemble de l'osselet lui-même. Alors, il ne faudra plus former des groupes d'espèces, mais bien de véritables genres distincts, puisqu'il y aurait une modification importante dans l'économie animale.

Rostre. Le rostre, que j'ai nommé ainsi (1) parce qu'il termine l'osselet en arrière, et qu'il est dès lors en avant dans la nage rétrograde; le rostre n'est, à proprement parler, qu'un encroûtement calcaire, de forme très-variable, le plus souvent allongé, recouvrant et protégeant l'extrémité cornée de l'osselet et l'alvéole qu'il renferme; ainsi, dans la Bélemnite, le godet terminal de l'osselet corné aurait reçu, en dedans, les loges alvéolaires, tandis qu'en dehors il serait recouvert par le dépôt calcaire constituant le rostre. Cette partie est des plus variée dans sa forme, comprimée, déprimée, sillonnée ou non, pourvue d'un ou de plusieurs sillons vers la pointe ou vers sa région supérieure ou inférieure, courte ou allongée, conique, ventrue ou lancéolée. Elle change d'aspect suivant chacune des espèces, ou même dans les périodes diverses de l'existence de l'animal, sans avoir de caractères extérieurs, toujours bien saisissables, toujours bien constans. En un mot, comme on devait s'y attendre pour un corps interne qui n'a aucune importance zoologique, le rostre de la Bélemnite est une partie sujette à une immense extension de variations, et ne peut se restreindre en des limites spécifiques qu'après une discussion sévère de toutes les causes susceptibles d'amener des différences tenant à l'âge, au sexe ou aux accidens nombreux qu'il peut éprouver.

Ne pouvant définir la forme fixe des rostres qu'en traitant des modifications qu'ils peuvent éprouver (2), je me borne aux

(1) J'ai le premier adopté cette expression, et j'en ai donné l'explication, en 1840, dans ma *Paléontologie française*, *terrains crétacés*, t. I, p. 35, c'est la *gaîne* de M. Voltz.

(2) *Voyez* plus loin.

lois invariables auxquelles ils sont soumis. Le rostre, comme je l'ai dit, n'est qu'un encroûtement calcaire qui revêt extérieurement le godet terminal de l'osselet corné. Cet encroûtement, recevant toujours de nouvelles couches sur toute sa longueur, au fur et à mesure de l'accroissement du godet, et l'accroissement du godet ayant lieu en avant, il en résulte que la région postérieure du rostre devient bien plus épaisse que l'antérieure, et qu'elle forme souvent un cône ou une partie très-allongée. En avant, au contraire, les couches calcaires du rostre deviennent d'autant plus minces qu'on approche de l'extrémité antérieure, et finissent par former une pellicule si peu épaisse qu'elle est à peine sensible.

M. Duval (1) a dit que le bord antérieur du rostre devait se terminer différemment, suivant les espèces; il le décrit, le figure avec un long prolongement, en dessus et en dessous, et avec une échancrure sur les flancs. Je crois que ces saillies ne tiennent qu'à l'altération des rostres observés, et voici sur quoi je me fonde ; je possède des échantillons des *B. elongatus* et *acutus (voyez* pl. 8, fig. 6, et pl. 9, fig. 11) où les lames crétacées du rostre se prolongent en avant, sur l'alvéole, en une pellicule très-mince, jusqu'à une très-grande distance, et ne cessent évidemment d'être perceptibles que par suite d'une altération. Ces deux faits, dans leur isolement même, eussent déjà été concluans, mais en observant toutes les coupes longitudinales, faites sur plus de quinze espèces de rostres très-bien conservés, je me suis encore assuré, à l'aide d'un fort grossissement, que les couches crétacées du rostre, loin de venir s'achever carrément sur l'alvéole, dans la direction du rostre, s'étendent en une couche très-mince qui revêt, en s'évasant très-loin en avant, le cône alvéolaire. Je crois donc, en der-

(1) *Loc. cit.* p. 23, 29, 38.

nière analyse, d'après les observations citées, que le dépôt crétacé du rostre se continuait sur presque toute la longueur du godet terminal de l'osselet, et que, dès lors, ses bords suivaient la forme arrondie de ce godet. Lorsqu'il y a des parties élevées des côtes, sur le rostre, ces côtes s'atténuant, s'abaissent peu à peu et s'effacent même à la partie antérieure, comme j'ai pu le voir sur plusieurs espèces des terrains jurassiques, telles que les *B. hastatus, Blainvillii*, etc., ce qui me fait croire qu'il en est ainsi chez les Bélemnites des terrains crétacés, que M. Duval lui-même dit n'avoir jamais trouvées à l'état assez frais pour apercevoir les traces de l'osselet corné. Toutes les saillies et les échancrures antérieures du rostre me paraissent devoir n'être que le produit d'altérations plus ou moins fortes dans la décomposition ou dans l'usure des rostres, et ne tenir nullement à la forme du bord de ce rostre.

Le rostre, composé de couches crétacées successives, ne les reçoit pas uniformément sur toute sa longueur. Les couches se portent le plus souvent en arrière, où elles forment, tout d'un coup, des prolongemens énormes, comme on peut le voir pour les *B. acuarius, minimus*, etc. (pl. VII). Dans tous les cas, le rostre étant toujours terminé par une extrémité au centre postérieur, ce centre, cette extrémité de tous les âges, se montre dans les coupes; depuis le sommet de l'alvéole jusqu'aux dernières couches terminales du rostre, il forme une ligne droite, arquée ou flexueuse, suivant les espèces. Cette ligne, ancienne trace de l'extrémité successive du rostre, a été nommée *Apiciale* par M. Voltz : elle est, le plus souvent, identique suivant les espèces.

Les rostres de Bélemnites sont très-allongés chez les *B. hastatus, subfusiformis, clavatus, giganteus, accarius*, etc.; ils sont, au contraire, très-courts chez les *B. acutus*, *abbreviatus*, *brevirostris*. Entre ces deux extrêmes il y a tous les intermédiaires.

Les seuls ornemens dont ils sont chargés consistent :

1° En un sillon ventral prolongé sur presque toute la longueur (*B. hastatus, Duvalianus, sulcatus, bessinus, Fleuriausus*, etc.) n'occupant que la partie antérieure, (*B. Sauvanausus, subfusiformis, minimus, semicanaliculatus*), ou marqué seulement en arrière (*B. Puzosianus*) ;

2° En un sillon dorsal marqué sur toute la longueur (*B. latus, extinctorius*), ou seulement à l'extrémité supérieure (*B. dilatatus, Emerici, Grasianus*);

3° En deux sillons latéraux-supérieurs, marqués sur toute la longueur (*B. tricanaliculatus*) ;

4° En sillons latéraux-pairs, plus ou moins profonds, visibles sur une étendue plus ou moins grande (*B. Coquandianus, bipartitus, dilatatus, subfusiformis*, etc.).

Toutes ces lignes longitudinales du rostre qui s'effacent plus ou moins chez les individus d'une même espèce, et auxquelles on a donné une trop grande importance zoologique, en les considérant comme des restes d'*attaches musculaires* (1), ne sont, comme je l'expliquerai aux fonctions, que le résultat d'un simple pli dans l'enveloppe charnue de l'osselet. Il suffit, du reste, d'ouvrir un calmar ou une sèche, pour s'assurer que ce dernier n'adhère aux parois par aucun muscle longitudinal, et que toutes les saillies et les creux de l'osselet ne sont que la reproduction des saillies et des creux formés par l'épaississement des diverses parties des tégumens de l'espèce de gaîne charnue où il se trouve renfermé, le rostre n'en étant lui-même que la partie la plus éloignée des organes essentiels à la vie.

Le rostre est formé de matière crétacée, compacte, en cou-

(1) M. Duval, Opus cit., p. 23.

ches superposées ou d'étuis s'emboîtant les uns dans les autres. Sa cassure est fibreuse ou rayonnante du centre à sa circonférence. Ce caractère n'est point, comme on l'a cru longtemps, un état de pétrification, puisqu'un rostre de sèche montre les mêmes couches superposées et les stries rayonnantes. J'ai même, par la comparaison, acquis la certitude que le rostre de la Bélemnite était, avant sa fossilisation, crétacé, ferme et analogue à celui des Sèches. Il était dès lors probablement légèrement nacré, et cet aspect se retrouve encore chez quelques Bélemnites de tous les terrains.

Comparaison de l'osselet.

L'ensemble de l'osselet de Bélemnite se compose donc, comme je l'ai dit précédemment, d'une lame cornée pourvue d'expansions latérales; il est élargi en avant, rétréci en arrière, et terminé par un godet muni, en dedans, d'une série de loges aériennes, et protégé en dehors par un rostre crétacé ferme. Comparé aux osselets internes des Céphalopodes actuellement vivans, celui de la Bélemnite offre les plus grandes ressemblances. Si j'analyse les rapports, ils seront des plus évidens.

La *région dorsale* de l'osselet se trouve, sans exception, chez tous les Céphalopodes; elle constitue toute la partie antérieure de l'osselet des Ommastrèphes et la partie médiane des osselets de *Loligo*, d'*Onychoteuthis*, de *Sepioteuthis*, etc. Seulement, chez les Bélemnites, cette partie est plus large, ce qui tient seulement aux caractères génériques qui les distinguent.

Les *expansions latérales* sont, en tout, analogues à la même partie chez les *Loligo*, *Sepioteuthis*, *Onychoteuthis*, etc.

Ici l'osselet de Bélemnite n'offre aucune différence avec ceux des Céphalopodes actuellement vivans.

Le godet terminal est identiquement celui des *Ommastrèphes;* seulement il est plus grand et contient, de plus, en dedans, des loges aériennes, et, en dehors, un encroûtement rostral. Lorsqu'on voit le genre *Conoteuthis* (1) offrir un cône alvéolaire sans rostre, dans un osselet tout à fait analogue à celui des *Ommastrèphes*, on aura les passages d'un genre à l'autre, sans aucune lacune zoologique.

L'*alvéole aérien*, tout en différant de forme, est, chez les Bélemnites, le représentant de la coquille de la Spirule ou des loges de l'osselet de *Sepia* ; il ne diffère que dans sa forme.

Le *rostre* de la Bélemnite est absolument identique au rostre crétacé de l'osselet de sèche.

En résumé, l'osselet de Bélemnite est évidemment conformé comme celui des Céphalopodes qui habitent actuellement nos mers ; seulement, il est infiniment plus compliqué, puisqu'il réunit plusieurs caractères isolés chez les autres Céphalopodes. Néanmoins sa forme allongée et ses autres rapports m'ont (dès 1840) porté à le rapprocher davantage des Ommastrèphes. La découverte du genre Conoteuthis, établissant les passages, vient confirmer ces rapprochemens et prouver jusqu'à l'évidence que la Bélemnite était un Céphalopode acétabulifère, dont les caractères zoologiques conduisent à former une famille distincte.

Fonctions de l'osselet.

Pour mieux faire connaître dans ses détails l'osselet de

(1) Voyez *Annales des sciences naturelles*, 1842, le mémoire que j'ai donné sur ce genre.

Bélemnite, il devient indispensable d'en passer en revue les différentes fonctions, ce qui fera sentir l'importance des diverses parties qui le composent. Les fonctions de l'osselet sont de trois espèces entièrement distinctes, en raison de telles ou telles modifications.

1° Lorsque l'osselet est corné, il sert tout simplement à soutenir les chairs ; il remplit alors les fonctions des os de mammifères;

2° Lorsqu'il est corné ou crétacé, et qu'il contient des parties remplies d'air, comme l'alvéole de la Bélemnite, non seulement il soutient les chairs, mais encore il tient lieu d'allége, en représentant, chez les Mollusques, la vessie natatoire des poissons;

3° Lorsque, corné ou crétacé, pourvu ou non de parties remplies d'air, l'osselet s'arme postérieurement d'un rostre crétacé, aux deux fonctions précédentes se réunit celle de résister aux chocs, dans l'action de la nage rétrograde; il est alors corps protecteur.

Je vais passer en revue ces trois séries de fonctions, en comparant leurs rapports avec les habitudes des animaux.

Premières fonctions. L'osselet interne est toujours placé en dessus, sur la ligne médiane longitudinale du corps, et logé sous les couches musculaires du dos, dans une gaîne spéciale, où il est libre sur toute sa longueur. Dans tous les cas, ses fonctions les plus simples sont de soutenir la masse charnue, d'affermir le corps et de lui permettre la résistance aux efforts de la natation; elles sont donc alors analogues à celles des os des animaux vertébrés. En général, on peut dire que le plus ou moins d'allongement de l'osselet est toujours en rapport avec la vélocité de natation des animaux qui en sont pourvus. Si j'en cherche des exemples parmi les Céphalopodes vivans, je reconnaîtrai que les *Octopus*, les plus mauvais nageurs de la série, en sont entièrement privés, que les *Rossia*, les *Sepiola*, mauvais nageurs aussi, n'en ont que de rudimentaires, sans solidité, tandis que les Sèches, les Calmars, les Onychoteuthes, les Ommastrèphes, bien supérieurs aux premiers pour la natation, possèdent un osselet qui occupe toute la longueur du corps. Si, parmi ces derniers, on compare aussi ces osselets, on les trouvera bien plus larges chez la Sèche, dont la nage est loin d'égaler celle des Calmars, des Onychoteuthes et des Ommastrèphes, à qui leur natation, rapide comme la flèche, permet de s'élancer du sein des eaux jusque sur le pont des grands navires, ainsi que je l'ai vu plusieurs fois. Il y aurait, dès lors, certitude que le plus ou le moins d'allongement de l'osselet est toujours en rapport avec la puissance de natation des animaux qui les renferment; aussi voit-on toujours les genres pourvus d'osselets allongés avoir le corps étroit, élancé, tandis que, dans ceux qui l'ont élargi, le corps est massif, conséquence des nécessités vitales. Appliquées aux restes de Céphalopodes fossiles, ces règles feraient croire que l'osselet de Bélemnite devait appartenir à un animal allongé, dont la nage était aussi rapide que celle des Ommastrèphes.

Secondes fonctions. L'osselet interne qui, indépendamment de la composition cornée ou crétacée, contient des parties remplies d'air, est de différente structure, suivant les genres (la Sèche, la Spirule, le Spirulirostre et la Bélemnite). J'ai dit que je considérais cette modification comme une simple fonction d'allége, analogue à celles des vessies natatoires des poissons. Je fonde cette opinion sur les faits suivans, savoir : 1° les osselets des espèces vivantes surnagent à la surface des eaux, lorsqu'ils ont été retirés de l'animal, ainsi que je l'ai vu pour la Sèche et la Spirule; et 2° il y a coïncidence constante de l'augmentation progressive du nombre des loges avec l'accroissement du corps de l'animal, comme pour maintenir constamment l'équilibre dans les diverses périodes de l'existence. En effet, la Sèche, la Spirule, avec leurs proportions massives, devaient avoir besoin de cet appareil pour les aider dans leur natation; et cela est si vrai que la Spirule, avec sa forme plus arrondie, est pourvue d'une bien plus grande masse d'air que le Conotheute, dont la forme dénote un animal très-élancé. Chez la Bélemnite, l'empilement des loges aériennes vient, sans doute, contrebalancer le poids énorme du rostre crétacé de l'extrémité de l'osselet, qui, sans cette allége, obligerait l'animal à garder la position verticale, tandis que la station horisontale est généralement la station normale des Céphalopodes. Il en résulterait donc que les loges aériennes chez les genres cités, ainsi que chez les Nautiles, les Ammonites, et toutes les autres coquilles divisées par des chambres remplies d'air, ne sont que des moyens d'allége (1), donnés par la nature à tous ces animaux, pour rétablir l'équilibre chez des êtres essentiellement nageurs.

Troisièmes fonctions. Les Céphalopodes ont un mode de natation tout-à-fait particulier. Ils aspirent l'eau par l'ouverture antérieure du corps ; et, lorsqu'ils veulent avancer, ils contractent les parois fortement musculaires de ce corps, et chassent le liquide avec violence par le tube locomoteur, placé sous la tête. Il en résulte une impulsion rétrogade plus ou moins énergique, suivant les genres. Dès lors, loin de se diriger la tête en avant dans les instans où ils veulent promptement échapper à la poursuite des autres animaux, les Cépha-

(1) Ces moyens d'allége sont loin d'être facultatifs, comme on l'a pensé. Le siphon ne communiquant pas avec les loges aériennes, on a la certitude qu'ils sont fixes et indépendans de la volonté de l'animal qui en est pourvu.

lopodes sont, contrairement à la loi commune, obligés d'aller à reculons, sans pouvoir jamais calculer la portée de leur élan. C'est ainsi qu'ils s'élancent dans les airs, au sein des océans, ou qu'ils s'échouent sur la grève, près du littoral des continens. Les animaux qui vivent constamment au milieu des mers ne sont pas sujets à trouver d'obstacles dans leur nage rétrograde ; aussi leur osselet est-il entièrement corné, comme celui des Ommastrèphes et des Onychoteuthes, qui ne s'approchent que fortuitement des côtes; mais lorsque ces animaux peuvent rencontrer des obstacles fréquens, susceptibles de les blesser, lorsqu'ils s'élancent la tête en arrière, sans pouvoir les apprécier, la nature les a pourvus d'une partie protectrice, consistant en un rostre crétacé, dur, le plus souvent aigu, capable de résister aux divers chocs (1). Cette partie rostrale est ordinairement conique et termine, en arrière, l'extrémité de l'osselet en une pointe indépendante des cloisons, chez la Sèche et le Spirulirostre, ou bien enveloppe et protége l'alvéole chez la Bélemnite, tout en se prolongeant bien au-delà, en une pointe plus ou moins aiguë. Suivant cette explication (2), le rostre des Sèches, des Béloptères, des Spirulirostres, et surtout des Bélemnites, le plus développé de tous, ne serait, zoologiquement parlant, qu'un corps protecteur, qu'une partie mécanique placée en arrière, du côté où l'animal s'avance, pour résister au choc sur les corps durs, et le garantir de toute blessure organique. Cette partie ne se-

(1) J'ai toujours vu, chez les Sèches, l'extrémité du rostre sortie en dehors des tégumens. Il serait possible alors que le rostre pût encore servir d'arme, la pointe aiguë se trouvant peut-être dans les mêmes circonstances que les crochets des Onychoteuthes, qui ne sortent de leur membrane protectrice qu'à la volonté de l'animal.

(2) J'ai le premier donné ces explications en 1840. *Paléontologie française, terrains crétacés*, p. 35.

rait, dès lors, que d'une importance secondaire dans l'économie animale, et la forme, par suite des lésions fréquentes, en serait, plus que toutes les autres, susceptible de recevoir de nombreuses modifications dans une seule et même espèce.

Défini pour ses fonctions, le rostre me donne encore, en scrutant les faits, des résultats curieux, et surtout très-utiles comme application pratique aux fossiles, sur les habitudes des animaux qui en sont pourvus. Parmi les genres qui vivent actuellement, le seul muni de rostre est la Sèche. La Sèche est, sans contredit, le Céphalopode le plus côtier. D'un autre côté, on n'a pas vu de rostre parmi les genres de Céphalopodes des hautes mers, comme chez l'Ommastrèphe, l'Onychoteuthe, etc. On devrait donc croire que le rostre peut caractériser les animaux côtiers ; et cela, avec d'autant plus de raison que l'animal qui reste toujours au sein des océans n'en a pas besoin, et que ce corps protecteur n'est réellement utile qu'aux Céphalopodes qui, se tenant le plus souvent sur le littoral, sont plus à portée de se heurter.

Avant de conclure sur les osselets de Bélemnites, il me reste à envisager un point de vue relatif à leur rostre ; c'est celui des sillons divers qu'on remarque à leur surface supérieure, inférieure ou latérale. Comme je l'ai déjà dit, on a cru que ce devraient être des attaches musculaires ou des parties essentielles de l'organe sécréteur. L'organe sécréteur, parfaitement connu chez les Céphalopodes, est la paroi interne de l'espèce de graine charnue où se trouve l'osselet, que celui-ci soit à l'état corné ou crétacé. Ainsi ce sont les simples parois charnues de l'enveloppe de l'osselet qui le sécrètent. Je me suis assuré que les saillies, les creux de l'osselet chez les espèces vivantes, n'étaient que le résultat des creux des reliefs des parties épaissies et durcies de cette enveloppe charnue. Il n'y a donc là aucune attache musculaire.

Quant aux fonctions de ces plis, de ces sillons, il est assez facile de se les expliquer. Chez des animaux dont la nage rapide oblige le corps charnu à résister à des mouvemens brusques, dus soit à la nage elle-même, soit à la résistance que rencontre le corps à fendre l'élément aqueux, il est évident que les parties charnues sur les parties fermes avaient besoin de repaires, de crans pour prévenir les mouvemens constans de l'ensemble. C'est la seule fonction que je crois pouvoir raisonnablement attribuer aux rainures de l'osselet et des rostres. Si j'en cherche une preuve dans la place même de ces rainures, de ces sillons sur les rostres de Bélemnites, j'y trouverai peut-être une solution satisfaisante de la difficulté. Le rostre, étant constamment exposé à résister au refoulement de l'eau, pourrait, à sa jonction à l'alvéole, ou aux régions cornées de l'osselet, éprouver, pendant la nage, un mouvement de torsion, s'il n'était retenu dans la gaîne par des points d'arrêts quelconques. Ces points d'arrêts sont pour moi le sillon inférieur des B. *Canaliculatus, subfusiformis, extinctorius, hastatus*, etc., etc., placés précisément près de la jonction du rostre aux parties alvéolaires ou cornées, les sillons de l'extrémité des rostres de certaines espèces et les sillons latéraux de quelques autres. Pour le sillon supérieur, il donnerait encore plus de poids à ces applications. On sait qu'il n'existe que chez des Bélemnites très-comprimées. Cette même compression, éloignant davantage le point d'attache du siphon de la partie dorsale, le sillon supérieur devenait indispensable pour consolider l'ensemble, d'autant plus qu'il est, comme je l'ai dit, près du point de jonction du rostre à l'osselet corné. En résumé, les sillons longitudinaux du rostre et de l'osselet sont, comme je l'ai trouvé pour les saillies si singulières et les creux de la jonction de la tête au corps chez tous les Céphalopodes (1), de véritables *points de résistance* et pas autre chose.

Conclusions. J'ai voulu passer en revue les diverses modifications des osselets internes des Céphalopodes vivans, comparer leur composition, leurs formes aux différentes fonctions qu'ils sont destinés à remplir, aux habitudes des genres qui en sont pourvus, afin d'arriver à pouvoir dire, par comparaison, ce que devaient être les Céphalopodes dont il n'est plus resté, au sein des couches terrestres, que des parties plus ou moins complètes. C'est en effet en procédant ainsi, du connu à l'inconnu, qu'on arrivera sûrement, et sans hypothèse, à expliquer par des faits bien constatés ce que furent les animaux des faunes plus ou moine anciennes qui ont couvert le globe, aux diverses époques géologiques.

Si, sans sortir du cadre que je me suis aujourd'hui tracé, je cherche à expliquer, relativement aux Bélemnites, ce qu'elles doivent avoir été, et quelles étaient leurs habitudes, je trouverai que la forme allongée de l'ensemble de l'osselet annonce un Céphalopode, voisin des Ommastrèphes et des Onichoteuthes, très-élancé, bon nageur, sans néanmoins qu'il ait atteint, sous ce rapport, le degré de perfection auquel sont parvenus les Ommastrèphes. La présence du rostre indique, en même temps, un être dont les habitudes étaient côtières; ainsi la Bélemnite aurait joint une nage très-prompte à des mœurs purement riveraines.

(1) Voyez introduction à la *Monographie des Céphalopodes acétabulifères.* Au chapitre des modifications organiques comparées aux fonctions qu'elles sont appelées à remplir, j'ai discuté ce mode singulier d'*appareil de résistance.*

CHAPITRE II.

MODIFICATIONS DES CARACTÈRES ZOOLOGIQUES DES BÉLEMNITES.

Les modifications des caractères extérieurs des Bélemnites paraissent tenir à plusieurs causes : aux variétés naturelles, aux variétés accidentelles, aux variétés de sexes, et aux variétés d'âge.

Variétés naturelles. Ces limites sont d'autant plus larges chez les Bélemnites qu'elles ont lieu sur une partie moins importante dans l'économie animale. J'ai dit que, sur plus de quinze espèces, dont j'avais pu voir, par les empreintes, l'osselet corné, cette partie ne m'avait offert aucune différence bien appréciable dans sa forme. J'ai dit aussi que l'ouverture de l'angle, dans le cône alvéolaire, montrait peu ou point de variations, suivant les individus d'une espèce ; on voit, dès lors, que les parties essentielles des Bélemnites sont, en quelque sorte, invariables, et offrent ainsi un caractère spécifique important. Si je passe au rostre, je trouverai, au contraire, des limites de variations si étendues, que je puis croire qu'il n'existe pas d'autres corps organiques plus difficiles à circonscrire dans leurs caractères spécifiques. En effet, prend-on pour base la longueur relative de l'alvéole ou du rostre? on la voit varier à l'infini. Prend-on la compression ou la dépression? celle-ci est plus ou moins marquée. Enfin, se sert-on de la présence des sillons? ils sont si prononcés sur certains individus, et si faibles chez d'autres, qu'on est réellement très-embarrassé. Il devient donc impossible de fixer les limites des variétés naturelles sans tenir compte des variétés accidentelles, des variétés de sexe et d'âge.

Variétés accidentelles. Les variétés accidentelles peuvent être considérées de trois manières. Elles sont produites, à l'état de vie de l'animal, par les lésions de l'extrémité du corps dues au choc du rostre, dont elles modifient la pointe; par une rupture au milieu de la longueur du rostre; par l'enlèvement d'une partie du rostre. Je vais traiter ces trois points de vue séparément, puisqu'ils peuvent tenir à des causes différentes.

1° Les monstruosités provenant de la lésion de l'extrémité du corps par un choc doivent être les plus fréquentes, et ce que j'ai dit de la nage rétrograde (1) les explique d'une manière satisfaisante. Il est certain qu'un choc violent doit rompre l'extrémité du rostre, meurtrir les chairs ou endommager notablement la peau; dès lors, pendant cette période et ensuite si la blessure est forte, les matières crétacées ne se déposent plus régulièrement, et il en résulte des formes anormales, souvent des plus bizarres; ainsi, de pointu qu'il était, le rostre devient rond (*B. hastatus*, pl. 19, fig. 9), et cette monstruosité, la plus commune, se remarque surtout chez les très vieux individus de chaque espèce (*B. Bruguierianus, compressus*).

D'autres fois, la lésion amène un tortillement de l'extrémité du rostre (*B. hastatus*, pl. 19, fig. 10), ou encore une pointe crochue (*B. compressus*, pl. 6, fig. 9), *B. Blainvillei*, pl. 12, fig. 5).

Lorsque la lésion est devenue trop forte, il a dû en résulter une plaie non fermée. Les parties crétacées ne se déposant que dans les points non malades, il s'est formé une extrémité boursouflée avec une crevasse irrégulière, pl. 19, fig. 8). Ces monstruosités pouvaient être si fréquentes et si variées que les caractères spécifiques tirés de l'extrémité du rostre sont, comme

(1) Voyez p. 58.

on le voit, les plus mauvais qu'on puisse prendre, lorsqu'ils ne se retrouvent pas identiques sur un grand nombre d'échantillons, et lorsqu'ils ne sont pas accompagnés d'autres différences constantes. Pour faire usage des caractères de l'extrémité du rostre, sur un échantillon anormal, il convient préalablement de le couper en deux, afin de voir s'il n'y a pas de traces de lésions internes.

2° Les monstruosités provenant d'une rupture au milieu de la longueur du rostre ne peuvent avoir lieu que chez les espèces dont cette partie est allongée et grêle; aussi ne la voit-on, jusqu'à présent, que chez les *B. hastatus* et *subfusiformis*. C'est elle qui amène évidemment les Bélemnites sans cône alvéolaire, dont on a formé le genre *Actinocamax*. J'ai, dès 1840 (1), donné une courte explication de cette singulière déformation, que je regardais comme le produit d'une rotation des deux parties, pendant la durée de la vie de l'animal. Aujourd'hui je n'ai pas changé d'opinion, et la dissertation de M. Duval (2), en voulant montrer que je me suis trompé, me prouve seulement que je n'ai pas su me faire comprendre de ce naturaliste. S'il avait étudié le mode de natation des Céphalopodes, la place de l'osselet dans le corps et la résistance que doit trouver l'extrémité du corps à fendre l'élément aqueux dans la nage rétrograde, M. Duval se serait expliqué ce que j'entendais par la rotation des deux parties rompues. Il n'aurait pas, dans le but de prouver le contraire de ce que j'avançais, figuré (3) un rostre chevauchant ou ployé en deux, deux positions naturellement impossibles dans l'organisation des animaux. La première (4) demanderait que la gaîne charnue fût rompue pour

(1) Voyez *Paléontologie française, Terrains crétacés*, p. 38.
(2) *Loc. cit.*, p. 69.
(3) Voyez *Bélemnites des Basses-Alpes*, pl. 9, fig. 13 et 14.
(4) Voyez *loc. cit.*, pl. 9, fig. 13.

recevoir un corps de deux fois son diamètre ordinaire, ce qui ne peut arriver que dans un déchirement complet de toutes les parties, cas qui appartient à des blessures plus graves, à des modifications tout-à-fait différentes de celles qui m'occupent. Quant à l'autre (1), elle ne pourrait avoir lieu sans que l'animal fût ployé en deux; et j'ai trop étudié les Céphalopodes pour tomber en de si graves erreurs. Non compris une première fois, voyons si je serai plus heureux la seconde.

J'ai dit que le genre *Actinocamax* était le produit d'une rupture pendant la vie, et d'une rotation, l'une sur l'autre, des parties rompues du rostre. Voici comment je me l'explique (pl. 3, fig. 4) : Ce genre de mutilation ne se remarque, jusqu'à présent, que sur deux espèces, toutes deux de forme lancéolée, c'est-à-dire plus large en haut et en bas qu'au milieu de leur longueur; et, dès lors, offrant plus de facilités à se rompre dans cette partie faible qu'ailleurs, soit au-dessous, soit au commencement de l'alvéole; c'est en effet ce qu'on trouve; tous les prétendus Actinocamax n'étant que des Bélemnites rompues dans leur partie la plus mince. Je crois qu'il n'y a pas de doute à cet égard, et les figures que j'ai données en 1840 le démontrent jusqu'à l'évidence. On a encore la certitude que ces ruptures ont presque toujours eu lieu dans l'instant où le rostre était très-délié, très-faible, comme on en peut juger par le diamètre de la partie saillante du rostre du *B. subfusiformis* et par la taille des *Actinocamax fusiformis*, qui ne sont que des mutilations du *B. hastatus* (pl. 19, fig. 4, 6). Le rostre s'était donc rompu à une grande distance de son extrémité postérieure. J'ai dit encore que l'osselet est, chez les Céphalopodes, logé dans une gaîne charnue, très-étroite, de la région la plus supérieure du

(1) Voyez *Bélemnites des Basses-Alpes*, pl. 9, fig. 14.

corps (1) ; que le rostre en occupe la partie la plus déliée, la plus pointue de l'extrémité postérieure (2) ; que l'animal, dans la nage rétrograde (3), présente constamment cette partie déliée à la résistance de l'eau. Il est alors évident que l'extrémité du corps, n'étant plus affermie par le rostre entier, recevra dans la natation, sur le point de la rupture, un mouvement incessant en tous sens, ou une espèce d'articulation mobile, qui amènera constamment la rotation, l'une contre l'autre, des deux parties rompues. Aucune soudure ne pourra devenir possible, puisqu'il faudrait que l'animal restât sans mouvement, ce qui serait difficile à des êtres entourés d'ennemis qui s'en nourrissent et ne cessent de le poursuivre. Si donc l'animal ainsi blessé exécute le moindre mouvement, il est évident que, déterminé par la résistance de l'eau, ce mouvement du corps sur la partie rompue du rostre viendra pincer, tantôt d'un côté, tantôt de l'autre, la paroi interne de la gaîne; il en résultera une lésion constante de cette partie, une plaie permanente, qui empêchera la soudure. De plus l'état pathologique augmentant toujours, la paroi perdra peu à peu, sur ce point, ses facultés sécrétantes ; et il s'en suivra cette série de couches en retraite, qui commencent au point de rupture première et s'achèvent plus ou moins loin, suivant la gravité et l'étendue de la partie malade (pl. 19, fig. 5) (4). Si, après une période plus ou moins longue, la plaie se cicatrise, en partant des parties postérieures non lésées, et s'avançant vers le point primitif de la blessure, il en résultera une sécrétion nouvelle extérieure qui, au lieu d'être en retraite, débordera la partie déjà formée, et il se formera ces bouts

(1) *Voyez* pag. 56.
(2) *Voyez* pag. 59.
(3) *Voyez* pag. 59.
(4) *Terrains crétacés*, pl. 4, fig. 14, 16, 21.

saillans du sein d'une cavité, comme M. Duval en figure (1).

En résumé, on voit clairement que mon opinion sur les Actynocamax provenus des *B. subfusiformis* et *hastatus* (2), considérés comme individus mutilés des Bélemnites, opinion publiée dès 1840, n'est pas, ainsi que le dit M. Duval (3), « *une suite de cette heureuse prévision dont sont doués les enfans gâtés de la science* » plutôt que le produit « de *l'observation des faits eux-mêmes.* » On y reconnaît, au contraire, la conséquence d'une série d'observations non moins minutieuses qu'ont pu l'être celles de M. Duval sur les rostres des Bélemnites des Basses-Alpes, observations qui remontent à plus de vingt ans, et qui s'étendent à tous les Céphalopodes vivans et fossiles.

3° Les monstruosités par enlèvement d'une partie de la longueur du rostre doivent provenir de deux causes : elles viennent d'un choc qui a déterminé une blessure grave, et par suite la chute de l'extrémité du rostre, après sa rupture, ou d'une morsure quelconque, qui a enlevé l'extrémité postérieure du corps. C'est, sans doute, à l'une et à l'autre de ces causes que sont dues ces mutilations si singulières, figurées par M. Duval, et qu'il a reconnues sur le *B. subfusiformis*.

Pour me résumer quant aux variétés accidentelles, je crois qu'elles sont tellement marquées et tellement exagérées pour les rostres des Bélemnites, qu'on ne saurait trop long-temps réfléchir, avant d'établir une espèce sur une forme anomale, dont on n'a qu'un représentant.

Variétés de sexes. Lorsque j'ai étudié les modifications que subissent les sexes, chez les Céphalopodes, j'ai reconnu que,

(1) Voyez pl. 9, fig. 9 ; pl. 10, fig. 22.

(2) Quant à l'*Actynocamax verus*, elle pourrait être une mutilation, analogue d'une Bélemnitelle, que j'appelle *B. verus*. J'en parlerai au supplément des *Terrains crétacés*.

(3) Voyez *Bélemnites des Basses-Alpes*, p. 68.

dans presque toutes les espèces, il y avait des individus plus courts et d'autres plus allongés ; que cette différence devenait énorme chez le *Loligo subulata* (1), par exemple, où le corps se prolonge en arrière, par une queue charnue de moitié plus longue chez les mâles que chez les femelles. Quand je voulus m'assurer si ces différences extérieures de formes du corps en amenaient dans celle de l'osselet interne, je m'aperçus qu'effectivement ces parties étaient tellement distinctes, suivant les sexes, que, si j'avais vu ceux-ci séparément, j'aurais cru qu'ils appartenaient à deux espèces (2). Ces observations, appliquées aux rostres des Bélemnites, me firent reconnaître immédiatement que, dans chaque gisement où se rencontrent beaucoup de Bélemnites, il existait toujours des individus plus allongés et d'autres plus courts, sans le moindre changement dans les autres caractères; je fus, dès lors, logiquement conduit à penser que ces proportions si distinctes ne devaient tenir qu'aux sexes des individus qui les portent. J'ai fait, en ce sens, des observations multipliées sur des milliers d'échantillons, et je suis arrivé à ne conserver aucun doute sur les variations dues aux différences de sexe dans les rostres des Bélemnites.

Ces variétés de sexes dans les rostres sont simples ou compliquées.

Je les appelle *simples*, lorsqu'elles consistent seulement en un plus ou moins grand allongement constant du rostre, et cette différence je l'ai trouvée chez les *B. compressus*, *Bruguierianus*, *umbilicatus*, *unisulcatus*, *elongatus*, *abbreviatus*, *acutus*, *Fournelianus*, *Nodotianus*, *clavatus*, *hastatus*, *Puzosi*

(1) Voyez ma *Monographie des Céphalopodes acétabulifères*.

(2) Voyez *Monographie des Céphalopodes acétabulifères*, genre Calmar, pl. 9, où j'ai représenté comparativement un osselet de mâle et un osselet de femelle.

nus, *sulcatus*, *etc.*, *etc.* On conçoit qu'admettant ces différences apportées par les sexes, toute mesure de rapport entre la longueur relative de l'alvéole et du rostre devient illusoire, puisqu'elle varie suivant les individus.

Je l'appelle *variété de sexe compliquée*, lorsqu'avec des proportions très-différentes suivant les sexes, ce caractère vient se joindre aux changemens de forme dus à l'âge. Ces variétés sont surtout très-marquées chez les *B. acuarius* et *giganteus*. Chez la première, je regarde comme individus mâles ceux qui sont allongés dès leur jeunesse, et comme femelles ceux qui, jusqu'à un âge très-avancé, sont fortement obtus et ne ressemblent en rien aux premiers. Ils croissent ainsi un temps plus ou moins long; le rostre du mâle différant complètement de celui de la femelle. Il arrive enfin un instant où, sur la forme obtuse, le rostre de la femelle reçoit, sur les couches calcaires de son extrémité, un prolongement énorme qui, plus tard, le fait ressembler, en tout, à l'état constant du rostre des mâles; seulement, l'extrémité, croissant trop vite pour recevoir assez de parties calcaires, reste creuse ou tubuleuse. Ce changement si singulier m'a été dévoilé par des coupes (pl. 7, fig. 4), et m'a donné la certitude absolue qu'un rostre obtus et tronqué, comme celui de la femelle jeune (pl. 7, fig. 12), pouvait appartenir à la même espèce que celui qui est si allongé et si grêle (pl. 7, fig. 1), puisqu'on trouve, par la coupe, que ce rostre, d'adord court et obtus, reçoit, à un certain âge, un prolongement terminal qui le rend tout aussi long que celui des mâles.

Dans le *B. giganteus*, les changemens, sans être aussi considérables, ne laissent pas d'avoir une grande portée. Les rostres des jeunes mâles sont longs, élancés, c'est le *B. gladius* des auteurs (pl. 15, fig. 7); le rostre de jeune femelle est conique et court, c'est le *B. quinquesulcatus* (pl. 14, fig. 2);

le rostre de mâle continue toujours à croître aussi élancé ; le rostre de femelle, à un certain âge (pl. 14, fig. 1), cesse d'être conique et court ; il reçoit à l'extrémité, comme celui du *B. acuarius*, un prolongement qui, plus tard, le fait ressembler, en tout, à celui des mâles.

En résumé, les limites des variétés de sexes non-seulement amènent toujours une bien plus grande longueur du rostre chez les mâles que chez les femelles ; mais cette longueur peut encore se compliquer, à un certain âge, par un changement complet dans la forme, comme on le voit chez les *B. acuarius* et *giganteus*. Il est donc on ne peut pas plus important de faire entrer toutes ces considérations dans l'établissement d'une espèce, en ayant soin d'user les rostres, pour s'assurer si, dans l'intérieur, il n'y a pas de traces de ce changement.

Variétés d'âge. Les modifications dues à l'âge, dans les rostres des Bélemnites, sont on ne peut plus étendues, et offrent les faits les plus curieux. Pour les reconnaître, il suffit de couper longitudinalement et transversalement un grand nombre de rostres. Alors il paraîtra constant que ces modifications ne sont point l'effet du hasard, mais qu'elles ont lieu d'une manière régulière, dans presque toutes les espèces. J'ai déjà trouvé, pour les Ammonites (1), que l'âge apportait quatre périodes distinctes de formes ; sur les rostres des Bélemnites, ces périodes ne sont pas aussi régulières ; pourtant on en retrouve quelques-unes.

La *période embryonnaire* est très-marquée chez les Bélemnites, et se distingue parfaitement sur l'alvéole et sur le rostre. Elle est représentée dans l'alvéole par cette première loge aérienne ronde, ovale ou cupuliforme, toujours de forme différente des autres, qui commence l'empilement alvéolaire

(1) Voyez *Paléontologie française*, *terrains crétacés*, t. 1, p. 377.

des chambres aériennes (pl. 11, fig. 12 et pl. 19, fig. 6). Cette première loge se retrouve sans exception chez toutes les espèces de Bélemnites; elle était toujours accompagnée d'un rostre plus ou moins long, mais invariablement rond, sur la tranche; ainsi la Bélemnite a commencé par avoir un rostre et un alvéole, et n'était point, dans le jeune âge, un corps sans cavité antérieure, comme l'a pensé M. de Blainville (1). On peut dire que les rostres de Bélemnites commencent tous, sans exception, par être ronds, lors même que, plus tard, ils doivent être comprimés ou anguleux, et présentent les formes les plus disparates (*B. polygonalis* (2), *dilatatus*, *Emerici*, *hastatus*, *bipartitus*, etc.). En résumé, l'âge embryonnaire, chez les Bélemnites, affecte la plus grande uniformité dans les caractères de toutes les espèces, et prouve encore que cette simplicité et cette uniformité dans cet âge, loin d'être une exception, dépendent des lois générales de la zoologie.

Après l'âge embryonnaire commence, chez les Bélemnites, la première *période d'accroissement*. Alors le rostre est généralement plus grêle, plus allongé, plus aigu à son extrémité. Il conserve cette forme plus ou moins long-temps, suivant les espèces; il reste aussi arrondi pendant une durée d'accroissement très-variable; puis, se revêtant des caractères essentiels de l'espèce, il devient comprimé, déprimé, se couvre ou non de sillons; et ceux-ci, ainsi que tous les autres caractères extérieurs, se marquent davantage. Le rostre est en pleine croissance.

Lorsque l'accroissement n'amène pas de changemens exceptionnels dans les formes, comme il arrive pour le plus grand nombre des Bélemnites, les rostres, dans beaucoup de cas,

(1) *Monographie des Bélemnites*, pl. 1, fig. 4.

(2) A cet égard, presque toutes les coupes données par M. Duval (*loc. cit.*) sont inexactes.

perdent un peu de leur longueur ; ils s'épaississent, deviennent plus courts à proportion, et demeurent ainsi jusqu'à ce qu'ils aient atteint le maximum de leur taille ; seulement, il arrive que les plis de leur extrémité postérieure deviennent moins visibles dans la vieillesse la plus avancée, et que l'extrémité du rostre prend la forme obtuse. (*B. Bruguierianus, compressus.*) Lorsque l'accroissement détermine des changemens exceptionnels, comme ceux qu'on remarque chez les *B. acuarius, giganteus, minimus* et *Blainvillei*, on voit, dans une dernière période de l'existence, chez les deux sexes, ou dans les osselets de femelles seulement, naître sur l'extrémité du rostre ces prolongemens si singuliers, qui manquaient durant une période assez longue de la vie de ces individus, et dont j'ai dû déjà parler, en traitant des variétés des sexes (1).

En résumé, chez les Bélemnites, l'âge apporte les plus grands changemens aux formes; et, si l'on ne tenait compte de ces changemens, on courrait le risque de commettre les plus graves erreurs dans la détermination des espèces et de leurs véritables limites naturelles.

D'après les grandes modifications que peuvent subir les rostres des Bélemnites, par suite d'accidens, de déformation, des changemens qu'apportent les sexes et les âges, on voit qu'on ne peut être sûr de rien sans une étude approfondie des espèces faites sur un nombre immense d'échantillons. L'expérience m'a convaincu que le genre Bélemnite, l'un des plus intéressans par ses caractères et par son application à la géologie, est aussi, sans contredit, le plus difficile à déterminer positivement, quant à ses espèces, qu'on ne peut plus distinguer qu'au moyen d'une très-petite partie de l'ensemble, et encore la moins importante dans l'économie animale. En général, on

(1) Voyez pag. 68.

explique le chaos qui règne à l'égard des espèces, dans les auteurs qui s'en sont occupés, parce qu'on s'est borné aux formes purement extérieures des rostres, sans y appliquer les modifications si étranges que j'ai eu le bonheur de découvrir, relativement à l'âge et aux sexes. Ces mêmes modifications viendront justifier, je l'espère, les nombreuses réformes que j'ai cru devoir faire subir à celles qui ont été décrites ou figurées jusqu'à ce jour.

Examen critique du nombre des espèces.

La réunion des noms de Bélemnites propres aux terrains jurassiques donnés par les auteurs, en comptant toutes celles qui sont décrites dans tous les pays, m'en a fait trouver au moins *quatre-vingt-dix-huit*. Sur ce nombre, *vingt-deux* me sont inconnues. Parmi celles-ci, *huit* pourraient être des individus complets (les *B. Altorfensii, trisulcatus, bisulcatus*, de Blainville; *tripartitus*, Miller; *acutus, oxyconus, pygmeus, rostratus*, Zieten); tandis que les *quatorze* autres (les *B. penicillatus, obtusus, fistulosus, en crochet, aiguille*, de Blainville; *crassus, perforatus*, Voltz; *tumidus, subpapillatus*, Zieten; *carinatus*, Hehl; *teres*, Stahl; *turgidus*, Schübler; *papillatus*, Plienenger; *quadrisulcatus*, Hartmann) me paraissent être soit des difformités, soit des échantillons altérés par la fossilisation.

J'ai donc pu examiner comparativement *soixante-seize* espèces des différens auteurs. En y appliquant une révision sévère des synonymies, des difformités, des altérations dues à la fossilisation, des différences apportées par l'âge et les sexes, je suis arrivé à les réduire à *dix-huit*, ou moins du quart. J'espère que les considérations qui précèdent et les descriptions de chaque espèce en particulier viendront justifier cette réforme, qui m'a paru indispensable. Si je joins à ces *dix-huit* espèces quinze autres nouvelles appartenant au sol de la France, j'aurai encore un total de *trente-trois* espèces de Bélemnites, dans les terrains jurassiques de notre territoire.

Division des Bélemnites par groupes.

Il paraît, au premier abord, plus que hasardeux d'oser former des groupes parmi des corps qui ne sont que la très-petite partie d'un tout; pourtant, comme ce mode de procéder peut avoir l'avantage de simplifier les recherches, je crois devoir l'adopter pour les Bélemnites.

1er groupe : les ACUARI.

Rostre plus ou moins conique, souvent sillonné ou ridé à l'extrémité inférieure, sans sillons ventral ni latéraux aux parties antérieures. Ce groupe comprend les *B. irregularis, acuarius, compressus, Bruguierianus, umbilicatus, unisulcatus, elongatus, abbreviatus, acutus, brevirostris, Fournelianus, Nodotianus*, du lias; *B. giganteus*, de l'oolite inférieure; *B. excentricus, Puzosianus*, des couches oxfordiennes; *B. Souichei*, des couches portlandiennes.

2e groupe : les CANALICULATI.

Rostre allongé, lancéolé ou conique, pourvu inférieurement d'un sillon ventral, occupant presque toute la longueur. Point de sillons latéraux. Ce groupe comprend les *B. canaliculatus, sulcatus, Blainvillei, Bessinus* et *Fleuriausus*; toutes appartenant à l'oolite inférieure et à la grande oolite.

3e groupe : les HASTATI.

Rostre allongé, le plus souvent lancéolé, pourvu de sillons

latéraux, sur une partie de leur longueur, et antérieurement d'un sillon ventral très-prononcé. *B. tricanaliculatus*, du lias ; *B. hastatus, Duvalianus, Coquandus, Sauvanosus, Didayanus, enygmaticus*, des couches oxfordiennes ; *B. Royerianus*, des couches coralliennes ; *B. bipartitus, subfusiformis, semicanaliculatus*, du terrain néocomien ; *B. minimus*, du gault.

4e groupe : les CLAVATI.

Rostre allongé, souvent en massue, pourvu de sillons latéraux. Point de sillon ventral en avant. *B. clavatus, exilis* et *Tessonianus*, du lias.

5e groupe : les DILATATI.

Rostre comprimé, souvent très-élargi, pourvu de sillons latéraux, et, en avant, d'un profond sillon dorsal. *B. dilatatus, Emerici, polygonalis, latus*, du terrain néocomien.

Jusqu'à présent, toutes les espèces connues rentrent parfaitement dans ces cinq groupes, qui, comme on peut l'entrevoir, sont, pour ainsi dire, divisés naturellement par terrains.

Bélemnites du lias.

N° 2. BELEMNITES IRREGULARIS, Schlotheim.

Belemnites irregularis, Schloth., 1813 ; Taschenbuch, t. 7, tab. 3, fig. 2, p. 70.

B. irregularis, Schloth., 1820 ; Die petref., p. 48, n° 5.

Id., Blainville, 1827, p. 104, n° 46.

B. digitalis, Blainville, 1827, p. 88, n° 28, pl. 3, fig. 5, 6.

B. penicillatus, Blainville? 1827, pl. 3, fig. 7.

B. digitalis, Voltz, 1829, t. 2, fig. 5.
Id., Zieten, 1830, p. 31, t. XXIII, fig. 9.
B. irregularis, Zieten, 1830, p. 30, t. XXIII, fig. 6.
B. digitalis, Rœmer, 1835, n° 8, p. 167.

B. testâ elongatâ, compressâ, posticè obtuso-submucronatâ; anticè lateribus compressâ; aperturâ ovali; alveolo, angulo-20°-22°.

Dimensions.	Longueur	100 mill.
	Grand diamètre.	20 *id.*

Rostre peu allongé, comprimé, presque égal sur la longueur, à peine un peu plus large en avant, très-obtus en arrière, où sa partie terminale est légèrement oblique en dessous. Dans certains individus, cette extrémité est très-obtuse, sans pointe apparente; chez d'autres, le sommet forme une légère saillie mucronée; chez quelques autres, on remarque, en dessous, un sillon peu prolongé. Les côtés sont fortement comprimés et pourvus de très-légères dépressions. La cavité occupe plus de la moitié de la longueur du rostre; elle forme un cône légèrement comprimé, dont les angles sont de 20 et 22 degrés. L'alvéole paraît se prolonger beaucoup en haut.

Rapports et différences. Par sa forme comprimée latéralement, obtuse à son extrémité, cette espèce se distingue facilement des autres.

Localité. Elle caractérise les couches supérieures du lias. Elle a été trouvée à Thionville, au vallon d'Arry (Moselle), par MM. Fournel et Hollandre; à Pouilly, en Auxois (Côte-d'Or), par M. Nodot; à Saint-Maixent (Deux-Sèvres), par M. Garran et par moi; aux environs de Nancy (Meurthe), par MM. Delcourt et Guibal; à Montmédy (Meuse), par M. Raulin.

Histoire. Décrite par Schlotheim, dès 1820, elle fut rapportée, en 1827, par M. de Blainville, au *B. digitalis* de Faure Biguet. J'ai sous les yeux le travail de Faure Biguet, et j'y cherche en vain une espèce de ce nom ; en effet, cet auteur a décrit les *B. dactylus, digitulus* et *digitus*, et nullement le *B. digitalis*. En comparant même les figures, je ne reconnais aucune espèce qui soit réellement celle de M. de Blainville ; il faut donc en conclure que la figure de ce nom, que le savant anatomiste a donnée de cette espèce, est différente de celle de Faure Biguet, à laquelle tous les auteurs l'ont rapportée. Le nom que Schlotheim a imposé étant le plus ancien, il convient de le conserver à l'espèce.

Explication des figures. Pl. 4, fig. 3, rostre entier vu en dessous. De ma collection.

Fig. 2. Le même, vu de profil ; l'alvéole figuré avec des points.

Fig. 4. Coupe faite vers le sommet, au-dessus de l'alvéole.

Fig. 5. Coupe à la partie supérieure du rostre.

Fig. 6. Variété sillonnée à l'extrémité, vue en dessous.

Fig. 7. Variété sillonnée et mucronée.

La même, vue de profil.

N° 3. BELEMNITES ACUARIUS, Schlotheim,

Pl. 5.

Belemnites acuarius, Schlot., 1820, Petref., p. 46, n° 2.

B. tubularis, Young, 1822, Yorksire, pl. XIV, fig. 6.

B. longissimus, Miller, 1823, *Mem. trans. geol. soc.*, v. 2, pl. VIII, f. 1, p. 60, n. 5?

B. acuarius, Blainville, 1827, Belem., p. 96, n° 36.

B. longissimus, Blainville, 1827, Belem., p. 95, n° 35, pl. 4, fig. 7?

Pseudobelus striatus, Blainville, p. 113, pl. 4, fig. 13.

Pseudobelus levis, Blainv., p. 112, pl. 4, fig. 14.

B. tubularis, Phillips, 1829, Yorkshire, pl. XII, fig. 20.

B. longissimus, Zieten, 1830, Wurt., p. 28, pl. 21, fig. 10-11?

B. gracilis, Hell. Zieten, 1830, Wurt., p. 28, pl. 22, fig. 2.

B. lagenæformis, Hartmann, Zieten, 1830, Wurt., p. 33, pl. 25, fig. 1.

B. longiscatus, Voltz, 1830, Mém., p. 57, pl. VI, fig. 1?

B. tenuis, Munster, 1830, *zur Belem.*, pl. 2, fig. 5, 6.

B. semistriatus, Munster, 1836, *zur Belem.*, t. 2, fig 4.

B. gracilis, Rœmer, 1835, p. 175.

B. longissimus, Rœmer, p. 168.

B. longiscatus, Rœmer, p. 174.

B. tenuis, Rœmer, p. 169, n_o 13.

B. acuarius, Rœmer, p. 174.

B. acuarius, Munster, pl. 11, fig. 45.

(*B. testâ* (*junior*) *brevi, compressâ;* (*adulta*) *elongatissimâ, compressâ, subconicâ, posticè attenuatâ, subobtusâ, longitudinaliter striato-sulcatâ; aperturâ compressâ; alveolo, angulo* 20°-22°.

Dimensions. Longueur d'un individu bien complet. 230 mill.
Grand diamètre antérieur. 16

Rostre changeant souvent de forme, suivant l'âge.

Jeune, il est peu allongé, comprimé, légèrement conique, très-obtus en arrière, et peu oblique en dessous. Alors il ressemble beaucoup au rostre du *B. irregularis*, seulement il est un peu plus conique.

Adulte. A cet âge, à l'extrémité du rostre que je viens de décrire, il naît un prolongement conique très-long, légèrement comprimé, entièrement lisse à sa base, marqué au sommet d'un sillon ventral, d'un autre latéral, et, de plus, beaucoup de stries longitudinales plus ou moins prononcées et passant à des sillons. Souvent les stries manquent et les sillons sont très-atténués ou nuls. Cavité alvéolaire courte, comprimée ; son angle est de 20 et 22 degrés. Quelques individus, que je regarde comme ayant appartenu à des mâles, sont allongés dès la jeunesse. Il n'y aurait alors que les osselets des femelles qui changeraient de forme.

Observation. De la description qui précède il ressort que, jusqu'à certain âge, dans quelques individus regardés comme femelle, le rostre des *B. acuarius* ne diffère pas de celui du *B. irregularis*, et qu'il est, comme tous les autres, composé de couches dont la tranche est rayonnante. Après ce premier âge, on pourrait croire que l'animal qui le contenait a changé de forme, et que son corps, d'obtus qu'il était, prend un prolongement postérieur, analogue à celui qu'on remarque chez les mâles du *Loligo subulata*, et que, dès cet instant, ce prolongement du corps dépose sur le rostre obtus un prolongement crétacé conique et très-allongé, semblable à celui du *B. minimus*, Lister (*Terrains crétacés*, p. 56); mais ce nouvel appendice, croissant, sans doute, avec beaucoup plus de rapidité que le reste, est tubuleux et creux sur presque toute sa longueur, et d'une contexture tout-à-fait différente du reste. Lorsque son extrémité est pleine de matière crétacée, cette matière est cristalline et jamais fibreuse (ce qui a déterminé le genre *Pseudobelus* de M. de Blainville). Lorsque ce prolongement est resté creux, ce qui arrive le plus souvent, la pression, dans la fossilisation, a d'ordinaire amené son écrasement. J'ai dit que, dans le jeune âge, le rostre est court, obtus dans les rostres présumés avoir appartenu à des femelles, qu'il est analogue à celui du *B. irregularis*, et qu'il ne prend son grand allongement qu'après son accroissement. Lorsqu'on voit, chez le *Loligo subulata*, l'osselet interne du mâle différer d'une manière si complète par son grand allongement de celui de la femelle, ne pourrait-on pas croire que le rostre des *B. irregularis* et *acuarius* provient de semblables modifications de sexes? Le premier serait un rostre de femelle ayant conservé sa forme à tous les âges ; le second, un osselet de mâle, qui aurait cet allongement extraordinaire signalé chez l'*Acuarius*. Quoi qu'il en soit, il est évident que, dans le jeune âge des rostres de femelle, le rostre de l'*Acuarius* est identique au rostre constant du *B. irregularis;* et, si je ne les réunis pas dès à présent, quoique mon opinion soit bien arrêtée à ce sujet, c'est pour ne pas heurter de front les idées généralement reçues.

Rapports et différences. Cette espèce diffère des suivantes par la forme primitive obtuse de son rostre; elle se distingue nettement de toutes les autres par le prolongement de sa partie postérieure.

Localité. Cette espèce paraît caractériser le lias supérieur. Elle a été trouvée à Essay et à Bouxières-aux-Dames, à Villers-les-Nancy, près de Nancy (Meurthe), par MM. Delcourt et Guibal ; à Amayé-sur-Orne et à Vieux-Pont (Calvados), par M. Tesson ; à Saint-Quintin (Isère), par M. Gras ; près de Châtillon-sur-Seine (Côte d'Or), par M. Jules Beaudouin ; à Montmédy (Meuse), par M. Raulin. On la rencontre encore à Banz (Franconie).

Histoire. Décrite d'une manière très-remarquable en 1820 par Schlotheim, cette espèce a reçu, dans les différens états, et suivant ses déformations, beaucoup de noms distincts. Peut-être doit-on y rapporter le *B. longissimus*, Miller, reproduit sous ce nom par MM. Blainville, Zieten, etc. En 1827, M. de Blainville donne la description de l'*Acuarius* de Schlotheim, et sous les noms de *Pseudobelus striatus* et *lævis* des tronçons qui appartiennent évidemment à l'extrémité de la même espèce. M. Zieten, en 1830, représente sous la dénomination de *Lagenæformis* (Hartmann) l'*Acuarius* de Schlotheim. Il en est de même de son *B. gracilis*, qui ne paraît être qu'un individu non déformé par la pression. Les échantillons conservés à l'École des Mines m'ont donné la certitude que le *B. tenuis* et le *B. semistriatus* de M. de Munster ne sont encore que l'*Acuarius*. En supposant que le *Longissimus* et le *Longiscatus* en soient également des modifications, ce dont je n'ai pu m'assurer positivement, cette espèce aurait déjà reçu douze noms différens.

Explication des figures. Pl. 5, fig. 1. Individu entier (en deux parties), légèrement déformé par la pression (*B. tenuis*, Munster). Son extrémité striée *x* représente le *Pseudobelus striatus*, de M. de Blainville, et le *B. longiscatus*, Voltz.

Fig. 2. Individu rétréci (*B. lagenæformis*, Hell.); son extrémité lisse est le *pseudobelus lævis* de M. de Blainville.

Fig. 3. Individu dont l'extrémité est fortement déformée par la pression. La partie antérieure a résisté à la même pression. (C'est le *B. acuarius*, Schloth.)

Fig. 4. Coupe longitudinale dans laquelle les lignes d'accroissement montrent que le rostre avait la forme du *B. irregularis*, jusqu'à l'instant où la partie tubuleuse postérieure est venue s'y appliquer dessus.

Fig. 5. Coupe au tiers de l'alvéole : *a* dessus, *b* dessous.

Fig. 6. Coupe au-dessous de l'alvéole.

Fig. 7, 8, 9. Diverses coupes de la partie tubuleuse.

Fig. 10. Coupe de la partie striée de l'extrémité postérieure.

Fig. 11. Une autre coupe d'un individu différent.

Fig. 12. Un rostre avant qu'il n'ait pris l'allongement.

BELEMNITES COMPRESSUS, Blainville.

Pl. 6.

Belemnites niger, Lister, 1678, Coch. Angliæ, p. 226, tab. 7, fig. 31?

B. apicicurvatus, Blainville, 1827, Bélem., pl. 2, fig. 6, p. 76, n° 16.

B. bicanaliculatus, Blainville, 1827, Bélem., pl. 2, fig. 7; pl. 5, fig. 8, 9, p. 120.

B. compressus, Blainville, 1827, pl. 2, fig. 9, p. 84, n° 24.

B. penicillatus, Blainville, 1827, pl. 3, fig. 7.

B. compressus, Desh., 1830, Encycl., p. 129, n° 15.

B. compressus, Voltz, 1830, Observ. sur les Bél., pl. 5, fig. 1-2.

B. crassus. Voltz, 1830. Observ. sur les Bél., pl. 7, fig. 8.

B. bisulcatus, Zieten, 1830, Wurtemberg, pl. 31.

B. crassus, Zieten, 1830, Wurtemberg, pl. 22, fig. 1.

B. apicicurvatus, Zieten, 1830, pl. 23, fig. 4.

B. compressus, Zieten, 1830, pl. 20, fig. 2.

B. tumidus, Zieten, 1830, pl. 20, fig. 4.

B. testâ elongatâ, subconicâ, compressâ, posticè acuminatâ, suprà bisulcatâ; anticè dilatatâ; aperturâ ovali, compressâ; alveolo, 22, 25°.

Dimensions. Longueur. . . . . 140 mill.
Grand diamètre. 26

Rostre assez allongé, légèrement comprimé, conique, évasé à sa partie supérieure par l'alvéole, acuminé en arrière, où il est plus ou moins émoussé et marqué, de chaque côté, d'un sillon latéro-dorsal, quelquefois peu prononcé, et de quelques stries longitudinales. Coupe ovale à la partie antérieure, en trèfle à la pointe; cavité alvéolaire occupant plus de la moitié du rostre, ovale, comprimée, inclinée vers le ventre jusqu'aux deux tiers de sa largeur. Son angle est de 22 et 25 degrés, suivant le côté où il est mesuré. Jeune, cette espèce paraît manquer des sillons latéro-dorsaux; lorsqu'elle est très-âgée, elle est souvent plus raccourcie. Du reste, la forme en est des plus variable.

Rapports et différences. On pourrait la confondre avec le *B. Bruguierianus*, dont elle a la forme au premier aspect; mais, en la comparant avec soin, on trouvera que le *B. compressus* diffère toujours, par sa forme plus conique, par ses deux sillons apiciaux, par sa tranche ovale, par son centre toujours au tiers inférieur, par son alvéole, dont l'extrémité est du côté ventral et non pas médian, par son alvéole occupant plus de la moitié.

Localité. Elle caractérise les couches les plus supérieures du lias. On la trouve dans un grand nombre de lieux, au sein de couches marneuses ou ferrugineuses, contenant le *Pecten subæqualis*, etc. Elle a été recueillie aux environs de Nancy (Meurthe), par MM. Guibal et Delcourt; à Croisille, à Fontaine-Étoupe-Four, à Mont, près de Tilly (Calvados), par M. Tesson et par moi; à Saint-Maixant, à Niort (Deux-Sèvres), par M. Garran Baugier et par moi; à Talmon, à Fontenay (Vendée), par moi; à Milhau (Aveyron), par moi; aux environs de Besançon (Doubs), par M Gevril; à Pouilly en Auxois, à Chevigny (Côte-d'Or), par M. Nodot; à Kuntange, à Metz (Moselle), par MM. Fournel, Jaba, Hollandre et Jeannot.

On la trouve aussi à Boll (Wurtemberg); à Gundershoffen (Bas-Rhin).

Histoire. Il paraît très-probable que le *B. niger* de Lister, publié dès 1678, appartient à cette espèce; néanmoins, il n'y a pas certitude, et je ne l'y rapporte qu'avec doute. Dans sa Monographie, M. de Blainville décrit quatre Bélemnites que je crois devoir rapporter à celle-ci : son *B. apicicurvatus*, qui n'est qu'une difformité; et ses *B. penicillatus*, *bicanaliculatus* et *compressus*, qui paraissent être divers états de fossilisation de la même. Le dernier de ces noms ayant été plus généralement adopté, je le conserve de préférence. M. Voltz donne aux exemplaires bien complets le nom de *Compressus ;* mais il est certain pour moi que son *B. crassus* n'est qu'une monstruosité; et peut-être doit-on regarder comme telle son *B. subaduncatus*. La même année (1830), M. Zieten, dans son magnifique ouvrage, décrit et figure six espèces que je rapporte au *B. compressus*, et parmi lesquelles ses *B. crassus*, *apicicurvatus* et *tumidus* ne sont que des monstruosités, dues à des déformations accidentelles. Les autres paraissent être différens degrés de conservation des échantillons. En résumé, les *B. apicicurvatus*, *crassus* et *tumidus* sont, à mes yeux, des déformations de l'espèce, tandis que les *B. bicanaliculatus*, *penicillatus*, *lævigatus, bisulcatus,* me semblent être des altérations dues à la fossilisation, ou des variétés ; ainsi, momentanément, je réunis dix espèces des auteurs au *Compressus* de M. de Blainville. Il y aurait, sans doute, lieu à des réductions plus nombreuses encore, si je pouvais comparer tous les types.

Explication des figures. Pl. 6, fig. 1. Individu de grande taille, vu de côté. C'est la variété la plus constante et la plus répandue : *a* côté du dos; *b* côté ventral.

Fig. 2. Tranche à la partie supérieure.

Fig. 3. Tranche au-dessous de l'alvéole : *a* dessus, *b* dessous.

Fig. 4. Tranche au sommet : *a* dessus, *b* dessous.

Fig. 5. Extrémité de la variété aiguë et striée, vue en dessous.

Fig. 6. Sa tranche grossie.

Fig. 7. Individu monstrueux, vu sur le dos. Ce sont les *B. tumidus* et *crassus*.

Fig. 8. Coupe longitudinale, pour montrer la place de l'alvéole et sa position respective par rapport à l'osselet.

Fig. 9. Extrémité d'une autre difformité : *B. apicicurvatus* et *aduncatus* des auteurs.

N° 3. BELEMNITES BRUGUIERIANUS, d'Orbigny.

Pl. 7, fig. 1-5.

Belemnites paxillosus, Schlotheim, 1813, Taschenb., t. 7, p. 51, 70. (Excl. syn.)

B. subaduncatus, Voltz, 1830, Bélemnites, p. 48, pl. 3, fig. 2.

B. paxillosus, Voltz, 1830, Bélemnites, p. 50, pl. 6, fig. 2.

B. paxillosus, Zieten, 1830, Wurtemb., pl. 23, fig. 1, p. 29.

B. lævigatus, Zieten, 1830, Wurtemb., pl. 21, fig. 12, p. 28 ?

B. paxillosus, Rœmer, 1835, p. 171, n° 17.

B. testâ elongatâ, subcylindricâ, quadrato-rotundatâ, posticè acuminatâ, suprà trisulcatâ, auticè dilatatâ; aperturâ subquadratâ; alveolo, 20°.

Dimensions. Longueur d'un très-vieil individu. 140 mill.
Grand diamètre. 22

Rostre allongé, arrondi ou un peu carré, cylindrique au milieu, élargi en avant par l'alvéole, acuminé et obtus en arrière ; marqué, à la partie dorsale, de trois sillons, dont les deux latéraux plus profonds, et de quelques stries ; quelquefois même il y a un indice de dépression à la partie ventrale, mais toutes ses impressions occupent seulement l'extrémité. Coupe presque carrée à la moitié de sa longueur ; cavité alvéolaire occupant beaucoup moins de la moitié du rostre. Elle est un peu comprimée, presque médiane ; son angle est de 20 degrés. Dans le jeune âge, cette espèce est plus conique et manque, le plus souvent, de sillons à la pointe ; quelquefois, elle est beaucoup plus grêle et plus allongée que la figure 1.

Rapports et différences. Cette Bélemnite se distingue du *B. compressus* par sa forme plus cylindrique, par ses trois sillons apiciaux, par sa tranche formant un carré à angles très-émoussés, par son centre toujours près du milieu, par son alvéole, dont l'extrémité est médiane et non pas ventrale ; enfin par son alvéole occupant beaucoup moins de la moitié de la longueur.

Localité. Cette espèce caractérise le lias moyen supérieur à la *Gryphæa arcuata*, où elle est très-commune. Elle a été recueillie à Vieux-Pont (Calvados), par MM. Tesson, Marçais et par moi ; aux environs de Lyon (Rhône), par MM. Terver et Devilliers ; à Chevigny et à Semur (Côte-d'Or), par M. Nodot ; aux environs de Metz, à Jean-de-l'Eau et près de Thionville (Moselle), par MM. Fournel, Jeannot, Hollandre et Joba ; à Vassy (Yonne), par M. Lallier ; à Ludres et à Ville en Vennois (Meurthe), par MM. Guibal et Delcourt ; à Lassagnes (Haute-Marne), par M. Delcourt ; à Mont-de-Lans (Isère), par M. Gras ; à Avallon (Yonne), par MM. Moreau et Cotteau ; à Saint-Maixant (Deux-Sèvres), par M. Garran ; à Saint-Quentin (Isère), par M. Gras ; à Saint-Rambert (Ain), par M. Sauvanau ; à Saint-Amand (Cher), par M. Boblaye.

Histoire. Cette espèce offre un des fâcheux exemples de

l'abus d'un nom. En 1808, Montfort, sous celui de *B. paxillosus*, figure évidemment le *Belemnitella mucronata* de la craie, avec sa fissure. En 1813, Schlotheim, sous le même, réunit évidemment, avec l'espèce de Montfort, des Bélemnites tout-à-fait différentes, appartenant au lias; et ainsi commence à changer l'application première faite par ce dernier auteur. M. de Blainville s'abstient, avec raison, de conserver celui de *paxillosus;* mais M. Voltz le fait renaître, l'applique à l'une des espèces du lias; et ensuite MM. Zieten et Rœmer suivent l'exemple de M. Voltz. Le nom de *Paxillosus* ayant été donné, dès 1808, au *Belemnites mucronatus*, ne peut être conservé à l'espèce de M. Voltz, et je propose de l'appeler *Bruguierianus*, d'Orb.

Explication des figures. Pl. 7, fig. 1. Individu de grande taille, vu sur le dos. De ma collection.

Fig. 2. Tranche au-dessus de l'alvéole : *a* dessus, *b* dessous.

Fig. 3. Tranche à l'extrémité : *a* dessus, *b* dessous.

Fig. 4. Jeune individu, vu de côté.

Fig. 5. Coupe longitudinale d'un individu.

N° 6. Belemnites umbilicatus, Blainville.

Pl. 7, fig. 6-11.

Belemnites umbilicatus, Blainv., 1827, Bél., pl. 3, fig. 11, p. 97, n° 37.

B. clavatus, Blainv., 1827, Bél., pl. 3, fig. 12, C.

B. umbilicatus, Desh., 1830, Encycl., p. 132, n° 23.

B. subdepressus, Voltz, 1830, Mém., pl. 2, fig. 1, p. 40.

B. subclavatus, Voltz, 1830, M., pl. 1, fig. 11, p. 38.

B. ventroplanus, Voltz, 1830, Mém., pl. 1, fig. 10, p. 40.

B. ventroplanus, Rœmer, 1835, p. 168.

B. testâ elongatâ, subcylindricâ, subtùs depressâ, posticè acuminatâ, subumbilicatâ, anticè subdilatatâ; aperturâ, subrotundatâ; alveolo, 19°.

Dimensions. Longueur. . . . . 90 mill.
Grand diamètre. . . . . 14 *id.*

Rostre très-variable, suivant l'âge. Jeune, il est très-allongé, presque fusiforme, très-acuminé à son extrémité, et assez élargi en avant, marqué longitudinalement, sur les côtés, d'un très-léger sillon; sa tranche alors est presque circulaire. Adulte, sa pointe est beaucoup moins effilée; son extrémité plus obtuse et souvent ombiliquée. La tranche, vers le milieu de la longueur, montre une forte dépression ventrale, qui rend l'ensemble plus large que haut, tout en montrant, par les lignes d'accroissement, que, dans le jeune âge, les lignes concentriques n'avaient pas la même forme. Cavité alvéolaire oblique, du côté ventral, occupant moins du tiers de la longueur. Son angle paraît être de 19°.

Rapports et différences. Cette espèce a beaucoup de rapports avec le *B. compressus*. Jeune, pourtant elle s'en distingue par son aplatissement inférieur et son manque de sillons au sommet. Adulte, elle diffère du *B. irregularis* par son ensemble déprimé et non pas comprimé.

Localité. Elle caractérise le lias moyen. Elle a été trouvée à Vieux-Pont, près de Bayeux (Calvados), par MM. Tesson, Deslongchamps, de Marçais et par moi; à Fleury-les-Faverey (Haute-Saône), par M. Thirria; à Urhweiler, à Gundershoffen (Bas-Rhin), par M. Voltz; à Buc et à Béfort (Haut-Rhin), par le même; à Montmartre d'Avallon (Yonne), par M. Moreau ; à Mende, près de Lyon (Rhône), par MM. Terver et Devilliers ; à Chevigny (Côte-d'Or), par M. Nodot ; aux environs de Nancy (Meurthe), par M. Guibal ; aux environs de Besançon (Doubs), par M. Joba ; à Saint-Maixant (Deux-Sèvres), par M. Garran et par moi ; à Fontenay (Vendée), par moi ; dans la Meuse, par M. Beurignier ; aux environs de Saint-Rambert (Ain), par M. Sauvanau.

Histoire. Cette espèce est encore une de celles où il y a eu le plus de doubles emplois ; figurée d'une manière imparfaite par M. de Blainville, M. Voltz ne l'a pas reconnue. Il a formé, du jeune âge, son *B. subclavatus*, de l'adulte son *B. subdepressus*, et d'une variété femelle plus courte son *B. ventroplanus*. La comparaison d'un très-grand nombre d'individus m'a permis de vérifier tous les passages.

Explication des figures. Pl. 6, fig. 6. Rostre d'un jeune individu. (*B. subclavatus*, Voltz.)

Fig. 7. Rostre d'un adulte, vu de côté, avec l'alvéole figuré au point : *a* dessus, *b* dessous.

Fig. 8. Le même, vu sur le ventre.

Fig. 9. Coupe prise vers le tiers inférieur. On y voit que le jeune n'avait pas la même forme que l'adulte : *a* dessus, *b* dessous.

Fig. 10. Coupe au sommet de l'alvéole.

Fig. 11. Un autre individu jeune, variété allongée.

N° 7. BELEMNITES UNISULCATUS, Blainville.

Pl. 8, fig. 1-5.

Belemnites unisulcatus, Blainville, 1827, Bel., p. 81, pl. 5, fig. 21.

B. unisulcatus. Desh., 1830, Encycl., p. 129, n° 13.

B. testâ elongatâ, subcylindricâ, posticè acuminatâ, subtùs unisulcatâ, anticè subdilatatâ; aperturâ quadratâ; alveolo, 23° 1/2.

Dimensions. Longueur. . . . . 55 mill.
Diamètre. 7

Rostre allongé, un peu quadrangulaire, élargi en avant, puis presque égal jusqu'au quart postérieur, où il s'amincit et se termine en une pointe aiguë, effilée. De la pointe part, au côté inférieur, un sillon assez marqué qui s'étend et se perd avant ou après la moitié de la longueur de l'ensemble. On remarque, de plus, à la pointe, deux autres petits sillons latéraux peu prononcés qui, presque effacés, se continuent jusqu'à la partie antérieure. *Cavité alvéolaire*, occupant environ le tiers de la longueur du rostre; son angle d'ouverture est 23° 1/2. Elle est légèrement inclinée en bas.

Rapports et différences. Voisine, par ses trois sillons, du *B. elongatus*, cette espèce s'en distingue par sa forme moins élancée, par son sillon prolongé, par son ensemble déprimé et non pas comprimé.

Localité. Cette Bélemnite se trouve partout dans les couches de lias supérieur. Elle a été trouvée à Amayé-sur-Orne (Calvados), par M. Tesson; aux environs de Nancy (Meurthe), par M. Guibal; à Chevillé (Sarthe), par M. Goupil; à Chevigny (Côte-d'Or), par M. Nodot; à Saint-Maixant (Deux-Sèvres), par M. Garran et par moi.

Explication des figures. Pl. 8, fig. 1. Rostre entier, vu sur le ventre. De ma collection.

Fig. 2. Le même, vu sur le côté.

Fig. 3. Coupe au sommet, pour montrer la forme des trois sillons : *a* dessus, *b* dessous.

Fig. 4. Coupe à l'extrémité inférieure de l'alvéole.

Fig. 5. Coupe à l'extrémité supérieure.

N° 8. BELEMNITES ELONGATUS, Miller.

P. 8, fig. 6-11.

Belemnites elongatus, Miller, 1823, pl. 7, fig. 6-7.

B. aduncatus, Miller, 1823, pl. 8, fig. 6.

B. aduncatus, Blainv., 1827, Bel., pl. 2, fig. 6, p. 76; pl. 8, fig. 6–11.

B. elongatus, Sowerby, 1829, Mineral., pl. , fig. .

B. trisulcatus, Hartmann., Zieten, 1830, pl. 24, fig. 3.

B. oxyconus, Hehl., Zieten, 1830, Wurtemberg, pl. 21, fig. 5, p. 27.

B. elongatus, Zieten, 1830, Wurt., pl. 22, fig. 6?

B. incurvatus, Zieten, 1830, Wurt., pl. 22, fig. 8, p. 29.

B. trisulcatus, Rœmer, p. 172, n° 20.

B. propinquus, Munster.

B. testâ elongatâ, gracili, compressâ, posticè attenuato-acutâ, subtùs sulcatâ; aperturâ compressâ; alveolo 20, 25°.

Dimensions. Longueur. . . . . 120 mill.
Grand diamètre. 11

Rostre très-allongé, fortement comprimé dans son ensemble, égal au milieu, élargi en avant, très-atténué et très-aigu en arrière. La pointe, souvent striée longitudinalement, est ornée, en dessous, d'un sillon assez profond, qui s'efface vers le cinquième inférieur de la longueur; il y a, de plus, sur les côtes, un très-léger sillon beaucoup moins prolongé que le premier. Cavité alvéolaire occupant moins du tiers supérieur; son angle est 22 et 25 degrés environ. Elle s'incline tellement vers la partie ventrale, que le centre de son sommet correspond presque au tiers du diamètre. Cette espèce est souvent très-effilée, d'autres fois très-courte; ce qui tient, sans doute, au sexe des individus.

Rapports et différences. Cette espèce, tout en ayant le sillon inférieur médian et les petits sillons latéraux du *B. unisulcatus*, s'en distingue nettement par le grand diamètre de sa tranche correspondant à la hauteur, tandis que, dans l'autre, le grand diamètre est sur la largeur; en un mot, elle est comprimée, tandis que l'autre est déprimée. Elle diffère du *B. Bruguierianus* par son axe latéral au lieu d'être médian.

Localité. Cette jolie Bélemnite se trouve dans le lias moyen. Elle a été recueillie, aux environs de Lyon (Rhône), par M. Devilliers; près de Nancy (Meurthe), par MM. Guibal et Delcourt; à Mussy (Côte-d'Or), par M. Nodot; à Fontenay (Vendée), par moi; à Suble (Calvados), par moi; à Gundershoffen (Bas-Rhin), par M. Voltz; à Vassy et à Avallon (Yonne), par MM. Lallier et Moreau; à Wast, à Mont-de-Lans (Isère), par M. Gras; à Metz (Moselle), par M. Hollandre; à Saint-Maixant (Deux-Sèvres), par M. Garran et par moi; à Saint-Rambert (Ain), par M. Sauvanau; aux environs d'Aix (Bouches-du-Rhône) et près de Digne (Basses-Alpes), par M. Coquand; à Boll (Wurtemberg), à Saint-Amand (Cher), par M. Pouillon-Boblaye; à Montmédy (Meuse), par M. Raulin; à Mistelgau (Franconie); à Lyme-Regis (Angleterre).

Histoire. Cette espèce, avec son alvéole, a été figurée par Miller, sous le nom d'*Elongatus*, une variété monstrueuse sous le nom d'*Aduncatus;* elle a été reproduite, sous cette première dénomination, par M. de Blainville et par Sowerby. Elle est aussi figurée, en 1830, par Zieten, sous le nom de

B. trisulcatus, Hartmann : elle doit donc conserver la dénomination d'*Elongatus*.

Explication des figures. Pl. 8, fig. 6. Individu entier, vu de côté ; son alvéole en dehors.

Fig. 7. Le même, vu sur le ventre.

Fig. 8. Un individu plus grand et plus court, vu sur le ventre.

Fig. 9. Coupe à l'extrémité supérieure du rostre.

Fig. 10. Coupe vers la moitié de la longueur du rostre : *a* dessus, *b* dessous.

Fig. 11. Coupe à l'extrémité inférieure du rostre : *a* dessus, *b* dessous.

N° 9. Belemnites abbreviatus, Miller.

Pl. 9, fig. 1-7.

Parkinson, 1811, Org. rom. III, pl. 8, fig. 8-15.

B. abbreviatus, Miller, 1823, Trans. of the Geol. soc., 2, pl. 7, fig. 9-10.

B. abbreviatus, Blainville, 1827, Bélemn., p. 91, n° 31, pl. 4, fig. 5.

B. brevis, Blainville, 1827, Bélem., p. 86, n° 26, pl. 3, fig. 2.

B. abbreviatus, Sowerby, 1828, Min. conch., t. 6, p. 178, pl. 590, fig. 2, 3, 9.

B. breviformis, Voltz, 1830, Mém., p. 43, pl. 2, fig. 2, 3, 4.

B. breviformis, Munster, Zieten, 1830, Wurt., pl, 21, fig. 7, p. 27.

B. breviformis, Rœmer, 1835, p. 161, n° 1, p. 17, fig. 89.

B. testâ brevi, inflatâ, compressiusculâ, posticè acuminato-mucronatâ, anticè dilatatâ; aperturâ subquadratâ; alveolo obliquatâ, angulo 28°.

Dimensions. Longueur d'un grand individu. . 80 mill.
Grand diamètre supérieur. . . . 23

Rostre assez court, conique, un peu comprimé, élargi en avant, rétréci tout à coup en arrière, y formant une pointe légèrement comprimée, recourbée en dessous. Le rostre est entièrement lisse; il ne montre aucune trace de sillons. Coupe un peu comprimée, légèrement quadrangulaire. Cavité alvéolaire, occupant beaucoup plus de la moitié du rostre; elle est ronde et fortement inclinée vers le ventre. Son angle est de 28 degrés.

Rapports et différences. Courte comme le *B. acutus*, cette espèce s'en distingue facilement par sa forme obtuse, rétrécie avant sa pointe, et mucronée.

Localité. Cette espèce caractérise le lias supérieur. Elle a été recueillie à Gundershoffen et à Mulhausen (Bas-Rhin), par M. Voltz; à Chevillé (Sarthe), par M. de Marçais; à Croisille (Calvados), par MM. Tesson, Puzos et par moi; aux environs de Metz (Moselle), par MM. Fournel et Joba; à Jean-de-l'Eau (Doubs), par M. Carteron; à Ludres (Meurthe), par M. Delcourt; aux environs de Metz, par M. Hollandre; à Saint-Maixant (Deux-Sèvres), par M. Garran et par moi.

Histoire. Évidemment décrite et figurée, dès 1823, sous le nom d'*Abbreviatus*, par Miller; représentée comme variété de son *B. brevis*, par M. de Blainville, cette espèce a été appelée *Breviformis* (en 1830) par M. Voltz. Comme il y a antériorité évidente, je reviens au nom le plus ancien, celui d'*Abbreviatus*.

Explication des figures. Pl. 9, fig. 1. Individu adulte, vu de côté : *a* dessus, *b* dessous.

Fig. 2. Coupe du même, avec l'alvéole en position.

Fig. 3. Variété plus raccourcie, de Gundershoffen (*B. breviformis*), Voltz.

Fig. 4. Coupe prise à la partie supérieure.

Fig. 5. Coupe au-dessous de l'alvéole.

Fig. 6. Coupe de la pointe.

Fig. 7. Jeune individu plus effilé.

N° 10. BELEMNITES ACUTUS, Miller.

Pl. 9, fig. 8-14.

Belemnites acutus, Miller, 1823, Trans. of the Geol., v. 2, pl. 8, fig. 9.

B. brevis, Blainville, 1827, Bélemn., pl. 3, fig. 1, Excl., fig. 2-3.

B. acutus, Sowerby, 1828, Min. conch., p. 178, pl. 590, fig. 7-10.

B. brevis, Desh., 1830, Encycl. Méth., p. 131, n° 19.

B. pyramidalis, Zieten, 1830, Wurt., pl. 24, fig. 5.

B. testâ brevi, conicâ, compressiusculâ, posticè acuminatâ; aperturâ ovali; alveolo, 18, 24°.

Dimensions. Longueur. . . . . 50 mill.
Grand diamètre. 7

Rostre court, conique, fortement comprimé, acuminé régulièrement en arrière, en une pointe conique, presque médiane. On ne remarque aucune trace de sillons. Coupe un peu ovale, centre peu excentrique. Cavité alvéolaire très-prolongée en dehors du rostre, et en occupant les trois quarts. Elle est presque centrale, et ses angles sont de 18 à 24 degrés. Des individus sont plus ou moins allongés.

Rapports et différences. Voisine, par sa forme courte, des *B. abbreviatus* et *B. brevirostris*, cette espèce se distingue de la première par sa forme bien plus conique et non renflée, de la seconde par son manque de sillons et sa forme beaucoup plus allongée.

Localité. Cette espèce appartient au lias inférieur à *Gryphœa arcuata*. Elle a été recueillie à Villefranche (Rhône), par M. Gaudry; à Chevigny, à Semur et à Thibaud (Côte-d'Or), par MM. Puzos et Nodot; à Mende, près de Lyon, par M. Terver; aux environs de Besançon (Doubs), par M. Voltz; aux environs de Boll (Wurtemberg), par le même; à Saint-Rambert (Ain), par M. Sauvanau; aux environs de Nancy (Meurthe), par M. Delcourt.

Histoire. Décrite et figurée par Miller, dès 1823, sous le nom d'*Acutus*, cette espèce fut appelée *Brevis* par M. de Blainville, et *Pyramidalis* par M. Zieten. Comme Miller a l'antériorité positive, je reprends la dénomination qu'il lui a imposée.

Explication des figures. Pl. 9, fig. 8. Individu entier, vu de côté. De ma collection.

Fig. 9. Coupe supérieure, du même.

Fig. 10. Coupe inférieure, du même.

Fig. 11. Individu avec son alvéole, coupé longitudinalement. De la collection de M. Puzos.

Fig. 12. Individu écrasé, vu de côté. De ma collection.

Fig. 13. Individu anguleux. De ma collection.

Fig. 14. Le même, vu en dessus.

N° 11. BELEMNITES BREVIROSTRIS, d'Orbigny.

Pl. 10, fig. 1-6.

B. testâ brevi, conicâ, compressâ, apice obtusâ, bisulcatâ; aperturâ triquetrâ; alveolo, 28°.

Dimensions. Longueur totale. . . . . 23 mill.
Grand diamètre. 14

Rostre très-court, conique, très-comprimé, obtus à son extrémité postérieure, et marqué, dans cette partie, de deux sillons latéraux supérieurs, prolongés très-loin en avant. Coupe ovale un peu triquètre, centre très-excentrique. Cavité alvéolaire occupant presque tout le rostre et n'étant, dès lors, recouverte que par un très-léger encroûtement extérieur; elle est excentrique, inclinée du côté ventral; son grand angle est d'environ 28 degrés.

Rapports et différences. Courte comme les *B. acutus* et *abbreviatus*, cette espèce s'en distingue par sa forme plus raccourcie encore et par ses deux sillons latéraux. C'est la Bélemnite dont le rostre est le plus réduit.

Localité. Cette espèce se trouve dans les marnes moyennes supérieures du lias. Je l'ai trouvée à Milhau (Aveyron); elle a encore été recueillie à Chevigny (Côte-d'Or), par M. Nodot; aux environs de Lyon (Rhône), par M. Terver; à Thibaud (Côte-d'Or), par M. Puzos; à Avallon (Yonne), par le même.

Explication des figures. Pl. 10, fig. 1. Individu entier, vu de côté. De ma collection.

Fig. 2. Le même, vu en dessous.

Fig. 3. Coupe longitudinale de haut en bas : *a* dessus, *b* dessous.

Fig. 4. Coupe vue en dessus : *a* dessus, *b* dessous.

Fig. 5. Coupe à l'extrémité de l'alvéole.
Fig. 6. Coupe à l'extrémité du rostre.

N° 12. Belemnites Fournelianus, d'Orbigny.

Pl. 10, fig. 7-14.

B. testâ brevi, compressâ, posticè obtusâ, lateraliter impressâ; aperturâ compressâ, oblongâ; alveolo, angulo 27°.

Dimensions. Longueur. . . . . 40 mill.
Grand diamètre. 10
Petit diamètre. 7

Rostre plus ou moins allongé, très-comprimé, égal sur sa longueur ou légèrement rétréci en avant, marqué, sur les côtés, et seulement en arrière, d'une forte dépression ; en arrière, il est très-obtus, avec une légère saillie excentrique, ridée ou pourvu d'un petit sillon de chaque côté. Tranche ovale ou oblongue antérieurement, souvent échancrée sur les côtés, vers l'extrémité. Cavité alvéolaire, occupant la moitié chez quelques individus, tandis qu'elle n'en prend que le tiers chez les autres; elle est presque centrale, et donne un angle de 27 degrés. Certains échantillons ont, avec les mêmes caractères, le double de longueur des autres; je les regarde comme ayant appartenu à des individus mâles.

Rapports et différences. Cette Bélemnite, dans sa forme courte et obtuse, tient du *B. irregularis* et du *B. Nodotianus;* mais elle se distingue facilement de la première par sa forte dépression latérale; elle diffère de la seconde par sa compression, placée près de l'extrémité postérieure et non pas en avant; elle en diffère encore par sa pointe obtuse et le manque de sillon ventral.

Localité. Cette espèce caractérise le lias moyen; elle a été

recueillie dans les marnes feuilletées au polygone de Metz (Moselle), par MM. Fournel, Hollandre, Jeannot; à Missy et à Fontaine-Étoupe-Four (Calvados), par MM. Puzos, Tesson et par moi; aux environs de Nancy (Meurthe), par M. Delcourt.

Explication des figures. Pl. 10, fig. 7. Individu de la variété courte, vu de côté; *a* dessus, *b* dessous. De ma collection.

Fig. 8. Le même, vu en dessous.

Fig. 9. Coupe longitudinale du même.

Fig. 10. Individu allongé, vu de côté. De ma collection.

Fig. 11. Le même, vu en dessous.

Fig. 12. Variété allongée, vue de côté.

Fig. 13. Coupe près de l'extrémité postérieure.

Fig. 14. Coupe prise à la partie antérieure.

N° 13. Belemnites Nodotianus, d'Orbigny.

Pl. 10, fig. 15-20.

B. incurvatus, Zieten, 1830, Wurtemberg, pl. 22, fig. 7, p. 29.

Id., Rœmer, 1835, p. 174.

B. testâ oblongâ, compressâ, anticè dilatatâ, posticè obtuso-mucronatâ, subtùs sulcatâ; aperturâ compresso-quadratâ; alveolo, 25°.

Dimensions.		
	Longueur.	70 mill.
	Grand diamètre.	16 *id.*
	Petit diamètre	13

Rostre oblong, fortement comprimé, égal sur la plus grande partie de sa longueur, marqué alors d'un méplat latéral; puis il s'acumine assez brusquement et se termine en une pointe légèrement comprimée, droite. De l'extrémité inférieure part un sillon ventral profond, qui se perd vers le tiers inférieur. On remarque aussi, sur les côtés, un sillon qui n'occupe que la pointe. Cavité alvéolaire assez courte, assez fortement inclinée du côté ventral, et formant un angle de 23 degrés.

Rapports et différences. Voisine, par sa compression, du *B. irregularis*, cette espèce s'en distingue par sa pointe ; assez voisine encore par sa pointe du *B. abbreviatus,* elle en diffère par sa forte compression latérale et par ses sillons.

Localité. Cette belle espèce paraît caractériser les assises supérieures du lias, dans le calcaire noduleux ferrugineux. Elle a été recueillie à Mussy (Côte-d'Or), par M. Nodot.

Histoire. Le nom d'*Incurvatus* ayant été appliqué, en 1829, à une Bélemnite distincte de celle de M. Zieten, je me trouve forcé de le changer, et je nomme l'espèce *B. Nodotianus*, d'Orb.

Explication des figures. Pl. 10, fig. 15. Individu complet, vu de côté : *a* dessus, *b* dessous. De ma collection.

Fig. 16. Le même, vu du côté ventral.

Fig. 17. Variété allongée, vue de côté.

Fig. 18. Variété plus allongée encore, coupée longitudinalement.

Fig. 19. Coupe transversale à l'extrémité supérieure de l'alvéole.

Fig. 20. Coupe à l'extrémité inférieure du rostre.

N° 14. Belemnites tricanaliculatus, Hartmann.

Pl. 11, fig. 1-5.

B. canaliculatus, Bauhino, 1698, p. 34.

B. tricanaliculatus, Hartmann ; Zieten, 1830, Wurtemb., pl. 24, fig. 10, p. 32.

B. testâ elongatâ, conicâ, posticè obtusâ, longitudinaliter trisulcatâ : sulcis non interruptis, excavatis; aperturâ triquetrâ; alveolo, angulo 30°.

Dimensions. Longueur. . . . . 50 mill.
Grand diamètre. 7

Rostre allongé, conique, non élargi en avant, fortement obtus, à son extrémité. De sa pointe partent trois sillons profonds, qui continuent, sans s'interrompre, jusqu'aux parties les plus supérieures ; de ces trois sillons, l'un est ventral et les deux autres sont latéro-dorsaux ; souvent il y a sur le dos un quatrième sillon double. Cavité alvéolaire courte, peu inclinée du côté ventral, formant un angle de 30 degrés. Lorsqu'on coupe cette espèce longitudinalement, on reconnaît que le milieu du rostre est très-poreux ou comme vermiculé.

Rapports et différences. Cette espèce se distingue facilement de toutes les autres espèces connues par ses trois sillons marqués sur toute la longueur du rostre.

Localité. Elle a été trouvée dans le lias supérieur de Boll (Wurtemberg), par M. Hartmann. Je la possède du même terrain, rencontrée dans le département de l'Ain, près de Saint-Quintin (Isère), par M. Gras.

Explication des figures. Pl. 1, fig. 1. Individu vu de côté. De ma collection.

Fig. 2. Le même, vu en dessous.

Fig. 3. Coupe longitudinale de la variété courte :

Fig. 4. Coupe transversale au milieu de l'alvéole.

Fig. 5. Coupe transversale à l'extrémité postérieure. Figure grossie.

N° 15. Belemnites exilis, d'Orbigny.

Pl. 15, fig. 6-12.

B. testâ elongatissimâ, subulatâ, gracili, compressâ, lateraliter unisulcatâ, posticè acuminato-acutâ; aperturâ compressâ, subquadratâ, angulosâ; alveolo, angulo 20°.

Dimensions. Longueur totale. . . . . 90 mill.
Grand diamètre. 4

Rostre très-allongé, grêle, égal sur la longueur, élargi en avant, rétréci insensiblement et très-acuminé en arrière. Cette partie est aiguë, allongée, lisse; à une assez grande distance de cette extrémité commence à paraître, de chaque côté, mais plus près du dessous que du dessus, un sillon qui se marque davantage en se creusant, à mesure qu'il avance vers l'ouverture; alors, aussi, le dessus et le dessous s'aplatissent, et finissent par être coupés carrément. La branche à l'extrémité est ovale, comprimée; au milieu, elle est seulement échancrée, de chaque côté; au milieu de l'alvéole, elle est très-anguleuse. Cavité alvéolaire très-courte, un peu inclinée en bas, formant un angle de 20 degrés. La première loge est ovale, très-grande, relativement aux autres espèces.

Rapports et différences. Par sa forme subulée, cette espèce représente la Bélemnite la plus allongée. C'est aussi la seule, dans les terrains jurassiques, qui soit pourvue de sillons latéraux aussi profonds, et dont la forme soit aussi anguleuse.

Localité. Avec l'*A. bifrons* (*Walcotii*), elle caractérise le lias supérieur, et n'est commune nulle part. Elle a été recueillie aux environs de Besançon (Doubs), par M. Puzos; dans un minerai de fer à Saint-Quintin (Isère), par M. Gras.

Explication des figures. Pl. 11, fig. 6. Individu entier, vu de côté. Restauré sur des échantillons de la collection de M. Puzos et de la mienne.

Fig. 7. Le même, vu en dessous.

Fig. 8. Coupe au milieu de l'alvéole : *a* dessus, *b* dessous. Grossie.

Fig. 9. Coupe au-dessous de l'alvéole.

Fig. 10. Coupe à l'endroit où les sillons cessent.

Fig. 11. Coupe à l'extrémité inférieure.

Fig. 12. Coupe longitudinale, avec les cloisons et la première loge. De ma collection.

N° 16. BELEMNITES TESSONIANUS, d'Orbigny.

Pl. 11, fig. 13-18.

B. testâ elongatâ, gracili, posticè obtusâ, anticè dilatatâ, suprà bisulcatâ; subtùs trisulcatâ; alveolo obliquato, angulo 27°.

Dimensions. Longueur. . . . . 25 mill.
Grand diamètre. 4

Rostre allongé, très-grêle, un peu comprimé, fortement élargi en avant, légèrement conique sur sa longueur, et obtus à son extrémité. Son côté supérieur est orné de deux sillons parallèles assez profonds, qui commencent près de l'extrémité et se prolongent jusqu'à l'évasement dû à l'alvéole. De ses deux sillons, l'un se bifurque vers le tiers supérieur de la longueur totale. En dessous, il y a trois sillons peu marqués, dont le médian est double. Cavité alvéolaire très-prolongée en dehors du rostre, assez inclinée du côté ventral; son angle est d'environ 27 degrés.

Rapports et différences. Par sa forme grêle, par ses deux

sillons, dont l'inférieur est bifurqué, cette espèce se distingue de toutes les autres Bélemnites des terrains jurassiques, et forme un type tout-à-fait spécial.

Localité. Cette jolie espèce a été découverte par M. Tesson, dans les couches du lias supérieur, à Amayé-sur-Orne, à trois lieues sud de Caen (Calvados). Elle n'y est pas commune.

Explication des figures. Pl. 1ſ, fig. 13. Individu de grandeur naturelle, vu en dessus. De ma collection.

Fig. 14. Le même, grossi trois fois, pour montrer ses sillons.

Fig. 15. Le même, vu en dessus.

Fig. 16. Le même, vu de profil.

Fig. 17. Coupe longitudinale.

Fig. 18. Coupe transversale à l'extrémité inférieure de l'alvéole : *a* dessus, *b* dessous.

N° 17. Belemnites clavatus, Blainville.

Pl. 11, fig. 19-23.

Belemnites clavatus, Blainville, 1827, Bélém., p. 97, n° 38, pl. 3, fig. 12, *a*, *b*. *Exclus*., fig. *c*.

B. pistiliformis, Blainv., 1827, Bélem., p. 98, n° 39, pl. 5, fig. 16. *Exclus*., fig. 14, 15, 17.

B. pistiliformis, Sowerb., Min. conch., p. 177, pl. 589, fig. 3.

B. clavatus, Desh., 1830, Encycl., p. 130, n° 24.

B. subclavatus, Voltz, 1830, pl. 1, fig. 2; Zieten, 1830, pl. 22, fig. 5.

B. pistiliformis, Rœmer, 1835, p. 168, n° 11.

B. testâ elongatissimâ, claviformi, anticè dilatatâ,

medio-gracili, posticè inflatâ, submucronatâ, lateraliter bisulcatâ; aperturâ compressâ; alveolo?

Dimensions. Longueur totale. . . . . 60 mill.
Diamètre de la massue. 7

Rostre très-allongé, claviforme, comprimé, fortement élargi à son extrémité supérieure; de là s'amincissant jusqu'au tiers de la longueur, puis s'élargissant pour former une partie fusiforme, et terminée par une pointe. On remarque, de chaque côté, deux sillons parallèles, à peine tracés. Coupe comprimée, le centre excentrique inférieur. Cavité alvéolaire assez longue, saillante en dehors. Son angle m'est inconnu.

Rapports et différences. Cette espèce, par sa forme en massue, pourrait, d'un côté, être confondue avec le *B. subfusiformis* des terrains néocomiens, et le *B. Royerianus* du coral-rag; mais, si elle se distingue de la première par sa compression constante, l'autre étant toujours ronde, elle diffère de la seconde par sa compression, le *B. Royerianus* étant déprimé.

Localité. Cette espèce est très-commune au sein des marnes supérieures du lias. Elle a été recueillie aux environs de Nancy (Meurthe), par M. Guibal et Delcourt; à Mende, près de Lyon (Rhône), par M. Terver; aux environs de Metz (Moselle), par M. Terver; à Mussy (Côte-d'Or), par M. Nodot; à Fontenay, près de Tilly, à Fontenay-Étoupefour, à Vieux-Pont (Calvados), par M. Tesson et par moi; à Vassy, près d'Avallon (Yonne), par M. Moreau; à la côte de Lormeché (rive gauche de la Seille), et à Saint-Julien, près de Metz (Moselle), par MM. Hollandre et Jeannot. On la trouve encore à Hiensbach (Wurtemberg).

Histoire. M. de Blainville donne cette espèce sous le nom de *Clavatus*, tout en y rapportant sa fig. 12 *c*, qui paraît être le *B. umbilicatus*. Sous la dénomination de *Pistiliformis*, le même auteur représente, pl. 5, fig. 14 et 15, le *Belemnites pistiliformis* des terrains crétacés, fig. 16, le *B. clavatus*. Pour sa fig. 17, il l'indique d'Esnandes, près de la Rochelle, c'est alors le *B. hastatus* jeune, comme je le dirai plus tard. Le nom de *Clavatus* a été donné depuis par M. Schubler à une espèce distincte.

Explication des figures. Pl. 11, fig. 19. Individu entier, vu de côté. De la collection de M. Guibal.

Fig. 20. Un autre, vu de côté.

Fig. 21. Un autre échantillon, monstrueux.

Fig. 22. Coupe à moitié de l'alvéole : *a* dessus, *b* dessous.

Fig. 23. Coupe à l'extrémité inférieure.

Bélemnites de l'oolite inférieure.

N° 18. Belemnites sulcatus, Miller.

Pl. 12, fig. 1-8.

Belemnites sulcatus, Miller. 1823. Trans. of the geol. soc., t. 2, pl. VIII, f. 3, p. 59.

B. apiciconus, Blainv., 1827, Bélemn., p. 69, pl. 2, fig. 2.

B. *testâ elongatâ, anticè compressâ, posticè depressâ, æquali, apice obtuso-mucronatâ, subtùs sulcatâ : sulco posticè evanescente; aperturâ compressâ; alveolo, angulo* 18°, 18° 1/2.

Dimensions. Longueur. . . . . 100 mill.
Grand diamètre. 14

Rostre allongé, presque égal sur sa longueur, acuminé seulement en arrière, où il est pourvu d'une pointe mucronée; il est comprimé en avant, fortement déprimé en arrière;

pourvu, sur sa longueur, en dessous, d'un profond sillon qui commence en avant, va en s'élargissant jusqu'à l'instant où le rostre s'amincit en arrière, et alors se perd tout-à-fait, sans se continuer jusqu'à la pointe. Tranche comprimée en avant, fortement déprimée en arrière, cavité alvéolaire occupant plus du tiers de la longueur, un peu inclinée en bas, et dont l'angle est de 18° à 18° 1/2. Les jeunes paraissent avoir été plus allongés et moins déprimés que les adultes. Certains individus sont infiniment plus allongés que les autres et me paraissent avoir appartenu à des mâles.

Rapports et différences. Très-voisine des *B. canaliculatus* et *Blainvillei*, cette espèce se distingue de la première par son canal interrompu en arrière, par sa partie antérieure comprimée, puis par l'angle de son alvéole. Elle diffère de la seconde par sa dépression antérieure, par sa forme obtuse et par son sillon non interrompu en avant.

Localité. Cette espèce est la plus caractéristique de l'oolite inférieure, qu'elle ne franchit pas. Elle a été recueillie à Saint-Vigor et aux Moutiers (Calvados), par MM. Tesson, Deslongchamps, Puzos, Voltz et par moi; à Saint-Maixant (Deux-Sèvres), par moi; à Pissote, près de Fontenay (Vendée), par moi; aux environs de Metz, par M. Joba.

Histoire. Décrite et figurée, dès 1823, par Miller sous le nom de *sulcatus*. Quatre ans après, M. de Blainville a changé cette dénomination en celle d'*apiciconus*. Je reviens au premier nom.

Explication des figures. Pl. 6, fig. 1. Individu vu en dessous.

Fig. 2. Le même, vu de côté : *a* dessus, *b* dessous. De ma collection.

Fig. 3. Coupe longitudinale, avec l'alvéole en relief : *a* dessus, *b* dessous.

Fig. 4. Jeune individu, de la variété allongée.
Fig. 5. Une monstruosité.
Fig. 6. Coupe à la partie supérieure.
Fig. 7. Coupe au tiers inférieur : *a* dessous, *b* dessus.
Fig. 8. Coupe à l'extrémité inférieure.

N° 19. BELEMNITES BLAINVILLEI, Voltz.

Pl. 12, fig. 9-16.

Belemnites acutus, Blainville, 1827, Belemn., p. 69, pl. 2, f. 3.

B. Blainvillei, Voltz, 1830. P. 37, pl. 1, f. 9.

B. acutus, Deshayes, 1830. Encycl., p. 176, n° 26.

B. testâ elongatâ, compressâ, subconicâ, posticè acuminato–obtusâ, subtùs longitudinaliter sulcatâ : sulco anticè, posticèque interrupto; aperturâ compressâ, ovali; alveolo, angulo 22°.

Dimensions. Adulte. Longueur. . . . . . . 120 mill.
Grand diamètre 15

Rostre allongé, conique dans l'âge adulte, un peu renflé au tiers inférieur, chez les jeunes, comprimé sur toute sa longueur, terminé par une pointe obtuse. Il est orné, en dessous, d'un sillon étroit, qui règne sur toute la longueur et se porte en avant et en arrière d'une manière insensible, en s'évasant un peu. Tranche comprimée, ovale, non échancrée à la partie antérieure, échancrée ensuite, en-dessous, par le sillon longitudinal. Cavité alvéolaire occupant moins du tiers de la longueur, sur la ligne médiane; son angle est de 22°.

Observations. Cette espèce est du nombre de celles qui changent de forme avec l'âge. *Jeune*, elle est légèrement renflée, avant la pointe; *adulte*, elle est conique. Il en résulte évidemment qu'à un âge déterminé, elle s'acumine beaucoup, en s'accroissant plus vers la pointe que vers la partie supérieure, comme il arrive pour quelques autres espèces.

Rapports et différences. Voisine par son sillon inférieur des *B. sulcatus* et *canaliculatus*, elle s'en distingue par sa compression générale, par son sillon interrompu en avant, puis par sa forme conique.

Localité. Cette belle espèce caractérise l'oolite inférieure; elle a été recueillie aux Moutiers et à Saint-Vigor (Calvados), par MM. Puzos, Tesson et par moi. Je l'ai aussi trouvée à Fontenay (Vendée).

Histoire. M. de Blainville l'a figurée le premier, en 1827, sous le nom d'*acutus*, déjà employé, en 1823, par Miller pour une autre espèce. Décrite ensuite, en 1836, par M. Voltz, sous la dénomination de *Blainvillei*, je lui conserve ce dernier nom.

Explication des figures. Pl. 12, fig. 9. Individu adulte, vu en dessous. De la collection de M. Puzos et de la mienne.

Fig. 10. Le même, vu de côté : *a* dessus, *b* dessous.

Fig. 11. Un individu, dans l'instant du changement de forme, ayant dès lors l'extrémité rétrécie.

Fig. 12. Individu plus jeune, avant son allongement.

Fig. 13. Coupe longitudinale.

Fig. 14. Coupe à la partie supérieure.

Fig. 15. Coupe à l'extrémité supérieure de l'alvéole.

Fig. 16. Coupe prise au quart inférieur.

N° 20. Belemnites canaliculatus, Schlotheim.

Pl. 13, fig. 1-5.

Belemnites canaliculatus, Schloth., 1820. Petref., p. 49, n° 9.

B. canaliculatus, Zieten, 1830. Wurt., t. 21, f. 3.

B. canaliculatus, Roemer, p. 176, nº 26.

B. testâ elongatâ, depressâ, cylindricâ, posticè acuminato-obtusâ; subtùs, longitudinaliter sulcatâ : sulco non interrupto, æqualiter impresso; aperturâ depressâ, subtùs sinuatâ; alveolo, angulo 25°.

Dimensions. Longueur. . . . . 50 mill.
Grand diamètre. 10

Rostre médiocrement allongé, presque égal sur la longueur, néanmoins un peu conique, déprimé partout, surtout en avant, arrondi en dessus, marqué en dessous d'un sillon profond médian, qui s'étend, sans s'interrompre, de la partie antérieure à l'extrémité, qui en est partagée. L'extrémité inférieure est légèrement acuminée et obtuse. Tranche déprimée en avant et en arrière, échancrée en dessous. Cavité alvéolaire, occupant plus du tiers de la longueur, un peu inclinée en bas. Son angle est de 25°. En suivant les lignes d'accroissement de la coupe longitudinale, on acquiert la certitude que les jeunes individus étaient bien plus raccourcis que les adultes.

Rapports et différences. Voisine principalement du *B. sulcatus*, Miller et *Blainvillei*, cette espèce se distingue de la première par son canal non interrompu vers la pointe et par la dépression de sa partie antérieure. Elle diffère de la seconde par sa forme obtuse et déprimée.

Localité. Elle m'a été donnée comme venant du département de l'Ain, sans indication de lieu. M. Zieten l'a trouvée dans l'oolite inférieure de Stuifemberg (Wurtemberg).

Explication des figures. Pl. 13, fig. 1. Individu de grandeur naturelle, vu en dessous.

Fig. 2. Le même, vu de côté.

Fig. 3. Coupe du même, à la partie supérieure.
Fig. 4. Coupe à la base de l'alvéole.
Fig. 5. Coupe prise au sommet.
Fig. 6. Coupe prise à l'extrémité.

N° 21. Belemnites bessinus, d'Orbigny.

Pl. 13, fig. 7-13.

B. testâ elongatâ, anticè compressâ, posticè depressâ, subtùs longitudinaliter sulcatâ : sulco posticè interrupto; aperturâ compressâ, subtùs sinuatâ; alveolo, angulo 20°.

Dimensions. Longueur. . . . . 100 mill.
Grand diamètre. 13

Rostre allongé, très-lisse, légèrement fusiforme, comprimé en avant, déprimé en arrière, arrondi en dessus et en dessous. Il part, près de la pointe, un double sillon d'abord peu sensible, qui se creuse; alors il n'y a plus qu'un sillon profond, qui continue jusqu'à la partie la plus supérieure. L'extrémité postérieure est très-effilée, aiguë. La tranche, assez près de l'extrémité en arrière, est déprimée, échancrée en dessous; le centre en est très-excentrique en dessous; à l'extrémité antérieure, la tranche est comprimée, toujours échancrée en dessous. Cavité alvéolaire, occupant un peu moins du tiers de la longueur totale; elle est un peu inclinée en bas; son angle est de 20 degrés. Le siphon est par rétrécissements obliques très-marqués. La première loge est cupuliforme, assez grande. J'ai vu un grand nombre d'échantillons de cette espèce; ils ne m'ont offert, entre eux, aucune différence.

Rapports et différences. Voisine, en même temps, des *B. Fleuriausianus* et *Aldorfensis*, cette espèce se distingue de la première par sa forme moins allongée, par son sillon moins profond et par celui-ci se perdant en arrière. Elle diffère de la seconde par son sillon non interrompu en avant, par sa compression antérieure et par sa forme élancée.

Localité. J'ai recueilli cette charmante espèce dans l'oolite inférieure de Port-en-Bessin (Calvados). Elle y est assez commune dans les calcaires et les marnes qui leur sont supérieures.

Explication des figures. Pl. 13, fig. 7. Individu de grandeur naturelle, vu en dessous.

Fig. 8. Le même, vu de côté : *a* dessus, *b* dessous.

Fig. 9. Coupe près du bord supérieur.

Fig. 10. Coupe à l'extrémité de l'alvéole.

Fig. 11. Coupe au tiers postérieur.

Fig. 12. Coupe à l'extrémité.

Fig. 13. Siphon grossi.

N° 22. Belemnites Fleuriausus, d'Orbigny.

Pl. 13, fig. 14-18.

B. *testâ elongatâ, gracili, anticè compressâ, attenuatâ, posticè depressâ, acutissimâ, subtùs longitudinaliter sulcatâ: sulco posticè anticèque non interrupto; aperturâ compressâ, alveolo?*

Dimensions. Longueur totale. . . . . 80 mill.
Grand diamètre. 5

Rostre très-allongé, lisse, un peu fusiforme, comprimé en avant, déprimé en arrière, arrondi en dessus, marqué en dessous d'un sillon profond, unique, non interrompu sur toute la longueur, fortement acuminé en arrière et terminé par une pointe très-aiguë, déprimée. La tranche est très-peu déprimée en arrière et échancrée en dessous; elle est comprimée en avant. Cavité alvéolaire très-courte, occupant à peine le cinquième de la longueur; sa pointe est un peu inférieure. Je n'ai pas pu mesurer son angle.

Rapports et différences. Voisine des *B. bessinus* par sa forme fusoïde, par son sillon inférieur, par sa compression antérieure, sa dépression postérieure, cette espèce s'en distingue par son sillon non bifurqué et non interrompu en arrière. Elle est aussi infiniment plus grêle.

Localité. Je l'ai trouvée dans les couches d'un calcaire blanchâtre constituant l'étage de la grande oolite, aux environs de Luçon (Vendée). Elle y est assez rare.

Explication des figures. Pl. 13, fig. 14. Individu entier, vu en dessous.

Fig. 15. Le même, vu de côté.

Fig. 16. Coupe à la partie supérieure de l'alvéole.

Fig. 17. Coupe au-dessus de l'alvéole.

Fig. 18. Coupe prise à l'extrémité postérieure.

N° 23. Belemnites giganteus, Schlotheim.

Pl. 14 et 15.

Belemnites giganteus, Schlotheim, 1813. Taschenb., 7, p. 70.

B. giganteus, Schloth., 1820. Petref., p. 45, n° 1.

B. ellipticus, Miller, 1823. Trans. of the geol., v. 2, pl. VIII, f. 14, 16.

B. quinquesulcatus, Blainville, 1827, Bél., p. 83, pl. 2, f. 8.

B. gladius, Blainville, 1827. Bélemn., p. 86, n° 25, pl. 2, f. 10.

B. gigas, Blainville, 1827. Bélemn., p. 91, pl. 5, f. 20. Excl., pl. 3, f. 9.

B. compressus, Sowerby, 1828. Min. conch., t. 6, pl. 590, f. 4.

B. gladius, Deshayes, 1830. Encycl., p. 136, n° 18.

B. aalensis, Voltz, 1830. Mém., p. 60, pl. IV et pl. VII, 1, f. 7.

B. longus, Voltz, 1830. Mém., pl. 58, n° 13, pl. 3, f. 1.

B. aalensis, Zieten, 1830. Wurtemb., pl. XIX, p. 25.

B. quinquesulcatus, Zieten, 1830, Wurtemb., pl. 20, f. 3.

B. grandis, Schubler, 1830. Zieten, Wurt., pl. XX, f. 1, p. 26.

B. acuminatus, Schubl., Zieten, 1830. Wurt., pl. XX, f. 5, p. 26?

B. bipartitus, Hartmann, Zieten, 1830. Wurt. pl. XIV, f. 7, p. 32.

B. bicanaliculatus, Hartm., Zieten, Wurt., 1830, pl. 24, f. 9, p. 32.

B. giganteus, Rœmer, 1835, p. 174.

B. gladius, Rœmer, 1835, p. 174.

B. aalensis, Rœmer, 1835, p. 174, n° 24.

B. longus, Rœmer, 1835, p. 174.

B. grandis, Rœmer, 1835, p. 174.

B. acuminatus, Rœmer, 1835, p. 175.

B. quinquesulcatus, Rœmer, 1835, p. 173, n° 22.

B. testâ elongatâ, compressâ, acuminatâ vel subinflatâ, posticè acuminatâ, lateraliter sulcatâ; anticè dilatatâ; aperturâ ovali; alveolo, angulo 20–25°.

Dimensions.			
	Longueur (individu court). . .	310	mill.
	Grand diamètre.	47	
	Longueur (individu allongé). .	400	

Rostre variable, plus ou moins allongé, entièrement conique ou renflé, près de son extrémité, toujours comprimé. Il est marqué, à son extrémité, de chaque côté, d'un ou deux sillons d'autant plus prolongés que l'individu est plus effilé. Les plus profonds de ces sillons sont à la partie dorsale; quelquefois il n'y en a qu'un, tandis que sur d'autres individus il y en a beaucoup plus, et la tranche devient alors comme ridée. Quelques individus sont presque lisses. Cavité alvéolaire, de 20 et 25°, dans son angle d'ouverture; elle s'incline beaucoup du côté ventral.

Observation. Cette espèce est une des plus variables dans son allongement, tout en conservant, du reste, les autres caractères de compression et surtout des sillons latéraux de l'extrémité. On a généralement remarqué que, dans chaque localité, où se trouvent les échantillons très-allongés, se rencontrent aussi les individus raccourcis, et l'on a fait de ces derniers des espèces différentes. En reconnaissant la grande disparité de longueur respective de l'osselet des mâles d'avec celui des femelles, chez les *Loligo vulgaris* et *subulata*, il est impossible de ne pas croire que cette différence de l'allongement, quand d'ailleurs tous les autres caractères sont uniformes, ne tienne au sexe des animaux qui les ont formés. De plus, comme cette différence dans l'allongement se retrouve chez toutes les espèces de Bélemnites, on ne doit y attacher que l'importance qu'elle mérite. Ces considérations m'amènent à réunir en une seule beaucoup des espèces des auteurs, qui ne sont que de simples variétés de sexe et d'âge. Les rostres des femelles sont les plus courts, ils ont servi à l'établissement des *B. quinquesulcatus*, *gigas*, *aalensis*, etc., tandis que tous les autres ont appartenu à des mâles.

Rapports et différences. Par sa forme ovale sans sillon ventral, cette espèce se distingue de toutes les Bélemnites de l'oolite inférieure. Les sillons latéraux de son extrémité, qui laissent partout des traces sur la tranche, la font différer des autres Bélemnites ovales. C'est, du reste, la plus grande des espèces connues.

Localité. Cette espèce est caractéristique, s'il en fut jamais, de l'oolite inférieure des Anglais, et forme, avec les autres fossiles qu'elle accompagne, un horizon des mieux marqués. Elle a été rencontrée à Bayneux, aux Moutiers (Calvados), par MM. Tesson, Delongchamps, Puzos et par moi; à Saint-Maixant (Deux-Sèvres), par M. Garran et par moi; à Foulain, près de Chaumont (Haute-Marne), par M. Royer; dans le chemin, près de la grande Chartreuse (Isère), par M. Millet; aux environs de Sedan (Meuse), par M. Beuvignier; près de Théancourt, à Longevy, à Génevaux (Moselle), par MM. Hollandre, Joba et Jeannot; à Saint Rambert (Ain), par M. Sauvanau; à Don (Ardennes), et à Montmédy (Meuse), par M. Raulin. En Angleterre, on la rencontre à Dundry; au Wurtemberg, à Stinsenberg, à Gruibingen, à Aalen, etc.

Histoire. On peut croire que c'est de cette espèce que Schlotheim parle, sous le nom de *giganteus*, puisque c'est, en effet, la plus grande de toutes; et cela, malgré quelques doutes relativement à la description de cet auteur, ce qui pouvait tenir à des inexactitudes de description, et, comme je l'ai déjà fait remarquer au *B. Bruguierianus*, au mélange de plusieurs espèces. Quoiqu'il en soit, celle-ci étant la plus grande connue, je propose de lui conserver la dénomination de Schlotheim, qui, du reste, est la plus ancienne. En 1823, M. Miller a décrit un individu allongé sous le nom d'*ellipticus*. Un échantillon d'Angleterre m'en a donné la certitude. En 1827, M. Blainville ne reconnut pas le *B. ellipticus* de Miller, et applique à la même espèce, lorsqu'elle est allongée, la dénomination de *gladius;* lorsqu'elle est courte celles de *quinquesulcatus*, de *gigas*. Trois ans après, M. Voltz, à son tour, ne paraît pas avoir comparé ses échantillons à ceux qui étaient déjà décrits, puisqu'il appelle *Aalensis* et *longus*, deux variétés de l'espèce qui m'occupe. La même année, M. Zieten, tout en oubliant également les auteurs antérieurs, emprunte à M. Voltz la détermination d'*Aalensis*, et publie, de plus, comme Bélemnites distinctes, la variété allongée, sous les noms de *grandis* et d'*acuminatus*, la variété courte sous celui de *quinquesulcatus*, et un tronçon supérieur sous celui de *bipartitus*, déjà employé, depuis 1827, par M. de Blainville. Pour M. Rœmer, il adopte sans examen, dans son ouvrage d'ailleurs si intéressant, toutes les déterminations antérieures des différens auteurs; il cite, dès lors, les *B. giganteus, gladius, aalensis, longus, grandis, acuminatus* et *quinquesulcatus*. Si l'on suivait longtemps une telle marche, les noms se multiplieraient à l'infini, et, dans les catalogues des géologues, on pourrait arriver, en les citant tous, à quintupler le nombre réel des espèces. Pour me résumer, je pense : 1° que le nom de *giganteus*, comme plus ancien, doit être conservé à l'espèce ; 2° que les *B. ellipticus, gladius, grandis, acuminatus*, sont des individus mâles ; 3° que les *B. quinquesulcatus, aalensis, longus, gigas*, sont des individus femelles ; 4° que le *B. bipartitus* est une extrémité inférieure. Cette espèce aurait eu, jusqu'à présent, *onze* noms spécifiques.

Explication des figures. Pl. 14, fig. 1. Coupe longitudinale d'un individu femelle très-vieux, demi-grandeur ; montrant : *a*, l'alvéole ; *b*, la forme du jeune avant qu'il n'ait pris l'allongement ; *c*, le commencement de la cavité ; *d*, la cavité intérieure. C'est le *B. aalensis* des auteurs.

Fig. 2. Un individu femelle jeune (*B. quinquesulcatus*), Blainv.

Fig. 3. Coupe à l'extrémité du même, pour montrer les cinq sillons.

Fig. 4. Jeune individu, plus âgé.

Fig. 5. Un autre de demi-grandeur, beaucoup plus âgé.

Fig. 6. Coupe au milieu de la longueur.

Fig. 7. Coupe du même, à son extrémité.

Pl. 15, fig. 1. Un individu femelle, à l'instant où il prend le prolongement postérieur, de demi-grandeur.

Fig. 2. Coupe du même, de grandeur naturelle.

Fig. 3. Coupe d'un individu mâle.

Fig. 4. Coupe de l'extrémité d'un individu mâle.

Fig. 5. Un jeune mâle.

Fig. 6. Un autre jeune mâle, de grandeur naturelle.

Fig. 7. Un mâle adulte, réduit au tiers, qui est le *B. gladius*, *longus*, etc.

Fig. 8. Extrémité d'un rostre mâle, de grandeur naturelle.

Fig. 9. Sa coupe.

Bélemnites de l'étage oxfordien.

N° 24. Belemnites Puzosianus, d'Orbigny.

Pl. 16, fig. 1-6.

B. *testâ elongatâ, cylindricâ, compressâ, posticè acuminato-rectâ, subtùs compresso-bisulcatâ; aperturâ compressâ, subquadratâ; alveolo, angulo* 16° 1/2.

Dimensions.	Longueur.	180 mill.
	Grand diamètre.	19

Rostre lisse, très-allongé, cylindrique et un peu comprimé sur sa longueur, très-droit, fortement acuminé en arrière et terminé par une pointe conique, ridée en long. Il part de la pointe en dessous un large sillon qui se perd vers le cinquième de sa longueur. Ce sillon est d'abord circonscrit, de chaque côté, vers la pointe, par une forte dépression longitudinale ;

dépression qui ne tarde pas à disparaître. Ouverture un peu comprimée, légèrement quadrangulaire. Cavité alvéolaire occupant près du quart du rostre. Elle est un peu comprimée, ovale, inclinée en dessous. Ses angles sont 16° 1/2. *Jeune*, cette espèce est très-allongée, grêle ; alors elle se rapproche beaucoup du *B. elongatus*. Son sillon est surtout très-marqué.

Rapports et différences. Très-allongée, comme les *B. aduncatus*, *Bruguierianus*, et *compressus*, cette espèce s'en distingue par sa forme cylindrique, et surtout par le large sillon de son extrémité inférieure. En effet, les deux dernières manquent de sillon dans cette partie, et la première n'a qu'un simple canal et non les deux sillons de la partie excavée.

Localité. Cette belle espèce a été découverte par M. Puzos dans les argiles oxfordiennes des Vaches-Noires (Calvados). M. du Souich l'a recueillie aux environs de Marquise, de Waast et près de Colembert (Pas-de-Calais), dans les marnes inférieures de l'Oxford-clay. Elle l'a été à Neuvisi (Ardennes), à Danvillers (Meuse), par M. Raulin.

Explication des figures. Pl. 16, fig. 1. Individu coupé longitudinalement.

Fig. 2. Le même, vu en-dessous. De la collection de M. Puzos.

Fig. 3. Jeune individu, vu en dessous.

Fig. 4. Coupe à moitié de l'alvéole.

Fig. 5. Coupe au-dessus de l'alvéole.

Fig. 6. Coupe de l'extrémité.

N° 25. BELEMNITES BEAUMONTIANUS, d'Orbigny.

Pl. 16, fig. 7-11.

B. *testâ elongatâ, anticè subrotundatâ, posticè depressâ,*

subtus longitudinaliter sulcatâ : sulco anticè posticèque interrupto ; aperturâ subrotundâ.

Dimensions. Longueur totale . . . . 120 mill.
Grand diamètre. 18

Rostre allongé, lisse, un peu conique, rond en avant, très-déprimé en arrière, arrondi en dessus, très-déprimé en dessous et marqué d'un large sillon qui s'efface vers la pointe, et en avant, vers l'extrémité supérieure. La partie postérieure est effilée et très-aiguë. La tranche en avant est presque circulaire ; déprimée et très-échancrée en dessous, au milieu de sa longueur, la tranche de l'extrémité est presque ronde. Cavité alvéolaire paraissant très-longue; mais je n'ai pu la suivre, l'échantillon que j'observe ne m'appartenant point, ce qui m'a empêché de le rompre pour étudier cette partie.

Rapports et différences. Voisine du *B. Bessinus*, cette espèce s'en distingue par son sillon interrompu en avant, par son manque de compression à cette partie et par sa forme plus raccourcie et non lancéolée. J'avais cru que ce pouvait être le *B. Altdorfensis* de M. Blainville ; mais ce savant la rapporte au *B. sulcatus* de Miller, espèce bien distincte.

Localité. Elle a été recueillie par M. Tesson dans les marnes oxfordiennes des Vaches-Noires (Calvados) ; elle paraît y être rare.

Explication des figures. Pl. 16, fig. 7. Individu entier, vu en dessous. De la collection de M. Tesson.

Fig. 8. Le même, vu de côté.

Fig. 9. Coupe au milieu du rostre.

Fig. 10. Coupe au sommet du rostre.

Fig. 11. Coupe de l'extrémité.

N° 26. Belemnites excentricus, Blainville.

Pl. 17.

B. *excentricus*, Blainv., 1827, Bélem., p. 90, n° 30, pl. 3, fig. 8.

B. *testâ brevi, inflatâ, lateraliter impressâ, subtetragonâ, posticè acuminato-incurvatâ, anticè dilatatâ ; aperturâ subtetragonâ ; alveolo, angulo* 19°.

Dimensions. Longueur. . . . . 95 mill.
Grand diamètre. 21

Rostre court, très-lisse, conique, renflé sur sa longueur, élargi en avant, légèrement arqué vers son extrémité, qui dès lors est excentrique et inclinée en dessous. Cette extrémité est presque mucronée. A partir de ce point, se remarque de chaque côté un méplat très-prononcé. Il y en a un troisième à peine visible, près de la pointe en dessous. Coupe un peu tétragone à la partie supérieure. Cavité alvéolaire occupant les deux tiers supérieurs de la longueur du rostre. Elle est ronde et fortement inclinée vers le ventre. Son angle est d'environ 19 degrés. Jeune, elle est légèrement déprimée et marquée sur les côtés de doubles impressions linéaires ; adulte, elle est presque carrée, très-grande.

Rapports et différences. Cette espèce, par sa forme raccourcie, est très-voisine du *B. abbreviatus* du lias supérieur et du *B. Cornuelianus* du terrain néocomien ; mais elle se distingue du premier par sa pointe excentrique et par ses méplats, l'autre étant entièrement lisse. Elle diffère du second par sa forme tétragone, et non pas déprimée, et par le manque du canal large sur la partie inférieure de l'extrémité inférieure.

Localité. Elle se trouve dans les couches de l'argile oxfordienne des Vaches-Noires (Calvados). Elle y a été recueillie par M. Puzos. M. du Souch l'a rencontrée dans la même couche, aux environs de Marquise et de Waast (Pas-de-Calais). On la trouve aussi en Russie, près de Moscou.

Explication des figures. Pl. 17, fig. 1. Individu entier, vu de côté. De la collection de M. Puzos.

Fig. 2. Coupe longitudinale, *a* dessus, *b* dessous.

Fig. 3. Un autre rostre, très-vieux, vu en dessous.

Fig. 4. Un autre, vu en dessus.

Fig. 5. Coupe supérieure de l'alvéole.

Fig. 6. Coupe inférieure du rostre.

Fig. 7. Coupe d'un vieil individu.

Fig. 8. Coupe de l'extrémité de ce vieil individu.

N° 27. Belemnites hastatus, Blainville.

Pl. 18 et 19.

Hibolithes hastatus, Montfort, 1808, Conch. syst., p. 386.

Porodragus restitutus, Montfort, 1808, Conch. syst., p. 390.

B. lanceolatus, Schloth., 1813, Taschenb., t. 7, p. 111.

B. lanceolatus, Schloth., 1820, Petref., p. 49, n° 8.

B. fusoides, Lamarck, 1822, An. sans vert., 7, p. 592, n° 2.

B. fusiformis, Miller, 1823, Trans. of the geol., v. 2, pl. 7, fig. 22.

B. hastatus, Blainv., 1827, Bélem., p. 71, pl. 1, fig. 4; pl. 2, fig. 4; pl. 5, fig. 3.

B. semi-hastatus, Blainv., 1827, Bélem., p. 72, pl. 2, fig. 5; pl. 5, fig. 1-2.

B. clavatus, Blainv., 1827, Bélem.

B. gracilis, Raspail, 1829, Ann. des sc. d'observ., pl. 6, fig. 17-18.

B. hastatus, Raspail, 1829, Ann. des sc. d'observ., pl. 8, fig. 91.

B. ferruginosus, Voltz, 1830, Mém., pl. 1, fig. 8, p. 36.

Actinocamax fusiformis, Voltz, 1830, Mém., pl. 1, fig. 6, p. 34.

B. semi-hastatus, Zieten, 1830, Wurtem., p. 29, pl. 22, fig. 4.

Actinocamax fusiformis, Hartmann., Zieten, p. 25, fig. 3.

B. unicanaliculatus, Hartmann., Zieten, 1830, p. 32, pl. 24, fig. 8.

B. hastatus, Desh., 1830, Encycl., p. 127, nº 9.

B. fusiformis, Rœmer, 1835, p. 176, nº 26.

B. semi-hastatus, Rœmer, 1835, p. 175, nº 25.

B. sub-hastatus, Rœmer, 1835, p. 177, nº 29.

B. *testâ elongatâ, gracili, fusiformi, anticè dilatatâ, compressâ, posticè inflatâ, depressâ, acutè mucronatâ; subtùs sulcatâ; sulcis posticè evanescentibus interruptâ; aperturâ subrotundâ; alveolo, angulo 11-18°.*

Dimensions.	Longueur d'un vieil individu. . .	250 mill.
	Grand diamètre à la partie renflée.	23
	Grand diamètre moyen	13

Rostre très-allongé, fusiforme, grêle, fortement dilaté à son extrémité supérieure, par la saillie de l'alvéole, rétrécie et comprimée vers la base de celui-ci; de là s'élargissant peu à peu jusqu'aux deux tiers inférieurs, où il est déprimé et renflé, puis s'atténuant vers l'extrémité inférieure, terminée par une pointe légèrement mucronée. Vers le tiers ou les deux cinquièmes inférieurs, naît en dessous un sillon profond qui se continue jusque sur l'alvéole. Dans les individus bien conservés, on remarque, sur les côtés, à la partie renflée, une impression longitudinale assez large, pourvue de deux sillons longitudinaux qui s'écartent et se perdent vers l'endroit où commence le sillon inférieur. Ouverture supérieure presque ronde. Coupe à la moitié de l'alvéole, fortement comprimée, déprimée en arrière. Cavité alvéolaire très-longue, très-prolongée en avant, sous un angle qui varie de 11° à 18°. Les cloisons sont très-écartées, et la première, bulliforme, est très-marquée.

Observations. Très-jeune, cette espèce est, près du renflement, beaucoup plus déprimée que les adultes; elle est si grêle, que les ruptures doivent être très-fréquentes, près de l'alvéole, ce qui détermine les actinocamax des auteurs. Adulte, elle varie par le plus ou le moins d'allongement de l'ensemble, ce qui devait tenir aux sexes des individus. Les monstruosités de cette espèce sont nombreuses, et tiennent toutes à des déformations de l'extrémité postérieure du rostre, par suite de blessures. Dans certains individus, cette partie devient arrondie, très-obtuse; d'autres fois, elle se contourne ou prend une forme très-irrégulière et caverneuse.

Rapports et différences. Cette magnifique espèce se distingue nettement de toutes les autres par sa forme lancéolée et par son sillon.

Localité. Cette Bélemnite est, sans contredit, l'espèce la plus caractéristique des couches oxfordiennes inférieures, où elle constitue un horizon des plus marqués, et des plus certains, vu le grand nombre de lieux où elle se rencontre. Elle a été recueillie à Darois, à Mussy, à Marsannay-le-Bois (Côte-d'Or), par M. Nodot; à Grigny et Étiray (Yonne), par M. Lallier; à Écrouves (Meurthe), par MM. Delcourt et Guibal; à Saint-Maixant (Deux-Sèvres), par M. Garran; à Saint-Rambert (Ain), par M. Sauvanau; à Dournon, près de Ceran (Jura), par M. Bourjot-Saint-Hilaire; à Beuve, près de Besançon, par M. Chassy; à l'île Del (Vendée), par mon père et par moi; aux Blaches, près de Castellane (Basses-Alpes), par MM. Émeric et Duval; aux environs de Nantua (Ain), par M. Cabannet; à Esnandes, près de la Rochelle (Charente-Inférieure), par moi; à Montsaon et à Marault (Haute-Marne), par M. Royer; à Maiche, à Rosureux, à Russey (Doubs), par M. Carteron; à Claps, commune de Vauvenargue (Bouches-du-Rhône), par M. Coquand; à Rians (Var), par MM. Coquand et Puzos; à Waast et aux environs de Marquise (Pas-de-Calais), par M. du Souich; à Meillan, près de Saint-Amand (Cher); à Is-sur-Tille (Côte-d'Or), par MM. Richard et Puzos; à Neuvisi (Ardennes), par MM. Puzos, Raulin et Beuvignier; à Écomoy (Sarthe), par moi; aux environs de Semur (Yonne), par M. Cotteau. C'est peut-être elle qui se rencontre dans le calcaire lithographique de Solenhoffen et de Panenheim. On la trouve encore à la Sierra-de-Mala-Cara, royaume de Valence (Espagne).

Histoire. Il est peu d'espèces plus faciles à reconnaître que celle-ci; aussi peut-on s'étonner du grand nombre de noms qu'elle a reçus des auteurs. Montfort l'a assez bien figurée dès 1808, sous les noms de *Hibolithes hastatus* et *Porodragus restitutus*. Schlotheim, en 1813 et 1820, l'appela *Lanceolatus*, sans revenir, pour cette espèce, suivant son habitude, aux noms de Montfort. Lamarck, qui estimait peu Montfort, appliqua, en 1822, un quatrième nom à cette Bélemnite, en la désignant comme *Fusoides*. Miller en fit tout autant, et, en 1823, l'appela *Fusiformis*. Pour M. de Blainville, il revint judicieusement au nom spécifique de Montfort, en la plaçant dans le genre Bélemnite; mais, considérant les jeunes comme d'espèce différente, il les appela *Semi-hastatus*. La figure de son *B. clavatus*, provenant d'Esnandes, appartient aussi à cette espèce. C'est à tort qu'il rapporte à l'*Hasta-*

tus le *Canaliculatus* de Schlotheim. Ordinairement juste dans ses observations, M. Voltz, en 1830, est encore venu compliquer la synonymie des Bélemnites, en introduisant deux dénominations nouvelles. Il appelle les individus adultes *B. ferruginosus*, et du jeune il fait son *Actinocamax fusiformis*. La même année, M. Zieten donne le jeune sous le nom de *Semihastatus*; le jeune non complet est son *Actinocamax fusiformis*, et la partie supérieure devient le *B. unicanaliculatus*-Hartmann. Pour son *B. subhastatus*, c'est une autre espèce. De ces noms, M. Rœmer en conserve seulement trois.

En résumé, cette Bélemnite a reçu onze noms spécifiques distincts, ce qui, plus que tout le reste, prouve le peu de progrès de la science, à l'égard des fossiles. De ces dénominations, la plus ancienne étant, sans contredit, celle d'*Hastatus*, je la conserve et renvoie les autres à la synonymie.

Explication des figures. Pl. 18. Fig. 1. Individu entier avec son alvéole.

Fig. 2. Rostre de la variété allongée, vu en dessous. De ma collection.

Fig. 3. Rostre de la variété raccourcie.

Fig. 4. Le rostre de la fig. 2, vu de côté.

Fig. 5. Coupe à la partie moyenne de l'alvéole.

Fig. 6. Coupe à la base de l'alvéole.

Fig. 7. Coupe au tiers inférieur.

Fig. 8. Coupe au cinquième inférieur.

Fig. 9. Coupe de la pointe du rostre.

Pl. 19, fig. 1. Jeune dans l'état parfait. De grandeur naturelle.

Fig. 2. Le même, grossi.

Fig. 3. Coupe longitudinale d'un individu adulte.

Fig. 4. État pathologique du rostre, qui a motivé l'*Actinocamax fusiformis*.

Fig. 5. Le même, grossi, pour montrer les couches en retrait.

Fig. 6. Extrémité de l'alvéole grossie, pour montrer la première loge aérienne, plus grande que les autres, et l'accroissement des couches de dépôt crétacé du rostre.

Fig. 7. Siphon grossi, pour montrer que le point de suture est au-dessus des cloisons aériennes, et non sur la cloison même.

Fig. 8. Un rostre, déformé par une blessure.

Fig. 9. Autre déformation d'un rostre.

Fig. 10. Autre déformation, par suite de blessure.

Fig. 11. Coupe d'un échantillon dont une lésion avait empêché les couches de se déposer régulièrement en dessous.

N° 28. Belemnites Didayanus, d'Orbigny.

Pl. 20, fig. 1-5.

B. testâ elongatâ, subfusiformi, anticè compressâ, attenuatâ, lateraliter impressâ, posticè acuminatâ, subtùs unisulcatâ: sulco posticè interrupto; aperturâ compressâ, sinuatâ.

Dimensions.	Longueur première	120 mill.
	Grand diamètre postérieur. . .	17

Rostre très-allongé, fusiforme, comprimé sur toute sa longueur, rétréci en avant, un peu élargi en arrière, puis terminé par une pointe un peu mucronée. Un sillon profond, étroit, occupe toute la région ventrale de la partie antérieure jusqu'à la partie la plus large de l'extrémité postérieure, où il s'efface tout-à-fait. On remarque de chaque côté une dépression longitudinale formée de deux sillons peu visibles. Coupe comprimée sur toute la longueur du rostre. Cavité alvéolaire inconnue.

Rapports et différences. Lancéolée comme le B. *hastatus*, cette espèce s'en distingue par sa forme comprimée sur toute sa longueur; comprimée comme le *B. Duvalianus*, elle en diffère par son sillon interrompu en arrière, par ses sillons latéraux, puis par sa forme plus élargie en arrière.

Localité. Elle a été découverte dans les couches oxfordiennes à Rians, vallon de Simiane (Var), par M. Coquand ; près de Châtillon-sur-Seine (Côtes-d'Or), par M. Jules Beaudouin. Elle m'a été aussi communiquée par M. Puzos.

Explication des figures. Pl. 20, fig. 1. Rostre entier, vu en dessous.

Fig. 2. Le même, vu de côté.

Fig. 3. Coupe de la base de l'alvéole.

Fig. 4. Coupe au milieu de la longueur.

Fig. 5. Coupe à l'extrémité du rostre.

N° 22. Belemnites Duvalianus, d'Orbigny.

Pl. 20, fig. 6-10.

B. testâ elongatâ, gracili, subfusiformi, compressâ, anticè attenuatâ, posticè acuminatâ, subtùs sulcatâ : sulco angusto, non interrupto, aperturâ ovali, compressâ.

Dimensions. Longueur présumée . . . . . 100 mill.
Grand diamètre. 9

Rostre très-allongé, grêle, fusiforme, comprimé partout, rétréci en avant, jusqu'à l'alvéole; puis s'élargissant un peu de ce point jusqu'en arrière, où il s'acumine de nouveau et se termine par une pointe assez obtuse. De cette pointe part un sillon étroit qui occupe toute la région ventrale. Coupe comprimée et légèrement échancrée en dessus, dans toute sa longueur. Cavité alvéolaire inconnue.

Rapports et différences. Par sa forme lancéolée, cette espèce se rapproche du *B. hastatus*, mais elle s'en distingue bien nettement par sa compression égale partout, et par son sillon prolongé jusqu'à l'extrémité. Plus voisine du *B. Didayanus*, par sa compression, elle en diffère encore par son sillon ventral non interrompu en arrière et par le manque de petits sillons latéraux.

Localité. Cette espèce a été découverte par M. Duval à la Claye, près de Chaudon (Basses-Alpes), dans les marnes oxfordiennes.

Explication des figures. Pl. 26. fig. 6. Rostre vu de côté. De ma collection.

Fig. 7. Le même, vu en dessous.

Fig. 8. Coupe à la partie supérieure.

Fig. 9. Coupe à l'extrémité du rostre.

Fig. 10. Coupe au tiers inférieur du rostre.

N° 30. Belemnites sauvanausus, d'Orbigny.

Pl. 21, fig. 1-10.

B. testâ elongatâ, anticè attenuatâ, posticè incrassatâ, acutè mucronatâ, subtùs anticè profundè scissuratâ, aperturâ subquadratâ, subtùs sinuatâ; alveolo, angulo 20°.

Dimensions. Longueur totale. . . . . 70 mill.
Grand diamètre. 12

Rostre plus ou moins allongé, claviforme, rétréci en avant, très-fortement élargi en arrière, où il est terminé par une pointe aiguë, excentrique, inférieure, quelquefois très-saillante, d'autres fois à peine mucronée. Le dessus et le dessous sont lisses, jusqu'un peu avant la naissance de l'alvéole ; alors commence une petite fossette longitudinale très-profonde, qui s'étend jusqu'au bord antérieur ; mais quoique très-excavée, ne paraît pas communiquer avec l'alvéole, comme chez les *Belemnitella*. On remarque quelquefois un très-léger sillon latéral, surtout chez les jeunes individus. Coupe subquadrangulaire sur toute la longueur, non échancrée sur les côtés. Cavité alvéolaire occupant moins de la moitié de l'ensemble, à peu près médiane ; son angle paraît être de 20 degrés.

Observations. Cette Bélemnite est très-variable dans son allongement et dans la forme de son extrémité, quelquefois très-aiguë ; elle est aussi très-courte, très-obtuse.

Rapports et différences. Cette espèce montre encore une forme analogue aux B. *Coquandus, Duvalianus*, etc. ; mais elle s'en distingue par la scissure profonde qu'on remarque du côté ventral ; ce caractère la fait différer de toutes les autres de la même série, qui n'ont qu'un sillon très-superficiel.

Localité. Cette Bélemnite caractérise l'Oxford-Clay d'une zone qui borde la Méditerranée et s'étend au pied des Alpes, sur une grande longueur. Elle a été recueillie à Saint-Rambert, et près de Nantua (Ain), par MM. Sauvanau et Cabannet ; à Simiane, près de Rians (Var) ; à Claps, commune de Vauvenargues (Bouches-du-Rhône), par M. Coquand ; dans la Sierra *de Mala-Cara*, royaume de Valence (Espagne), par M. *** ; près de Châtillon-sur-Seine (Côte-d'Or), par M. Jules Beaudouin.

Explication des figures. Pl. 21, fig. 1, rostre entier, vu en-dessous.

Fig. 2. Le même, vu de côté.

Fig. 3. Coupe du même.

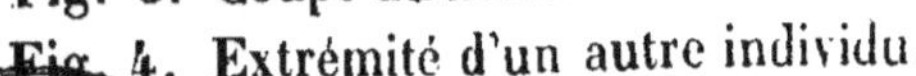

Fig. 4. Extrémité d'un autre individu.

Fig. 5. Coupe à l'extrémité du rostre.

Fig. 6. Un rostre évidemment raccommodé à son extrémité.

Fig. 7. Coupe à la partie supérieure de l'alvéole.

Fig. 8. Coupe à la partie inférieure de l'alvéole.

Fig. 9. Jeune rostre vu en-dessous.

Fig. 10. Jeune rostre vu de côté.

N° 31. BELEMNITES COQUANDUS, d'Orbigny.

Pl. 21, fig. 11 à 18.

B. *testâ elongatâ, clavatâ, anticè attenuatâ; posticè incrassatâ, mucronatâ, subtùs lævigatâ, lateraliter sulcatâ: sulcis excavatis posticè, bifurcatis; alveolo?*

Dimensions. Grand diamètre. . . . . . 9 millimètres.

Rostre allongé, claviforme, rétréci en avant, fortement élargi en arrière, où il est terminé par une pointe excentrique inférieure ; en dessus et en dessous on remarque quelques indices de plis longitudinaux. Les côtes sont pourvues d'un profond sillon, qui règne sur toute la longueur, se bifurque et s'efface en arrière, peu après le plus grand élargissement de cette partie. Coupe presque carrée, fortement échancrée sur les côtés. Cavité alvéolaire inconnue.

Rapports et différences. Cette espèce rappelle, par ses sillons latéraux, le *B. bipartitus* des terrains néocomiens, tout en s'en distinguant par sa forme en massue raccourcie. Sa forme en massue la rapproche du *B. Sauvanausus*, dont elle diffère par ses sillons latéraux très-profonds, par ses plis longitudinaux et par sa forme un peu comprimée.

Localité. Elle a été découverte au sein des marnes oxfordiennes, à Rians (Var), par M. Coquand, professeur de géologie à Aix.

Explication des figures. Pl. 21, fig. 11. Rostre vu de côté.

Fig. 12. Sa coupe supérieure.
Fig. 13. Sa coupe moyenne.
Fig. 14. Rostre de grandeur naturelle, vu en dessous.
Fig. 15. Le même, vu de côté.
Fig. 16. Coupe à l'extrémité du rostre.
Fig. 17. Coupe à la partie supérieure.
Fig. 18. Coupe au milieu de la longueur.

N° 32. BELEMNITES ÆNIGMATICUS, d'Orbigny.

Pl. 22, fig. 1–3.

B. *testâ brevissimâ, obtusâ, lævigatâ, posticè obtuso-rotundatâ; aperturâ subquadratâ, suprà sinuatâ, alveolo angulo* 20°.

Dimensions. Longueur. . . . . . . 40 millimètres.
Grand diamètre. . . . 15

Rostre très-court, obtus, un peu rétréci, en avant ; très-obtus et arrondi en arrière ; le dessus est légèrement déprimé, et l'on voit, sur les côtés, une dépression linéaire à peine marquée. *Coupe* un peu carrée et déprimée ; cavité alvéolaire occupant les sept huitièmes de la longueur ; son angle est de 20°.

Observations. En suivant les lignes d'accroissement sur la coupe, on s'aperçoit que jeune cette espèce était très-conique, qu'ensuite elle est devenue mucronée à son extrémité, et que, plus tard, cette pointe est devenue de moins en moins saillante jusqu'à disparaître entièrement.

Rapports et différences. Par sa forme courte, cette Bélemnite se distingue tellement de toutes les autres, que je n'y vis d'abord qu'une monstruosité ; mais, ayant usé sa coupe, je n'ai trouvé aucune trace de blessure, et, au contraire, un accroissement très-régulier, qui pourrait me faire penser que c'est bien une espèce distincte. Dans tous les cas, comme je n'en connais qu'un seul échantillon, je ne la donne qu'avec doute, en attendant que de nouvelles observations viennent confirmer son existence comme espèce.

Localité. Cette singulière Bélemnite a été découverte par M. Coquand, dans les marnes oxfordiennes de Rians (Var).

Explication des figures. Pl. 22, fig. 1. Rostre coupé longitudinalement. De la collection de M. Coquand.

Fig. 2. Le même vu de côté.

Fig. 3. Coupé au sommet de l'alvéole.

N° 33. BELEMNITES ROYERIANUS, d'Orbigny.

Pl. 22, fig. 9-15.

B. testâ elongatâ, gracili, fusiformi, depressâ, posticè acuminatâ, anticè attenuatâ, subtùs anticè sulcatâ; sulco in medio evanescente.

Dimensions.	Longueur.	15 mill.
	Grand diamètre.	3

Rostre très-allongé, très-grêle, fusiforme, très-déprimé sur toute sa longueur, très-rétréci en avant, élargi en arrière, et terminé par une pointe assez aiguë. Les jeunes n'ont de sillon ventral que tout-à-fait à la partie antérieure. Chez les adultes ce sillon se prolonge un peu plus loin. Il est étroit et à peine évasé. Cavité alvéolaire inconnue. Coupe ovale transversalement, presque rostrale.

Rapports et différences. Très-voisine du *B. hastatus* pour la forme hastée, cette espèce s'en distingue par sa dépression générale, égale partout, par son sillon de moitié plus court, à âge égal. Le dessin du *B. plano hastatus* de M. Rœmer diffère de mon espèce par son centre excentrique et par sa coupe moyenne, ce qui m'a empêché de la réunir, ne sachant pas si ces différences tiennent aux caractères de la Bélemnite.

Localité. Cette petite Bélemnite a été découverte par M. Royer, à Roocourt-la-Côte (Haute-Marne), dans les couches coralliennes. Elle n'y paraît pas rare.

Explication des figures. Pl. 22, fig. 9. Individu grossi, vu en dessous.

Fig. 10. Le même, vu de côté.

Fig. 11. Coupe à la base de l'alvéole.

Fig. 12. Coupe au tiers supérieur du rostre.

Fig. 13. Coupe au tiers inférieur du rostre.

Fig. 14. Coupe au sommet du rostre.

Fig. 15. Grandeur naturelle.

N° 34. BELEMNITES SOUICHII, d'Orbigny.

Pl. 22, fig. 4-8.

B. testâ elongatâ, sublanceolatâ, depressâ, posticè acuminatâ; subtùs complanatâ; aperturâ depressâ, subtriangulari; alveolo?

Dimensions.	Longueur totale.	50 mill.
	Grand diamètre.	8

Rostre lisse, allongé, déprimé, un peu lancéolé, droit, fortement acuminé en arrière, convexe en dessus, très-aplati en dessous, où il est marqué d'un méplat longitudinal. Tranche supérieure ovale transversalement, presque triangulaire vers son extrémité postérieure. Cavité alvéolaire, occupant près de la moitié de la longueur. Je n'ai pu mesurer son angle. *Jeune*, elle paraît avoir été entièrement ronde.

Rapports et différences. Par sa dépression générale et son méplat inférieur, cette espèce paraît se distinguer de toutes les autres, parce que l'espèce qui s'en rapproche le plus, le *B. umbilicatus*, est beaucoup plus effilé et son sommet est obtus.

Localité. Elle se trouve daus les couches portlandiennes. Elle a été recueillie par M. du Souich, dans les carrières de grès du Hauvringhen, près de Wimille (Pas-de-Calais), par M. Bouchard et par moi, à la tour de Croï, près de Boulogne, même département.

Explication des figures. Pl. 22, fig. 4. Rostre vu en dessous. De ma collection.

Fig. 5. Le même, vu de côté.

Fig. 6. Coupe à la partie supérieure de l'alvéole.

Fig. 7. Coupe au milieu du rostre.

Fig. 8. Coupe à la pointe du rostre.

Considérations géologiques sur les Bélemnites.

L'étude des faunes renfermées dans les couches du terrain jurassique me porte à le diviser ainsi qu'il suit : le *lias* (1); l'*oolite* (2) (contenant l'oolite inférieure, la grande oolite et le forest marble), les couches *oxfordiennes* (3); les couches *coralliennes* (4); les couches *kimméridiennes* (5); les couches *portlandiennes* (6).

(1) Je regarde comme lias toutes les couches inférieures à l'horizon de l'*Ammonites bifrons* (*Walcotii*) et la couche même qui renferme cette espèce, qu'elles soient à l'état ferrugineux, marneux ou calcaire.

(2) Mon type de l'oolite inférieure est à Dundry, en Angleterre, à Bayeux et aux Moutiers (Calvados), etc., etc. C'est le terrain *bathonien* de M. d'Omalius d'Halloy. Je crois que cette dénomination est préférable à celle d'oolite.

(3) Mon type français se trouve aux *Vaches-Noires* (Calvados), à Launoy (Ardennes) et sur beaucoup d'autres points.

(4) Les lieux où cette couche est très-développée sont : Tonnerre (Yonne), Saint-Mihiel (Meuse), Nantua (Ain), etc., etc.

(5) Chatelaillon (Charente-Inférieure), Boulogne (Pas-de-Calais), Tonnerre, etc., etc.

(6) On les trouve à Boulogne (Pas-de-Calais), à Auxerre (Yonne), à Baudrecourt (Haute-Marne), etc., etc.

Les Bélemnites, divisées suivant ces séries de couches, me donnent les résultats suivans :

Couches du lias.	16 espèces.
Couches de l'oolite.	6
Couches oxfordiennes.	9
Couches coralliennes.	1
Couches kimméridiennes.	»
Couches portlandiennes.	1
	33

Sans avoir égard aux formes, je trouve que les Bélemnites du terrain jurassique ont commencé de suite avec les couches du lias, époque de leur première apparition sur le globe, par être au maximum de leur développement numérique ; elles se sont réduites à moins de la moitié dans l'oolite ; leur nombre est un peu plus élevé avec les couches oxfordiennes ; mais elles ne montrent plus, dans les autres couches jurassiques supérieures, que des individus isolés. Ces résultats sont d'autant plus curieux, qu'après cette si grande diminution des espèces de Bélemnites aux parties supérieures des terrains jurassiques, il est remarquable de les voir renaître, sous d'autres formes, en assez grand nombre, avec les couches néocomiennes inférieures. Elles diminueraient de nouveau dans la formation crétacée comme elles l'ont fait au sein des couches jurassiques, pour disparaître tout-à-fait avec les dernières couches de ce terrain.

Espèces du lias.

B. irregularis, Schloth.
acuarius, Schloth.
compressus, Blainv.
Bruguierianus, d'Orb.
B. abbreviatus, Miller.
acutus, Miller.
brevirostris, d'Orb.
Fournelianus, d'Orb.

umbilicatus, Blainv.
unisulcatus, Blainv.
elongatus, Miller.
clavatus, Blainv.
Nodotianus, d'Orb.
Tessonianus, d'Orb.
exilis, d'Orb.
tricanaliculatus, Hartm.

Toutes ces espèces du lias étaient inconnues dans les couches du Muschelkalck : elles sont donc, avec le nouveau dépôt, une partie de la faune qui a commencé à paraître à cette époque remarquable des terrains jurassiques, si riche en Céphalopodes et surtout en Ammonites.

Espèces de l'oolite.

B. sulcatus, Miller.
canaliculatus, Schloth.
bessinus, d'Orb.
B. Fleuriausus, d'Orb.
Blainvillei, Voltz.
giganteus, Schloth.

Les six espèces de l'oolite sont toutes distinctes de celles du lias, et peuvent être considérées comme caractéristiques.

Espèces des couches oxfordiennes.

B. Hastatus, Blainv.
Coquandianus, d'Orb.
Sauvanausus, d'Orb.
Puzosianus, d'Orb.
Beaumontianus, d'Orb.
B. Didayanus, d'Orb.
ænigmaticus, d'Orb.
excentricus, Blainv.
Duvalianus, d'Orb.

Les Bélemnites des couches oxfordiennes sont différentes des espèces propres aux couches de l'oolite, et aucune jusqu'à présent ne s'est montrée simultanément dans les deux. Elles peuvent encore être considérées comme caractéristiques.

Espèces des couches coralliennes.

B. Royerianus, d'Orb.

Espèces des couches portlandiennes.

B. Souichii, d'Orb.

En résumé, les Bélemnites inconnues dans le Muschelkalck naissent avec les couches du lias, et y sont représentées en France par *seize* espèces. Ces espèces disparaissent peu à peu en remontant du lias inférieur au lias supérieur, et cessent entièrement d'exister avant les premiers dépôts de l'oolite, où elles sont remplacées par *six* Bélemnites, distinctes des premières, qui, elles-mêmes, ne survivent pas aux dernières couches de cet étage géologique, puisque au sein des couches oxfordiennes il naît *neuf* espèces, qui ne ressemblent en rien à celles de l'oolite. De même que pour les faunes précédentes les Bélemnites des couches oxfordiennes s'éteignent, et le genre Bélemnite n'est plus représenté, dans les couches jurassiques plus supérieures, que par des espèces isolées. Ces résultats, quoique sur une très-petite échelle, font entrevoir déjà qu'il n'existe pas plus de passage des espèces d'une couche à l'autre, au sein des terrains jurassiques, que dans le terrain crétacé, et que, dès lors, chaque espèce peut être considérée comme caractéristique de son étage.

Si maintenant je cherche les rapports des caractères zoologiques des Bélemnites avec leur distribution géologique au sein des couches, je trouverai que :

1° Le groupe des Acuari ne s'est trouvé jusqu'à présent que dans les couches jurassiques, et principalement dans le lias, puisque, sur *seize* espèces, *douze* sont spéciales à cet étage (1).

2° Le groupe des Canaliculati ne sort pas (au moins dans l'état actuel de la science) des couches de l'oolite qu'il peut parfaitement faire reconnaître (2).

3° Le groupe des Hastati se montre à son maximum de

(1) C'est ce que j'avais dit dès 1840, *Paléont.*, *Terrains crétacés*, p. 39.

(2) Je l'avais encore dit *loc. cit.*, même page.

développement avec les couches oxfordiennes, tout en continuant de paraître sous d'autres formes spécifiques, jusque dans les terrains crétacés inférieurs (1).

4° Le groupe des CLAVATI n'appartient qu'au lias.

5° Le groupe des DILATATI est spécial aux terrains néocomiens (2).

En se servant des caractères que j'ai indiqués, on voit que, dans presque tous ces cas, les groupes des Bélemnites sont spéciaux à chaque étage, et que, du reste, les espèces sont toutes propres chacune à son étage particulier.

Considérées sous le rapport de leur distribution géographique, au sein des divers bassins des anciennes mers jurassiques, les Bélemnites ne m'ont donné jusqu'à présent, vu leur petit nombre, qu'un seul fait intéressant à faire connaître, c'est qu'à l'époque des couches oxfordiennes, les mers jurassiques paraissent avoir eu déjà leurs faunes respectives ; au moins, les faits suivans porteraient-ils à le croire.

A cette époque, on trouve dans le bassin parisien les espèces suivantes :

(1) Mes nouvelles observations me portent à donner ce groupe ainsi circonscrit.

(2) J'avais en d'autres termes exprimé la même pensée en 1840, *Terrains crétacés*, p. 66. M. Duval, en retournant ma phrase afin d'exposer le même fait sous d'autres formes, a dit que je m'étais trompé ; et pour le prouver (*loc. cit.*, p. 80) il cite, d'après les auteurs, le *B. dilatatus* à Bayeux, dans l'oolite inférieure, où tout le monde sait qu'il ne se trouve pas, à Gundersoffen, dans le lias, et même à Esnandes, dans l'Oxford - Clay, où mon père et moi avons seuls cherché, et où cette espèce ne se trouve pas plus qu'aux autres lieux cités. Des argumens semblables conduiraient à mettre des *trilobites* jusque dans les terrains tertiaires, puisque cela a été publié. Du reste, le désir de M. Duval de voir des mélanges qui n'existent pas ou de me trouver en faute vient s'échouer, pour M. Duval lui-même, devant son tableau de la page 78, qui prouve qu'au sein des terrains néocomiens les espèces ont encore des couches spéciales, ce qui est très-vrai, mais est loin d'appuyer la théorie des passages.

B. hastatus.	B. excentricus.
Puzosianus.	Beaumontianus.

Tandis que, sur une bande de couches oxfordiennes qui commence en Espagne (Sierra de Mala-Cara), se continue dans tous le bassin méditerranéen, par Rians (Var), par Claps, près Vauvenargues (Bouches-du-Rhône), à la Clape, près de Chaudon (Basses-Alpes), jusqu'à Saint-Rambert (Ain), on rencontre les Bélemnites qui suivent :

B. hastatus.	Didayanus.
Coquandianus.	Ænigmaticus.
Sauvanausus.	Duvalianus.

Il en résulterait qu'avec l'espèce type, le *B. hastatus*, commun aux deux bassins, il y aurait encore *trois* espèces spéciales au bassin parisien, et *cinq* au bassin méditerranéen, ce qui annoncerait des mers distinctes à l'époque des couches oxfordiennes.

Genre Kelaeno, Munster.

D'après la présence de crochets ou de griffes à tous les bras, ces animaux fossiles rentreraient tout-à-fait dans mon genre *Enoploteuthis*, que j'ai séparé des *Onychoteuthis*, pourvus de crochets seulement aux bras tentaculaires ; mais M. le comte de Munster ayant rencontré, avec les empreintes des crochets, dont il forme son genre Kelaeno, des osselets en glaive, déprimés, sans godet terminal ni expansions latérales, et les osselets m'ayant toujours montré, dans leurs modifications de formes, des rapports évidens avec les autres caractères zoologiques, je crois devoir conserver provisoirement le genre *Kelaeno* pour les *Onychoteuthis*, pourvus de crochets à tous les bras et munis d'un osselet interne en glaive aigu et comprimé, sans capuchon ni expansions terminales.

Ce genre, ainsi circonscrit, renfermerait des espèces propres aux terrains jurassiques.

N° 35. KELAENO SPECIOSA, Munster.

Pl. 23, fig. 1-4.

Sternberg, Flore du monde primitif, pl. VIII, fig. 1.
Kelaeno speciosa, Munster.
Kelaeno Ferussaci, Munster.
Kelaeno sagittata, Munster.
Onychoteuthis angusta, Munster ?
Onychoteuthis lata, Munster?
Onychoteuthis tricarinata, Munster ?

Animal allongé comme chez les Onychoteuthis et les Enoploteuthis. Les huit bras sessiles sont armés de deux rangées de crochets cornés, peu arqués, comprimés, acuminés en avant, élargis et coupés en biseau en arrière. L'osselet interne qu'on rencontre le plus fréquemment avec ces restes de bras est en forme de glaive déprimé, pourvu de trois carènes, une médiane et deux latérales, et manque de godet et d'expansion latérale. Peut-être appartient-il au même animal. Dans tous les cas, j'ai cru devoir l'en rapprocher.

Localité. En France, M. Itier a découvert cette espèce dans le schiste bitumineux du terrain kimméridien du département de l'Ain. En Allemagne, M. le comte de Munster l'a découverte dans les plaques du calcaire jaune de Solenhofen.

Histoire. Les trois espèces de Kelaeno décrites et figurées par M. le comte de Munster me paraissent appartenir aux différens âges et à des états différens de fossilisation d'une seule et même espèce ; c'est pourquoi je crois devoir les réunir sous un seul nom. Il en est de même des *Onychoteuthis angusta*, *lata* et *tricarinata* du même savant, qui me semblent dépendre d'un seul animal.

Explication des figures. Pl. 23, fig. 1. Osselet interne, copié sur les dessins communiqués par M. le comte de Munster.

Fig. 2. Dessin communiqué par M. le comte de Munster, sous le nom de *Kelaeno Ferussaci*. On y voit l'empreinte du corps et de la tête, et les crochets des bras.

Fig. 3. Un bras pris d'après nature, sur l'échantillon de la collection de M. Itier.

Fig. 4. Un crochet du même, grossi.

Fig. 5. *Enoploteuthis leptura*, d'Orb., pour montrer sur l'animal le plus voisin des Kelaeno la disposition de l'ensemble et des crochets.

Fig. 6. Un crochet du même, avec sa membrane protectrice.

Fig. 7. Le même crochet sans membrane.

DEUXIÈME ORDRE.

TENTACULIFERA, d'Orbigny.

Siphonifères, d'Orb.; *Siphonoïdea*, de Haan; *Tetrabranchiata*, Owen.

Il n'existe plus aujourd'hui qu'un seul animal de cet ordre, celui du Nautile; aussi est-on obligé de le prendre pour type de cette série zoologique. Les caractères principaux en sont les suivans : tête peu distincte du corps, un appendice pédiforme servant à la reptation, un grand nombre de tentacules cylindriques, rétractiles, annelés sans cupules, entourant la bouche; quatre branchies; un tube locomoteur, fendu sur toute sa longueur. Cet animal est contenu dans la loge supérieure d'une coquille symétrique ou non, toujours pourvue d'un grand nombre de loges aériennes, séparées par des cloisons étroites ou ramifiées, traversées par un siphon.

Ce second ordre diffère du premier par sa tête non distincte, par son appendice pédiforme, qui n'existe pas chez les acétabulifères, par les tentacules simples qui entourent la bouche, au lieu de bras couverts de cupules, par son tube locomoteur fendu, au lieu d'être entier, par quatre branchies ; enfin par des coquilles contenant toujours l'animal dans une dernière cavité supérieure, tandis que la coquille, lorsqu'elle est cloisonnée, chez les acétabulifères, est alors interne et manque toujours de cavité supérieure à la dernière cloison, caractère essentiellement distinctif des deux ordres, et que la fossilisation ne peut détruire.

Les Céphalopodes tentaculifères, qui, à toutes les époques géologiques, peuplaient par myriades les mers contemporaines, et dont les restes nombreux nous ont seuls été conservés au sein des couches terrestres, comme témoins de cette animalisation singulière, ne sont représentés aujourd'hui à l'état vivant que par les Nautiles, qui paraissent être pélagiens et venir sur les côtes seulement à des époques déterminées; mais ils sont encore trop peu connus pour qu'on puisse rien dire de leurs habitudes.

Les caractères des coquilles portent à les diviser en deux grandes familles : les *Nautilidæ* et les *Ammonidæ*.

1re Famille. NAUTILIDÆ.

Nautilus, Lin.; *Nautilacés* et *Liluolées*; Lamarck, Blainville ; *Nautilia*, de Haan ; *les Nautiles*, Férussac.

Les caractères zoologiques sont ceux que j'ai signalés à l'ordre, l'animal du Nautile leur ayant servi de base. Les caractères conchyliologiques sont : coquille spirale ou droite, à cloisons simples ou sinueuses, non ramifiées sur leurs bords ; siphon toujours central ou situé contre le retour de la spire, ne variant que dans ces limites ; dernière cavité de la coquille supérieure aux loges aériennes, très-grande, susceptible de contenir l'animal. Bords antérieurs de la coquille arqués en avant, et de chaque côté, la partie dorsale échancrée.

On distinguera de suite une espèce de Nautilidées d'avec les Ammonidées, à ses cloisons droites ou arquées au lieu d'être foliacées ou ramifiées sur leurs bords, à son siphon central ou contre le retour de la spire, tandis qu'il est toujours extérieur ou dorsal dans les Ammonidées; enfin, à la bouche formant un sinus sur le dos, au lieu d'être saillante dans cette partie.

Je réunis dans cette famille les genres *Nautilus*, Lin., *Aganides*, Montfort (1); *Cyrthoceras Phragmoceras*, *Lituites* et *Orthoceras*.

Considérée sous le rapport de leur distribution générale au sein des couches terrestres, les Nautilidées offrent des faits très-curieux. Déjà nombreuses et très-variées dans leurs configurations, elles se montrent sur le globe avec les premiers animaux, dans les terrains siluriens, sous la forme d'*Orthoceras*, de *Cyrthoceras*, de *Phragmoceras*, de *Nautilus*, d'*Aganides* et de *Lituites*, mais, bientôt, tous ces genres se trouvent réduits au *Nautilus*, dans les terrains triasiques; aux Nautiles encore, au sein des terrains jurassiques et crétacés, tandis que, dans les terrains tertiaires, les Aganides reparaissent, pour ne plus laisser, à l'époque actuelle, que deux Nautiles, uniques représentans de cette animalisation ensevelie dans les couches terrestres.

(1) M. de Munster a proposé pour ce genre, établi depuis long-temps par Montfort, le nom de *clymenis*; j'aurais voulu pouvoir conserver le nom imposé par le savant géologue allemand; mais les règles que je me suis tracées m'obligent à revenir à la dénomination antérieure, attendu qu'il ne peut y avoir aucun doute sur l'identité des deux coupes. D'ailleurs, dès 1826, et par conséquent avant M. le comte de Munster, j'avais admis et circonscrit le genre aganide, en y rattachant les espèces de Sowerby. (*Tableau méthodique des Céphalopodes*, p. 70.)

Le Nautile est le seul genre de la famille existant avec la faune jurassique.

Genre NAUTILUS, Linné.

Animal. Tête peu distincte du corps, pourvue d'yeux très-complets ; en dessous un appendice pédiforme pouvant se rabattre sur les tentacules, et, sans doute, destiné à la reptation ; un grand nombre de tentacules cylindriques, simples ou divisés, placés sur deux rangs, autour de la bouche ; mandibu les épaises, crétacées ; un tube lomocoteur fendu ; dans l'intérieur du corps, quatre branches.

Coquille. Discoïdale, plus ou moins comprimée, enroulée sur le même plan, composée de tours contigus apparens dans l'ombilic, ou se recouvrant plus ou moins, jusqu'à devenir embrassans. Une grande quantité de loges aériennes séparées par des cloisons transversales, droites, arquées ou sinueuses toujours échancrées sur les côtés ; *siphon* central, subcentral, ou contre le retour de la spire, toujours continu.

Dans l'accroissement, les nautiles offrent plusieurs changemens d'accidens extérieurs ou de forme. Ils commencent tous par représenter un cône obtus, qui ne rejoint pas le centre de la spire et laisse souvent un espace vide. Alors la coquille est, le plus souvent, marquée de stries longitudinales, et de plis transverses, qui s'atténuent peu à peu et finissent par disparaître chez quelques espèces (*N. lineatus*), tandis qu'ils persistent dans d'autres (*N. stiatus, semistriatus,* etc.). Il est encore des nautiles chez lesquels la coquille est, au contraire, lisse dans le jeune âge, tandis que, chez les adultes, elles se couvre de plis transverses nombreux et très-profonds (*N. Requienianus, elegans, pseudo-elegans,* etc.)

Les Nautiles, d'après leurs caractères extérieurs, peuvent

être divisés par groupes bien tranchés et presque toujours en rapport avec leur répartition géologique.

Les STRIATI composés d'espèces striées en long à l'âge adulte. *N. striatus, intermedius, semi-striatus, sinuatus, granulosus* des terrains jurassiques.

Les RADIATI composés des Nautiles, plissés ou sillonnés en travers à l'âge adulte. *N. Requienianus, pseudo-elegans, radiatus, neocomiensis, elegans, Deslongchampsianus* des terrains crétacés.

Les LÆVIGATI sans stries longitudinales ni plis transverses; dans l'état adultes les *N. latidorsatus, inornatus, truncatus, excavatus, lineatus, clausus, hexagonus, inflatus* des terrains jurassiques. Les *N. Bouchardianus, Clementinus, lævigatus*, etc., des terrains crétacés.

Il y aurait, sans doute, lieu de former d'autres groupes pour les espèces si singulières des terrains anciens; mais quant à présent, je me borne à ceux-ci.

Les Nautiles ont paru avec les premiers animaux; ils étaient déjà nombreux avec les terrains siluriens et Devoniens. Ils ont changé de forme spécifique, en se montrant dans les terrains carbonifères, où les espèces déprimées à tours découverts ont cessé d'exciter, pour être remplacés par une seule espèce, dans les terrains triasiques. Les terrains jurassiques ont des espèces striées, les terrains crétacés des espèces ondulées, les terrains tertiaires des espèces lisses. Aujourd'hui il existe deux Nautiles vivans spéciaux aux mers chaudes de l'Inde : les *Nautilus pompilius* et *umbilicatus*.

Becs de Nautile. On rencontre quelquefois, dans les couches qui renferment des Nautiles, des mandibules calcaires dont la forme annonce évidemment un céphalopode. Dès 1825 (Ann. des Sc. nat., t. 5, pl. 6, fig. 1) je m'exprimais ainsi à leur égard : « J'ai quelques raisons de croire que les

» becs à capuchon ont appartenu au genre Nautile; mais je » me garderai bien de me prononcer d'une manière affirma- » tive sur un fait aussi peu certain ; voilà toutefois les raisons » qui me portent à adopter ce sentiment : une très-grande es- » pèce de bec fossile, que j'ai découverte il y a peu de temps à » la Pointe-du-Chez, près de la Rochelle (Charente-Inférieu- » re), se trouve avec une espèce géante de Nautile (*Nautilus* » *giganteus*), seul céphalopode de cette couche. Ce Nautile » est assez rare, et il a jusqu'à vingt pouces de diamètre; si » dans ce même lieu l'on rencontrait de grandes espèces d'am- » monites, on pourrait balancer sur le rapprochement; mais » cette espèce y existe seule, et en comparant le diamètre du » bec que devait avoir le mollusque habitant cette énorme » coquille, à celui du bec rencontré, l'on arrive à trouver une » proportion juste de ce bec à la taille de cet animal. » — « Le » doute que j'émets sera entièrement levé lorsque l'animal du » Nautile sera connu... »

Aujourd'hui l'observation est venu pleinement confirmer mes prévisions. La description de l'animal du Nautile qu'a donnée M. Owen, prouve évidemment que les becs de ces animaux sont identiques aux becs fossiles que j'avais rapprochés des Nautiles. On considérera donc à l'avenir, comme becs de Nautiles, les mandibules calcaires, triangulaires, et en becs obtus en avant, prolongés en arrière par une partie évidée à laquelle venaient s'insérer les muscles propres au mouvement de la manducation. La région en contact des deux mâchoires paraît avoir été concave d'un côté et convexe de l'autre, pour écraser les objets que l'extrémité du rostre déchire.

J'ai pu rapprocher jusqu'à présent deux espèces : le bec du *Nautilus giganteus* et le bec du *N. lineatus.*

Nautiles du lias.

N° 36. Nautilus latidorsatus, d'Orbigny.
Pl. 24.

N. *testâ discoideâ, inflatâ, umbilicatâ, lævigatâ; anfractibus depressis, subangulatis; aperturâ depressâ, septis minimè flexuosis.*

Dimensions. Diamètre, 240 mill. — Épaisseur, 220 mill. — Par rapport au diamètre : largeur du dernier tour, $\frac{63}{100}$; recouvrement des tours, $\frac{20}{100}$; largeur de l'ombilic, $\frac{13}{100}$; épaisseur, $\frac{87}{100}$.

Coquille lisse, très-renflée, largement ombiliquée. *Spire* non embrassante, formée de tours déprimés, plus larges que hauts, pourvus d'un léger méplat en dehors, le reste convexe. Leur plus grand diamètre est un peu en dedans de la moitié de leur largeur. *Bouche* beaucoup plus large que haute, aplatie en haut, convexe sur les côtés. *Cloisons* presque droites, à peine pourvues d'une légère dépression en dehors et d'une autre en dedans du point le plus large des tours; on en remarque une troisième sur le dos.

Rapports et différences. Cette espèce a les plus grands rapports avec le *N. inornatus*; néanmoins, j'ai cru devoir l'en séparer par les caractères constans qui s'y distinguent, comme les cloisons moins flexueuses, la plus grande épaisseur des tours loin de l'ombilic, et, dès lors, une forme de bouche bien différente, beaucoup moins carrée.

Localité. Cette espèce caractérise le lias supérieur de la région occidentale de France. Elle a été recueillie à Thouars, à Saint-Maixant, à Niort (Deux-Sèvres), par MM. de Vielbanc, Garran et par moi; à Fontenay (Vendée), par moi. J'ai sous les yeux sept échantillons semblables.

Explication des figures. Pl. 24, fig. 1. Individu réduit au tiers. De ma collection.

Fig. 2. Le même, vu du côté de la bouche.

N° 37. NAUTILUS STRIATUS, Sowerby.

Pl. 25.

Nautilus striatus, Sowerby, 1817, Min. conch., t. 2, p. 183, pl. 182.

N. *testâ discoideâ, latè umbilicatâ; anfractibus rotundatis, longitudinaliter striatis; aperturâ semiluinari; septis flexuosis; siphonculo anteriori; umbilico magno.*

Dimensions. Diamètre, 110 mill. — Épaisseur, 67 mill. — Par rapport au diamètre : largeur du dernier tour, $\frac{54}{100}$; largeur de l'ombilic, $\frac{17}{100}$; recouvrement des tours, $\frac{20}{100}$; épaisseur, $\frac{56}{100}$.

Aiguille épaisse dans son ensemble, largement ombiliquée. *Spire* non embrassante, laissant apercevoir les tours dans l'ombilic, composée de tours convexes, arrondis, sans aucun indice d'angles, fortement et également striés en long sur toute leur largeur ; ces stries, dans le jeune âge, se croisent avec les lignes d'accroissement et forment alors une espèce de treillis. Le plus grand diamètre est loin de l'ombilic. *Bouche* arrondie, sans aucun indice de parties anguleuses à son pourtour. *Cloisons* peu flexueuses, simplement arquées, convexes en avant sur le dos. Elles montrent toujours une dépression contre le retour de la spire. *Siphon* placé aux trois cinquièmes antérieurs.

Rapports et différences. Voisine par ses stries des *N. intermedius* et *semi-striatus*, cette espèce se distingue de l'une et de l'autre par ses tours également convexes partout, et nullement anguleux ; elle se distingue encore du second par ses stries marquées partout.

Localité. Elle caractérise l'étage du lias moyen ; elle a été recueillie aux environs de Dijon (Côte-d'Or), par M. Nodot ; à Fontenay (Vendée), par moi ; aux environs de Lyon (Rhône), par M. Terver ; près de Saint-Rambert (Ain), par M. Sauvanau ; aux environs de Nancy (Meurthe), par MM. Delahayes et Guibal. En Angleterre, on la trouve à Lyme-Regis, dans le Lincolnshire.

Explication des figures. Pl. 25, fig. 1. Individu réduit de moitié. De ma collection.

Fig. 2. Le même, vu du côté de la bouche.

Fig. 3. Des stries grossies.

Fig. 4. Profil de ces stries.

Fig. 5. Stries du jeune âge.

N° 38. NAUTILUS SEMI-STRIATUS, d'Orbigny.

Pl. 26.

N. *testâ discoideâ, compressâ, umbilicatâ, anfractibus compressis internè, externèque longitudinaliter striatis; aperturâ compressâ, ovali, anticè obtusâ; septis undulatis; siphonculo centrali.*

Dimensions. Diamètre, 165 mill. — Épaisseur, 75 mill. — Par rapport au diamètre : largeur du dernier tour, $\frac{56}{100}$; largeur de l'ombilic, $\frac{11}{100}$; recouvrement des tours, $\frac{17}{100}$; épaisseur, $\frac{42}{100}$.

Coquille très-comprimée, largement ombiliquée. *Spire* non embrassante, visible dans l'ombilic, composée de tours très-comprimés, peu renflés sur les côtés, un peu aplatis sur le dos, lisses latéralement, ornés extérieurement et près de l'ombilic, de stries longitudinales inégales, profondes ; le plus grand diamètre des tours est loin de l'ombilic. *Bouche* oblongue, comprimée, tronquée en avant, et pourvue d'un indice d'angle, de chaque côté de la partie tronquée. *Cloisons* très-rapprochées, arquées au milieu de leur longueur, légèrement déprimées sur le dos. *Siphon* à peu près central.

Rapports et différences. A l'état de moule, cette espèce se distingue des autres par ses cloisons rapprochées, par sa forme comprimée ; avec le test, ses stries existant seulement près du pourtour interne et externe la font essentiellement différer des *N. striatus* et *intermedius*. C'est, en un mot, un type très-facile à reconnaître.

Localité. Cette espèce caractérise le lias supérieur, et se trouve toujours avec l'*Ammonites bifrons*. Elle a été recueillie à Croisille, à Avenay, à Bayeux, par M. Deslongchamps et par moi ; à Vassy, près d'Avallon (Yonne), par M. Lallier ; aux environs de Dijon (Côte-d'Or), par M. Nodot.

Explication des figures. Pl. 26, fig. 1. Individu réduit de moitié. De ma collection.

Fig. 2. Le même, vu du côté de la bouche.

Fig. 3. Les stries du dos grossies.

Fig. 4. Profil de ces stries.

N° 39. NAUTILUS INTERMEDIUS, Sowerby.

Pl. 27.

Nautilus intermedius, Sowerby, 1816, Min. conch., t. 2, p. 53, pl. 125.

Nautilus giganteus, Schübler, Zieten, 1830, Wurt., p. 23, tab. XVII, fig. 1 (adulte).

Nautilus squamosus, Zieten, 1830, Wurt., p. 24, tab. XVIII, fig. 3 (moule).

Nautilus dubius, Zieten, 1830, Wurt., p. 24, tab. XVIII, fig. 4 (jeune.)

N. *testâ discoideâ, umbilicatâ; anfractibus angulatis, crassis, longitudinaliter striatis; aperturâ subquadratâ, depressâ; septis flexuosis, externè sinuosis; siphonculo interno.*

Dimensions. Diamètre, 170 mill. — Épaisseur, 120 mill. — Par rapport au diamètre : largeur du dernier tour, $\frac{52}{100}$; largeur de l'ombilic, $\frac{12}{100}$; recouvrement des tours, $\frac{20}{100}$; épaisseur, $\frac{68}{100}$.

Coquille peu comprimée, assez largement ombiliquée. *Spire* non embrassante, visible dans l'ombilic, composée de tours très-épais, un peu anguleux, pourvus d'un méplat dorsal et de deux latéraux ; ornés, en long, de stries nombreuses, égales ; la plus grande largeur des tours est au pourtour de l'ombilic. *Bouche* très-large, subquadrangulaire, par les méplats antérieur et latéraux des tours. *Cloisons* éloignées les unes des autres, échancrées au tiers intérieur, et sur le dos, formant une saillie sur les angles latéraux du dos. *Siphon* placé un peu plus près du retour de la spire que du bord extérieur.

Rapports et différences. Striée comme les *N. striatus* et *semi-striatus*, cette jolie espèce se distingue de la première par ses tours anguleux, de la seconde par ce même caractère, par ses tours plus épais et par ses stries répandues partout.

Histoire. Bien figurée par Sowerby, dès 1826, elle a été publiée en 1830 à l'état adulte, sous le nom de *giganteus*, par M. Zieten, et jeune, sous ceux de *squamosus* et de *dubius*. Non-seulement le nom de *giganteus* ne pouvait être conservé, puisque, dès 1825, je l'avais appliqué à une autre espèce; mais encore Sowerby ayant incontestablement la priorité, l'on doit adopter sa détermination.

Localité. Elle caractérise également le lias. Elle a été

recueillie aux environs d'Autun (Saône-et-Loire), par M. Requien; dans le département de l'Ain, par M. Cabannet; aux environs de Saint-Rambert (Ain), par M. Sauvanau; aux environs de Vassy (Yonne), par M. Cotteau. En Angleterre, on la rencontre à Grantham.

Explication des figures. Pl. 27, fig. 1. Individu réduit de moitié. De ma collection.

Fig. 2. Le même, vu du côté de la bouche.

Fig. 3. Les stries grossies.

Fig. 4. Profil du même.

N° 40. NAUTILUS INORNATUS, d'Orbigny.

Pl. 28.

N. *testâ discoideâ, inflatâ latè umbilicatâ lævigatâ; anfractibus quadratis, angulatis, aperturâ quadrilaterâ; septis profundè sinuosis.*

Dimensions. Diamètre, 85 mill. — Épaisseur, 57 mill. — Par rapport au diamètre : largeur du dernier tour, $\frac{58}{100}$; recouvrement des tours, $\frac{20}{100}$; largeur de l'ombilic, $\frac{12}{100}$; épaisseur, $\frac{68}{100}$.

Coquille lisse, renflée, assez largement ombiliquée. *Spire* non embrassante, un peu visible dans l'ombilic, formée de tours carrés à angles émoussés, pourvus de méplats sur le dos et sur les côtés; leur grand diamètre est au pourtour de l'ombilic. *Bouche* plus large que haute, presque carrée, aplatie sur le dos et sur les côtés. *Cloisons* très-arquées, échancrées sur les côtés droits, sur le dos. Siphon un peu antérieur.

Rapports et différences. Voisine, par son extérieur lisse, des *N. latidorsatus, truncatus* et *lineatus*, cette espèce se distingue de la première par ses cloisons plus flexueuses, par ses tours carrés; de la seconde, par son ombilic ouvert; enfin de la dernière, par son jeune âge non strié et par sa bouche non rétrécie en avant.

Localité. Cette espèce a été recueillie dans le lias, aux environs de Nancy (Meurthe), par M. Guibal; à Fontaine Étoupe-Four (Calvados), par M. Deslongschamps; à Thouars, à Saint-Maixant (Deux-Sèvres), par MM. de Vielblanc, Garran et par moi; à Chevillé (Sarthe), par M. Goupil.

Explications des figures. Pl. 28, fig. 1. Individu de grandeur naturelle. De la collection de M. Guibal.

Fig. 2. Le même, vu du côté de la bouche.

N° 41. Nautilus truncatus, Sowerby.

Pl. 29.

Nautilus truncatus, Sowerby, 1816. Min. conch., t. 2, p. 49, pl. 123.

N. *testâ discoideâ, compressâ, imperforatâ, lævigatâ, spirâ involutâ; anfractibus compressis, angulatis, in dorso sinuosis; aperturâ compressâ, subquadrilaterâ.*

Coquille comprimée, lisse ou seulement marquée de quelques lignes d'accroissement, non ombiliquée, cette partie laissant une simple dépression. *Spire* totalement embrassante, formée de tours carrés à angles émoussés, pourvus d'un méplat sur le dos et sur les côtés. Leur grand diamètre est à peu de distance du pourtour de l'ombilic. *Bouche* plus haute que large, un peu carrée, échancrée en dessus. *Cloisons* peu flexueuses, très-rapprochées, droites sur le dos.

Rapports et différences. Voisine, par ses tours carrés et sa surface lisse, du *N. inornatus*, cette espèce s'en distingue par son manque d'ombilic ouvert, par ses tours embrassans et par sa forme déprimée.

Localité. On la trouve dans les couches du lias supérieur. Elle a été recueillie aux environs de Dijon (Côte d'Or), par M. Nodot; aux environs de Milhau (Aveyron), par moi, tantôt dans un calcaire oolitique rouge tantôt dans les marnes noirâtres.

Explication des planches. Pl. 29, fig. 1. Individu de grandeur naturelle. De ma collection. *a*, partie du test; *b*, partie du moule.

Fig. 2. Le même vu du côté de la bouche.

Nautiles de l'oolite inférieure.

N° 42. NAUTILUS EXCAVATUS, Sowerby.

Pl. 30.

Nautilus excavatus, Sowerby, 1836. Min. conch., t. 6, p. 55, pl. 529, fig. 1.

N. *testâ discoideâ, latè umbilicatâ, lævigatâ; anfractibus depressis, lateraliter subcarinatis; aperturâ semi-lunari, depressâ; septis subangulatis; siphunculo centrali.*

Dimension. Diamètre, 120 mill. — Épaisseur, 92 mill. — Par rapport au diamètre : largeur du dernier tour, $\frac{41}{100}$; largeur de l'ombilic, $\frac{30}{100}$; recouvrement des tours, $\frac{8}{100}$. — Épaisseur, $\frac{78}{100}$.

Coquille renflée, lisse ou seulement marquée de lignes d'accroissement. *Spire* non embrassante, laissant apercevoir tous les tours dans l'intérieur, composée de tours déprimés très-arrondis sur le dos, élargis et anguleux au pourtour de l'ombilic. Leur plus grand diamètre est presqu'à la moitié de leur largeur. *Bouche* très-large transversalement, arquée, semi-lunaire, latéralement anguleuse. *Cloisons* arquées, presque anguleuses sur la carène externe qui coupe leur courbure en deux. *Siphon* central, ou un peu en avant.

Observations. Le jeune forme un godet conique qui ne rejoint pas l'axe de la spire et laisse un vide au milieu. Il est fortement costulé en travers.

Rapports et différences. Cette espèce se distingue de tous les Nautiles des terrains jurassiques, par son large ombilic, par la carène de son pourtour, tout en ayant le dos rond. C'est de toutes la plus largement ombiliquée et la plus déprimée dans son enroulement spiral.

Localité. Elle a été recueillie à Bayeux (Calvados), par M. Deslonchamps, dans le banc d'oolite inférieure.

Explication des figures. Pl. 36, fig. 1. Individu entier réduit de moitié. De la collection de M. Deslonchamps.

Fig. 2. Le même du côté de la bouche.

Fig. 3. Jeune âge, de grandeur naturelle. *a*, cône spiral.

Fig. 4. Le même vu de face.

N° 43. NAUTILUS LINEATUS, Sowerby.

Pl. 31, p. 38, fig. 3-5.

Nautilus lineatus, Sowerby, 1813. Min. conch., t. 1, p. 89, pl. 41.

N. *testâ discoideâ, umbilicatâ, compressâ, transversìm subplicatâ; anfractibus angulatis; aperturâ dilatatâ; septis flexuosis; siphunculo centrali.*

Dimensions. Diamètre, 180 mill. — Épaisseur, 150 mill. — Par rapport au diamètre : largeur du dernier tour, $\frac{58}{100}$; largeur de l'ombilic, $\frac{7}{100}$; recouvrement des tours, $\frac{16}{100}$. — Épaisseur, $\frac{67}{100}$ à $\frac{85}{100}$.

Coquille un peu comprimée dans son ensemble, lisse ou marquée dans l'âge adulte de quelques rides d'accroissement irrégulières; l'ombilic peu large. *Spire* non complètement embrassante, formée de tours convexes, pourvus d'un méplat sur le dos et d'un autre sur les côtés. Leur plus grand diamètre est au pourtour de l'ombilic. *Bouche* plus large que haute, fortement échancrée par le retour de la spire, formée de huit angles obtus. *Cloisons* simples, flexueuses, échancrées au milieu, renflées près de l'ombilic, saillantes sur le dos, où néanmoins elles ne sont pas échancrées, mais seulement droites. *Siphon* placé un peu plus près du bord externe que de l'autre.

Observations. Cette espèce commence, dans le tout jeune âge (à 6 millimètres de diamètre), par former un simple godet conique ressemblant à une patelle (fig. 3, 4, 5). Ce godet s'augmentant plus à l'extérieur qu'à l'intérieur, devient oblique et finit par former une spire régulière; jusqu'au diamètre de 18 millimètres, la coquille est ornée de gros plis transverses, avec lesquels viennent se croiser de petites côtes longitudinales. Elle devient ensuite tout-à-fait lisse. Le moule montre comme beaucoup d'autres Nautiles une ligne saillante sur la ligne médiane.

J'ai rencontré aux Moutiers un bec fossile de Nautile que je rapporte provisoirement à cette espèce, parce que c'est le plus grand Nautile de l'oolite inférieure de ce gisement. On peut en voir la figure pl. 38, fig. 3–5.

Rapports et différences. Assez voisine du *N. inornatus* par sa coquille lisse, par son ombilic ouvert, cette espèce s'en distingue par sa coquille, moins large sur le dos et par son ombilic beaucoup moins ouvert. Elle se distingue aussi du *N. polygonalis* par son ombilic ouvert.

Localité. Elle caractérise les couches de l'oolite inférieure. Elle a été recueillie au Moutier, près de Caen, et à Saint-Vigor, près de Bayeux (Calvados), par MM. Deslongchamps, Tesson et moi; à Saint-Maixant (Deux-Sèvres), par M. Garran et moi. En Angleterre, on la trouve à Dundry. MM. Moreau et Buvignier l'ont rencontrée à Fresnoy (Ardennes).

Explication des figures. Pl. 31, fig. 1. Individu réduit de moitié. De ma collection.

Fig. 2. Le même, vu du côté de la bouche, montrant la dernière cloison.

Fig. 3. Un jeune. *a*, son âge embryonnaire. De ma collection.

Fig. 4. L'âge embryonnaire vu en dessus.

Fig. 5. Les cloisons de l'âge embryonnaire.

Pl. 38, fig. 3. Bec vu de profil, de grandeur naturelle. De ma collection.

Fig. 4. Le même vu en dessus.

Fig. 5. Le même vu en dedans.

N° 44. Nautilus sinuatus, Sowerby.

Pl. 32.

Nautilus sinuatus, Sowerby, 1818. Min. conch., t. 2, p. 231, pl. 194.

N. *testâ discoideâ, umbilicatâ, compressâ, lævigatâ, externè longitudinaliter striatâ; anfractibus compressis, margine rotundatis; aperturâ compressâ; septis profundè sinuatis; siphunculo anteriori.*

Dimensions. Diamètre, 160 mill. — Épaisseur, 79 mill. — Par rapport au diamètre : largeur au dernier tour, $\frac{17}{100}$; largeur de l'ombilic, $\frac{18}{100}$; recouvrement des tours, $\frac{11}{100}$. — Épaisseur, $\frac{12}{100}$.

Coquille comprimée dans son emsemble, lisse à la partie interne, marquée, au pourtour et sur la moitié externe, de stries longitudinales interrompues. *Spire* non embrassante, laissant paraître un ombilic assez étroit, composée de tours arrondis au pourtour, comprimés et aplatis sur les côtés, fortement renflés près de l'ombilic. *Bouche* triangulaire, obtuse en avant, comprimée sur les côtés, élargie en oreilles sur les côtés internes. *Cloisons* des plus sinueuses : chacune, en partant de l'ombilic, forme en avant un feston arrondi, se recourbe brusquement en arrière pour en représenter un autre bien plus grand, dont la convexité est opposée, puis revient de nouveau en avant, en se dirigeant obliquement vers le dos, où elle est coupée carrément. *Siphon* placé au tiers antérieur de la loge aérienne.

Rapports et différences. Striée antérieurement comme le *N. semi-striatus*, cette espèce s'en distingue nettement par ses cloisons très-sinueuses. Pourvue de cloisons sinueuses comme le *N. biangulatus;* elle en diffère par son dos rond, au lieu d'être bicaréné.

Localité. M. Deslongchamps a découvert cette belle espèce au village d'Atys, près de Caën (Calvados), dans le banc calcaire appelé *Molière* par les ouvriers, qui est inférieur à l'oolite ferrugineuse ou oolite inférieure.

Explication des figures. Pl. 32, fig. 1. Individu réduit de moitié, montrant son test et une partie dépouillée pour laisser apercevoir ses cloisons. De la collection de M. Deslongchamps.

Fig. 2. Le même vu du côté de la bouche.

Fig. 3. Un morceau du test du dos.

Fig. 4. Une cloison développée.

N° 45. NAUTILUS CLAUSUS, d'Orbigny.

Pl. 33.

N. *testâ discordeâ, imperforatâ, lævigatâ; anfractibus subangulatis, aperturâ subquadratâ, compressâ; septis undulatis; siphunculo interiori.*

Dimensions. Diamètre, 154 mill. — Épaisseur, 95 mill. —

Par rapport au diamètre : largeur du dernier tour, $\frac{62}{100}$; recouvrement des tours, $\frac{21}{100}$; épaisseur, $\frac{62}{100}$.

Coquille peu comprimée, renflée, lisse ou seulement marquée de quelques lignes d'accroissement. *Spire* entièrement embrassante, sans ombilic ouvert, composée de tours légèrement déprimés sur le dos et sur le côté, ce qui les rend un peu anguleux; leur plus grande convexité est au pourtour de l'ombilic. *Bouche* aussi haute que large, obtuse en avant, aplatie sur les côtés. *Cloisons* simplement ondulées, renflées largement près de l'ombilic, et fortement échancrées au milieu de leur longueur. *Siphon* placé un peu plus en arrière qu'en avant.

Observations. Jeune, au diamètre de 25 millimètres, elle est légèrement ombiliquée, mais toujours lisse.

Rapports et différences. Voisine du *N. lineatus* par la simplicité de ses cloisons, par son test sans stries, cette espèce s'en distingue immédiatement par le manque d'ombilic ouvert; c'est même un caractère très-rare parmi les Nautiles des terrains jurassiques.

Localité. M. Deslongchamps et moi nous avons recueilli cette espèce dans les couches d'oolite inférieure ferrugineuse de Bayeux (Calvados). On la rencontre aussi dans la même couche, aux environs de Saint-Maixant (Deux-Sèvres). On la trouve aussi à Dundry (Angleterre).

Explication des figures. Pl. 33, fig. 1. Individu réduit de moitié. De ma collection.

Fig. 2. Le même, vu du côté de la bouche.

Fig. 3. Développement d'une cloison.

Fig. 4. Un jeune, de grandeur naturelle.

N° 46. Nautilus biangulatus, d'Orbigny.

Pl. 34.

N. *testâ discordeâ, compressâ, umbilicatâ, lævigatâ; anfractibus compressis, margine complanatis, biangulatis; aperturâ compressâ, subquadratâ; septis profondè sinuatis; siphunculo externo.*

Dimensions. Diamètre, 135 mill. — Épaisseur, 54 mill. — Par rapport au diamètre : largeur au dernier tour, $\frac{51}{100}$; largeur de l'ombilic, $\frac{7}{100}$; épaisseur, $\frac{40}{100}$.

Coquille comprimée, lisse, ombiliquée : l'ombilic étant très-étroit. *Spire* presque embrassante, composée de tours quadrangulaires, déprimés et pourvus d'un méplat sur les côtés, coupés carrément et bicarénés sur le dos, les carènes assez aiguës; leur plus grande épaisseur est au quart interne de leur largeur. *Bouche* quadrangulaire, élargie en arrière, rétrécie et tronquée en avant. *Cloisons* très-sinueuses, identiques, pour les sinuosités, à celles du *N. sinuatus*; seulement elles sont beaucoup plus échancrées sur le milieu du dos. *Siphon* placé au tiers externe.

Rapports et différences. Très-voisine du *N. sinuatus* par ses cloisons, et un peu par sa forme, cette espèce s'en distingue par son dos bicaréné, à carènes prononcées, par ses cloisons plus échancrées sur le dos. Il paraît aussi que cette espèce était lisse au lieu d'être striée.

Localité. Elle semble caractériser la grande oolite, puisque je la possède de trois localités de ce même étage. Elle a été recueillie à Nantua (Ain), par M. Cabannet; à Avoise (Sarthe), par M. Lahayes; à Fontenay (Vendée), par moi.

Explication des figures. Pl. 34, fig. 1. Individu réduit d'un tiers. De ma collection.

Fig. 2. Le même, vu du côté de la bouche.

N° 47. Nautilus hexagonus, Sowerby.

Pl. 35, fig. 1, 2.

Nautilus hexagonus, Sowerby, **1826**, Min. conch., t. 6, p. 55, pl. 529.

N. *testâ discoideâ, compressâ, lævigatâ, umbilicatâ; umbilico angustato; anfractibus angustatis; aperturâ angulosâ; septis profundè sinuosis.*

Dimensions. Diamètre, 64 mill. — Épaisseur, 44 mill. — Par rapport au diamètre : largeur du dernier tour, $\frac{63}{100}$; recouvrement des tours, $\frac{23}{100}$; épaisseur, $\frac{70}{100}$.

Coquille un peu comprimée dans son ensemble, lisse ou seulement marquée de légères lignes d'accroissement très-fines, rapprochées. L'ombilic est ouvert, mais très-étroit. *Spire* presque embrassante, formée de tours anguleux, pourvus d'un méplat sur le dos, d'un autre de chaque côté, celui-ci oblique, et d'un troisième moins marqué vers l'ombilic. Leur plus grand diamètre est à une petite distance du pourtour de l'ombilic. *Bouche* déprimée, plus large que haute, anguleuse, représentant, avec le retour de la spire, huit angles, dont trois rentrans. *Cloisons* simples, très-rapprochées, très-sinueuses, profondément échancrées au milieu, saillantes au pourtour de l'ombilic, également très-échancrées sur le milieu du dos.

Rapports et différences. Cette espèce est assez voisine du *N. lineatus*; mais elle s'en distingue par ses cloisons plus rapprochées, plus sinueuses, fortement échancrées sur le dos; par son ombilic beaucoup plus étroit, et enfin par un enroulement différent. Les mêmes caractères, ainsi que les tours plus déclives sur les côtés, la distinguent du *N. inornatus*.

Localité. Elle se trouve aux parties les plus inférieures de l'étage oxfordien, à la montagne du Chat, près des bains

14

d'Aix (Savoie), où elle a été recueillie par M. Itier; à Lifol (Vosges), dans le terrain oxfordien inférieur, où M. Moreau l'a trouvée.

Explication des figures. Pl. 35, fig. 1. Individu entier de grandeur naturelle.

Fig. 2. Le même, vu du côté de la bouche.

N° 48. Nautilus granulosus, d'Orbigny.

Pl. 35, fig. 3-5.

N. *testâ discoideâ, compressâ, longitudinaliter transversìm que costulatâ, granosâ, umbilicatâ; anfractibus compressis, externè convexis; aperturâ anticè rotundatâ; septis sinuosis; siphunculo centrali.*

Dimensions. Diamètre, 63 mill. — Épaisseur, 38 mill. — Par rapport au diamètre : largeur du dernier tour, $\frac{66}{100}$; recouvrement des tours, $\frac{21}{100}$; épaisseur, $\frac{62}{100}$.

Coquille comprimée, ombiliquée, l'ombilic assez large, ornée, en long et en travers, de petites côtes qui se croisent et laissent, à leur point de réunion, un petit tubercule. J'ignore si ce caractère, très-marqué sur des individus d'assez grande taille, se continue jusque dans le plus grand accroissement. *Spire* non embrassante, laissant apercevoir une petite partie des tours dans l'ombilic. Elle est composée de tours comprimés sur les côtés, à dos convexe, et dont le plus grand diamètre est au pourtour de l'ombilic. *Bouche* arrondie en avant, élargie en arrière. *Cloisons* très-sinueuses, fortement échancrées au milieu, saillantes et peu échancrées sur le dos, très-saillantes et arrondies au pourtour de l'ombilic. *Siphon* central, à égale distance du bord ou du retour de la spire.

Rapports et différences. Assez voisine pour la forme du *N. hexagonus,* cette espèce s'en distingue, par son ombilic plus ouvert, par ses cloisons plus éloignées, par son dos rond et non pas anguleux, et par les côtes dont elles sont ornées.

Localité. Cette espèce paraît caractériser les couches supérieures de l'étage oxfordien. Je l'ai recueillie aux Vaches-Noires, près de Caen (Calvados), dans les marnes bleues; et dans le calcaire blanc argileux de Villedoux, au nord de la Rochelle (Charente-Inférieure). Elle conserve quelquefois des parties de test.

Explication des figures. Pl. 35, fig. 3. Individu entier. De ma collection.

Fig. 4. Le même, vu du côté de la bouche, montrant le dessus d'une cloison.

Fig. 5. Un morceau de test grossi.

N° 49. Nautilus giganteus, d'Orbigny.

Pl. 36 et 39, fig. 1-3.

Nautilus giganteus, d'Orbigny, 1825. Ann. des sc. nat., t. 5, pl. 6, fig. 3.

Le bec, *Rhyncolites gigantea*, d'Orbigny, 1825. Ann. des sc. nat., pl. 6, fig. 1.

N. *testâ discoideâ, compressâ, lævigatâ, latè umbilicatâ, anfractibus compressis, lateraliter complanatis, externè excavatis, bicarinatis; aperturâ compressâ, anticè sinuatâ; septis undatis; siphunculo interno.*

Dimensions. Diamètre, 470 mill. (1). — Épaisseur, 200 mill. — Par rapport au diamètre : largeur au dernier tour, $\frac{56}{100}$; largeur de l'ombilic, $\frac{14}{100}$; recouvrement des tours, $\frac{13}{100}$.

Coquille comprimée, lisse ou ornée de quelques lignes d'ac-

(1) L'échantillon devait avoir encore au moins 30 millimètres de plus. M. Nicolet m'annonce que l'échantillon du cercle de l'Union de la Chaux-de-Fonds a 490 mill. de diamètre et 240 mill. d'épaisseur.

croissement peu marquées, largement ombiliquée, peut-être striée en long sur le dos. *Spire* non embrassante, visible dans l'ombilic, sur un cinquième de sa largeur, composée de tours comprimés, aplatis sur les côtés, excavés sur le milieu et carénés aux parties latérales du dos, très-renflés au pourtour de l'ombilic, vers le quart de leur largeur interne. *Bouche* presque carrée, comprimée, échancrée en avant, aplatie sur les côtés. *Cloisons* très-profondément excavées au milieu, saillantes en avant et en arrière. *Siphon* très-large placé au quart interne de la largeur des tours. *Jeune*, cette espèce paraît avoir eu le dos rond et avoir été ornée de stries transverses assez marquées.

Rapports et différences. Ce magnifique Nautile, le plus grand connu, se rapproche par son dos bicaréné du *N. biangulatus*, mais il s'en distingue, ainsi que de tous les autres, par son dos excavé, par ses tours plus apparens dans l'ombilic, et par ses cloisons beaucoup moins sinueuses.

Localité. Il paraît caractériser l'étage oxfordien supérieur. Je l'ai recueilli à la pointe du Ché, près de la Rochelle (Charente-Inférieure), sous les couches à polypiers et à crinoïdes du coral-rag; il a été rencontré à Montsaon et à Maranville (Haute-Marne) dans les couches oxfordiennes supérieures, par M. Royer et par moi; aux environs de Nantua (Ain), par M. Cabannet; à Creuë (Meuse), par MM. Moreau, Buvignier et par moi; aux environs de Saint-Rambert (Ain), par M. Sauvanau; aux environs de la Chaux-de-Fonds (canton de Neuchâtel), par M. Nicolet; aux environs de Châtelcensoir (Yonne), par M. Cotteaux; à Hannonville-Saint-Mihiel (Meuse), à Lifol (Vosges), dans l'Oxford-clay inférieur, par M. Moreau.

Histoire. J'ai décrit, en 1825, ce Nautile sous le nom de *giganteus*; M. Zieten en a figuré, en 1830, une autre espèce (le *Nautilus striatus*, Sow.) sous cette même dénomination. Comme j'ai évidemment l'antériorité, quoique le nom de *giganteus* soit mauvais, puisqu'il peut y avoir encore de plus grands Nautiles, je crois devoir le conserver à mon espèce, afin de ne pas en créer de nouveaux. C'est aussi à cette époque que j'ai rapporté à ce Nautile un bec fossile, rencontré dans le même lieu. (Voyez même planche, fig. 1.) Aujourd'hui que les observations zoologiques sont venues confirmer mes prévisions, je donne ce même bec avec le Nautile auquel je crois qu'il appartient. Je le crois avec d'autant plus de raison, qu'on ne rencontre jamais d'autre céphalopode dans la couche où j'ai recueilli le bec.

Explication des figures. Pl. 36, fig. 1. Individu réduit au cinquième. De ma collection.

Fig. 2. Le même, vu du côté de la bouche.

Pl. 39, fig. 1. Bec vu de profil et de grandeur naturelle. De ma collection.

Fig. 2. Le même vu sur le dos.

Fig. 3. Le même vu en dedans.

N° 50. NAUTILUS INFLATUS, d'Orbigny.

Pl. 37.

N. *testâ discoideâ, inflatâ, lævigatâ, umbilicatâ; umbilico angustato; anfractibus inflatis, externè rotundatis; aperturâ depressâ, semi-lunari; septis subrectis; siphunculo interno.*

Dimensions. Diamètre, 75 mill. — Épaisseur, 58 mill. — Par rapport au diamètre : largeur du dernier tour, $\frac{60}{100}$; largeur de l'ombilic, $\frac{8}{100}$; épaisseur, $\frac{80}{100}$.

Coquille très-renflée, lisse, pourvue d'un ombilic très-étroit. *Spire* embrassante, formée de tours très-convexes, arrondis sur le dos, dont le grand diamètre est au tiers intérieur. *Bouche* plus large que haute, arquée en croissant, arrondie en avant. *Cloisons* presque droites, à peine excavées sur les côtés. *Siphon* placé un peu en avant.

Rapports et différences. Cette espèce rappelle jusqu'à un certain point, par ses tours renflés, la forme du *N. Requienianus* des terrains crétacés, dont il se distingue par le manque de stries en sautoir. C'est, dans le terrain jurassique, la plus renflée et la plus arrondie de toutes.

Localité. Elle paraît caractériser l'étage kimméridien, au moins l'ai-je rencontrée deux fois dans ces couches, à Chatelaillon, près de la Rochelle (Charente-Inférieure), et non loin d'Honfleur (Calvados), toujours dans les argiles bleues kimméridiennes. M. Moreau l'a recueillie à Senoncourt (Meuse), dans le terrain kimméridien inférieur aux *gryphæa virgula.*

Explication des figures. Pl. 37, fig. 1. Individu de grandeur naturelle. De ma collection.

Fig. 2. Le même, vu du côté de la bouche.

N° 51. NAUTILUS GRAVESIANUS, d'Orbigny.

Pl. 38, fig. 4, 5.

N. *testâ discoideâ, compressâ, umbilicatâ, lævigatâ; anfractibus compressis, margine angulatis, subcarinatis; aperturâ sagittatâ, anticè obtusâ; septis profundè sinuosis.*

Dimensions. Diamètre, 240 mill. — Épaisseur, 87 mill. — Par rapport au diamètre : largeur du dernier tour, $\frac{61}{100}$; recouvrement des tours, $\frac{22}{100}$; épaisseur, $\frac{32}{100}$.

Coquille très-comprimée, ombiliquée, lisse. *Spire* presque embrassante, composée de tours comprimés sur les côtés, en pente vers le pourtour, où ils forment un angle obtus; leur plus grand diamètre est au pourtour de l'ombilic. *Bouche* triangulaire, comprimée en fer de flèche, obtuse en avant, fortement échancrée en arrière, par le retour de la spire. *Cloi-*

sons très-sinueuses, formant deux sinus, l'un très-grand au tiers externe des tours, l'autre près de l'ombilic. Ces sinus sont séparés par une saillie arrondie, placée sur la convexité des tours et par un long prolongement extérieur.

Rapports et différences. De tous les Nautiles des terrains secondaires, le seul qui extérieurement se rapproche de celui-ci par sa forme triangulaire est le *N. triangularis* des terrains crétacés. Néanmoins, l'espèce qui m'occupe s'en distingue par ses cloisons sinueuses, par sa forme plus comprimée et par son ombilic plus ouvert.

Localité. J'ignore complètement d'où provient cet échantillon, qui m'a été donné par M. Graves. D'après la nature compacte de la roche, d'après des parties oolitiques qui la recouvrent, j'ai cru devoir la figurer dans la faune des terrains jurassiques, en attendant que des renseignemens plus positifs viennent fixer les idées sur son étage particulier.

Explication des figures. Pl. 38, fig. 4. Individu réduit au tiers vu de côté. De ma collection.

Fig. 5. Le même, vu de côté.

N° 52. NAUTILUS MOREAUSUS, d'Orbigny.

Pl. 39, fig. 4, 5.

N. *testâ discoideâ, inflatâ, umbilicatâ, lævigatâ; anfractibus inflatis, angulatis; aperturâ depressâ; septis subrectis; umbilico angustato.*

Dimensions. Diamètre, 42 mill. — Épaisseur, 40 mill. — Par rapport au diamètre : largeur du dernier tour, $\frac{61}{100}$; largeur de l'ombilic, $\frac{1}{100}$; — Épaisseur, $\frac{96}{100}$.

Coquille très-épaisse, à peine ombiliquée. *Spire* presque embrassante, ne laissant pas apercevoir les tours dans l'ombilic, composée de tours anguleux, déprimés, dont le plus grand diamètre est au pourtour de l'ombilic. *Bouche* plus large que haute, formant trois facettes d'un hexagone. *Cloisons* simplement arquées, droites sur le dos, échancrées une seule fois au milieu de leur largeur.

Rapports et différences. Il y a beaucoup de ressemblance entre cette espèce et le *N. latidorsatus* du lias; néanmoins, il est facile de la distinguer par son ombilic beaucoup plus étroit, par sa plus grande largeur au pourtour même de l'ombilic, au lieu d'être au tiers interne, et par ses cloisons échancrées seulement au milieu.

Localité. M. Moreau a recueilli cette espèce au sein de l'argile kimméridienne à *Exogyra virgula*, à Mauvages (Haute-Marne).

Explication des figures. Pl. 39, fig. 4. Individu de grandeur naturelle vu de côté. De la collection de M. Moreau.

Fig. 5. Le même vu de face.

Résumé géologique sur les Nautiles.

J'ai au sein des terrains jurassiques dix-sept espèces dont le gisement m'est bien connu. Elles sont ainsi distribuées :

Espèces du lias.

N. inornatus, d'Orb.	N. semi-striatus, d'Orb.
intermedius, Sow.	striatus, Sow.
latidorsatus, d'Orb.	truncatus, Sow.

Espèces de l'oolite inférieure.

N. clausus, d'Orb.	N. lineatus, Sow.
excavatus, Sow.	sinuatus, Sow.

Espèces de la grande oolite.

N. biangulatus, d'Orb.

Espèces de l'étage oxfordien.

N. giganteus, d'Orb. N. hexagonus, Sow.
granulosus, d'Orb.

Espèces de l'étage kimméridien.

N. inflatus, d'Orb. N. Moreausus, d'Orb.

En résumé, les espèces de Nautiles sont au maximum de leur développement à l'époque du lias; elles deviennent ensuite beaucoup moins multipliées en changeant de forme, dans les couches supérieures des terrains jurassiques. Toutes ces espèces paraissent caractéristiques de leurs étages; néanmoins il en est qui, se trouvant aux points de contact des différentes couches, paraissent ainsi appartenir à deux étages à la fois. De ce nombre est le *N. striatus*, que j'ai recueilli immédiatement au-dessous de l'oolite inférieure des Moutiers (Calvados), et le *N. giganteus*, qui se présente toujours aux parties inférieures de l'étage corallien, dépendant pour moi de l'étage oxfordien supérieur. En tous cas, toutes les espèces peuvent être considérées comme caractéristiques de leur étage.

Le rapport des caractères zoologiques des Nautiles avec leur distribution zoologique au sein des couches montre que les STRIATI sont jusqu'à présent spéciaux aux terrains jurassiques; ainsi la coquille striée en long, dans les espèces renflées, indiquera toujours le terrain jurassique. Comme les côtes transverses caractérisent les Nautiles des terrains crétacés.

11e Famille, AMMONIDÆ.

Cornu Ammonis. Auct. *Ammonée* Lamarck, Férussac, *Ammonitea* et *Goniatitea* de Haan, etc.

Animal inconnu. *Coquille* spirale, arquée ou droite, à

cloisons découpées, anguleuses ou digitées, divisées sur leurs bords par des lobes profonds; siphon toujours marginal à la région dorsale; dernière loge supérieure aux cloisons très-grande, susceptible de contenir l'animal. A la bouche, le labre externe généralement saillant.

Les Ammonidées se distinguent donc des Nautilidées par des cloisons lobées sur les bords, au lieu d'être simples, et par un siphon dorsal, tandis qu'il est médian ou contre le retour de la spire chez les Nautilidées. Ils s'en distinguent encore par le côté dorsal du labre saillant au lieu d'être échancré.

Cette famille comprend les genres suivans :

Helicoceras, d'Orbigny.
Turrilites, Lamarck.
Goniatites, Haan.
Ammonites, Brug.
Crioceras, Léveillé.
Ancyloceras, d'Orbigny.
Scaphites, Parkinson.
Hamites, Parkinson.
Ptichoceras, d'Orbigny.
Toxoceras, d'Orbigny.
Baculites, Lamarck.

La famille des Ammonidées n'a pas paru avec la première animalisation du globe, puisqu'aucun représentant ne s'est trouvé jusqu'à présent au sein des couches siluriennes, si riches d'ailleurs en Nautilidées. Sa première apparition a eu lieu au sein des terrains carbonifères, où elle se montre sous la forme de *Goniatites* ou d'Ammonites à cloisons divisées en lobes arrondis ou anguleux toujours entiers et non digités.

Avec ces terrains disparaissent ces formes, et dans la formation triasique se trouvent les premières *Ammonites*; pourtant les cloisons des espèces qui représentent la famille (l'*Ammonites nodulosus*) tiennent encore un peu de la forme des *Goniatites*; elles sont bien lobées, mais les lobes sont simples, ou seulement denticulés sur leurs bords.

Jusqu'alors les Ammonidées ont été en petit nombre. On

a vu même les Goniatites disparaître dans le muschelkalk, où les Ammonites ont commencé à naître ; mais, si l'on passe à la formation jurassique, on voit de suite les Ammonites se montrer en très-grand nombre, et toutes avec des cloisons dont les lobes sont fortement digités et ramifiés. Alors aussi les Ammonites sont au maximum de leur développement numérique et forment à elles seules la plus grande partie de l'animalisation de cette époque, tout en conservant dans chaque étage des caractères spécifiques propres. Les espèces s'y succèdent et s'y remplacent les unes les autres, des zones inférieures aux supérieures, et finissent enfin toutes par s'éteindre au sein de la formation jurassique. Avec les Ammonites, on voit paraître, dans l'oolite inférieure, des coquilles des genres *Ancyloceras*, *Toxoceras* et *Helicoceras* (1), inconnus jusqu'alors, mais qui ne font que paraître et disparaître au sein de la formation jurassique, pour se montrer ensuite plus tard avec la formation crétacée.

En passant aux terrains crétacés, on trouve encore beaucoup d'Ammonites d'espèces distinctes de celles des terrains oolitiques, se succédant également dans les différentes couches, mais, avec elles, se remarque un grand nombre d'espèces des genres *Ancyloceras* et *Toxoceras* qu'on a vus se montrer pour la première fois dans le terrain précédent. De plus commencent à paraître les *Crioceras*, les *Scaphites*, les *Turrilites*, les *Hamites*, les *Ptychoceras* et les *Baculites*, tous genres inconnus dans les formations inférieures. Ici finit pour toujours l'existence des genres de la famille des Ammonidées; tous disparaissent dans les couches supérieures des terrains crétacés; aucune trace ne s'en montre plus dans les terrains

(1) C'est une nouvelle acquisition pour la science, due aux recherches de M. Baugier, de Niort. Je suis allé aussi vérifier le fait sur les lieux.

tertiaires, et, jusqu'à présent, on n'en a pas rencontré de vestige au sein des mers actuelles.

En résumé, les Ammonidées ont commencé avec les terrains carbonifères sous les formes spéciales de Goniatites; elles ont été au maximum de leur développement numérique, et presque exclusivement du genre Ammonite dans les couches jurassiques; elles ont acquis le plus de diversité de formes génériques, se montrant alors avec les caractères des Hamites, des Crioceras, des Scaphites, des Turrilites, des *Ptychoceras* et des Baculites, dans les terrains crétacés où, en même temps, elles ont cessé d'exister.

Jusqu'à présent, on connaît, au sein des terrains jurassiques, les genres *Ammonites, Turrilites, Ancyloceras*, *Toxoceras* et *Helicoceras*.

Genre TURRILITES, Lamarck.

Corne d'Ammon turbinée, Montfort.

Animal inconnu.

Coquille multiloculaire, spirale, enroulée obliquement, et, dès lors, devenant turriculée ou plus ou moins conique, dans son ensemble. *Spire* sénestre ou dextre, composée de tours arrondis ou anguleux contigus, seulement en contact ou entamés les uns par les autres, toujours apparens extérieurement, et laissant entre eux un ombilic perforé. *Bouche* entière pourvue, soit de bourrelets, soit d'une sorte de saillie antérieure en capuchon. Cavité supérieure à la dernière cloison, occupant le dernier ou les deux derniers tours de spire. *Siphon* continu placé, soit sur la partie convexe externe des tours, soit près de la suture à la base des tours, soit au côté supérieur. *Cloisons* divisées en six lobes, formés de parties paires ou impaires et de selles formées de parties paires. Lobe dorsal toujours formé de parties paires, plus long ou plus court que le lobe latéral supérieur. Les lobes latéraux supérieurs et inférieurs formés de parties paires ou impaires. Lobe ventral toujours composé de parties impaires.

Rapports et différences. Tout en ayant les cloisons divisées par lobes et par selles, comme les autres Ammonidées, les Turrilites en diffèrent essentiellement par leur spire enroulée obliquement et non sur le même plan. Plus voisines des *Helicoceras*, également enroulés obliquement, les Turrilites s'en distinguent encore par leurs tours contigus au lieu d'être disjoints.

Observations. Le test, chez les Turrilites, paraît être, comme celui des autres Ammonidées, nacré et mince. Pourtant, de même que chez les Ammonites, ce test est plus ou moins épais, suivant les parties, l'étant beaucoup plus, par exemple, dans les parties saillantes; aussi le moule intérieur ne donne-t-il qu'une représentation atténuée des ornemens extérieurs des Turrilites. Les variétés naturelles sont peu étendues dans ce genre, et, sauf variation dans le nombre des côtes et des tubercules par tours de spire, et dans la saillie plus ou moins grande des tubercules et des côtes, on peut dire que les différences se renferment en des limites assez restreintes. Je n'ai aperçu aucune des variétés d'âge si remarquables parmi les Ammonites, toutes les espèces conservant extérieurement leurs ornemens jusqu'au plus grand âge qui me soit connu.

La bouche est, comme je l'ai dit, très-variable; elle paraît, à l'état complet, se modifier de diverses manières. Dans le *Turrilites Astierianus*, elle est marquée par un gros bourrelet, tandis que, chez les *Turrilites costatus* elle est pourvue d'un capuchon antérieur très-remarquable. Ces deux modifications si distinctes sur les deux bouches connues font penser que les autres peuvent être variables; aussi toute généralité à leur égard serait-elle prématurée. Quoi qu'il en soit, ces bouches paraissent n'être que momentanées et semblent devoir se modifier dans l'accroissement, puisqu'on les trouve à des âges différens.

L'enroulement spiral, toujours oblique chez les Turrilites, est pourtant sujet à beaucoup de variations suivant les espèces. Comme je l'ai remarqué le premier, l'enroulement, loin d'avoir lieu toujours à gauche, ainsi que tous les auteurs l'ont dit, non-seulement varie de côté, suivant les espèces, mais encore suivant que les individus de ces mêmes espèces sont sénestres ou dextres. L'angle d'accroissement spiral, que j'ai mesuré sur toutes, me donne des limites qui varient entre 15 et 177 degrés d'ouverture. Le plus aigu se trouve chez les *T. puzosianus* et *tuberculatus*; le plus ouvert, chez les *Turrilites Valdani* et *Boblayei*. Les tours de spire sont aussi diversement modifiés suivant les espèces. Ils sont cylindriques et seulement en contact les uns sur les autres chez beaucoup d'espèces; tandis qu'ils se modifient par le contact chez les autres et deviennent alors plus ou moins anguleux. Le premier caractère est tranché surtout dans les *T. Emericianus, Astierianus*, *Senequierianus*, etc.; le second, chez les *T. costatus, bifrons, Puzosianus*, etc.

Le siphon, lorsqu'on a pu l'apercevoir, est très-variable dans sa position. Il n'est pas, comme on l'a dit, toujours dorsal; il n'est pas non plus toujours inférieur. J'ai pu le déterminer positivement sur onze espèces, et voici ce que j'ai trouvé : les *T. Boblayei, Valdani* et *Coynarti* l'ont en dessus, toujours sous le tour suivant; les *T. tuberculatus, Gavesianus, costatus*, et peut-être *catenatus*, l'ont sur la partie supérieure des tours, près de la suture; les *T. Robertianus, Emericianus* et *bituberculatus* l'ont sur la partie convexe, plutôt supérieure que médiane, et le *T. Vibrayanus* l'a dorsal. Si l'on compare la forme des espèces avec la place du siphon, on verra que celles dont les tours ne sont pas modifiés par les autres, où ils sont cylindriques, ont le siphon supérieur ou dorsal; tandis que toutes celles dont les tours sont anguleux ou modifiés l'ont sur le côté inférieur. Ce seront ces caractères primordiaux qui, joints à l'ouverture de l'angle spiral, me serviront de base pour la formation de trois groupes.

Passant aux modifications intérieures des Turrilites, je trouve, par exemple, que, sur l'ensemble, deux, le *T. Emericianus,* parmi les espèces à siphon dorsal, et le *T. Gravesianus*, parmi les espèces à siphon inférieur, ont le lobe latéral-supérieur formé de parties impaires, tandis que toutes les autres Turrilites ont cette partie formée de parties paires. Il en résulte que les lobes ne suivent pas toujours les modifications du siphon. Le lobe dorsal n'est pas non plus dans des proportions identiques. Je le trouve le plus long chez le *T. Robertianus*, tandis qu'il est plus court que le lobe latéral-supérieur chez tous les autres sans exception.

Dans l'état des connaissances relativement aux Turrilites, je crois que zoologiquement elles peuvent être divisées en trois groupes.

1° Les AMMONIFORMES, d'Orb., qu'on peut caractériser par leur siphon supérieur caché, et qui recouvre le retour de la spire, par leur enroulement spiral presque sur le même plan, par leur ombilic permettant dès lors d'apercevoir tous les tours. J'y réunis les *T. Boblayei, Valdani* et *Coynarti*, tous propres au lias inférieur.

2° Les ROTUNDATI, d'Orb., qu'on peut caractériser par leur siphon dorsal ou supérieur, par leurs tours de spire arrondis, subcylindriques, non entamés les uns par les autres. J'y réunis les *T. Emericianus*, *Robertianus*, *bituberculatus,*

Senequierianus, Mayorianus, Astierianus, elegans, Vibrayanus du gault, et les *T. plicatus, acuticostatus* et *Archiacianus* de la craie.

3° Les ANGULATI, d'Orb., caractérisés par leur siphon inférieur près de la suture, par leurs tours anguleux, toujours modifiés les uns par les autres. J'y réunis les *T. catenatus, Bergeri, Puzosianus, Moutonianus* et *Hugardianus* du gault, et les *T. costatus, tuberculatus, Gravesianus, Desnoyersii, Scheuchzerianus, ornatus, bifrons*, de la craie chloritée.

Il résulterait de ce qui précède que les AMMONIFORMES sont propres au lias inférieur; les ROTUNDATI paraîtraient être plus spéciaux à l'étage du gault, tandis que les ANGULATI le seraient, au contraire, aux craies chloritées ou terrain turonien.

Les Turrilites n'existent pas à l'état vivant; elles apparaissent dans le lias inférieur, puis s'effacent ensuite dans les autres étages jurassiques. Elles manquent encore, jusqu'à présent, dans le terrain néocomien, et sont inconnues même dans le gault inférieur. Elles commencent à se montrer avec les couches supérieures du gault, y sont très-nombreuses, et le sont autant dans les couches inférieures de la craie chloritée ou terrain turonien. On n'en connaît plus ensuite qu'une espèce dans la craie supérieure, puis elles s'éteignent de nouveau, pour ne plus se retrouver, dans tous les terrains tertiaires.

Histoire. Scheuchzer, Langius, Bourguet et Knorr avaient représenté, dès le commencement du siècle dernier, des Turrilites, sous le nom vague de *Buccinites*, etc. C'est à Montfort (1) qu'on doit, en 1799, la première figure un peu exacte. Cet auteur l'appela *corne d'Ammon turbinée;* mais, restant

(1) Conchiologie systématique.

difficilement dans le vrai, Montfort inventa un siphon qu'il plaça à tort au centre de la spire. Deux ans plus tard, Lamarck (1) en créa sous le nom de *Turrilites* un genre, où il plaça une espèce sous le nom de *costata ;* genre qui fut ensuite adopté sans réserve par tous les zoologistes. La même année, Bosc décrivit l'espèce de Lamarck et trois autres. Depuis, en 1814, Sowerby (2) représenta les mêmes espèces ; mais on doit à cet auteur la première notion du siphon, qu'il plaça vers la suture, dans le *T. tuberculatus*.

On a indiqué ou décrit jusqu'à présent onze Turrilites, dont : 1° *quatre* ne sont que des doubles emplois des autres : *T. undulatus* de Sowerby, appliqué en 1814 au *T. Scheuchzerianus* de Bosc, nommé dès 1801 ; *T. varicosus*, Bosc, variété du *T. tuberculatus ; T. giganteus* de Haan, variété du *T. tubercutatus; T. acutus*, Passy, variété du *T. costatus;* 2° *une* n'appartenant pas au genre, le *T. Babeli*, qui est évidemment une *Ammonites rhotomagensis* déformée.

Après ces réductions, il reste six espèces, dont deux me sont inconnues : le *T. Haania* de M. Risso, et le *T. obliquus* de Sowerby. Je n'en connais donc que quatre bien positives. Mes recherches et les collections qu'on a bien voulu me confier m'ont fait élever ce chiffre, sur le sol français, à vingt-six ou plus de trois fois le nombre connu avant moi. La découverte des Turrilites du lias est surtout une acquisition toute nouvelle pour la science.

(1) Animaux sans vertèbres.

(2) Mineral conchology.

15

Turrilites du lias inférieur.

N° 53. TURRILITES BOBLAYEI, d'Orbigny.

Pl. 41.

T. *testâ depressâ; spirâ dextrorsâ; angulo* 175°; *anfractibus convexis, rotundatis, suprà subtùsque transversim costatis; costis* 41, *simplicibus, in dorso interruptis; aperturâ ovali, depressâ ; umbilico magno.*

Dimensions. Diamètre supérieur, 43 mill. — Grand diamètre du dernier tour, 10 mill. — Largeur du dernier tour par rapport au diamètre, $\frac{20}{100}$.

Coquille presque enroulée sur le même plan, légèrement convexe en dessus, concave en dessous. *Spire* dextre, à peine convexe en dessus, formant tout au plus une saillie de 175°, composée de tours très-saillans, arrondis, convexes, un peu déprimés, s'entamant légèrement dans l'enroulement, ornés en dessus, au dernier tour, de 41, et, en dessous, de 32 côtes transverses, un peu arquées, interrompues sur la convexité dorsale, de chaque côté de la place du siphon. Ombilic très-large, permettant de voir tous les tours. *Bouche* ovale, déprimée, peu échancrée par le retour de la spire. *Siphon* placé sur la convexité externe supérieure des tours, de manière à être entièrement recouvert par le tour précédent. *Cloisons* très régulières. Lobe dorsal plus long et aussi large que le lobe latéral-supérieur, orné de chaque côté de trois digitations dont l'inférieure est longue et porte une digitation latérale. Selle dorsale presque deux fois aussi large que le lobe dorsal, formée de larges festons, et divisée par un lobe accessoire en deux parties inégales. Lobe latéral-supérieur terminé en parties paires; il est pourvu, outre les deux pointes terminales, en dehors de 3, en dedans de 2 digitations simples. Selle latérale, aussi large que le lobe latéral-supérieur, formée de trois festons. Lobe latéral inférieur impair, très-court, orné seulement de deux digitations, une externe petite, et une grande terminale. Selle latérale très-courte pourvue de trois festons.

Rapports et différences. Cette espèce, au premier aperçu, pourrait être prise pour une Ammonite déformée, dont, par suite d'une pression, les côtés seraient, l'un légèrement convexe, et l'autre concave ; mais ayant sous les yeux six échantillons qui montrent tous l'enroulement spiral dextre, c'est-à-dire, la convexité de la spire et la concavité de l'ombilic toujours placés du même côté, j'ai acquis la certitude que ce n'était point un accident ; qu'au contraire ce devait être un caractère propre. J'ai dû classer cette espèce dans le genre Turrilite, où elle forme un nouveau groupe que j'appellerai Ammoniformes.

Localité. On doit la découverte de cette magnifique espèce aux importantes recherches de MM. Pouillon-Boblaye, et de M. de Valdan, qui l'ont recueillie dans les marnes inférieures du lias, avec la *Gryphea arcuata,* à Augy-sur-Aubois, près de Saint-Amand (Cher), où elle est rare.

Explication des figures. Pl. 41, fig. 1. Individu vu en dessus. De ma collection.

Fig. 2. Le même vu en dessous.

Fig. 3. Le même vu de profil, montrant le dessus d'une cloison.

Fig. 4. Une cloison grossie cinq fois. Dessinée par moi, à la ligne du rayon central.

N° 54. Turrilites Valdani, d'Orbigny.

Pl. 42, fig. 1-3.

T. *subcomplanatâ, depressâ; spirâ dextrorsâ; angulo* 177°; *anfractibus convexis, subquadratis, transversìm costatis;*

costis 18, elevatis, suprà subtùsque bimucronatis ; aperturâ subquadratâ, compressâ, umbilico magno.

Dimensions. Diamètre supérieur, 30 mill. — Grand diamètre du dernier tour, 10 mill. — Largeur du dernier tour par rapport au diamètre, $\frac{26}{100}$.

Coquille presque horizontale en dessus, fortement concave en dessous. *Spire* dextre, horizontale en dessus, ou formant un angle de 177°, composée de tours saillans, convexes, carrés, comprimés, appliqués les uns contre les autres sans s'entamer, ornés au dernier tour en travers de dix-huit côtes atténuées sur le dos, mais très-élevées en dessus et en dessous, et pourvues alors de deux pointes aiguës, dont l'externe est la plus longue. *Bouche* carrée, comprimée, non échancrée par le retour de la spire. *Siphon* placé sur la partie externe des tours, recouvert par leur enroulement. *Cloisons* très-compliquées. Je n'ai pu les voir assez pour les décrire. Le siphon est comme dans l'espèce précédente.

Rapports et différences. Cette espèce, enroulée du même côté que le T. *Boblayei*, s'en distingue bien nettement par ses tours carrés et comprimés au lieu d'être ronds et déprimés, par 18 au lieu de 41 côtes, et par ces côtes plus saillantes et pourvues chacune, en dessus et en dessous, de deux pointes aiguës, comme celles de l'*Ammonites perarmatus.* C'est un type voisin dans un même groupe spécial au lias.

Localité. M. de Valdan, capitaine d'état-major, a découvert cette espèce dans les marnes du lias inférieur, à Augy-sur-Aubois, près de Saint-Amand (Cher), où elle est rare.

Explication des figures. Pl. 42, fig. 1. Individu vu en dessus. De ma collection.

Fig. 2. Le même vu en dessous.

Fig. 3. Le même vu de côté.

N° 55. TURRILITES COYNARTI, d'Orbigny.

Pl. 42, fig. 4-7.

T. *testâ depressâ, suprà complanatâ, subtùs concavâ; spirâ dextrorsâ, horizontali; anfractibus convexis, rotundatis; transversìm costatis; costis* 23, *simplicibus, elevatis, non interruptis, externè incrassatis; aperturâ compressâ, ovali.*

Dimensions. Diamètre, 23 mill. — Grand diamètre du dernier tour, 7 mill. — Largeur du dernier tour par rapport au diamètre, $\frac{31}{100}$.

Coquille, plane en dessus, concave en dessous. *Spire* dextre, horizontale, composée de tours arrondis, comprimés, à peine entamés intérieurement, ornés en travers, par révolution spirale, de 23 côtes simples, droites, élevées, saillantes, fortement élargies sur le dos. *Bouche* ovale, comprimée, à peine échancrée par le retour de la spire. *Siphon* placé sur la convexité externe des tours, et se recouvrant dans l'enroulement. *Cloisons* formées de lobes divisés en parties paires. Lobe dorsal, d'un tiers plus long que les autres, plus large que le lobe latéral-supérieur, orné de chaque côté d'une seule branche pourvue extérieurement de quatre pointes en dents de scie. Selle dorsale, égale en largeur au lobe dorsal, divisée en deux larges festons inégaux par un lobe accessoire simple. Lobe latéral-supérieur terminé par deux digitations, et pourvu de chaque côté de deux autres; son ensemble est large et court. Selle latérale, plus large que la selle dorsale, seulement ondulée. Lobe latéral-inférieur plus court de moitié que le lobe latéral-supérieur, pourvu seulement de deux pointes. Première selle auxiliaire, très-petite, représentée par un simple feston. Le lobe auxiliaire forme une seule pointe.

Rapports et différences. Cette espèce est très-voisine du

T. *Boblayei* par son enroulement spiral et par ses côtes simples; mais elle s'en distingue par ses tours comprimés, au lieu d'être déprimés, par des côtes moins nombreuses, non interrompues sur le dos, et par une cloison bien différente par la brièveté des lobes, et par ceux-ci plus nombreux.

Localité. La science doit encore aux recherches de M. de Valdan la découverte de cette espèce. Il l'a rencontrée, avec les espèces précédentes, dans les marnes du lias à *Gryphea arcuata*, à Augy-sur-Aubois, près de Saint-Amand (Cher). Elle y est rare. J'en possède deux échantillons.

Explication des figures. Pl. 42, fig. 4. Individu vu en dessus. De ma collection.

Fig. 5. Le même, vu du côté opposé.

Fig. 6. Le même, vu de profil.

Fig. 7. En cloison grossie, dessinée par moi.

Résumé géologique.

Les trois espèces de Turrilites des terrains jurassiques appartiennent au lias inférieur en contact avec les terrains triasiques; à cette zone qui renferme la *Gryphæa arcuata* et représente les dernières assises de l'étage du lias. D'un autre côté, ces espèces de Turrilites dépendent d'un groupe particulier de forme, comme on a pu le voir aux caractères du genre. On doit en conclure que les Ammonidées non enroulées sur le même plan ont paru pour la première fois avec le lias inférieur; qu'elles ont ensuite cessé de se montrer pendant la période jurassique, et jusqu'aux terrains crétacés moyens, où elles reparaissent sous des formes nouvelles avec un angle spiral bien plus ouvert.

Genre Ammonites, Bruguière.

Corne d'Ammon vulg. Genre *Ammonites, Orbulites, Planulites*, Lamarck. *Orbulites, Ammonites*, Blainville. *Planulites, Ellipsolites, Amalteus, Pélaguse, Simplegade*, Montfort. *Ammonites* et *Ellipsolites*, Sowerby. *Nautilus, Argonaüta*, Reinecke. *Ammonites, Planulites, Globites, Ceratites*, de Haan.

Animal inconnu.

Coquille multiloculaire, discoïdale ou globuleuse, enroulée sur le même plan. *Spire* embrassante ou non, quelquefois les tours à découverts, mais ceux-ci contigus à tous les âges. *Bouche* souvent rétrécie, munie de bourrelets et d'appendices latéraux très-variables de forme, suivant les espèces. *Cloisons* divisées régulièrement par lobes profonds, l'un dorsal, l'autre ventral, et un plus ou moins grand nombre de lobes latéraux, toujours digités et aigus. Ces lobes sont séparés par des selles saillantes, également divisées, mais à sections arrondies. *Siphon* continu dorsal, saillant légèrement en avant de la dernière cloison, et recevant sur ses parois plusieurs digitations du lobe dorsal.

Rapports et différences. Je n'établirai pas ici les différences avec les Nautiles; elles sont trop générales et tiennent à celles de la famille. Les comparaisons à faire ne peuvent donc avoir lieu que parmi les genres que je réunis dans ce groupe. Avec tous les caractères de forme et de siphon des Goniatites, les Ammonites s'en distinguent par leurs lobes digités et non entiers, et cette distinction, qui n'a pas beaucoup de valeur zoologique, en acquiert par la distribution géologique, les Goniatites étant propres seulement aux formations inférieures aux terrains triasiques, tandis que les Ammonites sont toujours des terrains supérieurs. Les Ammonites diffèrent encore des genres que leurs formes extérieures plutôt que leur organisation zoologique en ont fait séparer, par les caractères suivans : des *Crioceras* par leurs tours de spire contigus et non séparés ; des *Scaphites*, par leur dernier tour contigu non disjoint et non retourné en crosse. Quant aux autres genres, ils s'en distinguent plus encore par leur coquille non spirale ou enroulée obliquement.

Comme je l'ai dit à la famille, le genre Ammonite a commencé à se montrer dans les terrains triasiques ; il n'est alors représenté que par très-peu d'espèces que distinguent néanmoins le petit nombre de digitations de leurs lobes ; ce sont les *Cératites*. Dans tous les terrains jurassiques, il est composé de beaucoup d'espèces propres chacunes à un étage déterminé et à lobes profondément partagés ; il est presque aussi nombreux dans les couches crétacées, mais ne survit pas à cette dernière époque.

Le genre Ammonite comprenant une très-grande quantité d'espèces, il devenait indispensable d'y établir des coupes qui pussent en faciliter la détermination. Plusieurs savans s'en sont occupés ; Lamarck, M. de Haan et M. de Blainville se sont servis de la forme extérieure, et en ont formé des genres caractérisés par leurs tours de spire, se recouvrant plus ou moins, ou entièrement apparens. M. Sowerby (*Systematical index of the mineral conchology*, t. 6, p. 24) divise les Ammonites en trois sections : 1° les espèces à dos ronds ; 2° les espèces à dos creusés ; 3° les espèces à dos carénés ; celles-ci, subdivisées encore en deux groupes : les espèces à carène entière, les espèces à carène crénelée ; divisions faciles à saisir, mais qui offrent des passages insensibles d'un groupe à l'autre.

M. de Buch, dès 1828, reconnut, avec sa sagacité ordinaire, d'autres caractères importans échappés à ses devanciers; il découvrit dans les lobes des cloisons des Ammonites des formes régulières et constantes dont la combinaison, jointe aux ornemens extérieurs, lui servit plus tard (*Annales des sciences naturelles*, t. 17 et 29) à diviser les Ammonites en groupes, qui sont les suivans :

1° Les Goniatites, qu'il ne considère que comme une division des Ammonites.

2° Les Ceratites, *Ammonites nodulosus; A. bipartitus* (du Muschelkalck).

3° Les Arietes, *A. bisulcatus*, Bruguière; *A. Conybeari*, Sow.

4° Les Falciferi, *A. serpentinus*, Schlotheim; *A. Murchisonæ*, Sow., *A. bifrons*.

5° Les Amalthei, *A. amaltheus*, Schl.; *A. spinatus*, Bruguière.

6° Les Capricorni, *A. capricornus; fimbriatus*, Sow.

7° Les Planulati, *A. triplicatus;* Sow.; *A, polygyratus*, Reineke.

8° Les Dorsati, *A. armatus*, Sow.; *A. subarmatus*, Sow.

9° Les Coronarii, *A. Bechei*, Sow.; *A. Brakenridgii*, Sow.

10° Les Macrocephali, *A. Brongniartii*, Sow.; *A. Brochii*, Sow.

11° Les Armati.

12° Les Dentati, *A. splendens*, Sow.; *A. interruptus*, Bruguière.

13° Les Ornati, *A. Castor;* Rein.; *A. Pollux*, Rein., Sow., pl. 510, f. 2.

14° Les Flexuosi, *A. falcatus*, Sow.; *A. radiatus*, Brug. (*A. asper*, Merian.)

Je regrette vivement de ne pouvoir ici donner plus de détails sur les coupes de M. de Buch, mais mon cadre s'y oppose; d'ailleurs, je me suis imposé, dans la description des espèces, l'ordre de superposition géologique, et nullement les formes zoologiques bases d'une bonne monographie, et dont je m'occuperai au résumé géologique, à la fin du genre. Cependant, comme dans le cours de mes descriptions d'espèces j'adopte la manière d'envisager les lobes établie par M. de Buch, je crois devoir dire quelques mots de plus à cet égard, afin que l'on puisse appliquer les termes employés aux différentes formes.

J'ai dit que les cloisons des Ammonites sont pourvues, sur leurs bords, de grandes digitations qui se divisent et se subdivisent, les unes dirigées en arrière, les autres en avant. Les grandes digitations ou troncs des rameaux, qui se dirigent en arrière, par rapport à l'enroulement spiral, ont été appelées *lobes* par M. de Buch, tandis que les digitations ou troncs de rameaux, dirigés en avant ou dans le sens de l'enroulement et séparant les lobes, sont désignés par le même savant sous le nom de *selles*. De plus, il subdivise ces parties, ainsi qu'il suit: *Le lobe dorsal* est unique, entoure le siphon et occupe la région médiane du dos; en partant de ce lobe, le premier qu'on trouve de chaque côté est le *lobe latéral-supérieur*, placé, le plus souvent, vers le tiers de la hauteur de la bouche, en partant du dos. En s'éloignant encore plus du dos, le second lobe, de chaque côté, est le *lobe latéral-inférieur*, puis les autres lobes latéraux, quel que soit leur nombre, sont les *lobes auxiliaires*. Contre le retour de la spire, il existe un lobe médian opposé au lobe dorsal, c'est le *lobe ventral*. Les selles se subdivisent aussi : la première, entre le lobe dorsal et le lobe latéral-supérieur, est la *selle dorsale;* la seconde, entre le lobe latéral-supérieur et le lobe latéral-inférieur, est la *selle latérale*.

Les lettres suivantes, les mêmes que celles qu'emploie M. de Buch, indiqueront toujours les mêmes parties dans les figures. Je les donne ici pour éviter des redites à l'explication des figures de chacune des espèces en particulier.

D. Lobe dorsal.
L. Lobe latéral-supérieur.
E. Lobe latéral-inférieur.
A_1 Premier lobe auxiliaire.
A_2 Deuxième lobe auxiliaire.
A_3 Troisième lobe auxiliaire.
A_4 Quatrième lobe auxiliaire, etc., en suivant.
V. Lobe ventral.
* (1) V_1 Premier lobe latéro-ventral, en partant du lobe ventral.
* V_2 Second lobe latéro-ventral, etc., en suivant.

SD. Selle dorsale.
SL. Selle latérale.
* S_1 Première selle auxiliaire (la selle ventrale de M. Buch). Je l'ai nommée ainsi, parce qu'elle est souvent latérale et non ventrale, lorsqu'il y a beaucoup de lobes auxiliaires.
S_2 Seconde selle auxiliaire.
S_3 Troisième selle auxiliaire.
SV' Première selle latéro-ventrale (la selle qui sépare le lobe ventral du premier latéro-ventral).
SV'' Seconde selle latéro-ventrale.

Après la description des espèces, je donnerai, comme je l'ai fait aux Ammonites des terrains crétacés, un résumé de tous les faits zoologiques et géologiques déduits de l'étude. Je me contenterai donc, quant à présent, de présenter la description de ces mêmes espèces autant que possible dans leur ordre de superposition, en commençant par le lias inférieur.

N° 56. Ammonites bisulcatus, Bruguière.

Pl. 43.

Langius, 1708. Hist. lap., p. 95, t. 24, n. 1.
Bourguet, 1742. Traité des pétrifications, pl. 41, n° 270.
Curiosités naturelles de Basle; pl. 2, t. 2, lett. A.
Mus. Tessin, p. 86, t. 4, n° 2.

(1) Les astérisques indiquent les parties auxquelles j'ai donné des signes et des noms.

Ammonites bisulcata, Bruguières, 1789. Encyclop. méth., t. 1, p. 39, n° 13.

A. bisulcata, Bosc, 1801. Buff. de Déter., p. 176.

A. bisulcata, Lam. 1801. Extr., p. 101.

A. bisulcata, Roissy, 1805. Hist. des moll., t. 5, p. 25, n° 12.

A. Bucklandi, Sowerby, 1816. Min. conch., t. 2, pl. 130, p. 69.

A. bisulcata, Defrance, 1816. Dict. d'hist. nat., t. 2, p. 53.

A. arietis, Schloth, 1820. Die petref., p. 62, n° 4.

A. multicostatus, Sow., 1824. Min. conch., t. 5, p. 76, pl. 454.

Planites bisulcatus, Haan, 1825. Mon. Amm. et Gon., p. 91, n° 23.

Ammonites Bucklandi, Keferst., 1829, p. 10.

A. Bucklandi, Philipp, 1815, p. 184, pl. XIV, f. 13.

A. Bucklandi, Ure, 1829, a new syst., pl. 2.

A. Bucklandi, Zieten. 1830. Wurt., p. 85, t. 27, f. 1, t. 2, f. 2.

A. rotiformis, Zieten, 1830. Wurt., t. XXVI, f. 1.

A. oblique costatus, Zieten, 1830. Wurt. tab., XV, f. 1.

A. multicostatus, Zieten, 1830. Wurt., t. XXVI, f. 3.

A. Bucklandi, Deshayes, 1831. Coq., caract., p. 240, pl. 10, f. 2.

A. Bucklandi, de Buch, 1833. Ammonites, n° 10.

A. Bucklandi, Rœmer, 1836. Vert., p. 182.

A. Arietis, Rœmer, 1836, p. 182.

A. Bucklandi, Bronn. 1837. Leth. Géog., t. XXII, f. 1.

A. Bucklandi, Murch. 1837. Philos., mag. VI, p. 34.

A. testâ compressâ, tricarinatâ; anfractibus subquadratis, lateribus costatis : costis 34, subcarinatis, acutis, externè incrassatis, tuberculatis, subspinosis; dorso carinato, bisulcato; aperturâ subquadratâ, anticè bisinuatâ; septis lateribus, 3-lobatis.

Dimensions. Diamètre, 145 mill. — Largeur du dernier tour, 38 mill. — Par rapport au diamètre : largeur externe du dernier tour $\frac{27}{100}$; recouvrement des tours, $\frac{3}{100}$; épaisseur du dernier tour $\frac{32}{100}$; largeur de l'ombilic, $\frac{17}{100}$.

Coquille discoïdale, comprimée, fortement carénée et pourvue d'une quille, ornée en travers par tour de 34 à 38 côtes simples, aiguës, étroites, droites ou légèrement arquées, terminées, sur le bord dorsal, par un tubercule plus ou moins saillant et aigu. Après le tubercule, elles s'infléchissent fortement en avant, et s'interrompent tout à coup vers la carène externe. *Dos* carré ou légèrement coupé en biseau, pourvu de trois quilles dont une médiane de chaque côté de laquelle sont des sillons profonds. *Spire* composée de tours carrés, déprimés ou légèrement comprimés; le dernier a les $\frac{21}{100}$ dans les individus épais, et les $\frac{31}{100}$ dans les individus comprimés. *Bouche* déprimée ou légèrement comprimée, carrée, pourvue en avant de trois quilles et de deux sinus. *Cloisons* symétriques, découpées de chaque côté en trois lobes et en trois selles, formées de parties impaires. Lobe dorsal étroit, d'un tiers plus long, et un peu plus large que le lobe latéral-supérieur, orné de chaque côté de cinq digitations peu inégales. Selle dorsale, d'un quart plus large que le lobe latéral-supérieur, divisé en trois parties inégales par deux lobes accessoires inégaux. Lobe latéral-supérieur, un peu plus long que large, orné de chaque côté de trois branches, dont l'inférieure est seule ramifiée; la branche médiane, la plus longue, a cinq pointes. Selle latérale, presque le double de largeur que le lobe latéral-supérieur, divisée en trois rameaux, eux-mêmes deux ou trois fois partagés. Lobe latéral-inférieur aussi large que le lobe latéral-supérieur, irrégulièrement partagé par de nombreuses digitations. Selle auxiliaire, la moitié du lobe latéral-supérieur partagée en trois feuilles inégales. Lobe auxiliaire descendant beaucoup plus bas que les autres, étroit et formé seulement de deux branches, une externe, l'autre inférieure. La ligne du rayon central passant par le lobe dorsal coupe le lobe latéral-supérieur.

Observations. Sur huit échantillons que j'ai sous les yeux, quatre ont trente-quatre côtés par tour, trois en ont trente-huit, et un seul trente-deux. Ce sont sans doute des variétés, car ces nombres se trouvent sur des individus comprimés ou déprimés. Les individus à tours déprimés ont ordinairement $\frac{27}{100}$ à leur tour, les autres comprimés ont jusqu'à $\frac{33}{100}$; quelques-uns ont aussi des côtes droites, d'autres en ont de plus ou moins arquées. Je regarde toutes ces modifications comme des variétés simples ou des variétés de sexe.

Rapports et différences. Voisine par les caractères généraux des *A. stellaris* et *obtusus*, cette espèce s'en distingue par ses tours plus étroits, par les pointes de ses côtes et par son dos bien plus carré.

Localité. Elle appartient au lias inférieur, et se trouve avec la *Gryphæa arcuata*. Elle a été recueillie aux environs de Saint-Rambert (Ain), par M. Sauvanau ; à Paillet, au Mont-d'Or et à Saint-Fortunat, près de Lyon (Rhône), par MM. Tioliers et Terver ; à Avallon (Yonne), par MM. Puzos, Lallier et par moi ; à Vallières près de Metz (Moselle), par M. Simon ; à Pouilly et à Sémur (Côte-d'Or), par M. Nodot ; aux environs de Salins (Jura), par M. Germain ; à Pouilly-sous-Charlieu (Loire), par M. Tioliers ; à Fontenay (Vendée), par moi. On le rencontre à Bodelshausen.

Histoire. Figurée dès la fin du 17e siècle, et depuis par les anciens oryctographes, tels que Langius, Bourguet, etc., cette espèce reçut en 1789, de Bruguière, le nom d'*A. bisulcata*, conservé, en 1801 et 1805, par MM. Bosc et de Roissy, et reproduit, en 1816 et 1825, par MM. Defrance et de Haan. Néanmoins, en 1816, Sowerby, sans tenir compte du nom donné par Bruguière, appela *A. Bucklandi* la variété à côtes lâches, et en 1824, *A. multicostata*, la variété à côtes serrées. D'un autre côté, en 1820, Schlotheim lui imposa la dénomination d'*A. arietis*. En 1830, M. Zieten, de même que Sowerby, ne laissa aucune trace du créateur du genre Ammonite, et tout en conservant les noms de *Bucklandi*, de *multicostatus*, de *rotiformis*, pour quelques variétés, imposa pour d'autres celui d'*obliquè costatus*. Ensuite, les géologues anglais conservèrent les noms de *Bucklandi* et de *multicostatus*, tandis que les Allemands continuèrent à citer les *A. Bucklandi* et *arietis*.

Explication des figures. Pl. 43, fig. 1. Individu à tours de spire déprimés, vu de côté. De ma collection.

Fig. 2. Le même, vu du côté de la bouche.

Fig. 3. Une cloison grossie du double. Dessinée par moi.

N° 57. Ammonites obtusus, Sowerby.

Pl. 44.

Ammonites obtusus, Sowerby, 1817. Min. Conch., t. 2, p. 151, pl. 167.

A. Redcarensis, Young et Bird., 1822, a geolog., survey, etc.

A. Smithii, Sow., 1823. Min. conch., t. 4, p. 148, pl. 406.

A. Smithii, Haan, 1825, Am., p. 118, n°

A. obtusus, Phillips, 1829. Yorkshire, p. 164.

N. *testâ compressâ, carinatâ; carinâ obtusâ; anfractibus*

subrotundis, lateribus costatis; costis 23 arcuatis, obtusis, externè evanescentibus; dorso obtusè-carinato; aperturâ rotundâ, anticè bisinuatâ; septis lateribus 3-lobatis.

Dimensions. Diamètre, 96 mill. — Épaisseur, 33 mill. — Par rapport au diamètre : largeur externe du dernier tour, $\frac{31}{100}$; recouvrement $\frac{3}{10}$; largeur de l'ombilic, $\frac{41}{100}$.

Coquille discoïdale, comprimée, à quille très-obtuse, ornée en travers par tours de 23 côtes simples, obtuses, larges, très-arquées, s'effaçant sur les côtes du dos. Dos arrondi, pourvu d'une quille large et obtuse, et de chaque côté d'un sillon large, non circonscrit. *Spire* composée de tours arrondis, aussi larges que hauts, presque entièrement apparens. *Bouche* ronde, pourvue en avant d'un angle médian et de deux sinus latéraux. *Cloisons* symétriques, découpées de chaque côté en trois lobes et trois selles, formés de parties impaires. Lobe dorsal plus long et plus large d'un tiers que le lobe latéral-supérieur, orné de trois branches, fortement festonnées, dont la dernière a deux rameaux également digités par des pointes courtes. Selle dorsale, aussi large que le lobe latéral-supérieur, divisée en trois parties inégales partagées elles-mêmes en deux. Lobe latéral-supérieur conique, plus large que haut, orné de chaque côté de quatre pointes simples. Selle latérale aussi large que le lobe latéral-supérieur, plus haute que la selle dorsale, inégalement festonnée. Lobe latéral-inférieur conique, aussi long que le lobe latéral-supérieur, mais ayant son côté intérieur de moitié plus court que l'autre. Selle auxiliaire conique à sommet obtus, environ moitié de la hauteur et de la largeur du lobe latéral-supérieur. Lobe auxiliaire, à peu près aussi grand que le lobe latéral-inférieur.

Rapports et différences. Cette espèce est très-voisine des *A. bisulcatus* et *stellaris;* elle diffère de la première par le manque de tubercules externes aux côtés, par ses tours arrondis, ainsi que par son enroulement et ses lobes moins digités; elle est plus voisine encore de la seconde, tout en s'en distinguant par ses tours bien plus étroits, non déprimés, par ses côtes moins nombreuses, par ses lobes tout-à-fait différens.

Localité. Cette espèce caractérise les couches inférieures du lias, où elle est moins commune que l'espèce précédente. En France, elle a été recueillie aux environs de Saint-Rambert (Ain), par M. Sauvanau. En Angleterre, on la rencontre à Lyme-Regis, où les échantillons en sont magnifiques.

Explication des figures. Pl. 44, fig. 1. Individu entier. De ma collection. Un morceau de son test montre les ornemens ponctués dont il est couvert.

Fig. 2. Le même, vu de côté.

Fig. 3. Une cloison grossie. Dessinée par moi.

N° 58. Ammonites stellaris, Sowerby.

Pl. 45.

A. stellaris, Sow., 1815, Min. conch., t. 1, p. 211, pl. 93.

A. Brooki, Sowerby, 1818, Min. conch., t. 2, p. 203, pl. 190.

A. Brooki, Haan, 1825, Mon. Amm. et Gon., p. 109, n° 14.

A. stellaris, Haan, 1825, Mon. Amm. et Gon., p. 109, n° 15.

A. Brooki, Zieten, 1830, Wurt., p. 36, pl. XXVII, fig. 2.

A. Brooki, Roemer, 1835, p. 183, n° 6.

A. *testâ compressâ, carinatâ; carinâ subacutâ; anfractibus compressis, lateribus costatis; costis arcuatis, externè interruptis; dorso compresso, carinato, bisulcato; aper-*

turâ compressâ, anticè bisinuatâ. Septis lateraliter lobatis.

Dimensions. Diamètre 420 mill. — Par rapport au diamètre : largeur du dernier tour $\frac{38}{100}$; recouvrement du tour précédent $\frac{19}{100}$; épaisseur du dernier tour $\frac{30}{100}$; largeur de l'ombilic $\frac{40}{100}$.

Coquille discoïdale, comprimée dans son ensemble, carénée, ornée en travers par tour d'environ 30 côtes, simples, aiguës, étroites, légèrement arquées, s'atténuant en approchant des parties externes, de manière à disparaître quelquefois un peu avant la région dorsale. *Dos* assez étroit, les côtés y arrivant en biseau. Il est muni d'une quille large, peu aiguë, accompagnée de chaque côté d'un sillon d'égale largeur. *Spire* composée de tours larges, comprimés, recouverts sur les $\frac{19}{100}$ de leur largeur, et dont le dernier a les $\frac{38}{100}$. *Bouche* très-comprimée, ovale, échancrée en avant par les deux sinus des sillons, et en arrière par le retour de la spire. *Cloisons* symétriques, découpées de chaque côté en quatre lobes et quatre selles formées de parties impaires. Lobe dorsal d'un tiers plus long et plus large que le lobe latéral-supérieur, de forme oblongue, largement séparé à chaque extrémité, orné de chaque côté de beaucoup de petits rameaux, et terminé par un bien plus grand que les autres. Selle dorsale plus large que le lobe latéral-supérieur, terminée par quatre feuilles inégales que séparent trois lobes accessoires inégaux. Lobe latéral-supérieur élargi à chaque extrémité, orné de chaque côté de quatre branches. L'extrémité en est divisée en trois branches tridigitées égales. Selle latérale aussi large et plus haute que la selle dorsale, irrégulièrement divisée en feuilles dont une étroite est supérieure. Lobe latéral-inférieur aussi large et plus long que le lobe latéral-supérieur, simplement digité sur les côtés, et terminé par deux branches inégales dont la plus longue a quatre digitations. Première selle auxiliaire aussi large que le lobe latéral-supérieur, très-courte, terminée par deux feuilles bifestonnées. Premier lobe auxiliaire court, à peu près terminé comme le lobe latéral-inférieur. Deuxième selle auxiliaire bien plus large que la première, divisée en parties inégales. Deuxième lobe auxiliaire très-étroit, court, oblique, orné de digitations. La ligne rayonnante centrale, en passant par l'extrémité du lobe dorsal, reste bien au-dessous de tous les autres lobes. Dessus de la dernière loge, pourvue de chaque côté d'un lobe latéral-ventral.

Rapports et différences. Cette espèce est voisine de l'*A. bisulcatus* par sa forme, par ses côtes et par sa quille; mais elle s'en distingue nettement, à tous les âges, par la largeur de ses tours, leur compression, le manque complet de tubercules aux côtes, et enfin par un lobe de plus de chaque côté aux cloisons, sans parler d'autres détails tout-à-fait disparates.

Observations. Dans le jeune âge, cette espèce a les côtes bien plus aiguës que dans l'âge adulte. Je possède même un très-vieil individu où ces côtes s'effacent entièrement; où le tour devient presque lisse, et où la carène s'atténue; peut-être l'un et l'autre disparaissent-ils dans la grande vieillesse.—Un autre fait non moins curieux, c'est qu'elle semble avoir été ornée de lignes longitudinales blanches à l'état de vie; au moins ai-je retrouvé ces lignes sur un échantillon bien conservé.

Localité. Elle caractérise avec la *Gryphæa arcuata* les couches inférieures du lias. Elle a été recueillie par moi aux environs d'Avallon (Yonne); au Paillet, près d'Ardilly (Rhône), et à Saint-Julien de Civri (Haute-Saône), par M. Tioliers; à Mont-de-Lans (Isère), par M. Gras; à Mazangues (Var), par M. Coquand; aux environs de Nancy (Meurthe), par M. Guibal. En Angleterre, on la rencontre à Lyme-Regis.

Histoire. Je crois que l'*A. Brooki* n'est qu'une variété à côtes plus élevées.

Explication des figures. Pl. 45, fig. 1. Individu réduit au quart. De ma collection.

Fig. 2. Le même, vu de côté, montrant le dessus d'une cloison.

Fig. 3. Une cloison dessinée par moi.

Fig. 4. Un morceau de test pour montrer les lignes blanches qui ornaient la coquille à l'état vivant.

N° 59. AMMONITES BONNARDII, d'Orbigny.

Pl. 46.

A. *testâ compressâ, acutè carinatâ; anfractibus compressis, subquadratis, lateribus costatis : costis* 70, *arcuatis, inæqualibus, externè sub-tuberculatis ; dorso compresso, carinato, bisulcato; aperturâ compressâ, subquadratâ, anticè bisinuatâ; septis lateribus bilobatis.*

Dimensions. Diamètre 163 mill. Par rapport au diamètre : largeur du dernier tour $\frac{21}{100}$; recouvrement des tours $\frac{1}{000}$; épaisseur du dernier tour $\frac{17}{100}$; largeur de l'ombilic $\frac{60}{000}$.

Coquille discoïdale, très-comprimée, carénée, ornée en travers par tour de 70 côtes, le plus souvent simples, quelquefois, mais rarement, bifurquées, très-arquées, arrondies, pourvues à peu de distance du dos d'un léger tubercule qui, sur le test, pouvait être saillant. Dos muni d'une quille étroite, saillante, accompagnée de chaque côté d'un sillon profond, lisse. *Spire* composée de tours comprimés, très-étroits. *Bouche* comprimée, oblongue, droite sur les côtés, sinueuse aux côtés de la quille en avant. *Cloisons* symétriques, découpées de chaque côté en deux lobes, dont le premier est formé de parties paires, et l'autre de parties impaires, et de trois selles formées de parties impaires. Lobe dorsal un peu plus large et aussi long que le lobe latéral supérieur, orné de beaucoup de digitations simples et inférieurement d'une branche conique. Selle dorsale deux fois plus large que le lobe latéral-supérieur, divisée en quatre feuilles arrondies très-inégales, par trois lobes dont le médian a neuf digitations. Lobe latéral-supérieur orné de chaque côté de trois branches qui croissent en longueur de la supérieure à l'inférieure : la première ayant deux digitations, la seconde trois, et la troisième six; la branche externe est plus longue que l'autre. Selle latérale plus étroite que le lobe latéral-supérieur, inégalement partagée sur les côtés en festons larges et obtus. Lobe latéral-inférieur pourvu en dehors de trois, et en dedans de deux digitations simples, indépendamment de la pointe médiane. Selle auxiliaire très-courte, trois fois festonnée. La ligne du rayon central, en partant de la pointe du lobe dorsal, touche l'extrémité du lobe latéral-supérieur, mais est très-éloignée du lobe latéral-inférieur.

Rapports et différences. Cette espèce, des plus voisines de l'*A. bisulcatus,* par les sillons de son dos, par sa coquille et par ses côtes latérales, s'en distingue spécifiquement par ses tours bien plus étroits, plus comprimés, par ses côtes du double au moins plus rapprochées, et surtout par un caractère sans réplique, celui des lobes ici formés de parties paires, au moins pour le lobe latéral-supérieur, et disposés de tout autre manière.

Localité. Elle caractérise le lias inférieur à *Gryphæa arcuata.* Elle a été recueillie dans les environs de Belley (Ain). En Allemagne, on la rencontre à Stuttgart (Wurtemberg).

Explication des figures. Pl. 46, fig. 1. Individu réduit aux deux cinquièmes. De l'École des mines.

Fig. 2. Le même, vu de côté.

Fig. 3. Une cloison dessinée par moi, grossie de moitié.

N° 60. Ammonites nodotianus, d'Orbigny.

Pl. 47.

A. testâ maximè compressâ, carinatâ; anfractibus compressis, cordatis, lateribus convexiusculis, costatis; costis 57, arcuatis, æqualibus, simplicibus, externè evanescentibus; dorso compresso, acuto; septis lateraliter 3-lobatis.

Dimensions. Diamètre 138 mill.—Par rapport au diamètre : largeur du dernier tour $\frac{21}{100}$; recouvrement des tours $\frac{1}{100}$; épaisseur du dernier tour $\frac{13}{100}$; largeur de l'ombilic $\frac{62}{100}$.

Coquille discoïdale très-comprimée, fortement carénée, ornée en travers par tour de 57 côtes simples, peu élevées, étroites, arquées, s'atténuant extérieurement. Dos comprimé en biseau tranchant, pourvu de plus d'une légère quille dépendant du test et manquant sur le moule. *Spire* composée d'un grand nombre de tours très-comprimés, étroits. *Bouche* cordiforme très-comprimée. *Cloisons* symétriques découpées de chaque côté en trois lobes formés de parties paires, et en trois selles formées de parties impaires. Lobe dorsal un peu moins long et aussi large que le lobe latéral-supérieur, orné de chaque côté de trois digitations, croissant des supérieures aux inférieures. Selle dorsale divisée en trois festons inégaux en hauteur, dont les deux internes sont partagés. Lobe latéral-supérieur pourvu de chaque côté de cinq à sept digitations simples. Selle latérale un peu plus petite, mais peu différente de la selle dorsale. Lobe latéral-inférieur, des deux tiers plus petit que le lobe latéral-supérieur, portant de chaque côté trois digitations simples. Première et seconde selles auxiliaires petites, formées d'un seul feston. Lobe auxiliaire pourvu seulement de deux pointes. — La ligne du rayon central, en partant de l'extrémité du lobe dorsal, coupe une très-petite partie des pointes du lobe latéral-supérieur, mais s'éloigne beaucoup de l'extrémité des deux lobes suivans.

Rapports et différences. Par sa grande compression sur sa carène tranchante, cette espèce forme, pour ainsi dire, le passage entre le groupe des ARIETES et des FALCATI. Elle se distingue des autres Arietes par son dos tranchant sans sillons latéraux.

Localité. M. Nodot l'a découverte dans le lias du Gros-Bois (Côte-d'Or).

Explication des figures. Pl. 47, fig. 1. Individu entier. De la collection de M. Nodot.

Fig. 2. Le même, vu du côté de la bouche.

Fig. 3. Une cloison grossie. Dessinée par moi.

N° 61. AMMONITES LIASICUS, d'Orbigny.

Pl. 48.

A. testâ compressâ, obtusè carinatâ; anfractibus depressis, lateribus costatis; costis 78 arcuatis, simplicibus, inæqualibus, externè evanescentibus; dorso depresso, carinato; carinâ obtusâ lateraliter impressâ; aperturâ ovali, depressâ, anticè angulatâ; septis obliquis, 4-lobatis.

Dimensions. Diamètre 190 mill. — Par rapport au diamètre : largeur du dernier tour $\frac{17\frac{1}{2}}{100}$; recouvrement des tours $\frac{2}{100}$; épaisseur du dernier tour $\frac{21}{100}$; largeur de l'ombilic $\frac{71}{100}$.

Coquille comprimée, discoïdale, peu carénée, ornée en travers par tour de 78 côtes simples, arquées, inégales en hauteur, peu élevées, s'effaçant en approchant du dos. *Dos* déprimé, pourvu d'une quille large très-obtuse, à peine circonscrite par des dépressions latérales. *Spire* composée de tours déprimés très-étroits. *Bouche* déprimée, ovale, ou mieux cordiforme, renflée sur les côtés, saillante en avant. *Cloisons* symétriques, découpées de chaque côté en quatre lobes et quatre selles formées de parties impaires. Lobe dorsal aussi large, mais de moitié plus court que le lobe latéral-supérieur, orné de chaque côté de quatre branches digitées. Selle dorsale plus étroite que le lobe latéral-supérieur, composée d'une seule feuille découpée comme celle d'un chêne. Lobe latéral-supérieur très-grand, formé de chaque côté de trois rameaux digités, dont l'inférieur à trois branches, et d'un septième rameau terminal orné de trois branches. Selle latérale aussi grande que le lobe latéral-supérieur, plus haute et du double plus large que la selle dorsale, représentant cinq ou six feuilles de chêne, dont trois supérieures, parmi lesquelles une médiane est la plus haute. Lobe latéral-inférieur oblique, pourvu en dehors de quatre branches ramifiées, et en dedans seulement de petites digitations. Première selle auxiliaire oblique en bas, très-irrégulière, de moitié moins haute que la selle latérale, formée de deux feuilles inégales. Premier lobe auxiliaire petit, fortement incliné diagonalement à la ligne spirale, et pourvu de beaucoup de pointes au milieu desquelles en sont trois plus grandes. Deuxième selle auxiliaire oblique, représentant une seule feuille de chêne. Deuxième lobe auxiliaire, aussi oblique que le premier, mais moins compliqué. — La ligne du rayon central, en partant de l'extrémité du lobe dorsal, va couper le lobe latéral-supérieur à son tiers inférieur, le lobe latéral-inférieur au quart, et passe au-dessus des deux lobes auxiliaires qui dès lors ne sont pas atteints par la ligne.

Rapports et différences. Par ses tours rapprochés, cette espèce offre l'aspect ordinaire des Ammonites du lias inférieur, tandis que ses tours arrondis, sa quille large et peu circonscrite la rapprochent de l'*A. insignis.* C'est un type intermédiaire entre les espèces à tours ronds et les espèces à dos caréné.

Localité. Cet échantillon s'est trouvé dans une collection de

Saint-Mihiel avec cette seule indication : Du lias des Vosges. Sa forme indique évidemment le lias inférieur. M. Engelhardt l'a rencontrée dans le lias inférieur de Zintsweiller, canton de Niederbronn (Bas-Rhin).

Explication des figures. Pl. 48, fig. 1. Individu réduit de moitié. De ma collection.

Fig. 2. Le même, vu de côté.

Fig. 3. Une cloison grossie du double. Dessinée par moi.

N° 62. Ammonites tortilis, d'Orbigny.

Pl. 49.

A. testâ compressâ; anfractibus compressis, lateribus convexis, transversim 52-costatis; costis augustatis, arcuatis, simplicibus, externè evanescentibus; dorso, subangulato; aperturâ compressâ, ovali; septis lateribus 5-lobatis.

Dimensions. Diamètre 115 mill. — Par rapport au diamètre : largeur du dernier tour $\frac{20}{100}$; recouvrement des tours $\frac{2}{100}$; épaisseur du dernier tour $\frac{15}{100}$; largeur de l'ombilic $\frac{61}{100}$.

Coquille comprimée, discoïdale, non carénée, ornée en travers par tour de 52 côtes simples, légèrement arquées en avant, se continuant en dedans jusqu'au pourtour de l'ombilic, en dehors elles s'effacent sur la partie déclive du dos, où quelques-unes se bifurquent et alors sont apparentes jusque sur le dos où elles passent. Dos légèrement anguleux, l'angle très-arrondi. *Spire* formée de tours étroits, nombreux, comprimés. *Bouche* comprimée, ovale, légèrement auguleuse en avant. *Cloisons* symétriques, découpées de chaque côté en cinq lobes formés de parties impaires. Lobe dorsal aussi large, beaucoup plus court que le lobe latéral-supérieur, orné de trois pointes, l'inférieure bifurquée. Selle dorsale aussi large que le lobe latéral-supérieur, divisée à son extrémité en quatre

18

feuilles ovales presque paires. Lobe latéral-supérieur orné de chaque côté de deux rameaux branchus, indépendamment de la branche terminale, pourvue de quatre pointes. Selle latérale un peu moins large que le lobe latéral-supérieur, partagée inégalement. Lobe latéral-inférieur, oblique, irrégulier, plus court que le lobe latéral-supérieur. Il y a de plus trois lobes auxiliaires obliques, terminés par trois pointes. La ligne du rayon central, en partant de l'extrémité du lobe dorsal, coupe les trois branches des lobes latéraux-supérieurs et inférieurs, et passe bien au-dessus des trois lobes auxiliaires.

Rapports et différences. Cette espèce est très-voisine de l'*A. torus*, par ses tours étroits et son dos rond; mais elle s'en distingue par ses tours comprimés, ses côtes plus nombreuses, non interrompues en dedans et quelquefois bifurquées, par son dos légèrement anguleux, par sa bouche comprimée, par ses lobes autrement ramifiés.

Localité. Elle paraît caractériser les couches du lias inférieur; elle a été trouvée au toit de la mine de fer de Beauregard (Côte-d'Or).

Explication des figures. Pl. 52, fig. 1. Individu réduit. De la collection de l'École des mines.

Fig. 2. Le même, vu du côté de la bouche.

Fig. 3. Une cloison grossie cinq fois. Dessinée par moi.

N° 63. Ammonites Conybeari, Sowerby.

Pl. 50.

Langius. Pl. 24, fig. sup.

Ammonites Conybeari, Sowerby, 1816, Min. conch., t. 2, p. 70, pl. 121.

Planites Conybeari, Haan, 1825, Am. et Goniat., p. 90, n° 22.

A. Conybeari, Phillips, 1825, Yorcks., pl. XIII, fig. 5, p. 164.

A. Conybeari, Zieten, 1830, Wurtem., p. 35, t. 26, fig. 2.

A. Bucklandi, Zieten, 1830, Wurtem., tab. 2, fig. 3.

A. Conybeari, Rœmer, 1835, p. 132, n° 4.

A. *testâ compressâ, tricarinatâ; anfractibus compressis, lateribus costatis; costis 30 vel 66, subarcuatis, acutis, externè interruptis; dorso carinato, bisulcato; aperturâ compressâ, anticè bisinuata; septis lateribus bilobatis.*

Dimensions. Diamètre 198 mill. — Par rapport au diamètre : largeur du dernier tour $\frac{30}{100}$; recouvrement des tours $\frac{2}{100}$; épaisseur du dernier tour $\frac{19}{100}$; largeur de l'ombilic $\frac{67}{100}$.

Coquille discoïdale très-comprimée, fortement carénée et pourvue d'une quille obtuse, ornée en travers par tour de 30 à 66 côtes simples, obtuses, étroites, légèrement arquées, s'achevant sur le bord externe, près d'un sillon dorsal. Dos pourvu d'une quille saillante, large et obtuse, bordée de sillons profonds, circonscrits en dehors par une autre carène. *Spire* composée de tours comprimés, tricarénés au pourtour. *Bouche* comprimée. *Cloisons* symétriques, découpées de chaque côté, en deux ou trois lobes formés de parties presque paires. Lobe dorsal bien plus long et aussi large que le lobe latéral-supérieur, formé d'une seule branche étroite, pourvue de quatre digitations doubles. Selle dorsale plus large que le lobe latéral-supérieur, divisée inégalement par un lobe accessoire. Lobe latéral-supérieur formé de parties presque paires. La branche externe quelquefois pourvue de digitations aiguës allongées. Selle latérale étroite, irrégulière. Lobe latéral-inférieur pourvu de deux branches inégales. Il y a ensuite quelquefois un petit lobe auxiliaire. La ligne du rayon central, partant de l'extrémité du lobe dorsal, passe bien en dessous de tous les autres lobes.

Observations. Cette espèce est lisse seulement au diamètre de 2 millimètres, rarement elle reste ainsi jusqu'à 3. Elle prend ensuite des côtes semblables aux côtes de l'âge adulte, et se munit d'une petite quille sans sillon latéral ; au diamètre de 12 millimètres, elle a souvent 36 côtes ; au diamètre de 19 millimètres, 46. D'autres fois ce nombre augmente moins, et cela sur les échantillons moins comprimés, à tours plus larges. Sur ceux-ci, par exemple, au diamètre de 55 millimètres, il en existe seulement 35 ou 40 sur un individu de 100 millimètres, tandis que l'individu mesuré aux dimensions de 198 millimètres en a 66. Dans tous les cas, les sillons latéraux de la quille ne se sont montrés, sur les individus observés, qu'au diamètre de 30 millimètres. Ces différences de côtes rapprochées ou éloignées semblent appartenir à des sexes distincts, les coquilles à côtes rapprochées étant les dépouilles des mâles. Les lobes, dès le jeune âge, ont à peu près la même forme. On pourrait croire, d'après un échantillon très-grand, que les côtes disparaissent dans l'extrême vieillesse.

Rapports et différences. Cette espèce, que ses côtes rapprochent de l'*A. Kridion*, s'en distingue néanmoins par ses côtes moins saillantes, plus rapprochées, par sa quille pourvue de deux sillons latéraux, par la disposition de ses lobes, et par son jeune âge bien différent.

Localité. Cette espèce caractérise le lias inférieur dans la zone de la *Gryphæa arcuata*. Elle a été recueillie à Augy-sur-Aubois et au bois de Trousse, près de Saint-Amand (Cher), par MM. de Valdan, Maugenest, Massé et par moi ; aux environs de Salins (Jura), par M. Germain ; près de Nantua (Ain), par M. Cabannet ; aux environs de Lyon, par M. Terver; aux environs de Nancy (Meurthe), par M. Guibal; près d'Aix (Bouches-du-Rhône), par M. Coquand; près de Semur et à Pouilly (Côte-d'Or), par MM. Puzos et Nodot; à Vieux-Pont et à Fontaine-Étoupefour, par M. Deslongchamps; dans le Wurtemberg, par M. Agassiz.

Histoire. Sowerby a décrit et figuré cette espèce dès 1816. En 1825, M. de Haan la plaça dans son genre Planites, en y rapportant l'*A. natrix de* Schlotheim, que Zieten nous donne comme très-différente, et en citant la fig. 2 de la pl. 6 de Lister, qui représente évidemment l'*A. bifrons*. Ces deux citations ne seraient donc pas justes. La fig. 3 de la table 2 de Zieten, indiquée comme *A. Buklandi*, appartient encore à cette espèce.

Explication des figures. Pl. 50, fig. 1. Coquille réduite de moitié. De ma collection.

Fig. 2. La même, vue du côté de la bouche.

Fig. 3. Un lobe grossi. Dessiné par moi.

N° 64. Ammonites kridion, Hehl.

Pl. 51, fig. 1-6.

Ammonites kridion, Hehl, Zieten, 1830, Wurtemb., p. 4, pl. 3, fig. 2.

A. kridion, Hartmann, 1830, Wurtemberg, p. 22.

A. *testâ compressâ, carinatâ; anfractibus compressis, lateribus costatis; costis 26, rectis, acutis externè subspinosis; dorso carinato, carinâ acutâ; aperturâ subquadratâ, anticè acutâ; septis lateribus bilobatis.*

Dimensions. Diamètre 62 mill. — Par rapport au diamètre : largeur du dernier tour $\frac{22}{000}$; recouvrement des tours $\frac{4}{100}$; épaisseur du dernier tour $\frac{19}{100}$; largeur de l'ombilic $\frac{61}{100}$.

Coquille discoïdale très-comprimée, fortement carénée, et pourvue d'une quille tranchante, ornée en travers par tour de

25 à 27 côtes simples, très-tranchantes, droites, terminées extérieurement par une partie saillante. Elles sont séparées de la carène par un espace lisse, non creusé. Dos pourvu d'une quille saillante, aiguë, sans sillons latéraux, se joignant aux côtés par une partie déclive. *Spire* composée de tours peu comprimés, carénés au pourtour. *Bouche* un peu carrée, aiguë en avant; à l'état complet, elle forme un long bec en avant. *Cloisons* symétriques découpées de chaque côté en deux lobes formés de parties paires. Lobe dorsal bien plus long et aussi large que le lobe latéral-supérieur, formé d'une branche ornée de pointes obtuses, au nombre de 5 en dehors. Selle dorsale beaucoup plus large que le lobe latéral-supérieur, très-irrégulière, oblique, divisée en trois feuilles dont la plus grande est externe. Lobe latéral-supérieur formé de parties paires, orné de deux digitations doubles, de chaque côté. Selle latérale aussi grande que la selle dorsale, divisée en trois feuilles inégales dont la plus grande est médiane. Le lobe latéral-inférieur a quatre digitations simples. La ligne du rayon central, en partant de l'extrémité du lobe dorsal, passe bien au-dessous de tous les lobes.

Observations. Cette espèce est au nombre de celles qui changent beaucoup suivant l'âge. Au diamètre de 5 à 7 lignes elle est lisse, à dos rond; elle prend ensuite un indice de carène tout en restant lisse jusqu'au diamètre de 12 mill. C'est alors que les côtes commencent à se montrer en même temps que la quille s'élève. Le nombre des côtes s'accroît peu rapidement et reste entre 25 et 27, jusqu'au plus grand âge qui me soit connu.

Rapports et différences. Très-voisine pour la forme de l'*A. Conybeari*, cette espèce s'en distingue toujours par ses côtes moins nombreuses, plus aiguës, plus droites, et que termine souvent une partie saillante, par sa quille plus aiguë et sans sillons latéraux, et par ses selles dorsales et latérales très-distinctes de forme. Il y a aussi une grande différence dans les périodes d'accroissement, celle-ci restant bien plus longtemps à l'état embryonnaire sans côtes.

Localité. Elle caractérise le lias inférieur dans la zone de la *Gryphæa arcuata*. Elle y est assez commune. Elle a été recueillie à Subles, près de Bayeux (Calvados), par moi ; à Pommiers, près de Villefranche (Saône-et-Loire), par M. Gaudry, à Mont-de-Lans (Isère), par M. Gras ; aux environs de Lyon, par M. Tiolliers ; près de Nancy (Meurthe), par M. Des Roys ; à Semur (Côte-d'Or), par M. Nodot ; à Moville, près de Vic, par M. Voltz ; aux environs de Salins (Jura), par M. Germain ; aux environs de Saint-Rambert (Ain), par M. Sauvanau ; à Contrada Fontanilla, près Taornima (Sicile), par M. Paillette ; à Lyme-Regis, Angleterre.

Explication des figures. Pl. 51, fig. 1. Individu de grandeur naturelle. De ma collection. *a,* partie du test.

Fig. 2. Le même, vu du côté de la bouche.

Fig. 3. Jeune individu de grandeur naturelle, à l'instant où il prend ses côtes.

Fig. 4. Plus jeune individu lorsqu'il est lisse.

Fig. 5. Le même, vu sur la bouche.

Fig. 6. Une cloison grossie. Dessinée par moi.

N° 65. AMMONITES SCIPIONIANUS, d'Orbigny.

Pl. 51, fig. 7, 8.

A. *testâ compressâ, acutâ, carinatâ ; anfractibus compressis, externè carinatis, lateribus complanatis, 19-costatis; costis inæqualibus, rectis vel furcatis, externè tuberculatis ; dorso acuto ; aperturâ compressâ, angulatâ, acutâ ; septis ?*

Dimensions. Diamètre 52 mill. — Par rapport au diamètre : largeur du dernier tour $\frac{40}{100}$; recouvrement des tours $\frac{7}{100}$; épaisseur du dernier tour $\frac{12}{100}$; largeur de l'ombilic 34 à $\frac{36}{100}$.

Coquille assez fortement comprimée, discoïdale, fortement carénée et pourvue d'une quille, ornée en travers par tour d'environ 19 côtes droites, simples, très-rarement bifurquées, interrompues et terminées par un tubercule au bord de la partie déclive du dos. Ces côtes occupent toute la largeur du méplat latéral ou sont représentées par un simple tubercule externe, sans qu'il y ait de régularité dans l'alternance des uns et des autres. Dos en biseau, terminé par une quille tranchante. *Spire* formée de tours anguleux, aplatis sur le côté et sur les biseaux du dos; ces deux parties séparées par une saillie anguleuse correspondant aux tubercules externes des côtes. *Bouche* comprimée, formant un hexagone irrégulier, dont deux facettes antérieures figurent un angle saillant, deux facettes latérales, et deux internes formant un angle rentrant. *Cloisons.* Ce que j'ai pu apercevoir me donne la certitude qu'elles se rapprochent des *Arietes* par leur lobe dorsal plus long que le lobe latéral supérieur; mais je ne les ai pas assez vues pour les dessiner et les décrire.

Rapports et différences. Par ses lobes, cette curieuse espèce appartient au groupe des Arietes, tout en ayant des côtes irrégulières qui la distinguent nettement des autres espèces. Elle est pourtant plus voisine du *Stellaris,* tout en s'en distinguant par ses côtes non régulières et ses tubercules.

Localité. Elle caractérise le lias inférieur, dans la zone de la *Gryphæa arcuata.* Elle a été recueillie à Mont-de-Lans (Isère), par M. Scipion Gras; à Avallon (Yonne), par M. Puzos. Elle y est rare.

Explication des figures. Pl. 51, fig. 7. Individu de grandeur naturelle, vu de côté. De ma collection.

Fig. 8. Le même, vu sur la bouche.

N° 66. AMMONITES SPINATUS, Bruguière.

Pl. 52.

Bourguet, Traité des pétrif., pl. 41, n°s 272, 273.

Allioni, Oryct. pedem. spec., p. 52.

Knorr et Walch, part. II, t. A II, fig. 1.

Ammonites spinata, Bruguière, 1789. Encycl. méth., t. 1, p. 40, n° 14.

Idem, Bosc, 1801. Buff. de Déterville, t. 5, p. 176, n° 14.

Idem, Roissy, 1805. Hist. des Mollusq., t. 5, p. 25, n° 13.

Nautilus costatus, Reinecke, 1818. Naut. et Argon., p. 87, fig. 68-69, n° 54.

A. angulatus, Schloth., 1820, Die petref., p. 70, n° 16.

A. costatus, Schloth., 1820, Die petref., p. 68, n° 12.

A. spinatus, Haan, 1825, Mon. Amm. et Gon., p. 102, n° 1.

A. Hawskerensis, Phill., 1829, York, pl. XIII, fig. 8.

A. costatus, Zieten, 1830, Wurtemb., p. 5, pl. 4, fig. 7.

A. costatus, Hartmann, 1830, Wurtemb., p. 20.

A. costatus, Roemer, 1835, p. 188, n° 16.

A. costatus, Bronn., 1837, Lethea. geog., t. XXII, fig. 12, p. 436.

A. *testâ compressâ, carinatâ; anfractibus compressis, quadratis, lateribus complanatis, distanter costatis; costis* 23 *acutis, externè tuberculatis; dorso concavo, in medio carinato; carinâ nodulosâ; aperturâ quadratâ; septis lateribus* 4-*lobatis; lobis non paribus.*

Dimensions. Diamètre, 135 mill.—Par rapport au diamètre: largeur du dernier tour $\frac{35}{100}$; recouvrement des tours $\frac{7}{100}$; épaisseur du dernier tour $\frac{31}{100}$; largeur de l'ombilic $\frac{40}{100}$.

Coquille discoïdale, comprimée, carénée, ornée en travers

par tour de 19 à 25 côtes simples, élevées, droites, tranchantes, infléchies en avant vers le dos, ornées avant l'inflexion d'un tubercule épineux, qui disparaît quelquefois dans le moule. Dos très-excavé, pourvu au milieu d'une quille crénelée par de petites côtes en chevron. *Spire* composée de tours carrés, dont le dernier a les $\frac{35}{100}$ du diamètre. Le dernier tour recouvre l'avant-dernier sur $\frac{7}{100}$ du diamètre général. *Bouche* complète; elle montre une longue languette projetée en avant. La tranche de la bouche est carrée, évidée sur les côtés en avant et sur les côtés de la quille. *Cloisons* symétriques, découpées de chaque côté en trois lobes et trois selles formées de parties impaires. Lobe dorsal aussi large, un peu moins long que le lobe latéral-supérieur, orné de chaque côté de deux branches grêles pourvues de six à sept digitations allongées. Selle dorsale plus large que le lobe latéral-supérieur, arrondie en dessus, et divisée par trois lobes accessoires, augmentant de longueur des parties externes aux parties internes. Lobe latéral-supérieur élargi en bas, et orné de trois grandes branches grêles, une médiane et deux latérales, pourvues de digitations longues et simples. Selle latérale aussi large que le lobe latéral-supérieur, arrondie, divisée irrégulièrement en six feuilles très-inégales; les deux lobes accessoires externes les plus longs. Lobe latéral-inférieur des trois quarts plus étroit et beaucoup moins long que le lobe latéral-supérieur, formé d'une seule branche droite, étroite, pourvue de neuf digitations simples. Première selle auxiliaire très-étroite, formée de trois feuilles. Premier lobe auxiliaire la moitié du premier, armé de cinq digitations. Second lobe auxiliaire encore plus court, ayant une seule digitation.—La ligne du rayon central, en partant de l'extrémité du lobe dorsal, coupe les trois pointes du lobe latéral-supérieur, touche la pointe du lobe latéral-inférieur, mais passe bien au-dessous des lobes auxiliaires.

Observations. Au diamètre de 2 à 3 millimètres, cette espèce est entièrement lisse, à dos arrondi; elle se couvre latéralement de légères côtes, mais son dos reste arrondi jusqu'au diamètre de 7 millimètres. La ligne médiane du dos, d'abord un peu saillante, forme déjà une quille au diamètre de 12 millimètres, quille qui devient plus saillante encore. Néanmoins, au diamètre de 34 millimètres environ, l'espèce a pris tous les ornemens extérieurs qu'elle doit avoir. Il existe pourtant un dernier changement dû à la vieillesse; au diamètre de 130 millimètres, les côtes sont plus rares, beaucoup moins élevées, et manquent du tubercule épineux. — D'autres modifications tiennent à l'état des individus. J'ai remarqué, par exemple, que la partie pourvue de loges manque le plus souvent de tubercules externes, tandis que ces mêmes tubercules sont très-saillans sur la partie sans loges de ces mêmes échantillons. — On remarque encore des variétés provenant sans doute des sexes; ce sont celles que produit le plus ou moins grand aplatissement de la coquille.

Localité. Cette espèce caractérise le lias moyen, au-dessus des Placunes. Elle a été recueillie à Fontaine-Étoupe-Four, à Curcy, à Croisille, à Évreux, à Vieux-Pont, à Missy et à Villy, route de Caen à Villers (Calvados), par MM. Puzos, Deslongchamps et par moi; à Avesnes (Doubs), par MM. Puzos et Gevril; dans la Haute-Saône, par M. Nodot; aux environs de Salins (Jura), par M. Germain; aux environs de Saint-Amand (Cher), par M. de Valdan; à Selzbrunnen (Bas-Rhin), par M. Engelhardt.

Histoire. Cette espèce a reçu de Bruguière, en 1789, le nom de *Spinata*, conservé plus tard par Bosc, Roissy et de Haan; Reinecke, en 1818, l'appela *Costatus*, dénomination adoptée à tort par tous les auteurs allemands. M. Phillips lui a donné un troisième nom, celui de *Hawskerensis*. L'antériorité appartenant à Bruguière, le nom de *Spinatus* doit être préféré.

Explication des figures. Pl. 52, fig. 1. Individu avec sa bouche entière.

Fig. 2. Un autre individu, vu du côté de la bouche, montrant le dessus d'une cloison.

Fig. 3. Une cloison dessinée par moi, grossie quatre fois.

N° 67. Ammonites torus, d'Orbigny.

Pl. 53.

A. *testâ compressâ; anfractibus depressis, lateribus costis obliquis 30 interruptis, simplicibus externè internèque evanescentibus; dorso rotundato, lævigato; aperturâ subrotundatâ, depressâ, septis 5-lobatis.*

Dimensions. Diamètre, 100 mill. — Par rapport au diamètre : largeur du dernier tour $\frac{18}{100}$; recouvrement des tours $\frac{2}{100}$; épaisseur du dernier tour $\frac{18}{100}$; largeur de l'ombilic $\frac{67}{100}$.

Coquille comprimée, discoïdale, non carénée, ornée en travers par tour de 30 côtes simples, obliques en avant, égales, obtuses, s'effaçant en dedans et en dehors de chaque côté du dos. *Dos* rond, lisse. *Spire* composée de tours étroits, nombreux, déprimés. *Bouche* déprimée, ovale, arrondie en dessus. *Cloisons* symétriques, découpées de chaque côté en cinq lobes et cinq selles formées de parties impaires. Lobe dorsal aussi large, un peu moins long que le lobe latéral-supérieur, orné de chaque côté de quatre digitations simples. Selle dorsale d'un tiers plus large que le lobe latéral-supérieur, divisée en trois feuilles obtuses, dont celle du milieu élargie en palette. Lobe latéral-supérieur orné de chaque côté de deux digitations, la plus supérieure simple, et terminé par une digitation à 3 pointes. Selle latérale aussi large que le lobe latéral-supérieur, partagée en quatre feuilles obtuses inégales. Lobe latéral-inférieur très-oblique, irrégulier, de moitié plus court et plus étroit que le lobe latéral-supérieur. On remarque ensuite trois lobes auxiliaires obliques, représentés par une simple pointe obtuse. La ligne du rayon central, en partant de l'extrémité du lobe dorsal, coupe l'extrémité du lobe latéral-supérieur, passe au-dessous du lobe latéral-inférieur, touche à l'extrémité du premier lobe auxiliaire, et laisse en dessous les deux autres.

Rapports et différences. Cette espèce, par ses tours rapprochés, par ses côtes, ressemble à l'*A. raricostatus*, de Zieten; mais elle s'en distingue par son dos non caréné et par ses côtes obliques et obtuses.

Localité. Elle paraît caractériser avec la *Gryphœa arcuata* les grès inférieurs du lias. Elle a été recueillie aux environs de Valognes (Manche), par M. Deslongchamps; à Zinsweiller (Bas-Rhin), par M. Engelhardt.

Explication des figures. Pl. 53, fig. 1. Individu entier, de grandeur naturelle. De la collection de M. Deslongchamps.

Fig. 2. Le même, vu de côté.

Fig. 3. Une cloison grossie, dessinée par moi.

N° 68. Ammonites raricostatus, Zieten.

Pl. 54.

A. raricostatus, Zieten, 1830, Petrif. du Wurt., p. 18, t. XIII, fig. 4 (junior).

A. testâ compressâ; anfractibus angustatis, lateribus costis 21 *vel* 30 *rectis, acutis, externè evanescentibus; dorso carinato; carinâ obtusâ; aperturâ rotundato-cordatâ; septis lateribus* 3-*lobatis.*

Dimensions. Diamètre, 93 mill.—Par rapport au diamètre : largeur du dernier tour $\frac{20}{100}$; recouvrement des tours $\frac{2}{100}$;

largeur de l'ombilic $\frac{62}{100}$; épaisseur du dernier tour $\frac{22}{100}$.

Coquille comprimée, discoïdale, un peu carénée, ornée en travers par tour de 21 à 30 côtes simples, droites, aiguës, également espacées, s'effacant sur le dos à une assez grande distance de la carène. *Dos* anguleux dans le moule, pourvu d'une légère quille sur le test. *Spire* composé de tours étroits assez nombreux, déprimés, dont le dernier a les $\frac{20}{100}$ du diamètre. Le dernier tour recouvre l'avant-dernier des $\frac{2}{100}$ du diamètre total. *Bouche* déprimée, anguleuse et en toit en dessus; le reste arrondi sur les côtés. *Cloisons* symétriques, découpées de chaque côté en trois lobes et de trois selles formées de parties impaires. Lobe dorsal aussi large, d'un tiers plus long que le lobe latéral-supérieur, fortement partagé à son extrémité, les côtes dentelées sur leurs bords. Selle dorsale d'un tiers plus large que le lobe latéral-supérieur, divisée en trois festons déchirés, inégaux, dont les deux internes sont les plus grands. Lobe latéral-supérieur irrégulièrement divisé en parties paires, c'est-à-dire pourvu de quatre digitations de chaque côté, parmi lesquelles les digitations internes sont les plus séparées. Selle latérale plus large que le lobe latéral-supérieur, irrégulièrement festonnée et obtuse. Lobe latéral-inférieur étroit, muni en dehors de trois digitations simples. Il y a de plus un petit lobe auxiliaire très-court, pourvu d'une seule digitation. La ligne du rayon central, en partant de l'extrémité du lobe dorsal, passe bien au-dessous de tous les lobes.

Observations. Dans le jeune âge, cette espèce a souvent les côtes plus rapprochées, ses tours sont bien plus déprimés et plus larges transversalement. Il y a du reste beaucoup de différences entre les individus pour le nombre des côtes et l'élévation de la carène

Rapports et différences. Cette Ammonite, tout en ayant

du rapport avec les *A. kridion*, Hell., et *torus*, Nob., se distingue de la première par le manque de pointes aux côtes, de la seconde par son manque de carène au dos.

Localité. Elle caractérise le lias inférieur à Gryphée arquée. Elle a été recueillie à Semur et à Pouilly-en-Auxois (Côte-d'Or); à Suchamp, aux environs de Nancy (Meurthe), par MM. Guibal et Des Roys; aux environs de Lyon, par M. Voltz. En Angleterre, elle se trouve à Lyme-Regis; dans le Wurtemberg, près de Boll.

Explication des figures. Pl. 54, fig. 1. Individu de grandeur naturelle, vu de côté. De ma collection.

Fig. 2. Le même, vu du côté de la bouche.

Fig. 3. Jeune, vu du côté de la bouche, pour montrer sa grande largeur.

Fig. 4. Une cloison grossie cinq fois, dessinée par moi.

N° 69. Ammonites serpentinus, Schlotheim.

Pl. 55.

Walch, p. II, tab. A II, fig. 2.

Argonauta serpentinus, Reinecke, 1818. Naut. et Arg., p. 80, n° 2, pl. XIII, f. 74, 75 (adulte).

Argonauta cæcilia, Reinecke, 1818. Naut. et Arg., p. 9, n° 3, tab. XIII, f. 76, 77 (jeune).

Ammonites serpentinus, Schloth., 1820. Petref., p. 64, n° 6.

A. capellinus, Schloth., 1820. Petref., p. 65, n° 7.

A. Strangewaysii, Sow., 1820. Min. conch., t. 3, p. 99, pl. 254, f. 1, 3 (adulte).

A. falcifer, Sow., 1820. Min. conch., t. 3, p. 99, pl. 254, f. 2 (jeune).

A. Mulgravius, Young et Birds, 1822. A geological survey, etc., pl. XIII, f. 8.

Planites serpentinus, Haan, 1825. Mon. Amm. et Goniat., p. 89, n° 2.

Ammonites cæcilia, Haan, 1825. Mon. Amm. et Goniat., p. 112, n° 21.

A. Mulgravius, Phillips, 1829, Yorks, p. 136.

A. falcifer, Zieten, 1830. Wurtemb., p. 9, p. 16, t. VII, f. 4, t. XII, f. 2.

A. serpentinus, Rœmer, 1835. P. 185, n° 10.

A. falcifer, Rœmer, 1835. P. 184, n° 8.

A. *testâ compressâ, carinatâ; anfractibus compressis, lateribus complanatis, intùs truncatis, transversim costato-rugosis; costis undulatim curvatis; dorso declivè carinato; carinâ elevatâ, subacutâ; aperturâ compressâ, anticè carinatâ; septis lateribus 4-lobatis.*

Dimensions. Diamètre 224 mill. — Par rapport au diamètre : largeur du dernier tour $\frac{31}{100}$; recouvrement des tours $\frac{5}{100}$; épaisseur du dernier tour $\frac{16}{100}$; largeur de l'ombilic $\frac{36}{100}$.

Coquille comprimée, discoïdale, fortement carénée et pourvue d'une quille saillante, ornée, en travers, d'un nombre variable de côtes simples, très-flexueuses ; en partant du pourtour de l'ombilic, elles se dirigent en avant, y forment un coude saillant vers les deux cinquièmes de la largeur des tours, de là s'infléchissent en arrière assez fortement, pour retourner ensuite en avant, où elles s'avancent beaucoup vers la carène. *Dos* caréné, pourvu d'une quille saillante, élevée, étroite, obtuse à son extrémité, et non distincte des côtés. *Spire* composée de tours comprimés et plats sur les côtés, coupés carrément et anguleux au pourtour de l'ombilic, dont le dernier, chez les vieux individus, a les $\frac{31}{100}$ du diamètre. Le dernier tour recouvre l'avant-dernier des $\frac{5}{100}$ du diamètre. *Bouche* comprimée, oblongue, plane ou évidée sur les côtés, en biseau tranchant en avant, anguleuse et tronquée aux extrémités internes. Elle paraît se prolonger en bec sur la carène, à en juger, au moins, par les lignes d'accroissement, et former encore une languette de chaque côté, au point de flexion des côtes. *Cloisons* symétriques, découpées de chaque côté en quatre lobes formés de parties impaires; lobe dorsal plus étroit et beaucoup plus court que le lobe latéral-supérieur, orné, de chaque côté, de cinq digitations, d'autant plus longues et plus ramifiées qu'elles sont plus inférieures. Les deux dernières forment les deux rameaux d'une seule branche. Selle dorsale des deux cinquièmes plus large que le lobe latéral-supérieur, divisée en deux grandes branches inégales (la plus grande interne) par un lobe accessoire aussi grand et de même forme que le lobe latéral-inférieur. Lobe latéral-supérieur orné de cinq branches de chaque côté, ces branches d'autant plus grandes qu'elles sont inférieures; il y a de plus une grande branche terminale. Selle latérale moins large que le lobe latéral-supérieur, assez irrégulière. Lobe latéral-inférieur d'un tiers aussi large et de la moitié moins long que le lobe latéral-supérieur, de forme irrégulière, ayant deux branches de chaque côté. Première selle auxiliaire la moitié de la selle latérale, presque de même forme. Des deux lobes auxiliaires, le premier est à peu près comme le lobe latéral-supérieur; le dernier est comme bifide. La ligne du rayon central, en partant de l'extrémité du lobe dorsal, coupe la branche inférieure centrale du lobe latéral-supérieur, et passe bien au-dessous de tous les autres.

Observations. Cette espèce, dans le très-jeune âge, se confond facilement avec l'*A. radians*, dont alors elle a les côtes peu flexueuses; mais, dès le diamètre de 40 millimètres, il est facile de les distinguer par les côtes flexueuses, coudées, caractéristiques, de l'*A. serpentinus*. Jusqu'au diamètre de 200 millimètres, les côtes sont très-marquées; mais, passé ce diamètre, elles s'atténuent et paraissent même s'effacer entièrement, de manière à laisser la coquille lisse. Le rapport de la largeur du dernier tour au diamètre est bien différent suivant l'âge, les tours étant d'autant plus étroits que les individus sont d'une plus grande taille.

Rapports et différences. Cette espèce se rapproche beaucoup des *A. bifrons* et *radians*, tout en se distinguant de la première espèce par ses tours plus larges, plus comprimés, par sa carène moins circonscrite, par ses côtés moins sillonnés, et enfin par ses lobes bien différens. Elle se distingue de la seconde par ses côtes coudées au milieu et par beaucoup d'autres détails.

Localité. Elle caractérise les assises supérieures du lias un peu au-dessus de la zone occupée par l'*A. bifrons*. Elle a été recueillie : à Thouars, à Niort (Deux-Sèvres), par MM. de Vielblanc, Baugier et par moi ; à Subles, à Landes, à Fontaine-Étoupe-Four, à Mullot, à Verson, à Croisille (Calvados), par M. Deslonchamps et par moi ; à Fontenay (Vendée), par moi ; à Chevillé (Sarthe), par M. Marçais ; à Bourmont (Haute-Marne), par M. Richard ; au Belvédère, près de Saint-Amand (Cher), par M. Robin-Massé et par moi ; près de Milhau et à Clapier (Aveyron), par M. Braun et par moi ; à Aix (Bouches-du-Rhône), par M. Coquand ; à Boll (Wurtemberg) ; à Wilhby (Yorkshire).

Histoire. Reinecke, en 1818, a décrit et figuré cette espèce presque adulte, sous le nom d'*Argonauta serpentinus*, et jeune sous celui de *Cæcilia*, dont Schlotheim a fait, en 1820, les *A. serpentinus* et *capellinus*. La même année, Sowerby appelait l'adulte *Strangewaysii*, et le jeune *Falcifer*. Deux ans après, de l'adulte encore, Young et Birds, en 1822, faisaient leur *A. Mulgravius*. Il en résulte que l'espèce a six noms distincts, dont le plus ancien est *serpentinus*, qu'on doit conserver ; ainsi les noms de *Cæcilia*, de *Capellinus*, de *Strangewaysii*, de *Falcifer* et de *Mulgravius*, employés quelquefois par les auteurs, doivent être renvoyés à la synonymie.

Explication des figures. Pl. 55, fig. 1. Coquille réduite de moitié. De ma collection.

Fig. 2. La même, vue sur le côté.

Fig. 3. Une cloison grossie. Dessinée par moi.

N° 70. AMMONITES BIFRONS, Bruguière.

Pl. 56.

Lister de Lap., 1678. T. 6, f. 2.
Rumphius, 1739. Thesaurus, t. LX, f. D.
Bayer, Oryct., III, f. 9.
Walcot., Bath Petrif., p. 32, f. 41.
Ammonites bifrons, Bruguière, 1789. Encycl., n° 15.
Idem. Bosc, 1801. Buff. de Déterv., t. 5, p. 176.
Idem. Schloth., 1813. Tasch., 1813. P. 35.
Ammonites Walcotii, Sowerby, 1815. Min. conch., t. 2, p. 7, pl. 106.
A. Hildensis, Young et Birds, 1822. Pl. XII, f. 1.
A. bifrons, Haan, 1825. Amm. et Goniat., p. 108, n° 13.
Idem, Deshayes, 1831. Coq. caract., p. 236.
A. bifrons, Bronn, 1837. Leth., p. 432, n° 12.

A. *testâ compressâ, carinatâ; anfractibus compressis, lateribus complanatis, longitudinaliter sulcatis, intùs declivis, transversìm externè costatis : costis arcuatis; dorso tricarinato; carinis obtusis; aperturâ compressâ, anticè bisinuatâ; septis lateribus 3–lobatis.*

Dimensions. Diamètre 200 mill. — Par rapport au diamètre : largeur du dernier tour $\frac{25}{100}$; recouvrement des tours $\frac{6}{100}$; épaisseur du dernier tour $\frac{19}{100}$; largeur de l'ombilic $\frac{49}{100}$.

Coquille comprimée, discoïdale, tricarénée et pourvue d'une quille saillante, ornée, en long, de chaque côté, d'un sillon profond, occupant le tiers interne de la largeur des tours.

Le côté interne du sillon est presque lisse, tandis que le côté externe est pourvu de côtes arquées, arrondies, dont la convexité est du côté de l'enroulement, et s'infléchit fortement en avant vers la carène. *Dos* tricaréné, dont la carène médiane représente une quille obtuse placée entre deux sillons. *Spire* composée de tours comprimés sur les côtés, coupés obliquement au pourtour de l'ombilic, dont le dernier, chez les vieux individus, a les $\frac{21}{100}$ du diamètre. Le dernier tour recouvre l'avant-dernier sur les $\frac{6}{100}$ du diamètre. *Bouche* comprimée, évidée sur les côtés, pourvue de deux sinus en avant. Elle paraît avoir eu un long bec sur la carène, et une saillie latérale de chaque côté vis-à-vis le sillon. *Cloisons* symétriques, découpées de chaque côté en trois lobes formés de parties impaires, et en trois selles, dont les deux externes sont formées de parties paires. Lobe dorsal plus étroit et plus court que le lobe latéral-supérieur, formé à son extrémité d'une branche unique à cinq pointes, indépendamment de trois autres pointes supérieures. Selle dorsale d'un tiers plus grande que le lobe latéral-supérieur, divisée en deux parties inégales dont la plus grande est interne. Lobe latéral-supérieur en massue raccourcie, orné, de chaque côté, de trois ou quatre pointes simples, et terminé par huit branches dont les cinq médianes ont plus de pointes que les autres. Selle latérale beaucoup plus étroite que le lobe latéral-supérieur, divisée à peu près également par une digitation médiane. Lobe latéral-inférieur environ du quart du lobe latéral-supérieur, irrégulièrement digité. Selle auxiliaire très-courte, trifoliée. Lobe auxiliaire environ de moitié du lobe latéral-inférieur, seulement pourvu de trois pointes. La ligne du rayon central, en partant de l'extrémité du lobe dorsal, coupe la branche médiane et l'extrémité des deux branches latérales du lobe latéral-supérieur, mais passe à une grande distance en dessous des autres lobes.

Observations. L'*A. bifrons* est, comme toutes les Ammonites à quille, dépourvue de cet ornement jusqu'au diamètre de deux à quatre millimètres. La quille commence d'abord à paraître en même temps que les rides latérales correspondant aux côtes. Le sillon latéral n'est apparent qu'à sept millimètres de diamètre. La coquille continue à croître avec tous ses ornemens, tout en ayant les tours plus larges à proportion que chez les adultes. Au diamètre de soixante-dix millimètres, par exemple, le dernier tour a les $\frac{29}{100}$ au lieu des $\frac{35}{100}$ qu'il a plus tard; son épaisseur est aussi de $\frac{22}{100}$, mais la largeur de son ombilic est la même à peu près. Vers le diamètre de cent quarante millimètres les côtes s'effacent peu à peu et la coquille devient presque lisse, le sillon même étant bien moins profond.

Rapports et différences. Cette espèce est très-voisine de l'*A. serpentinus* par son sillon latéral, sa coquille et ses côtes; mais elle s'en distingue par son dos tricaréné, par ses lobes et par son sillon. Très-voisine encore de l'*A. thouarsensis*, elle s'en distingue par son sillon latéral et ses côtes qu'interrompt ce même sillon. Les lobes offrent encore des différences marquées.

Localité. Elle caractérise le lias supérieur de France, d'Allemagne et d'Angleterre. Elle a été recueillie près de Charolle (Saône-et-Loire), par M. Raquin; à Fontaine-Étoupe-Four, à Amayé-sur-Orne, à Subles, à Croisille, à Landes (Calvados), par MM. Deslonchamps, Tesson et par moi; à Mende (Lozère), par MM. Renaux, Terver; à Fortunat, au Mont-d'Or, près de Lyon, à Pommiers, près de Villefranche (Rhône), par MM. Terver, Gaudry et Thiolliers; à Fontenay (Vendée), par moi; à Chevillé (Sarthe), par M. Marçais; à Saint-Quintin (Isère), par M. Gras; au Belvédère, à Pertusus, près de Saint-Amand-Montrond (Cher), par MM. Maugenest, Massé, de Valdan, de Coynart et par moi; entre Douveneuve et Nouvelle, près de Tuchant (Aude), par M. Paillette et par moi; à Clapier et à Milhau (Aveyron), par M. Braun et par moi; aux environs d'Alais (Gard), par M. Renaux; aux environs de Besançon (Doubs), par MM. Gevril et Agassiz; à Mussy (Côte-d'Or), par M. Nodot; aux environs de Saint-Rambert (Ain), par M. Sauvanau; aux environs de Nancy (Meurthe), par M. Guibal. En Angleterre, on la trouve à Lyme-Regis et près de Grantham (Lincolnshire).

Histoire. Bien décrite en 1789, par Bruguière, sous le nom de *bifrons*, cette espèce a reçu ensuite, en 1815, de Sowerby la dénomination de *Walcotii*, et, en 1822, de Young et Birds, celle de *Hildensis*. De ces trois dénominations, la plus ancienne a été adoptée par Bosc, Schlotheim, de Haan et Bronn, tandis que le nom de *Walcotii* a été préféré par les Anglais et les géologues français. Je crois juste de préférer le nom le plus ancien; aussi, n'y ayant plus de choix, on reviendra au nom qui doit définitivement rester à l'espèce. M. Phillips, en 1829, a, dans sa *Geology of the Yorkshire* (p. 141, pl. VI, f. 18), décrit une espèce différente de celle de Bruguière sous le nom de *bifrons*, qu'il faudra changer.

Explication des figures. Pl. 56, fig. 1. Coquille réduite de moitié. De ma collection.

Fig. 2. La même, vu sur la bouche.

Fig. 3. Une cloison grossie. Dessinée par moi.

N° 71. AMMONITES THOUARSENSIS, d'Orbigny.

Pl. 57.

Ammonites serpentinus, Zieten, 1830. Wurtemb., pl. 12, fig. 4.

A. testâ compressâ, carinatâ; anfractibus compressis, lateribus convexiusculis, intùs acutis, transversim costatis; costis elevatis, externè curvatis; dorso obtusè carinato;

aperturâ compressà, oblongâ ; septis lateribus 3-*lobatis*.

Dimensions. Diamètre 159 mill. — Par rapport au diamètre : largeur du dernier tour $\frac{30}{100}$; recouvrement des tours $\frac{5}{100}$ épaisseur du dernier tour $\frac{19}{100}$; largeur de l'ombilic $\frac{46}{100}$.

Coquille comprimée, discoïdale, pourvue d'une quille saillante, ornée, en travers, d'environ quarante-six côtes élevées, à peine visibles en dedans des tours, très-saillantes en dehors, et surtout très-flexueuses, chacune représentant une S peu contournée. *Dos* obtus, pourvu d'une quille large, saillante, circonscrite par deux dépressions peu marquées. *Spire* composée de tours étroits peu comprimés, en biseau du côté interne. *Bouche* comprimée, oblongue, obtuse en avant, la quille seule saillante. *Cloisons* symétriques, découpées de chaque côté en trois lobes formés de parties impaires. Lobe dorsal aussi large, mais plus court que le lobe latéral-supérieur, orné de chaque côté de trois petites branches coniques dont la plus grande en bas. Selle dorsale d'un tiers plus large que le lobe latéral-supérieur, divisée en deux parties inégales, la plus haute interne. Lobe latéral-supérieur large, obtus, pourvu de pointes irrégulières, dont trois terminales plus grandes. Selle latérale d'un tiers plus étroite que le lobe latéral-supérieur, divisée en deux feuilles inégales, la plus grande en dedans. Lobe latéral-inférieur la moitié du lobe latéral-supérieur, irrégulier et muni de pointes. Selle auxiliaire trilobée; le lobe auxiliaire est simplement en pointe et se confond souvent avec deux autres pointes dépendantes des selles qui le circonscrivent. La ligne du rayon central, en partant de l'extrémité du lobe dorsal, coupe la pointe du lobe latéral-supérieur, mais passe bien au-dessous des autres.

Observations. Très-jeune, il est facile de confondre cette espèce avec l'*A. radians*, ses côtes étant alors peu flexueuses, mais elles le deviennent de plus en plus jusqu'au diamètre de cent vingt à cent trente millimètres où ces côtes s'atténuent et la coquille devient presque lisse. Il y a beaucoup de variétés dans cette espèce, mais celles dont les côtes sont moins flexueuses sont représentées dans la planche 57. Quelquefois les côtes sont coudées comme dans l'*A. serpentinus*, au lieu où se trouve le sillon de l'*A. bifrons*.

Rapports et différences. Cette espèce fait le passage entre les *A. serpentinus* et *bifrons*. Elle ressemble à la première par ses côtes flexueuses, tout en s'en distinguant par son dos non en biseau et pourvu de légers sillons latéralement à la quille, par ses tours non tronqués au pourtour de l'ombilic, par sa bouche plus obtuse, et enfin par un lobe de moins de chaque côté, sans compter des différences énormes dans les détails. Plus voisine de l'*A. bifrons* par son dos et ses lobes, elle s'en distingue par le manque de sillon latéral sur le milieu de la largeur des tours, et par beaucoup d'autres légers caractères.

Localité. Elle caractérise les couches du lias supérieur, au-dessus de l'*A. bifrons*. Elle a été recueillie à Verrine, à Missé, à Doret, près de Thouars, à Saint-Maixent (Deux-Sèvres), par MM. de Vielblanc, Garran et par moi; aux environs de Lyon (Rhône), par MM. Terver, de Villiers et Thiolliers; à Fontenay (Vendée), par moi; à Chevillé (Sarthe), par M. Marçais; aux environs de Saint-Rambert (Ain), par M. Sauvanau; à Fontaine-Étoupe-Four, à Clinchamp, à Curcy (Calvados), par M. Deslonchamps et par moi; aux environs de Mende (Lozère), par M. Renaux; à Uhrwiller et à Bouxviller (Bas-Rhin), par MM. Engelhardt et Gresly; aux environs de Besançon (Doubs), par MM. Gevril, Agassiz et Godet. On le trouve en Angleterre, à Withby.

Histoire. Cette espèce, prise pour l'*A. serpentinus* de Schlotheim par Zieten, a été figurée sous ce nom, C'est évidemment une espèce distincte, comme je l'ai démontré ; aussi ai-je été forcé d'appliquer à l'espèce une dénomination nouvelle.

Explication des figures. Pl. 57, fig. 1. Coquille de grandeur naturelle. De ma collection.

Fig. 2. La même, vue du côté de la bouche.

Fig. 3. Une cloison grossie deux fois. Dessinée par moi.

N° 72. AMMONITES MASSEANUS, d'Orbigny.

Pl. 58.

A. *testâ compressâ, acutè carinatâ; anfractibus compressis, lateribus subcomplanatis, transversìm costatis, externè obliquè plicatis; costis rectis, interruptis; dorso acuto, carinato; aperturâ compressâ, oblongâ; septis lateribus 6-lobatis.*

Dimensions. Diamètre, 61 mill. — Par rapport au diamètre : largeur du dernier tour $\frac{34}{100}$; recouvrement des tours $\frac{1}{100}$; épaisseur du dernier tour $\frac{19}{100}$; largeur de l'ombilic $\frac{38}{100}$.

Coquille comprimée, discoïdale, fortement carénée et pourvue d'une quille saillante, ornée en travers de côtes peu saillantes, espacées, droites, occupant les deux tiers internes des tours ; remplacées en dehors par des plis obliques assez rapprochés, au nombre de deux à quatre par côtes. *Dos* tranchant, pourvu d'une quille saillante élevée. *Spire* composée de tours comprimés, à peine convexes, en biseau obtus au pourtour de l'ombilic. *Bouche* très-oblongue, comprimée, en biseau en avant et en arrière. *Cloisons* symétriques, découpées de chaque côté en six lobes formés de parties presque paires. Lobe dorsal la moitié moins long et moins large que le lobe latéral-supérieur, orné de trois branches de chaque côté. Selle dorsale aussi large que le lobe latéral-supérieur, composée de six feuilles en trèfle, très-inégales, les trois internes les plus grandes. Lobe latéral-supérieur très-élargi à son extrémité en deux énormes branches très-ramifiées, chacune formée de larges rameaux. Selle latérale à peu près identique à la selle dorsale. Lobe latéral-inférieur bien plus petit et moins compliqué que le lobe latéral-supérieur, tout en ayant la même forme générale. Les quatre lobes auxiliaires sont très-obliques, et vont en décroissant du premier au dernier. La ligne du rayon central coupe le tiers inférieur des quatre premiers lobes, mais passe au-dessus des deux derniers.

Rapports et différences. Cette espèce montre des rapports de groupe avec toutes les espèces des FALCATI, tout en s'en distinguant par plusieurs caractères, par ses côtes simples et ses plis extérieurs, et surtout par ses lobes très-ramifiés et réellement exceptionnels. C'est un des jolis types du groupe.

Localité. Elle appartient aux couches moyennes du lias, un peu au-dessus de la *Gryphæa arcuata.* Elle a été recueillie par M. Massé, dans la vallée de Saint-Pierre, près de Saint-Amand (Cher), dans les argiles du lias provenant du creusement d'un puits. Elle y paraît rare.

Explication des figures. Pl. 58, fig. 1. Coquille de grandeur naturelle. De ma collection.

Fig. 2. La même, vue du côté de la bouche.

Fig. 3. Une cloison grossie, dessinée par moi.

N° 73. AMMONITES RADIANS, Schlotheim.

Pl. 59.

Nautilus radians, Reinecke, 1818, Nautiles et Argon., p. 71, n° 17, fig. 39, 40.

Ammonites radians, Schlotheim, 1820, Die petref., p. 78, n° 34.

A. striatulus, Sow., 1823, Min. conch., t. V, p. 23, pl. 421, fig. 1.

A. radians, Haan, 1825, Amm. et Goniat., p. 112, n° 23.

A. striatulus, Phill., 1829, York., p. 158, n° 34.

A. radians, Zieten, 1830, Wurtemb., p. 5, pl. 4, fig. 3.

A. gracilis, Munster, Zieten, 1830, Wurtemb., p. 3, pl. VII, fig. 3.

A. lineatus, Zieten, 1830, Wurtemb., p. 12, pl. IX, fig. 7.

A. striatulus, Zieten, 1830, Wurtemb., p. 19, t. XIV, fig. 6.

A. radians, Roemer, 1835, p. 185, n° 11.

Idem, Bronn., 1837, Lethea geog., pl. XXII, fig. 5, p. 424, n° 5.

A. *testâ compressâ, carinatâ; anfractibus compressis; lateribus convexiusculis internè non truncatis, transversìm costatis; costis æqualibus, simplicibus, flexuosis; dorso acuto, carinato; carinâ elevatâ; aperturâ compressâ, anticè acutâ; septis lateribus 4-lobatis.*

Dimensions. Diamètre, 128 mill. — Par rapport au diamètre: largeur du dernier tour $\frac{30}{100}$; recouvrement des tours $\frac{8}{100}$; épaisseur du dernier tour $\frac{17}{100}$; largeur de l'ombilic $\frac{40}{100}$.

Coquille comprimée, discoïdale, fortement carénée et pourvue d'une quille saillante, ornée en travers de 54 à 94 côtes simples, légèrement flexueuses, sans former de coude, mais infléchies en avant vers la région dorsale et s'étendant jusqu'à la quille. *Dos* tranchant, pourvu d'une quille saillante, élevée, étroite. *Spire* composée de tours comprimés, légèrement convexes sur les côtés, en biseau aigu au pourtour de l'ombilic, dont le dernier a les $\frac{30}{100}$ du diamètre. Le dernier tour recouvre l'avant-dernier des $\frac{8}{100}$ du diamètre. *Bouche* comprimée, allongée, peu convexe sur les côtés, en biseau, en avant et en arrière. *Cloisons* symétriques, découpées de chaque côté, en deux lobes complets et quelques autres irréguliers formés de parties impaires. Lobe dorsal plus étroit et beaucoup plus court que le lobe latéral-supérieur, orné de chaque côté de quatre digitations, dont la dernière est ornée de pointes. Selle dorsale aussi large que le lobe latéral-supérieur, divisée en deux branches très inégales, la plus grande interne, séparées par un lobe accessoire assez grand, mais d'un tiers ou de la moitié plus petit que le lobe latéral-inférieur. Les deux branches sont irrégulièrement partagées. Lobe latéral-supérieur élargi, orné de chaque côté de cinq branches courtes, dont les trois dernières seulement plus grandes; la branche médiane a trois ou quatre digitations de chaque côté. Selle latérale d'un tiers moins large que le lobe latéral-supérieur, quelquefois peu festonnée. Lobe latéral-inférieur irrégulier, pourvu de quatre branches externes courtes. On remarque de plus, suivant les individus, deux on trois lobes auxiliaires, irréguliers, très-courts. Le rayon central, en partant du lobe dorsal, coupe l'extrémité du lobe latéral-supérieur, mais passe bien au-dessous des autres.

Observations. Jeune, jusqu'au diamètre de 4 à 5 millimètres, cette coquille est lisse, à dos rond; elle prend ensuite sa carène, mais reste telle jusqu'au diamètre de 10 millimètres. Les côtes se marquent particulièrement sur la région dorsale, et ensuite partout. Au diamètre de 24 millimètres, elles sont déjà au nombre de 40 environ; au diamètre de 43 millimètres, elles sont au nombre de 54; au diamètre de 70 millimètres, on en compte 70 environ, et au diamètre de 128 millimètres, il y en a 94. Ainsi le nombre des côtes serait toujours en raison du diamètre. Le dernier tour, dans l'individu le plus grand que je connaisse, montre des côtes plus rapprochées et moins élevées; on pourrait même croire qu'elles s'atténuent jusqu'à laisser l'adulte presque lisse.

Rapports et différences. Très-voisine de l'*A. serpentinus* par sa forme et par ses côtes, cette espèce s'en distingue par ses tours moins larges, par ses côtes seulement flexueuses et non coudées, par ses tours convexes latéralement, et non tronqués du côté interne, par son lobe accessoire bien moins grand à la selle dorsale, et enfin par beaucoup d'autres petits détails toujours constans sur des centaines d'échantillons, que j'ai été à portée de comparer.

Localité. Elle caractérise les assises du lias supérieur d'une grande partie de la France. Elle a été recueillie aux environs de Lyon, par MM. Terver et Thioliers; à Saint-Julien de Cray, près de Charolles (Saône-et-Loire), par M. Raquin; à Fontenay (Vendée), par moi; à Milhau et à Clapier (Aveyron), par M. Braun et par moi; à Besançon (Doubs), par M. Gevril; à Chalezeuil, par M. Chassy; à Saint-Maixent et à Niort (Deux-Sèvres), par MM. Garran, Baugier et par moi; à Chevillé (Sarthe), par M. Marçais; à Uhrwiller, à Mulhausen, à Gundershoffen (Bas-Rhin), par M. Engelhardt; à Durban, près de Tuchant (Aude), par M. Paillette; aux environs d'Aix (Bouches-du-Rhône), par M. Coquand; à Amayé-sur-Orne, à Curcy (Calvados), par M. Deslongchamps et par moi; à Gevercy (Côte-d'Or), par M. Nodot; aux environs de Saint-Rambert (Ain), par M. Sauvaneau; à Nancy (Meurthe), par M. Guibal; à Mende (Lozère), par M. Renaux. On la trouve encore à Heinongen (Wurtemberg).

Histoire. Reinecke, en 1818, décrivit et figura pour la première fois cette espèce sous le nom de *Nautilus radians,* dont Schlotheim, en 1820, fit l'*A. radians*. Trois ans après, Sowerby lui imposa la dénomination de *Striatulus*, conservée par Phillips et par les autres géologues anglais. Pour M. Zieten, il figure des variétés d'âge de la même espèce sous les noms de *Radians*, de *Gracilis*, de *Lineatus* et de *Striatulus*. Le nom de Radians ayant été imposé le premier, j'y reviens pour l'espèce qui m'occupe.

Explication des figures. Pl. 59, fig. 1. Coquille adulte, vue de côté. De ma collection.

Fig. 2. La même, vue du côté de la bouche.

Fig. 3. Une cloison grossie trois fois. Dessinée par moi.

N° 74. Ammonites Levesquei, d'Orbigny.

Pl. 60. Sous le faux nom d'*A. solaris*, Phill.

Ammonites solaris, Zieten, 1830. Wurt., p. 19, pl. XIV, fig. 7.

A. testâ compressâ, subcarinatâ; anfractibus compressiusculis, lateribus convexis, transversìm costatis; costis æqualibus, simplicibus, subrectis; dorso truncato, subcarinato; aperturâ compressâ, anticè truncatâ; septis lateribus trilobatis.

Dimensions. Diamètre 87 mill. — Par rapport au diamètre : largeur du dernier tour $\frac{30}{100}$; recouvrement des tours $\frac{7}{100}$; épaisseur du dernier tour $\frac{21}{100}$; largeur de l'ombilic $\frac{48}{100}$.

Coquille comprimée, discoïdale, à peine carénée, ornée en travers d'une cinquantaine de côtes simples, droites, à peine infléchies en avant à leur côté externe, où elles s'effacent loin de la carène. *Dos* très-obtus, presque tronqué, pourvu d'une petite quille à peine saillante. *Spire* composée de tours peu comprimés, obtus et arrondis en dehors et en dedans. *Bouche* comprimée sur les côtés, obtuse en avant. *Cloisons* symétriques, découpées de chaque côté, en trois lobes formés de parties impaires. Lobe dorsal beaucoup plus large et un peu moins long que le lobe latéral-supérieur, orné de chaque côté de trois branches aiguës, croissant des supérieures aux inférieures. Selle dorsale trois fois aussi large que le lobe latéral-supérieur, divisée en deux parties inégales, la plus grande en dedans. Lobe latéral-supérieur oblique, très-étroit, pourvu de chaque côté de deux branches, l'inférieure très-grande, indépendamment de la branche terminale. Selle latérale trois fois aussi large que le lobe latéral-supérieur, très-inégalement partagé par un lobe accessoire oblique, le côté externe deux fois aussi large que l'externe. Lobe latéral-inférieur très-oblique, très-irrégulier et conique. La ligne du rayon central, en partant de l'extrémité du lobe dorsal, coupe l'extrémité du lobe latéral-supérieur, mais passe bien au-dessous du dernier lobe.

Rapports et différences. Cette espèce est, par ses côtes et sa forme générale, très-voisine de l'*A. radians*; mais elle s'en distingue très-nettement par ses côtes moins flexueuses, effacées loin de la carène, par son ombilic plus large, par son dos obtus et non en biseau, par sa bouche obtuse en avant; enfin par un dernier caractère sans réplique, celui de lobes très-différens.

Localité. Elle caractérise le lias supérieur. Elle a été recueillie aux environs de Charolles (Saône-et-Loire), par M. Raquin; à Briarne (Jura), par M. Nodot; à Gundershoffen, à Mulhausen (Bas-Rhin), par M. Engelhardt.

Histoire. Zieten, en rapportant à tort cette espèce à une ammonite du terrain oxfordien, figurée par M. Phillips sous le nom d'*A. solaris*, lui a donné le même nom. J'ai reconnu qu'elle en diffère essentiellement, et j'ai dû lui imposer une dénomination nouvelle. C'est à tort aussi que MM. Braunn et Roemer la rapportent à l'*A. radians*, très-distincte de celle-ci par les côtes et les lobes.

Explication des figures. Pl. 60, fig. 1. Coquille de grandeur naturelle, vue de côté. De ma collection.

Fig. 2. La même, vue du côté de la bouche.

Fig. 3. Une cloison, grossie trois fois. Dessinée par moi.

Fig. 4. Jeune individu. De grandeur naturelle.

N° 75. AMMONITES ACTÆON, d'Orbigny.

Pl. 61, fig. 1-3.

A. *testâ compressâ, carinatâ; anfractibus compressis, lateribus convexiusculis, transversìm 30-costatis; costis æqualibus, simplicibus, rectis, externè evanescentibus; dorso acuto; aperturâ oblongâ, anticè angulatâ; septis lateribus 3-lobatis.*

Dimensions. Diamètre 37 mill. — Par rapport au diamètre : largeur du dernier tour $\frac{30}{100}$; recouvrement du dernier tour $\frac{3}{100}$; épaisseur du dernier tour $\frac{18}{100}$; largeur de l'ombilic $\frac{41}{100}$.

Coquille comprimée, discoïdale, légèrement carénée, sans quille, ornée en travers, par tour, de trente côtes simples, égales, peu élevées, droites, atténuées et même nulles sur la partie déclive du dos. *Dos* anguleux sans quille (au moins dans le moule). *Spire* formée de tours comprimés, légèrement convexes sur le côté, en biseau des deux côtés. *Bouche* ovale, comprimée, anguleuse en avant. *Cloisons* symétriques, découpées de chaque côté en trois lobes formés de parties impaires. Lobe dorsal aussi long et aussi large que le lobe latéral-supérieur, orné de trois pointes obtuses simples. Selle dorsale oblique, le double de largeur du lobe latéral-supérieur, festonnée sur ses bords, et peu partagée en deux parties inégales par un très-court lobe accessoire. Lobe latéral-supérieur pourvu de cinq branches, dont une terminale et deux de chaque côté. Selle latérale oblique, son côté le plus haut en dedans;

elle est fortement festonnée. Lobe latéral-inférieur très-court, très-petit, muni de trois pointes obtuses. On remarque de plus un ou deux petits lobes auxiliaires pourvus d'une seule digitation. La ligne du rayon central, en partant de l'extrémité du lobe dorsal, vient à peine toucher l'extrémité du lobe latéral-supérieur, et passe à une très-grande distance au-dessous des autres.

Observations. Cette espèce n'est lisse que jusqu'au diamètre de deux à trois millimètres ; au diamètre de huit millimètres, elle a déjà vingt-neuf côtes, nombre qu'elle doit toujours avoir. Il en résulte que les jeunes ont les côtes bien plus serrées que les adultes.

Rapports et différences. Elle est, par tous ses caractères extérieurs, très-voisine de l'*A. ægion ;* mais lorsqu'on compare les lobes, il est impossible de ne pas les séparer entièrement. Elle est voisine aussi de l'*A. thouarsensis*, tout en s'en distinguant par ses lobes et par ses tours plus étroits.

Localité. Elle caractérise le lias moyen au-dessus de la *Gryphæa arcuata*. Elle a été recueillie aux Coutards et dans la vallée de Saint-Pierre, près de Saint-Amand (Cher), par MM. Bouillon-Boblaye, de Valdan, Massé, de Coynart, Maugenest et par moi (commune) ; aux environs de Nancy (Meurthe), par M. Guibal ; à Chevigny, près de Semur (Côte-d'Or), par M. Nodot.

Explication des figures. Pl. 61, fig. 1. Coquille de grandeur naturelle, vue de côté. De ma collection.

Fig. 2. La même, vue du côté de la bouche.

Fig. 3. Une cloison grossie huit fois. Dessinée par moi.

N° 76. AMMONITES ÆGION, d'Orbigny.

Pl. 61, fig. 4-6.

A. *testâ compressâ, carinatâ; anfractibus compressis, lateribus convexiusculis, transversìm 22-costatis; costis inæqualibus, simplicibus, externè curvatis; dorso acuto; aperturâ ovali, anticè angulatâ; septis lateribus 4-lobatis.*

Dimensions. Diamètre, 30 mill.—Par rapport au diamètre : largeur du dernier tour $\frac{30}{100}$; recouvrement des tours $\frac{4}{100}$; épaisseur du dernier tour $\frac{20}{100}$; largeur de l'ombilic $\frac{48}{100}$.

Coquille comprimée, discoïdale, carénée, ornée en travers de vingt-deux à vingt-huit côtes simples, inégales, à peine saillantes, droites, courbées en avant sur la partie déclive du dos. *Dos* anguleux, sans quille. *Spire* formée de tours comprimés à peine convexes sur les côtés, en biseau en avant et en arrière. *Bouche* comprimée, ovale, formant un angle obtus en avant. *Cloisons* symétriques, découpées de chaque côté en quatre lobes formés de parties impaires. Lobe dorsal aussi large et beaucoup plus court que le lobe latéral-supérieur, formé d'une seule branche de chaque côté et de quelques pointes obtuses. Selle dorsale trois fois aussi large que le lobe latéral-supérieur, divisée en deux parties festonnées, peu inégales. Lobe latéral-supérieur très-long, très-étroit, grêle, terminé par trois branches inégales, une médiane et deux latérales. Selle latérale d'un tiers moins grande que la selle dorsale, un peu oblique et partagée en deux parties presque égales. Lobe latéral-inférieur la moitié du lobe latéral-supérieur. Il n'y a plus ensuite qu'une ou deux pointes émoussées. La ligne du rayon central, en partant de l'extrémité du lobe dorsal, coupe l'extrémité de deux branches du lobe latéral-supérieur, et passe bien au-dessous des autres.

Rapports et différences. Avec tous les caractères extérieurs de l'espèce précédente pour les côtes, la compression, etc., cette espèce s'en distingue pourtant si nettement par ses lobes, que je n'ai pas cru devoir les réunir ; en effet, les lobes sont bien plus longs et de toute autre forme, n'ayant que trois ou quatre branches terminales.

Localité. Cette jolie espèce a été découverte par M. de Valdan, aux Coutards, près de Saint-Amand (Cher), dans les marnes de la partie moyenne du lias. Elle y est rare.

Explication des figures. Pl. 61, fig. 4. Coquille de grandeur naturelle, vue de côté. De ma collection.

Fig. 5. La même, vue du côté de la bouche.

Fig. 6. Une cloison grossie huit fois. Dessinée par moi.

N° 77. Ammonites primordialis, Schlotheim.

Pl. 62.

Nautilus comptus, Reinecke, 1818. Naut. et Argon., n° 3, p. 57, pl 1, fig. 5-6?

Nautilus meandrus, Reinecke, 1818, Naut. et Argon., n° 2, p. 56, pl. 1, fig. 3-4?

Ammonites primordialis, Schloth., 1820, Die petref., n° 7, p. 65.

A. primordialis, Zieten, 1830, Wurtemb., t. IV, fig. 4, p. 5.

A. comptus, Haan, 1825, Amm. et Gon., p. 142, n° 94.

A. testâ compressâ, angulatâ; anfractibus compressis, lateribus convexiusculis, internè non truncatis, transversim undato-striatis; striis inæqualibus, flexuosis, internè fascicularibus; dorso acuto, cultrato; aperturâ compressâ, sagittatâ, anticè acutâ; septis lateribus 6-lobatis.

Dimensions. Diamètre 110 mill. — Par rapport au diamètre : largeur du dernier tour $\frac{44}{100}$; recouvrement du dernier tour $\frac{14}{100}$; épaisseur du dernier tour $\frac{32}{100}$; largeur de l'ombilic $\frac{20}{100}$.

Coquille comprimée, discoïdale, fortement carénée, mais sans quille, ornée, en travers, de nombreuses stries très-inégales, très-flexueuses, réunies au pourtour de l'ombilic, en faisceaux par sillons assez marqués. *Dos* tranchant, sans quille, simplement en biseau aigu. *Spire* composée de tours comprimés, aplatis ou légèrement convexes sur les côtés, formant un méplat oblique au pourtour de l'ombilic. Le dernier tour a $\frac{44}{100}$. *Bouche* comprimée, en fer de flèche, assez aigu en avant et en arrière. *Cloisons* symétriques, découpées de chaque côté en six lobes formés de parties impaires. Lobe dorsal plus large et plus court que le lobe latéral-supérieur, orné de chaque côté de deux grandes branches, dont l'inférieure a deux rameaux. Selle dorsale aussi large que le lobe latéral-supérieur, divisée en deux rameaux inégaux, dont le plus haut et le plus étroit est en dedans. Lobe latéral-supérieur long, étroit, orné de trois branches de chaque côté, indépendamment de la branche terminale. Selle latérale aussi large que le lobe latéral-supérieur, partagée en deux parties égales. Lobe latéral-inférieur beaucoup plus étroit et plus court que le lobe latéral-supérieur, à peu près de même forme. Il y a de plus quatre lobes accessoires, dont le dernier est petit et très-séparé des autres. La ligne du rayon central, en partant de l'extrémité du lobe dorsal, coupe l'extrémité du lobe latéral-supérieur et passe au-dessous des autres.

Observations. Au diamètre de quatre à cinq millimètres, cette espèce a le dos rond, et l'on n'y voit aucun indice de carène; la coquille alors est entièrement lisse, les stries et le dos tranchant, paraissent peu à peu ensuite; mais avec les stries se montrent les sillons du pourtour de l'ombilic. Chez les individus très-vieux, les stries s'atténuent, et je crois que l'espèce finit par être entièrement lisse, tout en conservant le dos un peu tranchant. Le moule est lisse.

Rapports et différences. Par son dos tranchant, par ses stries flexueuses, cette espèce se rapproche beaucoup de l'*A. radians*; mais elle s'en distingue nettement par son manque de quille sur la carène, par ses stries plus serrées, réunies en faisceaux au pourtour de l'ombilic, par son méplat au pourtour de l'ombilic, par son ombilic moins large et par des lobes plus nombreux. Plus voisine encore de l'*A. aalensis,* par ses faisceaux et son méplat, elle en diffère par ses stries au lieu de côtes, et par six lobes au lieu de trois. J'ai eu sous les yeux plus de 500 exemplaires de cette espèce.

Histoire. Sous le nom de *Nautilus comptus* et *meandrus,* Reinecke a peut-être figuré le jeune âge de cette espèce, sans qu'on puisse en avoir la certitude: aussi j'ai donné ces synonymies avec quelques doutes, car ce pourraient bien être des jeunes de quelques autres espèces voisines. C'est, dans tous les cas, l'*A. primordialis* de Schlotheim décrit en 1820, nom que je conserve, tout en pouvant croire que l'*A. carinatus* de Bruguière est le même; mais cet auteur le décrivant comme lisse, il n'est pas impossible que ce soit une autre espèce, et j'aime mieux m'abstenir de les réunir. M. de Haan y rapporte à tort l'*A. ellipticus* de Sowerby, qui en est distincte. M. Roemer se trompe aussi lorsqu'il croit que les *A. Murchisonæ* et *opalinus* doivent y être réunis. J'espère prouver le contraire aux descriptions de ces espèces. M. Bronn y rapporte aussi à tort l'*Opalinus.*

Localité. Cette espèce caractérise le lias supérieur dans la même zone que l'*A. bifrons.* Elle a été recueillie à Gundershoffen, à Uhrviller (Bas-Rhin), par M. Engelhardt; à Saint-Maixent (Deux-Sèvres), par moi; aux environs de Besançon

(Doubs), par M. Nodot; à Fontenay (Vendée), par moi; à Charolles (Haute-Saône), par M. Raquin.

Explication des figures. Pl. 62, fig. 1. Coquille de grandeur naturelle, vue de côté. De ma collection.

Fig. 2. La même, vue du côte de la bouche.

Fig. 3. Jeune âge. De grandeur naturelle.

Fig. 4. Une cloison grossie. Dessinée par moi.

N° 78. AMMONITES AALENSIS, Zieten.

Pl. 63. Sous le nom d'*A. candidus*.

Ammonites aalensis, Zieten, 1830, Wurt., pl. XXVIII, fig. 3.

A. *testâ compressâ, angulatâ; anfractibus compressis, lateribus convexiusculis, internè angulatis, transversìm undato costatis, costis inæqualibus, flexuosis, internè subfascicularibus; dorso acuto, cultrato; aperturâ compressâ, sagittatâ, anticè acutâ; septis lateribus 3–lobatis.*

Dimensions. Diamètre chez les plus grands, 110 mill. — Par rapport au diamètre : largeur du dernier tour 30 à $\frac{35}{100}$; recouvrement du dernier tour $\frac{8}{100}$; épaisseur du dernier tour $\frac{17}{100}$; largeur de l'ombilic 30 à $\frac{35}{100}$.

Coquille comprimée, discoïdale, très-comprimée, sans quille, ornée en travers, chez les individus de soixante-cinq millimètres de diamètre, de quarante-deux côtes inégales très-flexueuses, élevées, les unes simples, les autres bifurquées à leur base, et alors plus grosses que les autres près de l'ombilic. *Dos* tranchant. *Spire* composée de tours comprimés, aplatis sur les côtes, en méplat concave au pourtour de l'ombilic; le dernier tour a les 30 à $\frac{35}{100}$ du diamètre. *Bouche* très-comprimée, en fer de lance, renflée sur les côtés. *Cloisons* symétriques, découpées de chaque côté en trois lobes formés de parties impaires. Lobe dorsal plus large et plus court que le lobe latéral–supérieur, orné de trois branches de chaque côté, dont les deux inférieures les plus longues. Selle dorsale divisée en deux feuilles, le côté interne le plus grand. Lobe latéral-supérieur oblong, orné de cinq digitations de chaque côté et d'une branche terminale à cinq pointes. Selle latérale plus étroite, mais analogue à la selle dorsale. Les deux autres lobes très-obliques, très-irréguliers. La ligne du rayon central, en partant de l'extrémité du lobe dorsal, coupe l'extrémité du lobe latéral-supérieur, et touche les pointes latérales des branches du même lobe, en passant bien au-dessous des autres.

Observations. Il est peu d'espèces aussi variables que celle-ci, tant sous le rapport de ses ornemens extérieurs que pour sa forme. J'en ai sous les yeux plus de cinq cents individus, pourvus absolument des mêmes lobes, mais très-différens par leurs caractères. Jusqu'au diamètre de cinq millimètres, elle est entièrement lisse, à dos rond. Son dos reste le même, les côtes latérales commencent à paraître, ainsi que la carène; mais les côtes, plus ou moins rares, sont inégales ou égales : les premières sont très-communes, les autres rares et exceptionnelles. Souvent, au diamètre de vingt millimètres, les côtes déjà s'effacent, tandis qu'elles restent, chez d'autres individus, jusqu'à quatre-vingts millimètres; mais elles finissent toujours par disparaître. Le plus ordinairement il y a de grosses côtes bifurquées, mais aussi ces côtes sont simples; alors les tours sont moins larges à proportion du diamètre, et plus épais. Quelquefois encore il y a des côtes espacées entre lesquelles sont des stries, comme dans l'*A. primordialis,* avec laquelle on peut alors la confondre.

Rapports et différences. On ne peut plus voisine de l'*A. primordialis* par sa forme et par ses ornemens extérieurs, parfois presque identiques, on la distingue le plus souvent par ses côtes au lieu de stries, par son enroulement plus dégagé, à ombilic plus large; mais lorsqu'elle est ornée de petites stries, avec les côtes, les lobes seuls invariables et toujours caractéristiques peuvent les distinguer.

Localité. Elle caractérise le lias supérieur du nord-est de la France. Elle a été recueillie à Gundershoffen, à Uhrviller (Bas-Rhin), par M. Engelhardt; à Saint-Quintin (Isère), par M. Gros; aux environs de Saint-Rambert (Ain), par M. Sauvaneau.

Partout où elle se trouve elle est des plus abondantes.

Explication des figures. Pl. 68, fig. 1. Coquille adulte de grandeur naturelle. De ma collection.

Fig. 2. La même, vue du côté de la bouche.

Fig. 3. Jeune de la variété la plus commune.

Fig. 4. Une cloison grossie quatre fois. Dessinée par moi.

N° 79. AMMONITES CAPROTINUS, d'Orbigny.

Pl. 64, fig. 1-2.

A. testâ compressâ, carinatâ; anfractibus angustatis, inflatis; lateribus costatis; costis 46, *arcuatis, externè tuberculatis; dorso convexo, bicanaliculato; aperturâ depressâ.*

Dimensions. Diamètre 190 mill. — Par rapport au diamètre : largeur du dernier tour $\frac{16}{100}$; recouvrement des tours $\frac{2}{100}$; épaisseur du dernier tour $\frac{18}{100}$; largeur de l'ombilic $\frac{67}{100}$.

Coquille discoïdale, comprimée dans son ensemble, carénée, ornée en travers par tour de quarante-six côtes simples, élevées, interrompues en dedans et en dehors, arquées et ornées en dehors, très-loin de la carène, d'un tubercule aigu. *Dos* large, obtus, pourvu d'une quille médiane large, accompagnée d'un sillon de chaque côté. *Spire* composée de tours très-étroits. *Bouche* arrondie. *Cloisons?*

Rapports et différences. Cette espèce, par ses tours étroits, est voisine en même temps des *A. Bonnardii* et *Conybeari*, mais elle se distingue de la première par ses tours plus étroits et plus épais, de la seconde par ses tours épais et ses tubercules.

Localité. M. le professeur Agassiz me l'a communiquée avec cette simple indication : Calcaire à gryphées de Lorraine. Elle vient sans doute des environs de Metz.

Explication des figures. Pl. 64, fig. 1. Individu réduit. De la collection du musée de Neuchâtel.

Fig. 2. Le même, vu du côté de la bouche.

N° 80. AMMONITES OPHIOIDES, d'Orbigny.

Pl. 64, fig. 3-5.

A. *testâ compressâ, obtusè carinatâ; anfractibus subquadratis, lateribus 58-costatis; costis arcuatis, simplicibus, externè evanescentibus, dorso lato, subcarinato; aperturâ subquadratâ; septis 3-lobatis.*

Dimensions. Diamètre 29 mill.—Par rapport au diamètre : largeur du dernier tour $\frac{20}{100}$; recouvrement des tours $\frac{3}{100}$; épaisseur du dernier tour $\frac{20}{100}$; largeur de l'ombilic $\frac{57}{100}$.

Coquille comprimée, discoïdale, obtusément carénée, ornée, en travers, par tour, de 57 côtes simples, arquées, prenant du pourtour de l'ombilic, et s'effaçant sur les côtés du dos. *Dos* très-obtus, pourvu néanmoins sur la ligne médiane d'une quille peu saillante, large, circonscrite de chaque côté d'un léger sillon. *Spire* composée de tours carrés, aussi larges que hauts, à angles très-émoussés. *Bouche* un peu quadrangulaire. *Cloisons* symétriques, découpées de chaque côté en trois lobes formés de parties impaires. Lobe dorsal plus large et infiniment plus long que le lobe latéral-supérieur, orné de chaque côté d'une branche et de plusieurs digitations simples. Selle dorsale deux fois aussi large que le lobe latéral-supérieur, divisée en trois festons obtus. Lobe latéral-supérieur étroit, terminé par trois pointes inégales dont une médiane. Selle latérale plus haute et d'un tiers plus étroite que la selle dorsale, terminée par deux festons inégaux. Lobe latéral-inférieur d'un tiers plus petit que le lobe latéral-supérieur terminé par deux pointes dont une longue et une courte, le lobe auxiliaire très-petit. La ligne du rayon central, en partant de l'extrémité du lobe dorsal, passe à une grande distance au-dessous de tous les lobes.

Rapports et différences. Cette espèce, se rapproche, par sa forme extérieure, de l'*A. liasicus*, mais elle s'en distingue complètement par les lobes, dernier caractère qui rappelle la forme des *A. Conybeari* et *Kridion*, tout en différant par sa carène courte et par ses lobes formés de parties impaires.

Localité. Elle caractérise les couches inférieures du lias au niveau de la *Gryphæa arcuata*. Elle a été recueillie par M. Peuillon Boblaye à Augy-sur-Aubois, près de Saint-Amand (Cher), dans la tranchée du canal. Elle y paraît très-rare.

Explication des figures. Pl. 64, fig. 3. Coquille de grandeur naturelle. De ma collection.

Fig. 4. La même, vue du côté de la bouche.

Fig. 5. Une cloison grossie, dessinée par moi.

N° 81. Ammonites planicosta, Sowerby.

Pl. 65.

Lister, 1678, An. Angl., pl. 6, f. 4?

Knorr, vol. II, t. 1, f. 5.

Ammonites planicosta, Sowerby, 1814, Min. conch., t. 1, p. 167, pl. 73.

A. capricornus, Schlotheim, 1820, Petref., p. 71, n° 18.

A. laxicosta, Lamarck, 1822, An. sans vert., t. 7, p. 638, n° 5??

A. planicosta, Young et Bird. 1822, pl. 13, f. 6.

Planites planicostatus, Haan, 1825, Amm. et Gon., p. 92, n° 26.

A. planicosta, Voltz, 1830, Jahrb., p. 272.

A. capricornus, Zieten, 1830, Wurt., p. 6, pl. 4, f. 8.

Idem, Hartmann, 1830, Wurt., p. 19.

Idem, Munster, p. 83.

Idem, Rœmer, 1835, p. 192, n° 23.

A. planicosta, Devigne, 1835, Jahrb., p. 735.

Idem, Bronn, 1837, Leth., pl. XXIII, fig. 1, p. 440, n° 19.

A. testâ discoideâ; anfractibus expositis, depressis, lateribus dorsoque rotundatis, costatis; costis 20 vel 25 simplicibus, distantibus, in dorsum continuis, incrassatis; aperturâ orbiculatâ, vel depressâ; septis lateribus 3-lobatis.

Dimensions. Diamètre 100 mill. —Par rapport au diamètre : largeur du dernier tour $\frac{29}{100}$; recouvrement du dernier tour $\frac{2}{100}$; épaisseur du dernier tour $\frac{23}{100}$; largeur de l'ombilic $\frac{49}{100}$.

Coquille discoïdale, épaisse, non carénée, ornée, en travers, par tour, de 20 à 25 côtes élevées, droites, qui passent sur le dos et deviennent plus épaisses dans cet endroit. *Dos* large, arrondi. *Spire* composée de tours aussi larges que hauts, ronds ou légèrement carrés, à angles très-obtus, dont le dernier a les $\frac{49}{100}$ du diamètre. *Bouche* circulaire, ou un peu carrée, échancrée par le retour de la spire. *Cloisons* symétriques, découpées de chaque côté en trois selles et trois lobes formés de parties impaires. Lobe dorsal le double plus large et un peu plus long que le lobe latéral-supérieur, orné, de chaque côté, de cinq branches dont les deux inférieures seules ramifiées. Selle dorsale le double de largeur du lobe latéral-supérieur, divisée en deux feuilles très-inégales dont l'externe est la plus large. Lobe latéral-supérieur étroit, oblique, terminé par une branche à trois pointes. Selle latérale courte, à trois feuilles festonnées. Lobe latéral-inférieur la moitié du lobe latéral-supérieur, terminé par trois digitations simples. Le lobe accessoire est court et n'a que deux pointes. La ligne du rayon central, en partant de l'extrémité du lobe dorsal, passe bien au-dessous de tous les autres lobes.

Observations. Jusqu'au diamètre de trois à cinq millim., la coquille est entièrement lisse, à dos rond; les côtes naissent ensuite ; elles augmentent graduellement et restent très long-temps au même nombre. J'ai néanmoins acquis la certitude qu'au diamètre de douze à quinze centimètres, les côtes s'atténuent et disparaissent entièrement, la coquille redevenant lisse alors comme dans le jeune âge. J'ai remarqué que des individus étaient plus ou moins épais, que les côtes sont plus ou moins grosses, simplement aplaties sur le dos, d'autre fois presque costulées. Ces côtes presque toujours droites sont aussi inclinées en avant et forment dans ce cas comme des chevrons sur le dos.

Rapports et différences. Cette espèce peut être facilement confondue avec l'*A. Dudressieri*, dont elle a les côtes élargies sur le dos, mais elle s'en distingue par le manque des pointes latérales de ses côtes et par son lobe latéral-supérieur formé de parties impaires au lieu d'être formé par des parties paires.

Localité. Cette espèce caractérise le lias moyen, bien au-dessus de la *Gryphæa arcuata*, toujours avec l'*A. margaritatus*. A Vieux-Pont, à Landes, à Fontaine-Étoupe-Four, par M. Deslonchamps et par moi ; à Mulhausen, à Uhrwiller (Bas-

Rhin), par M. Engelhardt; aux environs de Semur, à Pouilly (Côte-d'Or), par M. Nodot et par moi; à Nancy (Meurthe), par M. Guibal; à Metz (Moselle), par M. Hollandre; à Saint-Rambert (Ain), par M. Sauvanau; à Chalezeuil, par M. Chassy; aux environs de Lyon, par MM. Thiollière et Terver; à Saint-Amand (Cher), par moi; à Linay (Ardennes), par M. Buvignier; à Breux (Meuse), par le même; à Schoeppan (Hanovre), par M. Rœmer; aux environs de Bâle; à Lyme-Regis (Angleterre).

Histoire. Bien décrite et figurée dès 1814 par Sowerby, elle a reçu de Schlotheim, en 1820, le nom de *Capricornus.* On a pris indifféremment les deux noms, mais il me paraît impossible de ne pas préférer le plus ancien des deux, celui de *planicosta.* On lui a rapporté le *laxicosta* de Lamarck, qui, vu son gisement et sa taille, me paraît être une variété de l'*A. Mantellii* des terrains crétacés.

Explication des figures. Pl. 65, fig. 1. Coquille de grandeur naturelle. De ma collection.

Fig. 2. La même, vue du côté de la bouche.

Fig. 3. Une cloison grossie. Dessinée par moi.

Fig. 4. Jeune âge, de grandeur naturelle, montrant le diamètre auquel il prend les côtes.

N° 82. AMMONITES ENGELHARDTI, d'Orbigny.

Pl. 66.

A. testâ compressâ; anfractibus compressis; lateribus complanatis, longitudinaliter costatis; costis externè approximatis; dorso obtuso, lævigato; aperturâ oblongâ, compressâ, anticè acutâ.

Dimensions. Diamètre 250 mill. — Par rapport au diamètre : largeur du dernier tour $\frac{50}{100}$; recouvrement des tours $\frac{12}{100}$; épaisseur du dernier tour $\frac{16}{100}$; largeur de l'ombilic $\frac{20}{100}$.

Coquille très-comprimée, subcarénée, ornée, sur les côtés, de légères côtes longitudinales à peine saillantes, généralement plus serrées du côté du dos, et comme striées en travers dans leur intervalle lorsque le test existe. *Dos* presque caréné, lisse, obtus, à côtés très-comprimés. *Spire* composée de tours très-comprimés, plus épais au pourtour de l'ombilic où ils sont coupés obliquement. *Bouche* très-comprimée, très-étroite, formant un angle aigu et émoussé en avant. *Cloisons* très-ramifiées, formées de lobes divisés en parties impaires. Je n'ai pu les apercevoir assez pour les dessiner et les décrire.

Rapports et différences. Cette espèce ressemble beaucoup, par son enroulement, par ses tours comprimés, à l'*A. margaritatus*, tout en s'en distinguant par ses côtes longitudinales, le manque de côtes transverses sur les côtés et de chevrons sur la carène, et par ses tours plus embrassans. J'en ai vu un échantillon encore jeune. Je me suis alors assuré qu'elle est de même à tous les âges et qu'elle n'est point une variété adulte de l'*A. margaritatus.*

Localité. Elle caractérise le lias moyen de Selzbrunnen (Bas-Rhin), où M. Engelhardt l'a découverte.

Explication des figures. Pl. 66, fig. 1. Coquille réduite de moitié. De ma collection.

Fig. 2. La même, vue du côté de la bouche.

Fig. 3. Un morceau du test grossi.

N° 83. AMMONITES MARGARITATUS, d'Orbigny.

Pl. 67 et 68.

Cornu Ammonis, Bauhin, 1698, Histor. fontis., p. 15, 20.

Seba, Thes., v. IV, t. 107, f. 6, 10-13.

Knorr et Walch, partie II, pl. a II, f. 3.

Langius, t. 25, f. 2.

Amaltheus margaritatus, Montfort, 1808, Conch. syst., p. 90.

Ammonites acutus, Sow., 1813, Min. conch., t. 1, p. 51, pl. 17, f. 1.

Nautilus rotula, Renecke, 1818, Naut. et Arg., n° 5, p. 56, t. 1, f. 9-10.

Ammonites Stokesi, Sow., 1818, Min. conch., 2, p. 205, pl. 191.

Ammonites amaltheus, Schlotheim, 1820, Die petref., p. 66, n° 9.

A. amaltheus gibbosus, Schloth., 1820, Die petref., n° 10.

A. Clevelandicus, Young et Bird, 1822, A geol. survey, pl. 13, f. 11.

A. rotula,, Haan, 1825, Amm. et Coniat., p. 106, n° 9.

A. acutus, Haan, 1825, *loc. cit.*, p. 103, n° 12.

A. amaltheus, Haan, 1825, *loc. cit.*, p. 105, n° 5.

A. Clevelandicus, Phill., 1829, Yorck., pl. XIV, f. 6.

A. amaltheus, Keferst, Cat., p. 8, n° 4.

Idem, Zieten, 1830, Wurt., p. 4, pl. 4, f. 1.

A. amaltheus gibbosus, Zieten, 1830, Wurt., p. 4, pl. 4, f. 2.

A. paradoxus, Stahl, Zieten, 1830, Wurt., p. 15, pl. XI, f. 6.

A. amaltheus, Rœmer, 1835, p. 188, n° 15.

Idem, Bronn, 1837, Leth., t. XXII, f. 13, p. 434, n° 15.

A. *testâ compressâ, anfractibus compressis, lateribus convexiusculis, transversìm costatis; costis flexuosis-radiantibus, carinam versùs evanidis; dorso carinato, crenulato; aperturâ compresso-cordatâ, anticè acutâ, septis lateribus 6-lobatis.*

Dimensions. Grand diam. connu, 230 mill.

		Ind adulte.	Ind. tubercul. jeune.
Par rapport au diamètre	largeur du dernier tour,	$\frac{48}{100}$	$\frac{35}{100}$
	recouvrement des tours,	$\frac{13}{100}$	$\frac{4}{100}$
	épaisseur du dernier tour,	$\frac{13}{100}$	$\frac{39}{100}$
	largeur de l'ombilic,	$\frac{23}{100}$	$\frac{40}{100}$

Coquille très-comprimée, carénée, ornée, sur les côtés, de légères côtes transverses, d'abord droites en partant du pourtour de l'ombilic, puis s'infléchissant en approchant du bord externe, où elles s'effacent entièrement. *Dos* caréné, étroit, pourvu, sur la partie saillante, d'un cordonnet formé de petits chevrons en relief dont la convexité est en avant. *Spire* composée de tours très-comprimés, plus épais au pourtour de l'ombilic, et, de là, s'amincissant jusqu'au bord externe. *Bouche* très-comprimée, étroite, formant un angle aigu dont les côtés sont convexes. *Cloisons* symétriques, découpées, de chaque côté, en six lobes formés de parties impaires. Lobe dorsal aussi large, mais beaucoup moins long que le lobe latéral-supérieur, orné, de chaque côté, de deux larges branches pourvues de nombreuses digitations. Selle dorsale beaucoup plus large que le lobe latéral-supérieur, terminée par quatre très-grandes feuilles, chacune divisée en plusieurs folioles. Lobe latéral-supérieur pourvu de cinq branches dont les trois inférieures très-grandes, très-ramifiées. Selle latérale beaucoup moins grande que la selle dorsale, également terminée par cinq feuilles divisées. Les autres lobes et les autres selles vont en diminuant de complication des plus externes aux plus internes. La ligne du rayon central, en partant du lobe dorsal, coupe l'extrémité du lobe latéral-supérieur et de tous les autres.

Observations. Le jeune âge de cette espèce offre des variations nombreuses, tandis que l'âge adulte ne montre aucune différence, quand même il appartient à n'importe quelle variété. Pour bien les décrire, je diviserai d'abord ces variétés en trois : 1° la première, la plus simple, dépourvue de pointes latérales dans la jeunesse, et la plus commune, est entièrement lisse, à dos rond jusqu'au diamètre de 3 millimètres. Elle reste ensuite avec son dos rond, ses tours presque ronds, se comprimant davantage ; elle se charge latéralement de côtes droites interrompues au tiers externe, mais ne commence à prendre les chevrons du dos qu'au diamètre de 17 millimètres. Les tours prennent peu à peu le nombre des lobes et la forme de l'adulte. 2° La seconde variété, presque aussi nombreuse que la première, est celle dont chaque côte est pourvue de pointes sur les côtés, à la moitié de la largeur des tours. Cette variété est lisse au diamètre de 2 millim. Elle commence aussitôt à prendre des côtes de plus en plus saillantes de chaque côté, ses tours sont fortement déprimés, mais elle manque des chevrons du dos jusqu'au diamètre de 7 millimètres. C'est plus tard que ses tours s'élargissent de plus en plus, se compriment à mesure que les pointes s'atténuent. Celles-ci disparaissent quelquefois assez promptement au diamètre de 20 millimètres, par exemple, tandis qu'elles se continuent sur d'autres échantillons jusqu'au diamètre de 35 millimètres. A l'instant où les pointes cessent, la coquille prend la forme des adultes. 3° Je considère comme une troisième variété des coquilles peu nombreuses, où les pointes sont alternes ou de trois en trois sur les côtes. J'ai pu du reste m'assurer que ces trois variétés donnent toutes, dans l'âge adulte, une seule forme identique.

Cas pathologique. M. Zieten, sous le nom d'*A. paradoxus* donne évidemment une déformation produite par une blessure. J'en figure une autre non moins remarquable, où les chevrons du dos se trouvent sur l'un des côtés (*voyez* pl. 68, fig. 6-8). Cet échantillon est d'autant plus précieux qu'il montre dans le très-jeune âge l'instant où la blessure a lieu, où les côtes ont disparu d'un côté.

Rapports et différences. Cette espèce, par les crénelures du dos, se rapproche surtout de l'*A. Boblayei*, tout en s'en distinguant par son dos plus aigu, ses tours plus triangulaires, ses crénelures plus larges, et par ses lobes bien différens.

Localité. Elle caractérise les assises du lias moyen avec ou bien au-dessous de la *Gryphœa cymbium*. Elle a été recueillie à Mulhausen, à Selzbrunnen (Bas-Rhin), par M. Engelhardt; à Fontaine-Étoupe-Four, à Landes, à Curcy, à Vieux-Pont près de Bayeux, par MM. Deslonchamps, Tesson et par moi; aux environs de Nancy (Meurthe), par M. Guibal et le marquis Des Roys; près de Saint-Rambert (Ain), par M. Sauvanau; près de Lyon (Rhône), par MM. Terver, Thiollière et Gaudry; à Chérigny, à Venarey, près de Semur, à Pouilly en Auxois (Côte-d'Or), par MM. Nodot, Cotteau et par moi; à Metz (Moselle), par M. Hollandre; à Saint-Amand-Montrond (Cher), par MM. Robin-Massé, Maugenest et Grenouilloux; à Mende (Lozère), par M. Renaux; à Clapier (Aveyron), par M. Braun; à Linay (Ardennes), par M. Buvignier; aux environs d'Avallon (Yonne), par moi. On la trouve à Mezingen, dans le Wurtemberg.

Histoire. Il est peu d'espèces qui aient reçu plus de noms que celle-ci. Montfort, en formant son genre Amaltheus, l'appela *Amaltheus margaritatus*; en 1813, Sowerby nomma le jeune âge *Ammonites acutus*; Reineck, en 1818, l'appela *Nautilus rotula*; Sowerby, la même année, appliqua à l'adulte la dénomination de *Stokesi*; pour Schlotheim, au lieu de prendre le nom spécifique de Montfort, en plaçant l'espèce dans le genre Ammonite, il crut bien faire de choisir le nom de genre; il créa dès lors le nom d'*A. amaltheus*. MM. Young et Bird, en 1822, lui imposèrent encore le nom de

Clevelandicus, et M. Zieten appela une monstruosité de l'espèce *A. paradoxus*. Voilà donc une seule Ammonite donnée sous *sept* noms différens. De ces noms, les Allemands et quelques Français ont préféré celui d'*Amaltheus*, tandis que les Anglais ont pris ceux de *Stokes* et de *Clevelandicus*. Pour qu'il n'y ait pas d'incertitude, je crois qu'on doit revenir au premier de tous, celui de *Margaritatus*, imposé, en 1808, par Montfort.

Explication des figures. Pl. 67, fig. 1. Coquille adulte avec son test. De ma collection.

Fig. 2. La même, vue du côté de la bouche.

Fig. 3. Une cloison grossie. Dessinée par moi.

Pl. 68, fig. 1. Variété à pointes (*Amaltheus gibbosus* des auteurs).

Fig. 2. La même, vue sur la bouche.

Fig. 3. Jeune âge, de grandeur naturelle (variété à pointes).

Fig. 4. Le même, vu du côté de la bouche.

Fig. 5. Jeune âge (variété comprimée), de grandeur naturelle.

Fig. 6. Individu blessé jeune, et devenu irrégulier, la carène d'un des côtés. De la collection de M. Guibal.

Fig. 7. Le même, vu du côté opposé.

Fig. 8. Le même, vu sur la bouche.

N° 84. AMMONITES BOBLAYEI, d'Orbigny.

Pl. 69.

A. testâ compressâ, anfractibus compressis, lateribus complanatis, radiato-costatis; dorso incrassato, transversim nodoso-costatis, aperturâ oblongâ, anticè truncatâ; septis lateribus 7-lobatis.

Dimensions. Diamètre 61 mill. — Par rapport au diamètre : largeur du dernier tour $\frac{47}{100}$; recouvrement du dernier tour $\frac{14}{100}$; épaisseur du dernier tour $\frac{21}{100}$; largeur de l'ombilic $\frac{20}{100}$.

Coquille très comprimée, non carénée, ornée sur les côtés de quelques côtes peu marquées, rayonnantes, interrompues, au tiers externe de la largeur, des tours. *Dos* très-obtus, élargi, pourvu, par tour, en travers, d'une vingtaine de gros nœuds ou côtes arrondies, très-saillantes, séparées par des dépressions d'égale largeur. *Spire* composée de tours très-comprimés, plus larges au pourtour de l'ombilic, où ils sont obtus, et de là s'amincissant vers le pourtour, où ils se tronquent obtusément. *Bouche* oblongue, très-comprimée, aplatie sur les côtés, tronquée en avant. *Cloisons* symétriques, découpées, de chaque côté, en sept lobes formés de parties impaires. Lobe dorsal aussi large et beaucoup plus court que le lobe latéral supérieur, orné de trois pointes, dont l'inférieure bifurquée. Selle dorsale aussi large que le lobe latéral-supérieur, terminée par cinq feuilles arrondies quelquefois en palettes. Lobe latéral-supérieur formé de cinq branches dont une grande terminale trilobée. Selle latérale aussi grande que le lobe latéral-supérieur, composée de six feuilles arrondies comme celles de la selle dorsale. Lobe latéral-inférieur d'un tiers plus petit que le lobe latéral-supérieur, orné aussi de cinq branches un peu inégales. Les autres lobes diminuent graduellement de longueur et d'ornemens en approchant de l'ombilic. La ligne du rayon central, en partant de l'extrémité du lobe dorsal, coupe les trois branches inférieures du lobe latéral supérieur, la branche terminale du lobe latéral inférieur, et passe bien au-dessous de tous les autres.

Observations. Cette espèce est sans contredit l'une des plus singulières dans ses variétés d'âge. Jusqu'au diamètre de sept millimètres elle est lisse, a le dos rond, renflé ; ses tours sont étroits et le plus souvent marqués, de distance en distance, en travers, de profonds sillons qui passent sur le dos; ces sillons cessent tout à coup, vers le diamètre indiqué, les tours s'aplatissent, s'élargissent, deviennent presque carénés sur le dos; ils restent ainsi plus ou moins long-temps, suivant les individus, et commencent à prendre quelques ondulations latérales. Les nodosités du dos et tous les ornemens extérieurs ne se montrent d'ordinaire qu'au diamètre de vingt millimètres environ, et se marquent ensuite davantage à mesure de l'accroissement, au moins pour les nodosités, car, pour les côtes rayonnantes des côtés, elles paraissent au contraire s'atténuer jusqu'au plus grand diamètre qui me soit connu. Parmi le très-grand nombre d'échantillons que j'ai pu comparer (plus d'un cent), j'ai trouvé une variété remarquable par ses côtes latérales très-serrées, et les côtes du dos au moins trois fois plus nombreuses que chez les autres échantillons.

Rapports et différences. Cette espèce est très voisine, par les nodosités de son dos, de l'*A. margaritatus.* Mais elle s'en distingue par son dos plus obtus, plus large, pourvu de bien plus gros tubercules transverses. Elle s'en distingue encore par son manque de pointes dans le jeune âge et par ses lobes bien différens.

Localité. Elle caractérise le lias moyen inférieur, un peu au-dessus de la *Gryphæa arcuata.* Elle a été recueillie aux Coutards et dans la vallée de Saint-Pierre, près de Saint-Amand (Cher), par MM. Pouillon-Boblaye, de Valdan, de Coynart, Massé, Maugenest et par moi; à Fresnay-le-Puceux (Calvados), par M. Deslonchamps.

Explication des figures. Pl. 69, fig. 1. Coquille de grandeur naturelle. De ma collection.

Fig. 2. La même, vue du côté de la bouche.

Fig. 3. Une cloison grossie cinq fois. Dessinée par moi.

N° 85. AMMONITES MAUGENESTI, d'Orbigny.

Pl. 70.

A. *testâ compressâ, subcarinatâ; anfractibus compressis, lateribus complanatis, transversìm 29 vel 23-costatis; costi æqualibus, distantibus, rectis, externè tuberculatis; dors lato, angulato; aperturâ compressâ, oblongâ, subquadratâ, anticè obtusè angulatâ; septis lateribus 4 vel 5-lobatis.*

Dimensions. Diamètre, 55 mill. — Par rapport au diamètre : largeur du dernier tour $\frac{29}{100}$; recouvrement des tours $\frac{3}{100}$; épaisseur des tours $\frac{21}{100}$; largeur de l'ombilic $\frac{49}{100}$.

Coquille comprimée, discoïdale, légèrement carénée, sans quille, ornée, en travers, suivant la taille et les individus, et par tour, de dix-neuf à vingt-trois côtes simples, droites, commençant à quelque distance du pourtour de l'ombilic, s'élevant davantage jusqu'aux côtés externes où elles se terminent par un tubercule assez saillant, avant la partie déclive du dos. *Dos* formant un léger angle très-obtus, sans quille. *Spire* composée de tours comprimés, plans sur les côtés, anguleux extérieurement, en biseaux en dedans. *Bouche* comprimée, oblongue, un peu carrée. *Cloisons* symétriques, découpées de chaque côté en quatre lobes formés de parties impaires. Lobe dorsal aussi large et plus court que le lobe latéral-supérieur, orné, de chaque côté, d'une digitation simple et de deux rameaux dont le dernier très-ramifié. Selle dorsale plus large que le lobe latéral-supérieur, formée de deux branches inégales, la plus grande en dedans pourvue de trois feuilles. Lobe latéral-supérieur divisé en cinq branches bi ou trifurquées, très-inégalement placées. Selle latérale moins large que la selle dorsale, divisée en deux feuilles inégales, la plus grande interne, formée de trois feuilles. Lobe latéral-inférieur oblique, muni de quatre branches inégales. Selle auxiliaire petite, formée de trois feuilles. Il y a de plus deux ou trois petits lobes auxiliaires obliques. La ligne du rayon central, en partant de l'extrémité du lobe dorsal, coupe l'extrémité du lobe latéral-supérieur et passe bien au-dessous des autres lobes.

Observations. Cette espèce est lisse, à dos rond, jusqu'au diamètre de 5 ou 6 millimètres; elle prend ensuite les côtes et la carène. Au diamètre de 20 millimètres, elle a souvent 19 côtes ; à 40 millimètres, elle en montre 21 ou 23, ce qui est le maximum.

Rapports et différences. Cette espèce est, pour la forme générale, voisine de l'*A. kridion*, mais elle s'en distingue par ses côtes non aiguës, par ses tubercules externes, et par son dos non pourvu d'une quille. Les lobes sont aussi très-différens, le lobe dorsal étant le plus court, au lieu d'être le plus long. Son dos caréné la distingue aussi de l'*A. brevispina.*

Localité. Elle caractérise le lias moyen au-dessus de la *Gryphœa arcuata.* Elle a été recueillie aux Coutards et dans la vallée de Saint-Pierre, près de Saint-Amand (Cher), par MM. Boblaye, de Valdan, de Coynart, Massé, Maugenest, Grenouilloux et par moi. Elle y est assez commune. Elle a été trouvée à Evrecy et à Curcy (Calvados), par M. Deslonchamps; aux environs de Semur (Côte-d'Or), par moi.

Explication des figures. Pl. 70, fig. 1. Coquille de grandeur naturelle. De ma collection.

Fig. 2. La même, vue du côté de la bouche.

Fig. 3. Une cloison grossie. Dessinée par moi.

N° 86. Ammonites Valdani, d'Orbigny.

Pl. 71.

A. testâ compressâ, carinatâ; anfractibus compressis, lateribus complanatis, transversìm 27-costatis; costis æqua-

libus, flexuosis, internè externèque tuberculatis; dorso angustato, carinato; aperturâ compressâ, angustatâ anticè acutâ; septis 3-lobatis.

Dimensions. Diamètre 95 mill. — Par rapport au diamètre largeur du dernier tour $\frac{27}{100}$; recouvrement des tours $\frac{4}{100}$; épaisseur du dernier tour $\frac{17}{100}$ à $\frac{19}{100}$; largeur de l'ombilic $\frac{48}{100}$.

Coquille fortement comprimée, discoïdale, assez fortement carénée et presque quillée, ornée, en travers, par tour, de 26 ou 27 côtes simples, flexueuses, commençant au pourtour de l'ombilic où elles s'élèvent de suite en un tubercule souvent aigu; elles s'abaissent ensuite pour se relever au pourtour externe où elles ont un tubercule pointu; en dehors du tubercule, elles se prolongent encore obliquement en avant. *Dos* tranchant, arqué, très-légèrement ondulé sur la carène. *Spire* composée de tours comprimés, excavés sur les côtés, aigus en avant et en arrière. *Bouche* très-comprimée, tranchante en avant, évidée sur les côtés. *Cloisons* symétriques, découpées, de chaque côté, en trois lobes formés de parties impaires, lobe dorsal plus étroit et moins long que le lobe latéral-supérieur, orné, de chaque côté, de trois branches dont l'inférieure est très-grande, pyramidale. Selle dorsale plus large que le lobe latéral-supérieur, formée de deux branches très-larges, très-ramifiées, inégales, la plus grande en dedans. Lobe latéral-supérieur muni de trois grandes branches inférieures, les deux latérales formées de deux rameaux. Selle latérale plus étroite et plus haute que la selle dorsale, divisée en feuilles formant deux groupes inégaux, le plus grand en dedans. Lobe latéral-inférieur muni de trois branches inégales, la dernière aiguë. Selle auxiliaire, oblique, partagée en deux parties, la plus grande externe. La ligne du rayon central, en partant de l'extrémité du lobe dorsal, coupe l'extrémité du lobe latéral-supérieur, et passe au-dessous des lobes auxiliaires.

Rapports et différences. Cette espèce est très-voisine de l'*A. Maugenestii*, mais elle s'en distingue par ses tours moins larges, plus comprimés, par sa carène, par ses côtes plus nombreuses, plus flexueuses, et par les deux tubercules dont chacune est ornée. Ce sont deux types très-voisins et pourtant différens.

Localité. Elle caractérise le lias moyen au-dessus de la *Gryphœa arcuata*. Elle a été recueillie aux Coutards, près de Saint-Amand (Cher), par MM. de Valdan, Robin-Macé et par moi ; à Atys et à Maltol, près de Caen (Calvados), par M. Deslonchamps ; à Venarey, près de Semur (Côte-d'Or), par moi ; aux environs d'Avallon (Yonne), par moi.

Explication des figures. Pl. 71, fig. 1. Coquille de grandeur naturelle. De ma collection.

Fig. 2. La même, vue du côté de la bouche.

Fig. 3. Une cloison, grossie quatre fois. Dessinée par moi.

N° 87. AMMONITES REGNARDI, d'Orbigny.

Pl. 72.

Ammonites Jamesoni, Sowerby, 1827, Min. conch., t. 6, p. 105, pl. 555, f. 1 ?

A. *testâ compressâ, non carinatâ ; anfractibus compressis, lateribus compressis, transversim 54-costatis ; costis non æqualibus, simplicibus, externè tuberculatis, in dorso attenuatis non interruptis ; dorso rotundato ; aperturâ oblongâ, compressâ, anticè rotundatâ ; septis lateribus bilobatis.*

Dimensions. Diamètre, 160 mill. — Par rapport au diamètre : largeur $\frac{32}{100}$; recouvrement du dernier tour $\frac{3}{100}$; épaisseur du dernier tour $\frac{20}{100}$; largeur de l'ombilic $\frac{41}{100}$.

Coquille fortement comprimée, non carénée, ornée, en travers, par tour, de 30 à 54 côtes, simples, légèrement arquées en avant, commençant au pourtour de l'ombilic et s'élargissant ensuite jusqu'au côté externe où elles sont pourvues d'une petite pointe ; ces côtes s'atténuent sur le dos chez les adultes sans cesser d'exister. *Dos* rond chez les adultes, presque caréné dans le jeune âge. *Spire* formée de tours très-comprimés, aplatis sur les côtés, convexes sur le dos. *Bouche* ovale ou plutôt oblongue, arrondie en avant. *Cloisons* symétriques, découpées, de chaque côté, en deux lobes formés de parties impaires et en selles formées de parties presque paires ; lobe dorsal plus court et plus large que le lobe latéral supérieur, orné, de chaque côté, de trois branches ramifiées. Selle dorsale plus large que le lobe latéral-supérieur, divisée en deux parties presque paires. Lobe latéral-supérieur terminé par trois branches ramifiées (1). Selle latérale divisée en deux parties inégales ; la plus grande interne. Lobe latéral-inférieur très-étroit, à un seul rameau. Selle auxiliaire étroite. La ligne du rayon central, en partant de l'extrémité du lobe dorsal, coupe l'extrémité du lobe latéral-supérieur et passe au-dessous des autres.

Observations. Les côtes commencent au diamètre de trois millimètres. Jusqu'au diamètre de dix millimètres, cette espèce est pourvue d'une carène ; ses tours sont presque déprimés ; ils se compriment ensuite peu à peu, la carène disparaît et les pointes des côtes deviennent moins marquées. A mesure que la coquille grandit, les côtes sont plus multipliées jusqu'au nombre de cinquante-quatre au diamètre de cent trente millimètres. Au delà les pointes ne sont plus visibles sur le moule.

Rapports et différences. Pourvue de côtes et de pointes, comme l'*A. Maugenesti*, cette espèce s'en distingue par son dos non caréné, ses côtes plus rapprochées et ses lobes.

(1) La branche externe est trop longue dans la figure 5.

Histoire. Peut être doit-on rapporter cette espèce à l'*Ammonites Jamesoni* de Sowerby, sans que pourtant il y ait certitude, la figure donnée par l'auteur anglais ne montrant point de pointes.

Localité. Elle caractérise le lias moyen. Elle a été recueillie aux Coutards et à la tranchée du Bois-de-Trousse, près de Saint-Amand (Cher), par M. de Valdan et par moi ; à Sachi (Ardennes), par M. Buvignier ; à Evrecy (Calvados), par M. Deslonchamps et par moi ; à Saint-Rambert (Ain), par M. Sauvanau ; aux environs de Lyon (Rhône), par M. Thiollière.

Explication des figures. Pl. 72, fig. 1. Coquille réduite d'un tiers. De ma collection.

Fig. 2. La même, vue du côté de la bouche.

Fig. 3. Jeune âge, de grandeur naturelle. De ma collection.

Fig. 4. Le même, vu du côté de la bouche.

Fig. 5. Une cloison grossie six fois. Dessinée par moi.

N° 88. Ammonites Guibalianus, d'Orbigny.

Pl. 73.

A. *testâ compressâ, anfractibus compressis, lateribus convexiusculis, costis flexuosis, bifurcatis ornatis; dorso carinato; carenâ obtusâ, transversìm striatâ; aperturâ lanceolatâ, anticè acutâ; septis lateribus 6-lobatis.*

Dimensions. Diamètre 120 mill. — Par rapport au diamètre : largeur du dernier tour $\frac{51}{100}$; recouvrement du dernier tour $\frac{22}{100}$; épaisseur du dernier tour $\frac{25}{100}$; largeur de l'ombilic $\frac{12}{100}$.

Coquille très-comprimée, carénée, ornée, sur les côtés, d'environ vingt côtes peu marquées qui partent du pourtour de l'ombilic, s'infléchissent en avant vers la carène ; entre ces côtes il en naît d'autres plus ou moins nombreuses sur la partie déclive des tours, près de la carène. *Spire* composée de tours très-comprimés, plus larges au tiers interne, où ils se prolongent en biseau dans l'ombilic. *Dos* déclive de chaque côté, formant sur la carène un tranchant tronqué sur lequel sont des stries transverses très-marquées. *Bouche* lancéolée, formant un angle en avant et sur les côtés en arrière. Les côtés sont légèrement convexes. *Cloisons* symétriques, découpées de chaque côté en six lobes dont le premier et le dernier sont formés de parties impaires ; lobe dorsal plus long et le double plus large que le lobe latéral-supérieur, formé d'une grande branche terminale et de trois autres branches de chaque côté. Selle dorsale plus large que le lobe latéral-supérieur, terminée par deux feuilles bilobées. Lobe latéral-supérieur obtus, formé de branches peu ramifiées au nombre de quatre ou cinq de chaque côté. Selle latérale d'un tiers plus large que le lobe latéral-supérieur, divisée irrégulièrement en deux parties inégales. Lobe latéral-inférieur beaucoup plus court et aussi large que le lobe latéral-supérieur, presque divisé en parties paires, les autres selles et lobes très-courts. La ligne du rayon central, en partant de l'extrémité du lobe dorsal, passe bien au-dessous de l'extrémité du lobe latéral-supérieur et des autres lobes. Je ne connais pas d'autres variations dans cette espèce que la plus ou moins grande compression des individus.

Rapports et différences. Elle est intermédiaire entre les *A. margaritatus* et *cordatus*, se distinguant des deux par sa carène plus saillante et le manque de crénelures sur cette carène, par ses tours plus embrassans et par ses lobes de proportions toutes différentes.

Localité. Elle a été recueillie dans le lias moyen, aux environs de Nancy (Meurthe), par M. Guibal ; aux environs de Saint-Julien-de-Civry, près de Lyon (Rhône), par M. Thiollière.

Explication des figures. Pl. 73, fig. 1. Coquille réduite, vue de côté. De ma collection.

Fig. 2. La même, vue du côté de la bouche.

Fig. 3. Une cloison, grossie deux fois. Dessinée par moi.

N° 89. Ammonites Buvignieri, d'Orbigny.

Pl. 74.

A. *testâ compressâ, discoidali; anfractibus involutis, compressis, latis, lateribus lævigatis, convexiusculis; dorso compresso, subcarinato, lævigato; aperturâ compressâ, anticè subangulatâ; septis lateribus 8-lobatis.*

Dimensions. Diamètre 200 mill. — Par rapport au diamètre : largeur du dernier tour $\frac{18}{100}$; recouvrement du dernier tour $\frac{32}{100}$; épaisseur du dernier tour $\frac{21}{100}$; largeur de l'ombilic $\frac{4}{100}$.

Coquille très-comprimée, non-carénée, lisse ou à peine ornée de quelques lignes d'accroissement plus marquées près du dos. *Spire* presque embrassante, composée de tours très-comprimés, plus large au tiers interne, et se prolongeant vers l'ombilic jusqu'à le fermer presque entièrement. *Dos* comprimé, déclive de chaque côté, obtus sur le milieu. *Bouche* lancéolée, très-comprimée, formant un angle émoussé en avant et deux pointes en arrière. *Cloisons* symétriques, découpées, de chaque côté, en huit lobes, et en selles formées de parties impaires. Lobe dorsal aussi long, plus large que le lobe latéral-supérieur, très-ramifié, orné, de chaque côté, de cinq branches dont deux plus grandes que les autres. Selle dorsale étroite, très-irrégulièrement divisée en feuilles dont une trilobée. Lobe latéral-supérieur formé de branches irrégulières, au nombre de quatre de chaque côté. Selle latérale droite plus haute que la selle dorsale, terminée par trois feuilles inégales.

Lobe latéral-inférieur de même forme, mais la moitié plus court que le lobe latéral-supérieur. Première selle auxiliaire divisée en deux; les autres très-irrégulières de largeur. Les lobes auxiliaires inégalement espacés vont en décroissant jusqu'au dernier. La ligne du rayon central touche, en partant de l'extrémité du lobe dorsal, l'extrémité du lobe latéral-supérieur, mais passe bien au-dessous de tous les autres.

Rapports et différences. Voisine de l'*A. lynx* par ses tours presque embrassans, comprimés, cette espèce s'en distingue par le manque de carène festonnée et par son ombilic plus étroit.

Localité. M. Buvignier l'a découverte dans le lias moyen de Breux, aux environs de Montmédy (Meuse).

Explication des figures. Pl. 74, fig. 1. Coquille réduite de moitié. De ma collection.

Fig. 2. La même, vue sur la bouche, montrant le dessus d'une cloison.

Fig. 3. Une cloison, de grandeur naturelle. Dessinée par moi.

N° 90. Ammonites Loscombi, Sowerby.

Pl. 75.

A. Loscombi, Sowerby, 1817, Min. conch., 2, p. 185, pl. 183.

Globites Loscombi, Haan, 1825, Amm. et Gon., p. 147, n° 9.

A. *testâ compressâ; anfractibus compressis, lateribus complanatis, transversìm striatis; dorso compresso, rotundato; aperturâ compressâ, anticè obtusâ; umbilico angustato; septis lateribus 6-lobatis.*

Dimensions. Diamètre 90 mill. — Par rapport au diamètre : largeur du dernier tour $\frac{11}{100}$; recouvrement du dernier tour $\frac{11}{100}$; épaisseur du dernier tour $\frac{21}{100}$; largeur de l'ombilic $\frac{10}{100}$.

Coquille comprimée, non carénée, lisse ou marquée, lorsque le test existe, de stries fines, irrégulières dans le sens de l'accroissement, ou même quelques indices de très-légères saillies dans le même sens. *Spire* composée de tours embrassans, comprimés, plus larges près de l'ombilic, cette partie étant assez ouverte pour permettre d'apercevoir les tours intérieurs. *Dos* assez large, arrondi, très-lisse. *Bouche* comprimée, oblongue, se rétrécissant graduellement en approchant de l'extérieur où elle est arrondie. *Cloisons* symétriques, découpées de chaque côté en six lobes et en selles formées de parties impaires. Lobe dorsal plus large et beaucoup plus court que le lobe latéral-supérieur, formé de trois branches dont une terminale à cinq rameaux. Selle dorsale aussi large que le lobe latéral-supérieur, terminée par cinq feuilles ovales, spatuliformes. Lobe latéral-supérieur orné, en dehors, de trois et, en dedans, de deux branches variables, indépendamment d'une branche terminale à trois pointes. Selle dorsale plus étroite que le lobe latéral-supérieur, pourvue de six feuilles dont les deux médianes très-inégales. Lobe latéral-inférieur la moitié plus court, mais de même forme que le lobe latéral-supérieur. Première et seconde selle auxiliaire à trois larges feuilles, les deux autres n'en ayant qu'une. La ligne du rayon central, en partant de l'extrémité du lobe dorsal, coupe la moitié de la dernière branche du lobe latéral-supérieur, tout en passant bien au-dessous des autres.

Observations. L'*A. Loscombi* est très-variable. Généralement le moule est lisse, néanmoins quelques échantillons ont des sillons transverses peu marqués, assez rapprochés les uns des autres. C'est peut-être une des espèces qui varient le plus de forme suivant l'âge. Au diamètre de cinq millimètres, ses tours se recouvrent seulement à moitié ; l'ombilic est très-large, la coquille ornée, en travers, par révolution spirale, de six sillons profonds, transverses, obliques ; ces sillons et cette forme se continuent plus ou moins long-temps suivant les individus; quelquefois les sillons disparaissent et les tours s'élargissent au diamètre de huit millimètres, tandis que sur d'autres cet état se continue jusqu'au diamètre de vingt millimètres, dernière limite où l'espèce conserve les ornemens de la jeunesse. J'ai remarqué que les individus légèrement ondulés en travers dans l'âge adulte ont, étant jeunes, conservé les sillons beaucoup plus tard que les autres.

Rapports et différences. Cette espèce, par ses lobes et sa forme, est très-voisine de l'*Ammonites heterophyllus*, mais elle s'en distingue facilement par son ombilic infiniment plus ouvert et par ses cloisons, la selle dorsale étant formée de parties impaires, tandis qu'elles sont presque paires chez l'*heterophyllus*.

Localité. Elle caractérise les assises du lias moyen de France et d'Angleterre. MM. de Valdan, de Coynart, Robin-Massé, Maugenest et moi, nous l'avons recueillie aux Coutards et à la tranchée du bois de Trousse, près de Saint-Amand (Cher). Elle a été recueillie à Mulhausen (Bas-Rhin), par M. Engelhardt ; à Vieux-Pont, près de Bayeux (Calvados), par M. Tesson et par moi ; à Venarey, près de Semur (Côte-d'Or), par M. Boucault et par moi. En Angleterre, on la trouve à Lyme-Regis.

Explication des figures. Pl. 75, fig. 1. Coquille adulte, vue de côté. De ma collection, avec un morceau sans test et lisse.

Fig. 2. La même, vue sur la bouche, montrant le dessus d'une cloison.

Fig. 3. Une cloison grossie trois fois. Dessinée par moi.

Fig. 4. Très-jeune âge. De grandeur naturelle.

Fig. 5. Jeune âge, de la variété costulée.

Fig. 6. Un morceau de la variété costulée.

N° 91. AMMONITES ANNULATUS, Sowerby.

Pl. 76, fig. 1-2.

Lister, 1678, t. 6, f. 5.

Ammonites annulatus, Sowerby, 1818, Min. conch., t. 3, p. 41, pl. 222.

Argonauta anguinus, Reineck, 1818, Naut. et Arg., p. 89, n° 1, t. XII, f. 73.

Ammonites annulatus, Schloth., 1820, Petref., p. 61, n° 2.

Planites anguinus, Haan, 1825, Amm. et Goniat., p. 89, n° 19.

A. anguinus, Keferst, 1829, Cat., p. 9, n° 9.

A. annulatus, Keferst, 1829, Cat., p. 9, n°s 11 et 12.

A. *testâ discoideâ, compressâ; anfractibus rotundatis, angustatis; costis rectis, numerosis, simplicibus, vel costis bifidis alternantibus; dorso rotundato; aperturâ rotundatâ, intùs truncatâ.*

Dimensions. Diamètre 90 mill. — Par rapport au diamètre : largeur du dernier tour $\frac{22}{100}$; épaisseur du dernier tour $\frac{21}{100}$; recouvrement du dernier tour $\frac{4}{100}$; largeur de l'ombilic $\frac{61}{100}$.

Coquille discoïdale, comprimée dans son ensemble, ornée, par révolution spirale, d'environ cent trente-deux côtes élevées, transverses, droites. Jusqu'au diamètre de cinquante millimètres il y a alternativement une côte simple et une côte bifurquée au tiers externe du côté du dos. Au delà de ce diamètre les côtes bifurquées sont de trois en trois ; au diamètre de quatre-vingts millimètres elles sont de quatre ou de cinq en cinq, et paraissent s'éloigner de plus en plus jusqu'à disparaître entièrement chez les plus vieux. *Spire* composée de tours presque aussi épais que larges, arrondis, à peine recouverts sur le dos. *Dos* rond. *Bouche* presque ronde, légèrement échancrée par le retour de la spire. *Cloisons* inconnues.

Rapports et différences. Très-voisine de l'*A. communis*, cette espèce s'en distingue par ses côtes plus rapprochées et moins régulièrement bifurquées, par ses côtes toujours droites et non coudées en avant au point de leur bifurcation.

Localité. Elle dépend du lias supérieur. Elle a été recueillie à Chevillé (Sarthe), par M. Marçais. Elle se trouve également à Whitby, en Angleterre.

Histoire. Bien figurée par Sowerby, en 1828, elle reçut la même année de Reinecke le nom d'*Argonauta anguinus*. Schlotheim lui conserva le nom de Sowerby, mais eut le tort d'y réunir l'*Argonauta colubrinus* de Reinecke. Quant à M. de Haan, il préféra le nom d'*anguinus*. L'*A. annulatus* de Zieten est une espèce distincte.

Explication des figures. Pl. 76, f. 1. Coquille de grandeur naturelle. De ma collection.

Fig. 2. La même, vue du côté de la bouche.

N° 92. AMMONITES CENTAURUS, d'Orbigny.

Pl. 76, fig. 3-6.

A. *testâ inflatâ; anfractibus subquadratis, depressis, costis 16 vel 20 rectis, elevatis, externè mucronatis; dorso complanato, transversìm rugoso; aperturâ depressâ, quadratâ; septis lateribus bilobatis.*

Dimensions. Diamètre 18 mill. — Par rapport au diamètre : largeur du dernier tour $\frac{35}{100}$; épaisseur du dernier tour $\frac{55}{100}$; recouvrement du dernier tour $\frac{0}{100}$; largeur de l'ombilic $\frac{35}{100}$.

Coquille discoïdale, renflée, épaisse, ornée, par révolution spirale, de seize à vingt côtes simples, droites, saillantes, terminées chacune, au pourtour, par une pointe plus ou moins aiguë. *Spire* composée de tours plus larges que hauts, un peu carrés, plus larges extérieurement, en contact seulement les uns avec les autres. *Dos* aplati, à peine renflé au milieu, ridé en travers ; les rides au nombre de trois ou quatre par côtes. *Bouche* déprimée, presque carrée, rétrécie en bas, élargie et anguleuse en dehors. *Cloisons* symétriques, découpées de chaque côté en deux lobes et en selles formées de parties impaires. Lobe dorsal aussi long et aussi large que le lobe latéral-supérieur, pourvu de trois branches, dont l'inférieure a deux rameaux non divisés. Selle dorsale aussi large que le lobe latéral-supérieur, terminée par quatre feuilles irrégulières n'en formant qu'une. Lobe latéral-supérieur irrégulièrement pourvu de digitations simples. Selle latérale assez large, terminée par une feuille trilobée. Lobe latéral-inférieur beaucoup plus étroit que le lobe latéral-supérieur. Selle auxiliaire à trois festons très courts. La ligne du rayon central, en partant de l'extrémité du lobe dorsal, touche l'extrémité des deux lobes latéraux.

Observation. Cette espèce est lisse, à dos rond, jusqu'au diamètre de quatre à cinq millimètres.

Rapports et différences. Elle appartient au groupe des *Armati*, mais s'en distingue facilement par sa taille toujours petite, par ses côtes très-marquées et par la rapidité de son accroissement.

Localité. MM. Pouillon-Boblaye, de Valdan, de Coynart, Robin-Massé, Maugenest et moi, nous l'avons rencontrée dans les marnes du lias moyen aux Coutards, près de Saint-Amand-Montrond (Cher), où elle est très-commune.

Explication des figures. Pl. 76, fig. 3. Coquille de grandeur naturelle, à côtes lâches. De ma collection.

Fig. 4. La même, vue du côté de la bouche.

Fig. 5. Individu à côtes serrées.

Fig. 6. Une cloison grossie. Dessinée par moi.

N° 93. Ammonites subarmatus, Young.

Pl. 77.

Ammonites subarmatus, Young et Bird, 1822, Geol. of Yorks., p. 250, pl. 13, f. 3.

A. subarmatus, Sowerby, 1823, Min. conch., t. 4, p. 147, pl. 407, f. 1.

A. fibulatus, Sowerby, 1823, Min. conch., t. 4, p. 147, pl. 407, f. 2.

Planites fibulatus, Haan, 1825, Amm. et Goniat., p. 84, n° 8.

Planites subarmatus, Haan, 1825, *loc. cit.*, p. 84, n° 9.

A. subarmatus, d'Orb., 1825, Céph., p. 76.

Idem, Phillips, 1829, York., p. 163.

A. fibulatus, Phillips, 1829, York., p. 163.

A. testâ discoideâ ; anfractibus subquadratis, lateribus complanatis, transversìm costatis; costis simplicibus, vel fascicularibus, externè spinosis ; dorso complanato, transversìm costato ; aperturâ subquadratâ; septis lateribus 3-lobatis.

Dimensions. Diamètre 80 mill. — Par rapport au diamètre: largeur du dernier tour $\frac{21}{100}$; recouvrement du dernier tour $\frac{0}{100}$; épaisseur du dernier tour $\frac{28}{100}$; largeur de l'ombilic $\frac{62}{100}$.

Coquille comprimée dans son ensemble, ornée en travers d'un grand nombre de petites côtes qui partent du pourtour de l'ombilic, dont les unes restent libres tandis que les autres se réunissent deux par deux au côté externe et donnent alors naissance à une longue pointe dirigée en dehors. Ces pointes sont au nombre de vingt-quatre environ par tour chez les adultes. *Dos* aplati, également costulé, les côtes se réunissant deux par deux ou trois par trois aux tubercules épineux. *Spire* composée de tours carrés comprimés ou déprimés, seulement en contact les uns avec les autres, les épines seules chevauchant d'un tour sur l'autre. *Bouche* carrée, pourvue, à l'état parfait, d'un rétrécissement et d'un bourrelet. *Cloisons* symétriques, divisées de chaque côté en lobes et en selles formées de parties impaires et paires. Lobe dorsal inconnu. Lobe latéral-supérieur très-large, terminé par trois grandes branches. Selle latérale plus étroite que le lobe latéral-supérieur, divisée en deux feuilles inégales, dont la plus grande est interne. Lobe latéral inférieur terminé par deux petites branches pourvues chacune de deux pointes.

Observations. Cette espèce, dont les tours sont plus larges à proportion dans le jeune âge, conserve néanmoins le même aspect à tous les âges. Lorsqu'elle a son test, les pointes sont comme de longues épines, tandis que le moule montre à la place un simple tubercule obtus. Les côtes sont aussi bien plus aiguës et plus saillantes sur le test que sur le moule. Quelquefois les tubercules ne sont pas pairs de chaque côté du dos, mais c'est une exception.

Rapports et différences. Elle a beaucoup de rapports avec l'*A. armatus*, dont elle se distingue pourtant par ses tours plus carrés, moins larges, par les faisceaux réguliers de ses côtes bien plus grosses, par ses pointes plus droites et enfin par des lobes tout différens.

Localité. Elle caractérise le lias moyen. Elle a été recueillie aux environs de Nancy (Meurthe), par M. Guibal; à Mussy (Côte-d'Or), par M. Nodot.

Histoire. Décrite par Young et Bird, en 1822, sous le nom de *subarmatus*, Sowerby a cru devoir en séparer une variété sous le nom de *fibulatus*. Je pense qu'on doit les réunir en une seule, à laquelle je conserve la dénomination la plus ancienne. C'est à tort que M. de Haan y réunit l'*A. armatus*, espèce bien distincte.

Explication des figures. Pl. 77, f. 1. Coquille de grandeur naturelle, avec des parties de test enlevées. De ma collection.

Fig. 2. La même, vue du côté de la bouche.

Fig. 3. Une partie de cloison grossie. Dessinée par moi.

N° 94. Ammonites armatus, Sowerby.

Pl. 78.

Ammonites armatus, Sowerby, 1815, Min. conch., t. 1, p. 215, pl. 95.

A. armatus, Young et Bird, 1822, A geol. survey, pl. XIII, f. 9.

Planites fibulatus, Haan, 1825, Amm. et Goniat., p. 84, n° 8.

A. *testâ compressâ, discoideâ; anfractibus subrotundatis, lateribus convexis, transversìm costatis, costis* 18 *vel* 26, *externè spinosis, intermediisque striatis, dorso lato, convexo, transversìm striato; aperturâ rotundatâ vel subquadratâ; septis lateribus* 3-*lobatis*.

Dimensions. Diamètre 95 mill. — Par rapport au diamètre: largeur du dernier tour $\frac{26}{100}$; recouvrement du dernier tour $\frac{0}{100}$; épaisseur du dernier tour $\frac{30}{100}$; largeur de l'ombilic $\frac{12}{100}$.

Coquille comprimée dans son ensemble, ornée, en travers, par tour, de dix-huit à vingt-six côtes, qui partent du pourtour de l'ombilic et vont en devenant plus fortes jusqu'au côté externe, où elles se terminent par une pointe. Entre ces côtes et sur les côtes elles-mêmes sont d'autres petites côtes ou des stries dans la même direction. *Dos* légèrement convexe, marqué, en travers, des mêmes petites côtes qui ornent les côtés. *Spire* composée de tours ronds, souvent un peu déprimés, quelquefois légèrement carrés. *Bouche* déprimée, presque circulaire ou un peu carrée. *Cloisons* symétriques, découpées de chaque côté en trois lobes et en selles formées de parties impaires. Lobe dorsal aussi large et presque aussi long que le lobe latéral-supérieur, orné de chaque côté de quatre branches croissant des supérieures aux inférieures. Selle dorsale bien plus large que le lobe latéral-supérieur, divisée en deux parties inégales, la plus grande externe; chacune de ses parties est formée de trois feuilles. Lobe latéral-supérieur très-élargi en bas, orné de deux grandes branches de chaque côté et d'une grande branche terminale. Selle latérale très-étroite, terminée par trois feuilles. Lobe latéral-inférieur le quart du lobe latéral-supérieur, formé de trois branches irrégulières. Le lobe suivant, très-oblique, est très-petit. La ligne du rayon central, en partant de l'extrémité du lobe dorsal, coupe l'extrémité du lobe latéral-supérieur, mais passe bien au-dessous des autres.

Observations. L'état de la fossilisation amène de grands changemens dans cette espèce. Lorsqu'elle a son test, elle est fortement striée en travers, et ses pointes sont saillantes, mais lorsque ce test manque, les pointes sont toutes tronquées et l'on voit seulement à l'endroit où elles existaient une surface plane. Les exemplaires venant de Lyme-Regis perdent surtout leurs pointes, car ceux de Saint-Amand, tout en ayant le dos un peu plus carré, en conservent plus de vestiges.

Rapports et différences. Très voisine de l'*A. subarmatus* par ses pointes et par ses côtes en travers, elle s'en distingue par ses petites côtes moins marquées, non réunies en faisceaux, par ses pointes plus larges, et enfin par des lobes tout différens.

Localité. MM. Robin-Massé, de Valdan, Maugenest, de

Coynart et moi nous l'avons recueillie dans les couches du lias moyen aux Coutards, près de Saint-Amand (Cher) ; en Angleterre, on l'a trouvée à Lyme-Regis. M. Engelhardt l'a aussi rencontrée à Mulhausen (Bas-Rhin), M. Boucault à Venarey, près de Semur (Côte-d'Or).

Explication des figures. Pl. 78, fig. 1. Coquille de grandeur naturelle. De ma collection.

Fig. 2. La même, vue du côté de la bouche.

Fig. 3. Une cloison grossie trois fois. Dessinée par moi.

N° 95. Ammonites brevispina, Sowerby.

Pl. 79.

Ammonites brevispina, Sowerby, 1817, Min. conch., t. 6, p. 106, pl. 556, f. 2.

A. latæcosta, Sowerby, 1817, Min. conch., t. 6, p. 106, pl. 556, f. 1.

A. brevispina, Phillips, 1829, Yorks., p. 168, n° 16.

A. latæcosta, Zieten, 1830. Wurt., p. 26, pl. XXVI, f. 3?

A. *testâ compressâ, non carinatâ; anfractibus compressis, lateribus convexiusculis, transversìm striatis*, 20 *vel* 26 *costatis; costis æqualibus, distantibus, internè externèque evanescentibus; dorso lato, rotundato; aperturâ ovali, compressâ, anticè truncatâ; septis lateribus 3-lobatis.*

Dimensions. Diamètre 140 mill. — Par rapport au diamètre : largeur du dernier tour $\frac{31}{100}$; recouvrement du dernier tour $\frac{6}{100}$; épaisseur des tours $\frac{21}{100}$; largeur de l'ombilic $\frac{47}{100}$.

Coquille comprimée, discoïdale, non carénée, ornée, en travers, suivant la taille, par tour, de vingt à vingt-six côtes simples, droites, commençant au pourtour de l'ombilic et se continuant jusqu'au côté externe; ces côtes sont pourvues sur les côtés de deux tubercules épineux. Entre les côtes, lorsque le test existe, on remarque de nombreuses stries inégales. *Dos* convexe, rond. *Spire* composée de tours comprimés latéralement peu convexes. *Bouche* comprimée, ovale. *Cloisons* symétriques, découpées, de chaque côté, en trois lobes formés de parties impaires, et de selles formées de parties presque paires. Lobe dorsal plus court et moins large que le lobe latéral-supérieur, orné, de chaque côté, de quatre branches croisant des supérieures aux inférieures. Selle dorsale aussi large que le lobe latéral-supérieur, divisée en deux feuilles presque égales, elles-mêmes partagées. Lobe latéral-supérieur irrégulier, pourvu de trois grandes branches terminales, ramifiées, et de quelques petites supérieures. Selle latérale plus petite que la selle dorsale, divisée en deux feuilles inégales, dont la plus grande est interne. Le lobe latéral-inférieur et le lobe auxiliaire sont petits et très-obliques. La ligne du rayon central, en partant de l'extrémité du lobe dorsal, coupe l'extrémité de la branche terminale du lobe latéral-supérieur, passe au-dessous du lobe latéral-inférieur, et coupe le lobe auxiliaire.

Observations. Jeune, au diamètre de quatre millimètres, elle a déjà ses côtes et ses pointes; ses tours sont alors déprimés, plus larges que hauts; elle conserve cette disposition souvent jusqu'au diamètre de quarante millimètres. Ses tours se compriment ensuite, tout en conservant les côtes et les épines jusqu'au diamètre de quatre-vingt-dix à cent millimètres, alors les côtes s'atténuent, finissent par disparaître, et l'espèce reste seulement avec les stries transverses, inégales, comme bifurquées sur le dos. Lorsque le test manque, le moule n'a plus de stries transverses, les côtes seules sont apparentes, sans les pointes latérales, celles-ci étant alors marquées par une petite facette lisse.

Rapports et différences. Voisine à la fois, par ses deux pointes latérales, des *A. Valdani* et *Birchii*, cette espèce diffère de la première par son dos rond, par ses lobes moins nombreux, et de la seconde par ses pointes plus espacées, par ses tours plus larges et par des lobes entièrement différens.

Localité. Cette espèce caractérise le lias moyen. Elle a été recueillie à la tranchée du Bois-de-Trousse, près de Saint-Amand (Cher), par MM. de Valdan, Massé, Maugenest et par moi; à Croisille (Calvados), par moi (dans les couches inférieures); à Brieux (Meuse), par M. Buvignier; aux environs de Lyon (Rhône), par M. Terrier.

Explication des figures. Pl. 79, fig. 1. Coquille réduite aux trois cinquièmes. De ma collection.

Fig. 2. La même, vue du côté de la bouche.

Fig. 3. Une cloison grossie trois fois. Dessinée par moi.

N° 96. Ammonites muticus, d'Orbigny.

Pl. 80.

A. *testâ compressâ, non carinatâ ; anfractibus compressis ; lateribus complanatis, transversìm striatis, costatis ; costis elevatiusculis, externè aculeatis ; dorso convexo ; aperturâ compressâ, oblongâ; septis lateribus 3-lobatis.*

Dimensions. Diamètre 100 mill. — Par rapport au diamètre : largeur du dernier tour $\frac{26}{100}$; recouvrement du dernier tour $\frac{2}{100}$; épaisseur du dernier tour $\frac{24}{100}$; largeur de l'ombilic $\frac{56}{100}$.

Coquille très comprimée, non carénée, ornée en travers de stries fines et de côtes droites peu élevées sur lesquelles passent les stries. Chaque côte est terminée extérieurement par une longue pointe mutique dans le moule et interrompue sur le dos. *Dos* rond. *Spire* formée de tours comprimés, peu convexes sur les côtés. *Bouche* comprimée, arrondie en avant. *Cloisons* symétriques, découpées de chaque côté en trois lobes, dont un formé de parties impaires, les deux autres de parties paires, et en selles formées de parties presque paires. Lobe dorsal beaucoup plus court que le lobe latéral-supérieur, orné, latéralement, de quatre branches ramifiées. Selle dorsale aussi large que le lobe latéral-supérieur, divisée en deux parties presque égales, elles-mêmes subdivisées. Lobe latéral-supérieur très-grand, très-large, divisé en deux grandes branches, dont une terminale et l'autre externe. Selle latérale irrégulièrement partagée en deux parties, la plus grande en dedans. Lobe latéral-inférieur oblique, presque divisé en parties paires. Lobe auxiliaire partagé en parties presque paires. La ligne du rayon central, en partant de l'extrémité du lobe dorsal, coupe la dernière branche en touchant les branches latérales et la pointe des autres lobes.

Observations. Sans test, cette espèce manque de pointes, celles-ci étant masquées par une facette. Elle manque aussi le plus souvent de stries dans cet état. Jeune, ses tours sont peu comprimés; ils le deviennent davantage à mesure qu'elle vieillit.

Rapports et différences. Voisine de l'*A. Regnardi* par ses côtes et ses pointes, elle s'en distingue par ses stries transverses, par ses pointes plus longues et mutiques et par des lobes différens.

Localité. M. de Valdan et moi nous l'avons recueillie dans les marnes du lias moyen de la tranchée du bois de Trousse et aux Coutards, près de Saint-Amand (Cher).

Explication des figures. Pl. 80, fig. 1. Coquille de grandeur naturelle. De ma collection, avec des parties de test pourvues de pointes.

Fig. 2. La même, vue de côté.

Fig. 3. Une cloison grossie deux fois. Dessinée par moi. J'y ai fait voir jusqu'au lobe ventral, ce qui démontre que le lobe ventral et le lobe accessoire n'en forment qu'un seul.

N° 97. Ammonites Davæi, Sowerby.

Pl. 81.

Ammonites Davœi, Sowerby, 1822, Min. conch., t. 4, p. 71, pl. 350.

Planites Davœi, Haan, 1825, Amm. et Goniat., p. 82, n° 3.

A. Davœi, Zieten, 1830, Wurtemberg, p. 19, pl. XIV, f. 2.

Idem, Rœmer, 1835, p. 199, n° 37.

Idem, Bronn, 1837, Lethea, geog., t. XXIII, f. 4. p. 447, n° 24.

A. *testâ compressâ, non carinatâ; anfractibus rotundatis, transversìm costatis, tuberculatis, tuberculis externè dispositis, 8-12 in quovis anfractu; dorso rotundato, costato; aperturâ subrotundatâ, depressâ; septis lateribus 3-lobatis.*

Dimensions. Diamètre 120 mill. — Par rapport au diamètre: largeur du dernier tour $\frac{23}{100}$; recouvrement du dernier tour $\frac{3}{100}$; épaisseur du dernier tour $\frac{25}{100}$; largeur de l'ombilic $\frac{55}{100}$.

Coquille comprimée, non carénée, ornée en travers de côtes aiguës, simples, obliques en avant, non interrompues sur le dos. On remarque de plus, par révolution spirale, de huit à douze tubercules obtus, ronds, placés à la partie externe des tours, et occupant la largeur de deux à trois côtes. Ces tubercules, lorsqu'il y a du test, forment de longues pointes. *Dos* rond. *Spire* formée de tours ronds ou déprimés. *Bouche* ronde ou déprimée, à peine échancrée par le retour de la spire. *Cloisons* symétriques, découpées de chaque côté en trois lobes et n selles formées de parties presque impaires. Lobe dorsal ussi long et aussi large que le lobe latéral-supérieur, orné de rois branches dont l'inférieure a deux rameaux. Selle dorsale ussi large que le lobe latéral-supérieur, très-irrégulièrement artagée : trois feuilles du côté externe, une du côté interne. Lobe latéral-supérieur pourvu de deux énormes branches : une erminale très-ramifiée, une seconde externe, également très-grande. Selle latérale plus petite que le lobe latéral-supérieur, livisée en deux parties presque paires. Lobe latéral-inférieur très-petit, à cinq digitations; le lobe auxiliaire, plus petit encore, n'en a que trois. La ligne du rayon central, en partant de l'extrémité du lobe dorsal, touche l'extrémité du lobe latéral-supérieur, et passe bien au-dessous des deux autres.

Observations. Plus ou moins comprimée, cette espèce varie beaucoup, suivant l'âge. Jusqu'au diamètre de vingt-cinq millimètres, ses tours sont fortement déprimés, ornés de treize à quinze pointes longues et aiguës. Cette dépression des tours se remarque souvent jusqu'au diamètre de cinquante millimètres. Au delà de ce diamètre, il y a ordinairement de huit à douze tubercules, les tours deviennent de moins en moins épais, ils se compriment; au plus grand diamètre connu (cent vingt millimètres), les côtes deviennent plus saillantes, plus irrégulières, et les tubercules moins régulièrement placés. Les pointes appartiennent au test et laissent un tubercule tronqué dans le moule.

Rapports et différences. Par ses côtes et ses pointes, cette espèce se rapproche des *A. armatus* et *subarmatus*, tout en s'en distinguant par ses tubercules plus espacés, ses côtes plus régulières et par ses lobes.

Localité. Elle est propre au lias moyen, bien au-dessous de la *Gryphœa cymbium*. Elle a été recueillie à Mulhausen, à Uhrwiler (Bas-Rhin), par M. Engelhardt; aux environs de

Nancy (Meurthe), par M. Guibal; à Amayé-sur-Orne et à Vieux-Pont, près de Bayeux (Calvados), par M. Deslongchamps et par moi; aux environs de Saint-Rambert (Ain), par M. Sauvanau; aux environs de Lyon (Rhône), par M. Terver; à Pouilly-en-Auxois, à Semur, à Venarey (Côte-d'Or), par MM. Nodot, Boucault et par moi; à Lorméché, près de Metz (Moselle), par M. Hollandre.

Explication des figures. Pl. 81, fig. 1. Coquille réduite. De ma collection.

Fig. 2. La même, sur le côté de la bouche, avec des parties de test.

Fig. 3. Une cloison grossie trois fois. Dessinée par moi.

Fig. 4. Jeune individu de grandeur naturelle.

Fig. 5. Le même, vu sur la bouche.

N° 98. AMMONITES BECHEI, Sowerby.

Pl. 82.

Ammonites Bechei, Sowerby, 1821, Min. conch., t. 3, p. 143, pl. 280.

Globites striatus, Haan, 1825, Amm. et Goniat., p. 145, n° 3.

A. Bechei, Zieten, 1830, Wurtemb., p. 37, t. 28, f. 4.

A. *testâ compressâ, non carinatâ; anfractibus amplexantibus, compressis, longitudinaliter striatis, transversim costatis; costis bifurcatis, tuberculatis; tuberculis biseriatis, in utroque latere; dorso rotundato, convexo; aperturâ compressâ; septis 6-lobatis.*

Dimensions. Diamètre 230 mill. — Par rapport au diamètre : largeur du dernier tour $\frac{53}{100}$; épaisseur $\frac{90}{100}$; recouvrement du dernier tour $\frac{10}{100}$; largeur de l'ombilic $\frac{10}{100}$.

Coquille comprimée, non carénée, ornée en long de petites

ôtes également espacées, et en travers de grosses côtes qui partent du pourtour de l'ombilic, et se bifurquent le plus souvent à deux rangées longitudinales de tubercules, passent ensuite sur le dos. Les deux lignes de tubercules sont placées sur les côtés, au milieu de la largeur ; elles représentent sans doute des pointes. *Dos* très-convexe. *Spire* formée de tours comprimés très-embrassans, laissant un ombilic étroit au milieu. *Bouche* un peu ovale, fortement échancrée par le retour de la spire. *Cloisons* symétriques, formées de lobes divisés en parties impaires et de selles presque paires. Lobe dorsal beaucoup plus court et plus étroit que le lobe latéral-supérieur, orné de chaque côté de trois branches, dont l'inférieure est fourchue. Selle dorsale moins large que le lobe latéral-supérieur, divisée inégalement en trois feuilles ramifiées en dehors et d'une en dedans. Lobe latéral-supérieur pourvu de deux grandes branches latérales et d'une plus grande terminale. Selle latérale divisée en trois feuilles de chaque côté. Lobe latéral-inférieur pourvu de deux rameaux externes et d'une branche terminale. Selle auxiliaire à trois feuilles. Les quatre lobes auxiliaires vont en décroissant, du premier au dernier ; ils sont obliques et très-petits. La ligne du rayon central, en partant de l'extrémité du lobe dorsal, coupe une grande longueur de tous les lobes.

Observations. Lorsque le test manque, les stries ou côtes longitudinales disparaissent.

Rapports et différences. Cette espèce diffère de l'*A. Davœi* par ses deux rangées de tubercules, sur les côtés, et par ses tours bien plus larges. En la séparant de l'*A. Henleyi*, je le fais avec quelques doutes, ces espèces se trouvant toujours ensemble. Elle diffère effectivement de l'*A. Henleyi* par ses tours plus embrassans, son ombilic plus étroit, par ses lobes plus nombreux et quelque peu distincts de forme. Ces derniers caractères me décident à les séparer, malgré les passages qu'on pourrait entrevoir dans la largeur de l'ombilic de l'une et de l'autre espèce.

Localité. Elle caractérise le lias moyen, bien au-dessous de la *Griphæa Cymbium*, et a été recueillie à la gorge de Saint-Rambert (Ain), par M. Cabannet; aux Coutards, près de Saint-Amand (Cher), par M. de Valdan et par moi; à Fresnay-le-Puceux, à Curcy, à Vieux-Pont (Calvados), par MM. Deslongchamps, Tesson et par moi; à Lyme-Regis (Angleterre), à Semur, à Venarey (Côte-d'Or), par MM. Boucaut, Laignelet et par moi; à Avallon (Yonne), par M. Moreau et par moi.

Histoire. Cette espèce, bien figurée en 1821 par Sowerby, a été rapportée par M. de Haan au *Nautilus striatus* de Reinecke, qui est l'*A. Henleyi*, Sowerby.

Explication des figures. Pl. 82, fig. 1. Coquille réduite de moitié. De ma collection.

La même, vue sur la bouche.

Fig. 3. Une cloison grossie trois fois. Dessinée par moi.

N° 99. Ammonites Henleyi, Sowerby.

Pl. 83.

A. Henleyi, Sow., 1817, Min. conch., t. 2, p. 161, pl. 172.

Nautilus striatus, Reinecke, 1818, Naut. et Arg., n° 32, p. 85, pl. VIII, f. 65, 66.

Ammonites coronatus, var. c. Schloth., 1820, Die petref., p. 68, n° 13.

A. ornatus, Schloth., 1820, Die petref., p. 75, n° 25.

A. Henleyi, Haan, 1825, Amm. et Goniat., p. 134, n° 75.

Globites striatus, Haan, 1825, *idem*, p. 145, n° 3.

Ammonites chelliensis, Murchison.

Ammonites Henleyi, Phillips, 1829, Yorcksh., p. 163.

Ammonites striatus, Zieten, 1830, Wurtemb., p. 7, pl. V, f. 6.

Idem, Rœmer, p. 199, n° 38.

Idem, Bronn, 1837, Lethea geog., t. XXIII, f. 7, p. 449, n° 26.

A. *testâ inflatâ, non carinatâ ; anfractibus depressis, longitudinaliter striatis, transversìm costatis ; costis elevatis, fascicularibus, tuberculatis, tuberculis spinosis, biseriatis, in utroque latere ; dorso complanato ; aperturâ transversâ, depressâ ; septis lateribus 3-lobatis.*

Dimensions. Diamètre 150 mill. — Par rapport au diamètre : largeur du dernier tour $\frac{44}{100}$; recouvrement du dernier tour $\frac{1}{100}$; épaisseur du dernier tour $\frac{58}{100}$; largeur de l'ombilic $\frac{24}{100}$.

Coquille renflée, non carénée, ornée, en long, de petites stries fines, et en travers de grosses côtes peu visibles au pourtour de l'ombilic. Elles se réunissent en faisceaux à deux rangées longitudinales de grosses pointes qui ornent les côtés et passent ensuite sur le dos. *Dos* peu convexe, presque plan. *Spire* formée de tours déprimés, peu embrassans, laissant un large ombilic. *Bouche* très-anguleuse, surtout latéralement. *Cloisons* symétriques, découpées en trois lobes et en selles formées de parties impaires. Lobe dorsal un peu plus court et moins large que le lobe latéral-supérieur, orné de trois branches. Selle dorsale aussi large que le lobe latéral-supérieur, terminée par trois feuilles analogues à celles du chêne. Lobe latéral-supérieur terminé par trois grandes branches. Selle latérale divisée en deux parties peu inégales. Lobe latéral-inférieur oblique de même forme, mais la moitié plus petit que le lobe latéral-supérieur. La selle auxiliaire a trois feuilles ; le lobe auxiliaire a six pointes. La ligne du rayon central, en partant de l'extrémité du lobe dorsal, touche et coupe l'extrémité du lobe latéral-supérieur et passe au-dessous des autres.

Observations. Au diamètre de cinq millimètres, cette espèce est entièrement lisse, à dos rond. Elle prend successivement ensuite les côtes et les tubercules, son dos s'aplatit et elle atteint ainsi son plus grand diamètre. Les stries longitudinales tiennent essentiellement au test et disparaissent dans le moule.

Rapports et différences. Comme je l'ai dit à l'*A. Bechei*, cette espèce s'en rapproche tellement qu'on pourrait les réunir; néanmoins de trop grandes différences dans les lobes, indépendamment du plus de largeur de l'ombilic, de la dépression des tours, me les font conserver comme distinctes.

Localité. Elle caractérise le lias moyen, où elle a été recueillie aux Coutards et à la vallée de Saint-Pierre, près de Saint-Amand (Cher), par MM. de Valdan, de Coynart, Robin-Massé, Maugenest, Grenouilloux et par moi; à Fontaine-Étoupe-Four, à Croisilles, à Curcy, à Landes (Calvados), par MM. Deslonchamps, Tesson et par moi; à Breux (Meuse), par M. Buvignier; à Mulhausen (Bas-Rhin), par M. Engelhardt; à Pouilly, à Semur, à Venarey (Côte-d'Or), par MM. Nodot, Boucault et par moi; à Avallon (Yonne), par MM. Moreau, Desplaces, de Charmasse et par moi; à Lyme-Regis et Warwickshire (Anglèterre).

Histoire. Bien figurée en 1817, par Sowerby, sous le nom d'*Henleyi*, cette espèce a reçu l'année suivante, de Reinecke, le nom de *Striatus*. Schlotheim rapporte successivement la figure de Reinecke à ses *A. coronatus* et *ornatus*, qui renferment chacune des espèces bien différentes. Haan, tout en conservant l'*A. Henleyi* de Sowerby, prend aussi l'espèce de Reinecke. De ces noms, les Anglais ont conservé celui de *Henleyi*, et les Allemands celui de *striatus*, appliqué néanmoins en 1814, bien avant Reinecke, à une espèce distincte.

Le nom de *Henleyi* étant le plus ancien, je le conserve à l'espèce.

Explication des figures. Pl. 83, fig. 1. Coquille de grandeur naturelle. De ma collection.

Fig. 2. La même, vue du côté de la bouche.

Fig. 3. Une cloison grossie trois fois. Dessinée par moi.

N° 100. AMMONITES LAMELLOSUS, d'Orbigny.

Pl. 84, fig. 1, 2.

A. testâ compressâ, non carinatâ; anfractibus compressis, transversim costatis; costis elevatis, arcuatis, lateribus tuberculatis, externè lamellosis; dorso convexo, bilamellato; aperturâ compressâ, ovali; septis?

Dimensions. Diamètre 70 mill. — Par rapport au diamètre: largeur du dernier tour $\frac{48}{100}$; recouvrement du dernier tour $\frac{12}{100}$; épaisseur $\frac{37}{100}$; largeur de l'ombilic $\frac{24}{100}$.

Coquille comprimée, non carénée, ornée en travers de côtes inégales, saillantes, qui partent du pourtour de l'ombilic, s'infléchissent en avant, forment, au milieu des côtés, un tubercule ou mieux une longue pointe, se continuent au delà jusqu'au dos, où elles sont pourvues d'une lame saillante triangulaire. Lorsque les pointes ou les lames manquent avec le test, elles sont représentées par une facette simple. *Dos* très-saillant, muni de deux rangées de lamelles. *Spire* formée de tours comprimés. *Bouche* ovale, comprimée.

Observations. Comme on peut le voir sur l'échantillon que je décris, les tours, chargés d'abord de côtes, les unes tuberculeuses ou pourvues de pointes espacées, les autres simples; ces côtes se rapprochent de plus en plus et finissent par devenir toutes lamelleuses sur les côtés et sur le dos.

Rapports et différences. Par ses deux rangées latérales de pointes ou de lamelles, cette espèce se rapproche des *A. Bechei* et *Henleyi*, mais elle s'en distingue par ses rangées non latérales, par leur forme et par le manque de stries longitudinales.

Localité. Dans le lias moyen de Breux (Meuse), recueillie par M. Buvignier. Elle y est rare.

Explication des figures. Pl. 84, fig. 1. Coquille de grandeur naturelle, avec des pointes et des lamelles entières et tronquées. De la collection de M. Buvignier.

Fig. 2. La même, vue du côté de la bouche.

N° 101. AMMONITES CARUSENSIS, d'Orbigny.

Pl. 84, fig. 3-6.

A. *testâ compressâ, non carinatâ; anfractibus angustâtis, depressis, transversìm costatis; costis 28-rectis, in dorsum subinterruptis; dorso lato, convexo; aperturâ transversâ; septis lateribus 3-lobatis.*

Dimensions. Diamètre 20 mill. — Par rapport au diamètre : largeur du dernier tour $\frac{19}{100}$; recouvrement des tours $\frac{0}{100}$; épaisseur $\frac{11}{100}$; largeur de l'ombilic $\frac{60}{100}$.

Coquille suborbiculaire, comprimée, non carénée, ornée, en travers, par tour, d'environ vingt-huit côtes simples, droites, s'atténuant et faisant un léger coude sur le milieu du dos, ou disparaissant tout-à-fait. *Dos* large, à peine convexe. *Spire* formée de tours déprimés, étroits. *Bouche* déprimée, un peu transverse. *Cloisons* symétriques, divisées en trois lobes et en selles formées de parties impaires. Lobe dorsal du double plus long et plus large que le lobe latéral-supérieur, formé seulement d'une pointe à trois dents intérieures. Selle dorsale deux fois aussi large que le lobe latéral-supérieur, irrégulièrement festonnée en quatre parties dont l'intérieur plus large. Lobe latéral-supérieur muni de trois indices de pointes. Selle latérale à trois festons inégaux. Lobe latéral-inférieur très-court, à deux pointes; le lobe auxiliaire à une seule pointe. La ligne du rayon central, en partant de l'extrémité du lobe dorsal, passe à une grande distance au-dessous de tous les lobes.

Rapports et différences. Tout en pensant que cette Ammonite est jeune, je ne puis la rapporter à aucune des espèces décrites. Elle diffère de l'*A. ophioides* par son manque de carène, du jeune *A. Conybeari*, par ses lobes formés de parties impaires.

Localité. Elle a été recueillie avec la *Gryphæa arcuata* dans le lias inférieur de la tranchée d'Augy-sur-Aubois, près de Saint-Amand (Cher), par MM. de Valdan, Maugenest et Robin-Massé.

Explication des figures. Pl. 84, fig. 3. Coquille de grandeur naturelle. De ma collection.

Fig. 4. La même, vue sur le côté de la bouche.

Fig. 5. Dos grossi.

Fig. 6. Une cloison grossie. Dessinée par moi.

N° 102. Ammonites hybrida, d'Orbigny.

Pl. 85.

A. *testâ compressâ, non carinatâ; anfractibus subrotundatis, transversìm costatis; costis elevatis, lateribus subbituberculatis, externè fascicularibus; dorso rotundato, transversìm inæqualiter costato; aperturâ rotundato-angulatâ; septis lateribus 4-lobatis.*

Dimensions. Diamètre 85 mill. — Par rapport au diamètre : largeur du dernier tour $\frac{42}{100}$; recouvrement du dernier tour $\frac{3}{100}$; épaisseur du dernier tour $\frac{36}{100}$; largeur de l'ombilic $\frac{37}{100}$.

Coquille comprimée dans son ensemble, non carénée, ornée, en long, de côtes simples, droites, qui s'élargissent du pourtour de l'ombilic jusqu'aux côtes du dos, où elles s'infléchissent en avant et se divisent en faisceaux de trois ou quatre petites côtes. Sur les côtés de la coquille, les côtés montrent comme des indices de séries de tubercules et quelques côtes bifurquées. *Dos* très-convexe chez les adultes, presque excavé chez les jeunes. *Spire* formée de tours très-légèrement comprimés, anguleux, offrant sur les côtés un large méplat. *Bouche* à peine comprimée, anguleuse. *Cloisons* symétriques, découpées, de chaque côté, en quatre lobes formés de parties impaires et de selles irrégulières. Lobe dorsal aussi long et aussi large que le lobe latéral-supérieur, orné de quatre branches dont deux transverses. Selle dorsale aussi large que le lobe latéral-supérieur, terminée par trois feuilles dont une plus grande au milieu. Lobe latéral-supérieur orné, en dehors, de deux grandes branches, en dedans de deux très-petites et d'une grande branche terminale ramifiée. Selle latérale divisée en deux feuilles inégales, la plus grande en dehors. Le lobe latéral-inférieur a trois digitations; les deux autres lobes ont une seule pointe. La ligne du rayon central, en partant de l'extrémité du lobe dorsal, touche l'extrémité du lobe latéral-supérieur et passe bien au-dessous des autres lobes.

Observations. Les tours paraissent bien plus étroits dans le jeune âge que chez les adultes. Jeunes, ils ont le dos déprimé au milieu, tandis que cette partie est saillante chez les vieux sujets; les jeunes manquent des faisceaux de côtes.

Rapports et différences. Cette espèce semble faire le passage des *A. Henleyi* et *fimbriatus*. En effet, elle montre les indices des deux rangées de pointes latérales tout en étant arrondie et montrant des lobes bien différens.

Localité. Elle a été recueillie dans le lias moyen à Pouilly

(Côte-d'Or), par M. Moreau et par moi ; à Vieux-Pont (Calvados) ; M. Gresly l'a rencontrée à Staffelegg.

Explication des figures. Pl. 85, fig. 1. Coquille de grandeur naturelle. De ma collection.

Fig. 2. La même, vue sur la bouche.

Fig. 3. Une cloison grossie. Dessinée par moi.

Fig. 4. Profil du dos d'un jeune individu.

Fig. 5. Le même, vu en dessus.

N° 103. AMMONITES BIRCHI, Sowerby.

Pl. 86.

Ammonites Birchi, Sowerby, 1820, Min. conch., t. 3, p. 121, pl. 267.

Planites Birchi, Haan, 1825, Amm. et Gon., p. 82, n° 2.

A. *testâ compressâ, non carinatâ; anfractibus angustatis, subrotundatis, lateribus transversìm costatis; costis bituberculatis, intermediisque subradiatis; dorso rotundato, transversìm radiato; aperturâ rotundatâ.*

Dimensions. Diamètre 240 mill.—Par rapport au diamètre : largeur du dernier tour $\frac{20}{100}$; recouvrement du dernier tour $\frac{3}{100}$; épaisseur du dernier tour $\frac{24}{100}$; largeur de l'ombilic $\frac{63}{100}$.

Coquille comprimée dans son ensemble, non carénée, ornée, en travers, sur les côtés, de trente côtes transverses, sur chacune desquelles se trouvent deux tubercules ou mieux deux pointes. Ces côtes cessent au tubercule interne. Entre chacune d'elles, et sur le dos surtout, on remarque quelques petites côtes transverses. *Dos* convexe, rond, rayé en travers. *Spire* formée de tours très-étroits, presque ronds. *Bouche* ronde, à pointes latérales, à peine échancrée par le retour de la spire.

Rapports et différences. Par ses pointes latérales, cette espèce se rapproche de l'*A. perarmatus*, tout en s'en distinguant par son dos rond, convexe, les pointes plus rapprochées, les rides du dos, et surtout par ses tours infiniment plus étroits.

Localité. Elle se trouve dans le lias inférieur, avec la *Gryphæa arcuata*. Elle a été recueillie à Pouilly, à Semur (Côte-d'Or), par MM. Nodot, Boucault, Cotteau, Laudriot, Moreau Collenot et par moi ; à Avallon (Yonne), par moi.

Explication des figures. Pl. 86, fig. 1. Coquille réduite des deux tiers. De ma collection.

Fig. 2. La même, vue sur la bouche.

Fig. 3. Une cloison. Dessinée par moi.

N° 104. Ammonites lynx, d'Orbigny.

Pl. 87, fig. 1-4.

A. *testâ compressâ, discoideâ, carinatâ; anfractibus lateribus subcomplanatis, radiatìm rugosis, externè plicatis; dorso subacuto, carinato; carinâ subcrenulatâ; aperturâ compressâ, sagittatâ, anticè acutâ; septis lateribus 8-lobatis.*

Dimensions. Diamètre, 65 mill. — Par rapport au diamètre : largeur du dernier tour $\frac{60}{100}$; recouvrement des tours $\frac{21}{100}$; épaisseur des tours $\frac{21}{100}$; largeur de l'ombilic $\frac{6}{100}$.

Coquille très-comprimée, carénée, à peine convexe sur les côtés, ornée, à cette partie, de très-légères saillies rayonnantes de l'ombilic vers l'extérieur, où elles s'infléchissent en avant et sont accompagnées de rides obliques trois fois plus nombreuses. A l'endroit où ces rides commencent on voit l'indice d'une dépression marquée parallèlement au pourtour externe. *Dos* en biseau peu tranchant, légèrement festonné par une série de petites dépressions latérales situées de chaque côté de la quille. *Spire* composée de tours très-comprimés, très-larges, laissant au centre un très-étroit ombilic. *Bouche* très-comprimée, étroite, représentant un angle émoussé à côtés convexes. *Cloisons* symétriques, découpées, de chaque côté, en huit lobes et en selles formées de parties impaires. Lobe dorsal le double plus large et un peu plus long que le lobe latéral-supérieur, orné de deux grandes branches. Selle dorsale du double plus large que le lobe latéral-supérieur, terminée par trois feuilles irrégulières. Lobe latéral-supérieur formé de cinq branches obtuses, larges. Selle latérale oblique très-irrégulière. Les autres lobes et selles sont très-disparates. La ligne du rayon central, en partant de l'extrémité du lobe dorsal, passe au-dessous de tous les lobes.

Observations. Au diamètre de trois ou quatre millimètres, elle a le dos rond; mais, au diamètre de dix millimètres, elle prend la même forme de l'âge adulte.

Rapports et différences. Cette espèce, par son ensemble de forme, ressemble beaucoup à l'*A. discus*, dont elle se distingue néanmoins par sa forme moins aplatie et par les crénelures de sa carène qui la classent près de l'*A. amaltheus*, tandis que ses lobes la rapprochent du *clypeiformis*. J'ai pensé que ce pourrait être le jeune de l'*A. Buvignieri;* mais comme il y a entre les deux des différences assez grandes dans la forme du dos, je m'abstiens de les réunir jusqu'à ce que je possède de nouveaux renseignemens.

Localité. Elle paraît caractériser le lias moyen au-dessus de la zone à *Gryphœa arcuata*. Je l'ai recueillie dans la tranchée du Bois-de-Trousse, près de Saint-Amand (Cher), où elle est passée à l'état de fer sulfuré ou de fer hydraté.

Explication des figures. Pl. 87, f. 1. Coquille de grandeur naturelle. De ma collection.

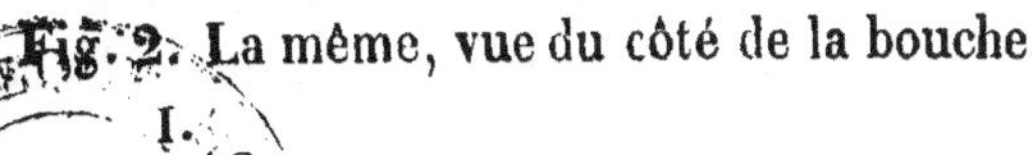

Fig. 2. La même, vue du côté de la bouche.

Fig. 3. Une partie grossie des crénelures du pourtour.

Fig. 4. Une cloison, grossie deux fois. Dessinée par moi.

N° 105. AMMONITES COYNARTI, d'Orbigny, 1844.

Pl. 87, fig. 5-7.

A. testâ compressâ, discoideâ, carinatâ; anfractibus compressis; lateribus lævigatis; dorso acutissimo, cultrato; aperturâ compressâ, sagittatâ ; septis lateribus 6-*lobatis.*

Dimensions. Diamètre, 44 mill. — Par rapport au diamètre : largeur du dernier tour, $\frac{53}{100}$; recouvrement du dernier tour $\frac{21}{100}$; épaisseur du dernier tour, $\frac{18}{100}$; largeur de l'ombilic, $\frac{10}{100}$.

Coquille très-comprimée , carénée, plane et lisse sur les côtés. *Dos* très-aigu , tranchant , très-lisse. *Spire* composée de tours comprimés , larges , laissant apercevoir un ombilic médiocre. *Bouche* très-comprimée, offrant un angle très-aigu dont les côtés sont droits. *Cloisons* symétriques, découpées de chaque côté en six lobes et en selles formées de parties irrégulières, paires ou impaires. Lobe dorsal aussi long et trois fois aussi large que le lobe latéral-supérieur, orné de deux branches de chaque côté. Selle dorsale pourvue de deux grandes feuilles obtuses. Lobe latéral-supérieur muni de dents presque paires. Selle latérale à trois festons. Lobe latéral-inférieur à quatre pointes paires. Tous les autres lobes sont formés de parties impaires, les selles de parties paires à deux festons. La ligne du rayon central, en partant de l'extrémité du lobe dorsal, touche l'extrémité du lobe latéral-supérieur et passe au-dessous de tous les autres.

Rapports et différences. Cette espèce, voisine par son dos tranchant et par ses tours embrassans, de l'*A. lynx*, s'en distingue par son ombilic plus large, par ses côtés plus plats, lisses, par sa carène bien plus aiguë et lisse, et enfin par des lobes différents de détails, tout en appartenant au même groupe.

Localité. J'ai recueilli cette espèce dans le lias moyen des Coutards, près de Saint-Amand (Cher), où elle est très-rare.

Explication des figures. Pl. 87, fig. 5. Coquille de grandeur naturelle. De ma collection.

Fig. 6. La même, vue sur la bouche.

Fig. 7. Une cloison grossie deux fois. Dessinée par moi.

N° 106. AMMONITES NORMANIANUS, d'Orbigny, 1844.

Pl. 88.

A. *testâ compressâ, carinatâ; anfractibus compressis, lateribus complanatis, transversìm costatis; costis flexuosis, inæqualibus, internè externèque evanescentibus; dorso angulato, carinato; aperturâ compressâ, oblongâ, anticè angulatâ; septis lateribus 3-lobatis.*

Dimensions. Diamètre, 90 mill. — Par rapport au diamètre : largeur du dernier tour, $\frac{31}{100}$; recouvrement du dernier tour, 5[illegible]/100; épaisseur du dernier tour, $\frac{17}{100}$; largeur de l'ombilic, $\frac{41}{100}$.

Coquille très-comprimée, carénée et pourvue d'une quille, ornée, en travers, par tour, d'environ soixante-quatre côtes inégales, très-flexueuses, à peine marquées en dedans, s'effaçant sur le biseau de la carène. Lorsque le test existe, il y a de très-légères stries parallèles aux côtes. *Dos* obtus, en biseau, terminé par une quille. *Spire* composée de tours comprimés, plats sur les côtés. *Bouche* comprimée, oblongue, en biseau en avant et en arrière. *Cloisons* symétriques, découpées de chaque côté en trois lobes formés de parties presque paires et de selles irrégulières. Lobe dorsal de moitié plus court et aussi large que le lobe latéral-supérieur, terminé par une pointe. Selle dorsale deux fois aussi large que le lobe latéral-supérieur, séparée par un grand lobe auxiliaire en deux parties très-inégales, la plus grande en dedans. Lobe latéral-supérieur orné de chaque côté de quatre pointes. Selle latérale aussi large que le lobe latéral-supérieur, terminé par trois festons irréguliers. Lobe latéral-inférieur la moitié du lobe latéral-supérieur, terminé par deux petites pointes. Le lobe auxiliaire a aussi deux pointes inégales. La ligne du rayon central, en partant de l'extrémité du lobe dorsal, coupe les deux pointes du lobe latéral-supérieur et passe bien au-dessous des autres.

Rapports et différences. Voisine, à la fois, des *A. serpentinus* et *Thouarsensis*, elle se distingue de la première par le manque de sillon et de coude latéral aux côtes, de la seconde par ses tours plus étroits, ses côtes plus flexueuses, de toutes les deux par ses lobes formés de parties presque paires. Il est curieux de voir cette Ammonite et l'*A. Masseanus*, du lias moyen, avoir des lobes formés de parties paires, tandis que toutes les espèces du même groupe (FALCIFERI) propres au lias supérieur ont les lobes formés de parties impaires.

Localité. Elle est propre au lias moyen. Elle a été recueillie par moi à Vieux-Pont, près de Bayeux (Calvados) ; à Thionville (Moselle), par M. Fournel. Elle est rare.

Explication des figures. Pl. 88, fig. 1. Coquille de grandeur naturelle, vue de côté. De ma collection.

Fig. 2. La même, vue du côté de la bouche.

Fig. 3. Une cloison grossie trois fois. Dessinée par moi.

N° 107. Ammonites rotiformis, Sowerby.

Pl. 89.

Ammonites rotiformis, Sowerby, 1824. Min. conch., t. 5, p. 76, pl. 453.

A. rotiformis, Zieten, 1830, Wurtem., p. 35, t. 26, f. 1 (1).

A. rotiformis, Rœmer, 1835, Wurt., p. 182, n° 5.

A. *testâ compressâ, carinatâ ; anfractibus angustatis, subquadratis, lateribus costatis ; costis* 50-*subarcuatis, obtusis, externè incrassatis, tuberculosis ; dorso lato, carinato, bisulcato ; aperturâ depressâ ; septis lateribus* 4-*lobatis.*

Dimensions. Diamètre, 180 mill. — Par rapport au diamètre : largeur du dernier tour, $\frac{18}{100}$; recouvrement du dernier tour, $\frac{2}{100}$; épaisseur du dernier tour, $\frac{20}{100}$; largeur de l'ombilic, $\frac{65}{100}$.

Coquille discoïdale, comprimée, fortement carénée, ornée en travers, par tour, de quarante à cinquante côtes simples, obtuses, arquées, élargies du côté externe, et pourvues, sur cette partie, d'un gros tubercule arrondi, très-obtus. *Dos* très-large, pourvu d'une quille médiane, et de chaque côté d'un fort sillon parallèle. *Spire* composée de tours carrés, étroits, plus larges sur le dos qu'ailleurs, recouvrant à peine la saillie de la quille. *Bouche* carrée, déprimée, sinueuse en avant. *Cloisons* symétriques, découpées de chaque côté en quatre lobes, dont les deux externes formés de parties paires. Lobe dorsal d'un tiers plus long que le lobe latéral-supérieur, orné d'une longue branche pourvue de dents. Selle dorsale la moitié plus large que le lobe latéral-supérieur, formée de trois feuilles découpées, iné-

(1) C'est par erreur que j'ai cité cette figure à la synonymie de l'*A. bisulcatus*.

gales, dont la plus grande est médiane. Lobe latéral-supérieur terminé par deux pointes, et de chaque côté de trois ou quatre autres. Selle latérale plus étroite que le lobe latéral-supérieur, formée de trois feuilles inégales analogues aux feuilles de la selle dorsale. Lobe latéral-inférieur la moitié de largeur du lobe latéral-supérieur, terminé par deux pointes; les deux selles auxiliaires très-petites. Les deux lobes auxiliaires terminés par une pointe médiane et deux latérales. Le rayon central, en partant de l'extrémité du lobe dorsal, passe bien au-dessous de tous les lobes, visible extérieurement, mais arrive à l'extrémité du lobe ventral qui est bifurqué et accompagné de chaque côté d'une très-grande selle ventrale.

Rapports et différences. Cette espèce, par ses côtes simples, ses tubercules, les deux sillons de son dos, se rapproche beaucoup de l'*A. bisulcatus*; mais elle s'en distingue par ses tours infiniment plus étroits, son ombilic plus large, et par des lobes bien différens.

Localité. Elle caractérise le lias inférieur avec la *Gryphæa arcuata*; elle a été recueillie à Pouilly (Côte-d'Or), par M. Desplaces de Charmasse et par moi. Elle y est rare.

Explication des figures. Pl. 89, fig. 1. Coquille réduite d'un tiers. De ma collection.

Fig. 2. La même, vue du côté de la bouche.

Fig. 3. Une cloison grossie. Dessinée par moi. *a*, la ligne de suture des tours. *b*, lobe ventral. *c*, selle ventrale.

N° 108. AMMONITES BOUCAULTIANUS, d'Orbigny, 1844.

Pl. 90, pl. 97, f. 3-5.

A. *testâ compressâ; anfractibus compressis, lateribus convexiusculis, transversim undato-costatis; costis inæqua-*

libus bifurcatis ; dorso convexo, lateribus tuberculato ; apertura compressâ ; umbilico angustato.

Dimensions. Diamètre, 120 mill. — Par rapport au diamètre : largeur du dernier tour, $\frac{18}{100}$; recouvrement du dernier tour, $\frac{14}{100}$; largeur de l'ombilic, $\frac{11}{100}$; épaisseur du dernier tour, $\frac{28}{100}$.

Coquille comprimée dans son ensemble, non carénée, ornée en travers de côtes irrégulières rayonnantes qui partent de l'ombilic, s'infléchissent et se bifurquent à la moitié de leur longueur, et se terminent, de chaque côté du dos, par un léger tubercule, et sans s'interrompre tout-à-fait passent de l'autre côté. *Spire* composée de tours presque embrassans, comprimés, ne laissant qu'un ombilic étroit au milieu. *Dos* convexe, arrondi dans le moule, marqué, lorsque le test existe, d'une dépression médiane et de tubercules latéraux correspondant aux côtes. *Bouche* étroite, très-comprimée. *Cloisons* symétriques, découpées de chaque côté en quatre lobes très-compliqués, formés de parties paires et de selles composées de parties presque paires. Lobe dorsal aussi long et aussi large que le lobe latéral-supérieur, profondément découpé en trois branches très-ramifiées et très-compliquées. Selle dorsale plus large que le lobe latéral-supérieur, formée de deux grandes feuilles inégales, dont la plus grande est interne, toutes les deux très-divisées. Lobe latéral-supérieur terminé par deux grandes branches très-ramifiées (je n'ai pas pu suivre les autres). La ligne du rayon central, en partant de l'extrémité du lobe dorsal, touche l'extrémité du lobe latéral-supérieur. La suite des lobes, pris sur un jeune sujet, m'a donné un lobe latéral-inférieur et deux autres lobes formés de parties paires.

Observations. Jeune, au diamètre de vingt millim., elle a des côtes ondulées également bifurquées.

Rapports et différences. Cette espèce a la forme extérieure des *A. Loscombi* et *heterophyllus*, tout en se distinguant de l'une et de l'autre par ses côtes bifurquées, par les tubercules de son dos, et surtout par ses lobes d'une tout autre disposition, non formés de feuilles arrondies, et représentant des parties paires.

Localité. M. Boucault l'a découverte dans le lias inférieur à *Gryphœa arcuata* de Champlong, près de Semur (Côte-d'Or). J'y rapporte une Ammonite jeune trouvée à la Spezia, par M. Guidoni.

Explication des figures. Pl. 90, fig. 1. Coquille réduite d'un tiers. De la collection de M. Boucault, à Semur.

Fig. 2. La même, vue du côté de la bouche.

Fig. 3. Une partie de cloison. Dessinée par moi. De grandeur naturelle.

Pl. 97, fig. 3. Coquille de grandeur naturelle. De la Spezia.

Fig. 4. La même, vue sur la bouche.

Fig. 5. Une cloison grossie. Dessinée par moi.

N° 109. AMMONITES CHARMASSEI, d'Orbigny, 1844.

Pl. 91 et 92, fig. 1, 2.

A. testâ compressâ, discoideâ; anfractibus compressis; lateribus complanatis, costulatis; costis inœqualibus bifurcatis, in dorso interruptis; dorso subcarinato; aperturâ sagittatâ, compressâ; umbilico mediocri; septis 6-lobatis.

Dimensions. Diamètre, 235 mill.—Par rapport au diamètre (adulte) : largeur du dernier tour, $\frac{56}{100}$; recouvrement du dernier tour, $\frac{9}{100}$; largeur de l'ombilic, $\frac{20}{100}$; épaisseur du dernier tour, $\frac{11}{100}$; (jeune) largeur du dernier tour, $\frac{41}{100}$; largeur de l'ombilic, $\frac{29}{100}$; épaisseur du dernier tour, $\frac{25}{100}$.

Coquille très-variable suivant l'âge. JEUNE, jusqu'au diamètre de quatre-vingt-dix mill., cette espèce est médiocrement comprimée, non carénée, ornée en travers de vingt côtes, qui partent du pourtour de l'ombilic, se bifurquent plus ou moins près, de chaque côté, s'élargissent et s'interrompent aux côtés du dos. *Spire* composée de tours assez renflés, légèrement en biseau près du dos. *Dos* étroit, lisse ou même concave au milieu, surtout dans les très-jeunes individus. *Bouche* oblongue, obtuse en avant. Adulte, au diamètre de deux cents trente-cinq millim., cette espèce se comprime considérablement et toutes ses proportions changent, comme on l'a vu aux dimensions. Ses côtes se bifurquent beaucoup plus et finissent par disparaître entièrement, de manière à laisser la coquille tout-à-fait lisse. L'ombilic devient plus étroit à proportion de l'ensemble; le dos est presque caréné, et les tours sont très-comprimés et bien plus larges. *Cloisons* (d'un individu de quatre-vingt-dix millim. de diamètre) symétriques, découpées de chaque côté en deux lobes principaux et en selles formées de parties impaires. Lobe dorsal plus large et moins long que le lobe latéral-supérieur, pourvu, de chaque côté, de trois grandes branches très-digitées. Selle dorsale aussi large que le lobe latéral-supérieur, fortement divisée en quatre feuilles irrégulières très-festonnées. Lobe latéral-supérieur pyramidal, terminé par une branche très-digitée, orné de plus, de chaque côté, de trois branches, surtout inégales du côté interne. Selle latérale plus petite, mais à peu près semblable de forme à la selle dorsale. Lobe latéral-inférieur le tiers du lobe latéral-supérieur, mais de forme analogue. Il y a de plus quatre très-petits lobes accessoires très-obliques, de moins en moins grands jusqu'au dernier. La ligne du rayon central, en partant de l'extrémité du lobe dorsal, coupe l'extrémité du lobe latéral-supérieur, mais passe bien au-dessous de tous les autres.

Rapports et différences. Cette espèce montre, par ses côtes interrompues sur le dos, quelques rapports avec les *A. Boucaultianus* et *catenatus*. Mais elle se distingue de la première par ses tours plus à découvert, ainsi que par ses lobes bien moins compliqués, et de la seconde par ses côtes bifurquées au lieu d'être simples. C'est, du reste, celle de toutes qui m'a donné le plus de peine à débrouiller et à bien caractériser, vu les grandes variations qu'elle subit suivant les âges. J'ai eu sous les yeux neuf échantillons.

Localité. Elle caractérise le lias inférieur, avec la *Gryphæa arcuata* du centre de la France. Elle a été recueillie à Avallon (Yonne), par M. Desplaces de Charmasse, aux environs de Semur et de Pouilly (Côte-d'Or), par M. Boucault et par moi. Elle y est généralement en mauvais état de conservation.

Explication des figures. Pl. 91, fig. 1. Jeune individu de grandeur naturelle.

Fig. 2. Le même, vu sur la bouche.

Fig. 3. Un autre individu de grandeur naturelle. De la collection de M. Boucault.

Fig. 4. Le même, vu du côté de la bouche.

Fig. 5. Une cloison grossie deux fois. Dessinée par moi.

Planche 92. Fig. 1. Coquille adulte réduite aux deux cinquièmes. De la collection de M. de Charmasse et de la mienne.

Fig. 2. Le même, vu du côté de la bouche.

N° 110. Ammonites Leigneletii, d'Orbigny, 1844.

Pl. 92, fig. 3, 4.

A. *testâ compressâ; anfractibus lateribus complanatis, costatis; costis bifurcatis, internè externèque incrassatis, tuberculatis; dorso truncato, lævigato; lateribus crenulatis; aperturâ compressâ.*

Dimensions. Diamètre, 40 mill. — Par rapport au diamè-

tre : largeur du dernier tour, $\frac{47}{100}$, recouvrement du dernier tour, $\frac{10}{100}$; largeur de l'ombilic, $\frac{27}{100}$, épaisseur du dernier tour, $\frac{27}{100}$.

Coquille trèsicomprimée, non carénée, ornée, au pourtour de l'ombilic, de 15 tubercules saillans, mais dirigés intérieurement, dont part une très-faible côte bifurquée, qui se divise encore une fois, et chacune de ces bifurcations se termine extérieurement par un tubercule. Les côtes des côtés sont presque effacées. *Spire* composée de tours très-comprimés, pourvue d'une saillie longitudinale au milieu de leur largeur. *Dos* coupé carrément, lisse au milieu, pourvu de tubercules de chaque côté. *Bouche* très comprimée, tronquée en avant. Cloisons inconnues.

Rapports et différences. Très-voisine, par ses côtes bifurquées et par son dos tronqué, de l'*A. denarius*, du gault, cette espèce s'en distingue par les tubercules internes dirigés en dedans, par ses côtes plus bifurquées et par les tubercules externes pairs.

Localité. M. Boucault l'a découverte dans le lias inférieur à la *Gryphæa arcuata* de Champlong, près de Semur (Côte-d'Or). Elle y est très-rare.

Explication des figures. Pl. 92, fig. 3. Coquille de grandeur naturelle, vue de côté. De la collection de M. Boucault.

Fig. 4. La même, vue du côté de la bouche.

N° 111. Ammonites Moreanus, d'Orbigny, 1844.

Pl. 93.

A. testâ compressâ; anfractibus compressis; lateribus complanatis, lævigatis, externè costatis ; dorso truncato, lævigato; lateribus crenulatis ; aperturâ compressâ, anticè truncatâ; septis lateribus 5-lobatis.

Dimensions. Diamètre, 75 mill. — Par rapport au diamètre : largeur du dernier tour, $\frac{31}{100}$; recouvrement du dernier tour, $\frac{8}{100}$; largeur de l'ombilic, $\frac{43}{100}$; épaisseur du dernier tour, $\frac{19}{100}$.

Coquille très–comprimée , non carénée , lisse , marquée seulement en dehors de chaque tour , près du dos, de côtes transverses très-courtes, obliques. *Spire* formée de tours très-comprimés , laissant apercevoir un large ombilic. *Dos* très-étroit, tronqué, lisse au milieu, crénelé latéralement par les côtes. *Bouche* très-comprimée, tronquée en avant. *Cloisons* symétriques, divisées en cinq lobes et en selles formées de parties impaires. Lobe dorsal beaucoup plus court et aussi large que le lobe latéral-supérieur, formé de trois branches courtes. Selle dorsale beaucoup plus large que le lobe latéral-supérieur, terminé par trois grands festons irréguliers. Lobe latéral-supérieur orné d'une branche terminale irrégulière , et pourvu de trois petites branches latérales. Selle latérale à peu près du même diamètre que le lobe latéral-supérieur, terminée par trois festons découpés. Lobe latéral oblique à trois pointes irrégulières ; les trois lobes auxiliaires sont placés obliquement, et sont de plus en plus petits en approchant de l'ombilic. La ligne du rayon central, en partant de l'extrémité du lobe dorsal, coupe l'extrémité des lobes latéraux-supérieur et inférieur, et laisse au-dessous tous les lobes auxiliaires.

Observations. Au diamètre de trente à quarante millim., cette espèce est pourvue de côtes simples, non bifurquées, qui disparaissent avec l'âge.

Rapports et différences. Elle est, par les crénelures de son dos, assez voisine de l'*A. splendens*, mais elle s'en distingue par ses tours de spire plus étroits , moins embrassans, par le manque de tubercules internes, et enfin par ses lobes bien différens. Rapprochée de l'*A. catenatus,* elle s'en distingue par les mêmes caractères que je viens de citer, et par ses côtés lisses.

Localité. Elle caractérise les couches du lias inférieures aux *Sinemuria*, c'est-à-dire bien au-dessous de la *Gryphæa arcuata*. Elle a été recueillie par moi au Pont-Aubert, près d'Avallon (Yonne), où elle est très-rare.

Explication des figures. Pl. 93, fig. 1. Coquille de grandeur naturelle. De ma collection.

Fig. 2. La même, vue du côté de la bouche.

Fig. 3. Une cloison grossie trois fois. Dessinée par moi.

N° 112. AMMONITES CATENATUS, Sowerby.

Pl. 94.

Ammonites comptus, Sowerby, 1832, De la Bèche, Traité de géologie (Ed. franc.), p. 407, f. 66.

A. catenatus, Sowerby, 1832, De la Bèche, loc. cit., p. 407, f. 67.

A. trapezoïdalis, Sowerby, 1832, De la Bèche, loc. cit., p. 407, f. 68.

A. *testâ compressâ, anfractibus compressis, lateribus complanatis, transversìm 50-costatis; costis simplicibus, arcuatis, elevatis, in dorso interruptis; aperturâ compressâ, anticè truncatâ; dorso lævigato, lateribus crenulato; septis 4-lobatis.*

Dimensions. Diamètre, 106 mill. — Par rapport au diamètre : largeur du dernier tour, $\frac{29}{100}$; recouvrement du dernier tour, $\frac{6}{100}$; largeur de l'ombilic, $\frac{48}{100}$; épaisseur du dernier tour, $\frac{22}{100}$.

Coquille comprimée, non carénée, ornée en travers par tour, de trente à cinquante côtes simples, aiguës, très-saillantes, arquées surtout en dehors, où, après être devenues plus grosses, elles s'interrompent au milieu du dos, qui est lisse et quelquefois un peu concave. *Spire* formée de tours comprimés, presque à découvert. *Bouche* comprimée, tronquée et rétrécie en avant. *Cloisons* symétriques divisées de chaque côté en trois lobes formés de parties impaires. Lobe dorsal plus large et plus court que le lobe latéral-supérieur, terminé par trois digitations en pointe. Selle dorsale un peu plus large que le lobe latéral-supérieur, terminée par trois festons arrondis. Lobe latéral-supérieur orné de chaque côté de trois pointes, et terminé par une septième elle-même à trois pointes. Selle latérale aussi large que le lobe latéral-supérieur, terminée par deux festons. Lobe latéral-inférieur beaucoup plus court que le supérieur, terminé par trois pointes. Le premier lobe auxiliaire oblique à trois pointes internes. La ligne du rayon central, en partant de l'extrémité du lobe dorsal, coupe l'extrémité du lobe latéral-supérieur et passe au-dessous des autres.

Rapports et différences. Cette espèce est, par les crénelures de son dos, voisine de l'*Ammonites Moreanus;* elle s'en distingue par ses côtes entières jusqu'à un âge avancé, et par ses lobes autrement distribués.

Histoire. Je crois pouvoir regarder comme le jeune âge de cette Ammonite les *A. comptus*, *catenatus* et *trapezoidalis*, que M. De la Bèche a rencontrés à la Spezia (Italie), et que je crois appartenir à la même espèce. Le nom de la première, employé dès 1818, pour une autre espèce par Reinecke ne peut être conservé. Le second est évidemment basé sur une altération des cloisons du dos qui avait laissé des cavités. Pour le troisième, il pourrait être une déformation.

Localité. Elle est propre au lias inférieur, bien au-dessous de la *Gryphæa arcuata.* Elle a été recueillie au Pont-Auber, près d'Avallon (Yonne), par M. Moreau et par moi; à Semur (Côte-d'Or), par M. Desplaces de Charmasse. Les jeunes que je rapporte à cette espèce ont été recueillis au golfe de la

Spezia, près de Coregna (Italie), ce qui pourrait donner l'âge de ce terrain. Je me suis assuré que les soi-disant *Orthoceratites* de cette dernière localité, ainsi que celles du lac de Côme, sont des articulations d'alvéoles de Bélemnites.

Explication des figures. Pl. 94, fig. 1. Coquille de grandeur naturelle. De ma collection.

Fig. 2. La même, vue du côté de la bouche.

Fig. 3. Jeune individu de la Spezia. De ma collection.

Fig. 4. Le même, vu du côté de la bouche.

Fig. 6. Une cloison, grossie dix fois. Dessinée par moi sur un échantillon de la Spezia.

N° 113. AMMONITES SINEMURIENSIS, d'Orbigny, 1844.

Pl. 95, fig. 1-3.

A. *testâ compressâ, carinatâ; anfractibus quadratis, lateribus costatis; costis inæqualibus, simplicibus vel externè bifurcatis, tuberculatis; tuberculis transversìm oblongatis; dorso lato, tricarinato, bisulcato; septis lateribus* 3-*lobatis*.

Dimensions. Diamètre, 40 mill. — Par rapport au diamètre : largeur du dernier tour, $\frac{28}{100}$; recouvrement du dernier tour, $\frac{3}{100}$; épaisseur du dernier tour, $\frac{31}{100}$; largeur de l'ombilic, $\frac{48}{100}$.

Coquille discoïdale, comprimée, fortement carénée, ornée en travers, par tour, de quinze à vingt côtes inégales; les unes simples, terminées extérieurement par un tubercule oblong transversal; les autres simples, en partant de l'ombilic, réunies deux par deux à un seul tubercule : alors leur direction est inégale. *Dos* large, carré, pourvu de trois quilles dont une médiane plus saillante, de chaque côté de laquelle est un sillon. *Spire* formée de tours carrés, élargis sur le dos. *Bouche* carrée. *Cloisons* symétriques, découpées de chaque côté en deux lobes, dont l'extérieur est formé de parties paires. Lobe dorsal d'un quart plus long, mais aussi large que le lobe latéral-supérieur, orné de cinq pointes internes, dont une terminale. Selle dorsale moins large que le lobe latéral-supérieur, terminé par quatre petites feuilles. Lobe latéral-supérieur terminé par deux pointes, et orné de chaque côté de trois ou quatre pointes inégales. Selle latérale aussi large que le lobe latéral-supérieur, découpée en trois festons partagés. Lobe latéral-inférieur très-petit. La ligne du rayon central, en partant de l'extrémité du lobe dorsal, passe bien au-dessous de tous les autres lobes.

Observations. Cette espèce est très-variable pour ses côtes et ses tubercules. Dans le jeune âge elle n'a pas de sillons latéraux à la quille, ni les deux quilles latérales; son dos alors est moins carré.

Rapports et différences. Voisine, par sa forme et par ses quilles, des *A. rotiformis* et *bisulcatus*, elle s'en distingue par l'inconstance de ses côtes et la réunion de celles-ci aux tubercules latéraux.

Localité. M. Boucault l'a découverte aux environs de Semur (Côte-d'Or), dans le calcaire du lias inférieur, avec la *Gryphœa arcuata.* Elle y est rare.

Explication des figures. Pl. 95, fig. 1. Coquille de grandeur naturelle. De la collection de M. Boucault.

Fig. 2. La même, vue du côté de la bouche.

Fig. 3. Une cloison grossie quatre fois. Dessinée par moi.

N° 114. AMMONITES SAUZEANUS, d'Orbigny, 1844.

Pl. 95, fig. 4-5.

A. *testâ compressâ; anfractibus quadratis, lateribus 15-costatis; costis simplicibus, rectis, externè mucronatis; dorso lato, subangulato; aperturâ quadratâ.*

Dimensions. Diamètre, 30 mill.—Par rapport au diamètre : largeur du dernier tour, $\frac{30}{100}$; recouvrement du dernier tour, $\frac{4}{100}$; épaisseur du dernier tour, $\frac{31}{100}$; largeur de l'ombilic, $\frac{48}{100}$.

Coquille discoïdale, peu comprimée, non carénée, ornée en travers par tour d'environ quinze côtes, rayonnantes, simples, saillantes, terminées extérieurement par une pointe. *Dos* large, carré, marqué au milieu d'une partie légèrement anguleuse, sans former de quille. *Spire* formée de tours carrés, plus larges en dehors. *Bouche* carrée. *Cloisons* inconnues.

Rapports et différences. Assez voisine, par ses côtes simples, de l'*A perarmatus*, cette espèce s'en distingue par une seule pointe externe et par son dos presque caréné. J'ai vu deux échantillons de cette espèce singulière.

Localité. Elle a été recueillie par M. Boucault, dans le lias inférieur à *Gryphæa arcuata* de Champlong, près de Semur (Côte-d'Or). Elle y est rare.

Explication des figures. Pl. 95, fig. 4. Coquille de grandeur naturelle. De la collection de M. Boucaut.

Fig. 5. La même, vue du côté de la bouche.

N° 115. AMMONITES COLLENOTII, d'Orbigny, 1844.

Pl. 95, fig. 6-9.

A. *testâ compressâ, acutè carinatâ ; anfractibus compressis ; lateribus convexiusculis, transversim inæqualiter costatis ; costis paribus vel sparsis, externè interruptis ; dorso carinato ; aperturâ sagittatâ ; septis lateribus 3-lobatis.*

Dimensions. Diamètre, 250 mill.—Par rapport au diamètre : largeur du dernier tour, $\frac{41}{100}$; recouvrement du dernier tour, $\frac{13}{100}$; épaisseur du dernier tour, $\frac{21}{100}$; largeur de l'ombilic, $\frac{30}{100}$.

Coquille comprimée, discoïdale, pourvue d'une forte quille saillante; lisse dans l'âge adulte, dans le jeune âge, c'est-à-dire au diamètre de 30 à 40 millimètres, elle est ornée en travers de côtes droites, souvent réunies par paires, toujours interrompues à la partie déclive du dos. Quelquefois les côtes sont irrégulièrement placées. Le test, lorsqu'il existe, est finement strié en long. *Dos* pourvu d'une quille saillante, obtuse à son extrémité. *Spire* formée de tours comprimés en biseau extérieurement. *Bouche* très-comprimée, taillée en fer de flèche. *Cloisons* symétriques formées de trois lobes divisés en parties paires et de selles dont les deux externes sont encore formées de parties paires. Lobe dorsal plus long et plus large que le lobe latéral-supérieur, orné de deux branches. Selle dorsale aussi large que le lobe latéral-supérieur, terminé par deux festons arrondis. Lobe latéral-supérieur terminé par deux pointes, orné en dehors d'une et en dedans de trois autres pointes. Selle latérale plus large que le lobe latéral-supérieur, festonnée à son extrémité. Lobe latéral-inférieur orné de cinq pointes, dont deux terminales et deux externes. Selle auxiliaire à trois festons; lobe auxiliaire à deux pointes. La ligne du rayon central, en partant de l'extrémité du lobe dorsal, passe bien au-dessous de tous les autres lobes.

Rapports et différences. Cette espèce est très-remarquable en ce qu'elle réunit deux caractères ordinairement séparés. Par sa forme elle appartient évidemment à la section des FALCIFERI, tandis que par ses lobes elle dépend des ARIETES. C'est une rare exception, dès lors bien distincte de toutes les espèces des deux sections dont elle se rapproche. J'ai sous les yeux cinq échantillons.

Localité. M. Boucault et moi nous avons rencontré cette espèce dans les couches du lias inférieur à *Gryphæa arcuata* de Champlong, aux environs de Semur (Côte-d'Or).

Explication des figures. Pl. 95, fig. 6. Coquille de grandeur naturelle. De la collection de M. Boucault et de la mienne.

Fig. 7. La même, vue du côté de la bouche.

Fig. 8. Un autre individu à côtes par paires.

Fig. 9. Une cloison grossie six fois. Dessinée par moi.

N° 116. Ammonites Grenouillouxi, d'Orbigny.

Pl. 96.

Ammonites crenatus, Zieten, 1830. Wurt., t. 1, f. 4, p. 1.

A. *testâ compressâ, non carinatâ; anfractibus depressis, angustatis; lateribus 25-costatis, externè mucronatis; dorso lato, convexiusculo, transversìm costulato; aperturâ depressâ, angustatâ; septis lateribus 3-lobatis.*

Dimensions. Diamètre, 60 mill. — Par rapport au diamètre : largeur du dernier tour, $\frac{25}{100}$; recouvrement du dernier tour, $\frac{6}{100}$; épaisseur du dernier tour, 45 à $\frac{60}{100}$; largeur de l'ombilic, $\frac{53}{100}$.

Coquille discoïdale, comprimée dans son ensemble, non carénée, ornée, en travers, par tour, d'environ vingt-cinq côtes simples, terminées, chacune extérieurement, par une forte pointe. *Dos* très-large, peu convexe, marqué de petites côtes transverses, arquées, réunies deux par deux ou en faisceaux, aux pointes externes. *Spire* composée de tours très-étroits, infiniment plus larges que hauts, saillans de chaque côté par les pointes latérales, et rétrécis sur la suture. *Bouche* transverse, déprimée, arquée, anguleuse sur les côtés. *Cloisons* symétriques, découpées, de chaque côté, en trois lobes formés de parties impaires. Lobe dorsal plus large et aussi long que le lobe latéral-supérieur, orné, de chaque côté, de quatre branches dont les deux supérieures forment une seule pointe, la troisième en a deux, la quatrième quatre. Selle dorsale un peu plus large que le lobe latéral-supérieur, divisée à son extrémité en trois feuilles dont les deux internes sont trilobées. Lobe latéral-supérieur formé, en dehors, de trois pointes, en dedans de six inégales, et terminé par une grande pointe. Selle latérale d'un tiers plus large que le lobe latéral-supérieur, divisée en deux feuilles presque égales, formées de trois folioles. Lobe latéral-inférieur très-petit, très-irrégulier. Selle auxiliaire la moitié de la selle latérale, divisée en deux parties. Lobe auxiliaire oblique, petit, formé d'une seule digitation. La ligne du rayon central, en partant de l'extrémité du lobe dorsal, touche l'extrémité du lobe latéral-supérieur, et passe bien au-dessous des autres. Le lobe latéral-supérieur et la moitié de la selle dorsale sont sur le dos; il n'y a, en dedans des tubercules, que le lobe latéral-inférieur et le lobe auxiliaire.

Observations. Cette espèce est très-variable dans la largeur relative des tours au diamètre; souvent il y a sous ce rapport une différence énorme. Les pointes sont plus ou moins rapprochées, et les côtes transverses du dos très-variables de nombre et d'élévation.

Rapports et différences. Voisine, par ses tours déprimés, de l'*A. Blagdeni*, cette espèce s'en distingue par moins de largeur dans les tours, par son accroissement moins rapide, et enfin par des lobes bien moins compliqués.

Histoire. M. Zieten a rapporté à tort cette Ammonite à l'*A. crenatus* de Rienecke dont elle diffère par ses tours plus comprimés. Quand même le rapprochement eût été exact, le nom de *crenatus* ne pourrait lui être conservé, attendu que dès 1789 Bruguière l'avait employé pour une autre espèce. En effet Bruguière a décrit une Ammonite sous cette dénomination, en créant le genre, ce qui n'a pas empêché Rienecke, en

1818, Zieten en 1830, M. Fitton en 1836, de la donner à trois autres espèces distinctes de la première, qui, seule, doit porter ce nom. Cette raison m'oblige à désigner cette Ammonite par une dénomination nouvelle.

Localité. Elle caractérise le lias moyen, et a été recueillie aux Coutards, près de Saint-Amand-Montrond (Cher), par MM. de Valdan, Robin-Massé, Maugenest, Grenouilloux et par moi. Les beaux échantillons sont rares.

Explication des figures. Pl. 96, f. 1. Coquille de grandeur naturelle. De ma collection.

Fig. 2. La même, vue du côté de la bouche.

Fig. 3. Jeune âge.

Fig. 4. Variété épaisse, vue du côté de la bouche.

Fig. 5. Variété comprimée.

Fig. 6. Une cloison grossie cinq fois. Dessinée par moi.

N° 117. Ammonites Sismondæ, d'Orbigny, 1844.

Pl. 97, fig. 1-2.

A. *testâ maximè compressâ; anfractibus compressis, angustatis, lateribus costatis: costis undulatis; dorso angustato, truncato; umbilico angustato; aperturâ sagittatâ, compressâ, anticè truncatâ; septis lateribus 7-lobatis.*

Dimensions. Diamètre, 30 mill. — Par rapport au diamètre : largeur du dernier tour, $\frac{58}{100}$; recouvrement du dernier tour, $\frac{26}{100}$; épaisseur du dernier tour, $\frac{20}{100}$; largeur de l'ombilic, $\frac{12}{100}$.

Coquille discoïdale, très-comprimée, non carénée, ornée, en travers, de très-légères côtes ondulées, plus marquées extérieurement. *Dos* très-comprimé, tronqué et laissant une légère surface plane à son pourtour. *Spire* composée de tours très-larges, comprimés, ne laissant, dans leur enroulement, qu'un ombilic très-étroit. *Bouche* comprimée, en fer de lance, tronquée et obtuse à son extrémité. *Cloisons* symétriques, découpées, de chaque côté, en sept lobes formés de parties impaires ; lobe dorsal beaucoup plus court que le lobe latéral-supérieur, orné d'une grande branche terminale bifurquée. Selle dorsale beaucoup plus large que le lobe latéral-supérieur, divisée en petites feuilles très-simples. Lobe latéral-supérieur étroit, terminé par trois grandes branches. Les autres lobes diminuent de complication en approchant de l'ombilic. La ligne du rayon central, en partant de l'extrémité du lobe dorsal, coupe l'extrémité du lobe latéral-supérieur.

Rapports et différences. Cette espèce, voisine par sa forme et ses côtes du groupe des Falcifères, s'en distingue par son dos tronqué sans carène et par ses tours embrassans.

Localité. Elle a été recueillie dans le lias inférieur de la Spezia, par MM. Sismonda et Guidoni.

Explication des figures. Pl. 97, fig. 1. Coquille de grandeur naturelle. De la collection de M. Sismonda.

Fig. 2. La même, vue du côté de la bouche.

N° 118. Ammonites Phillipsii, Sowerby.

Pl. 97, fig. 6-9.

Ammonites Phillipsii, Sowerby, 1831, De la Bèche, Manuel géologique (*trad. franç.*, p. 406, f. 57).

A. *testâ compressâ, non carinatâ; anfractibus compressis, subquadrangularibus, lævigatis, lateribus 4-sulcatis; dorso rotundato; aperturâ subquadratâ, compressâ; septis lateribus 3-lobatis.*

Dimensions. Diamètre, 15 mill. — Par rapport au diamètre : largeur du dernier tour, $\frac{27}{100}$; épaisseur du dernier

tour, $\frac{21}{100}$; recouvrement du dernier tour, $\frac{0}{100}$; largeur de l'ombilic, $\frac{51}{100}$.

Coquille discoïdale, comprimée dans son ensemble, non carénée; lisse, ornée, en travers, par tour, de quatre sillons, accompagnés d'une côte, qui forment autant d'étranglemens annulaires aux tours. *Dos* rond, un peu déprimé. *Spire* formée de tours étroits, un peu carrés, seulement appliqués sans se recouvrir, aussi l'ombilic est-il très-large. *Bouche* un peu carrée. *Cloisons* symétriques, découpées, de chaque côté, en trois lobes et en selles formées de parties impaires. Lobe dorsal aussi long et aussi large que le lobe latéral-supérieur, orné de trois pointes. Selle dorsale terminée en trois feuilles arrondies, inégales. Lobe latéral-supérieur étroit, terminé par trois pointes à dents. Selle latérale irrégulière, aussi large que le lobe latéral-supérieur. Lobe latéral-inférieur à peu près de même forme et de moitié du lobe latéral-supérieur. Selle auxiliaire deux fois festonnée. La ligne du rayon central, en partant de l'extrémité du lobe dorsal, coupe l'extrémité du lobe latéral-supérieur et passe au-dessous des autres.

Rapports et différences. Cette espèce, voisine par ses sillons, de l'*A. quadrisulcatus*, s'en distingue par ses lobes formés de parties impaires, au lieu de parties paires.

Localité. MM. De la Bèche, Sismonda et Guidoni l'ont recueillie à la Spezzia, dans un terrain que je rapporte au lias inférieur.

Explication des figures. Pl. 97, fig. 6. Coquille grossie.

Fig. 7. La même, vue du côté de la bouche.

Fig. 8. Une cloison grossie. Dessinée par moi.

Fig. 9. Grandeur naturelle.

N° 119. AMMONITES ARTICULATUS, Sowerby.

Pl. 97, fig. 10–13.

Ammonites articulatus, Sowerby, 1831, De la Bèche, Man. géol., trad. franç., p. 407, f. 63.

A. testâ compressâ, non carinatâ ; anfractibus subrotundatis, transversìm 11 *vel* 14*–costatis ; costis posticè elevatis, gradatis ; dorso rotundato ; aperturâ subrotundatâ ; septis lateribus 3–lobatis.*

Dimensions. Diamètre, 12 mill. — Par rapport au diamètre : largeur du dernier tour, $\frac{37}{100}$; épaisseur du dernier tour, $\frac{37}{100}$; recouvrement du dernier tour, $\frac{0}{100}$; largeur de l'ombilic, $\frac{39}{100}$.

Coquille discoïdale, comprimée dans son ensemble, non carénée, ornée, en travers, par tour, de onze à quinze côtes, ou mieux de gradins dont les saillies des unes sur les autres ont lieu en arrière. *Dos* rond. *Spire* formée de tours étroits, ronds, appliqués les uns contre les autres sans se recouvrir, ce qui laisse un large ombilic. *Bouche* ronde, non échancrée par le retour de la spire. *Cloisons* symétriques, découpées, de chaque côté, en trois lobes formés de parties impaires. Lobe dorsal un peu plus court et aussi large que le lobe latéral-supérieur, pouvu de trois pointes de chaque côté. Selle dorsale aussi large que le lobe latéral-supérieur, terminé par trois feuilles arrondies, inégales. Lobe latéral-supérieur orné de dents latérales et terminé par trois pointes. Selle latérale comme la selle dorsale. Lobe latéral-inférieur bien plus petit que le lobe latéral-supérieur, muni de trois pointes terminales. La selle auxiliaire a trois festons. La ligne du rayon central, en partant de l'extrémité du lobe dorsal, coupe l'extrémité du lobe latéral-supérieur, et passe au-dessous de tous les autres.

Rapports et différences. Cette espèce, avec la forme extérieure du groupe des *Fimbriati*, s'en distingue par ses lobes formés de parties impaires ; ses gradins la font aussi différer extérieurement de toutes les espèces connues.

Localité. MM. De la Bèche, Guidoni et Sismonda l'ont rencontrée à la Spezia, dans un terrain que je rapporte au lias inférieur, d'après l'examen des autres espèces d'Ammonites.

Explication des figures. Pl. 97, fig. 10. Coquille grossie.

Fig. 11. La même, vue sur la bouche.

Fig. 12. Grandeur naturelle.

Fig. 13. Une cloison grossie. Dessinée par moi.

N° 120. AMMONITES FIMBRIATUS, Sowerby.

Pl. 98.

Ammonites fimbriatus, Sowerby, 1817, Min. conch., t. 2, p. 145, pl. 164.

A. fimbriatus, Haan, 1825, Amm. et Goniat., p. 135, n° 79.

A. fimbriatus, Keferst, 1829, Cat., p. 12.

A. fimbriatus, Phillips, 1829, Yorks., p. 163.

A. fimbriatus, Buch, 1831, Petref., p. 163.

A. fimbriatus, Rœmer, 1835, p. 194, n° 27.

A. *testâ discoideâ, compressâ, non carinatâ ; anfractibus angustatis, rotundatis, transversim striatis, lamellosis; striis irregularibus fimbriatis; lamellis elevatis, erectis; dorso rotundato ; aperturâ circulari ; septis lateribus bilobatis.*

Dimensions. Diamètre, 250 mill. — Par rapport au diamètre : largeur du dernier tour, $\frac{33}{100}$; épaisseur, $\frac{32}{100}$; recouvrement du dernier tour, $\frac{0}{100}$; largeur de l'ombilic, $\frac{43}{100}$.

Coquille discoïdale, comprimée dans son ensemble, non

carénée, ornée en travers de nombreuses stries irrégulières, ridées ou comme festonnées, les rides représentant dans leur ensemble des espèces de stries transversales. On remarque de plus par tour de huit à douze lames saillantes qui s'élèvent perpendiculairement et les embrassent. Dos rond, très convexe. *Spire* formée de tours étroits, cylindriques seulement, appliqués les uns contre les autres, aussi l'ombilic est-il très large. *Bouche* circulaire ou légèrement comprimée. *Cloisons* symétriques, découpées de chaque côté en deux lobes et en selles formés de parties paires. Lobe dorsal bien plus court et bien moins large que le lobe latéral-supérieur, pourvu latéralement de quatre branches croissant des supérieures aux inférieures. Selle dorsale plus petite que le lobe latéral-supérieur, profondément divisé en deux parties chacune formée de quatre feuilles découpées. Lobe latéral-supérieur divisé en deux énormes branches subdivisées à l'infini, dont la plus grande est externe. Selle latérale un peu moins large que le lobe latéral-supérieur, formée de deux parties inégales, la plus grande en dehors. Lobe latéral-inférieur plus petit de moitié mais de même forme que le lobe latéral-supérieur. Il n'y a plus ensuite que le lobe ventral, qui est étroit et formé de parties impaires. La ligne du rayon central, en partant de l'extrémité du lobe dorsal, coupe l'extrémité de tous les autres lobes.

Observations. Jeune, au diamètre de 12 mill., cette espèce montre déjà, lorsqu'elle a son test, les stries transverses et les indices des lames. Plus âgée, ces caractères se marquent davantage et deviennent très-saillans. Lorsqu'elle a son test, elle offre les stries, mais les lames sont presque toujours cassées et l'on ne voit alors que leur emplacement; lorsqu'au contraire des parties de roches soutiennent encore des parties de ces lames, on s'aperçoit qu'en dedans elles sont projetées obliquement en avant et toujours verticales sur le dos. Le moule est entièretièrement lisse, ou il montre, à la place des lames, anciennes bouches successives de l'espèce, une forte dépression annulaire.

Rapports et différences. Cette espèce était confondue avec l'*A. cornucopia.* En examinant sur les lieux des centaines d'échantillons, j'avais remarqué que les individus à tours étroits se trouvaient toujours dans le lias moyen, au-dessous de la *Gryphæa cymbium,* tandis que les individus à tours larges ne se rencontraient que bien au-dessus. J'étudiai ces deux séries de formes, et j'ai reconnu que la première a toujours deux lobes latéraux de chaque côté aux cloisons, tandis que l'autre en a toujours trois. Ces caractères différentiels, joints aux tours plus larges, déprimés, à des ornemens extérieurs bien tranchés, la feront facilement reconnaître.

Localité. C'est peut-être l'une des espèces les plus répandues et dont l'horizon géologique est le plus certain. Elle se rencontre toujours au sein du lias moyen, dans la zone comprise entre le niveau de la *Gryphæa cymbium* et celui de la *Gryphæa arcuata.* Elle a été recueillie aux Coutards et dans la vallée de Saint-Pierre, près de Saint-Amand (Cher), par MM. Maugenest, Massé, Grenouilloux, de Valdan, de Coynart et par moi; aux environs de Semur, à Venarey, à Pouilly (Côte d'Or), par MM. Collenot, Sauzeau, Boucault, Nodot et par moi; aux environs d'Avallon (Yonne), par MM. de Charmasse, Moreau, Cotteau et par moi; à Vals près d'Allais (Gard), par M. Renaux; à Croisille, à Vieux-Pont, à Breteville-sur-Laise, à Fontaine-Étoupe-Four, à Curcy (Calvados), par M. Deslongchamp et par moi; à Uhrweiler, à Muhlhausen (Bas-Rhin), par M. Engelhardt; à Breux (Meuse), par M. Buvignier; aux environs de Metz (Moselle), par MM. Joba et Fournel; aux environs de Nancy (Meurthe), par M. Guibal; à Bourmont (Haute-Marne), par M. Richard; aux environs de

Lyon (Rhône), par M. Thiollière; aux environs de Fontenay (Vendée), par moi.

Histoire. De toutes les citations de l'*A. fimbriatus*, il faut en ôter les figures 1, pl. 16, de Zieten, et la f. 2, pl. 23, de M. Brown, qui appartiennent à l'A *cornucopia* de Young.

Explication des figures. Pl. 98, fig. 1. Coquille réduite au tiers. De ma collection. *a*. Lames entières. *b*. Lames cassées. *c*. Partie sans test.

Fig. 2. La même, vue sur la bouche.

Fig. 3. Une cloison grossie 2 fois, dessinée par moi.

Fig. 4. Jeune individu avec ou sans test, pour montrer les dépressions annulaires.

N° 121. AMMONITES CORNUCOPIA, Young.

Pl. 99.

Ammonites cornucopia, Young et Bird, 1822. A. geol. survey, pl. 12, f. 6.

A. fimbriatus, Zieten, 1830, Wurtem., p. 16, pl. XII, f. 1.

A. fimbriatus, Brown, 1837, Lethea geog., p. 441, n°20, pl. XXIII, f. 2.

A. testâ discoideâ, non carinatâ; anfractibus latis, depressis, transversim, longitudinaliter costellatis; costis fimbriatis; lamellis transversis, erectis; dorso rotundato; aperturâ depressâ; septis lateribus 3-lobatis.

Dimensions. Diamètre, 350 mill. — Par rapport au diamètre : largeur du dernier tour, $\frac{40}{100}$; épaisseur du dernier tour, $\frac{42}{100}$ à $\frac{54}{696}$; recouvrement du dernier tour, $\frac{0}{100}$; largeur de l'ombilic, $\frac{37}{100}$.

Coquille discoïdale, non carénée, ornée en travers de nombreuses petites côtes irrégulières, ridées ou comme festonnées par des côtes longitudinales très-marquées. A chaque tour, il y a de plus des côtes ondulées, transversales, élevées comme des lames. *Dos* large, arrondi. *Spire* formée de tours larges , déprimés, en contact les uns avec les autres. *Bouche* déprimée, ovale transversalement. *Cloisons* symétriques , découpées de chaque côté en trois lobes et en selles formés de parties paires. Lobe dorsal beaucoup plus court et beaucoup moins large que le lobe latéral-supérieur, orné latéralement de trois branches dont l'inférieure est bifurquée. Selle dorsale plus petite que le lobe latéral-supérieur, divisée en deux feuilles elles-mêmes partagées en deux. Lobe latéral-supérieur formé de deux grandes branches très-ramifiées. Selle latérale bien plus petite que le lobe latéral-supérieur, formée de deux feuilles divisées en trois. Lobe latéral-inférieur de moitié du lobe-latéral supérieur, à côtés inégaux. Selle auxiliaire à trois feuilles. Lobe auxiliaire très-court et divisé en deux grandes branches. La ligne du rayon central, en partant de l'extrémité du lobe dorsal, coupe l'extrémité des lobes latéral-supérieur et latéral-inférieur, et passe au-dessous du lobe accessoire.

Observations. Cette espèce est très-variable , suivant ses différens états de conservation et suivant l'âge. Au diamètre de 25 à 30 mill., elle est ornée de stries réunies en faisceaux, chacun séparé par un sillon. De même que l'*A fimbriatus*, elle a, suivant l'âge et les individus, des côtes saillantes très-élevées de distance en distance. Suivant les individus encore, les tours sont ronds ou déprimés. Lorsque la couche extérieure du test existe, il y a de petites côtes et des festons très-saillans. Lorsque cette couche manque, la seconde offre des accidens atténués. Le moule montre une surface tout-à-fait lisse.

Rapports et différences. Cette espèce , très-voisine de l'*A. fimbriatus* par ses tours arrondis et comme frangés, s'en distingue par ses tours plus larges, souvent déprimés, et par trois lobes, au lieu de deux, de chaque côté.

Localité. Elle caractérise les assises les plus supérieures du lias supérieur. Elle a été recueillie à Ligny, aux environs de Lyon, par MM. Terver et Thiollière ; à Mulhouse, à Gundershofen (Bas-Rhin), par M. Engelhardt ; à Mende (Lozère), à Fressac (Gard), par M. Renaux ; au Belvédère, près de Saint-Amand (Cher), par M. Grenouilloux et par moi ; à Clapier (Aveyron), par M. Braun ; aux environs de Charolles (Saône-et-Loire), par M. Raquin.

Histoire. Figurée d'une manière reconnaissable, en 1822, par M. Young. Cette espèce a été confondue avec le *Fimbriatus* par MM. Bronn et Zieten.

Explication des figures. Pl. 99, fig. 1. Coquille réduite de moitié. De ma collection.

Fig. 2. La même, vue du coté de la bouche.

Fig. 3. Une cloison de grandeur naturelle, calquée sur la nature.

Fig. 4. Jeune individu de grandeur naturelle.

N° 122. AMMONITES JURENSIS, Zieten.

Pl. 100.

Ammonites jurensis, Zieten, 1830, Wurtemb., pl. 68, f. 1.

A. *testâ discoideâ, compressâ, non carinatâ; anfractibus latis, compressis, lævigatis ; dorso rotundato ; aperturâ ovali, posticè truncatâ ; septis lateribus* 5-*lobatis.*

Dimensions. Diamètre, 500 mill. — Par rapport au diamètre : largeur du dernier tour, $\frac{41}{100}$; épaisseur du dernier tour, $\frac{34}{100}$; recouvrement du dernier tour, $\frac{4}{100}$; largeur de l'ombilic, $\frac{30}{100}$.

Coquille discoïdale, comprimée dans son ensemble, non

carénée, lisse ou ornée de quelques signes d'accroissement visibles seulement sur le test, le moule étant très lisse. *Dos* rond, très-convexe. *Spire* formée de tours larges, un peu comprimés, se recouvrant de quatre centièmes du diamètre. *Bouche* ovale, comprimée, légèrement entamée en arrière par le retour de la spire. *Cloisons* symétriques, découpées, de chaque côté, en quatre lobes dont les deux premiers, ainsi que les selles, sont divisés en parties paires. Lobe dorsal d'un tiers plus court, mais aussi large que le lobe latéral-supérieur, pourvu latéralement de quatre branches croissant des supérieures aux inférieures. La dernière est bifurquée. Selle dorsale aussi large que le lobe latéral-supérieur, divisée en deux branches, lesquelles se subdivisent encore en parties paires. Lobe latéral supérieur orné latéralement de trois branches, dont l'inférieure en a trois. Les deux branches terminales sont profondément divisées par une selle accessoire. Selle latérale à peu près semblable à la selle dorsale. Lobe latéral-inférieur plus petit de moitié que le lobe latéral-supérieur, très-irrégulièrement divisé en parties paires, ainsi que les suivans, réguliers seulement chez les vieux individus. Le rayon central, en partant de l'extrémité du lobe dorsal, coupe l'extrémité des lobes latéral-supérieur, inférieur, et du premier lobe auxiliaire, en passant au-dessus des autres.

Observations. Cette espèce ne paraît pas varier suivant l'âge, conservant toujours la même forme; néanmoins certains individus sont plus comprimés que les autres, et leurs tours, au lieu d'être ovales, tiennent un peu de la forme triangulaire, étant taillés un peu en biseau sur les côtés. Ce caractère a surtout lieu chez les échantillons provenant des environs de Charolles (Saône-et-Loire).

Rapports et différences. Cette ammonite fait, pour ainsi dire, le passage des formes à tours cylindriques, comme l'*A. fimbriatus*, aux formes comprimées, telles que l'*A. heterophyllus*; mais elle appartient, par ses lobes, au groupe des FIMBRIATI. Elle se distingue des *fimbriatus* et *cornucopia* par le manque de côtes et de stries, par le manque de sillons transverses dans le moule, par ses tours se recouvrant en partie, et enfin par quatre lobes de chaque côté au lieu de deux ou de trois. Ainsi l'*A. fimbriatus* a deux lobes, le *cornucopia* trois, et le *jurensis* quatre de chaque côté.

Localité. Elle caractérise les assises supérieures du lias supérieur de l'est, de l'ouest et du nord de la France, toujours bien au-dessus de l'*A. bifrons*. Elle a été recueillie à Pissot, près de Fontenay (Vendée), par moi; à Verrine, près de Thouars, à Niort, à Saint-Maixent (Deux-Sèvres), par MM. de Vielblanc, Baugier et par moi; aux environs de Charolles (Saône-et-Loire), par M. Raquin; au Mont-d'Or, près de Lyon (Rhône), par M. Terrier; à Uhrweiler-Selzbrunnen (Bas-Rhin), par M. Engelhardt.

Explication des figures. Pl. 100, fig. 1. Coquille réduite au sixième. De ma collection. Il y a une partie sans test.

Fig. 2. La même, vue du côté de la bouche.

Fig. 3. Une cloison calquée sur la nature.

N° 123. AMMONITES GERMAINI, d'Orbigny, 1844.

Pl. 101.

Ammonites interruptus, Zieten, 1830, Wurtemberg, Pl. XV, f. 3.

A. obliquè interruptus, Zieten, 1830, Wurt. Pl. XV, f. 4?

A. *testâ discoideâ, compressâ, non carinatâ; anfractibus rotundatis, transversim costatis, sulcatis; sulcis 8-ornatis, anticè costatis; dorso rotundato; aperturâ circulari; septis lateribus 5-lobatis.*

Dimensions. Diamètre, 70 mill. — Par rapport au diamètre : largeur, $\frac{33}{100}$; épaisseur du dernier tour, $\frac{33}{100}$; recouvrement du dernier tour, $\frac{3}{100}$; largeur de l'ombilic, $\frac{38}{100}$.

Coquille discoïdale, comprimée dans son ensemble, non carénée, ornée, en travers, de côtes simples, annulaires, plus ou moins nombreuses suivant les individus, et, par tour, de huit ou neuf sillons formant des étranglemens profonds, toujours marqués, en avant, d'une plus forte côte que les autres. *Dos* rond. *Spire* formée de tours assez étroits, cylindriques, se recouvrant dans l'enroulement sur une très-petite partie. *Bouche* ronde, échancrée légèrement par le retour de la spire. *Cloisons* symétriques, découpées, de chaque côté, en cinq lobes formés de parties presque paires, et de selles non divisées en parties paires. Lobe dorsal presque aussi long et aussi large que le lobe latéral-supérieur, muni de chaque côté de trois pointes et d'une branche à quatre pointes. Selle dorsale représentant deux feuilles inégales dont l'externe a trois festons, l'interne deux. Lobe latéral-supérieur divisé, à son extrémité, en deux branches inégales, la plus grande en dehors. Selle latérale ornée en dehors d'un grand feston et de deux en dedans. Lobe latéral-inférieur le tiers du lobe latéral-supérieur, terminé par deux branches dont la plus grande est interne. Les trois autres lobes sont de plus en plus petits. La ligne du rayon central, en partant de l'extrémité du lobe dorsal, coupe les pointes du lobe latéral-supérieur, et passe bien au-dessous de tous les autres.

Observations. Cette espèce varie suivant le nombre de ses grosses côtes de huit à onze. Les côtes intermédiaires sont aussi plus ou moins fines et surtout très-grosses dans quelques autres. Lorsque le test manque, le moule est lisse avec de forts étranglemens lisses. Lorsqu'elle est au diamètre de soixante-dix millimètres, elle perd entièrement ses côtes et ses sillons et devient tout-à-fait lisse ; ses tours alors sont très-larges et surtout très-renflés, et ne ressemblent pas au reste de la coquille.

Rapports et différences. Voisine, par ses étranglemens, des *A. fimbriatus* et *Cornucopia*, cette espèce s'en distingue par ses étranglemens visibles en dehors du test et bordés d'une côte saillante, par les petites côtes simples dont elle est ornée, par ses lobes bien plus divisés, enfin par ses tours non complètement cylindriques.

Histoire. M. Zieten a figuré, en 1830, cette charmante espèce sous le nom d'*Interruptus*, Schlot., mais ce nom ayant été, dès 1789, appliqué par Bruguière, à une autre Ammonite, j'ai dû le changer et je l'ai dédié à M. le docteur Germain de Salins.

Localité. Elle est propre au lias supérieur et a été recueillie près de Charolles (Saône-et-Loire), par M. Raquin ; à Uhrweiler-Silzbrunnen, à Mulhouse (Bas-Rhin), par M. Engelhardt ; aux environs de Salins (Jura), par M. Germain ; à Villenotte, près de Semur (Côte-d'Or), par M. Boucault.

Explication des figures. Pl. 101, fig. 1. Coquille à son grand diamètre costulé, avec des parties pourvues de test. De ma collection.

Fig. 2. La même, vue du côté de la bouche.

Fig. 3. Une cloison grossie quatre fois. Dessinée par moi.

Fig. 4. Individu à grosses côtes.

Fig. 5. Le même, vu sur la bouche.

Fig. 6. Variété à sillons plus obliques.

N° 124. AMMONITES TORULOSUS, Schubler, 1830.

Pl. 102, fig. 1, 2, 6.

Ammonites torulosus, Schubler, Zieten, 1830. Wurt., p. 19, pl. XIV, f. 1.

A. testâ discoideâ; anfractibus rotundatis, transversim cos-

tatis; costis rectis, latis, rotundatis, longitudinaliter striatis; dorso rotundato; transversìm costato; aperturâ ovali.

Dimensions. Diamètre, 75 mill. — Par rapport au diamètre : largeur du dernier tour, $\frac{42}{100}$; épaisseur du dernier tour, $\frac{40}{100}$; recouvrement du dernier tour, $\frac{6}{100}$; largeur de l'ombilic, $\frac{32}{100}$.

Coquille peu comprimée dans son ensemble, ornée, en travers, de larges côtes simples, saillantes, arrondies, séparées par des sillons profonds, qui, plus prononcées sur le dos, s'atténuent près de l'ombilic, elles sont finement striées en long. *Dos* arrondi, très-convexe. *Spire* composée de tours ovales ou arrondis, se recouvrant sur une petite surface. *Bouche* ovale, échancrée par le retour de la spire. *Cloisons* inconnues.

Rapports et différences. Cette espèce se rapproche encore par sa forme de l'*A. fimbriatus*, s'en distinguant ainsi que des autres espèces voisines par ses grosses côtes striées en long.

Localité. Je l'ai recueillie dans le terrain du lias le plus supérieur, à Pisot, près de Fontenay (Vendée). M. Schubler l'a rencontrée à Stuifenberg.

Explication des figures. Pl. 102, fig. 1. Coquille de grandeur naturelle. De ma collection.

Fig. 2. La même, vue du côté de la bouche.

N° 125. Ammonites Taylori, Sowerby.

Pl. 102, fig. 3-5.

Ammonites Taylori, Sowerby, 1826, Min. conch., t. 6, p. 23, pl. 514, f. 1.

A. proboscideus, Zieten, 1830, Wurtemb., p. 13, pl. X, f. 1.

A. *testâ discoideâ; anfractibus rotundatis, transversìm* 12 *costatis; costis elevatis, rectis, lateralibus bituberculatis; dorso rotundato, bituberculato; aperturâ rotundatâ.*

Dimensions. Diamètre, 32 mill. — Par rapport au diamètre : largeur du dernier tour, $\frac{40}{100}$; épaisseur du dernier tour, $\frac{30}{100}$; recouvrement du dernier tour, $\frac{2}{100}$; largeur de l'ombilic, $\frac{30}{100}$.

Coquille comprimée dans son ensemble, ornée, en travers, par tour, de douze côtes élevées, élargies sur la convexité latérale et de chaque côté de la ligne médiane du dos pour donner naissance à deux tubercules tronqués, restes, sans doute, de pointes aiguës. Les tubercules des côtés manquent quelquefois. *Dos* convexe, presque lisse sur la ligne médiane, entre deux tubercules. *Spire* composée de tours ronds en contact seulement ou se recouvrant de la saillie des tubercules. *Bouche* ronde, légèrement échancrée par le retour de la spire. *Cloisons* inconnues.

Observations. Il arrive souvent que les tubercules des côtés manquent, alors il y en a seulement deux sur le dos.

Histoire. Bien figurée, dès 1826, par Sowerby, sous le nom de *Taylori*, cette espèce a été confondue à tort avec l'*A. proboscideus* de Sowerby, espèce bien distincte et propre au terrain albien ou gault.

Localité. M. Engelhardt l'a rencontrée dans le lias supérieur de Mulhausen (Bas-Rhin); M. Zieten à Jebenhausen, près de Göppingen (Wurtemberg).

Explication des figures. Pl. 102, f. 3. Individu à l'état ferrugineux. De ma collection.

Fig. 4. Le même, vu sur la bouche.

N° 126. AMMONITES DUDRESSIERI, d'Orbigny, 1844.

Pl. 103.

A. *testâ discoideâ, compressâ; anfractibus quadratis transversìm costatis; costis* 17-20 *simplicibus, distantibus externè incrassatis, lateralibus mucronatis; dorso lato, convexo; aperturâ depressâ; septis lateribus* 3-*lobatis.*

Dimensions. Diamètre, 75 mill. — Par rapport au diamètre : largeur du dernier tour, $\frac{30}{100}$; épaisseur du dernier tour, $\frac{32}{100}$; recouvrement du dernier tour, $\frac{2}{100}$; largeur de l'ombilic, $\frac{54}{100}$.

Coquille discoïdale, épaisse, non carénée, comprimée dans son ensemble, ornée, en travers, par tour, de dix-sept à vingt côtes élevées, droites, qui passent sur le dos et s'élargissent sur cette partie en une surface plane, ayant latéralement une pointe aiguë. *Dos* large, convexe, ridé en travers chez les adultes. *Spire* composée de tours aussi larges que hauts, un peu carrés, se recouvrant à peine dans l'enroulement. *Bouche* un peu carrée, mucronée de chaque côté à sa partie externe, légèrement échancrée par le retour de la spire. *Cloisons* symétriques, découpées, de chaque côté, en trois lobes dont les deux extérieurs formés de parties paires. Lobe dorsal aussi long et aussi large que le lobe latéral-supérieur, orné latéralement de trois branches dont l'inférieure est bifurquée. Selle dorsale aussi large que le lobe latéral-supérieur, divisée en trois feuilles dont la médiane a trois festons. Lobe latéral-supérieur divisé en deux grandes branches presque égales, terminales et en quatre digitations latérales. Selle latérale formée de deux parties presque égales, bilobées. Lobe latéral-supérieur oblique, le tiers du lobe latéral-supérieur terminé par deux branches inégales, la plus grande interne. Le lobe accessoire a deux petites pointes inégales. Le rayon central, en partant de l'extrémité du lobe dorsal, touche les pointes du lobe latéral-supérieur et passe bien au-dessus des autres.

Observations. Cette espèce, lorsqu'elle est jeune, ressemble beaucoup à l'*A. planicosta;* mais lorsqu'elle est adulte, c'est-à-dire au diamètre de soixante-quinze millimètres, elle ne peut plus être confondue, ses côtes alors s'effaçant entièrement sur le dos, et les pointes devenant latéralement très-saillantes.

Rapports et différences. Très-voisine, par ses côtes simples, larges, de l'*A. planicosta*, cette espèce s'en distingue à tous les âges par les pointes latérales de ces mêmes côtes, par des différences de dimensions et surtout par des lobes formés de parties paires, tandis que le *planicosta* les a formés de parties impaires. Il se trouve aussi toujours dans le lias supérieur, tandis que le *planicosta* est spécial au lias moyen au-dessous de la *Gryphæa cymbium.*

Localité. Elle est propre au lias supérieur, et a été recueillie à Mulhausen (Bas-Rhin), par MM. Engelhardt et Aurich; aux environs de Nancy (Meurthe), par M. Guibal; aux environs de Besançon (Doubs), par MM. Dudressier et Gevril.

Explication des figures. Pl. 103, fig. 1. Coquille de grandeur naturelle.

Fig. 2. La même, vue du côté de la bouche.

Fig. 3. Jeune individu de grandeur naturelle. De ma collection.

Fig. 4. Le même, vu sur la bouche.

Fig. 5. Dos grossi.

Fig. 9. Une cloison six fois grossie. Dessinée par moi.

N° 127. AMMONITES BRAUNIANUS, d'Orbigny, 1844.

Pl. 104, fig. 1-3.

A. *testâ discoideâ, compressâ; anfractibus compressis, transversìm costatis, costis 38-64 simplicibus, rectis, approximatis, externè mucronatis, bifurcatis; dorso rotundato; aperturâ compressâ, oblongâ; septis lateribus 4-lobatis.*

Dimensions. Diamètre, 43 mill. — Par rapport au diamètre : largeur du dernier tour, $\frac{34}{100}$; épaisseur du dernier tour, $\frac{12}{100}$; recouvrement du dernier tour, $\frac{2}{100}$; largeur de l'ombilic, $\frac{14}{100}$.

Coquille comprimée dans son ensemble, ornée, en travers, par tour, de trente-huit à soixante-quatre côtes simples, étroites, droites, qui, extérieurement, sont pourvues d'une pointe, elles se bifurquent en deux pour passer sur le dos, mais se réunissent ensuite de nouveau du côté opposé. *Dos* arrondi, pourvu de côtes du double plus nombreuses que sur les côtés ; ces côtes sont très-atténuées dans le moule. *Spire* composée de tours comprimés, se recouvrant à peine. *Bouche* comprimée, ovale, à peine échancrée par le retour de la spire. *Cloisons* symétriques, découpées de chaque côté en quatre lobes et en selles formées de parties impaires. Lobe dorsal plus large et un peu moins long que le lobe latéral-supérieur, composé de quatre branches dont les deux inférieures sont fortement digitées. Selle dorsale aussi grande que le lobe latéral-supérieur, divisée inégalement en deux feuilles bilobées, la plus grande externe. Lobe latéral-supérieur pourvu de quatre pointes de chaque côté et d'une pointe terminale. Selle latérale la moitié du lobe latéral-supérieur, formée de deux feuilles lobées, la plus grande interne. Lobe latéral-inférieur très-oblique, très-étroit, pourvu de six pointes. Les deux autres lobes sont très-obliques et réduits à une seule pointe. La ligne du rayon central, en partant de l'extrémité du lobe dorsal, coupe la pointe du lobe latéral-supérieur, et passe bien au-dessous des autres.

Observations. Cette espèce ayant à tous les âges les côtes à peu près aussi rapprochées, il en résulte que le nombre de celles-ci est très-variable. A seize millimètres de diamètre, il y en a trente-huit par tour, à vingt-un millimètres, quarante-une côtes, et au plus grand diamètre que je connaisse (quarante-deux millimètres), il y a soixante-quatre côtes par tour.

Rapports et différences. Très-voisine, par ses côtes droites et ses pointes, de l'*Ammonites mucronatus*, cette espèce s'en distingue par ses côtes bien plus rapprochées, par ses proportions différentes, et par des lobes d'une forme bien tranchée.

Localité. Elle est propre au lias supérieur et a été recueillie à Clapier (Aveyron), par M. Braun, ingénieur des mines. M. Holandre l'a rencontrée aux environs de Metz (Moselle).

Explication des figures. Pl. 104, fig. 1. Coquille de grandeur naturelle. De ma collection.

Fig. 2. La même, vue sur la bouche.

Fig. 3. Une cloison grossie quatre fois. Dessinée par moi.

N° 128. AMMONITES MUCRONATUS, d'Orbigny, 1844.

Pl. 104, fig. 4-8.

A. *testâ discoideâ, compressâ ; anfractibus quadratis, transversìm costatis ; costis 22-38 simplicibus, acutis, rectis, externè mucronatis, bi- vel trifurcatis ; dorso subcomplanato ; aperturâ quadratâ ; septis lateribus 3-lobatis.*

Dimensions. Diamètre, 26 mill. — Par rapport au diamètre : largeur du dernier tour, $\frac{21}{100}$; épaisseur du dernier tour, $\frac{30}{100}$; recouvrement du dernier tour, $\frac{2}{100}$; largeur de l'ombilic, $\frac{52}{100}$.

Coquille discoïdale, comprimée dans son ensemble, ornée, en travers, par tour, de vingt-deux à trente côtes simples, très-arquées, qui se terminent aux côtés du dos à une pointe aiguë. De cette pointe, chaque côte, pour passer sur le dos, se bifurque ou se trifurque pour se réunir de nouveau à la pointe de l'autre côté. *Dos* aplati, moins saillant au milieu que les pointes latérales, et marqué d'une dépression longitudinale, linéaire, médiane. *Spire* composée de tours carrés le plus souvent déprimés, en contact sans se recouvrir. *Bouche* carrée, un peu déprimée, à peine entamée par le retour de la spire. *Cloisons* symétriques découpées de chaque côté en trois lobes et en selles formées de parties impaires. Lobe dorsal bien plus large que le lobe latéral-supérieur, orné de trois branches de chaque côté, celles-ci croissant des supérieures aux inférieures. Selle dorsale le double du lobe latéral-supérieur, divisée très-inégalement en trois feuilles festonnées, la plus petite externe. Lobe latéral-supérieur terminé par trois grandes pointes et orné, sur les côtés, de trois petites pointes obtuses. Selle latérale plus large que le lobe latéral-supérieur, inégalement divisée en deux, la partie interne forme deux feuilles. Lobe latéral-inférieur très-oblique, petit, terminé par deux digitations inégales. Un seul lobe auxiliaire formé d'une pointe. La ligne du rayon central, en partant de l'extrémité du lobe dorsal, passe bien au-dessous de tous les autres lobes.

Rapports et différences. Cette espèce, par ses côtes droites et ses pointes, se rapproche beaucoup de l'*A. Braunianus*, dont elle se distingue néanmoins par ses tours plus carrés, par ses côtes plus espacées, par son dos aplati et par un lobe de moins de chaque côté, indépendamment du lobe dorsal le plus long.

Localité. Elle caractérise le lias supérieur de l'est et du midi de la France. Elle a été recueillie à Salins (Jura), par M. Germain; aux environs de Dijon, à Mussy (Côte-d'Or), par M. Nodot; aux environs de Lyon (Rhône), par M. Terver; aux environs de Saint-Rambert (Ain), par M. Sauvaneau; à Mende (Lozère), par M. Terver; à Fressac (Gard), par M. Renaux; aux environs de Nancy (Meurthe), par M. Guibal; au lac de Como (Italie), par M. de Collegno.

Explication des figures. Pl. 104, fig. 4. Coquille de grandeur naturelle. De ma collection.

Fig. 5. La même, vue du côté de la bouche.

Fig. 6. Le dos de la variété à côtes bifurquées.

Fig. 7. Le dos de la variété à côtes trifurquées.

Fig. 8. Une cloison grossie cinq fois. Dessinée par moi.

N° 129. AMMONITES HOLANDREI, d'Orbigny, 1844.

Pl. 105.

A. *testâ discoideâ, compressâ; anfractibus compressis, transversìm costatis; costis* 60 *elevatis, flexuosis, externè bifurcatis; dorso convexo; aperturâ compressâ, anticè subangulatâ; septis lateribus* 3-*lobatis.*

Dimensions. Diamètre, 90 mill. — Par rapport au diamètre : largeur du dernier tour, $\frac{22}{100}$; recouvrement du dernier tour, $\frac{2}{100}$; épaisseur du dernier tour, $\frac{20}{100}$; largeur de l'ombilic, $\frac{63}{100}$.

Coquille comprimée dans son ensemble, ornée, en travers, par tour, d'une soixantaine de côtes flexueuses, obliques en avant, qui, au tiers externe, se bifurquent plus ou moins régulièrement pour passer sur le dos et se réunir ensuite de l'autre côté sans former de pointes à leur réunion. *Dos* très-saillant, légèrement déclive de chaque côté. *Spire* composée de tours comprimés, se recouvrant à peine. *Bouche* comprimée, légèrement rétrécie, et presque anguleuse en avant, à peine échancrée par le retour de la spire. Lorsqu'elle est complète, elle forme un péristome un peu réfléchi. *Cloisons* symétriques, découpées de chaque côté en trois lobes et en selles formées de parties impaires. Lobe dorsal plus long et plus large que le lobe latéral-supérieur, muni de cinq digitations. Selle dorsale le double plus large que le lobe latéral-supérieur, irrégulièrement divisé en feuilles déchiquetées. Lobe latéral-supérieur pourvu de trois pointes terminales, et de quelques autres latérales moins régulières. Selle latérale aussi large que le lobe latéral-supérieur, divisée irrégulièrement en trois feuilles. Le lobe latéral-inférieur est très-petit, oblique, réduit à une seule pointe. Le premier lobe auxiliaire se compose aussi d'une petite pointe. La ligne du rayon central, en partant de l'extrémité du lobe dorsal, passe au-dessous des autres.

Observations. Cette espèce, lisse jusqu'au diamètre de trois millimètres, conserve ensuite à tout âge les mêmes caractères.

Rapports et différences. Elle se rapproche, par ses côtes bifurquées, des *A. communis*, *Braunianus* et *mucronatus*; elle se distingue de la première par ses côtes ondulées, obliques en avant, par ses tours plus étroits, comprimés, presque anguleux au pourtour, régulièrement bifurqués, et par sa bouche plus étroite. Elle se distingue des deux autres par le manque de pointes à la bifurcation des côtes et par ses lobes.

Localité. Elle caractérise les assises du lias le plus supérieur, où elle est très-commune. Elle a été recueillie au Belvédère, près de Saint-Amand (Cher), par M. Grenouilloux et par moi; aux environs de Nancy (Meurthe), par M. Guibal; aux environs de Metz (Moselle), par MM. Holandre et Simon ; à Villefranche (Aveyron), par M. Marrot; à Thouars (Deux-Sèvres), par M. de Vieilblanc et par moi ; à Fontenay (Vendée), par moi ; aux environs de Lyon (Rhône), par M. Terver ; au Grand-Verneuil (Meuse), par M. Buvignier ; à Brulon, à Chevillé (Sarthe), par M. Marçais ; aux environs d'Avallon (Yonne), par M. Cotteau ; à Mulhausen (Bas-Rhin), par M. Engelhardt ; à Evrecy, à Fontaine-Étoupe-Four, à Amayé-sur-Orne, à Landes, à Croisilles (Calvados), par moi. Elle se trouve souvent en grand nombre rassemblée dans les rognons du lias.

Explication des figures. Pl. 105, fig. 6. Coquille de grandeur naturelle. De ma collection.

Fig. 2. La même, vue du côté de la bouche.

Fig. 3. Une cloison grossie cinq fois. Dessinée par moi.

Fig. 4 et 5. Tronçon de l'*A. Braunianus*, comme comparaison.

N° 130. Ammonites Raquinianus, d'Orbigny, 1844. Pl. 106.

A. *testâ compressâ, non carinatâ ; anfractibus depressis ; lateribus inflatis, tuberculatis, transversim costatis ; costis acutis* 22-40, *simplicibus, externè tuberculatis, bifurcatis ; dorso convexo ; aperturâ depressâ ; septis lateribus bilobatis.*

Dimensions. Diamètre, 9 mill. — Par rapport au diamètre : largeur du dernier tour, $\frac{23}{100}$; recouvrement du dernier tour, $\frac{4}{100}$; épaisseur du dernier tour, $\frac{35}{100}$; largeur de l'ombilic, $\frac{55}{100}$.

Coquille assez épaisse, ornée, en travers, de vingt-deux à quarante-huit côtes aiguës, droites, qui, partant du pourtour de l'ombilic, se terminent aux deux tiers externes où elles se divisent en deux pour passer sur le dos et aller se réunir ensuite de l'autre côté. Chez les jeunes individus il y a quelquefois, sur le dos, une côte libre entre chacune des côtes bifurquées. *Dos* très-large, convexe. *Spire* composée de tours déprimés, plus larges que hauts, peu recouverts par l'enroulement. *Bouche* semi-lunaire, déprimée, convexe en haut, échancrée par le retour de la spire. *Cloisons* symétriques, découpées de chaque côté en deux lobes formés de parties impaires. Lobe dorsal aussi long et beaucoup plus large que le lobe latéral-supérieur, orné, de chaque côté, de trois branches dont l'inférieure a cinq pointes. Selle dorsale terminée par trois feuilles inégales festonnées. Lobe latéral-supérieur terminé par trois branches peu digitées. Selle latérale plus large et moins haute que la selle dorsale, divisée en deux parties presque égales. Le lobe latéral-inférienr est marqué par trois pointes obliques. Le lobe latéral-supérieur est externe aux pointes du test. La ligne du rayon central, en partant de l'extrémité du lobe dorsal, touche le lobe latéral-supérieur et passe bien au-dessous de l'autre.

Observations. Cette espèce, au diamètre de vingt millimètres, a dix-neuf côtes; au diamètre de trente-cinq millimètres, elle en a vingt-sept, mais le maximum de grandeur en a quarante-huit. Jeune, elle a toujours une côte intermédiaire, tandis que la côte bifurquée est seule chez les adultes. Lorsqu'elle a le test, les côtes sont saillantes, mais elles sont très-faibles dans le moule, et disparaissent quelquefois sur le dos. Lorsqu'elle est complète, la bouche est d'un diamètre beaucoup plus petit que le reste du dernier tour, et les dernières côtes sont simples et sans pointes.

Rapports et différences. La seule espèce qui, dans le lias supérieur, s'en rapproche est l'*A. Desplacii;* mais elle s'en distingue par ses côtes toujours simples en dedans des tubercules, par des côtes moins divisées extérieurement et par ses lobes.

Localité. Elle caractérise le lias supérieur. Elle a été recueillie aux environs de Charolles (Saône-et-Loire), par M. Raquin; à Saint-Maixent et à Niort (Deux-Sèvres), par moi; à Fressac (Gard), par M. Renaux; près de Lyon (Rhône), par M. Terver; à Soussigols, près de Mende (Lozère), par MM. Chassy; à Aix (Bouches-du-Rhône), par M. Coquand; au Belvédère, près de Saint-Amand (Cher), par M. Grenouilloux; à Amayé-sur-Orne (Calvados), par M. Tesson; aux environs de Dijon (Côte-d'Or), par M. Nodot; au lac de Como (Italie), par M. de Collegno; aux environs de Salins (Jura), par M. Germain; au Grand-Verneuil (Meuse), par M. Buvignier.

Explication des figures. Pl. 106, fig. 1. Coquille de grandeur naturelle. De ma collection.

Fig. 2. La même, vue du côté de la bouche.

Fig. 3. Une cloison grossie cinq fois. Dessinée par moi.

Fig. 4. Jeune individu de grandeur naturelle.

Fig. 5. Le même, vu du côté de la bouche.

N° 131. Ammonites Desplacii, d'Orbigny, 1844.

Pl. 107.

A. *testâ compressâ, non carinatâ; anfractibus depressis; lateribus inflatis, tuberculatis, transversim acutè costatis; costis acutis simplicibus vel subfascicularibus; dorso convexo; aperturâ depressâ; septis lateribus 3-lobatis.*

Dimensions. Diamètre, 90 mill. — Par rapport au diamètre : largeur du dernier tour, $\frac{26}{100}$; recouvrement du dernier tour, $\frac{5}{100}$; épaisseur du dernier tour, $\frac{42}{100}$; largeur de l'ombilic, $\frac{47}{100}$.

Coquille comprimée dans son ensemble, ornée, en travers, sur le dos, d'environ quatre-vingt-dix côtes très-aiguës, les unes simples, les autres bifurquées ou réunies par deux, par trois, ou par quatre, à un gros tubercule épineux placé sur les côtés; il ne passe plus ensuite, en dedans de ce tubercule, que la moitié des côtes du dos. Les pointes sont en nombre très-variable de treize à vingt-six par tour, mais elles disparaissent chez les très-vieux individus, et alors les côtes finissent par être toutes simples. *Dos* large, très-convexe. *Spire* composée de tours déprimés plus larges que hauts, se recouvrant un peu dans l'enroulement. *Bouche* transverse, légèrement échancrée par le retour de la spire. *Cloisons* symétriques, découpées, de chaque côté, en trois lobes dont le premier est presque formé de parties paires, et de selles divivisées en parties impaires. Lobe dorsal aussi large et aussi long que le lobe latéral-supérieur, orné, de chaque côté, de six petites branches pourvues de deux, trois ou quatre pointes. Selle dorsale aussi large que le lobe latéral-supérieur, formée de deux larges feuilles inégales, divisées. Lobe latéral-supérieur formé de chaque côté de trois branches dont les deux inférieures presque réunies ensemble. Selle latérale aussi large et beaucoup plus courte que la selle dorsale, terminée par trois feuilles inégales. Lobe latéral-inférieur très-petit, le quart du lobe latéral-supérieur, formé de deux branches inégales, la plus grande interne. Le lobe accessoire se compose d'une seule pointe. La ligne du rayon central, en partant de l'extrémité du lobe dorsal, touche l'extrémité du lobe latéral-supérieur et passe au-dessous des autres.

Observations. Cette espèce, jusqu'au diamètre de trente millimètres, a ses tours très-déprimés, aplatis sur le dos, ses pointes rapprochées. Jusqu'au diamètre de cinquante millimètres ses tours s'arrondissent, les tubercules et les pointes sont réguliers; mais après les tubercules s'atténuent, disparaissent, et la coquille croît ayant pour tout ornement des côtes simples, transverses ; sa bouche est alors plus étroite que le reste. Il y a une variété dont les tours sont étroits.

Rapports et différences. Cette espèce, par ses pointes et ses côtes, est voisine de l'*A. subarmatus*, mais elle s'en distingue par ses tours plus larges, plus arrondis, se recouvrant en partie ; par son dos convexe, par son ombilic moins large et par sa bouche tout-à-fait différente.

Localité. Elle caractérise le lias supérieur, dans la même couche que l'*A. serpentinus*, au-dessus de la *Gryphæa cimbium.* Elle a été recueillie à Wassy, près d'Avallon (Yonne), par MM. Desplaces de Charmasse, Boucault et par moi ; à Thouars (Deux-Sèvres), par moi ; à Amayé-sur-Orne et à Fontaine-Étoupe-Four (Calvados), par MM. Deslonchamps et Tesson.

Explication des figures. Pl. 107, f. 1. Coquille de grandeur naturelle. De ma collection. *a* Partie du test. *b* Partie sans test.

Fig. 2. La même, vue sur la bouche.

Fig. 3. Une cloison, grossie quatre fois. Dessinée par moi.

Fig. 4. Un morceau de la variété à tours étroits.

N° 132. Ammonites communis, Sowerby.

Pl. 108.

Lister, 1678, Conch. Angliæ, pl. 6, f. 5.

Ammonites communis, Sowerby, 1815, Min. conch., t. 2, p. 9, pl. 107, f. 23.

A. angulatus, Sowerby, 1815, Min. conch., pl. 107, f. 1.

Nautilus annularis, Reinecke, 1818, Naut., pl. VI, f. 56-57.

Ammonites communis, Keferst, 1819, Cat.

A. annulatus, Schlotheim, 1820, Petref., p. 61, n° 2.

A. annularis, Schlotheim, 1820, Petref., p. 78, n° 32.

A. communis, Young et Bird, 1822, pl. XII, f. 3.

Planites bifidus, Haan, 1825, Amm. et Goniat., p. 86, n° 13.

Ammonites communis, Phill., 1829, p. 163.

A. communis, Zieten, 1830, Wurtemb., pl. VII, f. 2?

A. annularis, Zieten, 1830, Wurt., pl. X, f. 10?

A. *testâ discoideâ; anfractibus rotundatis, lateribus dorsoque convexis, costatis; costis rectis 42-45 lateribus subregulariter bifidis; aperturâ orbiculatâ; septis lateribus 3-lobatis.*

Dimensions. Diamètre, 65 mill. — Par rapport au diamètre : largeur du dernier tour, $\frac{29}{100}$; épaisseur du dernier tour, $\frac{29}{100}$; recouvrement du dernier tour, $\frac{2\,1/2}{100}$; largeur de l'ombilic, $\frac{14}{100}$.

Coquille discoïdale, comprimée dans son ensemble, non carénée, ornée, en travers, par tour, de quarante à quarante-cinq côtes droites, qui partent du pourtour de l'ombilic et, aux deux tiers externes de la longueur, se bifurquent régulièrement et passent sur le dos, ou bien, au lieu de se bifurquer, l'une des deux passe entière sur le dos, tandis qu'il en naît une autre plus petite au point de la bifurcation ordinaire. Lorsqu'on regarde l'ensemble de ces bifurcations, vu sur le dos, on remarque de suite qu'il n'y a point parité, mais que les côtes décrivent un zigzag alterne. *Spire* composée de tours ronds, aussi larges que hauts, souvent un peu carrés extérieurement, se recouvrant à peine. *Bouche* presque circulaire, un peu échancrée par le retour de la spire. *Cloisons* symétriques, découpées, de chaque côté, en trois lobes et en trois selles formées de parties impaires. Lobe dorsal plus long et un peu plus large que le lobe latéral-supérieur, orné, de chaque côté, de quatre digitations, la plus grande inférieure. Selle dorsale plus grande que le lobe latéral-supérieur terminé par trois feuilles inégales trilobées. Lobe latéral-supérieur assez irrégulier, muni latéralement de trois pointes et d'une pointe terminale obtuse. Selle latérale découpée en quatre feuilles inégales. Lobe latéral-inférieur très-petit, oblique, pourvu de trois pointes. On voit au delà une autre pointe simple qui est le premier lobe auxiliaire ou la moitié du lobe latéral-inférieur; on pourrait plutôt adopter la seconde opinion, vu le peu de largeur de la selle qui les sépare. La ligne du rayon central, en partant de l'extrémité du lobe dorsal, passe au-dessous de tous les autres.

Rapports et différences. Cette espèce, confondue par les auteurs avec l'*A. Holandrei* et avec le *biplex* des terrains oxfordiens, se distingue du premier par ses tours plus arrondis, ses côtes plus droites et en zigzag dans leur bifurcation au lieu d'être paires, et enfin par des lobes très-différens. Il se distingue du second par ses tours plus étroits, par le manque d'interruptions et par les lobes bien distincts. Il est peu d'espèces qui aient autant que celle-ci prêté à la méprise; on l'a vue dans tous les terrains, et elle a été successivement confondue avec toutes les espèces pourvues de côtes bifurquées.

Histoire. Bien décrite et figurée par Sowerby, dès 1815, sous le non de *communis* et d'*angulatus*, pour des variétés à peine sensibles, elle a été ensuite confondue par quelques auteurs. C'est probablement le *Nautilus annularis* de Reinecke, devenu plus tard l'*A. annularis* de Schlotheim, mais à en juger par la synonymie de Lister, donnée par ce naturaliste, son *A. annulatus* devrait aussi en faire partie. M. de Haan a pensé qu'on pourrait la rapporter à l'*A. bifida* de Bruguière; néanmoins, d'après le grand diamètre que ce dernier indique à son espèce, on pourrait plutôt la rapporter à l'*A. biplex*.

Localité. On l'a citée dans tous les terrains, mais le véritable *A. communis* de Sowerby est spécial au lias supérieur de Whitby, en Angleterre, où effectivement elle est très-commune, tandis que je ne la connais pas encore en France. Ainsi, loin d'être une espèce répandue, c'est peut-être l'une des plus restreintes à sa localité propre.

Explication des figures. Pl. 108, fig. 1. Coquille de grandeur naturelle. De ma collection.

Fig. 2. La même, vue sur la bouche.

Fig. 3. Une cloison grossie quatre fois. Dessinée par moi.

N° 133. Ammonites heterophyllus, Sowerby.

Pl. 109.

Ammonites heterophyllus, Sowerby, 1820, Min. conch., t. 3, p. 119, pl. 266.

Globites heterophyllus, Haan, 1825, Amm. et Goniat, p. 148, n° 14.

Ammonites heterophyllus, Phillips, 1829, Yorck, p. 163, pl. XIII, f. 2.

A. heterophyllus, Hartmann, 1830, Wurt., p. 21.

A. Terverii, d'Orbigny, 1841, Paléont. franç., terr. crét., t. I, p. 179, pl. 54, f. 7-9?

A. *testâ compressâ ; anfractibus compressis ; lateribus convexis, transversim striatis ; dorso convexo rotundato ; aperturâ compressâ, umbilico angustatissimo ; septis lateribus* 11-*lobatis.*

Dimensions. Diamètre, 200 mill. — Par rapport au diamètre : largeur du dernier tour, $\frac{60}{100}$; recouvrement du dernier tour, $\frac{26}{100}$; épaisseur du dernier tour, $\frac{37}{100}$; largeur de l'ombilic, $\frac{4}{100}$.

Coquille comprimée, non carénée, ornée de stries ou même de très-petites côtes droites, inégales, transverses, rayonnantes, formant souvent des espèces de faisceaux en partant de l'ombilic. *Spire* composée de tours presque entièrement embrassans, laissant à peine un très-petit ombilic ouvert. *Dos* assez large, convexe. *Bouche* comprimée en fer de lance très-arrondi en haut, et très-prolongé sur les côtés par le retour de la spire. *Cloisons* symétriques, découpées de chaque côté en dix lobes formés de parties impaires. Lobe dorsal beaucoup plus court, et aussi large que le lobe latéral-supérieur, orné, de chaque côté, de deux branches dont l'inférieure formée de deux rameaux ramifiées. Selle dorsale un peu moins large que le lobe latéral-supérieur, formée de cinq grandes feuilles ovales inégales. Lobe latéral-supérieur très-grand, pourvu, de chaque côté, de trois grandes branches ramifiées, indépendamment de la branche terminale. Selle latérale plus haute que la selle dorsale, terminée par six feuilles inégales, les trois internes plus petites, indépendamment de deux autres grandes feuilles de la base. Lobe latéral-inférieur de même forme et les deux tiers du lobe latéral-supérieur. Première et deuxième selles accessoires formées de cinq feuilles, les autres de trois. Les lobes, tout en conservant la même forme, sont de moins en moins compliqués jusqu'au dernier. La ligne du rayon central, en partant de l'extrémité du lobe dorsal, coupe l'extrémité de tous les autres lobes.

Observations. Au diamètre de dix millimètres, cette espèce, tout en ayant absolument la même forme et les mêmes lobes que les adultes, est entièrement lisse. Elle ne prend les stries qu'au diamètre de vingt à trente millimètres. Elle est toujours entièrement lisse sur le moule. Lorsqu'elle n'a que la seconde couche de test, on y remarque des stries peu visibles; mais, lorsque la couche supérieure du test existe, on remarque des côtes prononcées très-visibles.

Rapports et différences. Je connais dans les terrains jurassiques quatre espèces d'Ammonites du groupe des *Heterophylli* propres à leurs zones géologiques et faciles à distinguer: 1° L'*A. Loscombi*, du lias moyen, au-dessous de la *Gryphæa cymbium*. Elle se distingue de l'*A. heterophyllus* par son large ombilic, le manque de côtes proprement dites, par son jeune âge, et, enfin, par six lobes de chaque côté au lieu de dix. 2° L'*A. heterophyllus* du lias supérieur au-dessus du *Gryphæa cymbium*, caractérisée par son petit ombilic et le manque de sillons rayonnans. 3° L'*A. Calypso* du lias supérieur (indiquée à tort dans les *terrains crétacés* de ma *Paléontologie française*), qui se distingue par ses sillons faisant un coude. 4° L'*A. tatricus* du terrain oxfordien inférieur, ayant des sillons non coudés, marqués, lorsque le test existe, par une surface striée comme dans l'*A. heterophyllus*. Toutes ces espèces, des terrains jurassiques, sont distinctes des autres Ammonites de ce groupe figurées dans les terrains crétacés de ma Paléontologie. A l'occasion de l'*A. heterophyllus* je les ai toutes revues et je suis de nouveau arrivé à cette conclusion.

Localité. Elle caractérise le lias supérieur de toute la France. Elle a été recueillie aux environs de Saint-Rambert (Ain), par M. Sauvanau; à Gundershoffen (Haut-Rhin), par M. Engelhardt; au Grand-Verneuil (Meuse), par M. Buvignier; à Fontaine-Étoupe-Four, à Croisille (Calvados), par MM. Deslonchamps, Tesson et par moi; aux environs de Charolles (Saône-et-Loire), par M. Raquin; à Thouars (Deux-Sèvres), par M. de Vieilbanc et par moi; à Chevillé (Sarthe), par M. Marçay; à Avallon (Yonne) et à Semur (Côte-d'Or), par MM. de Charmasse, Moreau, Nodot et par moi; aux environs d'Anduse et de Fressac (Gard), à Mende (Lozère), par M. Renaux. En Angleterre, on la trouve à Whitby. Elle est très-commune dans les couches rougeâtres du lac de Como (Italie), recueillie par M. de Collegno.

Explication des figures. Pl. 109, fig. 1. Coquille réduite. De ma collection.

Fig. 2. La même, vue de côté.

Fig. 3. Une cloison calquée sur la nature.

N° 134. AMMONITES CALYPSO, d'Orbigny.

Pl. 110, fig. 1-3.

Ammonites Calypso, d'Orbigny, 1841, Paléont., terr. crét., t. I, p. 167, pl. 52, f. 7–9. (Donné par erreur comme étant du terrain néocomien.)

A. *testâ discoideâ, compressâ, lævigatâ, transversìm quinque sulcatâ; sulcis obliquis, flexuosis; umbilico angustato; anfractibus convexiusculis, ultimo* $\frac{14}{100}$; *aperturâ compressâ, anticè rotundatâ; septis lateribus* 9-*lobatis.*

Dimensions. Diamètre, 55 mill. — Par rapport au diamètre : largeur du dernier tour, $\frac{14}{100}$; recouvrement du dernier tour, $\frac{23}{100}$; épaisseur du dernier tour, $\frac{31}{100}$; largeur de l'ombilic, $\frac{20}{100}$.

Coquille comprimée, non carénée, lisse, ornée en travers, par tour, de quatre à cinq sillons larges, profonds, flexueux, formant souvent un coude en avant vers le tiers externe de leur longueur ; ils passent sur le dos. *Spire* composée de tours très-embrassans, laissant néanmoins apercevoir un assez large ombilic. *Dos* rond, convexe. *Bouche* arrondie en avant, fortement échancrée en arrière par le retour de la spire. *Cloisons* symétriques divisées en neuf lobes Lobe dorsal plus court et moins large que le lobe latéral-supérieur, orné de chaque côté de trois branches. Selle dorsale aussi grande que le lobe latéral-supérieur, divisée en quatre grandes feuilles ovales. Lobe latéral-supérieur formé d'un seul rameau, divisé en trois branches de chaque côté et une branche médiane à sept pointes. Selle latérale plus haute que la selle dorsale, pourvue de six feuilles arrondies, inégales, dont trois sont supérieures. Tous les autres lobes deviennent de plus en plus petits, tout en conservant la forme du lobe latéral-supérieur. Les trois premières selles auxiliaires ont deux feuilles terminales, les autres n'en ont qu'une. La ligne du rayon central, en partant de l'extrémité du lobe dorsal, coupe l'extrémité du lobe latéral-supérieur et passe au-dessous des autres.

Observations. Au diamètre de huit millimètres, l'espèce a déjà tous ses caractères. Elle varie seulement dans le nombre de trois à cinq sillons, et dans le coude plus ou moins marqué à ces sillons.

Rapports et différences. Cette espèce pourvue, comme l'*A. tatricus*, de sillons transverses, s'en distingue néanmoins lorsqu'on l'examine avec attention. En effet, elle est pourvue d'un test lisse et non strié, et celui-ci accuse toujours les sillons qui sont entièrement cachés sous le test chez le *Tatricus*. Du reste, cette dernière espèce ne se rencontre que dans le terrain oxfordien.

Localité. C'est d'après de faux renseignemens que j'avais rapporté l'*A. Calypso* aux terrains crétacés. Elle est bien certainement du lias supérieur du midi de la France. Je l'ai recueillie aux environs de Milhau (Aveyron). M. Honorat l'a rencontrée à Drays, à Beaumont, près de Dignes (Basses-Alpes) ; M. Renaux l'a également ramassée à Fessac et à Lacanaud-Anduse (Gard). On la trouve très-communément dans le calcaire rouge des montagnes de Erba, près de Como (Italie), avec l'*A. bifrons* et toutes les autres espèces du lias supérieur.

Explication des figures. Pl. 110, fig. 1. Coquille de grandeur naturelle. De ma collection.

Fig. 2. La même, vue du côté de la bouche.

Fig. 3. Une cloison grossie cinq fois. Dessinée par moi.

N° 135. AMMONITES MIMATENSIS, d'Orbigny, 1844.

Pl. 110, fig. 4-6.

A. *testâ discoideâ, compressâ, transversìm costatâ, subsulcatâ; sulcis 5-externè impressis; anfractibus compressis; lateribus complanatis; dorso convexo; aperturâ compressâ; septis lateribus 5-lobatis.*

Dimensions. Diamètre, 33 mill. — Par rapport au diamètre : largeur du dernier tour, $\frac{45}{100}$; épaisseur du dernier tour, $\frac{25}{100}$; recouvrement du dernier tour, $\frac{11}{100}$; largeur de l'ombilic, $\frac{25}{100}$.

Coquille très-comprimée, non carénée, ornée de petites côtes rayonnantes non marquées sur le moule. On remarque aussi par tour cinq dépressions rayonnantes obliques, à peine marquées du côté de l'ombilic, mais formant sillons près du dos. *Spire* composée de tours très-comprimés aplatis sur les côtés, laissant un large ombilic. *Dos* convexe, comprimé. *Bouche* oblongue, comprimée, arrondie en avant, fortement échancrée par le retour de la spire en arrière. *Cloisons* symétriques, découpées de chaque côté en cinq lobes formés de parties impaires et de selles presque paires. Lobe dorsal beaucoup plus court et aussi large que le lobe latéral-supérieur, formé de trois branches. Selle dorsale pourvue de cinq feuilles ovales, dont deux plus grandes supérieures. Lobe latéral-supérieur muni extérieurement de trois et intérieurement de deux branches, indépendamment de la branche terminale. Les autres lobes sont de même forme, mais de plus en plus petits. Selle latérale terminée par deux grandes feuilles ovales. Il en est de même de la première selle auxiliaire, les autres ont une seule feuille supérieure. La ligne du rayon central, en partant du lobe dorsal, coupe l'extrémité du lobe latéral-supérieur et touche la pointe des autres.

Rapports et différences. Cette espèce, voisine par son enroulement spiral de l'*A. impressus*, s'en distingue par le manque d'impressions longitudinales, par des lobes bien différens. Tout en ayant au contraire des lobes très-voisins de ceux de l'*A. Calypso*, elle s'en distingue par ses tours plus à découvert et par ses sillons autrement disposés.

Localité. M. Renaux l'a rencontrée dans le lias supérieur de Mende (Lozère).

Explication des figures. Pl. 110, fig. 4. Coquille de grandeur naturelle. De la collection de M. Renaux.

Fig. 5. La même, vue du côté de la bouche.

Fig. 6. Une cloison grossie cinq fois. Dessinée par moi.

N° 136. Ammonites sternalis, Von Buch.

Pl. 111.

Ammonites lenticularis de Buch, Mém. sur les Ammonites, pl. 1, fig. 3.

A. *testâ orbiculato-compressâ; anfractibus convexis, transversìm tenuiter costatis; dorso rotundato, vel carinato; aperturâ triangulari vel semilunari; umbilico angustato; septis lateribus bilobatis.*

Dimensions. Diamètre, 66 mill. — Par rapport au diamètre : largeur du dernier tour, $\frac{52}{100}$; épaisseur du dernier tour, $\frac{53}{100}$; recouvrement du dernier tour, $\frac{21}{100}$; largeur de l'ombilic, $\frac{11}{100}$.

Coquille suborbiculaire, peu comprimée, ornée en travers de très-petites côtes rayonnantes qui passent sur le dos, mais qui n'existent pas sur le moule. *Spire* presque embrassante, pourvue d'un ombilic étroit, composée de tours larges, triangulaires ou arrondis. *Dos* rond chez quelques individus, anguleux chez d'autres, et même fortement caréné chez quelques autres. *Bouche* plus large que haute, semi-lunaire ou triangulaire. *Cloisons* symétriques, découpées de chaque côté en deux lobes et en deux selles très-simples. Lobe dorsal plus court et aussi large que le lobe latéral-supérieur, pourvu seulement de quatre petites dents. Selle dorsale arrondie, munie de trois festons inégaux. Lobe latéral-supérieur marqué seulement de petites dents souvent au nombre de quatre en bas, et de quelques autres latérales moins prononcées. Selle latérale plus large et moins haute que la selle dorsale, pourvue de trois ou quatre larges festons. Le lobe latéral-inférieur n'est marqué au pourtour de l'ombilic que par une petite pointe, en dedans de laquelle il y en a deux autres bien moins longues. Le rayon central, en partant de l'extrémité du lobe dorsal, coupe l'extrémité des deux lobes.

Observations. Il est peu d'espèces aussi variables dans la forme du dos rond, anguleux ou même pourvu d'une quille, sans que pour cela les lobes montrent la moindre différence, ce qui m'a porté à les réunir, d'autant plus qu'on trouve le plus souvent toutes les variétés dans un même lieu.

Rapports et différences. Cette espèce se distingue facilement de toutes les autres par sa forme globuleuse et par ses lobes réellement exceptionnels.

Localité. Elle caractérise le lias supérieur d'une grande partie de la France. Elle a été recueillie à Niort (Deux-Sèvres), par M. Baugier; à Peux, près de Besançon, par M. Chassy; aux environs de Lyon, par M. Terver; aux environs de Dijon, par M. Nodot; près de Salins (Jura), par M. Germain; près de Mende (Lozère), par M. Renaux; aux environs d'Alais (Gard), par M. Renaux; dans le calcaire rouge du lac de Como, par M. de Collegno.

Histoire. Elle a été publiée par M. de Buch, dans l'un de ses intéressans mémoires sur les Ammonites, sous le nom d'*Am-*

monites lenticularis, déjà donné depuis 1825 par **M.** Phillips à une autre espèce du terrain oxfordien inférieur. Il fallait lui appliquer une dénomination nouvelle, et M. de Buch, en la voyant dans ma collection, m'ayant indiqué le nom de *A. sternalis*, je me suis empressé de l'adopter.

Explication des figures. Pl. 111, fig. 1. Coquille de grandeur naturelle. Variété arrondie. De ma collection.

Fig. 2. La même, vue du côté de la bouche.

Fig. 3. Une cloison grossie cinq fois. Dessinée par moi.

Fig. 4. Un individu à dos simplement anguleux, de grandeur naturelle.

Fig. 5. Un individu pourvu d'une quille.

Fig. 6. Individu caréné.

Fig. 7. Le même, vu du côté de la bouche.

N° 137. Ammonites insignis, Schubler.

Pl. 112.

Ammonites insignis, Schubler, Zieten, 1830. Wurtemb., p. 20, pl. 15, fig. 2.

A. *testâ compressâ, subcarinatâ; anfractibus triangularibus; lateribus convexiusculis, transversìm costatis; costis arcuatis, fascicularibus, intùs tuberculiferis; dorso angulato, subcarinato; aperturâ triangulari, anticè obtusâ; septis 4-lobatis.*

Dimensions. Grand diamètre connu, 300 mill.

		Indiv. mâle.		Indiv. fem.
Par rapport au diamètre	largeur du dernier tour. . . .	$\frac{32}{100}$	—	$\frac{44}{100}$
	recouvrement des tours. . . .	$\frac{10}{100}$	—	$\frac{17}{100}$
	épaisseur du dernier tour.. . .	$\frac{21}{100}$	—	$\frac{44}{100}$
	largeur de l'ombilic.	$\frac{48}{100}$	—	$\frac{32}{100}$

Coquille plus ou moins comprimée, discoïdale, obtusément carénée, ornée en travers d'un nombre variable de côtes légèrement arquées, régulières et saillantes dans le jeune âge, nulles dans l'âge adulte. Ces côtes sont réunies deux par deux, et rarement trois par trois, en faisceaux, partant d'un tubercule rond du pourtour de l'ombilic. *Dos* obtus, pourvu d'une quille large à peine saillante. *Spire* composée de tours triangulaires, un peu convexes latéralement, obtus sur la carène, tronqués au pourtour de l'ombilic. Le dernier, plus ou moins large suivant le sexe, se recouvre aussi inégalement. *Bouche* triangulaire, souvent aussi haute que large, formant un angle obtus en avant, tronquée en arrière. *Cloisons* symétriques, découpées de chaque côté en quatre lobes formés de parties impaires, et de selles formées de parties presque paires. Lobe dorsal aussi large, mais bien plus court que le lobe latéral-supérieur, très-partagé, orné de chaque côté de trois branches, l'inférieure très ramifiée. Selle dorsale plus large que le lobe latéral-supérieur, élargie en haut et divisée en deux parties presque égales. Lobe latéral-supérieur très-ramifié, pourvu de chaque côté de trois branches, et d'une grande branche terminale très-divisée. Selle latérale aussi large que le lobe latéral-supérieur, divisée en deux parties presque égales, la plus grande externe. Lobe latéral-inférieur, le tiers du lobe latéral-supérieur et de même forme. Selle auxiliaire oblique, divisée en deux parties presque égales. Premier lobe auxiliaire oblique, peu différent du lobe latéral-inférieur. Le second lobe auxiliaire beaucoup plus petit. La ligne du rayon central, en partant de l'extrémité du lobe dorsal, coupe le rameau terminal du lobe latéral-supérieur, plus ou moins les autres en laissant le dernier au-dessous.

Observations. Cette espèce est, sans contredit, l'une des plus remarquables sous le rapport de ses changemens de forme, suivant l'âge et le sexe des individus. Au diamètre de quatre millimètres, elle est entièrement lisse, à dos rond sans quille. Elle prend quelques légères saillies au pourtour de l'ombilic, au diamètre de cinq millimètres, et les conserve ainsi quelque temps, tout en revêtant l'indice de la carène. Au diamètre de dix millimètres, les côtes latérales, les tubercules et la carène existent tels qu'ils doivent être durant toute la période d'accroissement. Au diamètre de quinze à vingt millimètres, on compte quatorze tubercules et trente-deux côtes. Au diamètre de cinquante millimètres, il y a dix-sept tubercules et trente-huit côtes. Au diamètre de cent vingt-cinq millimètres, un individu comprimé a montré trente-quatre tubercules et quatre-vingt-quatre côtes. La période de dégénérescence commence plus ou moins tôt, suivant les individus. Les tubercules cessent quelquefois au diamètre de cent quatre-vingts millimètres, chez les individus renflés, et les côtes à deux cent dix millimètres; le reste étant très-lisse partout jusqu'au plus grand volume connu. Les individus mâles deviennent lisses souvent au diamètre de cent cinquante millimètres. Je rapporte à des sexes différens de la même espèce des individus, les uns renflés, à tours larges, les autres plus déprimés, à tours étroits, mais ayant les ornemens extérieurs et les lobes de forme identique. Je le fais, parce que partout ces deux variétés sont ensemble dans la même couche. On pourra voir aux dimensions combien les caractères sont différens, suivant ces individus que je regarde, les plus renflés comme ayant appartenu à des femelles, les plus comprimés comme ayant été formés par un animal mâle.

Rapports et différences. Cette espèce est voisine de l'*A. variabilis* par les tubercules du pourtour de l'ombilic et ses côtes; néanmoins elle s'en distingue par sa forme moins comprimée, non pourvue d'une quille élevée, par ses côtes moins flexueuses, par son dos obtus, par ses tours bien plus épais et par des détails différens dans les lobes et dans les selles toujours moins larges.

Localité. Elle caractérise le lias supérieur, au-dessus de la zone à l'*Ammonites serpentinus*, *bifrons*, et à *Plageostoma gigantea*. Elle est du reste très-commune partout où elle se trouve. Elle a été recueillie à Uhrweiller-les-Vignes (Bas-Rhin), par M. Engelhard ; aux environs de Besançon, par M. Agassiz ; aux environs de Lyon (Rhône), par MM. Terver et Thiollière ; à Mende (Lozère), par M. Renaux ; à Biarne et près de Salins (Jura), par MM Germain et Nodot ; aux environs de Niort et de Thouars (Deux-Sèvres), par MM. Baugier, de Vieilbanc et par moi ; aux environs de Charolles (Saône-et-Loire), par M. Raquin ; à Saint-Quintin (Ain), par M. Gras.

Explication des figures. Pl. 112. Individu réduit, prenant la dernière période d'accroissement. De ma collection.

Fig. 2. Le même, vu sur la bouche.

Fig. 3. Une cloison, calquée sur la nature.

Fig. 4. Jeune individu de grandeur naturelle.

Fig. 5. Le même, vu du côté de la bouche.

N° 138. Ammonites variabilis, d'Orbigny, 1844.

Pl. 113.

A. *testâ compressâ, carinatâ; anfractibus compressis, lateribus convexiusculis, transversim costatis; costis flexuosis, subfascicularibus; fasciculis intùs tuberculatis; dorso acuto, carinato; carinâ elevatâ; aperturâ compressâ, anticè acutâ; septis lateribus 4-lobatis.*

Dimensions. Diamètre, 207 mill. — Par rapport au diamètre : largeur du dernier tour, de 33 à $\frac{36}{100}$; recouvrement des tours, $\frac{17}{100}$; épaisseur du dernier tour, de 15 à $\frac{21}{100}$; largeur de l'ombilic, de 36 à $\frac{42}{100}$.

Coquille très-comprimée, discoïdale, fortement carénée, et pourvue d'une quille saillante, ornée, en travers, d'un grand nombre de côtes flexueuses, infléchies en avant, plus ou moins marquées, surtout très-inégales, les unes simples, les autres deux ou trois ensemble réunies au côté interne près de l'ombilic en un léger tubercule arrondi. Il y a ordinairement une côte simple entre chaque faisceau. Ces côtes s'effacent peu à peu dans l'âge adulte et disparaissent entièrement. *Dos* tranchant, pourvu d'une quille très-saillante, étroite, distincte du siphon. *Spire* composée de tours très-comprimés, légèrement convexes, en biseau aigu au pourtour de l'ombilic. *Bouche* très-oblique, comprimée, peu convexe sur les côtés, en biseau en avant et en arrière. *Cloisons* symétriques, découpées, de chaque côté, en quatre lobes formés de parties impaires et de quatre selles dont les externes le sont presque de parties paires. Lobe dorsal aussi large, mais bien plus court que le lobe latéral-supérieur, très-partagé, orné, de chaque côté, de trois branches dont l'inférieure est très-grande. Selle dorsalle très-large, divisée en deux parties presque égales par un lobe auxiliaire; ces parties inégalement partagées. Lobe latéral-supérieur large, pyramidal, pourvu, de chaque côté, de quatre branches croissant des supérieures aux inférieures, indépendamment du rameau terminal, représentant à lui seul la forme du lobe. Selle latérale étroite, divisée en deux parties inégales (la plus grande interne) par un lobe accessoire. Lobe latéral-inférieur la moitié du lobe latéral-supérieur, irrégulier, orné, de chaque côté, de trois branches, terminé par une branche assez grande. Selle auxiliaire très-oblique, inégalement partagée, la partie externe étant bien plus grande. Il y a de plus deux lobes auxiliaires très-inégaux, l'un externe, conique, ramifié, l'autre simplement aigu et beaucoup plus petit. La ligne du rayon central, en partant de l'extrémité du lobe dorsal, coupe l'extrémité des trois branches du lobe latéral-supérieur et l'extrémité de tous les autres lobes.

Observations. Cette espèce est du nombre de celles qui varient beaucoup, suivant l'âge et même les individus. Jeune, au diamètre de six millimètres, elle a ses tours déprimés, plus épais que larges, ronds et sans quille; la quille paraît ensuite, ainsi que les côtes latérales. D'abord elles sont très-inégales, à tubercules saillans au diamètre de soixante-cinq millimètres, instant où les tours deviennent comprimés, plus larges que hauts; ils s'aplatissent ensuite de plus en plus. Au diamètre de soixante-dix millimètres, on compte cinquante-quatre côtes; au diamètre de cent cinquante millimètres les côtes s'effacent et les tours sont presque lisses. On trouve des échantillons du double plus mince les uns que les autres ce qui peut provenir du sexe.

Rapports et différences. Cette espèce fait le passage des Ammonites voisines du *Serpentinus* à l'*Insignis.* Pourvue de la quille de la première, elle montre des tubercules comme la seconde. Ses lobes aussi montrent la transition entre les deux groupes. Ces deux caractères réunis les distinguent également de l'une et de l'autre. Elle est très-voisine de l'*Ammonites Murchisonæ*, mais s'en distingue par ses lobes.

Localité. Elle a été recueillie dans le lias le plus supérieur à Croisilles, à Amayé-sur-Orne, à Fontaine-Étoupe-Four, près de Caen (Calvados), par MM. Deslonchamps, Tesson et par moi; aux environs de Charolles (Saône-et-Loire), par M. Raquin; à Chevillé, à Brulon (Sarthe), par M. Marçais; aux environs de Lyon (Rhône), par M. Terver; à Verrine, près de Thouars, à Niort (Deux-Sèvres), par MM. de Vieilbanc, Baugier et par moi; à Fontenay (Vendée), par moi; à Anduse (Gard), aux environs de Mende (Lozère), par M. Renaux; aux environs de Nancy (Meurthe), par M. Guibal; aux environs de Salins (Jura), par M. Germain.

Explication des figures. Pl. 113, fig. 1. Coquille réduite de moitié. De ma collection.

Fig. 2. La même, vue sur le côté.

Fig. 3. Jeune de la variété enflée. De grandeur naturelle.

Fig. 4. Le même, vu sur la bouche.

Fig. 5. Jeune de la variété comprimée.

Fig. 6. Le même, vu du côté de la bouche.

Fig. 7. Une cloison de grandeur naturelle calquée sur la nature.

N° 139. Ammonites complanatus, Bruguière.

Pl. 114.

Langius, tab. 42, f. 2, t. 27, f. 6.

Bourguet, tab. 40, f. 265, t. 45, f. 286, t. 49, f. 517.

Ammonites complanata, Bruguière, 1789, Encycl., p. 38, n° 11.

A. complanata, Bosc, 1801, Buff. de Déterville, n° 11.

A. complanata, Roissy, Buff. de Sonn., t. V, p. 24, n° 10.

A. elegans, Sowerby, 1815, Min. conch., t. 1, p. 213, pl. 94, f. 1.

Nautilus opalinus, Reinecke, 1818, Naut., p. 55, n° 1, f. 1.

Ammonites complanatus, Haan, 1825, Amm., p. 139, n° 88.

A. elegans, Phillips, 1829, York., p. 164, n° 44, pl. XIII, f. 12.

B. bicarinatus, Munster, Zieten, 1830, Wurtemb., p. 20, t. XV, f. 9.

A. bicarinatus, Hartmann, 1830, p. 19.

A. elegans, Zieten, 1830, Wurtemb., p. 22, t. XVI, f. 5.

A. *testâ compressâ, anfractibus latis, compressis, lateribus complanatis, transversìm costatis; costis angustatis, æqualibus, flexuosis; dorso obtuso, subtricarinato, carinato; carinâ elevatâ; aperturâ compressâ, anticè obtusâ; septis lateribus 6-lobatis.*

Dimensions. Diamètre, 137 mill. — Par rapport au diamètre : largeur du dernier tour, $\frac{51}{100}$; recouvrement des tours, $\frac{16}{100}$; épaisseur du dernier tour, $\frac{23}{100}$; largeur de l'ombilic, $\frac{16}{100}$.

Coquille très-comprimée, pourvue d'une quille saillante, ornée, en travers, d'un très-grand nombre de petites côtes simples, flexueuses, également infléchies en avant et presque coudées au milieu. *Dos* obtus, en biseau de chaque côté, pourvu d'une quille saillante, élevée, étroite. *Spire* composée de tours très-comprimés, aplatis sur les côtés, obtus en dehors et coupés carrément au pourtour de l'ombilic. *Bouche* très-comprimée, sagittée, formant un angle tronqué en avant. *Cloisons* symétriques, découpées, de chaque côté, en six lobes formés de parties impaires, et en selles dont les deux premières sont formées de parties paires. Lobe dorsal beaucoup plus étroit et beaucoup plus court que le lobe latéral-supérieur, orné, en dehors, de deux branches, dont l'inférieure très-grande et pourvue de beaucoup de digitations. Selle dorsale aussi large que le lobe latéral-supérieur, divisée en deux feuilles très-inégales à son extrémité, la plus grande en dedans. Lobe latéral-supérieur conique, pourvu, de chaque côté, de cinq branches indépendamment de la branche terminale, elle-même très-grande. Selle latérale étroite, divisée en parties égales, mais plus petites. Lobe latéral-inférieur la moitié du lobe latéral-supérieur irrégulier pour le distribution de ses rameaux. Premier lobe auxiliaire de même forme et de la moitié du lobe latéral-supérieur; les trois autres lobes auxiliaires étroits et très-rapprochés les uns des autres. La ligne du rayon central coupe l'extrémité du lobe latéral-supérieur et passe au-dessous des autres.

Observations. Au diamètre de huit millimètres, cette espèce est lisse, renflée, sans quille. Au diamètre de quinze millimètres, elle est lisse avec quelques larges côtes très-faibles, très-espacées. Elle ne prend les côtes rapprochées, flexueuses, qu'au diamètre de vingt-cinq millimètres, et ces côtes restent ainsi jusqu'au plus grand diamètre connu aujourd'hui. A l'état de moule, son dos est obtus et manque de quille; chez les jeunes individus, il est muni d'un sillon de chaque côté de la quille, ce qui le fait paraître tricaréné.

Rapports et différences. Cette espèce rappelle l'*A. serpentinus* par ses côtes flexueuses et régulières; elle s'en distingue néanmoins par ses tours de spire bien plus larges, par son ombilic plus étroit et par ses côtes plus serrées. Elle se distingue aussi de l'*A. discoides* par son dos non tranchant.

Localité. Elle caractérise les assises les plus supérieures du lias. Elle a été recueillie aux environs de Semur (Côte-d'Or), par MM. Laignelet, Collenot, Sauzeau et par moi; à Avallon (Yonne), par MM. Desplaces de Charmasse, Moreau et par moi; à Charolles (Saône-et-Loire), par M. Raquin; à Saint-Quintin et à Bourgoin (Isère), par MM. Gras et Renaux; aux environs de Lyon (Rhône), par M. Terver; à Curcy, à Fontaine-Étoupe-Four, à Verson, à Amayé-sur-Orne (Calvados), par MM. Deslonchamps, Tesson et par moi; à Saint-Rambert (Ain), par M. Sauvanau; aux environs de Nancy (Meurthe), par M. Guibal; au Perthusin, près de Saint-Amand (Cher), par M. de Valdan; à Milhau (Aveyron), par moi; à Mende (Lozère), par MM. Terver et Renaux; à Fressac (Gard), par M. Renaux; aux environs de Niort (Deux-Sèvres), par M. Baugier; à Salins (Jura), par M. Germain.

Histoire. Bien décrite, dès 1789, par Bruguière, sous le

nom de *complanatus*, cette espèce a reçu de Sowerby, en 1829, le nom d'*elegans*, et, en 1830, de M. de Munster celui de *bicarinatus*. On doit revenir à la plus ancienne dénomination, et renvoyer les autres à la synonymie.

Explication des figures. Pl. 114, fig. 1. Coquille réduite de moitié. De ma collection.

Fig. 2. La même, vue du côté de la bouche.

Fig. 3. Jeune individu, vu sur la bouche.

Fig. 4. Une cloison de grandeur naturelle, calquée sur la nature.

N° 140. AMMONITES DISCOIDES, Zieten.

Pl. 115.

Ammonites depressus, Schloth, 1820, Pétref., p. 80, n° 80 (non Brug.).

A. depressus, Zieten, 1830, Wurtemberg, p. 7, pl. V, 5,5.

A. discoides, Zieten, 1830, Wurt., p. 21, t. XVI, f. 1.

A. depressus, Roemer, 1835, p. 186.

A. *testâ compressâ, carinatâ; anfractibus latis, compressis, lateribus complanatis transversìm undato-sulcatis; dorso acuto, carinato; carinâ brevi; aperturâ compressâ, sagittatâ, anticè acutâ; septis lateribus* 9-*lobatis*.

Dimensions. Diamètre, 58 mill. — Par rapport au diamètre : largeur du dernier tour, 56 à $\frac{58}{100}$; recouvrement du dernier tour, $\frac{22}{100}$; épaisseur, $\frac{24}{100}$; largeur de l'ombilic, 9 à $\frac{10}{100}$.

Coquille très-comprimée, fortement carénée, pourvue d'une très-petite quille, ornée en travers de beaucoup de sillons simples, égaux, flexueux, qui partent du pourtour de l'ombilic, s'infléchissent d'abord en avant, puis retournent en arrière pour revenir en avant vers le dos. *Dos* très-tranchant, pourvu d'une quille très-courte à peine saillante. *Spire* composée de tours comprimés, anguleux, tranchans en dehors, arrondis en dedans. L'ombilic est très-étroit. *Bouche* formant un angle aigu non tronqué. *Cloisons* symétriques, découpées de chaque côté en neuf lobes formés de parties impaires , et en selles dont la première seulement est presque paire. Lobe dorsal aussi long et bien plus large que le lobe latéral-supérieur, pourvu de quatre branches dont l'inférieure est très-large oblique. Selle dorsale deux fois aussi large que le lobe latéral-supérieur, divisée en deux très-grands rameaux inégaux (le plus grand en dedans) par un lobe accessoire assez grand. Lobe latéral-supérieur oblong, orné de chaque côté de cinq branches ramifiées, indépendamment du lobe terminal. Il y a ensuite huit lobes étroits ramifiés qui diminuent de taille en approchant de l'ombilic; ils sont séparés par autant de selles très-ramifiées. La ligne du rayon central, en partant de l'extrémité du lobe dorsal, passe au-dessous de tous les autres lobes.

Observations. Au diamètre de cinq millimètres, cette espèce a le dos rond, elle est lisse. Son dos devient anguleux, mais elle reste lisse jusqu'au diamètre de dix à onze millimètres. Les côtes ou sillons commencent ensuite et sont à peu près également espacées jusqu'au plus grand âge qui me soit connu ; il en résulte naturellement que le nombre des côtes est d'autant plus grand que la coquille a pris plus d'accroissement.

Rapports et différences. Au premier aperçu, cette espèce pouvait être prise pour l'*A. complanatus*, dont elle a la forme extérieure et les côtes flexueuses. Il est pourtant peu d'espèces aussi distinctes; en effet, elle en diffère par ses tours plus larges, plus recouverts, à ombilic beaucoup plus étroit, par sa forme carénée et anguleuse au pourtour, non coupée carrément près de l'ombilic, par son dos tranchant, par sa quille courte, et enfin par des cloisons très-distinctes, formées de neuf lobes au lieu de six, ceux-ci, du reste, très-différens.

Localité. Elle caractérise le lias supérieur de beaucoup de points de la France. Elle a été recueillie à Clapier et près de Milhau (Aveyron), par M. Braun et par moi ; à Pissote, près de Fontenay (Vendée), par moi ; à Vallat de Lavalette, près de Mende (Lozère), par M. Renaux ; à Saint-Maixent et à Niort (Deux-Sèvres), par M. Baugier et par moi ; aux environs de Saint-Rambert (Aïn), par M. Sauvanau ; à Uhrviller (Bas-Rhin), par M. Engelhardt ; aux environs de Lyon, par M. Terver ; aux environs de Salins (Jura), par M. Germain.

Histoire. Bruguière décrit en 1789 son *A. compressus* comme étant lisse, ce qui n'empêche pas Schlotheim, en 1820, et Zieten, en 1830, d'y réunir une espèce bien distincte à sillons ondulés, dont le dernier faisait en même temps l'*A. discoides*. Les auteurs ont généralement pris pour le *Compressus* de Bruguière, décrit comme lisse, une espèce pourvue de petits sillons latéraux. Le nom de *discoides*, appliqué par M. Zieten à cette espèce, doit lui être conservé.

Explication des figures. Pl. 115, fig. 1. Coquille de grandeur naturelle. De ma collection.

Fig. 2. La même, vue sur la bouche.

Fig. 3. Une variété à côtes rapprochées.

Fig. 4. Une cloison, grossie trois fois. Dessinée par moi.

N° 141. Ammonites concavus, Sowerby.

Pl. 116.

Ammonites concavus, Sowerby, 1815, Min. conch., t. I, p. 213, pl. 94, f. 2.

A. lythensis, Young et Birds.

A. lythensis, Phillips, 1829, York., p. 164, pl. XIII. f. 6.

A. exaratus, Phillips, 1829, id., pl. XIII, f. 7.

A. ovatus, Phillips, 1829, id., pl. XIII, f. 10? non *lythensis*, Bron. de Buch., etc.

A. testâ compressâ, carinatâ, anfractibus latis, compressis, lateribus complanatis, transversim undato-costatis; costis simplicibus; dorso carinato, acuto; aperturâ sagittatâ, compressâ, anticè carinatâ; septis lateribus 5-lobatis.

Dimensions. Diamètre, 75 mill. — Par rapport au diamètre : largeur du dernier tour, $\frac{50}{100}$; recouvrement du dernier tour, $\frac{19}{100}$; épaisseur du dernier tour, $\frac{24}{100}$; largeur de l'ombilic, $\frac{16}{100}$.

Coquille assez comprimée, pourvue d'une quille saillante, ornée en travers de trente-six côtes simples, larges, arrondies, flexueuses, séparées par des sillons d'égale largeur. *Dos* caréné, tranchant par la saillie de la carène. *Spire* composée de tours très-comprimés, aplatis sur les côtés, carénés au pourtour. *Bouche* très comprimée, aiguë en avant, fortement échancrée par le retour de la spire. *Cloisons* symétriques, découpées de chaque côté en lobes formés de parties impaires, et de selles formées de parties presque paires. Lobe dorsal plus étroit et plus court que le lobe latéral-supérieur, formé d'une branche peu large. Selle dorsale très-grande, divisée très-inégalement en deux feuilles par un lobe accessoire plus grand que le lobe latéral-inférieur. La feuille externe est infiniment plus courte et plus petite que l'autre. Lobe latéral-supérieur large, orné en dehors et en dedans de cinq branches, indépendamment de la branche terminale. Selle latérale bien plus étroite que le lobe latéral-supérieur, divisée en deux parties égales. Les autres selles sont irrégulières. Lobe latéral-inférieur le quart du lobe latéral-supérieur, mais de même forme. Les trois qui suivent sont très-petits. La ligne du rayon central, en partant de l'extrémité du lobe dorsal, coupe les trois branches terminales du lobe latéral-supérieur, et passe au-dessous de tous les autres.

Observations. Cette espèce, lisse au diamètre de sept millimètres, prend ensuite ses côtes qu'elle conserve jusqu'au diamètre de 150 millimètres, puis ensuite elle les perd.

Rapports et différences. Cette espèce, tout en ayant à peu près les proportions de l'*A. complanatus*, s'en distingue toujours par ses lobes, par ses côtes beaucoup moins flexueuses, trois fois aussi larges. Elle se distingue de l'*A. serpentinus* par son ombilic plus étroit et par ses côtes.

Localité. Elle caractérise le lias supérieur. Elle a été recueillie à Béarne (Jura), par M. Nodot; aux environs de Niort (Deux-Sèvres), par M. Baugier ; à Uhrveiller (Bas-Rhin), par M. Engelhardt ; à Chevillé (Sarthe), par M. Macé ; aux environs de Salins (Jura), par M. Germain ; au pont de Chantrezac, à l'ouest des Chéronies (Charente), par M. de la Noue ; à Milhau (Aveyron), par moi. En Angleterre on la trouve à Whitby.

Histoire. M. Sowerby figure parfaitement en 1815 cette espèce sous le nom de *concavus*. M. Phillips donne, sous les noms d'*A. lythensis exaratus*, Young et Birds, et d'*ovatus*, les figures imparfaites de trois Ammonites qui paraissent appartenir à la même espèce. J'ai conservé, comme le plus ancien, le nom de *Concavus*. Sous le nom de *Lythensis*, M. de Buch a figuré l'*A. serpentinus*.

Explication des figures. Pl. 116, fig. 1. Coquille de grandeur naturelle. De ma collection.

Fig. 2. La même, vue du côté de la bouche.

Fig. 3. Jeune individu de grandeur naturelle.

Fig. 4. Le même, vu du côté de la bouche.

Fig. 5. Une cloison, grossie trois fois. Dessinée par moi.

Ammonites du terrain bathonien ou de l'oolite inférieure.

N° 142. AMMONITES TRUELLEI, d'Orbigny, 1844.

Pl. 117.

A. *testâ compressâ, carinatâ ; anfractibus latis, compressis, longitudinaliter striatis, trisulcatis, transversìm undato-costatis ; dorso carinato ; aperturâ compressâ , sagittatâ, anticè carinatâ ; septis lateribus 6-lobatis.*

Dimensions. Diamètre, 180 mill. — Par rapport au diamètre : largeur du dernier tour, $\frac{56}{100}$; épaisseur du dernier tour, de 25 à $\frac{30}{100}$; recouvrement du dernier tour, $\frac{26}{100}$; largeur de l'ombilic, $\frac{7}{100}$.

Coquille très-comprimée, pourvue d'une quille saillante, ornée, en long, de très-petites stries égales, et de trois sillons parallèles sur la moitié intérieure de chaque tour ; souvent ces sillons sont peu marqués. Il y a de plus, en travers, de très-légères côtes flexueuses, inégales, une grande et deux petites. *Dos* tranchant par la quille, obtus dans le moule. *Spire* composée de tours très-comprimés, plus épais près de l'ombilic, très-embrassans, laissant un ombilic très-étroit. *Bouche* très-comprimée en fer de flèche, un peu obtus. *Cloisons* symétriques, découpées, de chaque côté, en six lobes et de selles formées de parties impaires. Lobe dorsal infiniment plus long et plus large que le lobe latéral-supérieur formé d'énormes branches dont l'inférieure a deux rameaux. Selle dorsale beaucoup plus grande que le lobe latéral-supérieur formé de cinq feuilles très-divisées. Lobe latéral-supérieur pyramidal pourvu d'une grande branche terminale et de deux de chaque côté, très-ramifiées. Les autres lobes de même forme diminuent de grandeur jusqu'au dernier. Selle latérale composée de deux feuilles inégales trois fois divisées. La ligne du rayon central, en partant de l'extrémité du lobe dorsal, passe au-dessous de tous les autres.

Observations. Jeune, cette espèce est marquée de côtes flexueuses rayonnantes disparaissant chez les adultes qui conservent toujours les sillons longitudinaux. La quille n'existe que sur le test. Celui-ci est composé de deux couches, une extérieure striée en long, une seconde où les stries sont bien moins marquées. Le moule interne n'a plus de stries.

Rapports et différences. Par ses stries et ses sillons longitudinaux ainsi que par ses tours embrassans, cette espèce se distingue nettement de toutes les autres.

Localité. Elle caractérise les couches de l'oolite inférieure. Elle a été recueillie par MM. Tesson, Deslonchamps et par moi, aux Moutiers, près de Caen (Calvados). M. Truelle l'avait aussi dans sa collection sans nom de localité. M. Baugier et moi nous l'avons rencontrée à Niort (Deux-Sèvres).

Explication des figures. Pl. 117, fig. 1. Coquille réduite d'un tiers, laissant les côtes rayonnantes. De ma collection.

Fig. 2. La même, vue du côté de la bouche.

Fig. 3. Une cloison de grandeur naturelle. Dessinée par moi.

N° 143. Ammonites subradiatus, Sowerby.

Pl. 118.

Ammonites subradiatus, Sowerby, 1823, Min. conch., t. 5, p. 23, pl. 421, f. 2.

A. subradiatus, d'Orbigny, 1825, Prod. des Céph., p. 76.

A. depressus, var. *a*, Buch, 1831, Pétrif. remarquables, pl. 1, f. 4.

A. *testâ compressâ, discoideâ, subcarinatâ; anfractibus*

latis, compressis, lævigatis, externè transversìm costatis; dorso subcarinato; aperturâ compressâ, sagittatâ, anticè obtuso-carinatâ; septis lateribus 7-lobatis.

Dimensions. Diamètre, 120 mill.—Par rapport au diamètre : largeur du dernier tour, $\frac{55}{100}$; épaisseur du dernier tour, $\frac{24}{100}$; recouvrement du dernier tour, $\frac{24}{100}$; largeur de l'ombilic, 8 à $\frac{1}{100}$.

Coquille discoïdale, très-comprimée, un peu carénée, sans quille, lisse sur les côtés, ornée à peu de distance du pourtour d'une série de très-petits plis obliques, transverses, n'occupant qu'une petite largeur ; en dedans de ces plis on remarque des rides également transverses et arquées qui occupent le tiers externe des tours. *Dos* caréné très-obtusément, sans quille. *Spire* composée de tours comprimés, plus épais près de l'ombilic; de là s'amincissant vers le bord ; ils sont très-embrassans et laissent à peine un très-étroit ombilic. *Bouche* très-comprimée en fer de flèche, obtus à son extrémité. *Cloisons* symétriques, découpées, de chaque côté, en sept lobes et en selles formées de parties impaires. Lobe dorsal plus court et plus large que le lobe latéral-supérieur formé de deux branches dont l'inférieure est très-grande, divisée en deux rameaux. Selle dorsale aussi large que le lobe latéral-supérieur composé de deux feuilles très-inégales, une petite externe, une grande partagée, interne. Lobe latéral-supérieur muni de trois branches de chaque côté et d'une branche terminale. Selle latérale oblique, de même largeur que le lobe-latéral supérieur, formée de trois feuilles s'élevant de la plus externe à la plus interne. Lobe latéral-inférieur la moitié du supérieur. Les autres en décroissant jusqu'au dernier. Les selles sont aussi de moins en moins compliquées. La ligne du rayon central, en partant de l'extrémité du lobe dorsal, coupe la pointe du lobe latéral-supérieur et passe au-dessous des autres.

Observations. Au diamètre de sept millimètres, cette coquille est entièrement lisse; elle prend les plis extérieurs au diamètre de dix à douze millimètres; alors, et jusqu'au diamètre de trente à quarante millimètres, son ombilic est le double plus large que chez les adultes. Ceux-ci, au diamètre de quatre-vingts millimètres, perdent les plis externes; ils conservent encore quelque temps les grandes rides et deviennent ensuite entièrement lisses.

Rapports et différences. Cette espèce, voisine de l'*A. discus*, s'en distingue par ses plis externes et par son pourtour non tranchant.

Localité. Elle caractérise l'oolite inférieure de toute la France. Elle a été recueillie aux Moutiers, à Curcy, près de Caen, à Saint-Vigor et à Port-en-Bessin, près de Bayeux (Calvados), par MM. Tesson, Deslonchamps et par moi; à Saint-Maixent et à Niort (Deux-Sèvres), par M. Baugier et par moi; à Fontenay (Vendée), par moi; aux environs de Saint-Rambert (Ain), par M. Sauvanau.

Explication des figures. Pl. 118, fig. 1. Coquille de grandeur naturelle. De ma collection.

Fig. 2. La même, vue du côté de la bouche.

Fig. 3. Jeune individu de grandeur naturelle.

Fig. 4. Une cloison de grandeur naturelle. Dessinée par moi.

N° 144. Ammonites Sowerbyi, Miller.

Pl. 119.

Ammonites Sowerbyi, Miller, Sowerby, 1818, Min. conch., t. 3, p. 23, pl. 213. (La coquille.)

A. Browni, Sowerby, 1820, Min. conch., t. 3, p. 113, pl. 263. (Le moule.)

A. Browni, Haan, 1825, Amm. et Goniat., p. 118, n° 34.

A. Sowerby, Haan, 1825, *loc. cit.*, p. 137, n° 84.

A. testâ compressâ, carinatâ; anfractibus lateribus convexo-planis, transversìm subcostatis (junior), *in medio tuberculatis; tuberculis spiniformibus* (adulto), *dorso acutè carinato; aperturâ cordatâ, compressâ; septis lateribus 5-lobatis.*

Dimensions. Diamètre, 230 mill. — Par rapport au diamètre : largeur du dernier tour, $\frac{35}{100}$; épaisseur du dernier tour, $\frac{22}{100}$; recouvrement du dernier tour, $\frac{8}{100}$; largeur de l'ombilic, $\frac{41}{100}$. — (Jeune de 80 mill. de diamètre.) Par rapport au diamètre : largeur du dernier tour, $\frac{42}{100}$; épaisseur du dernier tour, $\frac{38}{100}$; recouvrement du dernier tour, $\frac{11}{100}$; largeur de l'ombilic, $\frac{30}{100}$.

Coquille un peu comprimée dans son ensemble, pourvue d'une quille saillante, presque lisse chez les adultes, ou marquée de quelques côtes peu apparentes. Chez les jeunes, il y a des côtes inégales transverses, presque par faisceaux, et, par tour, sur le milieu des tours de chaque côté sept pointes élevées, aiguës, qui laissent sur le moule un tubercule obtus. *Dos* rond dans le moule, pourvu d'une quille très-saillante lorsque le test existe. *Spire* composée de tours convexes sur les côtés. *Bouche* comprimée, cordiforme. *Cloisons* symétriques, découpées, de chaque côté, en cinq lobes formés de parties impaires et de selles formées de parties paires. Lobe dorsal plus court et aussi large que le lobe latéral-supérieur, orné, de chaque côté, de trois branches dont l'inférieure est la plus grande. Selle dorsale aussi grande que le lobe latéral-supérieur, divisée en deux feuilles égales très-ramifiées. Lobe latéral-supérieur orné extérieurement de trois branches, d'une grande branche terminale, et en dedans de quatre petites branches. Selle latérale divisée en deux feuilles inégales, la plus grande interne. Les lobes suivans sont plus petits, mais de même forme que le lobe latéral-supérieur. La ligne du rayon central, en partant de l'extrémité du lobe dorsal, coupe la pointe des deux premiers lobes et passe au-dessous des autres.

Observations. Cette espèce, jusqu'au diamètre de quatre à six centimètres, a des côtes très-marquées et des pointes ; au delà de ce diamètre, les pointes s'effacent et disparaissent entièrement. Les côtes s'effacent aussi peu à peu et la coquille reste presque lisse ensuite, marquée seulement d'ondulations transverses. Le moule n'a plus de pointes, mais des tubercules obtus qui les remplacent.

Rapports et différences. Tout en ayant encore des côtes flexueuses comme les *Falciferi*, elle s'en distingue par des lobes bien différens. Ses pointes de la jeunesse l'en séparent nettement.

Localité. Cette Ammonite caractérise l'oolite inférieure. Elle a été recueillie aux Moutiers, près de Caen (Calvados), par moi ; à Saint-Maixent (Deux-Sèvres), par moi. En Angleterre, on la trouve à Dundry.

Histoire. Cette espèce, avec le test, a été nommée par Miller *Ammonites Sowerbyi*, et figurée par M. Sowerby en 1818. Deux ans après, le même auteur a donné le moule sous le nom de *Brownii*. J'ai reconnu ce double emploi et je réunis la dernière à la première.

Explication des figures. Pl. 119, fig. 1. Coquille de grandeur naturelle, à l'instant où elle perd ses pointes. De ma collection.

Fig. 2. La même, vue du côté de la bouche.

Fig. 3. Une cloison grossie deux fois. Dessinée par moi.

Fig. 4. Un morceau de la variété à côtes serrées.

N° 145. Ammonites Murchisonæ, Sowerby.

Pl. 120.

Ammonites binus, Sowerby, 1815, Min. conch., t. 1, p. 307, pl. 92, f. 3 *(jun.)*.

A. læviusculus, Soverby, 1824, Min. conch., t. 5, p. 73, pl. 451, f. 1-2 *(jun.)*.

A. corrugatus, Sowerby, 1824, Min. conch., t. 5, p. 74, pl. 451, p. 3 *(jun.)*.

A. binus, Haan, 1825, Amm. et Goniat, p. 142, n° 95.

A. læviusculus, d'Orbigny, 1825, Céphal., p. 76.

A. Murchisonæ, Sowerby, 1827, Min. conch., t. 6, p. 93, pl. 550.

A. Murchisonæ, Zieten, 1830. Wurt., p. 8, pl. 6, f. 1-4.

A. punctatus, Zieten, 1830, Wurt., pl. X, f. 4 *(jun.)*.

A. hecticus, Zieten, 1830, Wurt., pl. X, f. 8 *(jun.)*.

A. Murchisonæ, Rœmer, Wurt., p. 184, n° 7.

A. Murchisonæ, Bronn., Leth. geog., p. 426, t. XXII, f. 3.

A. *testâ compressâ, carinatâ ; unfractibus compressis, intùs angulatis, lateribus complanatis, transversìm costatis; costis inæqualibus, bifurcatis ; dorso subcarinato ; aperturâ sagittatâ, compressâ ; septis lateribus 5-lobatis.*

Dimensions. Diamètre, 230 mill. — Par rapport au diamètre : largeur du dernier tour, 41 à $\frac{47}{100}$; épaisseur du dernier tour, 28 à $\frac{31}{100}$; recouvrement du dernier tour, $\frac{14}{100}$; largeur de l'ombilic, $\frac{19}{100}$.

Coquille comprimée, pourvue d'une quille dans la jeunesse, plus tard simplement anguleuse, ornée, en travers, d'un nombre très-variable de côtes flexueuses, inégales, les unes bifurquées près du pourtour de l'ombilic ou à peu de distance, les autres, et c'est le plus petit nombre, simples; toutes ces côtes disparaissant dans l'âge adulte. *Dos* caréné ou anguleux. *Spire* composée de tours comprimés plus ou moins larges, plus épais près du pourtour de l'ombilic, où ils sont anguleux et forment en dedans un méplat concave très-marqué. *Bouche* comprimée, fortement échancrée par le retour de la spire. *Cloisons* symétriques, découpées de chaque côté en quatre ou cinq lobes formés de parties impaires et de selles presque paires. Lobe dorsal beaucoup plus court et moins large que le lobe latéral-supérieur, formé de chaque côté de branches croissant des supérieures aux inférieures. Selle dorsale plus large que le lobe latéral-supérieur, formé de deux branches inégales, la plus grande en dedans; le lobe accessoire qui les sépare est beaucoup moins grand que le lobe latéral-inférieur. Lobe latéral-supérieur assez anguleux, pourvu en dehors de deux branches dont l'inférieure est énorme, et profondément séparée de la branche terminale qui paraît se rattacher à la branche latérale de l'autre côté. Selle latérale infiniment plus étroite que le lobe latéral-supérieur, divisée inégalement en deux feuilles dont la plus haute est interne. Lobe latéral-inférieur la moitié du lobe latéral-supérieur, d'une forme à peu près analogue. La première selle auxiliaire est plus large que la selle latérale, de même forme. La ligne du rayon central, en partant de l'extrémité du lobe dorsal, coupe un quart du lobe latéral-supérieur, touche la pointe du lobe latéral-inférieur, et passe bien au-dessous des autres.

Observations. Cette espèce est très-variable suivant l'âge et les individus. Jeune, au diamètre de vingt-cinq à soixante millimètres, elle a le maximum de ses ornemens extérieurs; ses côtes sont alors généralement bifurquées, mais varient considérablement de nombre; chez les individus plus renflés à tours moins larges, ces côtes se divisent au pourtour même de l'ombilic. La bifurcation est d'autant plus éloignée de ce point que les tours sont plus larges. Au diamètre de quatre-vingts à cent cinquante millimètres, la coquille devient presque lisse. La quille est remplacée par une partie anguleuse. Comme la coquille est très-épaisse, le moule ne montre que sur les tours internes les traces des côtes qui le plus souvent sont effacées.

Rapports et différences. Voisine à la fois des *Ammonites concavus* et *aalensis*, cette espèce se distingue de la première par ses côtes bifurquées au lieu d'être simples, par deux lobes de moins de chaque côté, par le lobe accessoire de la selle dorsale plus court que le lobe latéral-inférieur. Elle diffère de l'*A. aalensis* par ses côtes plus régulièrement bifurquées et non en faisceaux, par ses tours plus larges, sa carène non persistante, et enfin par deux lobes de plus de chaque côté, indépendamment de détails de selles et de lobes tout différens. Il sera facile de voir aux *A. elegans* et *primordialis* les plus nombreuses différences qui les séparent.

Localité. J'ai toujours rencontré cette espèce dans les couches de l'oolite inférieure les mieux caractérisées. Elle a été recueillie aux environs de Fontenay (Vendée), par mon père et par moi; aux environs de Niort, à Saint-Maixent (Deux-Sèvres), par MM. Baugier, Garant et par moi; aux environs de Draguignan (Var), par M. Doublier,; aux Moutiers (Calvados), par M. Deslonchamps et par moi; à Dundry (Angleterre); dans le Wurtemberg.

Histoire. Les jeunes de cette espèce m'ont paru être les *A. binus*, *læviusculus* et *corrugatus* de Sowerby, mais cet auteur a fait de l'adulte l'*A. Murchisonæ*. L'adulte a été donné sous le même nom par M. Zieten, tout en figurant des jeunes sous la dénomination nouvelle de *punctatus*, et sous celle de

hecticus de Reinecke. M. Rœmer a réuni avec raison au *Murchisonæ* quelques-unes des espèces de Sowerby, que j'ai placées à la synonymie; mais je suis loin d'admettre avec ce savant que les *A. elegans, subradiatus* de Sowerby, *primordialis* et *aalensis* de Zieten doivent y être jointes; ce sont des espèces bien distinctes, comme on peut le voir à leurs descriptions respectives.

Explication des figures. Pl. 120, fig. 1. Coquille de grandeur naturelle. De ma collection.

Fig. 2. La même, vue du côté de la bouche.

Fig. 3. Jeune individu de la variété à tours étroits.

Fig. 4. Jeune individu de la variété à tours larges.

Fig. 5. Une cloison de grandeur naturelle. Dessinée par moi.

N° 146. AMMONITES CYCLOIDES, d'Orbigny, 1845.

Pl. 121, fig. 1-6, sous le faux nom de *Cadomensis.*

A. *testâ inflatâ; anfractibus depressis, lateribus convexiusculis, externè costatis; costis simplicibus, vel fascicularibus; dorso lato, bisulcato; aperturâ semilunari, depressâ; septis lateribus 3-lobatis.*

Dimensions. Diamètre, 30 mill. — Par rapport au diamètre (individu renflé) : largeur du dernier tour, $\frac{12}{100}$; épaisseur du dernier tour, $\frac{62}{100}$; recouvrement du dernier tour, $\frac{28}{100}$; largeur de l'ombilic, $\frac{11}{100}$.

Coquille renflée, pourvue d'une large quille, ornée, en travers, par tour, de vingt-deux à quarante-quatre côtes qui naissent à quelque distance du pourtour de l'ombilic, vont en s'infléchissant et s'élevant jusqu'aux côtés du dos où elles s'interrompent. Quelquefois les côtes sont séparées, de distance en distance, par un sillon qui les réunit en faisceaux. *Dos* large, pourvu de deux sillons longitudinaux entre lesquels est une quille large, à peine saillante. *Spire* formée de tours plus hauts que larges, aplatis sur les côtés, arrondis au pourtour de l'ombilic. *Bouche* transversale, semi-lunaire, arquée, étroite. *Cloisons* symétriques, découpées de chaque côté en trois lobes formés de parties impaires. Lobe dorsal aussi large et aussi long que le lobe latéral-supérieur, orné de deux pointes de chaque côté. Selle dorsale plus large que le lobe latéral-supérieur, comme trilobée, formée de trois feuilles inégales dont la plus grande est interne. Lobe latéral-supérieur terminé par trois pointes. Selle latérale trois fois aussi large que le lobe latéral-supérieur, festonnée en cinq feuilles. Lobe latéral-inférieur aussi large, mais bien plus court que le lobe latéral-supérieur, orné de cinq pointes. Le lobe auxiliaire est très-petit. Les dernières selles sont simplement festonnées. La ligne du rayon central, en partant de l'extrémité du lobe dorsal, touche la pointe du lobe latéral-supérieur, mais passe au-dessous des autres.

Observations. Le plus souvent les individus de cette espèce sont comme la description qui précède, c'est-à-dire larges et renflés, les côtes simples; rarement avec la même forme les côtes sont réunies en faisceaux par des sillons transverses. Quelquefois la coquille est beaucoup moins renflée, les côtes peu régulières et l'ombilic plus large; alors les tours sont moins embrassans.

Rapports et différences. Cette espèce, tout en conservant encore extérieurement des côtes, une quille, et les dispositions générales analogues à celles du groupe des *Falciferi*, n'en a déjà plus les lobes, puisque la selle dorsale est peu large et surtout peu divisée. Cette Ammonite, bien distincte de toutes les autres, serait un passage entre deux groupes.

Localité. Elle caractérise les couches de l'oolite inférieure ou étage bathonien. Elle a été recueillie aux Moutiers, près de Caen (Calvados), par MM. Deslonchamps, de Verneuil, et par moi; à Niort (Deux-Sèvres), par M. Baugier et par moi.

Explication des figures. Pl. 121, fig. 1. Variété renflée, vue de côté. De grandeur naturelle. De ma collection.

Fig. 2. La même, vue du côté de la bouche.

Fig. 3. Variété à faisceaux, de grandeur naturelle, vue de côté.

Fig. 4. Variété à ombilic large, vue de côté.

Fig. 5. La même, vue du côté de la bouche.

Fig. 6. Une cloison grossie six fois. Dessinée par moi.

N° 147. AMMONITES NIORTENSIS, d'Orbigny, 1844.

Pl. 121, fig. 7-10.

A. *testâ compressâ, anfractibus compressis, angustatis, lateribus convexiusculis, longitudinaliter subcarinatis, bituberculatis, transversim acutè costatis; dorso excavato; aperturâ anticè 4-angulatâ; septis lateribus 3-lobatis.*

Dimensions. Diamètre, 60 mill. — Par rapport au diamètre : largeur du dernier tour, $\frac{30}{100}$; épaisseur du dernier tour, $\frac{30}{100}$; recouvrement du dernier tour, $\frac{4}{100}$; largeur de l'ombilic, $\frac{40}{100}$.

Coquille comprimée, non carénée, ornée, par tour, de trente à trente-cinq côtes aiguës, droites, qui partent du pourtour de l'ombilic, s'élèvent et se marquent d'un tubercule au tiers externe de la largeur, et se continuent encore jusqu'aux côtés du dos, où elles se terminent par un tubercule mucroné. La ligne des tubercules latéraux forme une carène longitudinale. Il y a quelques côtes qui se bifurquent au tubercule du milieu des tours; mais cela est rare. *Dos* profondément excavé en un sillon lisse, bordé extérieurement des tubercules de l'extrémité des côtes. *Spire* composée de tours étroits, comprimés, se recouvrant à peine. *Bouche* comprimée, pourvue de quatre pointes antérieures; la bouche, lorsqu'elle est complète, montre de chaque côté une énorme oreillette. *Cloisons* symétriques, découpées de chaque côté en trois lobes formés de parties impaires. Lobe dorsal aussi long et bien plus étroit que le lobe latéral-supérieur, logé dans l'excavation du dos. Selle dorsale le double du lobe latéral-supérieur, divisé en deux feuilles inégales, dont la plus grande est externe. Lobe latéral-supérieur orné en dehors de quatre pointes, indépendamment de la pointe terminale. Selle latérale plus large que le lobe latéral-supérieur, inégalement divisée en deux feuilles festonnées, dont la plus grande est interne. Lobe latéral-inférieur plus court et moins large de moitié que le lobe latéral-supérieur, orné de cinq pointes. Le lobe auxiliaire est très-petit et oblique, à trois pointes. La ligne du rayon central, en partant de l'extrémité du lobe dorsal, touche la pointe du lobe latéral-supérieur, et passe au-dessous des autres.

Rapports et différences. Cette espèce commence à se rapprocher, par son dos excavé, de l'*A. Parkinsoni*, tout en s'en distinguant par ses tours étroits, par ses côtes non toujours bifurquées, et par ses lobes plus simples.

Localité. Elle paraît se trouver partout où l'oolite inférieure est très-développée. Elle a été recueillie à Mougon, près de Niort (Deux-Sèvres), par M. Baugier et par moi; aux Moutiers (Calvados), par M. Deslonchamps et par moi; à Longwy (Moselle), par M. Hollandre.

Explication des figures. Pl. 121, fig. 7. Coquille de grandeur naturelle, avec la bouche complète. De ma collection.

Fig. 8. La même, vue du côté de la bouche.

Fig. 9. Un tronçon de la variété à côtes inégales.

Fig. 10. Une cloison grossie quatre fois. Dessinée par moi.

N° 148. AMMONITES PARKINSONI, Sowerby.

Pl. 122.

Ammonites Parkinsoni, Sowerby, 1821, Min. conch., t. 4, p. 1, pl. 307.

Planites Parkinsoni, Haan, 1825, Amm. et Goniat., p. 89, n° 18.

Ammonites Parkinsoni, Zieten, 1830, Wurt., p. 14, pl. 10, fig. 7.

A. Parkinsoni, Roemer, 1835, p. 198, n° 35.

A. *testâ compressâ, anfractibus compressis, angustatis, lateribus complanatis, transversim* 35-50 *costatis; costis acutis, æqualibus, arcuatis, externè tuberculatis, bifurcatis, inflexis; dorso angustato, excavato, lævigato; aperturâ compressâ; septis lateribus* 5-*lobatis.*

Dimensions. Diamètre, 350 mill. — Par rapport au diamètre : largeur du dernier tour, 27 à $\frac{29}{100}$; épaisseur du dernier tour, 20 à $\frac{24}{100}$; recouvrement des tours, $\frac{7}{100}$; largeur de l'ombilic, 46 à $\frac{48}{100}$.

Coquille discoïdale, comprimée, non carénée, ornée, par tour, de trente-cinq à cinquante côtes carénées, qui commencent près du pourtour de l'ombilic, s'arquent et sont marquées, aux deux tiers de la largeur des tours, d'un tubercule légèrement mucroné. A ce tubercule les côtes s'infléchissent en avant, et vont se terminer aux côtés du dos, sans former de tubercules ; entre chaque côte occupant ainsi toute la largeur des tours, il naît une petite côte qui se rattache plus ou moins régulièrement à la grande côte, mais n'occupe jamais que l'intervalle compris entre le dos et le tubercule latéral. *Spire* formée de tours étroits, comprimés, aplatis sur les côtés. *Dos* en biseau sur les côtés, lisse au milieu, excavé dans le moule. *Bouche* comprimée, oblongue, anguleuse en avant, fortement échancrée par le retour de la spire. Lorsqu'elle est entière, elle est pourvue d'une saillie antérieure et de deux saillies latérales. *Cloisons* symétriques, découpées de chaque côté en cinq lobes formés de parties impaires, et de selles que composent des parties presque paires. Lobe dorsal aussi large et un peu plus court que le lobe latéral-supérieur, orné de trois branches croissant des supérieures aux inférieures. Selle dorsale plus large que le lobe latéral supérieur, divisée en deux parties légèrement inégales par un lobe auxiliaire un peu moins grand que le lobe latéral-inférieur. La plus grande partie est extérieure. Lobe latéral-supérieur large, orné de chaque côté de trois branches, indépendamment de la branche terminale. Selle latérale d'un tiers plus étroite que le lobe latéral-supérieur, divisée en deux feuilles presque égales. Lobe latéral-inférieur plus petit que la moitié du lobe latéral-supérieur, pourvu de trois branches. Selle auxiliaire oblique, aussi large et plus courte que la selle latérale. Premier lobe auxiliaire très-oblique, un peu plus petit que le lobe latéral-inférieur. Les deux autres lobes sont très-petits. La ligne du rayon central, en partant de l'extrémité du lobe dorsal, coupe la branche médiane du lobe latéral-supérieur, et passe bien au-dessous de tous les autres.

Observations. Au diamètre de cinq millimètres, cette espèce a déjà tous les ornemens extérieurs de l'espèce. Au diamètre de cent vingt millimètres, les côtes latérales sont moins aiguës, les tubercules latéraux s'effacent, les tours deviennent plus larges. Au diamètre de cent soixante millimètres, les côtes latérales ont déjà disparu, et il ne reste plus que les côtes externes, qui s'atténuent elles-mêmes et disparaissent au diamètre de deux cents millimètres, la coquille devenant alors tout-à-fait lisse. La présence ou l'absence du test change les ornemens extérieurs. Dans le moule, les côtes s'atténuent beaucoup, les tubercules sont moins saillans, et seulement alors le milieu du dos est excavé.

Rapports et différences. Cette espèce, voisine à la fois des *A. niortensis* et *Garantianus*, se distingue, à tous les âges, de la première par ses côtes régulièrement bifurquées, par son dos moins excavé et par ses lobes. Elle se distingue de la seconde par la présence de tubercules latéraux, par la bifurcation des côtes au tiers externe des tours, au lieu de la moitié, par le manque de tubercule mucroné sur les côtes du dos, par ses côtes plus anguleuses, plus arquées, par ses tours bien moins larges, par un lobe de plus de chaque côté, et par son lobe latéral infiniment plus petit. J'ai reconnu ces caractères toujours constans sur une centaine d'individus des deux espèces.

Localité. C'est l'espèce caractéristique par excellence de l'oolite inférieure, ou du fullers-earth. Elle a été recueillie aux Moutiers, près de Caen; à Saint-Vigor, près de Bayeux; à Port-en-Bessin (Calvados), par tous les géologues et par moi; à Conli (Sarthe), par M. Marçais; aux environs de Semur (sommet des côtes) (Côte-d'Or), par M. Collenot; aux environs de Nantua (Ain), par M. Cabanet; auprès de Longwy, aux Geniveaux, près de Thionville (Moselle), par MM. Hollandre et Joba; aux environs de Saint-Maixent et de Niort (Deux-Sèvres), par MM. Garant, Baugier, et par moi; aux environs de Nancy (Meurthe), par M. Guibal; à Saint-Marc, près d'Aix (Bouches-du-Rhône), par M. Coquand; aux environs de Vezelay (Yonne), par M. Rathier. En Angleterre, on la trouve à Dundry.

Explication des figures. Pl. 122, fig. 1. Coquille réduite de moitié, montrant le passage à l'âge adulte, avec la bouche entière.

Fig. 2. La même, vue sur le côté de la bouche.

Fig. 3. Jeune, de grandeur naturelle.

Fig. 4. Le même, vu du côté de la bouche.

Fig. 5. Une cloison de grandeur naturelle, calquée sur la nature.

N° 149. **Ammonites Garantianus**, d'Orbigny, 1844.

Pl. 123.

A. *testâ compressâ, anfractibus compressis, latis, lateribus convexiusculis, transversìm 34-48 costatis; costis acutis, æqualibus, rectis, in medio bifurcatis, externè tuberculatis; dorso angustato, complanato, bituberculato; aperturâ compressâ; septis lateribus 4-lobatis.*

Dimensions. Diamètre, 140 mill. —Par rapport au diamètre : largeur du dernier tour, 33 à $\frac{37}{100}$; épaisseur du dernier tour, 28 à $\frac{32}{100}$; recouvrement du dernier tour, $\frac{10}{100}$; largeur de l'ombilic, 36 à $\frac{39}{100}$.

Coquille discoïdale comprimée, non carénée, ornée, en travers, par tour, de trente-quatre à quarante-huit côtes aiguës qui partent du pourtour de l'ombilic et se dirigent, en rayonnant, jusqu'à la moitié de la largeur de chaque tour, où elles se bifurquent régulièrement, et se continuent sans s'infléchir jusqu'aux côtés du dos, où elles se terminent par des tubercules mucronés, très-régulièrement espacés. *Spire* formée de tours larges, comprimés, convexes sur les côtés. *Dos* convexe, creusé au milieu d'une dépression lisse, bordée des tubercules alternes de l'extrémité des côtes. *Bouche* ovale, comprimée, tronquée en avant, échancrée en arrière. Lorsqu'elle est complète, elle forme un large péristome évasé, large sur la ligne médiane, échancré sur les côtés. *Cloisons* symétriques, découpées de chaque côté en quatre lobes. Lobes formés de parties impaires. Lobe dorsal plus long et plus large que le lobe latéral-supérieur, formé d'une grande branche terminale et de plusieurs petites branches irrégulières. Selle dorsale plus large que le lobe dorsal, divisé en deux parties presque égales par un grand lobe accessoire. Lobe latéral-supérieur orné de chaque côté de deux branches et d'une branche terminale. Selle latérale beaucoup plus petite que le lobe latéral-supérieur, divisée en deux feuilles un peu inégales, la plus grande externe. Lobe latéral-inférieur très-oblique, beaucoup plus petit que le lobe latéral-supérieur et à peu près de même forme. Les deux lobes suivans sont peu compliqués, très-obliques, et de plus en plus petits. La ligne du rayon central, en partant de l'extrémité du lobe dorsal, passe bien au-dessous de tous les autres.

Observations. Cette espèce a ses côtes régulièrement bifurquées à la moitié de la largeur des tours, jusqu'au diamètre de quatre-vingts millimètres; mais alors les côtes ne se bifurquent pas sur un point fixe, et il y a trois côtes externes par chacune des côtes internes. Une variété rare offre ce caractère à tous les âges. Dans un individu de cent quarante millimètres de diamètre, les côtes passent sur le dos à la dernière partie de son accroissement.

Rapports et différences. Cette espèce est voisine à la fois, par son dos et ses côtes, des *A. Parkinsoni* et *Vosagusensis* du terrain oxfordien inférieur, mais elle se distingue facilement de la première par la bifurcation de ses côtes à la moitié des tours au lieu du tiers externe, par les tubercules mucronés des côtés du dos, par ses côtes plus droites, par ses tours plus larges, par son lobe latéral-inférieur bien plus grand. Elle se distingue de la seconde par les tours plus renflés, les côtes bifurquées au milieu au lieu du tiers interne des tours, par ses côtes tuberculeuses sur le dos, et par des lobes tout différens.

Localité. Cette espèce, caractéristique de l'oolite inférieure, a été recueillie aux Moutiers, à Saint-Vigor, à Port-en-Bessin, près de Bayeux (Calvados), par MM. Deslonchamps, Tesson, et par moi; à Saint-Maixent et à Niort (Deux-Sèvres), par MM. Garant, Baugier, et par moi; à Fontaine en Duesnois (Côte-d'Or), par M. Nodot; à Longwy (Moselle), par M. Hollandre; aux environs de Digne (Basses-Alpes), par M. Rouy.

Explication des figures. Pl. 123, fig. 1. Coquille de grandeur naturelle, avec sa bouche complète. De ma collection.

Fig. 2. La même, vue du côté de la bouche.

Fig. 3. Jeune, de grandeur naturelle.

Fig. 4. Le même, vu du côté de la bouche.

Fig. 5. Une cloison grossie deux fois. Dessinée par moi.

N° 150. Ammonites polymorphus, d'Orbigny, 1844.

Pl. 124.

A. (jun.) *testâ inflatâ, rotundatâ; anfractibus involutis, transversìm inæqualiter costatis, 4-sulcatis; umbilico angustato, aperturâ semi-lunari.* (Adul.) *Testâ compressâ; anfractibus compressis, 4-sulcatis; costis in dorso interruptis; umbilico magno; aperturâ compressâ, oblongâ; septis lateribus 5-lobatis.*

Dimensions. Diamètre, 62 mill. — Par rapport à ce diamètre : largeur du dernier tour, $\frac{29}{100}$; épaisseur du dernier tour, $\frac{20}{100}$; recouvrement du dernier tour, $\frac{8}{100}$; largeur de l'ombilic, $\frac{41}{100}$. — Au diamètre de 17 mill., les proportions sont les suivantes : largeur du dernier tour, $\frac{50}{100}$; épaisseur du dernier tour, $\frac{55}{100}$; recouvrement du dernier tour, $\frac{39}{100}$; largeur de l'ombilic, $\frac{12}{100}$.

Coquille très variable dans sa forme suivant l'âge. Au diamètre de dix-sept millimètres, elle est globuleuse, pourtant un peu comprimée, à tours presque embrassans, laissant à peine un étroit ombilic, marqués, en travers, de quatre sillons obliques, et entre ceux-ci de six ou sept côtes qui, vers le tiers interne, se bifurquent, et se partagent quelquefois encore plus près du dos où elles sont interrompues sur la ligne médiane du dos qui est lisse, et alors elles alternent entre elles. *Bouche* en croissant. A mesure qu'elle grandit, l'ombilic s'élargit, l'espace lisse du milieu du dos se marque davantage ; à soixante millimètres, ses tours sont déjà très-aplatis, et la coquille a tout-à-fait changé de forme. Ses tours sont très-comprimés, en grande partie découverts, et la bouche est oblongue, comprimée. *Cloisons* (au diamètre de vingt-cinq millimètres) symétriques, découpées de chaque côté en quatre lobes formés de parties impaires. Lobe dorsal aussi long et beaucoup plus large que le lobe latéral-supérieur, orné de chaque côté de trois grandes branches très-digitées. Selle dorsale très-haute, aussi large que le lobe latéral-supérieur divisé en deux branches inégales dont l'externe est infiniment plus déviée que l'autre. Lobe latéral-supérieur orné de trois branches de chaque côté, indépendamment d'une branche terminale. Selle latérale plus étroite que le lobe latéral-supérieur, terminée par trois feuilles inégales. Les trois autres lobes sont irrégulièrement divisés. Les selles sont aussi différentes les unes des autres. La ligne du rayon central, en partant de l'extrémité du lobe dorsal, coupe la pointe des autres lobes.

Rapports et différences. Cette Ammonite, remarquable par son changement de forme, se distingue des autres par ce caractère. Jeune, elle a les formes de l'*A. Brongniartii,* tandis que, lorsqu'elle est adulte, elle se rapproche de l'A. *communis*, tout en se distinguant de ses espèces par ses sillons et par ses côtes interrompues sur le dos.

Localité. J'ai recueilli cette espèce dans l'oolite inférieure à Port-en-Bessin et à Sainte-Honorine, près de Bayeux (Calvados) ; elle se trouve dans les couches noirâtres qui recouvrent les couches ferrugineuses. M. Baugier l'a rencontrée à Niort (Deux-Sèvres) ; M. Coquand, à Vauvenargues, près d'Aix (Bouches-du-Rhône).

Explication des figures. Pl. 124, fig. 1. Coquille jeune, de grandeur naturelle. De ma collection.

Fig. 2. La même, vue du côté de la bouche.

Fig. 3. Un individu plus âgé, vu de côté.

Fig. 4. Un individu encore plus âgé.

Fig. 5. Adulte de grandeur naturelle.

Fig. 6. Le même, vu du côté de la bouche.

Fig. 7. Une cloison, grossie quatre fois. Dessinée par moi.

N° 151. AMMONITES MARTINSII, d'Orbigny, 1845.

Pl. 125. Sous le faux nom de *Bajocensis*.

A. *testâ compressâ, anfractibus rotundatis, angustatis, lateribus convexis, insulcatis, transversìm 40-65 costatis; costis inæqualibus, externè irregulariter bifurcatis; dorso convexo; aperturâ ovali, intùs truncatâ, septis lateribus 5-lobatis.*

Dimensions. Diamètre, 210 mill. — Par rapport au diamètre : largeur du dernier tour, 26 à $\frac{30}{100}$; épaisseur du dernier tour, 23 à $\frac{26}{100}$; recouvrement du dernier tour, $\frac{6}{100}$; largeur de l'ombilic, 48 à $\frac{52}{100}$.

Coquille discoïdale, comprimée, non carénée, ornée, par tour, de quarante à soixante-cinq côtes peu sensibles, obliques, qui, vers le tiers externe, se bifurquent irrégulièrement et passent d'un côté à l'autre dans l'âge adulte, mais s'interrompent souvent dans le jeune âge. Il y a de plus, par tour, deux ou trois sillons transverses, très-profonds, restes des anciennes bouches. *Spire* formée de tours un peu comprimés, convexes, se recouvrant très-peu. *Dos* rond. *Bouche* ovale, comprimée, échancrée par le retour de la spire. Lorsqu'elle est complète, elle est projetée en avant à sa partie supérieure et pourvue d'une longue oreillette. *Cloisons* symétriques, découpées de chaque côté en cinq lobes formés de parties impaires. Lobe dorsal plus large du double et aussi long que le lobe latéral-supérieur, orné de chaque côté de cinq branches très ramifiées, croissant des supérieures aux inférieures. Selle dorsale plus large que le lobe latéral-supérieur, divisée irrégulièrement en trois feuilles découpées. Lobe latéral-supérieur pourvu de chaque côté de cinq branches, indépendamment de la branche terminale. Les branches latérales sont inégales. Selle latérale beaucoup plus étroite que le lobe latéral-supérieur, divisée presque régulièrement en deux feuilles chacune bilobée. Lobe latéral-inférieur un peu oblique, la moitié du lobe latéral-supérieur pourvue de trois branches de chaque côté. Il y a de plus trois lobes auxiliaires transverses dont le premier est plus grand que le lobe latéral-inférieur. La ligne du rayon central, en partant de l'extrémité du lobe dorsal, coupe la pointe du lobe latéral-supérieur et une partie du premier lobe auxiliaire, mais passe au-dessous du lobe latéral-inférieur et au-dessus des deux derniers lobes auxiliaires.

Observations. Les seules variétés que présente cette espèce consistent dans la plus ou moins grande largeur des tours, le nombre des côtes et leur interruption sur la ligne médiane. Ce dernier caractère est plus sensible sur le moule que sur le test, et disparaît presque toujours chez les adultes. Les très-vieux individus de 130 millimètres perdent leurs côtes et deviennent plus tard tout-à-fait lisses.

Rapports et différences. Cette espèce appartient au groupe des *Planulati* dont les espèces sont très-difficiles à distinguer entre elles. Plus voisine des *A. communis* et *biplex*, elle se distingue de la première par ses tours plus arrondis, par ses côtes plus arquées et plus régulièrement bifurquées, et surtout par des lobes tout-à-fait différens. Elle se distingue de la dernière par les bifurcations de ses côtes moins externes, par ses tours plus ronds et par une disposition bien différente des lobes.

Localités. Cette espèce est très-commune dans l'oolite inférieure. Elle a été recueillie à Bayeux, aux Moutiers, à Port-en-Bessin et à Sainte-Honorine (Calvados), par MM. Deslonchamps, Tesson, et par moi ; aux environs de Niort et de Saint-Maixent (Deux-Sèvres), par MM. Baugier, Garant, et par moi ; aux environs de Draguignan (Var), par M. Doublier.

Explication des figures. Pl. 225, fig. 1. Coquille de grandeur naturelle, pourvue de sa bouche. De ma collection.

Fig. 2. La même, vue du côté de la bouche.

Fig. 3. Une bouche d'adulte réduite.

Fig. 4. Une cloison de grandeur naturelle. Calquée sur la nature.

N° 152. Ammonites oolithicus, d'Orbigny, 1845.

Pl. 126, fig. 1-4.

A. *testâ compressâ, lævigatâ; anfractibus latis, convexiusculis; dorso convexo, rotundato; aperturâ ovali; septis lateribus 5-lobatis.*

Dimensions. Diamètre, 65 mill. — Par rapport au diamètre : largeur du dernier tour, $\frac{51}{100}$; épaisseur du dernier

tour, $\frac{34}{100}$; recouvrement du dernier tour, $\frac{11}{100}$; largeur de l'ombilic, $\frac{14}{100}$.

Coquille discoïdale, comprimée, non carénée, entièrement lisse à tous les âges. *Spire* formée de tours comprimés, peu convexes, se recouvrant peu. *Dos* arrondi. *Bouche* ovale, fortement échancrée par le retour de la spire. *Cloisons* symétriques, découpées, de chaque côté, en cinq lobes formés de parties impaires. Lobe dorsal aussi large, mais beaucoup plus court que le lobe latéral-supérieur, orné de deux branches dont l'inférieure est grande. Selle dorsale très-courte, aussi large que le lobe latéral-supérieur, formé de deux feuilles presque égales. Lobe latéral-supérieur orné, en dehors, de trois et en dedans de cinq branches, indépendamment de la branche terminale. Selle latérale du double plus haute que la selle dorsale, aussi large que le lobe latéral-supérieur, terminée par deux feuilles presque égales. Lobe latéral-inférieur du tiers plus petit que le lobe latéral-supérieur; il a quatre branches externes et trois internes. Il y a de plus trois lobes auxiliaires de plus en plus petits. La ligne du rayon central, en partant de l'extrémité du lobe dorsal, coupe la pointe de tous les autres.

Rapports et différences. Cette espèce rappelle la forme de l'*A. jurensis* dont elle se distingue par ses tours embrassans et par ses lobes formés de parties impaires. Elle se rapproche de l'*A. Greenoughi*, Sow., mais elle en diffère par le manque de côtes à tous les âges.

Localité. Elle est propre à l'oolite inférieure et a été recueillie par moi à Bayeux et aux Moutiers (Calvados).

Explication des figures. Pl. 126, fig. 1. Coquille de grandeur naturelle. De ma collection.

Fig. 2. La même, vue du côté de la bouche.

Fig. 3. Jeune individu, vu de côté.

Fig. 4. Une cloison grossie trois fois. Dessinée par moi.

N° 153. Ammonites pictaviensis, d'Orbigny, 1845.

Pl. 126, fig. 5-7.

A. testâ convexâ; anfractibus convexis, rotundatis, transversìm inæqualiter sulcatis, longitudinaliter striatis; dorso convexo, rotundato; aperturâ depressâ, rotundatâ. Septis?

Dimensions. Diamètre, 60 mill. — Par rapport au diamètre : largeur du dernier tour, $\frac{44}{100}$; épaisseur du dernier tour, $\frac{55}{100}$; recouvrement du dernier tour, $\frac{10}{100}$; largeur de l'ombilic, $\frac{31}{100}$.

Coquille discoïdale, renflée, non carénée. *Spire* formée de tours très-convexes, ronds, plus épais que larges, se recouvrant un peu, marqués en travers de sillons transverses, profonds, entre lesquels sont deux ou trois côtes festonnées. Avec ces dernières viennent se croiser de petites côtes longitudinales, qui forment les festons à leur point de jonction. *Dos* arrondi, très-large. *Bouche* transverse, déprimée, arrondie, fortement échancrée par le retour de la spire. *Cloisons?* Jeune, les sillons sont peu marqués.

Rapports et différences. Cette espèce appartient au groupe des *Fimbriati*. Par ses tours entamés par le retour de la spire, elle se distingue nettement des *A. fimbriatus* et *cornucopia*. Ses forts sillons transverses la distinguent aussi parfaitement.

Localité. Je l'ai recueillie dans l'oolite inférieure de la carrière de Pisot, près de Fontenay-le-Comte (Vendée), où elle est rare.

Explication des figures. Pl. 127, fig. 5. Coquille de grandeur naturelle. De ma collection.

Fig. 6. La même, vue sur la bouche.

N° 154. AMMONITES LINNEANUS, d'Orbigny, 1845.

Pl. 127.

A. testâ convexâ ; anfractibus rotundato-quadratis, transversìm costatis : costis convexis, flexuosis ; dorso convexo ; aperturâ depressâ, rotundatâ. Septis ?

Dimensions. Diamètre, 130 mill.—Par rapport au diamètre : largeur du dernier tour, $\frac{36}{100}$; épaisseur du dernier tour, $\frac{38}{100}$; recouvrement du dernier tour, $\frac{1}{100}$; largeur de l'ombilic, $\frac{28}{100}$.

Coquille discoïdale, renflée, non carénée. *Spire* formée de tours très-convexes, plus épais que larges, ronds, offrant pourtant une coupe aplatie un peu carrée, à peine échancrés par le retour de la spire. Ils sont ornés en travers de côtes simples, flexueuses, élevées, qui prennent au pourtour de l'ombilic et passent sur le dos sans s'interrompre. Ces côtes ne se croisent avec aucune côte longitudinale. *Dos* très-convexe, large. *Bouche* un peu déprimée, un peu carrée. *Cloisons ?*

Rapports et différences. Cette belle espèce, dépendant du groupe des *Fimbriati*, se distingue facilement de toutes les autres par ses côtes simples, flexueuses.

Localité. M. Deslongchamps l'a rencontrée dans l'oolite inférieure des environs de Caen (Calvados), où elle est rare.

Explication des figures. Pl. 127, fig. 1. Coquille réduite d'un tiers. De la collection de M. Deslongchamps.

Fig. 2. La même, vue du côté de la bouche.

N° 155. AMMONITES EUDESIANUS, d'Orbigny, 1845.

Pl. 128.

A. testâ convexâ ; anfractibus rotundatis, transversim un-

dato-striatis, costatis: costis crenulatis, distantibus, erectis; dorso convexo, rotundato; aperturâ circulari. Septis lateribus bilobatis.

Dimensions. Diamètre, 150 mill.—Par rapport au diamètre : largeur du dernier tour, $\frac{40}{100}$; épaisseur du dernier tour, $\frac{43}{100}$; recouvrement du dernier tour, $\frac{0}{100}$; largeur de l'ombilic, $\frac{39}{100}$.

Coquille discoïdale, renflée, non carénée. *Spire* formée de tours cylindriques plus épais que larges, non échancrés par le retour de la spire. Ils sont ornés par tour d'environ trente côtes annulaires, transverses, élevées, lamelleuses, comme festonnées par douze ou treize crénelures placées toujours vis-à-vis les unes des autres. *Dos* très-large, convexe. *Bouche* circulaire, un peu déprimée, nullement échancrée par le retour de la spire. *Cloisons* symétriques, découpées de chaque côté en deux lobes et en selles formés de parties paires. Lobe dorsal beaucoup plus court et beaucoup plus étroit que le lobe latéral supérieur, orné de trois branches d'autant plus grandes qu'elles sont inférieures. Selle dorsale presque aussi large que le lobe latéral supérieur, partagée en deux branches elles-mêmes plusieurs fois subdivisées. Lobe latéral supérieur terminé par deux énormes branches plusieurs fois partagées en rameaux pairs. L'autre lobe et l'autre selle sont de même forme, mais plus petits que les deux premiers. La ligne du rayon central, en partant de l'extrémité du lobe dorsal, coupe une assez grande partie des autres. Le moule intérieur est tout-à-fait lisse.

Rapports et différences. Cette espèce remarquable du groupe des *Fimbriati* se distingue nettement des autres par le manque de stries ou de côtes longitudinales, et par les festons espacés de ses côtes.

Localité. M. Deslongchamps et moi nous l'avons rencontrée

dans les couches de l'oolite inférieure des Moutiers près de Caen (Calvados), où elle est rare.

Explication des figures. Pl. 128, fig. 1. Coquille réduite d'un tiers. De ma collection.

Fig. 2. La même, vue du côté de la bouche.

Fig. 3. Une cloison, grossie quatre fois. Dessinée par moi.

N° 156. AMMONITES CADOMENSIS, Defrance.

Pl. 129, fig. 4–6.

Ammonites cadomensis, Defrance, Dict. des sc. nat, pl. 2, f. 1 (non f. 16).

A. *testâ compressâ, ellepticâ, lævigatâ; anfractibus compressis, ultimo rugoso; dorso rotundato; aperturâ compressâ, trilamellosâ.*

Dimensions. Diamètre, 22 mill. — Par rapport au diamètre : largeur du dernier tour, $\frac{38}{100}$; épaisseur du dernier tour, $\frac{30}{100}$; largeur de l'ombilic, $\frac{30}{100}$; recouvrement du dernier tour, $\frac{0}{100}$.

Coquille elliptique, comprimée, non carénée, presque lisse, marquée seulement près de la bouche, lorsqu'elle est complète, de plis profonds sur le dos. *Spire* formée de tours comprimés, se recouvrant peu, dont le dernier prend la forme elliptique lorsque la bouche est entière, par suite d'un coude marqué du côté opposé à la bouche. *Dos* arrondi, lisse. *Bouche* oblongue, comprimée, pourvue, lorsqu'elle est entière, d'une longue oreillette en spatule de chaque côté, et d'une troisième saillie, arrondie, linguiforme, sur le dos. *Cloisons* symétriques. Elles paraissent avoir eu de chaque côté deux ou trois petits lobes coniques aigus, séparés par des selles larges, arrondies.

Rapports et différences. J'ai vu de cette espèce six échantillons tous elliptiques; ainsi je ne puis douter que cette forme ingulière ne soit un caractère propre à cette Ammonite, qui ous ce rapport est tout-à-fait exceptionnelle.

Localité. Elle est propre à l'oolite inférieure, et a été reueillie à Bayeux (Calvados), par M. Deslongchamps.

Histoire. Sous le nom de *Cadomensis*, M. Defrance a iguré deux espèces. L'une, fig. 1, est bien certainement celle-i, mais l'autre fig. 1, *b*, est le jeune de l'A. *subradiatus*, Sowerby.

Explication des figures. Pl. 129, fig. 4. Coquille de granleur naturelle. De la collection de M. Deslongchamps.

Fig. 5. La même, vue du côté de la bouche.

Fig. 6. Bouche entière, grossie.

N° 157. Ammonites Defrancii, d'Orbigny, 1845.

Pl. 129, fig. 7, 8.

A. *testâ compressâ; anfractibus compressis*, *4-sulcatis, transversim inæqualiter costatis ; costis integris non interrupruptis ; umbilico magno ; aperturâ subrotundatâ.*

Dimensions. Diamètre, 34 mill. — Par rapport au diamètre : largeur du dernier tour, $\frac{21}{100}$; épaisseur du dernier tour, $\frac{25}{100}$; largeur de l'ombilic, $\frac{3}{100}$; recouvrement du dernier tour, $\frac{3}{100}$.

Coquille discoïdale, comprimée, non carénée, ornée par tour de côtes peu marquées, droites, bifurquées sur leur moitié externe, non interrompues sur le dos. On remarque encore trois ou quatre sillons obliques profonds par tour. *Spire* formée de tours à peine comprimés, convexes, se recouvrant assez peu. *Dos* rond. *Bouche* arrondie ou légèrement ovale, pourvue, lorsqu'elle est complète, de deux oreillettes linguiformes, une de chaque côté. *Cloisons ?*

Rapports et différences. Par ses sillons transverses, cette espèce se rapproche des *A. Martiusii* et *polymorphus*, mais elle se distingue des deux par ses côtes non interrompues sur le dos; de la première par ses tours plus larges, et de la seconde par tous ses tours identiques qui ne changent pas de forme.

Localité. Elle est propre à l'oolite inférieure et a été recueillie à Saint-Vigor, près de Bayeux (Calvados), par MM. Tesson et Deslongchamps.

Explication des figures. Pl. 129, fig. 7. Coquille de grandeur naturelle. De la collection de M. Tesson.

Fig. 8. La même, vue du côté de la bouche.

N° 158. Ammonites zigzag, d'Orbigny, 1845.

Pl. 129, fig. 9-11.

A. *testâ compressâ; anfractibus rotundatis, lateribus costatis: costis rectis, externè elevatis, auriformibus; dorso rotundato, transversìm costatis; aperturâ rotundato-depressâ.*

Dimensions. Diamètre, 40 mill. — Par rapport au diamètre : largeur du dernier tour, $\frac{33}{100}$; épaisseur du dernier tour, $\frac{33}{100}$; recouvrement du dernier tour, $\frac{4}{100}$; largeur de l'ombilic, $\frac{41}{100}$.

Coquille discoïdale, plus ou moins comprimée, non carénée, ornée, par tour, de onze côtes qui partent du pourtour de l'ombilic, s'élèvent jusqu'au deux tiers de la largeur, et là forment une saillie, se coudent subitement pour se diriger obliquement en avant. Indépendamment de ces côtes latérales, il y a sur tout le dos des côtes simples, nombreuses, non interrompues. *Spire* formée de tours ronds ou déprimés, se recouvrant à peine dans l'enroulement spiral. *Bouche* ronde ou déprimée.

Rapports et différences. Cette espèce, par ses côtes, formant un crochet sur les côtés, se rapproche de l'*A. Backeriæ,* mais elle s'en distingue par la forme des ses côtes, plus droites et plus anguleuses, ainsi que par les côtes du dos.

Localité. M. Baugier l'a découverte dans l'oolite inférieure des environs de Niort (Deux-Sèvres).

Explication des figures. Pl. 129, fig. 9. Coquille de grandeur naturelle, vue de côté. De la collection de M. Baugier.

Fig. 10. La même, vue sur le côté.

Fig. 11. Variété à tours plus larges.

N° 159. Ammonites pygmæus, d'Orbigny, 1845.

Pl. 129, fig. 12, 13.

A. *testâ discoidali, compressâ; anfractibus compressis, lævigatis; dorso rotundato; aperturâ oblongâ, compressâ.*

Dimensions. Diamètre, 24 mill. — Par rapport au diamètre : largeur du dernier tour, $\frac{25}{100}$; épaisseur du dernier tour, $\frac{20}{100}$; recouvrement du dernier tour, $\frac{2}{100}$; largeur de l'ombilic, $\frac{49}{100}$.

Coquille discoïdale, comprimée, entièrement lisse, pourtant un échantillon montre un sillon oblique en avant, qui revient en arrière sur le dos. *Spire* formée de tours comprimés, en contact les uns avec les autres. *Dos* rond. *Bouche* oblongue, comprimée. *Cloisons?*

Rapports et différences. Cette espèce se rapproche par sa forme de l'*A. Phillipsi*, Sow., mais elle s'en distingue par son ensemble lisse, et par les sillons contournés sur le dos lorsqu'ils existent.

Localité. Elle est propre à l'oolite inférieure, et a été recueillie à Bayeux (Calvados), par M. Deslongchamps.

Explication des figures. Pl. 129, fig. 12. Coquille de grandeur naturelle. De la collection de M. Deslongchamps.

Fig. 13. La même, vue sur le côté.

N° 160. Ammonites Tessonianus, d'Orbigny, 1845.

Pl. 130, fig. 1, 2.

A. *testâ discoidali, compressâ, carinatâ, lævigatâ; anfractibus compressis, lævigatis, externè acutè carinatis; carinâ lateribus excavatâ; aperturâ sagittatâ, anticè angulatâ.*

Dimensions. Diamètre, 120 mill. —Par rapport au diamètre : largeur du dernier tour, $\frac{47}{100}$; épaisseur du dernier tour, $\frac{26}{100}$; recouvrement du dernier tour, $\frac{18}{100}$; largeur de l'ombilic, $\frac{27}{100}$.

Coquille discoïdale, comprimée, fortement carénée, lisse. *Spire* formée de tours comprimés, en tranchant caréné extérieurement, larges et tronqués carrément au pourtour de l'ombilic; la carène obtuse, saillante, marquée d'un sillon de chaque côté. *Dos* caréné, tranchant. *Bouche* en fer de flèche aigu en avant, tronqué en arrière. *Cloison* inconnue.

Rapports et différences. Voisine, par son ensemble et par sa carène, de l'*A. Murchisonæ*, cette espèce s'en distingue par ses tours entièrement lisses, par son ombilic plus étroit, et par ses tours plus tronqués de ce côté.

Localité. Elle a été recueillie dans l'oolite inférieure à Bayeux (Calvados), par M. Tesson.

Explication des figures. Pl. 130, fig. 1. Coquille de grandeur naturelle. De la collection de M. Tesson.

Fig. 2. La même, vue sur le côté de la bouche.

N° 161. Ammonites Edouardianus, d'Orbigny, 1845.

Pl. 130, fig. 3–5.

A. *testâ compressâ, carinatâ; anfractibus compressis, externè carinatis, transversìm costatis, costis simplicibus, æqualibus; aperturâ sagittatâ; septis lateribus, 4-lobatis.*

Dimensions. Diamètre, 50 mill. — Par rapport au diamètre : largeur du dernier tour, $\frac{34}{100}$; épaisseur du dernier tour, $\frac{22}{100}$; recouvrement du dernier tour, $\frac{10}{100}$; largeur de l'ombilic, $\frac{34}{100}$.

Coquille comprimée, fortement carénée. *Spire* formée de tours comprimés, en biseau au pourtour, tronqués du côté de l'ombilic, se recouvrant à moitié, ornés, en travers, par tour, de trente-six côtes simples, droites, inclinées en avant au pourtour. *Dos* pourvu d'une quille, sillonnée de chaque côté. *Bouche* comprimée, oblongue, obtuse en avant, légèrement tronquée en arrière. *Cloisons* symétriques, pourvues de chaque côté de quatre lobes et de selles formés de parties impaires. Lobe dorsal la moitié plus court, mais aussi large que le lobe latéral-supérieur, pourvu de trois pointes. Selle dorsale le double du lobe latéral-supérieur, divisé en deux parties inégales, la plus grande en dedans. Lobe latéral-supérieur allongé, étroit, pourvu de petites branches inégales de chaque côté et d'une grande branche terminale. Selle latérale en feston ondulé, plus large que le lobe latéral-supérieur; lobe latéral-inférieur la moitié du lobe latéral-supérieur, les deux autres formés d'une seule pointe oblique. La ligne du rayon central, en partant de la pointe du lobe dorsal, coupe la moitié du lobe latéral-supérieur, touche l'extrémité du lobe latéral-inférieur, et passe au-dessous des deux autres.

Rapports et différences. Voisine, par sa carène et par ses côtes, de l'*A. Murchisonæ*, cette espèce s'en distingue par ses côtes simples, ses tours plus découverts, et par des lobes tout différens.

Localité. Elle est propre à l'oolite inférieure. Elle a été recueillie à Bayeux (Calvados), par M. Deslongchamps et par moi.

Explication des figures. Pl. 130, fig. 3. Coquille de grandeur naturelle. De ma collection.

Fig. 4. La même, vue sur le côté de la bouche.

Fig. 5. Une cloison grossie quatre fois. Dessinée par moi.

N° 162. AMMONITES DISCUS, Sowerby.

Pl. 131.

Ammonites discus, Sowerby, 1813, Min. conch., t. 1, p. 37, pl. 12.

A. discus, d'Orbigny, 1825, class. des Céph., p. 76 (non *discus*, Reinecke, 1818).

A. discus, Zieten, 1830, Petr. du Wurt., p. 21, pl. XVI, f. 3 (non *discus*, Zieten, pl. XI, f. 2).

A. discus, Potiez et Michaud, 1838, Gal. des Moll. de Douai, t. 1, p. 14.

A. *testâ compressâ, subcarinatâ; anfractibus compressis, latis, externè angulatis, lævigatis; dorso acuto; umbilico angustato; aperturâ sagittatâ.*

Dimensions. Diamètre, 300 mill.—Par rapport au diamètre : largeur du dernier tour, $\frac{56}{100}$; épaisseur du dernier tour, $\frac{22}{100}$; recouvrement du dernier tour, $\frac{25}{100}$; largeur de l'ombilic, $\frac{10}{100}$.

Coquille comprimée, discoïdale, tranchante sans avoir de quille au pourtour. *Spire* formée de tours fortement comprimés, lisses ou seulement pourvus d'ondulations indécises, rayonnantes, jusqu'à moitié de la largeur des tours, et ensuite des indices de côtes largement espacées; tours très-larges et très-embrassans, ne laissant qu'un très-petit ombilic ouvert. *Dos* très-tranchant sans avoir de quille. *Bouche* en fer de flèche, aiguë en avant, non tronquée en arrière. *Cloisons* symétriques découpées de chaque côté en sept lobes et en selles formés de parties impaires. Lobe dorsal beaucoup plus large et plus long que le lobe latéral-supérieur, pourvu d'une petite et d'une grande branche de chaque côté. Selle dorsale le double plus large que le lobe latéral-supérieur, oblique, divisée en deux grandes feuilles inégales dont la plus grande est interne. Lobe latéral-supérieur conique, pourvu de cinq branches de chaque côté, indépendamment de la branche terminale. Selle latérale aussi large que le lobe latéral-supérieur, divisée en deux parties inégales. Lobe latéral-inférieur plus long et aussi large que le lobe latéral-supérieur, à peu près de même forme. Les autres lobes et les autres selles vont en diminuant régulièrement de taille jusqu'au dernier. La ligne du rayon central, en partant de la pointe du lobe dorsal, touche l'extrémité du lobe latéral-inférieur, mais passe au-dessous de tous les autres.

Rapports et différences. Cette espèce rappelle, par ses tours embrassans et par son petit ombilic, la forme de l'*A. clypeiformis*, tout en s'en distinguant par son ombilic plus droit, par ses lobes et par ses tours plus comprimés.

Localité. Elle se trouve en même temps dans l'oolite inférieure et la grande oolite. Dans l'oolite inférieure, elle a été recueillie à Eterville, aux Moutiers (Calvados), par M. Deslongchamps; dans la grande oolite, à Ranville (Calvados), par M. Deslongchamps; à Niort (Deux-Sèvres), par M. Baugier et par moi; à Mansigny (Vendée), par moi.

Histoire. Bien décrite et bien figurée en 1813 par Sowerby, sous le nom de *Discus*, elle fut confondue à tort par M. de Haan avec les *A. reniformis*, de Bruguière, et l'*Orbulites undosa*, Lamarck, tandis que sous ce même nom de *Discus* Reinecke et Zieten ont figuré une espèce bien distincte.

Explication des figures. Pl. 131, fig. 1. Coquille de grandeur naturelle. De ma collection.

Fig. 2. La même, vue du côté de la bouche.

Fig. 3. Une cloison calquée sur la nature.

N° 163. AMMONITES BLAGDENI, Sowerby.

Pl. 132.

Ammonites Blagdeni, Sowerby, 1818, Min. conch., pl. 201.

Planites Blagdeni, Haan, 1825, Amm. et Goniat., p. 82, n° 4.

Ammonites Blagdeni, Phillips, 1829, Yorksh., p. 152.

A. *testâ discoideâ; anfractibus expositis, depressis, lateribus declivibus, costatis; costis externè tuberculatis; dorso convexo, latissimo, transversim costato; aperturâ tetragonâ; septis lateribus 4-lobatis.*

Dimensions. Diamètre, 200 mill. —Par rapport au diamètre : largeur du dernier tour, $\frac{26}{100}$; épaisseur du dernier tour, $\frac{60}{100}$; recouvrement du dernier tour, $\frac{7}{100}$; largeur de l'ombilic, $\frac{50}{100}$.

Coquille discoïdale, très-épaisse, non carénée, ornée, par tour, de quinze à vingt-une côtes simples qui partent sur une partie en pente du pourtour de l'ombilic, s'élèvent et se terminent latéralement par un fort tubercule en pointes, jusqu'à la partie la plus large des côtés, et forment sur le dos des faisceaux de trois à quatre côtes qui passent d'un côté à l'autre. *Spire* formée de tours très-déprimés, beaucoup plus épais que larges, un peu tétragones. *Dos* légèrement convexe. *Bouche* quadrangulaire, transverse, arrondie en avant, échancrée en arrière, coupée obliquement sur les côtés qui sont anguleux. *Cloisons* symétriques, découpées de chaque côté en quatre lobes et en selles formées de parties impaires. Lobe dorsal plus long et plus large que le lobe latéral-supérieur, orné de beaucoup de petites pointes et de trois branches dont une terminale à trois rameaux. Selle dorsale plus large que le lobe latéral-supérieur, divisé en deux rameaux inégaux, le plus grand en dehors. Lobe latéral-supérieur long, étroit, terminé par quatre branches dont une terminale, deux externes et une interne. Selle latérale irrégulièrement divisée en feuilles découpées. Lobe latéral-inférieur oblique, le quart du lobe latéral-supérieur; les deux autres bien plus petits, obliques. La ligne du rayon central, en partant de la pointe du lobe dorsal, passe au-dessous de tous les lobes. Les pointes latérales de la coquille correspondent à la selle latérale.

Observations. Cette espèce varie beaucoup pour sa largeur. Des individus sont souvent d'un tiers plus larges que les autres; mais tous, lorsqu'ils ont atteint cent cinquante à deux cents millimètres, ne s'élargissent plus.

Rapports et différences. Voisine, par ses côtes et ses pointes de l'*A. Brocchii*, cette espèce s'en distingue par ses lobes et par ses tours bien plus déprimés et plus anguleux sur les côtés.

Localité. Elle est propre à l'oolite inférieure, et se trouve partout où cet étage se montre. Elle a été recueillie aux Moutiers, à Bayeux, par MM. Deslongchamps, Tesson et par moi; à Niort, à Saint-Maixent (Deux-Sèvres), par MM. Baugier, Garant et par moi; aux environs de Semur (Côte-d'Or), par M. Malinwski; à Fontenay (Vendée), par moi.

Explication des figures. Pl. 132, fig. 1. Coquille de grandeur naturelle. De ma collection.

Fig. 2. La même, vue du côté de la bouche.

Fig. 3. Une cloison grossie deux fois. Dessinée par moi.

N° 164. Ammonites Humphriesianus, Sowerby.

Pl. 133, 134, 135, fig. 1.

Ammonites Humphriesianus, Sowerby, 1825, Min. conch., pl. 500, fig. 1.

A. contractus, Sowerby, 1825, Min. conch., pl. 500, fig. 2.

A. Humphriesianus, Zieten, 1830, Wurtem., p. 89, pl. 67, fig. 2.

A. Humphriesianus, Roemer, 1835, p. 200, n° 39.

A. *testâ discoideâ; anfractibus expositis, rotundatis, lateribus costis externè tuberculatis, trifurcatis. Dorso rotundato, transversìm costato; aperturâ ovali, depressâ; septis lateribus 3-vel 4-lobatis.*

Dimensions. Diamètre, 200 mill. — Variété comprimée : par rapport au diamètre : largeur du dernier tour, $\frac{11}{100}$; épaisseur du dernier tour, $\frac{16}{100}$; recouvrement du dernier tour, $\frac{2}{100}$; largeur de l'ombilic, $\frac{73}{100}$. — Variété épaisse : largeur du dernier tour, $\frac{24}{100}$; épaisseur du dernier tour, $\frac{27}{100}$; recouvrement du dernier tour, $\frac{2}{100}$; largeur de l'ombilic, $\frac{60}{100}$.

Coquille. Adulte, elle est discoïdale, plus ou moins épaisse, non carénée, ornée, par tour, de trente à soixante côtes qui partent du pourtour de l'ombilic, s'élèvent jusqu'au tiers de la largeur des tours, y forment un tubercule, et au delà se trifurquent pour passer sur le dos. *Spire* formée de tours déprimés plus épais que larges, arrondis. *Dos* très-convexe, arrondi. *Bouche* transverse, ovale ou circulaire, non anguleuse sur les côtés. Lorsqu'elle est complète, elle montre un fort péristome oblique très-élevé, ou bien un simple épaississement. *Cloisons* symétriques, découpées de chaque côté en quatre ou cinq lobes formés de parties impaires, et de selles presque paires. Lobe dorsal aussi large et presque aussi long que le lobe latéral supérieur, orné de chaque côté de trois principales branches, indépendamment de quelques petites. Selle dorsale aussi large que le lobe latéral-supérieur, oblique, divisée irrégulièrement en deux parties dont la plus grande est externe. Lobe latéral-inférieur très-dilaté à son extrémité, pourvu en dehors de deux ou trois grandes branches, en dedans du même nombre, indépendamment de la branche terminale ; toutes sont très-ramifiées. Selle latérale très-grande et très-oblique, divisée par un lobe accessoire en deux feuilles très-ramifiées. Lobe latéral-inférieur très-oblique, la moitié du lobe latéral-supérieur; les autres lobes qui suivent sont également obliques. La ligne du rayon central, en partant de la pointe du lobe dorsal, coupe l'extrémité du lobe latéral-supérieur, passe au-dessous des autres chez les individus renflés, mais coupe les deux derniers lobes auxiliaires chez les individus déprimés.

Observations. Cette espèce est très-variable, suivant l'âge et les individus. Avec la même forme elle est entièrement lisse au diamètre de trois millimètres. Elle prend les côtes et les tubercules peu après et continue à grandir régulièrement avec ses ornemens jusqu'au diamètre de trente-cinq à quarante millimètres (c'est l'*A. contractus*, Sow.). Alors quelques individus cessent de s'accroître régulièrement, et les tours diminuent de largeur, de manière à devenir presque égaux, et la coquille augmente ainsi en diamètre mais non en épaisseur, et forme des individus très-comprimés (voyez pl. 133). C'est l'*A. Humphriesianus*, Sow. D'autres fois la coquille s'accroît plus ou moins longtemps et arrive sans changer jusqu'à un diamètre de cent à cent vingt millimètres (voyez pl. 134). Mais elle cesse ensuite cet accroissement régulier, et comme les autres ne s'épaissit plus et s'enroule également. Dans ce changement, les tubercules s'éloignent du bord interne et les lobes se modifient aussi (voyez pl. 133 et 135).

Rapports et différences. Voisine par son ensemble de l'*A. Blagdeni*, elle s'en distingue par ses tours plus arrondis, par son changement de forme, par ses tubercules plus nombreux et par ses lobes. Elle se distingue de l'*A. Braikenridgii* par sa bouche sans oreillettes à tout âge, et par trois côtes par tubercule au lieu de deux.

Localité. Elle est propre à l'oolite inférieure. Elle a été recueillie à Bayeux, à Atys, aux Moutiers, à Eterville, à Port-en-Bessin, à Bretteville (Calvados), par MM. Deslonchamps, Tesson et par moi ; à Niort, à Saint-Maixent (Deux-Sèvres), par M. Baugier et par moi ; aux environs de Metz (Moselle), par M. Hollandre; à Dundry, en Angleterre.

Explication des figures. Pl. 133, fig. 1. Variété déprimée réduite d'un tiers. De ma collection.

Fig. 2. La même, vue du côté de la bouche.

Fig. 3. Cloison du même, grossie trois fois. Dessinée par moi.

Planche 134, fig. 1. Coquille de grandeur naturelle. Variété renflée.

Fig. 2. La même, vue du côté de la bouche.

Fig. 3. Jeune individu de grandeur naturelle.

Fig. 4. Le même, vu du côté de la bouche.

Pl. 135, fig. 1. Cloison calquée d'un individu renflé.

Fig. 2. Individu blessé. Cas pathologique.

N° 165. AMMONITES BRAIKENRIDGII, Sowerby.

Pl. 135, fig. 2, 3.

Ammonites Braikenridgii, Sowerby, 1817, Min. conch., t. 2, p. 187, pl. 184.

Ammonites Braikenridgii, Defrance, Dict. des sc. nat., pl. 2, fig. 4.

Ammonites Braikenridgii, de Haan, 1825, Amm. et Goniat., p. 135, n° 80.

A. testâ discoideâ; anfractibus rotundatis, costatis : costis 30, *in medio laterum bifidis, continuis; aperturâ rotundatâ, margine bilobatâ.*

Dimensions. Diamètre, 70 mill. — Par rapport au diamètre : largeur du dernier tour, $\frac{32}{100}$; épaisseur du dernier tour, $\frac{41}{100}$; recouvrement du dernier tour, $\frac{7}{100}$; largeur de l'ombilic, $\frac{38}{100}$.

Coquille discoïdale, non carénée, ornée, par tour, de trente à trente-quatre côtes aiguës qui, à la moitié de la largeur, forment un tubercule et se bifurquent ensuite pour passer sur le dos. Du côté opposé, elles ne se réunissent pas aux tubercules correspondans, mais forment une chaîne continue. *Spire* formée de tours ovales plus hauts que larges, se recouvrant peu dans l'ombilic. *Dos* très-convexe, arrondi, fortement costulé. *Bouche* transverse, ovale. Lorsqu'elle est complète, elle montre de chaque côté, sans bourrelets, une longue expansion spatuliforme très-remarquable. *Cloisons.* Elles paraissent peu différentes des cloisons de l'*A. Humphriesianus.*

Rapports et différences. Cette espèce est, par ses côtes et par ses tubercules, voisine de l'*A. Humphriesianus;* mais elle s'en distingue facilement par ses côtes seulement bifurquées, par sa forme qui s'accroît régulièrement sans changer, et par les oreillettes de sa bouche qu'on remarque à tous les âges.

Localité. Elle est caractéristique de l'oolite inférieure. Elle a été recueillie aux Moutiers, à Bayeux, à Éterville (Calvados), par MM. Deslongchamps, Tesson et par moi; à

36

Saint-Maixent, à Niort (Deux-Sèvres), par M. Baugier et par moi.

Explication des figures. Pl. 135, fig. 3. Coquille de grandeur naturelle. De ma collection.

Fig. 4. La même, vue du côté de la bouche.

Fig. 5. Un autre individu pour montrer les oreillettes.

N° 166. AMMONITES LINGUIFERUS, d'Orbigny, 1845.

Pl. 136.

Ammonites Deslonchampsii, Defrance, Dict. des sc. nat., f. 2.

A. testâ discoideâ, inflatâ; anfractibus depressis, transversìm costatis; costis 45, *in medio laterum tuberculiferis, externè fascicularibus, fascicutis* 4-*costatis; aperturâ depressâ margine bilinguatâ.*

Dimensions. Diamètre, 73 mill. — Par rapport au diamètre : largeur du dernier tour, $\frac{31}{100}$; épaisseur du dernier tour, $\frac{41}{100}$; recouvrement du dernier tour, $\frac{7}{10}$; largeur de l'ombilic, $\frac{37}{100}$.

Coquille discoïdale, un peu renflée, non carénée, ornée, en travers, de quarante à quarante-cinq côtes, qui partent du pourtour de l'ombilic, s'infléchissent en avant, et forment, au milieu de la largeur des côtés, un fort tubercule mucroné, qui, en dehors, se divise en faisceaux de quatre ou cinq côtes qui passent sur le dos et vont de l'autre côté se réunir aux autres tubercules. *Spire* formée de tours déprimés se recouvrant assez. *Dos* rond, très-convexe. *Bouche* ovale transversalement pourvue, lorsqu'elle est entière, d'une expansion linguiforme de chaque côté. Dans la jeunesse, elle forme des pointes latérales. *Cloisons* symétriques découpées de chaque côté en quatre lobes formés de parties impaires. Lobe dorsal aussi long et aussi large que le lobe latéral-supérieur, orné de trois rameaux irréguliers. Selle dorsale aussi large que le lobe latéral-supérieur, très irrégulièrement découpée et comme déchirée. Lobe latéral-supérieur pourvu de trois branches de chaque côté. Selle latérale moins large que le lobe latéral-supérieur, profondément partagée en deux parties inégales, la plus grande externe. Le lobe latéral-inférieur et le lobe suivant sont de même taille et non obliques. La ligne du rayon central, en partant de la pointe du lobe dorsal, touche l'extrémité du lobe latéral-supérieur, et passe bien au-dessous de tous les autres.

Rapports et différences. Voisine à la fois, par ses lobes et par ses côtes, des *A. Humphriesianus* et *Braikenridgii*, cette espèce se distingue de la première par ses tubercules et par ses côtes plus rapprochées, par sa bouche pourvue d'expansions latérales, et, enfin, par ses lobes non obliques tout différens. Elle diffère de la seconde par ses côtes et par ses tubercules bien plus rapprochés et par ses lobes.

Localité. Elle est propre à l'oolite inférieure. Je l'ai recueillie aux environs de Luçon (Vendée); M. Deslonchamps l'a rencontrée à Bayeux (Calvados).

Explication des figures. Pl. 136, fig. 1. Coquille de grandeur naturelle. De ma collection.

Fig. 2. La même, vue du côté de la bouche.

Fig. 3. Une cloison grossie trois fois. Dessinée par moi.

Fig. 4. Jeune individu, vu de côté.

Fig. 5. Le même, vu du côté de la bouche.

N° 167. Ammonites Brongniartii, Sowerby.

Pl. 137.

Ammonites Brongniartii, Sowerby, 1817, Min. conch., t. 2, p. 289, pl. A.

A. Brocchii, Soverby, 1818, Min. conch., pl. 202, f. 3 (*jun.*),

A. Gervillii, Defrance, Dict. des sc. nat., pl., f. 5.

Globites Brongniartii, Haan, 1825, Amm. et Goniat., p. 148, n° 12.

A. *testâ discoideâ, inflatâ, umbilicatâ; anfractibus convexis, lateribus 25-28 costatis; costis rectis, simplicibus longioribus, intermediisque costis brevioribus, in dorsum continuis; aperturâ constrictâ, arcuatâ, peristomatâ.*

Dimensions. Diamètre, 141 mill. — Par rapport au diamètre : largeur du dernier tour, $\frac{28}{100}$; largeur de l'avant-dernier tour, $\frac{28}{100}$; épaisseur du dernier tour, $\frac{29}{100}$; épaisseur de l'avant-dernier tour, $\frac{31}{100}$; largeur de l'ombilic à partir du dernier, $\frac{42}{100}$.

Coquille renflée, non carénée, ornée, en travers, de vingt-cinq à vingt-huit côtes simples qui partent du pourtour de l'ombilic, s'étendent jusqu'au tiers interne de la largeur des tours, puis s'abaissent pour passer sur le dos. Entre chacune de ses côtes il y en a une ou deux plus courtes qui n'occupent que la moitié interne des tours. *Spire* presque embrassante dans la jeunesse, composée de tours déprimés toujours ombiliqués qui laissent un ombilic d'autant plus large que les individus sont plus âgés. *Dos* rond, très-convexe. *Bouche* ovale transverse, fortement rétrécie et pourvue d'un péristome oblique très-prononcé.

Observations. Au diamètre de vingt-cinq millimètres, la coquille est globuleuse (t. 137, f. 5), son ombilic est très-étroit, ses côtes plus nombreuses. A celui de quarante millimètres, elle conserve la même forme, seulement l'ombilic est plus large ; mais ensuite elle devient moins renflée, son ombilic s'élargit de plus en plus jusqu'à montrer presque la moitié des tours. Elle a toujours à cette période la bouche très-étroite.

Rapports et différences. Cette espèce, par sa forme globuleuse, se rapproche beaucoup, dans le jeune âge, de l'*A. Gervillii;* néanmoins il est toujours facile de la reconnaître à son ombilic ouvert. Dans l'âge adulte, elles sont très-distinctes. C'est sans doute un tour intérieur de l'adulte qui a servi à Sowerby à former son *A. Brocchii*.

Localité. Propre à l'oolite inférieure, elle a été recueillie à Bayeux, aux Moutiers, à Éterville (Calvados), par MM. Tesson, Deslonchamps et par moi; à Niort, à Saint-Maixent (Deux-Sèvres), par M. Baugier et par moi; au Peyrard, près de Draguignan (Var), par M. Doublier.

Explication des figures. Pl. 137, fig. 1. Individu adulte, réduit de moitié. De ma collection.

Fig. 2. Le même, vu du côté de la bouche.

Fig. 3. Plus jeune individu de grandeur naturelle.

Fig. 4. Le même, vu du côté de la bouche.

Fig. 5. Plus jeune individu encore. De grandeur naturelle.

N° 168. AMMONITES DESLONGCHAMPSII, Defrance.

Pl. 138, fig. 1, 2.

Ammonites Deslonchampsii, Defrance, Dict. des sc. nat., pl., f. 4.

A. *testâ discoideâ, inflatâ; anfractibus depressis, lateribus angulatis transversìm costatis; costis 40, rectis, elevatis, externè mucronatis, in dorso fascicularibus; dorso subcomplanato; aperturâ constrictâ, peristomatâ.*

Dimensions. Diamètre, 110 mill. — Par rapport au diamètre : largeur du dernier tour, $\frac{26}{100}$; épaisseur du dernier tour, près de la bouche, $\frac{42}{100}$; au milieu du dernier tour, $\frac{54}{100}$; largeur de l'ombilic, $\frac{45}{100}$; recouvrement du dernier tour, $\frac{8}{100}$.

Coquille discoïdale, très-épaisse, non carénée, ornée, transversalement, par tour, d'une quarantaine de côtes aiguës, simples, qui partent du pourtour de l'ombilic, s'élèvent jusqu'aux deux tiers des tours où elles se terminent par une pointe aiguë. En dehors de chacune des pointes part un faisceau de quatre ou cinq côtes arquées qui passent sur le dos. *Spire* formée de tours s'accroissant très-rapidement, très-anguleux extérieurement sur les côtés, qui se rétrécissent au dernier demi-tour jusqu'à la bouche. *Dos* peu convexe. *Bouche* très-rétrécie, marquée d'un péristome très-saillant, simple. *Cloisons* inconnues.

Rapports et différences. Encore voisine, par ses tubercules et par ses côtes, des *A. Blagdeni* et *Humphriesianus*, cette espèce se distingue de la première par ses côtes plus nombreuses, par le rétrécissement de sa bouche; de la seconde par ses côtés plus carénés et par ses côtes et ses tubercules plus saillans.

Localité. Propre à l'oolite inférieure, elle a été recueillie à Bayeux, à Éterville (Calvados), par M. Deslongchamps et par moi.

Explication des figures. Pl. 138, fig. 1. Coquille réduite d'un tiers. De ma collection.

Fig. 2. La même, vue du côté de la bouche.

N° 169. AMMONITES CAUMONTII, d'Orbigny, 1845.

Pl. 138, fig. 3, 4.

A. *testâ compressâ; anfractibus angustatis, subquadratis, transversìm costatis; costis rectis, simplicibus, externè mucronatis, in dorso trifurcatis; dorso canaliculato; aperturâ quadratâ.*

Dimensions. Diamètre, 40 mill. — Par rapport au diamètre : largeur du dernier tour, $\frac{21}{100}$; épaisseur du dernier

tour, $\frac{21}{100}$; recouvrement du dernier tour, $\frac{2}{100}$; largeur de l'ombilic, $\frac{54}{100}$.

Coquille discoïdale, comprimée, peu carénée, ornée, transversalement, par tour, de quarante-deux côtes simples, élevées, qui, sur les côtés du dos, forment une pointe, et se divisent ensuite en trois petites côtes interrompues sur le milieu du dos. *Spire* formée de tours étroits, carrés, se recouvrant à peine les uns par les autres. *Dos* large, excavé sur la ligne médiane, comme bicaréné par les tubercules et les côtes. *Bouche* quadrangulaire. *Cloisons* inconnues.

Rapports et différences. Je ne connais qu'un échantillon de cette espèce qui diffère trop de l'*A. Parkinsoni* pour qu'on puisse l'y réunir ; il s'en distingue en effet par ses tours plus étroits, par ses côtes bifurquées seulement sur le dos.

Localité. M. Deslongchamps l'a rencontrée dans l'oolite inférieure à Éterville (Calvados).

Explication des figures. Pl. 138, fig. 3. Coquille de grandeur naturelle. De la collection de M. Deslongchamps.

Fig. 4. La même, vue sur le côté de la bouche.

N° 170. AMMONITES SAUZEI, d'Orbigny, 1845.

Pl. 139.

A. *testâ discoideâ, inflatâ; anfractibus depressis, lateribus transversìm costatis; costis elevatis, brevibus,* 18, *tuberculatis, externè bi vel trifurcatis; dorso convexo; aperturâ constrictâ, lateribus linguiferâ; septis lateribus* 3-*lobatis.*

Dimensions. Diamètre, 70 mill. — Par rapport au diamètre : largeur du dernier tour, $\frac{37}{100}$; épaisseur du dernier tour, $\frac{41}{100}$; recouvrement du dernier tour, $\frac{20}{100}$; largeur de l'ombilic, $\frac{28}{100}$.

Coquille renflée, non carénée, ornée, en travers, par tour, d'environ dix-huit côtes courtes, qui partent du pourtour de l'ombilic et forment un tubercule au tiers interne de la largeur, puis se bifurquent ou se trifurquent pour passer sur le dos. *Spire* composée de tours presque embrassans, très-déprimés, qui se rétrécissent près de la bouche à la moitié du dernier. *Dos* très-convexe, arrondi. *Bouche* ovale, transverse, rétrécie, pourvue de chaque côté, lorsqu'elle est entière, d'une oreillette linguiforme, assez allongée. *Cloisons* symétriques, découpées, de chaque côté, en trois lobes et en selles formés de parties impaires. Lobe dorsal presque aussi long et plus large que le lobe latéral-supérieur, orné latéralement de quatre branches. Selle dorsale aussi large que le lobe latéral-supérieur divisé en trois feuilles. Lobe latéral-supérieur terminé par trois grandes branches, indépendamment de plusieurs petites. Selle latérale aussi large que le lobe latéral-supérieur, irrégulièrement découpée ; lobe latéral-inférieur plus petit, mais de même forme que le supérieur. La première selle auxiliaire est très-large et très-courte. La ligne du rayon central, en partant de la pointe du lobe dorsal, touche l'extrémité des deux lobes latéraux, et passe au-dessous des autres. Les tubercules correspondent à la selle auxiliaire.

Rapports et différences. Voisine, par sa forme et par ses tours rétrécis près de la bouche, des *A. Gervillii* et *Brongniartii,* cette espèce s'en distingue seulement par ses tubercules latéraux et les expansions de la bouche.

Localité. Elle est très-commune dans l'oolite inférieure. Elle a été recueillie à Niort, à Saint-Maixent (Deux-Sèvres), par MM. Baugier, Garrant et par moi ; aux Moutiers, à Bayeux (Calvados), par MM. Tesson, Deslongchamps et par moi ; à Fontenay (Vendée), par moi ; dans le département de la Côte-d'Or, par moi.

Explication des figures. Pl. 139, fig. 1. Coquille de grandeur naturelle. De ma collection.

Fig. 2. La même, vue du côté de la bouche.

Fig. 3. Une cloison, grossie quatre fois. Dessinée par moi.

N° 171. AMMONITES GERVILLII, Sowerby.

Pl. 140.

Ammonites Gervillii, Sowerby, 1817, Min. conch., t. 2, p. 189, pl. A, f. 2.

A. Brongniartii, Defrance, Dict. des sc. nat., pl., f. 2.

Globites Gervillii, Haan, 1825, Amm. et Goniat., p. 135, n° 74.

Ammonites Gervillii, Deshayes, 1831, Coq. caract., p. 238, pl. 7, f. 1, 2.

A. *testâ discoideâ, inflatâ, globosâ; anfractibus subinvolutis, lateribus convexis, costatis: costis simplicibus, externè bifurcatis; dorso rotundato; aperturâ semilunari, constrictâ, peristomatâ, lateribus sinuosâ.*

Dimensions. Diamètre, 105 mill. — Par rapport au diamètre : largeur du dernier tour près de la bouche, $\frac{39}{100}$; à moitié du dernier tour, $\frac{33}{100}$; épaisseur du dernier tour, près de la bouche, $\frac{51}{100}$; épaisseur du dernier tour, à moitié du tour, $\frac{56}{100}$; largeur de l'ombilic, à l'avant-dernier tour, $\frac{8}{100}$; au dernier tour, $\frac{33}{100}$.

Coquille renflée, non carénée, ornée, en travers, par tour, de vingt-huit à cinquante côtes simples, qui partent du pourtour de l'ombilic, et se bifurquent ou se trifurquent à la moitié de la largeur, pour passer ensuite sur le dos. *Spire* embrassante dans la jeunesse, composée de tours déprimés très-hauts. *Dos* rond, convexe. *Bouche* transverse, ovale, fortement rétrécie et pourvue d'un péristome très-fort, sinueux sur les côtés. *Cloisons* très-divisées.

Observations. Au diamètre de vingt millimètres, l'ombilic existe, et la dernière moitié du tour se détache seule pour venir former la bouche ; caractère qui se continue très-tard ; néanmoins, au diamètre de cent millimètres, les deux derniers tours se détachent et paraissent dans l'ombilic. Très-jeune, elle a quelquefois une pointe de chaque côté de la bouche.

Rapports et différences. Voisine, par sa forme et son mode d'enroulement, de l'*A. Brongniartii*, cette espèce s'en distingue par son ombilic qui ne laisse pas apercevoir les tours, par des côtes toujours plus rapprochées, et par sa bouche plus échancrée de chaque côté.

Localité. Elle caractérise l'oolite inférieure. Elle a été recueillie à Bayeux, à Éterville, à Atys (Calvados), par MM. Deslongchamps, Tesson et par moi ; à Niort (Deux-Sèvres), par M. Baugier.

Explication des figures. Pl. 140, fig. 1. Coquille de grandeur naturelle.

Fig. 2. La même, vue du côté de la bouche.

Fig. 3. Jeune individu.

Fig. 4. Le même, sur la bouche.

Fig. 5. Plus jeune individu.

Fig. 6. Jeune individu avec la bouche à oreilles latérales.

Fig. 7. Le même de l'autre côté.

N° 172. AMMONITES DIMORPHUS, d'Orbigny, 1845.

Pl. 141.

A. *testâ discoideâ; anfractibus subinvolutis, ultimo angustato, constricto, transversìm trisulcato, costato; costis inæqualibus, externè bifurcatis; aperturâ constrictâ, semilunari.*

Dimensions. Diamètre, 60 mill. — Par rapport au diamètre d'un jeune : largeur du dernier tour, $\frac{21}{100}$; largeur de l'avant-dernier tour, $\frac{27}{100}$; épaisseur du dernier tour, $\frac{39}{100}$; épaisseur de l'avant-dernier tour, $\frac{50}{100}$; largeur de l'ombilic à l'avant-dernier tour, $\frac{10}{100}$; au dernier tour, $\frac{48}{100}$.

Coquille comprimée, non carénée, ornée, en travers, par tour, de deux à quatre sillons transverses, obliques, et, entre ceux-ci, de côtes qui se bifurquent à leur moitié et passent sur le dos sans s'interrompre. *Spire* embrassante dans le jeune âge ; puis les tours s'éloignent rapidement de l'ombilic, en se rétrécissant, offrent alors beaucoup moins de largeur que les premiers, et la coquille paraît difforme. *Dos* rond, très convexe. *Bouche* ovale, échancrée par le retour de la spire. *Cloisons* inconnues.

Rapports et différences. Par le singulier caractère, bien plus outré que chez les *A. Gervillii* et *Brongniartii*, de changer d'enroulement à un certain âge, caractère très-variable suivant les individus, cette espèce se distingue nettement de toutes les autres. Plus voisine, par ce caractère, de l'*A. polymorphus*, elle s'en distingue par ses côtes non interrompues sur le dos, et beaucoup moins marquées. C'est une espèce bien caractérisée, mais très-étrange.

Localité. Elle est propre à l'oolite inférieure. Elle a été recueillie à Bayeux et à Port-en-Bessin (Calvados), par M. Deslongchamps et par moi. Elle est rare.

Explication des figures. Pl. 141, fig. 1. Individu de grande taille. De la collection de M. Deslongchamps.

Fig. 2. Le même, vu du côté de la bouche.

Fig. 3. Variété singulière, dont j'ai vu plusieurs individus.

Fig. 4. La même, vue du côté de la bouche.

Fig. 5. Jeune individu.

Fig. 6. Le même, vu du côté de la bouche.

Fig. 7. Autre variété.

Fig. 8. La même, vue sur le côté.

Espèces de la grande oolite ou de l'étage bathonien.

AMMONITES DISCUS, Sowerby.

Voyez p. 391, n° 162, cette espèce s'étant également rencontrée dans l'oolite inférieure.

N° 173. AMMONITES BULLATUS, d'Orbigny, 1845.

Pl. 142, fig. 1, 2.

A. *testâ bullatâ, irregulari; anfractibus subinvolutis, latis, ultimo angustato, transversìm latè costato; costis inæqualibus; aperturâ constrictâ, semilunari.*

Dimensions. Diamètre, 100 mill. — Par rapport au diamètre : largeur du dernier tour, $\frac{33}{100}$; largeur du dernier tour près de la spire, $\frac{38}{100}$; épaisseur du dernier tour près de la bouche, $\frac{44}{100}$; épaisseur du dernier tour près du retour de la spire, $\frac{62}{100}$; largeur de l'ombilic, près de la bouche, à l'individu complet, $\frac{27}{100}$; largeur de l'ombilic à l'avant-dernier tour, $\frac{7}{100}$.

Coquille très-renflée, globuleuse, irrégulière dans son accroissement, ornée, en travers, de côtes peu saillantes, larges, espacées, qui partent du pourtour de l'ombilic et passent de l'autre côté ; entre celles-ci en sont d'autres plus courtes et d'autant moins nombreuses que les individus sont plus âgés. *Spire* irrégulière, embrassante, laissant apparaître un étroit ombilic, mais, à la dernière révolution spirale, le tour s'éloigne de l'ombilic, se retrécit considérablement et devient d'un diamètre bien plus petit que le reste, ce qui rend la coquille comme difforme. *Dos* rond, très-convexe. *Bouche*, lorsqu'elle est complète, très-rétrécie, prolongée au milieu, très-échancrée sur les côtés. *Cloisons.* Elles sont très-compliquées.

Observations. Cette espèce conserve à tous les âges la forme variable, seulement ses côtes sont bien plus nombreuses sur le dos dans le jeune âge où l'on compte quelquefois trois petites côtes entre chaque grande tandis que les adultes n'en montrent qu'une.

Rapports et différences. Cette espèce, voisine à la fois par sa forme des *A. Gervillii* et *microstoma*, se distingue des deux par sa forme bien plus globuleuse et par ses côtes bien plus larges.

Localité. Caractéristique de la grande oolite, elle a été rencontrée à Saint-Maixent, à Niort (Deux-Sèvres), par MM. Garant, Baugier et par moi; à Mansigny (Vendée), par moi; aux environs de Nantua (Ain), par M. Cabannet; à Vezelay (Yonne), par MM. Cotteau, Moreau et par moi.

Explication des figures. Pl. 142, fig. 1. Coquille de grandeur naturelle. De ma collection.

Fig. 2. La même, vue du côté de la bouche.

N° 174. AMMONITES MICROSTOMA, d'Orbigny, 1845.

Pl. 129, fig. 3, 4.

A. *testâ irregulari; anfractibus subinvolutis, ultimo angustato, transversìm costato; costis inæqualibus, irregulariter alternantibus; aperturâ constrictâ, biauriculatâ.*

Dimensions. Diamètre, 46 mill. — Par rapport au diamètre : largeur du dernier tour, près de la bouche, $\frac{35}{100}$; épaisseur du dernier tour, près de la bouche, $\frac{42}{100}$; près du retour de la spire, $\frac{42}{100}$; largeur de l'ombilic à la bouche, $\frac{30}{100}$.

Coquille comprimée dans son ensemble, irrégulière, ornée, en travers, de côtes inégales, rapprochées, bifurquées très-irrégulièrement à des distances inégales de l'ombilic. *Spire* assez embrassante, sans néanmoins cesser de montrer les tours dans l'ombilic; composée de tours larges, arrondis, dont le dernier se sépare plus de l'ombilic que les autres et se rétrécit fortement. *Dos* rond, très-convexe. *Bouche* demi-circulaire, plus étroite que le reste; lorsqu'elle est complète, elle s'avance en avant, forme un bourrelet épais et saillant sur le dos, et, sur les côtes, montre une petite oreillette arrondie, latérale. *Cloisons* inconnues.

Rapports et différences. Très-voisine, par sa forme, des A. *Gervillii* et *bullatus*, cette espèce se distingue de la première par la bifurcation de ses côtes moins régulières et par les oreillettes de la bouche. Elle diffère de la seconde par ses côtes moins larges, ses tours moins embrassans, sa moins grande largeur, et par les oreilles de la bouche.

Localité. Elle est propre à la grande oolite. Elle a été recueillie à Niort (Deux-Sèvres), par M. Baugier et par moi; à Mansigny (Vendée), par moi.

Explication des figures. Pl. 142, fig. 3. Coquille de grandeur naturelle. De ma collection.

Fig. 4. La même, vue du côté de la bouche.

N° 175. Ammonites arbustigerus, d'Orbigny, 1845.

Pl. 143.

A. *testâ compressâ; anfractibus rotundatis, latis, lateribus convexis, transversìm costatis; costis internè evanescentibus; dorso convexo; aperturâ oblongâ, compressâ; septis lateribus 5-lobatis.*

Dimensions. Diamètre, 100 mill. — Par rapport au diamètre : largeur du dernier tour, $\frac{42}{100}$; épaisseur du dernier tour, $\frac{32}{100}$; recouvrement du dernier tour, $\frac{14}{100}$; largeur de l'ombilic, $\frac{30}{100}$.

Coquille discoïdale, comprimée, non carénée, ornée de côtes indécises peu apparentes au pourtour de l'ombilic, qui se triplent et deviennent plus marquées près du dos où elles passent sans s'interrompre. *Spire* formée de tours assez comprimés, larges, se recouvrant sur plus de la moitié de leur largeur. *Dos* rond, néanmoins plus convexe que les côtés. *Bouche* comprimée, oblongue, plus large au pourtour de l'ombilic et presque anguleuse en avant. *Cloisons* symétriques, découpées de chaque côté en cinq lobes et en selles formées de parties impaires. Lobe dorsal un peu plus court et beaucoup plus large que le lobe latéral-supérieur, orné de trois grandes branches latérales dont la plus grande est inférieure. Selle dorsale plus large du double que le lobe latéral-supérieur, irrégulièrement divisée en quatre feuilles. Lobe latéral-supérieur étroit, pourvu de trois grandes branches de chaque côté indépendamment de la branche terminale. Selle latérale plus petite que la selle dorsale, divisée irrégulièrement en trois feuilles dont les latérales sont les plus grandes. Lobe latéral-inférieur la moitié du premier, à peu près de même forme. Selle auxiliaire oblique, divisée en trois feuilles inégales. Trois lobes auxiliaires très-obliques, presque transverses, diminuant de dimensions en approchant de l'ombilic. La ligne du rayon central, en partant de l'extrémité du lobe dorsal, coupe la pointe du lobe latéral-supérieur, passe bien au-dessous du lobe latéral-inférieur, et divise une partie du premier lobe auxiliaire, en restant au-dessus des deux dernières.

Observations. Cette espèce a ses côtes alternes bien plus marquées dans le jeune âge, mais elles s'altèrent souvent au diamètre de cent millimètres et disparaissent ensuite entièrement.

Rapports et différences. Voisine, par sa forme et par ses côtes, de l'*A. Martiusii*, cette espèce s'en distingue par ses tours bien plus embrassans, plus comprimés, par ses côtes différentes, ainsi que par ses lobes.

Localité et gisement. Elle est propre à la grande oolite et a été recueillie à Ranville (Calvados), par MM. Tesson, Deslongchamps et par moi; à Mansigny (Vendée), par moi; aux environs de Saint-Maixent et de Niort (Deux-Sèvres), par MM. Garrant, Sauzé, Baugier et par moi; à Culloz (Ain), par M. Itier.

Explication des figures. Pl. 143, fig. 1. Coquille de grandeur naturelle. De ma collection.

Fig. 2. La même, vue du côté de la bouche.

Fig. 3. Une cloison, grossie deux fois. Dessinée par moi.

N° 176. Ammonites planula, Hehl.

Pl. 144.

Ammonites planula, Hehl, Zieten, 1830, Wurtemberg, p. 9, pl. VII, f. 5??

A. trifurcatus, Zieten, 1830, Wurt., p. 4, pl. 3, f. 4 (non Reinecke).

A. *testâ compressâ; anfractibus rotundatis, lateribus convexis, transversìm 18 vel 36-costatis; costis elevatis, externè trifurcatis; dorso convexo, rotundato; aperturâ semilunari; septis lateribus 6-lobatis.*

Dimensions. Diamètre, 108 mill. — Par rapport au diamètre : largeur du dernier tour, $\frac{37}{100}$; épaisseur du dernier tour, $\frac{42}{100}$; recouvrement du dernier tour, $\frac{11}{100}$; largeur de l'ombilic, $\frac{39}{100}$.

Coquille discoïdale, comprimée dans son ensemble, non carénée, ornée, en travers, de dix-huit à trente-six côtes anguleuses, qui partent du pourtour de l'ombilic et, au tiers interne ou à moitié de la largeur, se trifurquent irrégulièrement et passent sur le dos sans s'interrompre. *Spire* formée de tours comprimés ou déprimés plus épais au pourtour de l'ombilic. *Dos* rond, convexe. *Bouche* comprimée ou déprimée, plus large au pourtour de l'ombilic. *Cloisons* symétriques, découpées de chaque côté en six lobes et en selles formés de parties impaires. Lobe dorsal plus court et plus large que le lobe latéral-supérieur, pourvu de quatre branches de chaque côté croissant des supérieures aux inférieures. Selle dorsale plus large que le lobe latéral-supérieur, oblique, divisé en cinq branches inégales. Lobe latéral-supérieur très-étroit, orné de chaque côté de trois branches dont l'inférieure est la plus grande, indépendamment de la branche terminale. Selle latérale tronquée, plus large que le lobe latéral-supérieur, terminé par trois feuilles inégales. Lobe latéral-inférieur très-petit. Les quatre lobes auxiliaires sont obliques et très-petits, ainsi que les selles qui les séparent. La ligne du rayon central, en partant de l'extrémité du lobe dorsal, coupe la pointe du lobe latéral-supérieur, passe en dessous du lobe latéral-inférieur et coupe une partie des second et troisième lobes auxiliaires en laissant le dernier en dessous.

Observations. Cette espèce varie dans le nombre des côtes et dans la largeur des tours, et ces variations sont toujours en rapport. Les exemplaires dont les tours sont plus larges ont beaucoup moins de côtes, tandis que ceux à tours étroits ont quelquefois des côtes le double plus nombreuses, et souvent bifurquées au lieu d'être trifurquées.

Rapports et différences. Cette espèce se rapproche, par ses côtes et par sa forme, de l'*A. arbustigerus*, tout en s'en distinguant par ses côtes plus grosses, plus élevées au pourtour de l'ombilic et bien moins nombreuses.

Localité. Elle est propre à la grande oolite. Elle a été rencontrée à Ranville (Calvados), par M. Tesson; à Monsigny (Vendée), par moi; aux environs de Saint-Maixent (Deux-

Sèvres), par M. Sauzé; à Culloz et à Chanaz (Ain), par M. Itier.

Explication des figures. Pl. 144, fig. 1. Coquille de grandeur naturelle.

Fig. 2. La même, vue du côté de la bouche.

Fig. 3. Une cloison grossie deux fois. Dessinée par moi.

N° 177. Ammonites contrarius, d'Orbigny, 1845.

Pl. 145, fig. 1–5.

A. testâ compressâ; anfractibus compressis, angustatis, lateribus convexiusculis, angulatis, transversìm costatis; costis angulatis, flexuosis, externè tuberculatis; dorso excavato, lævigato; aperturâ compressâ, anticè angulatâ; septis lateribus 4–lobatis.

Dimensions. Diamètre, 54 mill. — Par rapport au diamètre : largeur du dernier tour, $\frac{26}{100}$; épaisseur du dernier tour, $\frac{26}{100}$; recouvrement du dernier tour, $\frac{3}{100}$; largeur de l'ombilic, $\frac{55}{100}$.

Coquille discoïdale, comprimée, ornée, par tour, de vingt-cinq à quarante côtes inégales, élevées, qui partent du pourtour de l'ombilic, se dirigent obliquement en avant jusqu'aux deux tiers de la largeur des tours, s'élèvent là, quelquefois s'interrompent, mais toujours se coudent et s'inclinent très-obliquement en arrière, jusques aux côtés du dos, où elles s'élèvent encore, et forment un tubercule ou une pointe assez aiguë, puis s'interrompent tout-à-fait au milieu du dos qui est excavé et lisse, avec des pointes paires sur les côtés. *Spire* composée de tours étroits, se recouvrant à peine, formant extérieurement quatre angles saillans. *Bouche* aussi large que haute, anguleuse à son pourtour. *Cloisons* symétriques, découpées, de chaque côté, en quatre lobes. Lobe dorsal un peu plus long que le lobe latéral-supérieur, orné, de chaque côté, de petits festons et de deux pointes. Selle dorsale trois fois aussi large que le lobe latéral-supérieur, irrégulièrement festonnée. Lobe latéral-supérieur étroit, obtus, pourvu de quelques pointes. Les trois lobes suivans, chez les jeunes individus, sont formés d'une seule pointe. La ligne du rayon central, en partant de l'extrémité du lobe dorsal, passe au-dessous de tous les autres.

Observations. Cette espèce, toujours pourvue de pointes au pourtour dans le jeune âge, paraît quelquefois les perdre au diamètre de 50 millimètres. Les côtes montrent parfois des tubercules latéraux.

Rapports et différences. Voisine, par ses pointes et par sa forme, de l'*A. Niortensis*, cette Ammonite s'en distingue, ainsi que de toutes les autres espèces décrites jusqu'à présent, par ce singulier caractère d'avoir les côtes dirigées en arrière sur les côtés du dos, de manière à former un sinus au milieu. Si je n'avais eu sous les yeux sept échantillons de cette espèce, j'aurais été tenté de la prendre pour un cas pathologique, mais c'est bien certainement une espèce des mieux caractérisées.

Localité et gisement. Elle est propre à la grande oolite, et a été recueillie aux environs de Niort (Deux-Sèvres), par M. Baugier et par moi.

Explication des figures. Pl. 145, fig. 1. Coquille de grandeur naturelle. De ma collection.

Fig. 2. La même, vue sur le côté de la bouche.

Fig. 3. Variété, vue de côté.

Fig. 4. La même, vue du côté de la bouche.

Fig. 5. Cloison d'un jeune sujet grossie quatre fois. Dessinée par moi.

N° 178. AMMONITES JULII, d'Orbigny, 1845.

Pl. 145, fig. 5, 6.

A. *testâ discoideâ, compressâ; anfractibus rotundatis, lateribus convexis, transversìm 31-costatis; costis inæqualibus, alteris elongatis, alteris brevibus, 3-tuberculatis.*

Dimensions. Diamètre, 30 mill. — Par rapport au diamètre : largeur du dernier tour, $\frac{35}{100}$; épaisseur du dernier tour, $\frac{42}{100}$; recouvrement du dernier tour, $\frac{10}{100}$; largeur de l'ombilic, $\frac{37}{100}$.

Coquille discoïdale, comprimée, ornée, en travers, par tour, d'environ trente-deux côtes arquées, droites, qui partent du pourtour de l'ombilic et passent sur le dos. Quelques-unes sont simples, d'autres se bifurquent à la moitié de la largeur des tours, où il naît irrégulièrement, entre les plus longues côtes, une côte courte qui n'occupe que la moitié externe. Toutes ces côtes sont pourvues, de chaque côté, de trois petits tubercules qui forment autant de lignes longitudinales à l'enroulement spiral. *Dos* quelquefois légèrement excavé au milieu. *Spire* composée de tours convexes plus larges que hauts, se recouvrant beaucoup. *Bouche* circulaire, fortement échancrée par le retour de la spire, et montrant six saillies correspondant aux lignes de tubercules. *Cloisons* inconnues.

Rapports et différences. Cette espèce rappelle tout-à-fait, par ses rangées de tubercules, la forme et les ornemens de l'*A. Mantellii,* mais elle s'en distingue par le manque de tubercule médian sur le dos et par bien d'autres caractères.

Localité. M. Baugier l'a découverte dans la grande oolite des environs de Niort (Deux-Sèvres), où elle est très-rare.

Explication des figures. Pl. 145, fig. 6. Coquille de grandeur naturelle, vue de côté. De la collection de M. Baugier.

Fig. 7. La même, vue du côté de la bouche.

N° 179. Ammonites subdiscus, d'Orbigny, 1845.

Pl. 146.

A. *testâ compressâ, subcarinatâ; anfractibus compressis, latis, complanatis, externè obtusis; dorso angulato, obtuso; umbilico angustato; aperturâ sagittato-obtusâ; septis lateribus, 7-lobatis.*

Dimensions. Diamètre, 100 mill.—Par rapport au diamètre : largeur du dernier tour, $\frac{56}{100}$; épaisseur du dernier tour, $\frac{27}{100}$; recouvrement du dernier tour, $\frac{19}{100}$; largeur de l'ombilic, $\frac{10}{100}$.

Coquille comprimée, discoïdale, sans quille. *Spire* formée de tours très-comprimés sur les côtés, très-embrassans, lisses, ou marqués d'un indice de côte longitudinale et de légères côtes transversales à peine apparentes. *Dos* anguleux, mais très-obtus extérieurement. *Bouche* en fer de flèche très-étroit, émoussé et obtus à son extrémité. *Cloisons* symétriques, découpées de chaque côté en sept lobes formés de parties impaires. Lobe dorsal plus large et moins long que le lobe latéral-supérieur, terminé sur les côtés par une énorme branche oblique très-ramifiée. Selle dorsale plus large que le lobe latéral-supérieur, divisée en deux parties inégales dont la plus grande est interne. Lobe latéral-supérieur étroit à sa base, très-ramifié, orné, de chaque côté, de quatre branches indépendamment de la branche terminale. Selle latérale plus petite que le lobe latéral-supérieur, divisée en deux parties inégales dont la plus grande est externe. Lobe latéral-inférieur plus petit, mais de même forme que le lobe latéral-supérieur. Les cinq autres lobes sont de plus en plus petits, ainsi que les selles qui les séparent. La ligne du rayon central, en partant de l'extrémité du lobe dorsal, coupe l'extrémité du lobe latéral-supérieur et passe bien au-dessous de tous les autres.

Observations. Cette espèce, lorsqu'elle a son test, est pourvue d'une très-légère quille qui disparaît dans le moule. Chez les jeunes de trente-cinq millimètres de diamètre, on voit quelquefois une ligne longitudinale à peine saillante au milieu de la largeur des tours, une autre près du pourtour, et entre ces deux lignes des côtes transverses très-espacées et peu élevées. Plus souvent il n'y a que la côte longitudinale médiane ; mais toutes les côtes en long et en travers disparaissent presque toujours au diamètre de soixante-dix millimètres.

Rapports et différences. Cette espèce montre beaucoup de rapports avec l'*A. discus*, dont elle a la forme, les tours comprimés et embrassans; mais elle s'en distingue par son pourtour obtus et non tranchant, et par des lobes tout-à-fait différens.

Localité. Propre à la grande oolite, cette espèce a été recueillie, par M. Baugier et par moi, aux environs de Niort (Deux-Sèvres).

Explication des figures. Pl. 146, fig. 1. Coquille de grandeur naturelle. De ma collection.

Fig. 2. La même, vue du côté de la bouche.

Fig. 3. Jeune individu de grandeur naturelle.

Fig. 4. Le même, vu du côté de la bouche.

Fig. 5. Une cloison grossie trois fois. Dessinée par moi.

N° 180. Ammonites biflexuosus, d'Orbigny, 1845.

Pl. 147.

A. *testâ compressâ, subcarinatâ; anfractibus compressis, latis, convexiusculis, transversìm costis bifurcatis, biflexuosis; dorso cultrato; umbilico angustato; aperturâ sagittatâ; anticè acutâ; septis lateribus 7-lobatis.*

Dimensions. Diamètre, 100 mill.—Par rapport au diamètre : largeur du dernier tour, $\frac{14}{100}$; épaisseur du dernier tour, $\frac{30}{100}$; recouvrement du dernier tour, $\frac{22}{100}$; largeur de l'ombilic, $\frac{12}{100}$.

Coquille comprimée, discoïdale, tranchante au pourtour. *Spire* formée de tours très-comprimés, un peu convexes latéralement, et ornés, en travers, par tour, de treize ou quatorze côtes peu élevées, peu distinctes, qui partent du pourtour de l'ombilic, s'élargissent en s'arquant jusqu'à la moitié de la largeur, là se bifurquent et s'arquent de nouveau pour se perdre assez près du bord. Ombilic étroit, coupé carrément au pourtour. *Dos* tranchant et lisse. *Bouche* en fer de flèche aigu en avant. *Cloisons* symétriques, découpées, de chaque côté, en sept lobes et en selles formés de parties impaires. Lobe dorsal bien plus large et aussi long que le lobe latéral-supérieur, orné, de chaque côté, de deux longues branches. Selle dorsale oblique, plus large que le lobe latéral-supérieur, partagée profondément en deux parties dont la plus grande est interne. Lobe latéral-supérieur orné, de chaque côté, de trois petites branches. Selle latérale très-oblique, aussi large que le lobe latéral-supérieur, partagée en deux. Lobe latéral-inférieur un peu plus petit, mais de même forme que le lobe latéral-supérieur. Les cinq lobes auxiliaires sont de plus en plus petits. La quatrième selle auxiliaire est plus large que les autres. La ligne du rayon central, en partant de l'extrémité du lobe dorsal, touche la pointe du lobe latéral-supérieur et passe au-dessous de tous les autres.

Observations. Cette espèce, peu variable, montre dans le jeune âge (à trente millimètres de diamètre seulement) les côtes externes. Ses ornemens se marquent davantage ensuite et disparaissent au diamètre de quatre-vingt-dix millimètres, la coquille paraissant alors devenir lisse.

Rapports et différences. Cette espèce, voisine de l'*A. discus* par son ombilic étroit et son pourtour tranchant, s'en distingue par les côtes bifurquées dont elle est ornée, ainsi que par ses lobes. Avec les côtes de l'*A. hecticus*, elle en diffère par son ombilic plus étroit et par ses côtes sans pointes.

Localité. Propre à la grande oolite, elle a été recueillie à Ranville (Calvados), par M. Deslongchamps; à Niort (Deux-Sèvres), par M. Baugier et par moi.

Explication des figures. Pl. 147, fig. 1. Coquille de grandeur naturelle. De ma collection.

Fig. 2. La même, vue du côté de la bouche.

Fig. 3. Jeune âge, de grandeur naturelle.

Fig. 4. Une cloison grossie deux fois. Dessinée par moi.

Espèces communes à la grande oolite et à l'étage oxfordien inférieur ou kellovien.

N° 181. Ammonites Bakeriæ, Sowerby.

Pl. 148, 149.

Ammonites plicomphalus, Sowerby, 1823, Min. conch., t. 4, p. 145, pl. 404 (non *plicomphalus*, Sow., pl. 359).

Ceratites nodosus, Haan, 1825, Amm. et Goniat., p. 157, n° 2 (non *nodosus*, Brug.; non *nodosus*, Sowerby).

Ammonites Bakeriæ, Sowerby, 1827, Min. conch., t. 6, p. 134, pl. 570, f. 1, 2.

A. plicomphalus, Phillips, 1829, Yorksh., p. 125.

A. Bakeriæ, Buch, Petrif. remarq., 2, pl. 3, f. 4.

A. planulatus, Zieten, 1830, Wurt., p. 10, tab. VIII, f. 1?

A. triplex, Zieten, 1830, Wurt., p. 10, tab. VIII, f. 3 ?

A. nodosus, Zieten, 1830, Wurt., tab. VIII, f. 4 ?

A. comprimatus, Zieten, 1830, Wurt., p. 11, tab. VIII f. 5, 6?

A. anus, Zieten, 1830, Wurt., tab. VIII, f. 7, 8.

A. Bakeriæ, Bronn, 1837, Lethæa. geog., p. 456, n° 31, pl. 23, f. 12.

A. fluctuosus, Pratt, 1841, Mag. of nat. hist., pl. 1, f. 1, 2.

A. *testâ discoideâ, compressâ; anfractibus rotundatis, lateribus convexis, transversìm* 18-30 *costatis; costis distantibus, externè evanidis, intermediisque in dorsum* 4-5 *costulatis; dorso rotundato; aperturâ rotundatâ.* Junior : *anfractibus externè tuberculatis : tuberculis distantibus paribus, auriculatis.*

Dimensions. Diamètre, 400 mill. — Par rapport au diamètre : largeur du dernier tour, $\frac{29}{100}$; épaisseur du dernier tour, $\frac{27}{100}$; recouvrement du dernier tour, $\frac{4}{100}$; largeur de l'ombilic, $\frac{48}{100}$. — Dimensions d'un jeune de 70 mill. de diamètre. — Par rapport au diamètre : largeur du dernier tour, $\frac{31}{100}$; épaisseur du dernier tour, $\frac{30}{100}$; largeur de l'ombilic, $\frac{42}{100}$.

Coquille discoïdale, comprimée, non carénée, très-variable suivant l'âge. *Jeune*, ses tours sont plus larges; elle est ornée de côtes transverses, irrégulières en grosseur, qui se bifurquent sur le dos, et de distance en distance (huit ou dix par tour) d'une plus grosse que les autres qui se termine de chaque côté du dos par un tubercule en oreillette dirigé en arrière (c'est alors l'*A. Bakeriæ* des auteurs). Quelquefois ces ornemens se continuent jusqu'au diamètre de soixante à soixante-dix millimètres, mais le plus souvent ils cessent à la moitié ou au quart de ce diamètre. Alors, les côtes latérales s'élèvent, s'éloignent les unes des autres, deviennent très-régulières, et s'effacent sur le tiers externe, et il naît entre elles de quatre à six petites côtes qui passent sur le dos, tout en étant pourtant moins marquées ou souvent effacées sur la ligne médiane. La coquille, avec des côtes plus ou moins nombreuses, plus ou moins régulières, suivant les individus, continue de s'accroître ainsi jusqu'au diamètre variable de soixante-dix à quatre cents millimètres, où les petites côtes externes disparaissent et où il reste seulement les grosses côtes latérales. On remarque encore quelquefois, par tour, deux ou trois sillons transverses. *Dos* rond. *Bouche* ronde ou légèrement comprimée; lorsqu'elle est complète, elle montre, de chaque côté de la bouche, une énorme oreillette étroite à sa base, très-élargie et oblique à son extrémité. *Cloisons* symétriques, découpées de chaque côté en six lobes formés de parties impaires et de selles presque paires. Lobe dorsal plus large et souvent plus court que le lobe latéral-supérieur, orné, de chaque côté, de deux grandes branches dont la supérieure a l'extrémité bifurquée. Selle dorsale d'un tiers plus large que le lobe latéral-supérieur, terminée par deux larges feuilles inégales, la plus grande externe. Lobe latéral-supérieur pourvu de chaque côté de deux branches dont l'inférieure est bifurquée, indépendamment de la branche terminale. Selle latérale aussi large que le lobe latéral-supérieur, formée de deux feuilles presque égales. Lobe latéral-inférieur le quart du supérieur, à peu près de même forme. Les autres lobes, au nombre de deux ou de quatre, suivant l'âge, sont très-obliques. La ligne du rayon central, en partant de l'extrémité du lobe dorsal, coupe généralement la pointe du lobe latéral-supérieur et passe au-dessous des autres.

Observations. Indépendamment des variations déterminées par l'âge et qui sont très-grandes, il y a évidemment des variétés locales. A Niort, par exemple, les individus subissent les diverses périodes d'accroissement bien plus tard, aussi les voit-on atteindre une très-grande taille. A Lifol (Vosges), à Oiron (Deux-Sèvres), les côtes sont plus saillantes, et la dernière période arrive souvent au diamètre de cent millimètres. Toutes ces variations rendent cette espèce très-difficile à bien circonscrire. Il résulte de la forme de la bouche parfaite que les tubercules auriculaires des côtés du dos ne sont point, comme on l'avait pensé, les restes d'anciennes bouches.

Rapports et différences. Voisine, dans le jeune âge, par ses tubercules auriculaires, de l'*A. Fischerianus*, cette espèce s'en distingue par ses côtes bifurquées et non inclinées en arrière. Agée, elle ressemble plus, par ses côtes intermédiaires, à l'*A. polyplocus*, dont elle se distingue par les tubercules des côtés du dos dans le jeune âge.

Localité. On la trouve simultanément dans la grande oolite et dans l'étage oxfordien inférieur. Elle a été recueillie dans la grande oolite, à Niort, à Saint-Maixent (Deux-Sèvres), par M. Baugier et par moi; à Vézelay (Yonne), par M. Cotteau et par moi. Dans l'étage oxfordien inférieur, à Niort, à Saint-Maixent, à Oiron (Deux-Sèvres), par MM. Baugier, de Vielblanc et par moi; à Dives (Calvados), par moi; à Pizieux, à Marolles, à Chauffour, à Beaumont (Sarthe), par M. Chauvin-Lalande et par moi; à Lifol (Vosges), par M. Moreau; à Chaumont, à Vesaignes-sous-la-Fauche (Haute-Marne), par MM. Royer, Cornuel, Babeau et par moi; aux environs de Nantua (Ain), par M. Cabannet; au Mont-du-Chat (Savoie), par M. Itier; à la Voulte (Ardèche), par M. Fournet; aux environs de Nevers (Nièvre), par M. de Vibraye; au Mont-Olympe, près de Rians (Bouches-du-Rhône), par M. Coquand; à Chaudon (Basses-Alpes), par M. Coquand; à Memont (Doubs), par M. Carteron; à Saint-Rambert (Ain), par M. Sauvanau; entre Meillant et Dun-le-Roi (Cher), par MM. Grenouilloux, Robin-Macé et Maugenest.

Histoire. J'ai reconnu, après beaucoup de recherches, que l'*A. Bakeriæ* de Sowerby n'était que le jeune de l'espèce qu'il a décrite adulte sous le nom de *Plicomphalus*; mais comme cet auteur a confondu deux espèces distinctes sous ce dernier nom, je conserve le premier qui ne peut pas offrir d'équivoque. C'est à tort que M. Bronn réunit à cette espèce les *A. perarmatus*, *xiphyus* et *catena*.

Explication des figures. Pl. 148, fig. 1. Coquille réduite de moitié, variété de Niort. De ma collection.

Fig. 2. La même, vue du côté de la bouche.

Fig. 3. Une cloison, grossie d'un tiers. Dessinée par moi.

Pl. 149, fig. 1. Jeune individu avec sa bouche.

Fig. 2. Variété de Lifol, de grandeur naturelle.

Fig. 3. Bouche de la variété de Niort, vue de face.

N° 182. AMMONITES HERVEYI, Sowerby.

Pl. 150.

Ammonites Herveyi, Soverby, 1818, Min. conch., t. 2, p. 215, pl. 195.

A. Herveyi, Haan, 1825, Amm. et Goniat., p. 133, n° 73.

A. Herveyi, Phillips, 1829, Yorkshire, p. 145.

A. Herveyi, Bronn, 1837, Lethæa geogr., t. 23, f. 11, p. 455, n° 30.

A. *testâ discoideâ, inflatâ, globulosâ; anfractibus dimidium involutis, rotundatis, lateribus 25-costatis : costis acutis, in medio laterum bi-trifurcatis, in dorsum continuis ; aperturâ orbiculato-lunatâ; umbilico lato.*

Dimensions. Diamètre, 100 mill. — Par rapport au diamètre : largeur du dernier tour, $\frac{47}{100}$; épaisseur du dernier tour, $\frac{56}{100}$; recouvrement du dernier tour, $\frac{11}{100}$; largeur de l'ombilic, $\frac{21}{100}$.

Coquille très-renflée, globuleuse, ornée, en travers, par tour, de vingt-cinq côtes aiguës, qui se bifurquent à la moitié de la largeur, passent sur le dos et vont se réunir du côté opposé. *Spire* formée de tours déprimés convexes partout, se recouvrant sur plus de la moitié et laissant un assez large ombilic. *Dos* rond, très-convexe. *Bouche* déprimée, formant un large croissant. *Cloisons* symétriques découpées de chaque côté en quatre lobes formés de parties impaires. Lobe dorsal plus large et moins long que le lobe latéral-supérieur, pourvu de chaque côté de deux grandes branches. Selle dorsale plus large que le lobe latéral-supérieur, terminée par trois feuilles inégales. Lobe latéral-supérieur orné de deux branches latérales indépendamment de la branche terminale. Selle latérale aussi grande que le lobe latéral-supérieur, terminée par deux feuilles presque égales. Lobe latéral-inférieur la moitié du lobe latéral-supérieur, à peu près de même forme. Deux petits lobes auxiliaires peu obliques. La ligne du rayon central, en partant de la pointe du lobe dorsal, coupe l'extrémité de tous les autres.

Observations. Cette espèce est très-peu variable.

Rapports et différences. Voisine, par sa forme renflée, de l'*A. macrocephalus*, elle s'en distingue par ses côtes plus grosses, plus saillantes, et par son ombilic infiniment plus ouvert.

Localité. Elle se trouve simultanément dans la grande oolite et dans l'étage oxfordien inférieur. Elle a été recueillie dans les premières couches à Mansigny (Vendée), par moi ; à Niort (Deux-Sèvres), par moi ; à Viveras (Ain), par M. Itier. Dans les secondes couches à Dives (Calvados), par moi ; au Mont-du-Chat (Savoie), par M. Itier ; à Lifol (Vosges), par M. Moreau ; à Saint-Rambert (Ain), par M. Sauvanau.

Explication des figures. Pl. 150, fig. 1. Coquille de grandeur naturelle. De ma collection.

Fig. 2. La même, vue du côté de la bouche.

Fig. 3. Cloison grossie deux fois. Dessinée par moi.

N° 183. AMMONITES MACROCEPHALUS, Schlotheim.

Pl. 151.

Oryctogr. norica, Sup., tab. 12, f. 8.

Bourguet, 1742, Trait. des pétrif., pl. 40, f. 267.

A. macrocephalus, Schlotheim, 1813, Min. Tasch., 7, p. 70.

A. macrocephalus, Schlotheim, 1820, Petref., p. 70, n° 16.

Globites macrocephalus, Haan, 1825, Amm. et Goniat., p. 146, n° 7.

Ammonites macrocephalus, Zieten, 1830, Wurtemberg, t. V, f. 1, 4.

A. macrocephalus, Hartmann, 1830, Wurtemb., p. 22.

A. testâ discoideâ, inflatâ; anfractibus involutis, rotundatis, lateribus 42-costatis ; costis angustatis, medio laterum bifurcatis, in dorsum continuis; aperturâ semilunari ; umbilico angustato.

Dimensions. Diamètre, 340 mill. — Par rapport au diamètre, variété comprimée : largeur du dernier tour, $\frac{59}{100}$; recouvrement du dernier tour, $\frac{28}{100}$; épaisseur du dernier tour, $\frac{54}{100}$; largeur de l'ombilic, $\frac{13}{100}$. Variété renflée, épaisseur du dernier tour, $\frac{87}{100}$.

Coquille comprimée ou très-renflée dans son ensemble, ornée, en travers, par tour, de vingt-quatre à cinquante côtes assez étroites, infléchies en avant, qui se bifurquent ou se trifurquent à la moitié de la largeur, passent sur le dos et vont se réunir à la bifurcation du côté opposé. *Spire* formée de tours convexes se recouvrant presque en entier, ne laissant qu'un étroit ombilic au centre. *Dos* rond, convexe. *Bouche* transverse ou comprimée, arrondie en avant, profondément échancrée par le retour de la spire. *Cloisons* symétriques, découpées de chaque côté en lobes formés de parties impaires.

Observations. J'ai sous les yeux, de cette espèce, au moins cinquante exemplaires tous identiques de forme, ne variant que pour la compression, et par le nombre de côtes, les individus comprimés en ayant beaucoup plus que les autres. Au diamètre de cent quatre-vingts millimètres les côtes disparaissent et la coquille devient tout-à-fait lisse. La bouche alors est projetée en avant à sa partie médiane.

Rapports et différences. Par ses tours renflés et la disposition de ses côtes, cette espèce se rapproche de l'*A. Herveyi*, mais elle s'en distingue par ses côtes moins aiguës et son ombilic moins large.

Localité. Elle se trouve dans les couches en contact de la grande oolite la plus supérieure et de l'étage oxfordien inférieur ; aussi la trouve-t-on dans les deux. Elle a été recueillie, dans la grande oolite, à Niort (Deux-Sèvres), par M. Baugier et par moi. Dans l'étage oxfordien inférieur, à Niort, à Voiron (Deux-Sèvres), par MM. Baugier, de Vielblanc et par moi ; à Mansigny (Vendée), par moi ; à Pizieux, à Marolles, à Chauffour (Sarthe), par M. Chauvin et par moi ; à Lifol (Vosges), par M. Moreau ; à Chaumont, à Vesaignes (Haute-Marne), par MM. Babeau, Royer et par moi ; au Mont-du-Chat (Savoie), par M. Itier ; à Viveras, à Chanaz (Ain), par M. Itier ; à Saint-Savournin, près d'Aix (Bouches-du-Rhône), par M. Coquand ; à Saint-Rambert (Ain), par M. Sauvanau.

Explication des figures. Pl. 151, fig. 1. Coquille jeune, de grandeur naturelle, variété comprimée. De ma collection.

Fig. 2. La même, vue du côté de la bouche.

N° 184. AMMONITES HECTICUS, Hartmann.

Pl. 152.

Nautilus hecticus, Reinecke, 1818, Naut. et Argon., pl. IV, f. 37, 38 (non Zieten, 1830).

Ammonites bipunctatus, Schlotheim, 1820, Petref., p. 74, n° 22.

A. granulatus, Haan, 1825, Amm. et Goniat., p. 113, n° 25 (non *granulatus*, Brug.).

A. hecticus, Hartmann, 1830, Wurtemb., p. 21.

A. *testâ compressâ, carinatâ; anfractibus compressis, lateribus convexiusculis, longitudinaliter sulcatis, internè tuberculatis, transversim costatis; costis externè tuberculatis, interruptis; dorso carinato, carinâ interruptâ, cristatâ; aperturâ compressâ, subquinque angulatâ.*

Dimensions. Diamètre, 88 mill. — Par rapport au diamètre : largeur du dernier tour, $\frac{46}{100}$; recouvrement du dernier tour, $\frac{14}{100}$; épaisseur du dernier tour, $\frac{27}{100}$; largeur de l'ombilic, $\frac{21}{100}$.

Coquille comprimée, carénée. *Spire* composée de tours comprimés, aplatis sur les côtés, ornée, en long, sur le milieu de leur largeur, d'un sillon peu prononcé. On remarque en dedans une série de dix-huit tubercules transverses plus ou moins réguliers, et en dehors de trente à quarante-six côtes, deux environ par tubercule, qui sont terminés de chaque côté du dos par un tubercule ou une pointe. *Dos* anguleux, pourvu d'une carène festonnée, dont les côtés sont lisses jusqu'aux tubercules des côtes. Ombilic assez large. *Bouche* comprimée, anguleuse en avant et pourvue latéralement de deux saillies. *Cloisons* inconnues.

Observations. Cette espèce varie beaucoup suivant l'âge et les individus. Jeune, elle manque quelquefois de tubercules ou des côtes internes, et sa quille est lisse. Adulte, sa quille est toujours festonnée. Lorsqu'elle arrive à un âge très-avancé, elle perd d'abord les côtes internes et ensuite les côtes externes. On remarque deux variétés de forme qui tiennent sans doute au sexe. Quelques coquilles sont épaissies, à tours étroits, tandis que d'autres sont comprimées et ont les tours larges. Les côtes et tous les autres ornemens sont bien plus saillans chez les premiers que chez les derniers.

Rapports et différences. Cette espèce est, par sa forme et par son dos anguleux, voisine de l'*A. lunula;* mais elle paraît s'en distinguer par sa quille festonnée, par le sillon longitudinal qu'on remarque de chaque côté et par les saillies mucronées de l'extrémité externe de ses côtes. Néanmoins, je n'assurerais pas qu'elle ne puisse être une des nombreuses variétés de l'*A. lunula.*

Localité. Elle s'est rencontrée dans les couches supérieures de la grande oolite et dans l'étage kellovien. Dans la grande oolite elle a été recueillie seulement à Ranville (Calvados), par MM. Tesson et Deslonchamps; mais elle est bien plus répandue dans l'étage kellovien, où elle a été trouvée à Niort (Deux-Sèvres), par M. Baugier et par moi; à Fontenay, à Mansigny (Vendée), par moi; à Pizieux (Sarthe), par moi; à Lifol (Vosges), par M. Moreau; à Saint-Rambert (Ain), par M. Sauvanau; à Rians (Bouches-du-Rhône), par M. Coquand.

Explication des figures. Pl. 152, fig. 1. Coquille de grandeur naturelle. De ma collection.

Fig. 2. La même, vue du côté de la bouche.

Fig. 3. Jeune individu de l'étage kellovien.

Fig. 4. Un autre de la grande oolite.

Fig. 5. Jeune individu avec sa bouche.

Espèces de l'étage oxfordien inférieur ou kellovien (kelloway-rock).

N° 185. AMMONITES CRISTAGALLI, d'Orbigny, 1844.

Pl. 153.

A. *testâ compressâ, carinatâ; anfractibus compressis, lateribus convexiusculis, 4- vel 6 tuberculis mucronatis, externè transversìm undato-costulatis; dorso carinato, carinâ interruptâ, latè cristatâ; aperturâ sagittatâ.*

Dimensions. Diamètre, 90 mill. — Par rapport au diamètre : largeur du dernier tour, $\frac{49}{100}$; épaisseur du dernier tour, $\frac{40}{100}$; largeur de l'ombilic, $\frac{24}{100}$.

Coquille comprimée, carénée. *Spire* composée de tours comprimés, légèrement renflés sur les côtés, ornés, en long, de quelques stries incertaines, et, en travers, de côtes ondulées, arrondies, peu distinctes, non divisées sur la carène, et formant en dedans, au pourtour de l'ombilic, une série de petits festons. Sur la convexité de chaque tour sont de quatre à six gros tubercules tronqués dans le moule, prolongés en très-longue pointe, lorsque le test existe. *Dos* anguleux, tranchant, pourvu, par tour, de sept ou huit crêtes arrondies, saillantes comme la crête d'un coq et festonnées par la saillie des côtes. Ombilic étroit. *Bouche* comprimée, cordiforme, anguleuse en avant.

Observations. Dans le moule, au lieu des pointes latérales, il y a un tubercule tronqué, et chaque crête de la carène est marquée par une partie tronquée carrément.

Rapports et différences. Cette charmante espèce se distingue bien facilement par ses pointes latérales et par les singulières crêtes dont son dos est orné.

Localité. Elle est propre à l'étage kellovien, où elle a été recueillie à Niort (Deux-Sèvres), par M. Baugier et par moi; au Mont-du-Chat, près de Chambéry (Savoie), par M. Itier.

Explication des figures. Pl. 153, fig. 1. Coquille entière. De ma collection.

Fig. 2. La même, vue du côté de la bouche.

Fig. 3. Moule intérieur, de grandeur naturelle.

N° 186. AMMONITES PUSTULATUS, Haan.

Pl. 154.

Nautilus pustulatus, Reinecke, 1818, Naut. et Arg., p. 84, tab. VII, f. 63, 64.

Ammonites pustulatus, Haan, 1825, Amm. et Goniat., p. 124, n° 50.

A. polygonius, Zieten, 1830, Wurtemb., p. 21, tab. XV, fig. 6.

A. pustulatus, Hartmann, 1830, Wurtemb., p. 24, n° 4.

A. *testâ compressâ, carinatâ; anfractibus compressis vel inflatis, triangularibus, lateribus convexiusculis, tuberculis seriebus 2 ornatis; longitudinaliter subcostatis, transversìm costatis; costis bifurcatis, externè cristatis; dorso carinato; carinâ interrupto-cristatâ; aperturâ polygonâ; septis lateribus 5-lobatis.*

Dimensions. Diamètre, 80 mill. — Par rapport au diamètre : largeur du dernier tour, $\frac{55}{100}$; recouvrement du dernier tour, $\frac{18}{100}$; épaisseur du dernier tour, $\frac{45}{100}$; largeur de l'ombilic, $\frac{15}{100}$.

Coquille comprimée, carénée. *Spire* composée de tours anguleux, renflés, plus ou moins triangulaires, ornés, en long, de petites côtes assez prononcées, et, en travers, de côtes ondulées qui partent du pourtour de l'ombilic, s'élèvent jusqu'au tiers interne de la largeur, là forment ou non un tubercule arrondi, et le plus souvent se bifurquent, s'étendent jusqu'au tiers externe où elles restent simples, se bifurquent encore et sont ou non, au point de bifurcation, pourvues d'un autre tubercule. Tous ces tubercules paraissent avoir été terminés par une pointe. *Dos* anguleux, muni, lorsque le test existe, de côtes festonnées, qui laissent sur l'empreinte interne des facettes tronquées. Ombilic étroit. *Bouche* anguleuse, comprimée ou déprimée, aiguë en avant. *Cloisons* symétriques, découpées de chaque côté en cinq lobes formés de parties impaires. Lobe dorsal aussi long et beaucoup plus large que le lobe latéral-supérieur, orné d'une grande branche terminale bifurquée, et d'un grand nombre d'autres. Selle dorsale très-grande, partagée en deux feuilles à son sommet et ornée en outre d'un grand nombre de branches ramifiées. Lobe latéral-supérieur irrégulier, formé de cinq principales branches. La selle latérale est petite, partagée en deux. Le lobe latéral-inférieur un peu oblique est la moitié de grandeur du lobe latéral-supérieur. Il n'y a plus ensuite que trois très-petits lobes auxiliaires.

Observations. Cette espèce varie beaucoup suivant les échantillons et suivant l'état de conservation. Dans la coquille, les côtes longitudinales sont souvent très-marquées, tandis qu'elles manquent dans l'empreinte interne. Il en est de même des tubercules et des crêtes. Les tubercules sont aussi loin d'être réguliers; ils sont, dans quelques circonstances, très-prononcés, égaux ou inégaux, tandis qu'ils paraissent quelquefois manquer tout-à-fait.

Rapports et différences. Cette espèce, très-voisine de l'*A. cristagalli* et du même groupe, s'en distingue par ses côtes longitudinales plus marquées, par deux rangées de tubercules au lieu d'une seule sur les côtés.

Localité. Elle est propre à l'étage oxfordien inférieur, où elle a été recueillie à Niort (Deux-Sèvres), par M. Baugier; à Vesaignes-sous-la-Fauche (Haute-Marne), par M. Babeau; à Lifol (Vosges), par M. Moreau; près de Chaumont (Haute-Marne), par moi.

Explication des figures. Pl. 154, fig. 1. Coquille de grandeur naturelle. De ma collection.

Fig. 2. La même, vue du côté de la bouche.

Fig. 3. Moule intérieur, de grandeur naturelle.

Fig. 4. Une cloison grossie deux fois. Dessinée par moi.

N° 187. Ammonites Chamusseti, d'Orbigny, 1846.

Pl. 155.

A. *testâ compressâ, carinatâ; anfractibus triangularibus, inflatis, subinvolutis, lateribus excavato-complanatis, lævigatis, externè crenulatis; dorso angulato, acuto, crenulato; umbilico angustato; aperturâ triangulari, cordatâ.*

Dimensions. Diamètre, 95 mill. — Par rapport au diamètre : largeur du dernier tour, $\frac{54}{100}$; recouvrement du dernier tour, $\frac{27}{100}$; épaisseur du dernier tour, $\frac{50}{100}$; largeur de l'ombilic, $\frac{11}{100}$.

Coquille discoïdale, comprimée dans son ensemble, carénée au pourtour. *Spire* composée de tours anguleux, presque entièrement embrassans, renflés au pourtour de l'ombilic, et, de ce point, très-évidés sur les côtés, qui sont lisses à l'exception du pourtour, où l'on remarque de petites côtes obliques qui viennent créneler le pourtour. *Dos* très-anguleux, caréné et crénelé; ombilic très-étroit, à pourtour arrondi. *Bouche* triangulaire, aiguë en avant, fortement échancrée par le retour de la spire. *Cloisons* inconnues.

Rapports et différences. Cette espèce a beaucoup de rapports avec l'*A. cordatus* adulte; et je n'aurais pas balancé à l'y réunir, si elle s'était trouvée dans la zone où vit cette espèce; mais elle s'est rencontrée, au contraire, dans un étage où l'*A. cordatus* est inconnu, ce qui me la fait donner ici comme espèce distincte. Elle est aussi plus ventrue que le *cordatus* ordinaire, et ses tours sont bien plus évidés sur les côtés. Si l'échantillon que je figure m'avait appartenu, je n'aurais pas balancé à le briser, pour le déterminer sûrement.

Localité. Il a été recueilli dans l'étage kellovien au Mont-du-Chat (Savoie), par **M.** Itier.

Explication des figures. Pl. 155, fig. 1. Coquille de grandeur naturelle. De la collection de M. Itier.

Fig. 2. La même, vue du côté de la bouche.

N° 188. AMMONITES GALDRYNUS, d'Orbigny, 1846.

Pl. 156.

A. *testâ compressâ, subcarinatâ; anfractibus compressis, subinvolutis, lateribus complanatis, lævigatis, externè obliquè costulatis; dorso angulato, acutè obtuso, crenulato; umbilico angustato; aperturâ compresso-sagittatâ.*

Dimensions. Diamètre, 90 mill. — Par rapport au diamètre : largeur du dernier tour, $\frac{56}{100}$; recouvrement du dernier tour, $\frac{27}{100}$; épaisseur du dernier tour, $\frac{28}{100}$; largeur de l'ombilic, $\frac{6}{100}$.

Coquille discoïdale, très-comprimée, anguleuse au pourtour. *Spire* composée de tours comprimés, presque entièrement embrassans, ne laissant, au centre, qu'un étroit ombilic. Leurs côtes sont planes, lisses, excepté au pourtour où l'on remarque de petites côtes obliques très-courtes. *Dos* très-anguleux sans être tranchant, un peu crénelé par la saillie des côtes. *Bouche* en fer de flèche très-comprimé, obtus en avant. *Cloisons* symétriques, découpées de chaque côté en six lobes formés de parties impaires. Lobe dorsal plus large et aussi long que le lobe latéral-supérieur, pourvu de deux grandes branches terminales. Selle dorsale aussi large que le lobe latéral-supérieur, oblique, divisée à son extrémité en quatre feuilles inégales. Lobe latéral-supérieur orné de cinq branches presque égales. Selle latérale plus petite que le lobe latéral-supérieur, terminée par trois feuilles presque égales. Le lobe latéral-inférieur a trois grandes branches à son extrémité. Les autres lobes sont très-petits, ainsi que les selles. La ligne du rayon central, en partant de l'extrémité du lobe dorsal, touche la pointe de tous les autres lobes.

Rapports et différences. Très-voisine, par sa compression et par les crénelures de son pourtour, de l'*A. cordatus* adulte, cette espèce s'en distingue par sa compression, et surtout par ses cloisons dont le lobe dorsal est aussi long que les autres au lieu d'être bien plus court.

Localité. Je l'ai recueillie dans l'étage oxfordien inférieur ou kellovien des Vaches-Noires, commune de Beuzeval (Calvados), où elle paraît très-rare.

Explication des figures. Pl. 156, fig. 1. Coquille de grandeur naturelle. De ma collection.

Fig. 2. La même, vue du côté de la bouche.

Fig. 3. Une cloison grossie deux fois. Dessinée par moi.

N° 189. Ammonites lunula, Zieten.

Pl. 157.

Nautilus lunula, Reinecke, 1818, Naut., p. 69, t. 4, f. 35, 36.

Ammonites lunula, Zieten, Pétrif. du Wurt., p. 14, pl. 10, f. 11.

A. lunula, Hartmann, 1830, Wurt., p. 22, n° 4.

A. lunula, Fischer, 1837, Oryct. de Moscou, p. 169, pl. 5, f. 2, pl. 6, f. 4.

A. lunula, Rœmer, 1839, Ool., p. 48, n° 52, t. 20, f. 26?

A. Brightii, Pratt, 1841, Ann. and Mag. of nat. hist., pl. 4, f. 4.

A. Lonsdalii, Pratt, 1841, Ann. and Mag. of nat. hist., pl. 4, f. 2.

A. Brightii, d'Orb., 1845, Voy. en Russie de MM. Murchison, de Verneuil et de Keyserling, pl. 33, fig. 9-13.

A. Brightii, d'Orb., 1845, Paléont. du voy. de M. Homm., p. 430, n° 9.

A. *testâ discoideâ, compressâ, carinatâ; anfractibus compressis, carinatis, internè tuberculis compressis* 17-*ornatis, externè transversìm sulcatis; dorso carinato; aperturâ compressâ, sagittatâ; septis lateribus* 5-*lobatis.*

Dimensions. Diamètre, 57 mill. — Par rapport au diamètre : largeur du dernier tour, $\frac{38}{100}$; épaisseur du dernier tour, $\frac{20}{100}$; recouvrement du dernier tour, $\frac{10}{100}$; largeur de l'ombilic, $\frac{31}{100}$.

Coquille comprimée, carénée au pourtour. *Spire* formée de tours un peu tranchans extérieurement, très-comprimés, ornés, près de l'ombilic, de quinze à dix-sept tubercules transverses, obliques, qui s'étendent jusqu'au tiers de la largeur des tours sous forme de côte incertaine et disparaissent ensuite. En dehors, il naît une quarantaine de côtes arquées, simples, qui, elles-mêmes, s'évanouissent près du dos, sans former de tubercules. *Dos* subcaréné, tranchant, lorsque le test existe, presque arrondi et lisse dans le moule interne. *Bouche* comprimée en fer de lance, fortement échancrée en arrière par le retour de la spire. Lorsqu'elle est complète, elle forme une grande palette de chaque côté, et une pointe externe. *Cloisons* symétriques, découpées de chaque côté en cinq lobes formés de parties impaires. Lobe dorsal plus court d'un tiers et aussi large que le lobe latéral-supérieur, orné d'une énorme branche terminale. Selle dorsale aussi large que le lobe latéral-supérieur, divisée en trois feuilles inégales par deux lobes accessoires, eux-mêmes très-inégaux. Lobe latéral-supérieur très-grand, élargi en bas, orné de chaque côté de quatre branches, indépendamment de la branche terminale. Selle latérale plus étroite que le lobe latéral-supérieur, terminé par deux branches très-inégales, dont la plus longue est externe. Lobe latéral-inférieur d'un tiers plus court, mais de même forme que le lobe latéral-supérieur. Les selles auxiliaires sont de plus en plus étroites et inégales. Les lobes suivans conservent la même forme tout en devenant de plus en plus petits. La ligne du rayon central en partant de l'extrémité du lobe dorsal coupe le quart du lobe latéral-supérieur, touche la pointe du lobe latéral-inférieur, mais passe bien au-dessous des autres.

Observations. Cette espèce est entièrement lisse jusqu'au diamètre de quinze millimètres. Elle prend ensuite les tubercules du pourtour de l'ombilic, mais les côtes extérieures ne commencent à se montrer qu'au diamètre de vingt-deux millimètres. Les côtes se marquent ensuite davantage. Les tubercules disparaissent au diamètre de cinquante à cent millimètres. Les côtes s'effacent à celui de soixante-cinq, et la coquille redevient lisse comme à son jeune âge. Il existe deux variétés qui tiennent probablement au sexe. Ces variétés consistent dans le plus ou moins de largeur des tours et, dès lors, dans le diamètre de l'ombilic d'autant plus réduit que ces tours sont moins étroits.

Rapports et différences. Elle se rapproche, par ses côtes obliques et arquées, de l'*A. hecticus*, mais elle s'en distingue

par le manque de pointes aux côtes externes et de festons sur la carène.

Localité. En France, elle est propre à l'étage kellovien ou oxfordien inférieur de toutes les parties. Elle a été rencontrée à Lifol, près de Neuchâteau (Vosges), par M. Moreau ; à Chaumont, à Vesaignes-sous-la-Fauche (Haute-Marne), par M. Babeau et par moi ; à Taisé, à Ouaron, à Pas-de-Jeux, près de Thouars, et à Niort (Deux-Sèvres), par MM. de Vielblanc, Baugier et par moi ; aux Vaches-Noires (Calvados), par moi ; auprès de Nevers (Nièvre), par M. de Vibraye ; à la montagne du Chat (Savoie), par M. Itier ; à Saint-Rambert, à Chanax (Ain), par MM. Itier et Sauvanau ; à Mémont (Doubs), par M. Carteron ; à Rians (Bouches-du-Rhône), par M. Coquand ; à la Voulte (Ardèche), à Tournus (Saône-et-Loire), par M. Landriot ; à Pizieux, près de Mamers, par M. Chauvin-Lalande et par moi ; à Lajard (Vendée), par moi ; aux Blaches, près de Castellane (Basses-Alpes), par MM. Duval et Astier ; près de Gap (Hautes-Alpes), par M. Rouy ; à Flogny, près de Tonnerre (Yonne), par M. Rathier. Dans la Russie septentrionale, elle a été recueillie par M. de Verneuil aux environs de Moscou, dans la Russie méridionale, à Kobsel, côtes de la Crimée, par M. Hommaire de Hell. En Allemagne, elle est commune à Lanheim.

Explication des figures. Pl. 157, fig. 1. Coquille de grandeur naturelle, à l'instant où elle perd ses ornemens. De ma collection.

Fig. 2. La même, vue du côté de la bouche.

Fig. 3. Jeune individu avec sa bouche complète. De ma collection.

Fig. 4. Le même, vu du côté de la bouche.

Fig. 5. Une cloison grossie quatre fois. Dessinée par moi.

N° 190. AMMONITES BIPARTITUS, Zieten.

Pl. 158, fig. 1-4.

Ammonites bipartitus, Zieten, 1830, Wurtemb., p. 18, pl. 13, f. 6.

A. *testâ compressâ, tricarinatâ; anfractibus compressis, lateribus complanatis, internè lævigatis, externè transversìm undato-costulatis, dorso tricarinato; carinâ mediâ lævigatâ, lateralibus tuberculatis, mucronatis; aperturâ compressâ, oblongâ, anticè truncatâ, tricarinatâ.*

Dimensions. Diamètre, 56 mill. — Par rapport au diamètre : largeur du dernier tour, $\frac{52}{100}$; épaisseur du dernier tour, $\frac{29}{100}$; recouvrement du dernier tour, $\frac{19}{100}$; largeur de l'ombilic, $\frac{18}{100}$.

Coquille comprimée, tricarénée. *Spire* formée de tours très-comprimés, aplatis sur les côtés, où la région interne est lisse, tandis qu'il naît en dehors, au delà de la moitié, des côtes arquées qui s'effacent près du bord; deux correspondent à chaque pointe du pourtour. On remarque encore, sur quelques individus, au milieu de la longueur des tours, une légère saillie longitudinale. *Dos* tronqué, tricaréné, le milieu lisse, pourvu d'une très-légère quille lisse, les côtés ornés de tubercules mucronés alternes, très-saillans. *Bouche* comprimée, oblongue, tronquée, pourvue de trois pointes en avant. *Cloisons* symétriques, découpées de chaque côté en cinq lobes formés de parties impaires. Lobe dorsal plus court et bien plus étroit que le lobe latéral-supérieur, muni d'une seule grande branche. Selle dorsale plus petite que le lobe latéral-supérieur, divisée en deux branches presque égales. Lobe latéral-supérieur terminé par trois branches. Les autres lobes vont en diminuant de taille d'une manière régulière. La ligne du rayon central, en partant de la pointe du lobe dorsal, coupe l'extrémité du lobe latéral-supérieur, mais passe au-dessous des autres.

Observations. Cette espèce est variable suivant l'âge et les individus. Très jeune, elle n'a pas de carènes et ses tours sont arrondis. Elle prend ensuite les pointes du dos, mais ne se charge des côtes latérales qu'au diamètre de treize millimètres, tandis qu'elle les perd au diamètre de quarante millimètres. La coquille alors perd encore les pointes du dos, puis la carène médiane, et le dos paraît devenir rond. Des individus manquent toujours des côtes latérales.

Rapports et différences. Cette espèce, par ses trois carènes,a du rapport avec l'*A. varians* des terrains crétacés, mais s'en distingue facilement à la disposition de ses côtes latérales non tuberculeuses et plus nombreuses que les tubercules.

Localité. Elle est propre à l'étage kellovien ou oxfordien inférieur où elle a été recueillie à Oiron, à Pas-de-Jeux, près de Thouars, à Niort (Deux-Sèvres), par MM. de Vielbanc, Baugier et par moi; à Pizieux, près de Mamers (Sarthe), par moi; aux Blaches, près de Castellane (Basses-Alpes), par MM. Emeric et Astier; aux Vaches-Noires, près de Villers (Calvados), par moi; à Mémont (Doubs); près de Saint-Rambert (Ain), par M. Sauvanau. M. Baugier l'a également rencontrée dans une couche qu'il croit dépendre de l'étage moyen, mais les espèces qu'on y rencontre montrent évidemment qu'il y a eu sur ce point des échantillons remaniés.

Explication des figures. Pl. 158, fig. 1. Coquille de grandeur naturelle, à l'instant où elle perd ses côtes. De ma collection.

Fig. 2. La même, vue du côté de la bouche.

Fig. 3. Jeune individu avec sa bouche.

Fig. 4. Cloison grossie deux fois. Dessinée par moi.

N° 191. AMMONITES BAUGIERI, d'Orbigny, 1846.

Pl. 158, fig. 5-7.

A. testâ compressâ, bicarinatâ; anfractibus compressis, lateribus complanatis, lævigatis; dorso alternato, bicristato, mucronato, tuberculis elongatis, acutis, compressis; aperturâ compressâ.

Dimensions. Diamètre, 32 mill. — Par rapport au diamètre : largeur du dernier tour, $\frac{40}{100}$; épaisseur du dernier tour, $\frac{21}{100}$; recouvrement du dernier tour, $\frac{11}{100}$; largeur de l'ombilic, $\frac{27}{100}$.

Coquille comprimée, bicarénée. *Spire* formée de tours assez embrassans, comprimés, aplatis et lisses sur les côtés, pourvus, au pourtour, de pointes larges, comprimées, très-longues qui alternent de chaque côté du dos et y viennent former deux carènes latérales. *Bouche* comprimée, oblongue. *Cloisons* symétriques, formées de lobes divisés. Le lobe dorsal est infiniment plus court et plus étroit que le lobe latéral-supérieur, celui-ci irrégulier. Les selles sont bilobées. Le rayon central, en partant de la pointe du lobe dorsal, coupe l'extrémité des autres.

Observations. Cette espèce commence par être lisse, à dos rond. Elle prend ensuite les pointes du pourtour, mais elle ne les garde pas long-temps. Elles disparaissent à un très-petit diamètre et laissent la coquille aussi lisse que dans la jeunesse.

Rapports et différences. Voisine, par ses doubles crêtes, du pourtour de l'*A. bipartitus*, celle-ci s'en distingue par le manque de carène médiane, par ses pointes bien plus prononcées.

Localité. Elle est propre à l'étage kellovien où elle a été recueillie aux Blaches, près de Castellane (Basses-

Alpes), à Niort (Deux-Sèvres), par MM. Sauzé et Baugier.

Explication des figures. Pl. 158, fig. 5. Coquille de grandeur naturelle.

Fig. 6. La même, vue du côté de la bouche.

Fig. 7. Une cloison grossie quatre fois. Dessinée par moi.

N° 192. AMMONITES JASON, Zieten.

Pl. 159, 160.

Nautilus Jason, Reinecke, 1818, Naut. et Arg., p. 62, n° 8, pl. III, f. 15-17.

Nautilus Pollux, Reinecke, 1818, Naut. et Arg., p. 64, n° 10, f. 21-23.

Nautilus Castor, Reinecke, 1818, Naut. et Arg., p. 63, n° 9, pl. III, f. 18-20.

Nautilus Hylas, Reinecke, 1818, Naut. et Arg., p. 65 n° 11, pl. III, f. 24-26.

Ammonites ornatus, Schlotheim, 1820, Die Petref., p. 75 n° 25.

A. Guillelmi, Sow., 1821, Min. conch., t. 4, p. 5, pl. 311

A. Rowlstonensis, Young et Birds, 1822, pl. XIII, f. 10

A. Guillelmi, Haan, 1825, Amm. et Goniat., p. 111 n° 19.

A. Lautus, Haan, 1825, Amm. et Gon., p. 117, n° 31, b

A. bifurcatus, Haan, 1825, Amm. et Gon., p. 125 n° 53.

A. ornatus, Haan, 1825, Am. et Gon., p. 124, n° 51.

A. Duncani, Phillips, 1829, Yorck, pl. 6, f. 16, non Sowerby.

A. gemmatus, Phillips, 1829, Yorck, pl. 6, f. 17.

A. Jason, Zieten, 1830, Wurt., p. 5, pl. 4, f. 6.

A. Guillelmi, Zieten, 1830, Wurt., p. 19, pl. XIV, f. 4

A. Jason, Hartmann, 1830, Wurt., p. 21.

A. Castor, Hartmann, 1830, Wurt., p. 19.

A. Hylas, Hartmann, 1830, Wurt., p. 21.

A. Jason, Roemer, 1835, p. 205, n° 48.

A. Jason, Fischer, 1837, Oryct. de Moscou, p. 172, pl. 5, f. 7.

A. Jason, de Buch, Jura in Deutschland, p. 63.

A. Jason, Bronn., 1837, Leth. Geog., p. 458, n° 32, t. XXIII, f. 14.

A. Argonis, Eschwald, Ms.

A. Jason, Potiez et Michaud, 1838, Gal. de Douai, t. 1, p. 15, n° 20.

A. Jason, de Buch., 1840, Beitr. Zur. Gebirgsform., p. 76, 87, 99.

A. Elizabethæ, Pratt, 1841, Ann. and Magaz. of nat. hist., pl. 1, f. 1-4, n° 1.

A. Stutchburii, Pratt, 1841, *idem*, pl. 2, f. 2, 3, n° 3.

A. Sedwickii, Pratt, 1841, *idem*, pl. 3, f. 1.

A. Jason, d'Orb., 1845, Voy. en Russie de MM. Murchison et de Verneuil, pl. 36, f. 9-15.

A. *testâ compressâ, bicarinatâ, unfractibus compressis, intùs transversìm costatis, utrinquè incrassatis, tuberculatis; externè striatis; dorso complanato, bituberculato; aperturâ compressâ, anticè truncatâ; septis lateribus 3-lobatis.*

Dimensions (individu comprimé). Diamètre, 75 mill. — Par rapport au diamètre : largeur du dernier tour, $\frac{46}{100}$; épaisseur du dernier tour, $\frac{21}{100}$; recouvrement du dernier tour, $\frac{11}{102}$; largeur de l'ombilic, $\frac{23}{100}$.

Coquille plus ou moins comprimée, bicarénée (jeune), ornée de chaque côté du dos d'une rangée de petits tubercules en pointe, et au pourtour de l'ombilic de deux autres rangées occupant le tiers interne de la largeur des tours, unies par une côte transverse. De chaque tubercule externe partent deux côtes qui vont se terminer au tubercule dorsal ; il y a souvent une autre côte intermédiaire (adulte). Il n'y a plus, quelquefois, que les tubercules du pourtour de l'ombilic d'où partent des côtes qui se bifurquent à peu près au tiers interne. Tous les tubercules forment des pointes allongées. *Spire* formée de tours comprimés ou renflés, plans ou légèrement convexes sur les côtés, tronqués au pourtour externe et interne. *Dos* étroit, plat, lisse au milieu, ou costulé en travers, marqué d'une rangée de tubercules de chaque côté. *Bouche* comprimée ou ovale, en fer de flèche tronqué en avant. Lorsqu'elle est entière, elle offre, de chaque côté, une longue languette droite, projetée en avant. *Cloisons* symétriques ou non symétriques, découpées de chaque côté en trois lobes et en selles non régulièrement divisées. Lobe dorsal plus large, aussi long et quelquefois plus court que le lobe latéral-supérieur, dont les branches latérales sont placées en dehors des tubercules du dos, très-rarement en dedans, fréquemment jeté sur le côté gauche, alors non symétrique. Selle dorsale plus large que le lobe latéral-supérieur, irrégulièrement divisé en trois feuilles inégales. Lobe latéral-supérieur variable dans sa forme, terminé par trois, quelquefois par quatre grandes branches inégales. Selle latérale plus petite que le lobe latéral-supérieur, partagée presque également en deux parties. Lobe latéral-inférieur le tiers du lobe latéral-supérieur, pourvu de trois branches terminales. Le lobe auxiliaire a une seule pointe. La ligne du rayon central en partant de l'extrémité du lobe dorsal coupe à peine la pointe du lobe latéral-supérieur, ou en coupe une grande longueur.

Observations. Cette espèce varie on ne peut plus, suivant l'âge et les individus. Au diamètre de huit millimètres ils sont renflés, la rangée médiane des côtés des tours les plus apparens. Au diamètre de vingt-cinq millimètres, ses tours sont comprimés, les tubercules du pourtour de l'ombilic se marquent au contraire plus que les autres. Au diamètre de cinquante mill., il ne reste plus, quelquefois, des deux rangées de tubercules internes, que la plus rapprochée de l'ombilic qui prend une grande extension ; celle-ci se continue sur les individus les plus âgés, tandis que les côtes latérales et les tubercules du dos disparaissent, de manière à laisser, au diamètre de soixante-quinze millimètres et au-dessus, la coquille lisse, avec le dos arrondi sans aucune trace des carènes latérales. Les individus moins comprimés m'ont offert des variétés sans nombre. Avec le caractère général des deux rangées de tubercules au pourtour de l'ombilic, ils sont renflés, ont presque toujours le lobe dorsal jeté du côté gauche, très-rarement symétriques, et plus rarement encore en dedans des tubercules (sur seize individus un seul montre ce caractère). Souvent les tubercules du pourtour de l'ombilic sont gros ; il en résulte que les tubercules du dos sont gros aussi et les côtes très-fortes (c'est alors l'*A. gemmatus*, Phillips). Les adultes de ces individus sont toujours pourvus de tours moins recouverts, puisqu'ils ont les $\frac{17}{100}$ du diamètre au lieu de $\frac{16}{100}$; ils deviennent arrondis sur le dos en vieillissant, mais conservent leurs côtes. Après toutes ces différentes variétés que les passages insensibles de l'une à l'autre forcent de réunir, il reste un seul caractère constant, celu d'avoir deux rangées de tubercules au pourtour de l'ombilic. M. Moreau m'a communiqué un cas pathologique où l'un des côtés de la carène avait disparu et il n'en restait plus qu'un latéral.

Rapports et différences. Voisine à la fois, par son dos carré, des *A. calloviensis, Duncani* et *splendens*, cette espèce se distingue de la première par les tubercules de ses côtés et de son

dos, de l'*A. splendens* par ses deux rangées de tubercules au pourtour de l'ombilic, par trois lobes de moins de chaque côté ; elle se distingue toujours de l'*A. Duncani* par ses deux rangées de tubercules au pourtour de l'ombilic, par un jeune âge tout différent, montrant la rangée latérale de tubercules au tiers interne de la largeur au lieu du tiers externe, par son lobe dorsal bien plus large, très-rarement en dedans des tubercules du dos, tandis qu'il l'est presque toujours chez le *Duncani*.

Localité. Cette espèce, en France et en Angleterre, caractérise l'étage oxfordien inférieur ou kelloway-rock des Anglais. Elle a été recueillie à Lifol (Vosges), par M. Moreau; aux environs de Chaumont, à Vesaignes-sous-la-Fauche (Haute-Marne), par MM. Royer, Babeau et par moi; à Niort (Deux-Sèvres), par M. Baugier; à la Montagne-du-Chat (Savoie), par M. Itier; à Tournus (Saône-et-Loire), par M. Landriot. On la trouve en Allemagne, à Langheim; près de Chippenham, Angleterre. En Russie, elle se rencontre près de Moscou, à Jelatma sur l'Oka. Il est à remarquer qu'en France l'*A. Jason* ne se trouve pas avec l'*A. Duncani*, la dernière lui étant toujours supérieure.

Histoire. Il est peu d'espèce qui m'aient demandé plus de recherches que celle-ci. Figurée et décrite pour la première fois en 1808, par Reinecke, l'adulte sous le nom de *Nautilus Jason*, et les jeunes sous ceux de *Nautilus Castor* et *Hylas*, toutes ces dénominations furent, en 1820, changées par M. Schlotheim qui les plaça avec l'*A. Duncani* et l'*A. Henleyi* sous le nom d'*A. ornatus*, confondant ainsi trois espèces distinctes. L'année suivante M. Sowerby l'appela *A. Guillelmi*. Par une singulière bizarrerie, M. de Haan, en 1825, en conservant l'*A. Guillelmi* de Sowerby et l'*A. ornatus* de Schlotheim, réunit le *Jason* à l'*A. lautus* des terrains crétacés, et le *Castor* au *bifurcatus* de Bruguière, deux espèces fort distinctes. M. Phillips figure cette espèce sous les noms de *Guillelmi* et de *Gemmatus*. M. Rœmer y réunit à tort les *A. calloviensis* et *lautus*, espèces tout-à-fait différentes. Je suis aussi forcé d'y réunir les *A. Elisabethæ, Sedwickii* et *Stulchburii*, publiées en 1842 dans l'intéressant mémoire de M. Pratt sur les singulières bouches des Ammonites. Voilà donc une espèce qui a paru successivement sous les noms de *Jason*, de *Castor*, d'*Hylas*, d'*ornatus*, de *Guillelmi*, de *lautus*, de *bifurcatus*, de *Duncani*, de *gemmatus*, d'*Argonis*, d'*Elisabethæ*, de *Stulchburii* et de *Sedwickii*, ou sous quatorze dénominations différentes. De tous ces noms, celui de *Jason* étant le plus ancien, je le conserve naturellement à l'espèce.

Explication des figures. Pl. 159, f. 1. Individu de grandeur naturelle, avec sa bouche. Variété épaisse. De ma collection.

Fig. 2. Le même, vu sur la bouche.

Fig. 3. Jeune individu de la variété comprimée.

Fig. 4. Le même, vu de côté.

Fig. 5. Une cloison, grossie quatre fois. Dessinée par moi.

Pl. 160, fig. 1. Adulte, réduit, de la variété comprimée, vu de côté.

Fig. 2. Le même, vu du côté de la bouche.

Fig. 3. Variété à grosses pointes, vue de côté.

Fig. 4. Bouche de la même, vue de face.

N° 193. Ammonites Duncani, Sowerby.

Pl. 161, 162.

Ammonites Duncani, Sowerby, 1817, Min. conch., t. II, p. 129, pl. 157.

A. ornatus, Schlotheim, 1820, Die Petrif., p. 75, n° 25.

A. Rowlstonensis, Young et Birds, 1822, pl. XIII, f. 10.

A. ornatus, Haan, 1825, Amm. et Goniat., p. 124, n° 51.

A. Duncani, Haan, 1825, Amm. et Gon., p. 110, n° 18.

A. Pollux, Zieten, 1830, Wurt., p. 15, pl. XI, f. 3.

A. Castor, Zieten, 1830, Wurt., p. 15, pl. XI, f. 4.

A. decoratus, Zieten, 1830, Wurt., p. 18, pl. XIII, f. 5.

A. Duncani, Kieferstein, 1834, p. 400, n° 140.

A. Pollux, Rœmer, 1835, Ool., p. 206, n° 50.

A. Duncani, Buch, Ammonites, pl. 3, f. 9.

A. Duncani, Bronn, 1837, Leth. geog., p. 460, n° 34, pl. XXIII, f. 13, 15, 16.

A. Duncani, Fischer, 1837, Oryct. de Moscou, p. 172, pl. V, f. 5; pl. VI, f. 6, 7, 9.

A. aculeatus, Eichwald, Ms. Buch, 1840, Beitr. zur Gebirgsf., p. 76.

A. apertus, de Buch, 1840, Beitr. zur Gebirgsf., p. 77, 86?

A. Pollux, de Buch, 1840, Beitr. zur Gebirgsf., p. 76.

A. Duncani, Morris, 1843, Catal. brit., p. 172.

A. *testâ compressâ; anfractibus convexis, transversim costatis; costis 40, vel 46, flexuosis, in medio externè bifurcatis vel tuberculatis; dorso convexo, subbituberculato; aperturâ subcirculari, compressiusculâ; septis lateribus 3-lobatis.*

Dimensions (individu adulte). Diamètre, 140 mill. — Par rapport au diamètre : largeur du dernier tour, $\frac{30}{100}$; épaisseur du dernier tour, $\frac{28}{100}$; recouvrement du dernier tour, $\frac{6}{100}$; largeur de l'ombilic, $\frac{41}{100}$.

Coquille plus ou moins comprimée suivant les individus (*jeune*), ornée, de chaque côté du dos, d'une rangée de gros tubercules en pointe, et, sur la moitié latérale, d'une autre rangée de tubercules moins nombreux. De chaque tubercule externe partent deux ou trois côtes, et souvent une libre intermédiaire, qui se réunissent de nouveau sur le côté, dans l'intervalle de chacun des tubercules dorsaux, pour former un autre tubercule sur la moitié de la largeur des tours, et de là une seule côte se continue jusqu'à l'ombilic. A l'âge de quinze millimètres, les tubercules latéraux commencent à disparaître, bien qu'ils ne cessent sur d'autres individus qu'à l'âge de soixante. Les tubercules du dos cessent quelquefois aux mêmes diamètres, et alors la coquille *adulte* montre des côtes simples, élevées, qui partent du pourtour de l'ombilic, se bifurquent sur la moitié latérale, ou restent simples et passent sur le dos sans s'interrompre. *Spire* formée de tours peu comprimés, à dos convexe, pourvu néanmoins chez les individus de moyen âge d'un méplat médian. *Bouche* ovale. *Cloisons* symétriques, découpées de chaque côté en trois lobes formés de parties impaires. Lobe dorsal aussi large et plus court que le lobe latéral-supérieur, placé en dedans des tubercules, ou latéralement à cheval sur la carène latérale et alors jeté de côté. Selle dorsale plus large que le lobe latéral-supérieur, terminée par quatre feuilles irrégulières. Lobe latéral-supérieur long, étroit, pourvu de trois branches en dehors et de deux en dedans, indépendamment de la branche terminale. Lobe latéral-supérieur largement divisé par un lobe accessoire. Lobe latéral-inférieur la moitié aussi long que le lobe latéral-supérieur, égal au lobe dorsal, irrégulièrement divisé. Le lobe suivant est oblique, la moitié du lobe latéral-inférieur. La ligne du rayon central, en partant de l'extrémité du lobe dorsal, coupe la moitié du lobe latéral-supérieur et touche seulement l'extrémité du lobe latéral-inférieur.

Observations. J'ai indiqué les variétés d'âge ; il me reste à dire que les individus sont plus ou moins convexes, à tours presque cylindriques ou comprimés, probablement suivant les sexes des animaux qui les ont formés. Les individus comprimés perdent plus promptement que les autres les tubercules latéraux, tandis qu'ils conservent plus long-temps les tubercules du dos. Au diamètre de cent quarante millimètres, il a encore toutes ses côtes ; seulement son dos est entièrement rond.

Rapports et différences. Voisine des *A. Jason* et *calloviensis*, cette espèce se distingue de la première par le manque de tubercules au pourtour de l'ombilic, et dès lors par une seule rangée latérale au lieu de deux, par son lobe dorsal plus court, par l'arrangement de ses côtes et sa forme différente, comme je l'ai dit à cette espèce. Elle diffère de l'*A. calloviensis* par la présence des tubercules et par des côtes infiniment moins nombreuses. J'ai sous les yeux plus de cent exemplaires de cette espèce.

Histoire. Bien figurée par Sowerby dès **1817**, sous le nom de *Duncani*, Schlotheim, en **1820**, l'a réunie avec le jeune de l'*A. Henleyi*, et l'a nommée *ornatus*. Ensuite elle a été confondue avec le *clavatus* (jeune du *mamillatus*) par de Haan, et citée tour à tour sous les noms de *Pollux*, de *Castor*, d'*ornatus*, etc.

Localité. Cette espèce caractérise l'étage kellovien ou oxfordien inférieur de la France et de l'Angleterre. Elle est commune à Dives (Calvados), dans l'argile noirâtre des Vaches-Noires, où je l'ai recueillie. Elle a encore été recueillie à Pas-de-Jeux, près de Thouars, aux environs de Niort (Deux-Sèvres), par M. Baugier et par moi ; aux environs de Besançon (Doubs), près de Chaumont, de Vesaignes-sous-la-Fauche (Haute-Marne), par M. Babeau et par moi ; près de Gap (Hautes-Alpes), par M. Rouy ; près d'Escragnolles, quartier de Briasque (Var), par M. Mouton ; aux environs de Saint-Rambert (Ain), par M. Sauvanau ; à Gigny, près de Tonnerre (Yonne), par M. Cotteau ; à Barroux, par M. Renaux.

Explication des figures. Pl. 161, fig. 1. Jeune, de grandeur naturelle.

Fig. 2. Le même, vu du côté de la bouche.

Fig. 3. Adulte réduit.

Fig. 4. Le même, vu du côté de la bouche.

Fig. 5. Une cloison, grossie trois fois. Dessinée par moi.

Pl. 162, fig. 1. Autre jeune, vu de côté.

Fig. 2. Le même.

Fig. 3. Une autre variété, jeune.

Fig. 4. Le même.

Fig. 5. Un autre, plus âgé.

Fig. 6. Variété comprimée, avec ses pointes dorsales entières.

Fig. 7. La même, vue du côté de la bouche.

Fig. 8. Lobe dorsal irrégulier.

Fig. 9. Un autre lobe dorsal irrégulier. De ma collection.

N° 194. AMMONITES CALLOVIENSIS, Sowerby.

Pl. 162, fig. 10, 11.

Ammonites calloviensis, Sowerby, 1815, Min. conch., t. II, p. 3, pl. 104.

A. calloviensis, Haan, 1825, Amm. et Gon., p. 116, n° 30.

A. calloviensis, Phillips, 1829, Yorck, pl. 141, pl. 6, f. 15.

A. calloviensis, Bronn, 1837, Leth. geog., p. 459, pl. XV, f. 14.

A. calloviensis, Morris, 1843, Catal. brit. foss., p. 171.

A. *testâ compressâ; anfractibus compressiusculis, transversim costatis; intùs costis 23 arcuatis, externè fascicularibus, externè simplicibus, numerosis, approxima-*

tis ; dorso complanato , subbiangulato ; aperturâ ovali.

Dimensions. Diamètre, 60 mill. — Par rapport au diamètre : largeur du dernier tour, $\frac{44}{100}$; épaisseur du dernier tour, $\frac{37}{100}$; recouvrement du dernier tour, $\frac{17}{100}$; largeur de l'ombilic, $\frac{27}{100}$.

Coquille comprimée dans son ensemble. *Spire* formée de tours comprimés, tronqués extérieurement, arrondis à leur jonction intérieure, ornés, au pourtour de l'ombilic, d'environ vingt-trois côtes simples, arquées, étroites et distinctes les unes des autres, qui s'effacent au tiers interne et donnent naissance insensiblement à des faisceaux irréguliers de six à huit petites côtes étroites, flexueuses, infléchies en avant ; elles passent sur le dos sans s'interrompre et sans former aucun tubercule. *Dos* aplati, tronqué sur la convexité et formant comme deux angles peu saillans sur les côtés. *Bouche* ovale, obtuse et tronquée en avant, fortement échancrée en arrière par le retour de la spire. *Cloisons* symétriques, composées de lobes et de selles formées de parties impaires. Le lobe dorsal est plus court que le lobe latéral-supérieur.

Rapports et différences. Voisine, par son dos tronqué, de l'*A. Duncani*, cette espèce s'en distingue bien nettement par son manque de tubercules, par ses côtes en faisceaux partant du pourtour de l'ombilic, par ses tours bien plus embrassans et par son lobe dorsal plus long que le lobe latéral-supérieur.

Localité. Propre à l'étage kellovien de l'Angleterre, elle ne s'est trouvée que bien rarement en France. Sur les Iles-Britanniques, on l'a rencontrée à Devizes, à Chatley. En France, elle a été recueillie aux environs de Lottinghem et de Saint-Waast (Pas-de-Calais), par M. du Souich.

Explication des figures. Pl. 162, fig. 10. Coquille de grandeur naturelle. De ma collection.

Fig. 11. La même, vue du côté de la bouche.

N° 195. AMMONITES ATHLETA, Phillips.

Pl. 163, 164.

Ammonites athleta, Phillips, 1829, Yorck, p. 128, pl. 6, f. 19.

A. ziphius, Hell., 1830, Zieten, Wurt., p. 6, pl. 5, f. 2.

A. ziphius, Hartmann, 1830, Wurt., p. 25, n° 4.

A. perarmatus, Kock, 1837, Blitr., tab. 2, f. 16 (non Sow.).

A. ziphius, Rœmer, 1839, Vert. Ool., p. 48, n° 51.

A. athletus, Morris, 1843, Brit. foss., p. 170.

A. (*adulta*) *testâ compressâ; anfractibus quadratis, costato-tuberculatis; costis transversalibus* 14-16, *internè elevatis, externè submucronatis; dorso lato, complanato, externè bicarinato, intermediisque, costis binis munito; aperturâ subquadratâ; septis lateribus 4-lobatis.*

Dimensions. Diamètre, 280 mill. — Par rapport au diamètre : largeur du dernier tour, $\frac{30}{100}$; épaisseur du dernier tour, $\frac{35}{100}$; recouvrement du dernier tour, $\frac{0}{100}$; largeur de l'ombilic, $\frac{55}{100}$.

Coquille (adulte) comprimée dans son ensemble. *Spire* formée de tours étroits, carrés, souvent plus épais que larges, ornés de quatorze à seize grosses côtes transverses, qui partent du pourtour de l'ombilic, s'élèvent peu à peu et forment ou non une pointe émoussée; elles s'abaissent ensuite et sont alors quelquefois déprimées sur leur ligne médiane, puis elles se relèvent de nouveau de chaque côté du dos où ellet forment une forte pointe obtuse. *Dos* aplati, même souvens déprimé entre les tubercules des côtes; celles-ci ne s'interrompent point, s'abaissent, se séparent en deux et vont rejoindre le tubercule du côté opposé. *Bouche* carrée, presque aussi haute que large. *Cloisons* symétriques, découpées de chaque côté en quatre lobes formés de parties impaires. Lobe

dorsal plus large et moins long que le lobe latéral-supérieur, orné de quatre branches croissant des supérieures aux inférieures. Selle dorsale plus de deux fois plus large que le lobe latéral-supérieur, divisée en deux grandes branches inégales dont la plus grande est externe. Lobe latéral-supérieur étroit, allongé, orné, de chaque côté, de quatre rameaux, indépendamment du rameau terminal qui est grêle. Selle latérale presque aussi large que le lobe latéral-supérieur, divisée en deux branches inégales. Lobe latéral-inférieur très-petit, oblique; les deux suivans sont de plus en plus réduits. La ligne du rayon central, en partant de l'extrémité du lobe dorsal, coupe la pointe du lobe latéral-supérieur, et passe bien au-dessous des autres; elle rejoint seulement le lobe ventral.

Observations. Cette espèce est l'une des plus extraordinaires par les changemens de formes qu'elle subit suivant l'âge. Jeune, elle commence par avoir les tours ronds, ornés, en travers, de côtes aiguës, transverses, les unes simples, les autres bifurquées, soit extérieurement, soit à la moitié de leur diamètre. Quelquefois cet âge dure seulement jusqu'au diamètre de vingt millimètres, mais souvent aussi on le voit se conserver jusqu'au diamètre de soixante-dix millimètres. Alors les côtes s'éloignent, elles cessent de se bifurquer latéralement, et s'élèvent peu à peu en pointes externes, jusqu'à prendre la forme de l'adulte. Bien que les côtes latérales soient éloignées et avec leur tubercule externe, il arrive que des côtes bien plus nombreuses existent encore sur le dos, par exemple trois ou quatre par pointes au lieu des deux qu'on voit chez les adultes. Un nombre considérable de beaux échantillons de tout âge m'a permis de suivre toutes ces nuances, comme on aurait pu le faire pour une coquille vivante.

Rapports et différences. Cette espèce a été à tort confondue avec l'*A. perarmatus* de l'étage oxfordien dont elle se distingue, dans le jeune âge, par ses côtes bifurquées et nombreuses, tandis que le *perarmatus* n'en a jamais. Elle se distingue, chez les adultes, par ses tours moins larges, par ses côtes aplaties sur les côtés et bifurquées sur le dos, par ses tubercules plus prononcés. Elle se distingue de l'*A. Eugenii* par une pointe de chaque côté du dos au lieu de deux. Son jeune âge se distingue de celui de l'*A. perarmatus*, mais se confond avec ceux des *A. Eugenii* et *bifurcatus*. De même les côtes sont ou simples ou bifurquées sans qu'il soit possible de les distinguer, tandis que les adultes, comme on en jugera par les figures, sont si différens entre eux.

Localité. Cette espèce est propre à l'étage kellovien et l'une des plus caractérisques. Elle a été recueillie à Dives, à Beuzeval (Calvados), par M. Trosley et par moi ; à Taisé, à Pas-de-Jeux, à Voiron, à Saint-Maixent, à Niort (Deux-Sèvres), par MM. de Vielblanc, Baugier, Garant, Sauzé et par moi ; à Marolles (Sarthe), par M. Chauvin-Lalande et par moi ; à la Clappe, près de Castellane (Basses-Alpes), par M. Émeric et par moi ; aux environs de Nantua (Ain), par M. Cabannet ; aux environs de Chaumont, à Vesaignes-sous-la-Fauche (Haute-Marne), par M. Babeau et par moi ; à Clucy, près de Salins (Jura), par M. Marcou ; à Lafare, par M. E. Raspail ; à Nemont (Doubs), par M. Carteron.

Dans le calcaire rouge ammonitifère du Tyrol, du Vicentin et de Padoue, par M. de Zigno.

Explication des figures. Pl. 163, fig. 1. Jeune prenant ses pointes.

Fig. 2. Le même, vu du côté de la bouche.

Fig. 3. Autre jeune prenant ses pointes bien plus tard.

Fig. 4. Le même, vu sur le dos pour montrer les petites côtes.

Fig. 5. Un troisième à l'instant où ses pointes naissent, mais à un diamètre plus grand que les deux autres.

Pl. 164, fig. 1. Adulte, réduit.

Fig. 2. Le même, vu de côté.

Fig. 3. Une cloison grossie deux fois. Dessinée par moi.

Fig. 4. Jeune, avec ses côtes bifurquées. De ma collection.

N° 196. Ammonites Chauvinianus, d'Orbigny, 1846.

Pl. 165.

A. *testâ compressâ; anfractibus depressis, subquadratis, transversim costatis; costis 28 externè elevatis, bi- vel trifurcatis; dorso lato, convexiusculo, costis in medio interruptis; aperturâ depressâ, subquadratâ; septis lateralibus trilobatis.*

Dimensions. Diamètre, 120 mill. — Par rapport au diamètre : largeur du dernier tour, $\frac{28}{100}$; épaisseur du dernier tour, $\frac{14}{100}$; recouvrement du dernier tour, $\frac{2}{100}$; largeur de l'ombilic, $\frac{10}{100}$.

Coquille comprimée dans son ensemble. *Spire* formée de tours étroits, déprimés, un peu carrés, ornés de vingt-huit grosses côtes, aiguës, simples, un peu arquées, également espacées, qui partent du bord déclive de l'ombilic, et s'élèvent peu à peu jusqu'au bord externe des tours où ils se divisent en deux ou trois côtes qui, interrompues sur le milieu du dos, reparaissent de l'autre côté et vont se réunir à la grosse côte. *Dos* légèrement convexe. *Bouche* plus large que haute, transverse, un peu carrée. *Cloisons* symétriques, découpées de chaque côté en trois lobes obliques, formés de parties impaires. Lobe dorsal beaucoup plus court et aussi large que le lobe latéral-supérieur, pourvu de trois branches latérales. Selle dorsale plus étroite que le lobe latéral-supérieur, divisée irrégulièrement en quatre branches à son extrémité. Lobe latéral-supérieur grand, long, terminé par une grande branche, et pourvu en dedans de deux, en dehors de quatre branches inégales. Selle latérale très-irrégulière. Les deux lobes suivans, presque égaux de taille, sont très-petits. La ligne du rayon central, en partant de l'extrémité du lobe dorsal, coupe toute la branche médiane du lobe latéral-supérieur, touche à peine la pointe du lobe latéral-inférieur, et coupe en entier le premier lobe auxiliaire.

Observations. Sur quinze exemplaires de cette espèce que j'ai pu observer, j'ai peu trouvé de différences. Seulement, au-dessus du diamètre de cent vingt millimètres, les côtes du dos disparaissent entièrement, et le dos devient lisse et un peu convexe.

Rapports et différences. Voisine de l'*A. anceps* par la ligne lisse du milieu de son dos, cette espèce s'en distingue par le manque de pointes latérales et par ses côtes non bifurquées sur les côtés.

Localité. Propre à l'étage kellovien, elle est assez rare dans les diverses localités où se trouve cet étage. Elle a été recueillie à Dives (Calvados), par moi; à Pizieux, près de Mamers (Sarthe), par M. Chauvin-Lalande et par moi; aux environs de Chaumont (Haute-Marne), par moi; près de Nantua (Ain), par M. Cabannet.

Explication des figures. Pl. 165, fig. 1. Coquille réduite, vue de côté.

Fig. 2. La même, vue du côté de la bouche.

Fig. 3. Une cloison grossie du double. Dessinée par moi. De ma collection.

N° 197. AMMONITES ANCEPS, d'Orbigny.

Pl. 166, 167.

Nautilus anceps, Reinecke, 1818, Naut. et Arg., pl. VII, f. 61, p. 82, n° 29 (non *anceps*, Zieten).

N. ellipticus, Reinecke, 1818, Naut. et Arg., pl. VII, f. 62, p. 83, n° 30.

Ammonites coronatus, Schloth., 1820, Petrif., n° 13, p. 68 (non *coronatus*, Brug., 1789).

A. dubius, Zieten, 1830, Wurtemb., pl. I, f. 2.

A. bifurcatus, Zieten, 1830, Wurt., pl. III, f. 3?

A. subfurcatus, Zieten, 1830, Wurt., pl. VII, f. 6?

A. *testâ compressâ; anfractibus depressis, vel compressis, lateribus 14 vel 17, tuberculis acutis ornatis, externè costis fascicularibus numerosis munitis, in medio dorso interruptis; dorso convexo, subcanaliculato; aperturâ depressâ, vel compressâ; septis lateribus 4-lobatis.*

Dimensions. Diamètre, 400 mill. (individu à pointes). — Par rapport au diamètre : largeur du dernier tour, $\frac{30}{100}$; épaisseur du dernier tour, $\frac{38}{100}$; recouvrement du dernier tour, $\frac{7}{100}$; largeur de l'ombilic, $\frac{50}{100}$.

Coquille (variété à pointes latérales) comprimée dans son ensemble. *Spire* formée de tours étroits, déprimés, arrondis en dehors, élargis latéralement par les pointes, ornés de quatorze à dix-sept tubercules saillans, pointus, placés à peu de distance du pourtour de l'ombilic d'où sortent, comme des faisceaux, trois ou quatre côtes rondes, infléchies en avant, qui sont interrompues sur le milieu du dos et vont rejoindre en faisceaux le tubercule du côté opposé. *Dos* convexe, pourvu au milieu d'une partie lisse, canaliculée. *Bouche* large, arrondie en avant en pointes latérales de chaque côté. *Cloisons* symétriques, découpées de chaque côté en quatre lobes et en selles formées de parties impaires. Lobe dorsal plus court et plus large que le lobe latéral-supérieur, orné de trois branches latérales. Selle dorsale irrégulièrement divisée en deux branches dont l'externe plus large est trilobée. Lobe latéral-supérieur droit, étroit, muni de trois branches latérales et d'une branche terminale très-grande. Selle latérale aussi large que la selle dosale, divisée obliquement en deux parties dont la plus grande est interne. Les trois lobes qui suivent sont très-petits, très-obliques et séparés par d'étroites selles. La ligne du rayon central, en partant de l'extrémité du lobe dorsal, coupe la branche terminale du lobe latéral-supérieur, passe au-dessous du lobe latéral-inférieur, mais coupe les deux autres.

Observations. L'étude de deux ou trois cents exemplaires de tous les âges de cette espèce m'a montré les changemens les plus bizarres, suivant l'âge et les individus. Tous, sans exception, jusqu'au diamètre variable de vingt-cinq à cinquante millimètres, ont les tours très-déprimés et formant de longues pointes latérales. C'est alors le *Nautilus anceps* de la description de M. Reinecke (*voy.* pl. 166, f. 1, 2). Quelques individus ou environ la moitié conservent toujours ce caractère : ce sont les plus renflés et ceux que je regarde comme ayant appartenu à des femelles. Ils deviennent très-grands, du double et plus que la fig. 1, pl. 167. Sur d'autres individus que je regarde comme des mâles, à un diamètre variable de trente-cinq à cinquante millimètres les tours se compriment, les pointes diminuent de longueur; ce caractère s'outre de plus en plus, et bientôt, au lieu du tubercule latéral, existe une côte simple qui se bifurque ou se trifurque au tiers interne de la largeur et s'interrompt sur le milieu du dos où règne le canal caractéristique (pl. 166, fig. 3). Une variété rare, appartenant aux exemplaires renflés, prend, à l'âge de cent vingt millimètres à deux cents, deux rangées latérales de pointes comme la fig. 5, pl. 166.

Rapports et différences. Cette espèce se distingue nettement de toutes les autres par le canal médian de son dos, par ses pointes latérales et ses côtes groupées en faisceaux. C'est une des plus remarquables et des plus caractérisées du genre.

Localité. Elle est très-commune et très-caractéristique de l'étage kellovien inférieur, et a été recueillie à Marolles, à Beaumont, à Pizieux, à Chauffour (Sarthe), par M. Chauvin et par moi ; à Niort, à Pas-de-Jeux, à Taisé, à Ouaron (Deux-Sèvres), par MM. Baugier, de Vielbanc et par moi ; à Tournus (Saône-et-Loire), par M. Landriot ; à Mansigny (Vendée), par moi ; à la Voulte (Ardèche), par M. Fournet ; à Lifol (Vosges), par M. Moreau ; à Cuzy, près de Tonnerre (Yonne), par M. Rathier ; à Rianz, à Saint-Marc, à Vauvenargues, à Montferrat, près de Draguignan (Var), par M. Coquand ; à la Clappe, près de Dignes (Basses-Alpes), par M. Coquand et par moi ; aux environs de Nantua, dans la roche oolitique ; près de Saint-Rambert, à Chanaz (Ain), par MM. Renaux, Sauvanau et Itier ; à Fontenelay, à Mémont (Doubs), par MM. Carteron et de Valdan ; sur la route de Meillant à Dun-le-Roy, dans un calcaire blanc, crayeux (Cher), par M. Grenouilloux ; aux environs de Chaumont et à Vesaigne-sous-la-Fauche (Haute-Marne), par M. Babeau et par moi ; au Mont-du-Chat, près de Chambéry (Savoie), par MM. Itier et Hugard. Du calcaire ammonitifère rouge du Vicentin, du Tyrol et de Padoue, par M. de Zigno.

Histoire. Cette espèce, méconnue par les auteurs, est évidemment le *Nautilus anceps* de Reinecke. Bien que la figure ne montre pas le canal du dos, la description y supplée très-clairement par ces mots : « *In spinâ linea canaliculata.* » Schlotheim l'appelle à tort *coronatus*, tandis que Zieten donne comme *anceps* le véritable *coronatus* de Bruguière. Je ne balance pas à lui restituer le nom qu'elle aurait dû toujours conserver.

Explication des figures. Pl. 166, fig. 1. Jeune individu de grandeur naturelle.

Fig. 2. Le même, vu du côté de la bouche.

Fig. 3. Individu mâle adulte, vu de côté.

Fig. 4. Le même, vu du côté de la bouche.

Fig. 5. Variété de l'espèce.

Pl. 167, fig. 1. Individu femelle adulte, réduit de moitié.

Fig. 2. Le même, vu du côté de la bouche.

Fig. 3. Une cloison grossie deux fois. Dessinée par moi.

N° 198. AMMONITES CORONATUS, Bruguière.

Pl. 168, 169.

Ammonites coronata, Bruguière, 1789, Encycl., p. 43, n° 23 (non *coronatus*, Schloth., 1813).

A. Banksii, Sowerby, 1818, Min. conch., 2, p. 229, pl. 200.

Planites coronatus, Haan, 1825, Am., p. 83, n° 5 (Exclus. syn.).

Ammonites coronatus, Zieten, 1830, Wurt., p. 1, pl. 1, f. 1.

A. anceps, Zieten, 1830, Wurt., pl. 1, f. 3 (non Reinecke).

A. coronatus, Hartmann, 1830, Wurtemb., p. 20, n° 4.

A. coronatus, Mich. et Potiez, 1838, Gal. des Moll. de Douai, 1, p. 14, n° 10.

A. coronatus, d'Orbigny, 1844, Russia of Ural, t. 2, p. 440, pl. 36, f. 13.

A. *testâ inflatâ; anfractibus depressis, latis, intùs angulatis, 15-tuberculatis, externè 26-32 costatis; costis rotunda-*

tis; dorso convexo, lato; aperturâ depressâ, transversâ, externè angulatâ; septis lateribus 3-lobatis.

Dimensions. Diamètre, 90 à 108 mill. — Par rapport au diamètre : largeur du dernier tour, $\frac{3[illegible]}{100}$; épaisseur du dernier tour, $\frac{77}{100}$; recouvrement du dernier tour, $\frac{[illegible]}{100}$; largeur de l'ombilic, $\frac{34}{100}$.

Coquille fortement renflée, non carénée, ornée, par tour, près de l'ombilic, de quinze tubercules comprimés, placés sur l'angle des tours. Chaque tubercule donne naissance, en dehors, à deux ou à trois côtes arrondies, larges, qui passent sur le dos, où elles sont au nombre de vingt-six à trente-deux par tour. *Spire* formée de tours deux fois plus larges que hauts, plus larges au pourtour de l'ombilic, où ils forment une partie anguleuse qui, en dedans de l'ombilic, descend obliquement et vient s'appliquer sur l'angle saillant du tour précédent, et forme de l'ombilic un entonnoir régulier. *Dos* très-large, convexe. *Bouche* transverse, étroite, convexe en dehors, anguleuse sur les côtés. *Cloisons* symétriques, découpées de chaque côté en trois lobes et en selles formées de parties impaires. Lobe dorsal un peu plus court et plus large que le lobe latéral-supérieur, muni de trois branches d'autant plus grandes qu'elles sont inférieures. Selle dorsale beaucoup plus large que le lobe latéral-supérieur, très-découpée, formée de deux parties inégales. Lobe latéral-supérieur large, irrégulier, pourvu de trois branches du côté externe et de deux du côté opposé, indépendamment de la branche terminale. Selle latérale d'un tiers moins large que le lobe latéral-supérieur, très-irrégulièrement divisée. Lobe latéral-inférieur très-petit, conique, un peu oblique. Le lobe auxiliaire très-oblique et très-petit. La ligne du rayon central, en partant de l'extrémité du lobe dorsal, coupe la pointe du lobe latéral-supérieur et passe au-dessous des autres. La ligne des tubercules de la coquille correspond au milieu de la selle latérale.

Observations. Cette espèce varie dans la plus ou moins grande ouverture de l'ombilic et dans le nombre des côtes du dos, qui est de deux ou trois fois celui des tubercules. Adulte, au diamètre de deux cent cinquante millimètres, elle perd les côtes latérales et n'a plus que des ondulations au pourtour de l'ombilic. Elle devient ensuite tout-à-fait lisse et bien plus comprimée.

Rapports et différences. Cette espèce se rapproche beaucoup par sa grande largeur de l'*A. Blagdeni*, tout en s'en distinguant par son dos plus renflé, par ses tubercules latéraux plus nombreux et plus rapprochés de l'ombilic et par sa forme beaucoup plus épaisse.

Localité. En France, cette espèce caractérise l'étage kellovien. Elle a été recueillie aux Vaches-Noires (Calvados), par moi; à la Voulte (Ardèche), par M. Fournel; à Lifol (Vosges), par M. Moreau; à Chaumont (Haute-Marne), par moi; à Niort (Deux-Sèvres), par M. Baugier et par moi; aux environs de Nevers (Nièvre); à Marolles, à Beaumont, à Pizieux (Sarthe), par M. Chauvin et par moi; à Dun-le-Roi (Cher), par M. Greoux; aux environs de Gap (Hautes-Alpes), par M. Rouy; à la Clappe, près de Dignes (Basses-Alpes), par M. Coquand; dans les marnes de Boulois, dans le calcaire oolitique de Mémont, à Rahon, près de Jeancey (Doubs), par M. Carteron; à Rians (Var), par M. Coquand; à Lafare (Vaucluse), par M. E. Raspail; à Cluey, près de Salins (Jura), par M. Marcou. En Russie, on la rencontre à Jelatma, sur l'Oka, gouvernement de Tambowsk.

Explication des figures. Pl. 168, fig. 1. Très-jeune coquille, vue de côté.

Fig. 2. La même, vue du côté de la bouche.

Fig. 3. Autre individu, plus âgé.

Fig. 4. Un autre plus âgé encore.

Fig. 5. Le même, vu du côté de la bouche.

Fig. 6. Individu d'âge moyen, vu de côté.

Fig. 7. Le même, vu du côté de la bouche.

Fig. 8. Une cloison grossie deux fois. Dessinée par moi.

Pl. 169, fig. 1. Adulte, réduit au quart.

Fig. 2. Le même plus réduit, vu du côté de la bouche.

Fig. 3. Très-vieux, réduit au sixième à l'instant où il n'a plus de côtes sur le dos.

Fig. 4. Le même, plus réduit, vu du côté de la bouche.

N° 199. AMMONITES MODIOLARIS, Luid.

Pl. 170.

Ammonites modiolaris, Luid, Iconog., p. 19, t. 6, f. 292.

A. sublævis, Sowerby, 1814, Min. conch., 1, p. 117, pl. 54 (non Zieten, 1830).

Globites sublævis, Haan, 1825, Amm., p. 145.

Ammonites sublævis, Phillips, 1829, Yorsk., p. 131, p. 141, pl. 6, f. 22.

A. modiolaris, Morris, 1833, Brit. foss., p. 174.

A. *testâ inflatâ, globulosâ; anfractibus depressis, angustatis, intùs angulatis* (junior), *transversìm costatis* (adulta), *lævigatis*; *dorso convexo, lato; aperturâ semilunari, transversâ, angustatâ, arcuatâ, externè angulatâ.*

Dimensions. Diamètre, 150 mill. — Par rapport au diamètre : largeur du dernier tour, $\frac{47}{100}$; épaisseur du dernier tour, $\frac{110}{100}$; recouvrement du dernier tour, $\frac{28}{100}$; largeur de l'ombilic, $\frac{37}{100}$.

Coquille fortement renflée, globuleuse, non carénée, lisse dans l'âge adulte, ornée, en travers, de côtes nombreuses dans la jeunesse. *Spire* presque entièrement embrassante, formée de tours déprimés, étroits, plus larges au pourtour de l'ombilic, où ils forment une partie anguleuse, qui, en dedans de l'ombilic, descend obliquement sans presque laisser de séparation entre les tours. *Dos* très-large, convexe. *Bouche* transverse, étroite, arquée en dehors, anguleuse sur les côtés. *Cloisons* inconnues.

Observations. Cette espèce, chargée de côtes transverses dans le jeune âge, et jusqu'au diamètre de quatre-vingts à cent millimètres, devient ensuite tout-à-fait lisse, jusqu'à son plus grand accroissement connu.

Rapports et différences. Voisine, par sa forme renflée, des *A. tumidus* et *sutherlandiæ*, cette espèce s'en distingue par son ensemble bien plus globuleux, par le pourtour de son ombilic formant un angle presque caréné et par son ombilic, dont les parois sont presque perpendiculaires.

Localité. Elle occupe la partie inférieure de l'étage kellovien, avec l'*A. coronatus.* M. Chauvin-Lalande et moi nous l'avons recueillie à Marolles, à Pizieux (Sarthe), où elle est assez rare.

Explication des figures. Pl. 170, fig. 1. Coquille réduite de moitié, à l'instant où elle perd ses côtes.

Fig. 2. La même, vue du côté de la bouche.

N° 200. Ammonites tumidus, Zieten.

Pl. 171.

Nautilus tumidus, Reinecke, 1818, Naut. et Arg., p. 74, n° 21, pl. V, f. 47.

Nautilus platystomus, Reinecke, 1818, Naut. et Arg., p. 81, n° 28, pl. VII, f. 60.

Globites tumidus, Haan, 1825, Amm. et Goniat., p. 146, n° 7.

Ammonites tumidus, Zieten, 1830, Wurt., p. 7, t. V, f. 7.

A. Herveyi, Zieten, 1830, Wurt., p. 19, t. XIV, f. 3 (non Sowerby).

A. tumidus, Rœmer, 1835, Jur., p. 202, nº 44.

A. tumidus, Pusch, 1837, Polens Paleont. p. 158, nº 21.

A. testâ discoideâ, tumidâ, subsphæricâ; anfractibus involutis, rotundatis, lateribus transversim 22 vel 25-costatis; costis obtusis, medio laterum bi- vel trifurcatis, in dorsum continuis; aperturâ transversâ; umbilico angustato, infundibuliformi.

Dimensions. Diamètre, 340 mill. — Par rapport au diamètre : largeur du dernier tour, $\frac{57}{100}$; recouvrement du dernier tour, $\frac{27}{100}$; épaisseur du dernier tour, $\frac{81}{100}$; largeur de l'ombilic, $\frac{15}{100}$.

Coquille toujours très-renflée dans son ensemble, globuleuse, presque sphérique, ornée, en travers, par tour, de vingt-deux à vingt-quatre côtes arrondies, transverses, non infléchies en avant; ces côtes, dans le jeune âge (soixante millimètres), se bifurquent régulièrement assez près de l'ombilic; mais, chez les adultes, elles se bifurquent un peu plus loin, et, entre chaque côte double, naît une côte simple. Il y a quelquefois, de plus, une autre bifurcation près du dos. *Spire* formée de tours convexes, se recouvrant presque en entier, ne laissant, au centre, qu'un ombilic en entonnoir, presque lisse, dont les parois sont presque taillées perpendiculairement. *Dos* rond, convexe. *Bouche* transverse, semi-lunaire, arrondie en avant; lorsqu'elle est complète, elle est fortement avancée en avant à sa partie médiane. *Cloisons* symétriques.

Observations. Jusqu'au diamètre de trente millimètres elle a de chaque côté du dos des espèces de tubercules en oreilles analogues à ce qu'on remarque sur l'*A. Backeriæ*, et qui avaient été considérés à tort comme des anciennes bouches.

Au diamètre de soixante millimètres les côtes sont régulièrement bifurquées; elles se trifurquent au diamètre de quatre-vingt-dix millimètres, elles prennent les divisions dorsales à cent trente millimètres, mais les adultes ne deviennent lisses qu'au diamètre de cent quatre-vingt-dix à deux cents millimètres.

Rapports et différences. Très-voisine de l'*A. macrocephalus* par sa forme renflée, par ses côtes et par son ombilic, cette espèce s'en distingue par sa forme plus sphérique, par ses côtes moins nombreuses, transversales et non inclinées en avant, par ses bifurcations plus nombreuses sur le dos, par son ombilic un peu plus large, plus en entonnoir et lisse dans l'intérieur, et enfin par les tubercules du jeune âge. Plus voisine de l'*A. Herveyi* par ses grosses côtes, elle s'en distingue par son ensemble bien plus renflé et par son ombilic bien plus étroit..

Localité. Nous l'avons toujours rencontrée à la base des couches kelloviennes, près de Pizieux (Sarthe), où elle est assez rare; M. Moreau l'a trouvée à Lifol (Vosges).

Explication des figures. Pl. 171, fig. 1. Coquille réduite au tiers, montrant le passage des côtes à l'état lisse, et la bouche complète des adultes. De ma collection.

Fig. 2. La même, vue du côté de la bouche.

N° 201. AMMONITES VIATOR, d'Orbigny, 1845.

Pl. 172, fig. 1, 2.

Ammonites viator, d'Orbigny, 1845, Voy. de M. Homm. de Hell, p. 433.

A. *testâ discoideâ, convexâ; anfractibus convexis, involutis, externè costatis; costis inæqualibus; umbilico angustato; aperturâ compressâ, semilunari.*

Dimensions. Diamètre, 70 mill. — Par rapport au diamè-

tre : largeur du dernier tour, $\frac{57}{100}$; recouvrement du dernier tour, $\frac{34}{100}$; largeur de l'ombilic, $\frac{7}{100}$; épaisseur du dernier tour, $\frac{30}{100}$.

Coquille discoïdale, un peu comprimée, arrondie au pourtour. *Spire* formée de tours convexes, embrassans, lisses au pourtour de l'ombilic, qui est très-étroit ; vers le tiers interne de la largeur naissent des côtes arrondies, espacées, légèrement alternes, une un peu plus longue que l'autre, qui passent sur le dos. *Dos* arrondi, très-convexe. *Bouche* ovale, arrondie en avant, sa convexité latérale à la moitié de sa largeur. *Cloisons.* D'après le peu que j'en ai pu apercevoir, elles appartiendraient, par leurs selles en palettes, au groupe des HETEROPHYLLI.

Rapports et différences. Voisine, par ses côtes et par ses tours embrassans, de l'*A. infundibulum* de l'étage néocomien, cette espèce s'en distingue par son ombilic non en entonnoir, par ses côtes moins longues et bien moins inégales, tandis que, chez l'*A. infundibulum*, elles le sont beaucoup.

Localité. M. Hommaire de Hell l'a rencontrée à Kobsel, près et à l'est de Soudagh, dans le calcaire jurassique gris de la côte méridionale de la Crimée. En France, elle est propre à l'étage kellovien et a été recueillie aux environs de Chaudon (Basses-Alpes) ; du calcaire ammonitifère du Vicentin, du Tyrol, par M. de Zigno.

Explication des figures. Pl. 172, fig. 1. Coquille de grandeur naturelle, vue de côté. De ma collection.

Fig. 2. La même, vue du côté de l'ouverture.

N° 202. Ammonites refractus, Haan.

Pl. 172, fig. 3-7.

Nautilus refractus, Reinecke, 1818, Naut. et Arg., p. 66, tab. 3, f. 27-30.

Ammonites refractus, Haan, 1825, Amm., p. 132, n° 70.

A. refractus, Zieten, 1830, Wurtemberg, p. 14, pl. X, f. 9 (mala).

A. refractus, Hartmann, 1830, Wurt., p. 24, n° 4.

A. *testâ inflatâ, irregulari; anfractibus involutis, latis, rotundato-compressis; ultimo ad extremitates diametri transversalis dilatato, obtusè angulato, transversim costato; costis in dorso interruptis; aperturâ complicatâ.*

Dimensions. Diamètre, 20 mill.; épaisseur, 12 mill.

Coquille très-renflée, globuleuse, irrégulière dans son accroissement, ornée, en travers, de côtes qui partent du pourtour de l'ombilic, se bifurquent et vont ensuite sur le dos où elles s'interrompent sur la ligne médiane. *Spire* irrégulière, embrassante, et laissant paraître un étroit ombilic, mais, à la dernière révolution spirale, le tour se déprime et, au lieu de suivre la forme arrondie, vient représenter, au côté opposé à la bouche, une forte saillie anguleuse, qui rend la coquille comme bossue. *Dos* rond. *Bouche*, lorsqu'elle est complète, terminée par un rétrécissement d'où part, de chaque côté, une pointe latérale et, au milieu, une espèce de capuchon ou de cuilleron pédonculé, qui donne à l'ensemble une forme bizarre. *Cloisons* symétriques, formées de chaque côté de trois lobes peu compliqués.

Rapports et différences. Cette espèce est voisine, par son ensemble renflé et irrégulier, de l'*A. bullatus*, dont elle se distingue par sa petite taille, par ses ornemens, sa forme plus

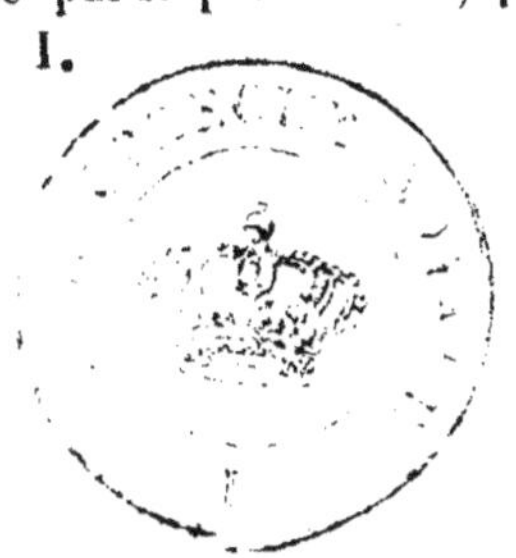

irrégulière et les détails de sa bouche. Sa forme est si extraordinaire qu'on pourrait croire qu'elle n'est due qu'à une déformation, mais on acquiert la certitude du contraire en voyant que tous les individus sont identiques dans cette forme. En effet, j'ai eu sous les yeux au moins vingt exemplaires tous semblables.

Localité. Elle caractérise l'étage kellovien inférieur et a été recueillie aux environs de Niort (Deux-Sèvres), par M. Baugier et par moi. Zieten l'indique à Gamelshausen (Wurtemberg).

Explication des figures. Pl. 172, fig. 3. Coquille grossie, variété la moins anguleuse.

Fig. 4. Variété la plus anguleuse.

Fig. 5. La même, vue du côté de la bouche.

Fig. 6. La même, vue en dessus.

Fig. 7. Grandeur naturelle.

N° 203. AMMONITES HOMMAIREI, d'Orbigny, 1844.

Pl. 173.

Ammonites Hommairei, d'Orb., 1844. Voy. de M. Hommaire de Hell, p. 425, pl. 1, f. 7–9.

A. *testâ discoideâ, compressâ, lævigatâ; transversim internè 7-sulcatâ; sulcis in dorso costatis; anfractibus convexiusculis; umbilico angustato; aperturâ latâ, anticè obtusâ; septis lateribus 7-lobatis.*

Dimensions. Diamètre, 69 mill. — Par rapport au diamètre : largeur du dernier tour, $\frac{53}{100}$; recouvrement du dernier tour, $\frac{10}{100}$; épaisseur du dernier tour, $\frac{45}{100}$; largeur de l'ombilic, $\frac{10}{100}$.

Coquille comprimée, non carénée, lisse, ornée, par tour, sur le dos, de sept côtes transverses, saillantes, qui disparaissent sur les côtés et sont marquées, dans le moule, d'autant de sillons apparens, seulement au pourtour de l'ombilic. On voit des stries d'accroissement peu prononcées au milieu, et sur le dos des indices de stries longitudinales. Le moule est lisse avec les sillons et les côtes. *Spire* composée de tours embrassans, larges près du dos, en entonnoir vers l'ombilic, qui est étroit. *Dos* large, rond. *Bouche* arrondie en avant, très-échancrée en arrière. *Cloisons* symétriques, découpées, de chaque côté, en sept lobes formés de parties impaires et de selles formées de parties paires et impaires. Lobe dorsal plus court et aussi large que le lobe latéral-supérieur, orné, de chaque côté, de trois branches courtes, peu ramifiées. Selle dorsale un peu plus étroite que le lobe latéral-supérieur, pourvu, de chaque côté, de trois feuilles en spatules bilobées latéralement. Lobe latéral-supérieur large, pourvu de trois branches en dehors, de deux en dedans, indépendamment de la branche terminale. Selle latérale peu différente de la selle dorsale. Lobe latéral-inférieur plus petit, mais de même forme que le lobe latéral-supérieur. Les autres lobes diminuent de grandeur, sans changer de forme. Les deux selles suivantes sont divisées en parties paires, tandis que les trois dernières le sont en parties impaires. La ligne du rayon central, en partant de la pointe du lobe dorsal, touche l'extrémité du lobe latéral-supérieur et passe au-dessous de tous les autres.

Observations. La coquille manque de sillons au pourtour de l'ombilic, ceux-ci appartenant exclusivement au moule interne; il en résulte que le moule diffère beaucoup de la coquille.

Rapports et différences. Cette espèce, par ses lobes et par la forme de sa coquille, appartient encore au groupe des *Heterophylli*, mais elle se distingue de toutes les autres par les côtes de son dos.

Localité. Elle est propre à l'étage kellovien inférieur. M. Hommaire de Hell l'a découverte à Kobsel, à l'est de Soudagh (Crimée). Elle a été rencontrée en France, aux environs de Chaudon (Basses-Alpes), par M. Honorat et par moi; au Mont-du-Chat, près de Chambéry (Savoie), par MM. Itier et Hugard; dans le calcaire ammonitifère rouge du Tyrol, du Plaisantin et de Padoue, par M. de Zigno; à Rians (Var), par M. Coquand; aux environs de Morteau (Doubs), par M. Carteron.

Explication des figures. Pl. 173, fig. 1. Coquille de grandeur naturelle, avec une partie de test enlevée pour montrer les sillons.

Fig. 2. La même, vue du côté de la bouche, montrant le dessus d'une côte.

Fig. 3. Une cloison grossie deux fois. Dessinée par moi. De ma collection.

N° 204. AMMONITES SABAUDIANUS, d'Orbigny, 1837.
Pl. 174.

A. testâ discoideâ, compressâ; transversìm inæqualiter costatâ; 6-sulcatâ; sulcis sinuosis, impressis, alternatim externè tuberculatis; tuberculis transversis, paribus, auriculiformibus; anfractibus subquadratis; umbilico magno; aperturâ subquadratâ, compressâ.

Dimensions. Diamètre, 90 mill. — Par rapport au diamètre : largeur du dernier tour, $\frac{35}{100}$; recouvrement du dernier tour, $\frac{11}{100}$; épaisseur du dernier tour, $\frac{32}{100}$; largeur de l'ombilic, $\frac{38}{100}$.

Coquille discoïdale, comprimée, non carénée, ornée de côtes indivises, rayonnantes, et, en travers, de six sillons sinueux, obliques, larges, profondément impressionnés; les uns simples, les autres doubles, alternativement, et marqués, de chaque côté du dos, d'une partie rétrécie, sur laquelle se voient latéralement deux espèces d'oreilles longitudinales à l'enroulement et dirigées en arrière. Du côté de l'ombilic, en arrière de chaque sillon, est une saillie tuberculeuse. *Spire* composée de tours un peu carrés, coupée perpendiculairement au pourtour de l'ombilic. *Dos* arrondi. *Bouche* arrondie en avant, élargie en arrière. *Cloisons* inconnues.

Observations. La coquille paraît avoir été assez fortement costulée dans le jeune âge sur quelques individus, tandis qu'elle est presque lisse chez d'autres ; tous sont presque lisses au diamètre de soixante millimètres.

Rapports et différences. Par les espèces d'oreilles placées de chaque côté du dos de la coquille, cette espèce est voisine des *A. Bakeriæ* et *zigzag ;* mais elle se distingue de l'une et de l'autre par ses sillons transverses, par ses tours presque carrés, et par les saillies latérales internes qui avoisinent les sillons.

Localité. Elle est propre à l'étage kellovien inférieur, et a été recueillie au Mont-du-Chat (Savoie), par MM. Hugard et Itier.

Explication des figures. Pl. 174, fig. 1. Coquille de grandeur naturelle, vue de côté.

Fig. 2. La même, vue du côté de la bouche.

N° 205. AMMONITES LALANDEANUS, d'Orbigny, 1847.

Pl. 175.

A. *testâ discoideâ, compressâ ; anfractibus convexis, subinvolutis, transversìm costatis ; costis 43-simplicibus, rectis, externè incrassatis, rotundatis, internè evanescentibus ; dorso convexo, subangulato ; aperturâ compressâ; septis lateribus, 3-lobatis.*

Dimensions. Diamètre, 280 mill.—Par rapport au diamètre : largeur du dernier tour, $\frac{50}{100}$; recouvrement du dernier tour, $\frac{21}{100}$; épaisseur du dernier tour, $\frac{47}{100}$; largeur de l'ombilic, $\frac{25}{100}$.

Coquille discoïdale, comprimée dans son ensemble, ornée, en travers, par tour, d'environ quarante-trois côtes droites, à peine sensibles au pourtour de l'ombilic, et se marquant davantage, à mesure qu'elles approchent du dos, où elles sont également espacées et arrondies. *Dos* saillant, arrondi, montrant néanmoins une tendance à former un léger angle. *Spire* composée de tours comprimés, plus larges au pourtour de l'ombilic coupé perpendiculairement. *Bouche* comprimée, un peu sagittée. *Cloisons* symétriques, découpées, de chaque côté, en deux lobes complets et deux demi-lobes formés de parties impaires. Lobe dorsal plus large et moins long que le lobe latéral-supérieur, orné de cinq branches dont une terminale plus grande. Selle dorsale aussi large que le lobe latéral-supérieur, divisé en deux parties un peu inégales, la plus grande externe. Lobe latéral-supérieur terminé par trois branches ramifiées. Selle latérale beaucoup plus petite que le lobe latéral-supérieur. Lobe latéral-inférieur très-petit, terminé par trois branches. Il reste ensuite deux lobes auxiliaires formés d'une seule pointe. La ligne du rayon central, en partant de l'extrémité du lobe dorsal, coupe la pointe des deux lobes latéraux et passe au-dessous des autres.

Observations. Cette espèce est très-variable suivant l'âge. *Jeune*, elle reste presque lisse, globuleuse, jusqu'au diamètre de dix-sept millimètres. Les côtes naissent alors et l'ensemble se déprime; les côtes deviennent de suite ce qu'elles doivent être, puis elles continuent et sont presque alternes jusqu'au diamètre de cent cinquante millimètres, où elle redevient lisse de nouveau jusqu'à l'âge le plus avancé. Elle est souvent déformée, et pourrait, dans ses déformations, faire supposer que son pourtour est caréné, ce qui n'est pas.

Rapports et différences. Très-voisine de l'*A. viator*, par ses côtes rayonnantes droites, d'autant plus marquées qu'elles sont extérieures, cette espèce s'en distingue très-facilement par ses côtes bien plus arrondies et surtout par son ombilic trois fois plus large et coupé perpendiculairement en dedans.

Localité. Elle caractérise les couches supérieures de l'étage kellovien. Elle a été recueillie, avec les *Perna quadrata*, aux Vaches-Noires, commune de Villers (Calvados); à Marolles (Sarthe), par M. Chauvin-Lalande et par moi; à Massigny (Vendée), par moi; au Grand-Montmirail (Vaucluse), par M. Renaux; aux environs de Niort (Deux-Sèvres), par M. Baugier.

Explication des figures. Pl. 175, fig. 1. Coquille réduite, à l'instant où elle perd ses côtes.

Fig. 2. La même, vue du côté de la bouche.

Fig. 3. Un lobe grossi deux fois. Dessiné par moi.

Fig. 4. Jeune de grandeur naturelle, à l'instant où il perd ses côtes.

Fig. 5. La même, vue du côté de la bouche.

N° 206. AMMONITES SUTHERLANDIÆ, Murchison.

Pl. 176, pl. 177, fig. 1-4.

Ammonites Sutherlandiæ, Murchison, Geol. Trans., 2e série, vol. 2, part. 2, p. 323?

A. Sutherlandiæ, Sowerby, 1818, V. 5, p. 121, pl. 563?

A. omphaloides, Sowerby, 1819, Min. conch., 3, p. 73 pl. 242, f. 5.

A. *omphaloides*, Haan, 1825, Amm. et Gon., p. 126, n° 56.

A. omphaloides, Morris, 1843, Brit. foss., p. 174.

A. Sutherlandiæ, Morris, 1843, Brit. foss., p. 176?

A. *testâ discoideâ, inflatâ; anfractibus convexis* (adulta), *lævigatis* (junior), *transversim costatis; costis 20-ar-*

cuatis, externè bi vel trifurcatis, in dorso continuis; dorso rotundato; aperturâ depressâ, semilunari; septis lateribus 3-lobatis.

Dimensions. Diamètre, 180 mill. — Par rapport au diamètre (*adulte*) : largeur du dernier tour, $\frac{48}{100}$; recouvrement du dernier tour, $\frac{20}{100}$; épaisseur du dernier tour, $\frac{60}{100}$; largeur de l'ombilic, $\frac{22}{100}$.

Coquille très-variable suivant l'âge. Jeune, au diamètre de trente millimètres, elle est comprimée; ses tours sont comprimés avec le dos presque anguleux, comme le jeune de l'*A. Lamberti*, avec lequel il est alors facile de le confondre, d'autant plus qu'il a des côtes bifurquées ou trifurquées semblables; mais à cet âge les tours s'épaississent presque subitement, et de comprimés qu'ils étaient, ils deviennent déprimés et fort larges. Alors la coquille est globuleuse, ornée, au pourtour de l'ombilic, de vingt côtes environ qui se bifurquent et se trifurquent, pour passer sur le dos. Ces côtes disparaissent au diamètre de soixante millimètres, et la coquille, tout en conservant la forme renflée, reste lisse. Son dos est convexe, le pourtour de son ombilic un peu anguleux et coupé perpendiculairement. *Bouche* transverse, très-déprimée, semi-lunaire, très-arquée. *Cloisons* symétriques, découpées de chaque côté, en trois lobes formés de parties impaires. Lobe dorsal aussi large, mais plus court que le lobe latéral-supérieur, orné de chaque côté de trois branches dont l'inférieure est la plus grande. Selle dorsale aussi large que le lobe latéral-supérieur, divisé irrégulièrement en trois branches par deux lobes inégaux. Lobe latéral-supérieur, pourvu de trois branches terminales et d'une latérale au-dessus. Selle latérale plus petite que le lobe latéral-supérieur, divisée en deux feuilles presque égales. Lobe latéral-inférieur court et large : il n'y a plus ensuite qu'un petit lobe auxiliaire à trois pointes. La ligne du rayon central, en partant de l'extrémité du lobe dorsal, coupe la pointe des lobes latéraux.

Observations. Non-seulement l'espèce varie suivant l'âge, comme je l'ai dit à la description, mais encore suivant les individus, qui sont plus ou moins renflés, et offrent sous ce rapport des différences énormes. J'ai sous les yeux cinquante échantillons de cette espèce.

Localité. Elle caractérise, avec l'*A. Lamberti*, les couches supérieures de l'étage callovien ; elle est très-commune à Villers (Calvados), où je l'ai recueillie ; à Marolles (Sarthe), où M. Chauvin et moi l'avons rencontrée. Je l'ai encore retrouvée à Chaumont (Haute-Marne).

Tout en la rapportant, d'après les figures données par Sowerby, à l'*A. Sutherlandiæ*, il me reste encore quelques doutes sur leur identité, et ces doutes naissent du gisement très-disparate indiqué à la fois dans le lias, le *coralrag* et le *calcareous grit*, par M. Morris, tandis que la zone géologique de mes échantillons est bien positivement celle que j'ai indiquée. Je crois reconnaître plus positivement l'espèce dans le jeune âge décrite et figurée sous le nom d'*Omphaloides*, mais elle ne serait pas du portlandien, comme l'indique Sowerby.

Explication des figures. Pl. 176, fig. 1. Coquille adulte réduite, vue de côté.

Fig. 2. La même, vue du côté de la bouche.

Fig. 3. Une cloison dessinée, de grandeur naturelle, sur un échantillon très-renflé.

Pl. 177, fig. 1. Jeune individu comprimé.

Fig. 2. Profil du même.

Fig. 3. Individu prenant la forme de l'adulte, tout en ayant encore ses côtes.

Fig. 4. Coupe transversale des tours pour montrer leur changement de forme comprimée ou déprimée.

N° 207. AMMONITES LAMBERTI, Sowerby.

Pl. 177, fig. 5-11, pl. 178.

Ammonites Lamberti, Sowerby, 1819, Min. conch., t. 3, p. 73, pl. 242, f. 1-3.

A. Leachi, Sowerby, 1819, Min. conch., t. 3, p. 72, pl. 242, f. 4 (non *Leachi*, d'Orbigny, 1844).

A. Leachi, Haan, 1825, Amm. et Goniat., p. 141, n° 93.

A. Lamberti, Haan, 1825, Amm. et Goniat., p. 122, n° 46.

A. Lamberti, Phillips, 1829, York, p. 123, pl. 131.

A. Lamberti, Zieten, 1830, Wurt., p. 36, tab. XXVIII, f. 1.

A. Lamberti, Hartmann, 1830, Wurt., p. 22.

A. Lamberti, Rœmer, 1835, p. 191, n° 20.

A. Lamberti, Bronn, 1837, Leth. geog., tab. XXII, f. 14, p. 438, n° 18.

A. Lamberti, Morris, 1843, Brit. foss., p. 173 (non *Lamberti*, Quenstedt, 1846).

A. Leachi, Morris, 1843, Brit. foss., p. 173.

A. *testâ discoidali, compressâ; anfractibus subangulatis* (adulta) *lævigatis*, (jun.) *transversim inæqualiter costatis; costis angustatis, externè flexuosis, bifurcatis intermediisque, costis brevibus, 2 vel 3 externè minutis; dorso* (jun.) *angulato*, (adulta) *rotundato; aperturâ subsagittatâ; septis lateribus 4-lobatis.*

Dimensions. Diamètre (adulte), 195 mill. — Par rapport au diamètre : largeur du dernier tour, $\frac{47}{100}$; recouvrement du dernier tour, $\frac{[illegible]}{100}$; épaisseur du dernier tour, $\frac{41}{100}$; largeur de l'ombilic, $\frac{21}{100}$. (Jeune au diamètre de 60 mill.), largeur du dernier tour, $\frac{43}{100}$; recouvrement du dernier tour, $\frac{14}{100}$; épaisseur du dernier tour, $\frac{26}{100}$; largeur de l'ombilic, $\frac{27}{100}$.

Très-jeune, jusqu'au diamètre de quatre à six millimètres, cette espèce, déjà formée de quatre ou cinq tours de spire, est entièrement lisse; la coquille a le dos rond, et les tours déprimés. Tout en conservant le dos rond, elle prend des côtes d'abord peu marquées, assez régulièrement bifurquées, qu'elle conserve avec sa première forme jusqu'au diamètre de neuf millimètres. A cet âge, les côtes s'infléchissent en avant sur le dos, et cette partie devient anguleuse. Avec le dos anguleux, les côtes restent simplement bifurquées jusqu'au diamètre variable de vingt à quarante millimètres, bien plus long-temps sur les individus renflés que sur ceux qui sont comprimés. La *belle livrée de l'espèce* commence ensuite. Le dos devient plus anguleux; les côtes, qui partent du pourtour de l'ombilic, sont presque droites jusqu'à la moitié externe, souvent simples, ou souvent bifurquées, elles s'infléchissent en avant et se continuent en passant sur le dos jusqu'à l'autre côté. Au point où ces côtes s'infléchissent et se bifurquent, naissent, entre chacune de ces longues côtes, deux, trois, ou même quelquefois quatre côtes intermédiaires, courtes, qui passent également sur le dos. Alors le pourtour de l'ombilic est arrondi, et la bouche est comprimée, subsagittée. Bientôt, au diamètre variable de soixante-dix à quatre-vingts millimètres, toutes les côtes s'atténuent. Les longues côtes disparaissent les premières, les côtes latérales s'atténuent et s'effacent ensuite; et au diamètre à peu près général de quatre-vingt-dix millimètres, la coquille prend la *livrée de l'adulte*, c'est-à-dire qu'elle devient tout-à-fait lisse. Son dos perd son angle, devient arrondi, le pourtour de l'ombilic est coupé presque perpendiculairement, mais les côtes restent un peu aplaties. *Cloisons* symétriques, découpées de chaque côté en quatre lobes formés de parties impaires. Lobe dorsal plus large, mais bien plus court que le lobe latéral-supérieur, terminé par trois branches croissant des supérieures aux inférieures. Selle dorsale large dans les individus bombés, étroite chez les individus comprimés, divisée en trois feuilles inégales. Lobe latéral-supérieur terminé par trois grandes branches ramifiées. Selle latérale divisée en parties presque paires. Lobe latéral-inférieur un peu oblique formé de cinq branches inégales. La selle latérale est profondément divisée. Les deux lobes auxiliaires sont obliques, assez courts et peu divisés. La ligne du rayon central, en partant de l'extrémité du lobe dorsal, coupe la pointe de tous les autres lobes.

Observations. Indépendamment des variations déterminées par l'âge, et que je viens de décrire, il existe dans cette espèce, parmi les individus bien complets, deux formes distinctes : l'une, plus commune, est toujours plus comprimée; l'autre est renflée, dès le jeune âge, et conserve ce caractère jusque chez les adultes. Je dois encore croire que ce caractère tient au sexe des animaux qui les ont formés. Pour caractériser cette espèce dans toutes ses phases d'accroissement, j'ai eu sous les yeux plus de deux cents échantillons.

Rapports et différences. Cette espèce, souvent confondue avec l'*A. cordatus*, s'en distingue bien nettement à tous les âges. Jeune, elle en diffère par ses côtes toujours dépourvues de pointes latérales, bien moins flexueuses, et par le manque de ces dépressions de chaque côté du dos, qui forment une carène. Dans la belle livrée, ces caractères sont encore bien plus tranchés. Chez les adultes, la disparité est plus grande. Chez le *Lamberti* le dos devient rond et obtus, tandis que, chez le *cordatus*, le dos est aigu et tranchant.

M. de Buch (*Bulletin des naturalistes de Moscou*, 1846, p. 247) a supposé que je ne connaissais pas l'*A. Lamberti* de

Sowerby. Il en jugera autrement, je l'espère, par la description et les figures que j'en donne ici. Il y rapporte une espèce de Russie que j'ai peut-être à tort nommée *Leachi*, mais qui n'en est pas moins bien distincte du *Lamberti*, comme on peut le voir en lisant la description de l'espèce suivante. Dans l'ouvrage de M. Quenstedt, où la plupart des espèces sont méconnues, où toutes les règles adoptées en zoologie sont méprisées, l'auteur donne l'*A. cordatus* sous le faux nom de *Lamberti*. Il ne faudrait que des ouvrages de cette nature pour faire rétrograder d'un siècle la science zoologique, et en retarder gratuitement les progrès. C'est à tort que Sowerby et Morris indiquent cette espèce dans l'étage portlandien. D'après ce premier auteur, l'*A. Leachi* serait bien une variété du *Lamberti*.

Localité. Elle est propre, avec la *Perna quadrata*, aux couches supérieures de l'étage callovien. Elle est très-commune à Villers (Calvados), à Marolles (Sarthe) ; au Grand-Montmirail (Vaucluse), par M. Renaux ; à Mémont (Doubs), par M. Carteron ; à Vésaignes-sous-la-Fauche, près de Langres (Haute-Marne), par M. Rabeau.

Explication des figures. Pl. 177, fig. 5. Age embryonnaire, vu de côté.

Fig. 6. Le même, vue de face.

Fig. 7. Jeune, d'un âge plus avancé.

Fig. 8. Un autre, plus âgé encore.

Fig. 9. Le même, vu du côté de la bouche.

Fig. 10. Livrée complète.

Fig. 11. Le même, vu de côté.

Pl. 178, fig. 1. Coquille adulte, réduite de moitié.

Fig. 2. La même, vu du côté de la bouche.

Fig. 3. Un lobe grossi deux fois. Dessiné par moi. De ma collection.

N° 208. Ammonites Mariæ, d'Orbigny.

Pl. 179.

Ammonites Leachi, d'Orbigny, 1845, Russia and the Ural. Mont., 2, p. 438, pl. 35, f. 7-9 (non *Leachi*, Sowerby).

Ammonites Lamberti, Buch, 1846, Bullet. des nat. de Moscou, n° 3, p. 242 (non Sowerby).

A. *testâ compressâ, discoideâ; anfractibus compressiusculis, lateribus convexis, costulatis; costis* 18–26 *in medio bifidis; dorso convexo, angulato; aperturâ cordiformi, anticè angulatâ; septis* 5-*lobatis*.

Dimensions. Diamètre, 60 mill. — Par rapport au diamètre : largeur du dernier tour, $\frac{41}{100}$; épaisseur du dernier tour, $\frac{35}{100}$; recouvrement du dernier tour, $\frac{12}{100}$; largeur de l'ombilic, $\frac{25}{100}$.

Coquille comprimée, anguleuse, marquée, au pourtour de l'ombilic, de dix-huit à vingt-six côtes transverses, aiguës, très-saillantes, qui, vers la moitié de la longueur, se bifurquent d'une manière irrégulière pour passer sur le dos. Chez les adultes les côtes ne se bifurquent pas; il naît, entre chaque grande côte, une côte courte aussi élevée. Les côtes s'infléchissent en avant pour passer sur le dos. *Spire* formée de tours plus ou moins comprimés, ayant leur plus grand diamètre assez près de l'ombilic, et s'atténuant de là vers le dos. Dans l'ombilic les sutures sont profondes et les tours séparés. *Dos* anguleux sans être caréné. *Bouche* plus ou moins comprimée, cordiforme, échancrée, par le retour de la spire. *Cloisons* (décrites sur un échantillon de Russie) symétriques, découpées de chaque côté, en cinq lobes et en selles formées de parties impaires. Lobe dorsal le double plus large et aussi long que le lobe latéral-supérieur, pourvu de quatre pointes, la plus grande en bas. Selle dorsale plus large que le lobe latéral-supérieur, festonnée irrégulièrement à son sommet en quatre parties. Lobe latéral-supérieur, muni de deux branches à deux pointes de chaque côté, indépendamment de la branche terminale. Selle latérale aussi large que le lobe latéral-supérieur, terminé par trois festons. Lobe latéral-inférieur, la moitié plus petit que le supérieur et de même forme. Les deux derniers sont très-petits, ainsi que les selles. La ligne du rayon central, en partant de l'extrémité du lobe dorsal, touche, sans la couper, la pointe du lobe latéral-supérieur et passe au-dessous des autres.

Observations. En Russie, je ne la connais que jeune, au plus grand diamètre de vingt-neuf millimètres ; elle est alors comme je l'ai décrite. En France, elle est souvent plus renflée, mais conserve les même caractères de côtes, jusqu'au diamètre de soixante millimètres.

Rapports et différences. Cette espèce se rapproche, par ses côtes et par son dos anguleux, de l'*A. Lamberti,* avec laquelle elle peut être facilement confondue dans le jeune âge ; mais alors même elle s'en distingue par son dos moins caréné, par ses côtes plus larges et par deux lobes de plus au même diamètre de quinze millimètres, au moins pour les échantillons de Russie. A tous les âges, elle s'en distingue encore par sa ligne du rayon central qui touche à peine l'extrémité du lobe latéral-supérieur, tandis qu'elle coupe une grande partie de celui-ci chez l'*A. Lamberti.* L'accroissement amène, du reste, chez ces deux espèces, des différences énormes. Chez l'*A. Mariæ,* les côtes restent les mêmes quant aux bifurcations jusqu'à l'âge adulte ; et le dos est toujours anguleux. Chez l'*A. Lamberti,* au diamètre de trente à quarante millimètres, on remarque déjà que chaque côte du pourtour de l'ombilic s'éloigne et correspond à trois ou quatre côtes extérieures ; au diamètre de quatre-vingts millimètres, il devient lisse, et son dos est presque rond. Elle se distingue de l'*A. cordatus* par le manque de dépressions latérales à la ligne médiane du dos.

Histoire. Malgré la description comparative et critique de cette Ammonite avec l'*A. Lamberti* que je viens de reproduire, M. de Buch (Bullet. des nat. de Moscou, 1846, p. 242) a cru que cette espèce était l'*A. Lamberti.* Je suis fâché de ne pouvoir, en cette circonstance, comme en tant d'autres, partager l'avis de M. de Buch. Dès que je le comparais avec l'*A. Lamberti*, c'est que je connaissais cette dernière, et M. de Buch aurait dû supposer qu'une espèce aussi commune en France ne pouvait manquer d'être dans mes collections. Après un nouvel examen très-consciencieux, je persiste à croire, et j'espère que les figures et les descriptions le prouveront, que l'Ammonite que j'avais appelée *Leachi* est bien distincte de l'*A. Lamberti.* Seulement, comme je reconnais que le nom est mal appliqué, puisque l'*A. Leachi*, d'après les descriptions et les figures données par Sowerby, est une variété de l'*A. Lamberti*, je désigne aujourd'hui l'espèce sous le nom de *Mariæ.*

Localité. En France, elle caractérise l'étage callovien supérieur des Vaches-Noires (Calvados) et de Marolles (Sarthe). En Russie, elle a été recueillie sur les bords de la rivière Unja, affluent de l'Oka, gouvernement de Tambov; à Tatarova, près de Moscou.

Explication des figures. Pl. 179, fig. 1. Coquille jeune, vue de côté.

Fig. 2. La même, vue du côté de la bouche.

Fig. 3. Individu plus âgé.

Fig. 4. Le même, vu du côté de la bouche.

Fig. 5. Grand individu, vu de côté.

Fig. 6. Le même, vu du côté de la bouche.

Fig. 7 et 8. Variété de Russie, de grandeur naturelle.

Fig. 8. La même, vue du côté de la bouche.

Fig. 9. Lobe de la même, grossi quatre fois.

N° 209. Ammonites Tatricus, Pusch.

Pl. 180.

Ammonites tatricus, Pusch, 1837, Polens paleontologie. p. 158, pl. 13, f. 11.

Ammonites Demidofii, Rousseau, 1841, Voy. de M. Demidof, pl. f. 4.

Ammonites ponticuli, Rousseau, 1841, Voy. de M. Demidof, pl. fig. 3.

Ammonites Huotiana, Rousseau, 1841, Voy. de M. Demidof, pl. fig. 6.

Ammonites tatricus, d'Orbigny, 1845, Voy. en Crimée, de M. Hommaire, t. 3, p. 422, pl. 1, f. 6.

A. *testâ discoideâ, compressâ, transversim striatâ (nucleo 6-sulcatâ ; sulcis rectis); umbilico angustato ; anfractibus convexiusculis ; aperturâ compressâ, anticè rotundatâ ; septis lateribus 9-lobatis.*

Dimensions. Diamètre, 390 mill. — Par rapport au diamètre : largeur du dernier tour, $\frac{19}{100}$; recouvrement du dernier tour, $\frac{27}{100}$; épaisseur du dernier tour, $\frac{31}{100}$; largeur de l'ombilic, $\frac{4}{100}$.

Coquille comprimée, non carénée, ornée en travers de stries fines rayonnantes, et dans le moule, lorsque le test est enlevé, de quatre à sept sillons droits ou légèrement arqués. *Spire* composée de tours embrassans, pourvus d'un large ombilic. *Dos* rond, convexe. *Bouche* arrondie en avant, très échancrée en arrière. *Cloisons* symétriques, découpées de chaque côté en neuf lobes, formés de parties impaires, et de selles paires et impaires. Lobe dorsal plus court de moitié et aussi large

que le lobe latéral-supérieur, orné, de chaque côté, de trois branches. *Selle dorsale* plus étroite que le lobe latéral-supérieur, divisée en trois feuilles de chaque côté, dont les deux supérieures les plus larges. Lobe latéral-supérieur, orné en dehors de deux et en dedans de trois branches, indépendamment de la branche terminale. Selle latérale plus grande et plus haute que la selle dorsale, terminée par trois grandes feuilles spatuliformes, indépendamment de deux autres de chaque côté. Lobe latéral-inférieur analogue de forme, mais d'un tiers plus petit que le lobe latéral-supérieur. Tous les autres lobes diminuent de taille, mais sont peu différents des premiers, quant à leur forme. Les deux selles suivantes sont divisées en parties paires comme la selle dorsale, et les suivantes sont au contraire formées de parties impaires. La ligne du rayon central en partant de la pointe du lobe dorsal coupe l'extrémité des premiers et passe au-dessus du dernier lobe auxiliaire.

Observations. Cette espèce sans sillons lorsqu'elle est pourvue de son test, en montre dans le moule, suivant l'âge, de quatre à sept, ceux-ci plus ou moins arqués, et sans interruption.

Rapports et différences. Très-voisine par ses lobes, sa forme et ses sillons, de l'*A. Calypso*, celle-ci s'en distingue par ses stries rayonnantes, par le manque de sillons sur le test, ceux-ci étant marqués seulement dans le moule interne. Elle se distingue de l'*Am. Zignodianus*, par le manque de sillon, dans le test, et par ce sillon non coudé au milieu de ses côtés.

Localité. Étage callovien et oxfordien. Elle a été trouvé dans le premier, à Pas-de-Jeux, près de Thouars (Deux-Sèvres), à Villers (Calvados), à Aspres-les-Vignes (Hautes-Alpes), par M. Rouy; à Beaumont, à Chandon, aux Blaches, à la Jabi, près de Castellane, à Cheiron, commune de Bouyon, à la Clappe (Basses-Alpes), par MM. Honorat, Astier, Coquand et Mouton; au Grand-Montmirail, à Gigondas, à Souiras (Vaucluse), par MM. Renaux et Raspail. Elle a été recueillie dans l'étage oxfordien, à Saint-Maixant (Deux-Sèvres), par M. Garan; aux Voiron, dans les Alpes de Genève, par M. Fabre; à Neuvis (Ardennes), par moi, à Kobsel, sur la côte méridionale de la Crimée, par M. Hommaire de Hell; dans le calcaire jurassique de Padoue, par M. de Zigno; au Vallon-Saint-André, près de Nice (Piémont), par M. Sismonda.

Explication des figures. Pl. 180, fig. 1. Moule interne, pourvu *a* d'une partie de son test, pour montrer qu'il cache les sillons.—Fig. 2. La même, vue du côté de la bouche.—Fig. 3. Une cloison, de grandeur naturelle, calquée sur la nature. —Fig. 4. Une partie de test grossi. — Fig. 5. Profil du même.

N° 210. Ammonites Babeanus, d'Orb. 1847.

Pl. 181.

A. *testâ discoideâ, compressâ; transversìm lateribus 14-costatâ; costis bimucronatis, anfractibus subrotundatis, dorso convexo; aperturâ depressâ; septis lateribus bilobatis.*

Dimentions. 140 mill. par rapport au diamètre; largeur du dernier tour, $\frac{31}{100}$; recouvrement du dernier tour, $\frac{1}{100}$; épaisseur du dernier tour, $\frac{60}{100}$; largeur de l'ombilic, $\frac{41}{100}$.

Coquille discoïdale, peu comprimée, non carénée, ornée en travers, par tour de 12 à 16 côtes latérales, non saillantes au pourtour de l'ombilic, qui forment de suite une saillie mucronée, s'abaissent et forment de nouveau une seconde saillie mucronée, puis s'effacent sur les côtés du dos, qui est arrondi et convexe. Spire composée de tours déprimés, plus épais que larges; bouche déprimée. *Cloisons* symétriques.

découpées, de chaque côté, en deux lobes très-inégaux formés de parties impaires. Lobe dorsal, plus long et plus large que le lobe latéral-supérieur, formé de trois branches dont l'inférieure est la plus longue. Selle dorsale trois fois aussi large que le lobe dorsal, divisée en deux parties inégales, la plus large au dehors, par un lobe accessoire droit et oblique. Lobe latéral-supérieur, oblique, étroit, pourvu de trois branches latérales de chaque côté, indépendamment de la branche terminale. La selle latérale est presque le tiers de la selle dorsale, et le lobe latéral inférieur est très-petit, la moitié de l'autre, à peu près. La ligne du rayon central, en partant de l'extrémité du lobe dorsal, passe au-dessous de tous les autres.

Observations. Cette espèce, dans le jeune âge, c'est-à-dire au diamètre de 7 millimètres, a déjà ses pointes; seulement les pointes externes sont bien plus grandes que les autres; réduites seulement à une partie comme pincée, on voit sur son dos, toujours arrondi, des indices de côtes transversales. Ses tubercules intérieurs se marquent ensuite autant que les autres, et la coquille reste ainsi ornée, jusqu'au diamètre variable de 100 à 150 millimètres. Alors les tubercules externes disparaissent, et la coquille n'a plus que les tubercules internes qu'elle conserve plus longtemps.

Rapports et différences. Cette espèce a toujours été confondue avec l'*A. perarmatus*, dont elle se distingue bien nettement à tous les âges par ses tours plus larges, déprimés, par son dos rond très-convexe, par son lobe dorsal bien plus long, et par sa selle dorsale plus large.

Localité. Elle se trouve à la partie supérieure de l'étage callovien et dans les parties inférieures de l'étage oxfordien. Elle a été recueillie dans l'étage callovien, à Villers (Calvados), à Pas-de-Jeux (Deux-Sèvres), par moi; à Clairon, aux environs de Salins, par M. Marcou ; à Sous-la-Fauche, près de Langres (Haute-Marne), par M. Babeau ; dans l'étage oxfordien, à Wagnon (Ardennes), par moi ; à Viéville (Haute-Marne), par M. Royer ; à Pacy (Yonne), par M. Camille d'Ormoy.

Explication des figures. Pl. 181, fig. 1. Coquille réduite. Individu perdant ses pointes externes.—Fig. 2. La même, vue du côté de la bouche. — Fig. 3. Jeune individu, de grandeur naturelle.—Fig. 4. Le même, du côté de la bouche.—Fig. 5. Lobe, de grandeur naturelle, calqué sur la nature. De ma collection.

N° 211. Ammonites Zignodianus, d'Orb.

Pl. 182.

A. *testâ compressâ, lævigatâ, externe transversim striatâ, 5-sulcatâ, sulcis lateribus flexuosis angulosis; umbilico angustato; anfractibus convexiusculis ; aperturâ compressâ, anticè obtusâ ; septis lateribus 7-lobatis.*

Dimensions. Diamètre 95 mill. — Par rapport au diamètre : largeur du dernier tour, $\frac{51}{100}$; épaisseur du dernier tour, $\frac{34}{100}$; recouvrement du dernier tour, $\frac{23}{100}$; largeur de l'ombilic, $\frac{10}{120}$.

Coquille comprimée dans son ensemble, non carénée, lisse, striée seulement sur le tiers externe des tours, ornée de cinq sillons qui naissent au pourtour de l'ombilic, s'inclinent en avant jusqu'à plus de la moitié de la longeur des tours, s'élargissent, forment un coude très prononcé souvent projeté en avant, et reviennent en arrière, en formant un arc jusqu'au dos, où ils ont un bourrelet en avant. Spire formée de tours embrassans, laissant un étroit ombilic au centre. *Dos* rond, bouche fortement comprimée. —*Cloisons* symétriques découpées de chaque côté, en sept lobes formés de parties impaires et de selles foliacées formés de parties paires, au moins pour les quatre premières. Lobe dorsal infiniment plus court et plus étroit que le lobe latéral inférieur, pourvu de deux branches. Selle dorsale un peu moins large que le lobe latéral-supérieur, terminée par deux larges feuilles. Lobe latéral-supérieur élargi et fortement ramifié à son extrémité. Les trois selles qui suivent sont terminées par une double feuille ovale. Les autres lobes sont de plus en plus petits. La ligne du rayon central, en partant de l'extrémité du lobe dorsal, coupe tous les autres, et passe même au-dessus des dernières selles.

Rapports et différences. Voisine par sa forme de l'*A. tatricus,* l'espèce qui nous occupe s'en distingue très nettement par les bourrelets qui accompagnent toujours les sillons sur le dos, et tiennent aussi bien à la coquille qu'au moule, par ses sillons coudés et même formant une saillie en avant au milieu de leur longueur, enfin par des lobes bien différents.

Localité. Elle est propre à l'étage callovien du bassin méditerranéen. Elle a été recueillie à Gigondas (Vaucluse) par MM. Renaux et Raspail; à Drays, près de Dignes, à la Clappe (Basses-Alpes), par MM. Honorat et Astier; dans le calcaire rouge du Vicentin par M. de Zigno.

Explication des figures. Pl. 182, fig. 1. Individu de grandeur naturelle. — Fig. 2. Le même, vu de côté. — Fig. 3. Jeune individu. — Fig. 4. Le même, vu de côté. — Fig. 5. Lobe un peu grossi, dessiné par moi. De ma collection.

N° 212. Ammonites Adelæ, d'Orbigny. 1844.

Pl. 183.

A. *testâ discoideâ, convexâ; anfractibus rotundatis, trans-*

versim 5-sulcatis, acuté costatis; costis inæqualibus, subrectis; dorso rotundato; aperturâ circulari; septis?

Dimensions. Diamètre, 70 mill. Par rapport au diamètre : largeur du dernier tour, $\frac{38}{100}$; épaisseur du dernier tour, $\frac{37}{100}$; recouvrement du dernier tour, $\frac{0}{100}$; largeur de l'ombilic, $\frac{38}{100}$.

Coquille discoïdale, renflée, non carénée. *Spire* formée de tours très convexes, ronds, non échancrés par le retour de la spire, ornés, en travers, de quatre à cinq sillons légèrement excavés, bordés de côtes plus grosses que les côtes simples, aiguës, également espacées, qui couvrent leurs intervalles. *Dos* très convexe. *Bouche* arrondie, circulaire. *Cloisons ?*

Rapports et différences. Cette espèce appartient au groupe des FIMBRIATI, mais se distingue de toutes les autres espèces par ses côtes simples transverses, aiguës, non croisées avec des côtes longitudinales, ainsi que par les sillons transverses dont elle est ornée.

Localité. Elle est propre à l'étage callovien. Elle a été recueillie aux Blaches, près de Castellane (Basses-Alpes); à Noyaret, près de Grenoble, par M. Gras; au Grand-Montmirail (Vaucluse), par M. Renaux. M. Hommaine de Hell, l'a également rencontrée à Kobsel, près de Sondagh, dans les calcaires noirâtres compactes du terrain jurassique de la côte méridionale de la Crimée.

Explication des figures. Pl. 183, fig. 1. Coquille de grandeur naturelle vue de côté. — Fig. 2. La même, vue du côté de la bouche. — Fig. 3. Jeune, de grandeur naturelle. — Fig. 4. Le même, vu du côté de la bouche. De ma collection.

N° 213. AMMONITES TRIPARTITUS, Raspail, 1831.

Pl. 197, fig. 1-4.

Ammonites tripartitus (pars), Raspail, 1831, Lycé. — Ann. des sc. d'obs., 1829, pl. 11, f. 5, pl. 12, f. 7 (*non tripartitus*, Rasp., pl. 2, f. 21 et 24), *non tripartitus*, Raspail, 1842, p. 36.

A. quadrisulcatus, d'Orb., 1841, Paléont. franç., ter. crét., I, p. 151, n° 60, pl. 49, f. 1-3.

Am. Eugenii-tripartitus, Raspail, 1842, Hist. des Am., pl. 11, f. 5.

A. *testâ orbiculari, compressâ, latè umbilicatâ, lævigatâ, transversìm tri- vel quadrisulcatâ : sulcis impressis, flexuosis; anfractibus cylindricis; aperturâ circulari, integrâ; septis lateraliter bilobatis.*

Dimensions. Diamètre, 75 mill. — Par rapport au diamètre : largeur du dernier tour, $\frac{25}{100}$; épaisseur du dernier tour, $\frac{22}{100}$; recouvrement du dernier tour, $\frac{0}{100}$; largeur de l'ombilic, $\frac{54}{100}$.

Coquille suborbiculaire, comprimée dans son ensemble, arrondie à son pourtour, très lisse, ornée en travers, par tour, de trois, rarement de quatre sillons profonds ou d'étranglements un peu obliques et sinueux, projetés en avant. *Spire* tout à fait à découvert, composée de cinq à six tours cylindriques, étroits, seulement en contact sans se recouvrir en aucune partie. *Bouche* presque circulaire, entière, n'étant pas échancrée par le retour de la spire. *Cloisons* profondément digitées, divisées en deux lobes de chaque côté; lobe dorsal, plus long et beaucoup moins large que le lobe latéral-supérieur, à digitations très aiguës. Selle dorsale largement bilobée, peu divisée, aussi large que le lobe latéral; lobe latéral-supérieur élargi en arrière, où il est divisé en deux rameaux presque égaux; selle latérale peu différente de la selle dorsale, seulement un peu plus petite; lobe latéral-inférieur bilobé, peu large, régulier, plus court que le lobe latéral-supérieur. Il n'y a plus ensuite d'apparent que la moitié de la selle auxiliaire. Les cloisons ne s'enchevêtrent pas, sont tout à fait séparées les unes des autres, et forment d'élégants dessins sur les tours de spire. Sur la partie supérieure d'une cloison, on distingue six lobes, le lobe dorsal, les lobes latéraux-supérieurs, les lobes latéraux-inférieurs, et le lobe ventral. La ligne du rayon central, en partant de l'extrémité du lobe dorsal, passe au-dessous de tous les autres.

Rapports et différences. Cette espèce présente aux cloisons la même distribution de lobes que les *A. ophiurus* et *Honoratianus*; et, sous ce rapport, appartient en tout à la même division; mais elle diffère de la première par ses trois sillons constants et flexueux, au lieu de sept à huit, et de la seconde encore par ses sillons moins nombreux, par ses tours cylindriques et par ses cloisons à lobes plus également digités. Elle se distingue de l'*A. strangulatus*, par ses lobes tout différents. De fausses indications nous l'avaient fait citer à tort comme appartenant à l'étage néocomien.

Localité. Elle est propre à l'étage callovien, et a été recueillie à la Palud, aux Blaches, près de Castellane, à Chaudon (Basses-Alpes), par MM. Honorat, Astier, et par moi; aux environs d'Aix (Bouches-du-Rhône), par M. Coquand.

Explication des figures. Pl. 197, fig. 1. Coquille de grandeur naturelle, vue de côté.—Fig. 2. La même, du côté de la bouche. — Fig. 3. Cloisons grossies dessinées par moi. De ma collection.

Espèces de l'étage oxfordien.

N° 214. Ammonites perarmatus, Sow.

Pl. 184 et 185, 1-3.

Ammonites perarmatus, Sow., 1822, Min. conch. 4, p. 72, pl. 352 (non Young).

A. biarmatus, Zieten, 1830, Wurt, pl. 1, f. 6.

A. Roemer, 1836, Nordd. ool., p. 204, n° 46.

A. perarmatus, Roemer, 1836, Nordd. ool., p. 204, n° 47.

A. perarmatus, de Buch. Ammonites, pl. 5, f. 8.

A. Bakeriæ, Quinstedt, 1847, Petrif., p. 192, pl. 16, f. 8, 9 (non fig. 7).

A. perarmatus, Quinstedt, 1847, Petrif., p. 193, pl. 16, f. 12 (non fig. 7).

A. *testâ discoideâ, compressâ; anfractibus quadratis, transversìm lateribus 17-costatis, costis bimucronatis; dorso complanato, aperturâ quadratâ, compressâ; septis 3-lobatis.*

Dimensions. Diamètre, 230 mill. — Par rapport au diamètre : largeur du dernier tour, $\frac{32}{100}$; épaisseur du dernier tour, $\frac{30}{100}$; recouvrement du dernier tour, $\frac{2}{100}$; largeur de l'ombilic $\frac{48}{100}$.

Coquille comprimée dans son ensemble. Spire formée de tours assez larges, carrés, souvent plus larges qu'épais, ornés de 16 à 18 côtes transverses, qui partent du pourtour de l'ombilic, forment de suite une pointe saillante, s'abaissent pour disparaître presque entièrement jusqu'auprès du dos, où elles se terminent encore par une pointe plus longue que l'autre. *Dos* presque plan, néanmoins un peu convexe, sans indice de côtes. *Bouche* carrée, plus haute que large. *Cloisons* symétriques, découpées de chaque côté, en trois lobes formés de parties impaires. Lobe dorsal aussi large, moins long que le lobe latéral-supérieur, orné de deux grandes branches dont l'inférieure est la plus grande. Selle dorsale plus large que le lobe latéral-supérieur, divisée en deux ramifications à peu près égales. Lobe latéral-supérieur large, orné, de chaque côté, de trois branches. Selle latérale assez large; le lobe latéral-inférieur moitié de l'autre; le troisième caché par le retour de la spire. La ligne du rayon central, en partant de l'extrémité du lobe dorsal, coupe l'extrémité du lobe latéral-supérieur, passe au-dessous du lobe latéral-inférieur, et coupe le troisième lobe.

Observations. Cette espèce est une des moins variables dans son accroissement; à tous les âges elle a des pointes et jamais de côtes sur les côtés. Son aspect est le même jusqu'au plus grand âge qui nous soit connu.

Rapports et différences. Voisine, à la fois, des *A. athleta* et *Babeanus*, elle se distingue nettement de la première, par ses tours plus larges, par son manque de côtes sur le dos, par un lobe de moins de chaque côté, par son lobe dorsal pourvu de deux au lieu de quatre branches, par la selle dorsale moins large, et enfin par le manque, dans le jeune âge, de côtes bifurquées. Elle se distingue de l'*A. Babeanus* par des tours moins larges, moins épais, par son dos non arrondi, par son lobe dorsal plus court, et enfin parce que, dans l'âge adulte, elle ne perd pas ses pointes externes.

Parfaitement caractérisée, nous ne concevons pas comment M. Quinstedt a pu la confondre avec l'*A. Bakeriæ*, qui n'a jamais de pointes latérales, et y réunir plusieurs autres espèces distinctes.

Localité. Cette espèce est tout à fait caractéristique de l'étage oxfordien. Elle a été recueillie à Villers, à Trouville (Calvados), à Neuvisi (Ardennes), à Mallezay, à l'Ile-Delle (Vendée), par moi ; à Niort, à Saint-Maixant (Deux-Sèvres), par MM. Garant et Baugier; près de Salins (Jura), par MM. Chassy et Marcou; à Changey, à Is-sur-Ville (Côte-d'Or), près de Nantua (Ain), par MM. Cabannet et Bernard; à Laudebergue, à Etivay (Yonne), par M. Baudouin; à Crué, à Bussières (Vosges), par M. Moreau ; aux environs de Gigondas (Vaucluse), par MM. Raspail et Renaux; à Rians (Bouches-du-Rhône), par M. Coquand.

Explication des figures. Pl. 184, fig. 1. Coquille réduite de moitié.—Fig. 2. La même du côté de la bouche. — Fig. 3. Cloison de grandeur naturelle, dessinée par moi. — Pl. 185, fig. 1. Jeune de grandeur naturelle. — Fig. 2. Un individu un peu plus âgé. — Fig. 3. Le même, vu du côté de la bouche. De ma collection.

N° 215. AMMONITES ARDUENNENSIS, d'Orbigny, 1847.

Pl. 185, fig. 4-7.

A. testâ discoideâ, compressâ; anfractibus subquadratis, transversìm lateribus 40-costatis; costis internè bifurcatis, externè incrassatis, dorso convexo, rotundato; aperturâ compressâ, oblongo-quadratâ.

Dimensions. — Diamètre, 120 mill. — Par rapport au diamètre : largeur du dernier tour, $\frac{31}{100}$; épaisseur du dernier tour, $\frac{26}{100}$; recouvrement du dernier tour, $\frac{1}{100}$; largeur de l'ombilic, $\frac{47}{100}$.

Coquille comprimée dans son ensemble. Spire formée de

tours larges, comprimés sur les côtés, orné au pourtour de l'ombilic, d'environ quarante côtes, qui, alternativement, ou de trois en trois, se bifurquent immédiatement, s'arquent en avant, s'épaississent, etdeviennent, sur le dos, rondes et saillantes, alors au nombre de soixante-et-une. *Dos* arrondi, convexe. *Bouche* comprimée, obtuse en avant, presque carrée. Les lobes, que nous n'avons pas pu distinguer avec assez de netteté pour les dessiner, ont des formes analogues aux lobes de l'*A. perarmatus*.

Rapports et différences. Il existe quatre espèces dont il est presque impossible de distinguer les jeunes entre eux : Les *A. athleta*, *arduennensis, Constantii*, et *Eugenii,* qui pourtant, dans l'âge adulte, diffèrent, ainsi que nos figures le démontrent, de la manière la plus complète. En effet, la première a une pointe de chaque côté du dos, comme l'*A. perarmatus ;* la seconde forme des côtes épaissies et arrondies en dehors, sans pointes; la troisième a des indices de pointes latérales et les côtes passent sur le dos. La quatrième a deux pointes de chaque côté du dos. Il faudra donc, si l'on veut ne pas se tromper dans les déterminations, s'attacher aux adultes et ne baser aucune détermination sur les jeunes.

Localité. Cette espèce caractérise parfaitement l'étage oxfordien. Nous l'avons recueillie à Villers, à Trouville (Calvados), à Neuvisi (Ardennes), à Ecomoy (Sarthe). Elle se rencontre encore à Is-sur-Tille (Côte-d'Or), près de Besançon (Doubs), de Salins (Jura); à Aix (Bouches-du-Rhône), par M. Coquand; à Niort, par M. Baugier; près de Crué (Meuse), par M. Moreau ; à Etivay (Yonne), par M. Rathier ; à Soumeyras (Vaucluse), par M. Renaux.

Explication des figures. — Pl. 185, fig. 4. Coquille de grandeur naturelle, avec sa bouche. — Fig. 5. La même, vue du côté de la bouche (les côtes ne sont pas assez grosses sur le dos). — Fig. 6. Jeune. — Fig. 7. Le même, du côté de la bouche. De ma collection.

N° 216. AMMONITES CONSTANTII, d'Orbigny, 1847.

Pl. 186.

A. *testâ discoideâ, compressâ, anfractibus compressis, transversim 35-costatis; costis simplicibus, vel bifurcatis, externè tuberculatis; dorso truncato, complanato; aperturâ oblongo-quadratâ, compressâ, externè obtusè-truncatâ.*

Dimensions. Diamètre, 180 mill. — Par rapport au diamètre : largeur du dernier tour, $\frac{33}{100}$; épaisseur du dernier tour, $\frac{23}{100}$; recouvrement du dernier tour, $\frac{3}{100}$; largeur de l'ombilic, $\frac{10}{100}$.

Coquille comprimée dans son ensemble. Spire formée de tours larges et comprimés, aplatie sur les côtés, ornée, au pourtour de l'ombilic, d'environ trente-cinq côtes qui sont d'abord élevées, les unes simples, quelques autres bifurquées, toutes droites, s'étendant jusqu'aux côtés du dos où elles forment un tubercule assez saillant et se continuent en s'effaçant sur le dos qui est plan et comme tronqué. *Bouche* oblongue, comprimée, très obtuse sur le dos. *Cloisons* symétriques, découpées de chaque côté, en deux lobes formés de parties paires. Lobe dorsal plus large, mais un peu moins long que le lobe latéral-supérieur, orné de trois branches; selle dorsale très grande, le double du lobe latéral-supérieur, divisé en deux parties inégales. Lobe latéral-supérieur, très étroit et très long, orné de deux branches de chaque côté. Selle latérale-grande, divisée en deux parties très inégales, la plus grande en dehors. Lobe latéral-inférieur très petit et très oblique, allongé. La ligne du rayon central, en partant de la pointe du lobe dorsal, coupe l'extrémité du lobe latéral-supérieur et passe bien au-dessous des autres.

Rapports et différences. Jeune, elle ressemble aux *A. athleta*, *arduennensis* et *Eugenii;* adulte, elle diffère de la première par ses nombreuses côtes bifurquées, et seulement mucronées extérieurement; de la seconde par ses pointes; de la troisième par une pointe au lieu de deux, et enfin de l'*A. perarmatus*, par ses côtes bifurquées et non mucronées en dedans.

Localité. Elle est spéciale à l'étage oxfordien, et a été recueillie à Neuvisi (Ardennes), par M. Constant et par moi; à Etivay (Yonne), par MM. Rathier et Bayer; à Villers (Calvados), par moi; à Gigondas (Vaucluse), par M. Renaux.

Explication des figures. Pl. 186, fig. 1. Jeune, de grandeur naturelle. — Fig. 2. Le même. — Fig. 3. Coquille réduite de moitié. — Fig. 4. Le même, vu du côté de la bouche. — Fig. 5. Un lobe de grandeur naturelle, dessiné par moi. De ma collection.

N° 217. AMMONITES EUGENII, Raspail.

Pl. 187.

Ammonites Eugenii, Raspail, Ammonites, pl. 1.

A. *testâ discoideâ, compressâ; anfractibus quadratis, compressis, transversìm 24 costatis; costis internè submucronatis, externè bimucronatis; dorso anguloso-bituberculato; aperturâ oblongâ.*

Dimensions. Diamètre, 90 mill. — Par rapport au diamètre : largeur du dernier tour, $\frac{32}{100}$; épaisseur du dernier tour, $\frac{30}{100}$; recouvrement du dernier tour, $\frac{3}{100}$; largeur de l'ombilic, $\frac{52}{100}$.

Coquille comprimée dans son ensemble. *Spire* formée de

tours larges, comprimés, ornés d'environ vingt-quatre côtes transverses, bifurquées dans la jeunesse, et alors sans tubercules, plus tard simples, pourvues d'un léger tubercule au pourtour de l'ombilic, et de deux de chaque côté latéralement au dos. *Dos* presque canaliculé au milieu, convexe et pourvu de deux tubercules de chaque côté. *Bouche* oblongue, comprimée, anguleuse extérieurement. *Cloisons* appartenant à la même série de formes que l'*A. perarmatus*, mais non assez distinctes pour être dessinées.

Rapports et différences. Comme nous l'avons dit aux espèces précédentes, le jeune de celle-ci ressemble aux jeunes des *A. athleta, arduennensis* et *Constantii*; mais les adultes se distinguent de tous par deux tubercules, au lieu d'un, de chaque côté du dos.

Localité. C'est encore une espèce caractéristique de l'étage oxfordien. Elle a été recueillie à Trouville, à Villers (Calvados); à Ecomoy (Sarthe), par moi; à Gigondas (Vaucluse), par M. Raspail; à Crué (Meuse), par M. Moreau.

Explication des figures. Pl. 187, fig. 1. Jeune, de grandeur naturelle.—Fig. 2. Le même, du côté de la bouche. — Fig. 3. Individu, plus âgé.—Fig. 4. Individu adulte, de grandeur naturelle. — Fig. 5. Le même, vu du côté de la bouche. De ma collection.

N° 218. AMMONITES EDWARDSIANUS, d'Orbigny, 1847.

Pl. 188.

A. *testâ discoideâ, compressâ; anfractibus depressis, latis, transversìm 22-costatis; simplicibus, externè mucronatis; dorso convexo, apertura transversâ, subquadratâ; septis lateribus bilobatis.*

Dimensions. Diamètre, 120 mill. — Par rapport au diamè-

tre : largeur du dernier tour, $\frac{33}{100}$; épaisseur du dernier tour, $\frac{47}{100}$; recouvrement du dernier tour, $\frac{11}{100}$; largeur de l'ombilic, $\frac{46}{100}$.

Coquille comprimée dans son ensemble. *Spire* formée de tours larges, déprimés, ornés d'environ vingt-deux côtes simples, qui partent du pourtour de l'ombilic, sont faibles jusqu'au côté externe où chacune forme une pointe comprimée dans le jeune âge, aigue chez les adultes. *Dos* convexe, large. *Bouche* transverse, un peu carrée. *Cloisons* symétriques, découpées de chaque côté en deux lobes formés de parties impaires. Lobe dorsal bien plus long et plus large que le lobe latéral-supérieur, orné de trois branches de chaque côté. Selle dorsale énorme de largeur, divisée en deux parties presque égales ; lobe latéral-supérieur étroit et long, muni de deux branches de chaque côté. Selle latérale large, ne laissant plus paraître que la moitié du lobe latéral-inférieur. La ligne du rayon central, en partant de l'extrémité du lobe dorsal, passe au-dessous de tous les autres.

Rapports et différences. De la même section que l'*A. perarmatus*, cette espèce s'en distingue par des pointes seulement en dehors, par les tours déprimés, et par les détails de ses cloisons.

Localité. Je l'ai recueillie à L'île d'Elle (Vendée) dans les couches argileuses de l'étage oxfordien ; elle y est rare.

Explication des figures. Pl. 188, fig. 1. Coquille de grandeur naturelle, vue de côté. — Fig. 2. La même, vue du côté de la bouche. — Fig. 3. Un lobe, de grandeur naturelle. Dessiné par moi. De ma collection.

N° 219. AMMONITES TORTISULCATUS, d'Orbigny, 1840.

Pl. 189.

Ammonites tortisulcatus, d'Orbigny, 1840. Paleont. franç., terr. crétacés, t. 1, p. 161, n° 66. (Par erreur.)

Ammonites tortisulcatus, d'Orbigny, 1844. Hommaire, Voy. dans les steppes, etc., 3, p. 427, pl. 51, fig. 4-6.

A. *testâ discoideâ, compressâ, lævigatâ; transversìm 4-vel 6-sulcatâ; sulcis obliquè contortis; anfractibus subquadratis, convexis; aperturâ oblongâ, subquadratâ; septis lateribus 5-lobatis.*

Dimensions. Diamètre, 62 mill. — Par rapport au diamètre : largeur du dernier tour, $\frac{47}{100}$; recouvrement du dernier tour, $\frac{11}{100}$; largeur de l'ombilic, $\frac{7}{100}$; épaisseur du dernier tour, $\frac{32}{100}$; largeur de l'ombilic, $\frac{25}{100}$.

Coquille comprimée dans son ensemble, non carénée, lisse; marquée par tour de quatre à six sillons, qui partent du pourtour de l'ombilic, s'inclinent fortement en avant jusqu'au tiers externe où ils forment un coude en arrière, et se dirigent ensuite en avant, où ils disparaissent sur les côtés du dos et sont remplacés alors par une forte côte ou bourelet. *Spire* composée de tours un peu carrés, comprimés presque perpendiculairement au pourtour de l'ombilic. *Dos* large, peu convexe, marqué de quatre à six côtes en travers. *Bouche* oblongue, comprimée, fortement échancrée par le retour de la spire. *Cloisons* symétriques, découpées de chaque côté en lobes formés de parties impaires et de selles formées, les unes de parties paires, les autres de parties impaires. Lobe dorsal aussi long et aussi large que le lobe latéral-supérieur, orné latéralement de trois branches, dont la dernière bifurquée. Selle dorsale aussi large que le lobe latéral-supérieur, terminée par quatre grandes feuilles en palettes ovales, indépendamment de deux autres inférieures. Lobe latéral-supérieur pourvu de trois branches latérales et d'une grande terminale. Les autres lobes de même forme, diminuent de grandeur en approchant de l'ombilic ; la selle latérale est presque formée de parties impaires, car elle est terminée par trois feuilles ovales larges, et deux petites se remarquent sur les côtés. Les deux selles suivantes sont formées de parties paires, les autres de parties impaires. La ligne du rayon central, en partant de la pointe du lobe dorsal, touche l'extrémité des deux lobes latéraux et passe au-dessous des autres.

Observations. Lorsque le test existe, les sillons latéraux ne se voient pas, car ils appartiennent exclusivement au moule intérieur. La coquille est lisse et ne laisse apercevoir que les côtes externes du dos. Elle ne paraît pas varier suivant l'âge.

Rapports et différences. Cette espèce est voisine par ses lobes, les côtes et les sillons de l'*A. Hommairei*, dont elle se distingue facilement par ses tours plus carrés, beaucoup plus à découvert dans l'ombilic. Voisine par son large ombilic des *A. Emerici* et *Duvalianus*, elle se distingue de la première par ses tours plus carrés, ses sillons tortueux, et de la seconde par les mêmes caractères et ses lobes formés de parties impaires.

Localités. En France, elle a été rencontrée dans l'étage oxfordien au Grand-Mont-Mirail, à Gigondas, à Soumeras, à Propiras (Vaucluse), par M. Renaux ; aux environs de Digne, à Chandon, aux Blaches, au Barrioux, près de Barême (Basses-Alpes), par MM. Astier et Mouton ; à Gap (Hautes-

Alpes), par M. Rouy; aux environs de Besançon (Doubs), par M. Gévril; à Neuvisi (Ardennes), par moi; à Biviers, près de Grenoble (Isère), par M. de Valdan; dans l'Ardèche, par M. de Malbos; près de Saint-Rambert (Ain); à Rians (Bouches-du-Rhône), par M. Coquand; dans la vallée de Saint-André, près de Nice (Piémont), par M. Sismonda; à Kobsel, sur la côte méridionale de la Crimée, par M. Hommaire.

Explication des figures. Pl. 189, fig. 1. Coquille de grandeur naturelle. — Fig. 2. Le même, du côté de la bouche. — Fig. 3. Une cloison grossie, dessinée par moi. De ma collection.

N° 220. AMMONITES TOUCASIANUS, d'Orb. 1847.

Pl. 190.

A. testâ discoideâ, compressâ; anfractibus subquadratis, transversim 28-costatâ; costis flexuosis simplicibus vel bifurcatis; dorso convexiusculo, aperturâ subquadratâ.

Dimensions. Diamètre, 75 mill. — Par rapport au diamètre : largeur du dernier tour, $\frac{34}{100}$; épaisseur du dernier tour, $\frac{36}{100}$; recouvrement du dernier tour, $\frac{5}{100}$; largeur de l'ombilic, $\frac{39}{100}$.

Coquille comprimée dans son ensemble. *Spire* formée de tours carrés, souvent plus larges que hauts, ornée en travers d'environ vingt-huit côtes, les unes simples, les autres bifurquées extérieurement, toutes sont très-flexueuses, s'arquent d'abord en avant, en partant du pourtour de l'ombilic, s'épaississent sur la saillie, puis, se retournent brusquement en arrière jusque sur le dos, où elles s'épaississent encore et passent de l'autre côté. *Dos* un peu carré. *Bouche* quadrangulaire, plus large en dedans qu'en dehors.

Rapports et différences. Cette espèce, de même que notre *A. contrarius*, montre le singulier caractère tout exceptionnel d'avoir les côtes dirigées en arrière sur le dos, comme chez les nautiles. Ce n'est point un accident, car j'ai à la fois, sous les yeux, plus de trente échantillons. Ce caractère, avec la bifurcation des côtes, suffira pour la distinguer nettement.

Localités. Elle est caractéristique de l'étage oxfordien, et a été recueillie près de Caussol (Var), par M. Mouton ; à Gigondas (Vaucluse), par M. Renaux ; aux environs de Niort (Deux-Sèvres), par M. Baugier ; à Saint-Marck-de-Rians (Bouches-du-Rhône), par M. Coquand ; à Crué (Meuse), par M. Moreau ; aux environs de la Fauge, près de Langres (Haute-Marne), par M. Babeau ; dans la vallée de Saint-André, près de Nice, par M. Sismonda.

Explication des figures. Pl. 190, fig. 1. Coquille de grandeur naturelle, vue de côté. — Fig. 2. La même, du côté de la bouche. De ma collection.

N° 221. AMMONITES PLICATILIS, Sowerby.

Pl. 191-192.

A. plicatilis, Sow. 1817, Min. conch., 2, p. 148, pl. 166.

Nautilus polygyratus, Reinecke, 1818, Naut. et Arg., p. 73, pl. 5, f. 45-46.

N. annularis, Reinecke, 1818, Naut. et Arg., p. 79, pl. 6, f. 56-57.

N. colubrinus, Reinecke, 1818, Naut. et Arg., p. 88, pl. 12, f. 72.

Ammonites planulatus, Schloth., 1820, Petref, p. 59.

A. annulatus-vulgaris, Schloth, 1820, Petref, p. 60.

A. annulatus-angustus, Schloth, 1820, Petref, p. 61.

A. annulatus-colubrinus, Mayor, Schoth, 1820, Petref.

A. biplex, Sow., 1821, Min. conch., 3, p. 168, pl. 293, f. 1-2 (non *biplicatus* Mantell, 1822, non *biplex* Zieten, 1830).

A. triplicatus, Sow., 1821, Min. conch., 3, p. 167, pl. 292-293 f. 4 (non *triplicatus*, Sow., 1815), non *triplex*, Zieten.

Planites plicatilis, de Haan., 1825, Amm. et Gon. p. 87, n° 14.

P. triplicatus, Haan, 1825, Amm. et Gon., p. 88, n° 16.

Ammonites biplex, Phillips, 1829, p. 131.

A. plicatilis, Zieten, 1830, Wurtem., pl. 7, f. 1.

A. annulatus vulgaris, Zieten, 1830, Wurt., pl. IX, f. 1.

A. biplex, Zieten, 1830, Wurt., pl. 8, f. 2.

A. annulatus, Zieten, 1830, Wurt., pl. IX, f. 4.

A. triplex, Munster, 1830, in Zieten, Wurt., pl. 8, f. 3.

A. annulatus-angustus, Zieten, 1830 Wurtemb., pl. 9, f. 2.

A. annulatus colubrinus, Zieten, 1830, Wurt., pl. 9, f. 3.

A. triplicatus, Desh., 1831, Coq. Caract, p. 239, pl. 10, f. 1.

A. biplex, Pusch., 1837, Polens paleont., p. 156, pl. 13, f. 10.

A. polygyratus, Pusch., 1827, Polens paléont., p. 156.

A. triplicatus, Rœmer, 1840, p. 196, n° 32.

A. planulatus, Roemer, p. 193, n° 30.

A. biplex, Roemer, p. 176, n° 31.

A. biplex, Potiez et Michaud, 1838, Gal. de Moll., de Douai, t. 1, p. 13, n° 5.

A. biplex, de Buch., 1840, Beitr. Zur. Gebergsf, p. 92, 94, 101.

A. polygyratus, Quenstedt, 1847, Petref, p. 161. pl. 12, f. 3.

A. biplex, Quenstedt, 1847, Petref, p. 163, pl. 12, f. 6–7.

A. colubrinus, Quenstedt, 1847, Petref, p. 163, pl. 12, f. 10.

A. convolutus-interruptus, Quenstedt, 1847, Petref, p. 170, 171, pl. 13, f. 4, 5.

A. *testâ compressâ, discoideâ; anfractibus compressis, subquadratis, transversìm costatis; costis simplicibus, externè bi-vel trifurcatis; dorso convexo, transversìm costato; septis lateribus 4-lobatis.*

Dimensions. Diamètre, 400 mill. — Par rapport au diamètre : largeur du dernier tour, $\frac{29}{100}$; épaisseur du dernier tour, $\frac{20}{100}$; recouvrement du dernier tour, $\frac{4}{100}$; largeur de l'ombilic, $\frac{48}{100}$.

Coquille discoïdale, comprimée, non carénée. *Spire* formée de tours comprimés, un peu carrés, se recouvrant peu, aplatis sur les côtés et ornés de soixante à quatre-vingt côtes droites qui partent du pourtour de l'ombilic, se dirigent un peu obliquement en avant et sur les côtés du dos, se bifurquent généralement, d'une manière régulière, passent ainsi sur le dos jusqu'au côté opposé. On voit très-rarement des côtes simples. Plus âgée, les côtes se trifurquent et s'éloignent les unes des autres pour former des méplats énormes ou de grosses côtes. *Dos* légèrement convexe, costulé en travers. *Bouche* un peu carrée, comprimée, peu échancrée par le retour de la spire ; déprimée chez les adultes. *Cloisons* symétriques, découpées de chaque côté en quatre lobes et en selles formées de parties impaires. Lobe dorsal beaucoup plus long et plus large que le lobe latéral-supérieur, orné de chaque côté de deux très-grandes branches. Selle dorsale plus large que le lobe latéral-supérieur, divisée en trois parties inégales par deux lobes accessoires obliques, inégaux en longueur. Lobe latéral-supérieur étroit, élargi à son extrémité, orné en dehors de quatre, et en dedans de trois branches, indépendamment de la branche terminale. Selle latérale, plus étroite que le lobe latéral-supérieur, divisée irrégulièrement par trois lobes inégaux. Lobe latéral-inférieur, de même forme, moins de la moitié plus petit que le lobe latéral-supérieur. Selle auxiliaire, plus large que la selle latérale, divisée en deux parties par un lobe accessoire oblique. Il y a deux lobes auxiliaires très-obliques, assez ramifiés. La ligne du rayon central, en partant de l'extrémité du lobe dorsal, passe au-dessous de tous les autres.

Observations. Il est peu d'espèces aussi variables que celle-ci, suivant ses diverses périodes d'accroissement. Ces variations sont même si extraordinaires que, sans les avoir dans toutes leurs phases, on ne pourrait les regarder comme appartenant à la même espèce. Dans le jeune âge, avec les côtes régulièrement bifurquées, on voit quelques sillons profonds qui suivent à peu près la direction des côtes. C'est alors l'*A. convolutus interruptus*, de M. Quenstedt. Les sillons s'effacent ensuite, et, jusqu'au diamètre de 140 mill., plus ou moins, l'espèce conserve ses côtes régulièrement bifurquées; c'est alors le *biplex* de Sowerby. Mais à ce diamètre, et quelquefois plus tôt, les bifurcations sont moins régulières, il naît une troisième petite côte en arrière de chaque bifurcation, et la coquille forme le *triplicatus* de Sowerby. Les côtes latérales s'éloignent et grossissent ensuite, forment le plus souvent des faisceaux.

D'autres fois, elles perdent leurs bifurcations extérieures et s'arrêtent au côté du dos qui alors devient lisse. Enfin, une dernière période commence : les côtes s'éloignent encore plus, deviennent énormes, les tours de spire se dépriment, s'aplatissent sur le dos, et bientôt naissent des côtes aplaties, de quarante à cinquante mill. de largeur. Cette dernière période se continue quelquefois un ou deux tours, jusqu'au diamètre de 500 à 600 mill., dernier développement que je lui connaisse.

Rapports et différences. Cette espèce est du nombre des ammonites à côtes qui sont généralement confondues les unes avec les autres. Elle se distingue néanmoins de l'*A. Panderi*, par ses côtes bifurquées tout-à-fait à la partie externe des tours. Elle se distingue encore de toutes les autres ammonites par son âge adulte des plus remarquables. Ses tours carrés seront aussi un bon caractère distinctif.

Histoire. On voit à la synonymie combien, suivant les âges et les variétés, on a multiplié les noms pour cette espèce qui n'en porte pas moins de *onze* différens, parmi lesquels celui de *Plicatilis*, étant le plus ancien, doit être conservé.

Localités. Elle est propre à l'étage oxfordien, et forme partout un excellent horizon, étant très-commune sur tous les points. Elle a été recueillie près de Gap (Hautes-Alpes), par M. Rouy; à Niort, à Saint-Maixant (Deux-Sèvres), par M. Bangier et par moi; à Rosureux (Doubs), par M. Carteron; à l'Ile-d'Elle (Vendée), par moi; à Trouville, à Villers (Calvados), par moi; entre Chaumont et Cirey-le-Château (Haute-Marne), par M. Royer et par moi; à Crué, à Moustée (Meuse), par M. Moreau et par moi; à Neuvisi (Ardennes), par moi; à Saint-Rambert, à Nantua (Ain), par M. Bernard; à Chalezeuil, par M. Chassy; à Beuré, à Fontenelay, près de Besançon (Doubs), par M. Gévril; à Barême, aux Blaches (Basses-Alpes), par MM. Emeric, Astier et par moi; à Chappois, près de Salins (Jura), par MM. Marcou et Chassy ; dans l'Ardèche, par M. de Malbos; à Gigondas (Vaucluse), par M. Renaux; à Is-sur-Ville, à Doroy (Côte-d'Or), à Escragnolle (Var), par MM. Astier et Mouton; à Biviers, près de Grenoble (Isère), par M. Gras; à Etivey, à Gigny, à Pacy (Yonne), par M. Rathier; près d'Issoudun (Indre), par M. Grenouilloux; à Pont-sur-Meuse, à Rians, à Mazangue (Bouches-du-Rhône), par MM. Coquand et Doublier; à Balingen Wurtemberg, par M. Fraas. En Russie, elle a été rencontrée à Saragula, près d'Orembourg; à Kineshma sur le Volga; à Simbirk, par MM. de Verneuil et Murchison.

Explication des figures. Pl. 191, fig. 1. Adulte, réduit au quart. — Fig. 2. Le même, vu du côté de la bouche. — Fig. 3. Un lobe, dessiné de grandeur naturelle, par moi. — Pl. 192, fig. 1. Jeune, de grandeur naturelle. — Fig. 2. Le même, vu du côté de la bouche.—Fig. 3. Individu plus jeune, de grandeur naturelle. — Fig. 4. Le même, sur le côté de la bouche.— Fig. 5. Plus jeune encore, de grandeur naturelle. — Fig. 6. Age embryonnaire.— De ma collection.

N° 222. AMMONITES CORDATUS, Sowerby.

Pl. 193, 194.

Languis, pl. 25, f. 3.

Ammonites cordatus, Sowerby, 1813, Min. conch., p. 51, pl. 17, f. 2–4.

A. quadratus, Sow., 1813, Min. conch., p. 51, pl. 17, f. 3.

A. serratus, Sow., 1813, Min. conch., p. 65, pl. 24 (non *serratus*, Park., 1811).

A. excavatus, Sow., 1815, Min. conch., t. 2, p. 5, pl. 105.

A. vertebralis, Sow., 1817, Min. conch., t. 2, p. 147, pl. 165.

A. Maltonensis, Young et Birds, 1822, pl. 12, f. 10.

A. serratus, Haan, 1825, Amm. et goniat., p. 106, n° 8.

A. vertebralis, Haan, 1825, loc. cit., p. 122, n° 44.

A. quadratus, Haan, 1825, loc. cit., p. 103, n° 2.

A. cordatus, Haan, 1825, loc. cit., p. 105, n° 6.

Idem., d'Orbigny, 1825, Tableau des céphal., p. 76.

A. vertebralis, Phillips, 1829, Yorck, p. 131, pl. IV, f. 34.

A. funiferus, Phillips, 1829, Yorck, pl. 6, f. 23.

A. lenticularis, Phillips, 1829, Yorckh., pl. 6, 25.

A. cordatus, Zieten, 1830, Wurt., p. 21, pl. 15, f. 7.

Idem., Roemer, 1835, p. 189, n° 17.

A. concavus, Roemer, 1836, Nordd. ool., p. 190, n° 18.

A. cordatus, Bronn, 1837, Lethea. geog., p. 437, n° 17, tab. XXII, f. 15.

A. amaltheus, Pusch., 1837, Palens paleont., p. 154, pl. 14, f. 4.

A. radians, Fischer, 1837, Oryc. de Moscou, pl. VI, f. 3-6 (non Schlotenn).

A. excavata, Michaud et Poitiez, 1838, Galerie de Douay, p. 15, n° 21, pl. 4, f. 1 (non *excavata*, Young).

A. cordatus, de Buch, 1842, *Beitra. zur Gebirgsform*, p. 77 et 101.

Idem., de Buch, 1842, Kars. archiv., p. 533.

Idem., Fischer, 1843, Revue des foss. de Moscou, p. 11.

A. vertebralis, 1843, Revue, etc., p. 17.

A. cordatus, d'Orb., 1844, in Murchis. Russie, pl. 34, f. 1-5.

A. Lamberti, Quenstedt, 1846, Petrif, p. 97, pl. 5, f. 9 (non Sowerby).

A. *testâ compressâ, transversim 18-20 costatâ ; costis elevatis, in medio bifidis, obliquis ; anfractibus semi-involutis, lateribus convexis ; dorso carinato ; carinâ compressâ, margine crenatâ ; aperturâ cordatâ ; septis lateribus 4-lobatis.*

Dimensions. Diamètre, 170 mill. — Par rapport au diamètre :

	Individu comprimé.	Individu renflé.
largeur du dernier tour,	[illegible]/100	[illegible]/100
épaisseur du dernier tour,	29/100	47/100
recouvrement du dernier tour,	16/100	11/100
largeur de l'ombilic,	27/100	31/100

Coquille comprimée ou renflée, carénée, ornée en travers par tour de 19 à 31 côtes élevées qui partent du pourtour de l'ombilic, s'élèvent de plus en plus jusqu'à la moitié de la largeur du tour où elles sont quelquefois tuberculeuses, se bifurquent et s'infléchissent fortement en avant pour rejoindre la carène. Souvent il y a encore une petite côte intermédiaire entre chaque bifurcation. Toutes ces côtes forment sur le dos, muni d'une quille, autant de crénelures profondes. *Spire* formée de tours comprimés ou déprimés, renflés au milieu, carénés au pourtour. La carène marquée de chaque côté d'une dépression. *Bouche* cordiforme, renflée ou comprimée, lorsqu'elle est complète elle forme un long bec en avant. *Cloisons* symétriques divisées, de chaque côté, en quatre lobes et en selles formées de parties impaires. Lobe dorsal bien plus court et plus large que le latéral-supérieur, pourvu de deux grandes branches écartées, obliques. Selle dorsale très irrégulièrement partagée en trois feuilles. Lobe latéral-supérieur conique, long, muni en dehors de quatre et en dedans de trois branches indépendamment de la branche terminale. Selle latérale large, peu élevée, formée de trois feuilles inégales. Lobe latéral-supérieur, la moitié et de même forme que le lobe latéral-inférieur. Les deux autres lobes sont très petits. La ligne du rayon central, en partant de l'extrémité du lobe dorsal, coupe les deux premiers lobes latéraux et passe au-dessus des autres.

Observations. Il est peu d'espèces plus variables que celle-ci. Lisse au diamètre de 5 mill., elle prend ensuite ses côtes et montre déjà quelquefois, au diamètre de 18 mill., trente côtes. Celles-ci n'augmentent plus de nombre; chez les individus comprimés elles durent jusqu'au diamètre de 120 mill. Alors elles disparaissent peu à peu et la coquille devient lisse tout en fermant beaucoup son ombilic. — Chez les individus très-renflés les côtes forment des pointes latérales. Lorsque le test existe, les côtes sont bien plus saillantes.

Rapports et différences. Assez voisine de l'*A. Lamberti*, cette espèce s'en distingue facilement par la dépression longitudinale qui accompagne de chaque côté la carène; par ses côtes bien plus infléchies en avant; par des lobes tout différents, et par l'âge adulte toujours caréné, tandis que le Lamberti prend alors le dos presque rond.

Histoire. Figurée dans la même planche en 1813, sous deux noms différents, *cordatus* et *quadratus*, par Sowerby, elle reçut encore de cet auteur la même année pour un échantillon plus grand, plus comprimé, le nom de *serratus*, et quatre ans après, pour la variété renflée, celui de *vertebralis*. Ainsi elle avait déjà quatre noms différents.

En 1817, MM. Young et Birds l'appellèrent *maltonensis*. M. de Haan dans son travail a conservé les quatre noms de Sowerby comme espèces distinctes, tout en rapportant à tort au *cordatus* l'*A. coronella* de Lamarck, décrite comme ayant la carène lisse ; le *excavatus*, Sow., est le *quadratus*. Sous le nom de *lenticularis* et de *funiferus*, M. Phillips donne l'âge adulte de cette espèce, et prend le *quadratus* de Sowerby seulement. M. Roemer se trompe encore en réunissant le *serratus* à l'*A. amalteus*. Plus tard, en 1838, M. Michaud applique la dénomination nouvelle d'*A. excavata*, tandis qu'elle avait été donnée dès 1829, par M. Phillips, à une ammonite différente. M. Fischer rapporte à tort les empreintes à l'*A. radians* de Reneck, facile à distinguer par ses côtes simples. En résumé, cette espèce, comme je l'ai reconnu, a été décrite suivant ses variétés sous douze noms différents. J'adopte le plus ancien, celui de *cordatus* qui devra dorénavant rester à cette ammonite.

Localités. Elle est des plus caractéristiques de l'étage oxfordien, et a été rencontrée, à Is-sur-Ville, à Villecomte, à Doroy (Côte-d'Or), à Neuvisi (Ardennes), à Trouville, à Villers (Calvados), à Ecomoy (Sarthe), par moi; aux Blaches, près de Castellane (Basses-Alpes), par M. Duval; près de Salins (Jura), par M. Marcou; à Fonteneclay (Doubs), par M. de Valdan; à Niort (Deux-Sèvres), par M. Baugier; aux environs de Nantua (Ain), par M. Cabanet; à la tour de Montmirail, près de Gigondas (Vaucluse), par M. Renaux; à Crué (Meuse), par M. Moreau; à Etivey (Yonne), par M. Râthier; à Saint-Marc, près de Rians (Bouches-du-Rhône), par M. Coquand. En Russie, sur les rives du Volga, près de Kineshma; à Makarief, à Saratof et à Bronnitsi, sur la Moskwa; à Popiliani, en Courlande, etc.

Explication des figures. Pl. 193, fig. 1. Coquille réduite, prise à l'instant où elle change de forme pour devenir lisse. — Fig. 2. La même, du côté de la bouche. — Fig. 3. Un lobe de grandeur naturelle dessiné par moi. — Pl. 194, fig.

1. Coquille de grandeur naturelle. — Fig. 2. Une variété de grandeur naturelle. — Fig. 3. La même, du côté de la bouche. — Fig. 4. Une autre de grandeur naturelle. De ma collection.

N° 223. Ammonites Goliathus, d'Orb. 1847.

Pl. 195, 196.

A. *testâ discoideâ, inflatissimâ; anfractibus subangulosis; (adulta) lævigatis; (junior) transversìm costatis; costis* **16**, *externè bi vel trifurcatis, in dorso continuis; dorso rotundato; aperturâ depressâ, transversâ, arcuatâ, semilunari; septis lateribus 5-lobatis.*

Dimensions 190 mill. — Par rapport au diamètre : largeur du dernier tour $\frac{47}{100}$; recouvrement du dernier tour $\frac{20}{100}$; épaisseur du dernier tour 75 à $\frac{100}{100}$; largeur de l'ombilic $\frac{22}{100}$.

Coquille très variable suivant l'âge. Jeune, au diamètre de vingt-cinq millimètres, elle est souvent comprimée avec le dos presque anguleux, comme quelques *A. cordatus*, avec lequel on peut souvent le confondre, d'autant plus que ses côtes alors sont groupées par trois ou quatre, flexueuses sur les côtés et même sur le dos. A cet âge, les tours s'épaississent de suite, et deviennent déprimés de comprimés qu'ils étaient; plus tard les côtés s'affaiblissent, disparaissent quelquefois au diamètre de 70 à 90 centimètres, et la coquille alors, de plus en plus renflée, reste lisse ; son dos est convexe, ses tours sont très larges, déprimés et anguleux au pourtour de l'ombilic. Bouche transverse, très déprimée, arquée. Cloisons symétriques, découpées de chaque côté en cinq lobes formés de parties impaires. Lobe dorsal plus large mais un peu moins long que le lobe latéral-supérieur, orné de chaque côté de trois branches dont la plus grande est inférieure ; selle dorsale aussi large que le lobe latéral-supérieur, divisée irrégulièrement en 2 branches dont la plus grande est extérieure. Lobe latéral-supérieur pourvu de trois grandes branches terminales, et de petites irrégulières latérales. Selle latérale presque aussi grande que le lobe latéral-supérieur, divisée en deux branches inégales, dont l'intérieure est bifurquée. Lobe latéral-inférieur ; court, large, oblique ; les trois autres sont de plus en plus petites en approchant de l'ombilic, mais toujours coniques. La ligne du rayon central, en partant de l'extrémité du lobe dorsal, coupe l'extrémité des deux premiers lobes, mais passe au-dessous des autres.

Observations. L'espèce varie non-seulement suivant l'âge, mais encore suivant les individus, surtout pour l'épaisseur de toutes les parties. J'ai sous les yeux une douzaine d'échantillons de l'espèce.

Rapports et différences. Voisine dans le jeune âge de l'*A. cordatus*, elle s'en distingue par le manque complet de pointes latérales, par une plus grande épaisseur ; dans l'âge adulte elle est plus voisine de l'*A. sutherlandiæ*, tout en s'en distinguant par ses tours plus larges et surtout plus anguleux latéralement.

Localités. Cette espèce est caractéristique de l'étage oxfordien. Elle a été recueillie à Neuvisi, au Vieil-Saint-Remy (Ardennes), à Villers, à Trouville (Calvados), par moi ; en Vesaigne-sous-la-Fauge, près de Langres, à Crué (Haute-Marne), par MM. Babeau et Moreau ; à Domprichard, aux environs de Morteau (Doubs), par M. Carteron.

Explications des figures. Pl. 195, fig. 1. Individu adulte réduit de moitié. — Fig. 2. Le même, vu du côté de la bouche. — Pl. 196, fig. 1. Individu de grandeur naturelle, à l'instant où il perd ses côtes. — Fig. 2. Le même, vu du côté de la bouche. — Fig. 3. Jeune, de grandeur naturelle. — Fig.

4. Lobe de grandeur naturelle, calqué sur la nature. De ma collection.

N° 224. AMMONITES CRENATUS, Bruguiere. 1791.
Pl. 197, fig. 5, 6.

Spina dentata, Langius, 1708, p. 92, pl. 23, fig. 2.

Bourguet, 1742. Trait. des Petrif. p. 70, 39, f. 258, 259, pl. 47, f. 297.

Ammonites crenata, Bruguiere, 1791. Encycl. méth. 1, p. 37, n° 7 (non Reinecke, non Zieten, non Sow.).

Id. Schloth, 1813. M. Min. tasch, 7, p. 70.

Nautilus dentatus, Reinecke, 1818. Naut. et Argon p. 73, pl. IV, f. 19.

A. cristatus, Sow. 1823. Min. conch. 5, p. 23, pl. 421, f. 3.

A. dentatus, Zieten, 1830. Wurtemb., p. 17, pl. 13, f. 2.

Id. Quinstedt, 1847. Petref, p. 131, pl. 9, f. 14, 15.

Dimensions. Diamètre, 20 millim. Par rapport au diamètre : largeur du dernier tour $\frac{48}{100}$; recouvrement du dernier tour $\frac{8}{100}$; épaisseur du dernier tour $\frac{21}{100}$; largeur de l'ombilic $\frac{25}{100}$.

A. testâ compressâ, lævigatâ ; umbilico angustato ; anfractibus compressis, lævigatis, externè crenulatis ; aperturâ compressâ, sagittatâ.

Coquille comprimée dans son ensemble, carénée extérieurement, lisse. *Spire* composée de tours comprimés, peu embrassants, ornés en dehors, sur le dos, d'environ quinze crénelures en festons très-saillants. Dos comprimé, aigu. *Bouche* comprimée, aiguë en avant. Lorsqu'elle est complète elle est munie latéralement de larges palettes en spatules. Cloisons symétriques, ornées de chaque côté de quatre lobes, dont le lobe latéral supérieur est formé de parties paires, les autres le sont de parties impaires.

Observations. Cette espèce est si peu variable que tous les échantillons se ressemblent.

Rapports et différences. Elle se distingue bien nettement de toutes les autres par les crénelures saillantes en feston de son pourtour. C'est un type spécial, qu'on ne peut confondre avec aucun autre.

Localités. Propre exclusivement à l'étage oxfordien, dont elle est caractéristique, cette espèce a été recueillie à Chaleseuil, par M. Chassy; à Fontenelay, près de Besançon (Doubs) par M. de Valdan; aux environs de Gap (Hautes-Alpes) par M. Rouy; à la Latte, à Montmirail, près de Nantua (Ain) par M. Bernard; à Rians (Bouches-du-Rhône); à Rosureux (Doubs) par M. Carteron; à Lifol-le-Petit, à la Vesaigne-sous-la-Fauge (Haute-Marne) par MM. Moreau et Babeau; aux environs de Niort, de Saint-Maixant (Deux-Sèvres) par MM. Baugier, Garant et par moi; à Clucy, à Lemuy, à Chappois, près de Salins, par MM. Germain et Marcou.

Explication des figures. Pl. 197, fig. 5. Coquille de grandeur naturelle, avec la bouche entière, vue de côté. Fig. 6. La même vue du côte de la bouche. De ma collection.

N° 225. AMMONITES HENRICI, d'Orb. 1847.

Pl. 198. Fig. 1, 2.

A. Murchisoni, Pusch 1837. Polens Paléont., p. 152, pl. 13, f. 5 (non Sowerby).

A. Lingulatus-solenoides, Quinstedt, 1847, Petref., p. 131, pl. 10, f. 10 (n. *Lingulatus*, d'Orb. 1845).

A. testâ compressâ, carinatâ; anfractibus compressis, latis, complanatis, transversim costis biflexuosis interruptis; dorso carinato, lateribus costatis; umbilico angustato; aperturâ subsagittatâ, anticè obtusè acutâ; septis lateribus 6-lobatis.

Dimensions. Diamètre 90 millim. — Par rapport au diamètre : largeur du dernier tour $\frac{55}{100}$, épaisseur du dernier tour $\frac{21}{100}$; recouvrement du dernier tour $\frac{19}{100}$; largeur de l'ombilic $\frac{14}{100}$.

Coquille comprimée, discoïdale, un peu tranchante au pourtour. *Spire* formée de tours comprimés, plans, ornés en travers, par tour, d'environ quinze côtes peu élevées, qui partent du pourtour de l'ombilic, s'arquent et disparaissent à la moitié de la largeur du tour, où se trouve une surface lisse. En dehors, naissent environ trente côtes qui s'arquent également et s'achèvent assez près du bord. Ombilic étroit, coupé obliquement. *Dos* en biseau tranchant, pourvu de chaque côté d'une légère côte longitudinale parallèle, ce qui forme trois carènes. Bouche en fer de lance comprimé. *Cloisons* symétriques, découpées, de chaque côté, en six lobes formés de parties impaires et très ramifiés.

Observations. Cette espèce est lisse dans le jeune âge jusqu'au diamètre de 25 millimètres, puis elle prend les côtes de l'âge adulte. Ces côtes se marquent davantage jusqu'au diamètre de 70 à 80 mill., ensuite elles s'atténuent et la coquille devient tout-à-fait lisse.

Rapports et différences. Voisine des *Ammonites biflexuosus* et *canaliculatus*, cette espèce se distingue de la première par ses trois carènes dorsales, par l'interruption des côtes latérales. Elle diffère de la seconde par le manque du canal latéral, et par les trois carènes.

Localité. Elle est caractéristique de l'étage oxfordien. Elle a été recueillie à Crué (Haute-Marne) par M. Moreau et par moi, au Grand-Montmirail, près de Gigondas (Vaucluse) par M. Renaux; à Saint-Maixant et près de Niort (Deux-Sèvres) par MM. Garant, Baugier et par moi; à Chatel-Censoir, à Étivey (Yonne) par MM. Ratier et Cotteau; à Rians (Bouches-du-Rhône) par M. Coquand; aux environs de Morteau (Doubs) par M. Carteron; à Clucy, Lemuy et Chappois, près de Salins (Jura) par MM. Germain et Marcou; près de Chinon (Indre-et-Loire); à l'Ile-d'Elle (Vendée); à Escragnolles (Var) par moi; à Saint-Alban (Ardèche) par M. Gaudry. En Allemagne, à Balingen; en Pologne, à Pauki.

Explication des figures. Pl. 198. f. 1. Coquille de grandeur naturelle. De ma collection. Fig. 2, la même vue du côté de la bouche. Fig. 3, profil du dos, fortement grossi.

N° 226. AMMONITES EUCHARIS, d'Orb. 1847.

Pl. 198, fig. 3-4.

Amm. depressus. Pusch. 1837. Polens. Paleont., p. 153. pl. 13, f. 6? (non Sowerby.)

A. testâ compressâ, subcarinatâ, anfractibus compressis, latis, complanatis, lævigatis; dorso truncato, tricostato; aperturâ sagittatâ; septis lateribus 6-lobatis.

Dimensions. Diamètre 60 mill. Par rapport au diamètre : largeur du dernier tour $\frac{54}{100}$, épaisseur du dernier tour $\frac{20}{100}$, recouvrement du dernier tour $\frac{15}{100}$, largeur de l'ombilic $\frac{13}{100}$.

Coquille très comprimée, discoïdale, presque tranchante au pourtour. *Spire* formée de tours très comprimés, très embrassants, lisses et plans latéralement. Ombilic très-étroit, coupé presque droit à son pourtour. *Dos* très-acuminé, étroit, tronqué carrément et marqué sur la troncature de trois côtes longitudinales, également espacées. Bouche en fer de lance très étroit. Cloisons symétriques, découpées de chaque côté, en six lobes très-compliqués, formés de parties impaires.

Rapports et différences. Invariable suivant l'âge, cette espèce se rapproche un peu des *A. Henrici* et *canaliculatus*, mais toujours plus comprimée, à ombilic plus étroit, elle s'en distingue par le manque de côtes, par son dos tronqué carrément.

Localités. Elle est spéciale à l'étage oxfordien, elle a été recueillie à Maillezay (Vendée), à Beauvoir (Deux-Sèvres) par moi; à Clucy, à Lemuy et à Chappois, près de Salins (Jura), par MM. Germain et Marcou.

Explication des figures. Pl. 198. Fig. 3, coquille de grandeur naturelle. De ma collection. Fig. 4, la même du côté de la bouche. Fig. 5, profil du dos, fortement grossi.

N° 227. AMMONITES CANALICULATUS, Munster.

Pl. 199.

Ammonites canaliculatus, Munster, Zieten 1830. Wurtemb., p. 37, pl. 28, f. 6.

Id. de Buch. Petref. remarq., pl. 1, f. 6, 7, 8.

A. opalinus. Pusch. 1837, Polens Paleont., p. 154, pl. 13 (non Reinecke 1818).

A. canaliculatus. Bronn. 1837, Lethea geog., t. 22, f. 16, p. 430.

A. canaliculatus-albus. Quinstedt, 1846, Petref., p. 120, pl. 8, f. 11.

A. testâ compressâ, carinatâ; anfractibus compressis, latis, subcomplanatis, transversim costis biflexuosis; lateribus longitudinaliter unisulcatis; dorso carinato; umbilico angustato; aperturâ compressâ, sagittatâ; septis lateribus 6-lobatis.

Dimensions. Diamètre, 94 mill. —Par rapport au diamètre : largeur du dernier tour, $\frac{56}{100}$; épaisseur du dernier tour, $\frac{23}{100}$; recouvrement du dernier tour, $\frac{22}{100}$; largeur de l'ombilic, $\frac{13}{100}$.

Coquille comprimée, discoïdale, tranchante et carénée au pourtour. *Spire* formée de tours comprimés, à peine convexes, presque lisses au pourtour de l'ombilic, ou seulement marqués de quelques faibles sillons transverses. Au milieu de la largeur un sillon longitudinal très-marqué, en dehors duquel sont environ trente légères côtes arquées, qui s'achèvent avant d'arriver au dos. *Ombilic* étroit, coupé presque carrément au pourtour. *Dos* pourvu d'une carène tranchante, légèrement accompagnée d'une dépression latérale. *Bouche* comprimée, sagittée. Lorsqu'elle est complète dans le jeune âge, elle forme, au milieu de la largeur des tours de chaque côté, une large oreillette tronquée, qui correspond à l'extrémité du canal. *Cloisons* symétriques, découpées de chaque côté en six lobes et en selles formés de parties impaires. Lobe dorsal aussi long, mais beaucoup plus large que le lobe latéral-supérieur, orné, à son extrémité, de deux grandes branches obliques. Selle dorsale, aussi large que le lobe latéral-supérieur, obtuse, divisée en deux rameaux inégaux, dont le plus grand est interne, par un lobe auxiliaire oblique. Lobe latéral-supérieur étroit, orné, de chaque côté, de deux petites branches, en dehors de la branche terminale. Selle latérale semblable, mais plus petite que la selle dorsale. Lobe latéral-inférieur bien plus court et plus étroit que le lobe latéral-supérieur, oblique et irrégulier. Les autres lobes sont identiques à celui-ci, mais de plus en plus petits. La ligne du rayon central, en partant de l'extrémité du lobe dorsal, coupe l'extrémité du lobe latéral-supérieur, mais passe bien au-dessous des autres.

Observations. Cette espèce varie beaucoup, suivant l'âge. Au diamètre de 30 mill. elle est souvent encore lisse, mais avec le sillon; elle prend ensuite ses côtes, quelle conserve jusqu'au diamètre de 60 mill.; puis elle perd les côtes, et redevient lisse, tout en ayant son canal.

Rapports et différences. Voisine, par ses côtes latérales interrompues et par sa forme comprimée, des *Ammonites biflexuosus* et *Henrici,* elle se distingue des deux par son canal latéral; de la première, par sa carène marquée; de la seconde, par sa carène plus aiguë, unique sans les deux latérales.

Localités. Propre à l'étage oxfordien. Cette espèce a été recueillie à l'île d'Elle (Vendée), auprès de Chinon (Indre-et-Loire), à Cheiron (Basses-Alpes), à Charron (Charente-Inférieure), par moi; à Crué (Meuse), par M. Moreau et par moi; à Gigondas (Vaucluse), par M. Renaux; à Niort, à Saint-Maixant (Deux-Sèvres), par MM. Baugier, Garant et par moi; à Rians (Bouches-du-Rhône), par M. Coquand; à la Fauche, près de Langres (Haute-Marne), par M. Babeau; à Issoudun (Indre), par M. Grenouilloux; près de Châlet-Censoir, (Yonne), par M. Cotteau; dans le Wurtemberg, en Pologne, à Pauki.

Explication des figures. Pl. 199, fig. 1. Coquille de grandeur naturelle, à l'instant où elle perd sa livrée. De ma collection. — Fig. 2. La même, vue du côté de la bouche. — Fig. 3. Jeune, de grandeur naturelle, avec sa bouche complète. — Fig. 4. Autre variété, jeune. — Fig. 5. La même, vue du côté de la bouche.

N° 228. Ammonites Oculatus, Bean., 1829.

Pl. 200, 201. Fig. 1, 2.

Nautilus discus, Reinecke, 1818, Naut. et Arg., p. 60, pl. 2, f. 11, 12 (non *Sow.*).

Ammonites oculatus, Bean, 1829, Phillips, 1829, Yorksh, pl. 5, fig. 16.

A. Denticulatus, Zieten, 1830, Wurtemb., pl 13, f. 3.?

A. Discus, Zieten, 1830, Wurt., pl. 11, f. 2 ? (non *discus* Sow).

A. Serrulatus, Zieten, 1830, Wurt., pl. 8, f. 8 ?

A. Flexuosus, Munster, Zieten, 1830, Wurt., pl. 28, f. 7.

A. Parallelus, Pusch, 1837, Polens paléont., p. 159, pl. 14, f. 2.

A. Oculatus, Pusch., 1837, Polens, p. 158.

A. Flexuosus-costatus, Quinstedt, 1847, p. 126, pl. 9, f. 1, 4.

A. Flexuosus-gigas, Quinstedt, 1847, p. 126, pl. 9, f. 2.

A. Flexuosus-canaliculatus, Quinstedt, 1847, p. 127, pl. 9, f. 5.

A. Flexuosus-globulus, Quinstedt, 1847, p. 127, pl. 9, f. 6.

A. Flexuosus-inflatus, Quinstedt, 1847, p. 128, pl. 9. f. 7.

A. Lingulatus-nudus, Quinstedt, 1847, p. 130, pl. 9, f. 8.

A. Denticulatus, Quinstedt, 1847, pl. 9, f. 9.

A. *testâ compressâ, transversìm sulcatâ; sulcis flexuosis, externè numerosis, anfractibus semi-involutis, lateribus convexis; externè nodosis; dorso obtuso, tuberculis elevatis ornato; aperturâ compressâ; septis lateribus 6-lobatis.*

Dimensions. Diamètre, 88 mill. — Par rapport au diamètre :

	Individu comprimé.	Individu renflé.
largeur du dernier tour,	$\frac{[illegible]}{100}$	$\frac{[illegible]}{100}$
épaisseur du dernier tour,	$\frac{30}{100}$	$\frac{37}{100}$
recouvrement du dernier tour,	$\frac{18}{100}$	$\frac{18}{100}$
largeur de l'ombilic,	$\frac{14}{100}$	$\frac{13}{100}$

Coquille comprimée, non carénée. *Spire* formée de tours plus ou moins comprimés, convexes, ornés en travers de dix à douze sillons flexueux, qui partent du pourtour de l'ombilic, s'infléchissent d'abord en arrière, puis en avant, et vers le milieu de la largeur s'évanouissent, se bifurquent, ou bien sont remplacés par un grand nombre de côtes arquées flexueuses, interrompues, avant d'arriver au dos. Les individus comprimés, portent, sur les côtés des tubercules comprimés, et les individus renflés des tubercules arrondis. *Ombilic* étroit, dont les bords sont arrondis. *Dos* rond, convexe, orné sur la ligne médiane d'une série de tubercules. *Bouche* comprimée, ou aussi large que haute. *Cloisons* symétriques, divisées de chaque côté en six lobes formés de parties impaires, et de selles en parties paires. Lobe dorsal aussi large, mais beaucoup plus court que le lobe latéral-supérieur, orné d'une grande branche terminale; selle dorsale, bien plus courte et plus étroite que le lobe latéral-supérieur, divisé en deux feuilles presque égales. Lobe latéral-supérieur, orné de trois branches latérales de chaque côté, indépendamment de la branche terminale. Selle latérale, aussi grande que le lobe latéral-supérieur, divisée en deux feuilles presque égales, par un lobe oblique. Lobe latéral-inférieur, bien plus petit, mais peu différent de forme du lobe latéral-supérieur; seulement moins régulier. Les autres lobes et selles sont peu différents, et de plus en plus petits et irréguliers. La ligne du rayon central, en partant de l'extrémité du lobe dorsal, coupe un tiers du lobe latéral-supérieur, l'extrémité du lobe latéral-inférieur, mais passe bien au-dessous de tous les autres.

Observations. Rien de plus variable que cette espèce suivant l'âge et les individus. Il existe des individus comprimés; d'autres très-renflés. Les individus comprimés, dans le jeune âge, n'ont que les indices des côtes, mais aucun des tubercules. Ces côtes, ensuite, sont plus ou moins marquées et plus ou moins nombreuses; les tubercules du dos naissent au diamètre de 20 à 30 mill. Ils restent seuls très-longtemps, et les tubercules latéraux ne viennent que chez les adultes. Pour les individus renflés, ils prennent les tubercules du dos bien plus jeunes, ainsi que les tubercules latéraux.

Histoire. Peut-être l'espèce a-t-elle étéfigurée par Reinecke, en 1818,sous le nom de *discus*, déjà employé par Sowerby. Elle a été parfaitement figurée en 1829, par Phillips, sous le nom d'*Oculatus*. En 1830, Zieten la figure à divers états, sous les noms de *Denticulatus*, de *discus*,de *serrulatus* et de *flexuosus*. Pusch, sept années après, la figure sous ceux de *parallelus* et d'*oculatus*. Pour M. Quinstedt, qui ordinairement confond les espèces les plus distinctes sous le même nom, non-seulement il n'a pas connu la dénomination imposée par Phillips, mais encore il représente l'espèce à divers états, sous *huit doubles noms*, en nous ramenant ainsi au chaos, non-seulement par rapport aux *limites* des espèces, mais encore pour les noms, à la science telle qu'elle était antérieurement à Linné, où chaque espèce était désignée par une phrase toute entière. Nous ne pouvons admettre, en zoologie, la méthode que cet auteur systématique croit avoir inventée, car elle ferait, d'un seul coup, reculer d'un siècle les bornes actuelles de la science zoologique. En résumé, on voit cette espèce figurer sous 14 noms différents, parmi lesquels nous choisissons le plus ancien.

Localités. Cette espèce, caractéristique de l'étage oxfordien, a été recueillie à Neuvisy (Ardennes), à Escragnolles (Var), par moi; aux Vents (Ardèche), par M. de Malbos; à Niort, à Saint-Maixant (Deux-Sèvres), par MM. Garant, Baugier et par moi; près de Nantua (Ain), à Gigondas, à Villeneuve-les-Ammon (Vaucluse), par M. Renaux; à Rians (Bouches-du-Rhône), par MM. Coquand et Astier; à Mémont (Doubs), par M. Carteron; à Issoudun (Indre), par M. Grenouilloux; à Clucy, à Lemuy, à Chappois (Jura), par MM. Germain et Marcou; à la Fauche (Haute-Marne), par M. Babeau; à Biviers (Isère), par M. de Valdan. En Allemagne, à Balingen; en Piémont, dans la vallée de Saint-André, près de Nice.

Explication des figures. Pl. 200, fig. 1. Coquille de grandeur naturelle (variété comprimée). De ma collection. — Fig. 2. La même, vue du côté de la bouche. — Fig 3. Jeune individu de grandeur naturelle, même variété. — Fig. 4. Le même, vu du côté de la bouche. — Fig. 5. Une cloison, de grandeur naturelle, calquée sur la nature. — Pl. 201, fig. 1. Coquille (variété renflée), de grandeur naturelle. — Fig. 2. La même, vue du côté de la bouche.

N° 229. AMMONITES ERATO, d'Orb. 1847.

Pl. 201, fig. 3, 4.

A. ***testâ compressâ, anfractibus compressis, lævigatis;***

umbilico magno ; dorso rotundato ; aperturâ compressâ, antice obtusâ ; septis lateribus 5-lobatis.

Dimensions. Diamètre. 75 mill. — Par rapport au diamètre : largeur du dernier tour, $\frac{42}{100}$; épaisseur du dernier tour, $\frac{27}{100}$; recouvrement du dernier tour, $\frac{11}{100}$; largeur de l'ombilic, [illegible].

Coquille comprimée, discoïdale, non carénée. — *Spire* peu embrassante, formée de tours comprimés, peu convexes, entièrement lisses, recouverts sur leur moitié. Ombilic assez large. *Dos* rond. *Bouche* comprimée, oblongue, arrondie en avant. Lorsqu'elle est complète, elle offre, chez les jeunes individus, une pointe latérale de chaque côté. *Cloisons* symétriques, divisées, de chaque côté, en cinq lobes assez compliqués, formés de parties impaires.

Rapports et différences. Cette espèce, non variable, suivant l'âge, se rapproche, par son ensemble lisse, de l'*A. Ooliticus*, mais elle s'en distingue par ses tours moins renflés, et plus étroits.

Localité. Propre à l'étage oxfordien, elle a été recueillie à Escragnolles (Var), à Neuvisy (Ardennes), par moi ; aux Vents (Ardèche), par M. Gaudry ; à Salins (Jura), à Gap (Hautes-Alpes), par M. Rouy ; à Gigondas (Vaucluse), par M. Renaux ; à Rians (Bouches-du-Rhône), par M. Coquand ; à Issoudun (Indre), par M. Grenouilloux ; à Niort, à Saint-Maixant (Deux-Sèvres), par MM. Beaugier, Garant et par moi ; à Mémont (Doubs), par M. Carteron ; à la Fauche (Haute-Marne), par M. Babeau.

Explication des figures. Pl. 201, fig. 3. Coquille de grandeur naturelle. De ma collection. — Fig. 4. La même, vue du côté de la bouche. — Fig. 5. Jeune individu, avec sa bouche, de grandeur naturelle. — Le même, vu du côté de la bouche.

N° 230. Ammonites Marantianus, d'Orb. 1847.

Pl. 207. Fig. 3-5.

A. testâ compressâ, carinatâ; anfractibus compressis, convexiusculis, lateribus uni-sulcatis, externè transversim costatis; costis arenatis, bifurcatis; dorso cultrato; aperturâ sagittatâ.

Dimensions. Diamètre 55 mill. Par rapport au diamètre : largeur du dernier tour, $\frac{10}{100}$; épaisseur du dernier tour, $\frac{18}{100}$; recouvrement du dernier tour, $\frac{21}{100}$; largeur de l'ombilic, $\frac{16}{100}$.

Coquille comprimée, discoïdale, tranchante et carénée au pourtour. *Spire* formée de tours comprimés, peu convexes, marqués, au milieu de leur largeur, sur les côtés, d'un profond sillon longitudinal. En dedans du sillon quelques côtes transverses peu régulières, en dehors des côtes arquées, qui presque toutes se bifurquent d'une manière régulière à leur tiers interne. Ombilic étroit; dos fortement tranchant et caréné; bouche en fer de lance comprimé. Lorsqu'elle est complète, elle montre une pointe latérale correspondant au sillon et une pointe dorsale.

Rapports et différences. Voisine par son sillon, par sa forme et par ses côtes de l'*A. canaliculatus*, cette espèce s'en distingue par ses côtes internes plus régulières, et par ses côtes externes bifurquées au lieu d'être simples.

Localité. Je l'ai recueillie dans l'étage oxfordien, à Marans (Charente-Inférieure), où elle est rare.

Explication des figures. Pl. 207, fig. 3, jeune individu vu de côté. Fig. 4. Le même, vu de profil. Fig. 5, individu adulte, de grandeur naturelle. De ma collection.

Espèces de l'étage corallien.

N° 231. AMMONITES CYMODOCE, d'Orb. 1847.

Pl. 202, pl. 203, f. 1.

A. testâ discoideâ, compressâ, (adultâ) lævigatâ, (jun.) intùs transversìm 17-costatâ, extùs, 72-costatâ; anfractibus compressis; aperturâ oblongâ; septis lateribus 5-lobatis.

Dimensions. Diamètre 250 mill. Par rapport au diamètre : largeur du dernier tour $\frac{37}{100}$; épaisseur du dernier tour $\frac{23}{100}$; recouvrement du dernier tour $\frac{11}{100}$; largeur de l'ombilic $\frac{38}{100}$.

Coquille comprimée dans son ensemble, discoïdale, non carénée. *Spire* formée de tours peu embrassants, comprimés et convexes, ornés d'environ 17 côtes saillantes aiguës, qui s'effacent au milieu de la largeur et sont remplacées, pour chacune des grosses, par environ quatre petites arrondies, qui passent sur le dos. *Ombilic* large, dont le pourtour est arrondi. *Dos* convexe, rond; bouche comprimée, ovale, arrondie en avant. *Cloisons* symétriques ornées, de chaque côté, de cinq lobes formés de parties impaires, et de selles presque paires. Lobe dorsal plus court et un peu moins large que le lobe latéral supérieur, pourvu de quatre branches de chaque côté. Selle dorsale d'un tiers plus large que le lobe latéral-supérieur, divisée en deux feuilles découpées, dont la plus grande est externe. Lobe latéral-supérieur irrégulier, muni en dedans de trois et en dehors de deux branches. Selle latérale aussi large que le lobe latéral-supérieur, divisée en deux parties presque égales. Lobe latéral-inférieur, de moitié plus petit, mais analogue au lobe latéral-supérieur. La première selle auxiliaire est courte et large, divisée en deux feuilles. Les trois lobes auxiliaires sont obliques, peu compliqués. La ligne du rayon central, en partant de l'extrémité du lobe dorsal, coupe le tiers du lobe latéral-supérieur, la pointe des deux lobes suivants, mais passe au-dessus des deux derniers.

Observations. Cette espèce varie beaucoup et n'a sa livrée que dans le jeune âge. Elle est comme je l'ai décrite, jusqu'au diamètre de 60 à 70 millimètres, puis les côtes du dos s'effacent les premières, les côtes latérales ensuite, et la coquille continue à s'accroître étant tout-à-fait lisse.

Rapports et différences. Encore un peu voisine de l'*A. plicatilis*, elle s'en distingue, dans son jeune âge, par ses grosses côtes toujours plus espacées, correspondant au moins à quatre petites, dans l'âge adulte, par ses tours toujours également arrondis.

Localité. Nous avons recueilli cette jolie espèce, dans l'étage corallien, à la Belle-Croix, près de Dompierre (Charente-Inférieure) où elle est assez rare, et dans l'étage kimmeridgien, à Honfleur, au Hâvre ; à Chatelaillon, au Rocher (Charente-Inférieure), à Ruelle (Charente).

Explication des figures. Pl. 202, fig. 1. Coquille adulte réduite au tiers. De ma collection. Fig. 2. La même vue du côté de la bouche. Fig. 3, jeune individu de grandeur naturelle avec sa belle livrée. Fig. 4. La même vue du côté de la bouche. Pl. 203, fig. 1. Une cloison de grandeur naturelle, calquée sur la nature.

N° 232. AMMONITES RADISENSIS, d'Orb. 1847.

Pl. 203. Fig. 2, 3.

A. testâ discoideâ, compressâ; anfractibus subquadratis, transversìm subrugosis, internè tuberculis ornatis; aperturâ subquadratâ.

Dimensions. Diamètre, 62 mill. — Par rapport au diamètre : largeur du dernier tour, $\frac{14}{100}$; épaisseur du dernier tour, $\frac{29}{100}$; recouvrement du dernier tour, $\frac{10}{100}$; largeur de l'ombilic, $\frac{41}{100}$.

Coquille comprimée dans son ensemble, discoïdale, non carénée. *Spire* formée de tours peu embrassants, presqu'aussi épais que larges, un peu quadrangulaires, les angles très-arrondis, ornés au pourtour de l'ombilic de vingt-et-un tubercules aigus, très-distincts; le reste est marqué en travers de rides irrégulières d'accroissement. *Ombilic* large, dont les bords sont arrondis. *Bouche* plus longue que large, carrée avec les angles très-arrondis. *Dos* rond.

Rapports et différences. Par les pointes internes de ses tours, cette espèce se rapproche un peu de l'*A. Lallieri*, mais elle s'en distingue par les tours la moitié plus étroits, par les pointes le double plus nombreuses.

Localités. Je l'ai recueillie, dans l'étage corralien, à Loix, île de Ré, Charente-Inférieure, ou elle est très-rare.

Explication des figures. Pl. 203, fig. 2. Coquille de grandeur naturelle, vue du côté de la bouche. Fig. 3. La même, vue de côté. De ma collection.

N° 233. AMMONITES ALTENENSIS, d'Orb. 1847.

Pl. 204.

Ammonites inflatus macrocephalus, Quenstedt, 1847. Petref, p. 196, pl. 16, f. 14. (non *inflatus*, Sow. non *macrocephalus* Schloth).

A. testâ discoideâ, inflatâ; anfractibus convexis, rotundatis, interne tuberculis acutis 10-ornatis; aperturâ arcuatâ, latâ; umbilico angustato; septis lateribus 3-lobatis.

Dimensions. Diamètre 160 mill. — Par rapport au diamètre : largeur du dernier tour, $\frac{49}{100}$; épaisseur du dernier tour, $\frac{40}{100}$; recouvrement du dernier tour, $\frac{18}{100}$; largeur de l'ombilic, $\frac{20}{100}$.

Coquille comprimée dans son ensemble, discoïdale, non carénée. Spire formée de tours fortement embrassants, renflés, partout finement striée en travers, presqu'aussi hauts que larges, arrondis, ornés au pourtour de l'ombilic d'une *dizaine* de pointes aigues, droites. Ombilic étroit à bords arrondis. Bouche arquée, arrondie en avant. Dos rond. *Cloisons* symétriques divisées de chaque côté en trois lobes formés de parties impaires, et de selles presque divisées en parties impaires. Lobe dorsal le double plus large et aussi long que le lobe latéral-supérieur, orné de trois grandes branches, la plus grande inférieure est bifurquée, toutes étroites. Selle dorsale beaucoup plus large que le lobe latéral-supérieur, divisée inégalement en deux feuilles découpées, dont la plus grande est externe. Lobe latéral-supérieur étroit, pourvu de chaque côté de deux branches grêles indépendamment de la branche terminale. Selle latérale plus étroite que le lobe latéral-supérieur, divisée en deux feuilles laciniées. Lobe latéral-inférieur bien plus petit que le lobe latéral-supérieur. Le dernier lobe est oblique, et très étroit. La ligne du rayon central, en partant de l'extrémité du lobe dorsal, coupe l'extrémité de tous les autres lobes.

Observations. Dans cette espèce les tubercules sont d'autant plus aigus que la coquille est plus jeune; mais ils disparaissent au diamètre de 120 mill. Les tubercules et les stries ne sont visibles que sur la coquille; ces caractères disparaissent entièrement dans le moule intérieur.

Rapports et différences. Voisine pour la forme et les tubercules du pourtour de l'ombilic de l'A. *Lallieri*, cette espèce s'en distingue par ses tubercules plus petits, plus nombreux, non obliques et toujours pointus, enfin par des cloisons toutes différentes munies de lobes allongés et grêles au lieu d'être larges et courts.

Localités. Elle est propre à l'étage corallien. Je l'ai recueillie, à Dompierre, près de la Rochelle (Charente-Inférieure), à Beauvoir (Deux-Sèvres).

Explication des figures. Pl. 204. Fig. 1. Coquille réduite, vue de côté. De ma colletion. Fig. 2. La même, vue du côté de la bouche. Fig. 3. Un lobe de grandeur naturelle calqué sur la nature.

N° 234. AMMONITES RUPELLENSIS, d'Orb. 1847.

Pl. 105.

Ammonites Bakeriœ, Quenstedt, 1847. Petref, p. 192, pl. 16, fig. 7 (non Sowerby).

A. perarmatus-mamillatus, Quenstedt, 1847, p. 194, pl. 16, fig. 11. (Jeune). (Non *Perarmatus*, Sow. non *mamillatus* Schloth. 1813).

A testâ compressâ, anfractibus quadratis, lateribus sub cos-

tatis; costis transversalibus 19-*internè tuberculatis, externe mucronatis; dorso lato, complanato, externè cornuto; aperturâ subquadratâ; septis lateribus* 2-*lobatis.*

Dimensions. Diamètre 600 mill. — Par rapport au diamètre : largeur du dernier tour, $\frac{32}{100}$; épaisseur du dernier tour, $\frac{28}{100}$; recouvrement dernier tour, $\frac{0}{100}$; largeur de l'ombilic, $\frac{47}{100}$.

Coquille (adulte) comprimée dans son ensemble. *Spire* formée de tours étroits, carrés, moins épais que larges, ornés de 19 côtes transversales peu élevées, qui partent du pourtour de l'ombilic où elles forment de légers tubercules; elles s'abaissent ensuite, et se terminent de chaque côté du dos par une énorme pointe très prolongée. Dos tronqué, aplati; bouche carrée. Ombilic très large, les tours étant en contact sans se recouvrir. *Cloisons* symétriques ornées de chaque côté de deux lobes formés de parties impaires, et de selles formées de parties presque paires.

Observations. Cette espèce est encore du nombre de celles qui varient beaucoup suivant l'âge. Jeune et jusqu'au diamètre de 100 mill., les tubercules internes manquent; il n'y a que les pointes externes alors très longues. Ensuite commencent à paraître d'abord faibles, les tubercules intérieurs et ils se marquent de plus en plus. Les pointes sont mutiques, c'est-à dire que dans l'accroissement des loges successives, celles-ci passent en dedans par dessus les pointes en les oblitérant d'une cloison. Il en résulte que ces pointes, partout où les loges aériennes existent, se détachent facilement de la coquille, et on en rencontre souvent de fossiles, entièrement séparées.

Rapports et différences. Encore voisine, par ses pointes et son aspect général de l'A *perarmatus,* cette espèce s'en distingue par son jeune âge, seulement pourvu de pointes externes, par la grande longueur de ces pointes à tous les âges.

Localité. Propre à l'étage corallien, elle a été recueillie par moi à Dompierre, à Marsilly, près de la Rochelle. (Charente-Inférieure).

Explication des figures. Pl. 205. Fig. 1. Coquille adulte, réduite au sixième de sa taille. De ma collection. Fig. 2. La même, vue du côté de la bouche. Fig. 3. Jeune, de grandeur naturelle. Fig. 4. Le même, vu du côté de la bouche. Fig. 5. Une pointe externe telle qu'on les rencontre souvent isolées.

N° 235. Ammonites Achilles, d'Orb., 1847.

Pl. 206, pl. 207, fig. 1, 2.

A. testâ compressâ, discoideâ; anfractibus compressiusculis, subquadratis, transversim costatis; costis acutis, externè bi-vel trifurcatis; dorso rotundato; septis lateribus 6-lobatis.

Dimensions. Diamètre 650 mill. — Par rapport au diamètre : largeur du dernier tour $\frac{32}{100}$; épaisseur du dernier tour $\frac{21}{100}$; recouvrement du dernier tour $\frac{11}{100}$; largeur de l'ombilic $\frac{44}{100}$.

Coquille discoïdale, comprimée, non carénée. *Spire* formée de tours un peu comprimés, légèrement carrés, se recouvrant à peine, aplatis sur les côtés, et ornés d'une cinquantaine de côtes très-aigues, qui partent du pourtour de l'ombilic, s'arquent un peu en avant et se bifurquent régulièrement pour passer ensuite sur le dos. On voit encore par tour deux forts sillons transverses. Les côtes, régulièrement bifurquées, se montrent seulement jusqu'au diamètre de 50 à 60 mill.; ensuite, les côtes se trifurquent assez régulièrement. Au diamètre de 170 mill., il n'y a plus latéralement que 18 à 20 côtes, alors obtuses, et sur le dos et les côtés du dos, de petites côtes, de six à huit par grosses. Plus tard encore, au diamètre de 360 mill., les petites côtes externes disparaissent et il ne reste plus, jusqu'à l'âge le plus avancé, que les grosses côtes, sans que pour cela la forme des tours aie changé. *Dos* convexe et rond à tous les âges, souvent marqué, surtout dans le jeune âge, d'un léger sillon longitudinal médian. *Bouche* légèrement comprimée, un peu carrée; lorsqu'elle est complète, elle montre après un sillon profond, de chaque côté, une oreillette obtuse en palette. *Cloisons* symétriques, découpées de chaque côté en six lobes dont cinq transverses, tous divisés en parties impaires. Lobe dorsal d'un quart plus court, mais plus large que le lobe latéral-supérieur, orné d'une grande branche terminale et de deux latérales, une grande inférieure et une petite. Selle dorsale aussi large que le lobe latéral-supérieur, divisée presque également en deux feuilles plusieurs fois divisées et laciniées. Lobe latéral-supérieur très-grand, parallèle à l'enroulement, très-ramifié, formé d'une énorme branche terminale presque semblable à l'ensemble, ensuite de quatre branches internes, et de deux branches externes latérales, indépendamment de beaucoup de petites. Selle latérale énorme, à base étroite, élargie en éventail et divisée en trois grandes feuilles découpées et laciniées par deux lobes inégaux dont le plus grand est externe. Lobe latéral-inférieur semblable de forme, mais la moitié du lobe latéral-supérieur, transversal à l'enroulement, ou parallèle à la ligne du rayon central. Les quatre autres lobes et les selles sont également transverses, mais de plus en plus petits. La ligne du rayon central, en partant de l'extrémité du lobe dorsal, coupe le cinquième du lobe latéral-supérieur, laisse en dessus la moitié de la première selle auxiliaire, et en dessous toutes les autres selles ou lobes. C'est peut-être de toutes les cloisons la plus remarquable par sa complication et sa grande obliquité.

Rapports et différences. Facile à confondre avec l'*A. plicatilis* dans le jeune âge, cette espèce s'en distingue bien nettement par ses côtes toujours plus espacées. Dans l'âge adulte, disparité complète, jamais celle-ci ne prend le dos carré, jamais ses côtes latérales ne s'élèvent en méplat; ses tours sont plus embrassants à tous les âges, et les cloisons de l'âge adulte diffèrent complètement.

Localité. Caractéristique de l'étage corallien. Je l'ai recueillie à Dompierre, à La Rochelle (Charente-Inférieure), à Beauvoir (Deux-Sèvres), à Ancy-le-Franc (Yonne).

Explication des figures. Pl. 206. Fig. 1. Jeune individu de grandeur naturelle, avec la bouche complète. Fig. 2. Le même, du côté de la bouche. — Fig. 3. Un individu plus jeune.—Fig. 4. Une cloison de grandeur naturelle, calquée sur la nature.—Pl. 207, fig. 1. Individu adulte, réduit au sixième.—Fig. 2. Le même, du côté de la bouche. De ma collection.

Ammonites de l'étage kimméridgien.

N° 236. Ammonites Lallierianus, d'Orb. 1841.

Pl. 208.

Nautilus inflatus, Reinecke, 1818. Naut. et arg., p. 76, n° 23., pl. 6, fig. 51 (non *inflatus*, Sow., 1817.)

Ammonites inflatus, Zieten, 1830. Wurt., pl. 1, fig. 5 (non Sow., 1817).

Id. Rœmer, 1836. Nordd. Ool., p. 203, n° 45.

A. Lallierianus, d'Orb., 1841. Paléont., Ter. crét., p. 307.

A. testâ compressâ, lævigatâ; anfractibus convexis, externè rotundatis, internè tuberculatis, tuberculis obliquis 8-ornatis; aperturâ compressâ, antice rotundatâ; septis lateribus 3-lobatis.

Dimensions. Diamètre 25 centimètres. — Par rapport au diamètre : largeur du dernier tour $\frac{41}{100}$; épaisseur du dernier tour $\frac{43}{100}$; largeur de l'ombilic $\frac{30}{100}$; recouvrement du dernier tour $\frac{10}{100}$.

Coquille comprimée dans son ensemble, discoïdale, non carénée. *Spire* formée de tours plus ou moins embrassants, presque aussi épais que larges, ayant leur plus grande largeur au pourtour de l'ombilic, arrondis extérieurement, lisses ou faiblement ondulés dans le sens de l'accroissement, ornés au pourtour de l'ombilic de huit à dix tubercules obliques vers le centre, prolongés en pointes très-obtuses. *Ombilic* étroit, dont le pourtour est coupé perpendiculairement. *Dos* arrondi, ainsi que la bouche. *Cloisons* symétriques, divisées de chaque côté en trois lobes et trois selles formées de parties impaires. Lobe dorsal aussi large et aussi profond que le lobe latéral-supérieur, formé de trois courts rameanx peu digités. Selle dorsale plus large que le lobe latéral-supérieur, obtuse, divisée inégalement en deux feuilles peu laciniées, dont la plus grande est externe. Lobe latéral-supérieur, très-obtus, arrondi dans son ensemble et comme lacinié par de courts rameaux. Selle latérale la moitié de l'autre, divisée en parties paires. La ligne du rayon central, en partant de l'extrémité du lobe dorsal, coupe l'extrémité des deux premiers lobes.

Observations. Cette espèce ne varie que dans le plus ou moins de largeur des tours et dans le nombre des tubercules du pourtour de l'ombilic ; nous ne connaissons pas sa période de dégénérescence.

Rapports et différences. Voisine à la fois, par ses tubercules du pourtour de l'ombilic, des *Ammonites Altenensis* et *orthocera*, cette espèce diffère de la première par ses tubercules moins nombreux, bien plus longs, obliques, et par les lobes de ses cloisons tout différents ; elle se distingue de la seconde par ses tubercules obliques et obtus et par ses tours comprimés au lieu d'être déprimés.

Histoire. Décrite pour la première fois par Reinecke en 1818 sous le nom de *Nautilus inflatus*, ce nom ne peut lui être conservé, parce que l'année d'avant Sowerby l'avait appliqué à une autre espèce. En reconnaissant cette circonstance, en 1841, nous lui avons imposé la dénomination de *Lallierianus.*

Localité. Elle est caractéristique de l'étage kimméridgien. Elle a été recueillie au Rocher, route de La Rochelle, à Rochefort, à Saint-Jean d'Angély (Charente-Inférieure), à Saint-Sauveur (Yonne), par moi; à Mauvages (Meuse), par M. Moreau; à Cirey-le-Château (Haute-Marne), par M. Royer; à Auxerre, à Tonnerre (Yonne), par M. Cotteau et par moi.

Explication des figures. Pl. 208. Fig. 1. Coquille de grandeur naturelle vue de côté. Fig. 2. Une autre vue du côté de la bouche. — Fig. 3. Jeune individu de côté. — Fig. 4. Une cloison calquée sur la nature. De ma collection.

N° 237. AMMONITES LONGISPINUS, Sow. 1825.

Pl. 209.

Ammonites longispinus, Sow., 1825, Min. conch., 5, p. 163, pl. 501, fig. 2.

A. bispinosus, Zieten, 1830, Wurt., pl. 16, fig. 4.

A. bispinosus, Quenstedt, 1847, Petref., p. 195, pl. 16, fig. 13?

A. testâ compressâ, lævigatâ; anfractibus compressis, sublævigatis, lateribus bispinosis; septis trilobatis.

Dimensions. Diamètre 70 centimètres (le plus grand connu).

Par rapport au diamètre : largeur du dernier tour $\frac{37}{100}$;

épaisseur du dernier tour $\frac{37}{100}$; recouvrement du dernier tour $\frac{7}{100}$; largeur de l'ombilic $\frac{29}{100}$.

Coquille comprimée dans son ensemble, non carénée. *Spire* formée de tours un peu carrés, aussi larges que hauts, ayant leur plus grand diamètre au tiers externe, lisses ou seulement marqués de quelques lignes transverses d'accroissement, ornés sur les côtés de deux rangées de tubercules épineux, souvent très longs. Ombilic plus ou moins large, suivant les individus. Dos arrondi. Bouche un peu carrée, convexe en dessus. *Cloisons* symétriques, divisées de chaque côté en trois lobes peu allongés.

Observations. Très-jeune, cette espèce est lisse, elle prend les pointes à 15 mill. de diamètre. Ensuite elle varie seulement dans sa plus ou moins grande largeur, et dans l'épaisseur des tours par rapport à l'ensemble.

Rapports et différences. C'est peut-être l'une des plus distinctes : par sa surface lisse et ses deux rangées de pointes latérales, elle ne peut être confondue avec aucune autre.

Localité. Elle caractérise l'étage kimméridgien. Elle a été recueillie à Saint-Jean-d'Angély (Charente-Inférieure), à Ruelle (Charente), à Tonnerre, à Auxerre (Yonne), à Boulogne (Pas-de-Calais) par moi; à Mauvages (Meuse) par M. Moreau. En Angleterre, elle se trouve à Weymouth.

Explication des figures. Pl. 209. Fig. 1. Individu de grandeur naturelle, vu de côté.—Fig. 2. Le même, vu du côté de la bouche. — Fig. 3. Jeune individu. De ma collection.

N° 238. AMMONITES YO, d'Orb. 1847.

Pl. 210.

A. testâ compressâ, discoidali; anfractibus compressis, complanatis, externè lateribus undato-radiatis; dorso sub-

carinato ; umbilico angustato ; aperturâ compressâ sagittatâ ; septis lateribus 4-lobatis.

Dimensions. Diamètre 29 centimètres. — Par rapport au diamètre : largeur du dernier tour $\frac{53}{100}$; épaisseur du dernier tour $\frac{14}{100}$; recouvrement du dernier tour $\frac{29}{100}$; largeur de l'ombilic $\frac{10}{100}$.

Coquille fortement comprimée, clypéiforme, non carénée, mais anguleuse au pourtour. Spire formée de tours très comprimés ayant leur plus grande largeur près de l'ombilic. Ils paraissent être ornés en travers d'ondulations flexueuses rapprochées, plus nombreuses au pourtour, qui disparaissent tout-à-fait au diamètre de 22 centimètres. *Ombilic* très-étroit, à bords arrondis. *Dos* anguleux sans être caréné ; *Bouche* en forme de fer de flèche très comprimé. — *Cloisons* symétriques, divisées de chaque côté en quatre lobes formés de parties impaires. Lobe dorsal plus large et plus court que le lobe latéral-supérieur, formé d'une énorme branche terminale à trois rameaux; et de deux petites branches supérieures. Selle dorsale aussi large que le lobe latéral-supérieur, presque divisée en deux parties égales par un lobe auxiliaire médian. Lobe latéral-supérieur, formé de trois grandes branches fortement ramifiées. Selle latérale plus étroite mais peu différente de la selle dorsale. Lobe latéral-inférieur beaucoup plus petit que le lobe latéral-supérieur, mais de même forme. Le lobe et la selle qui suivent, toujours de plus en plus petits, sont encore peu différents. Ensuite des découpures représentent une large selle, suivie d'un petit lobe. La ligne du rayon central, en partant de l'extrémité du lobe dorsal, coupe la pointe du lobe latéral-supérieur, mais passe bien au-dessous des autres.

Rapports et différences. Voisine par sa forme de l'*Ammo-*

nites clypeiformis, celle-ci est bien plus ronde, et en diffère encore par ses côtes flexueuses du jeune âge.

Localité. Elle caractérise l'étage kimméridgien. Elle a été recueillie à Mauvage (Meuse) par M. Moreau ; à Boulogne-sur-mer (Pas-de-Calais) par moi.

Explication des figures. Pl. 210, fig. 1. Coquille réduite au tiers, vue de côté. Fig. 2. Coquille, vue du côté de la bouche. Fig. 3. Un lobe de grandeur naturelle. De ma collection.

N° 232. Ammonites decipiens, Sowerby, 1821.

Pl. 211.

Ammonites decipiens, Sow. 1821, Min. conch., 3, p. 169, pl. 294.

Idem. Haan. 1825, Gon. et Amm., p. 128, n° 60.

A. testâ compressâ; anfractibus convexis, subrotundatis ; lateribus 18-30 *costatis, externè trifurcatis, dorso rotundato ; aperturâ semilunari ; septis lateribus* 6-*lobatis*.

Dimensions. Diamètre, 50 centimètres. — Par rapport au diamètre : largeur du dernier tour, $\frac{45}{100}$; épaisseur du dernier tour, $\frac{35}{100}$; recouvrement du dernier tour, $\frac{10}{100}$; largeur de l'ombilic, $\frac{17}{100}$.

Coquille comprimée dans son ensemble, non carénée. *Spire* formée de tours réguliers, aussi larges que hauts, ou légèrement comprimés, ayant leur plus grande largeur près de l'ombilic, ornés en travers de 18 à 38 côtes qui partent du pourtour de l'ombilic, s'abaissent et donnent naissance au milieu de la largeur à trois autres côtes qui passent en s'atténuant sur le milieu du dos, où elles s'effacent souvent tout-à-fait. *Ombilic* à bords arrondis. *Dos* rond, ou légèrement déprimé de chaque côté, alors plus étroit au milieu. *Bouche* en large croissant. *Cloisons* symétriques, divisées de chaque côté en six lobes formés de parties impaires. Lobe dorsal plus large et aussi long que le lobe latéral–supérieur, orné de trois branches dont l'inférieure est la plus grande. Selle dorsale aussi large que le lobe latéral-supérieur, divisée en deux feuilles dont la plus grande est externe. Lobe latéral–supérieur étroit à sa base, élargi à son extrémité, pourvu d'une branche terminale, en dehors de trois autres branches. Selle latérale plus petite mais peu différente de la selle dorsale. Lobe latéral-inférieur la moitié plus petit mais de même forme que le lobe latéral–supérieur. Les quatre autres lobes sont obliques et de plus en plus petits. La ligne du rayon central en partant de la pointe du lobe dorsal touche l'extrémité du lobe latéral-supérieur, passe au-dessous des deux lobes suivants, et au-dessus des trois derniers.

Observations. Cette espèce est très variable suivant l'âge et les individus. Jusqu'au diamètre de 10 centimètres le nombre des côtes internes est de trente environ, chacune divisée en trois extérieurement et passant sur le dos sans s'interrompre. Ensuite les côtes internes deviennent plus grosses, elles s'écartent de plus en plus, jusqu'au diamètre de 15 centimètres, où le milieu du dos devient lisse; alors encore les tours se compriment latéralement de manière à former presque un angle en dehors. Au diamètre de 20 centimètres, les côtes latérales du dos cessent tout-à–fait, et il ne reste plus que les côtes voisines de l'ombilic, qui elles-mêmes disparaissent tout-à-fait, au diamètre de 35 centimètres. La coquille, avec le dos presque anguleux, reste lisse jusqu'au plus grand âge connu, de 60 centimètres de diamètre.

Rapports et différences. Encore voisine jusqu'à certaine limite des *Ammonites Achilles* et *plicatilis*, celle-ci se distingue nettement, dans le jeune âge, par ses côtes toujours trifurquées, et dans l'âge avancé par son dos presque anguleux au lieu d'être rond comme chez la première espèce, ou carré comme chez la seconde. A tous les âges ses cloisons l'en distinguent parfaitement.

Localité. Elle caractérise l'étage kimméridgien et a été recueillie à Villerville, à Honfleur (Calvados), au Hâvre (Seine-Inférieure), à Chatelaillon (Charente-Inférieure) par moi ; à Montperthuis, à Hécourt (Oise) par M. Graves ; dans la vallée de Blaise (Haute-Marne) par M. Royer ; à Mauvage (Meuse) par M. Moreau. En Angleterre on la rencontre à Pakfield près de Lowestoff (Suffolk).

Explication des figures. Pl. 211. Fig. 1. Coquille adulte dans la période de dégénérescence, réduite de moitié. Fig. 2. La même, vue du côté de la bouche. Fig. 3. Une cloison de grandeur naturelle, calquée sur la nature. De ma collection.

N° 230. AMMONITES ERINUS, d'Orb. 1847.

Pl. 212.

A. testâ compressâ ; anfractibus compressis, convexiusculis, lateribus 18-costatis, externè intermedisque 4-costulatis ; dorso rotundo ; aperturâ compressâ ; septis lateribus 4-lobatis.

Dimensions. Diamètre, 40 centimètres. — Par rapport au diamètre : largeur du dernier tour, $\frac{44}{100}$; épaisseur du dernier tour $\frac{34}{100}$; recouvrement du dernier tour, $\frac{17}{100}$; largeur de l'ombilic, $\frac{25}{100}$.

Coquille comprimée dans son ensemble, non carénée. *Spire* formée de tours réguliers comprimés, plus larges qu'épais, ayant leur plus grande largeur au pourtour de l'ombilic, ornés en travers d'environ 18 côtes faibles qui partent du pourtour de l'ombilic, et s'effacent vers le milieu de la largeur, où elles sont remplacées chacune par quatre petites côtes égales qui passent sur le dos, et se continuent de l'autre côté. *Ombilic* à bords arrondis. *Dos* rond. *Bouche* comprimée. *Cloisons* symétriques divisées de chaque côté en quatre lobes formés de parties impaires. Lobe dorsal aussi large et aussi long que le lobe latéral-supérieur, orné de trois grosses branches latérales. Selle dorsale plus large que le lobe latéral-supérieur, divisée en deux parties presque égales par un lobe auxiliaire. Lobe latéral-supérieur pourvu d'un rameau médian et de trois latéraux de chaque côté. La selle latérale est moins large que la première, inégalement formée de deux feuilles dont la plus grande est interne. Lobe latéral-inférieur plus petit mais voisin de forme du premier. La première selle qui suit est large, inégalement divisée, la plus grande partie externe. Les deux lobes qui suivent sont obliques et larges comme les autres. La ligne du rayon central en partant de la pointe du lobe dorsal, touche l'extrémité du lobe latéral-supérieur, et passe au-dessous de tous les autres.

Observations. Cette espèce subit les mêmes variations que l'espèce précédente. Jusqu'au diamètre de 16 centimètres elle reste comme nous l'avons décrite, puis elle perd, presque en même temps, les côtes du pourtour de l'ombilic, et les côtes du dos et devient tout-à-fait lisse, jusqu'à son plus grand âge connu. Alors encore ses tours sont plus larges, son ombilic plus étroit, et ses tours plus comprimés surtout de chaque côté du dos.

Rapports et différences. Assez voisine de l'espèce précédente par la disposition de ses côtes, celle-ci s'en distingue par sa grande compression, par ses tours plus larges, par ses côtes plus petites sur le dos, et bien moins élevées au pourtour de l'ombilic, et par des cloisons moins obliques, avec deux lobes de moins de chaque côté.

Localité. Elle est caractéristique de l'étage kimméridgien. Elle a été recueillie, à Villerville, à Honfleur (Calvados) par moi ; à Mauvage (Meuse) par M. Moreau ; à Blaise, à Argentière, (Haute-Marne) par M. Royer ; à Auxerre (Yonne).

Explication des figures. Pl. 212. Fig. 1. Coquille réduite de moitié. Fig. 2. Une coquille vue du côté de la bouche. Fig. 3. Une cloison de grandeur naturelle, calquée sur la nature. De ma collection.

N° 241. Ammonites Calisto, d'Orb. 1847.

Pl. 213. Fig. 1, 2.

A. testâ compressâ ; anfractibus compressis, lateribus 50-costatis ; costis flexuosis, bifurcatis, in dorso interruptis ; dorso canaliculato; aperturâ compressâ, elongatâ.

Dimensions. Diamètre 20 centimètres. Par rapport au diamètre : largeur du dernier tour $\frac{35}{100}$; épaisseur du dernier tour $\frac{18}{100}$; recouvrement du dernier tour $\frac{5}{100}$; largeur de l'ombilic $\frac{25}{100}$.

Coquille très-comprimée dans son ensemble, non carénée. *Spire* formée de tours réguliers, très-comprimés, à peine convexes sur les côtés, ornés en travers d'environ 50 côtes flexueuses qui partent de l'ombilic et se bifurquent à moitié de leur longueur, pour se continuer jusqu'aux côtés du dos, où elles sont interrompues par un sillon assez profond qui règne sur toute la ligne dorsale. Bouche très-comprimée, oblongue, obtuse et même échancrée à son extrémité. *Cloisons* inconnues.

Observations. D'après des fragments d'un âge avancé, nous avons pu remarquer qu'alors les côtes ne sont pas interrompues sur le dos, et qu'il naît quelquefois des pointes rares aux points de bifurcation des côtes.

Rapports et différences. Voisine, par son dos, des *Ammonites Eudoxus* et *mutabilis*, celle-ci s'en distingue par ses côtes égales simplement bifurquées et très-nombreuses.

Localité. M. Huguard nous l'a donné comme venant de l'étage kimméridgien des environs de Chambéry (Savoie).

Explication des figures. Pl. 213. Fig. 1. Coquille de grandeur naturelle. Fig. 2. La même, vue du côté de la bouche. De ma collection.

N° 242. Ammonites Eudoxus, d'Orb. 1847.

Pl. 213, fig. 3-6.

A. testâ compressâ; anfractibus compressis, convexiusculis, lateribus interne 18-costatis; costis externè trifurcatis; dorso subcanaliculato; aperturâ oblongâ, compressâ.

Dimensions. Diamètre 70 mill. Par rapport au diamètre : largeur du dernier tour $\frac{37}{100}$; épaisseur du dernier tour $\frac{27}{100}$; recouvrement du dernier tour $\frac{6}{100}$; largeur de l'ombilic $\frac{31}{100}$.

Coquille comprimée dans son ensemble, non carénée. *Spire* formée de tours réguliers comprimés, dont la plus grande largeur est au pourtour de l'ombilic, ornée en travers de 13 à 18 côtes qui partent du pourtour de l'ombilic, où elles forment un tubercule comprimé, et de suite se divisent en 3 côtes flexueuses qui vont jusqu'aux côtés du dos, où elles s'interrompent et laissent au milieu du dos un sillon longitudinal assez profond. Ombilic à bords arrondis. Bouche oblongue, obtuse en dehors. Lorsqu'elle est complète, elle forme de chaque côté une forte languette, analogue à celle de l'*A Jason*.

Observations. Les jeunes ne diffèrent que par un moins grand nombre de côtes et par des tours plus renflés.

Rapports et différences. Cette espèce est, par son dos excavé, voisine des *A. Calisto* et *mutabilis*, mais elle se distingue des deux par des côtes infiniment plus grosses et plus saillantes, dès lors moins nombreuses.

Localité. Elle est propre à l'étage kimméridgien, et a été recueillie par moi à Saint-Jean-d'Angély (Charente-Inférieure) et à Tonnerre (Yonne).

Explication des figures. Pl. 213, fig. 3. Coquille jeune, de grandeur naturelle. Fig. 4, la même, vue du côté de la bouche. Fig. 5, un autre échantillon adulte. Fig. 6, le même, vu du coté de la bouche. De ma collection.

N° 243. Ammonites mutabilis, Sowerby, 1823.

Pl. 214.

Ammonites mutabilis, Sowerby, 1823. Min. conch., 4, pl. 405 (non Koninck).

Id. Haan, 1826. Goniat, etc., p. 127, n° 57.

A. testâ compressâ; anfractibus compressis, convexiusculis, lateribus internè 16–18–costatis; costis externè 6–costulatis; dorso obtuso, subcanaliculato, aperturâ compressâ, elongatâ.

Dimensions. Diamètre, 30 centimètres.—Par rapport au diamètre : largeur du dernier tour, $\frac{40}{100}$; épaisseur du dernier tour $\frac{19}{100}$; recouvrement du dernier tour $\frac{20}{100}$; largeur de l'ombilic, $\frac{26}{100}$.

Coquille comprimée dans son ensemble, non carénée. *Spire* formée de tours réguliers, fortement comprimés, dont la plus grande épaisseur est près de l'ombilic; ornée en travers, au pourtour de l'ombilic, de 16 à 18 côtes courtes saillantes qui cessent presque aussitôt, et sont remplacées chacune par six petites côtes flexueuses qui s'étendent jusqu'aux côtés du dos où elles s'interrompent totalement, pour laisser une partie lisse sur la ligne médiane. Ombilic étroit à bords arrondis. Bouche très-comprimée, allongée, obtuse en avant, élargie en arrière.

Observations. Les différences déterminées par l'âge se réduisent, chez les adultes, à perdre toutes les côtes et à devenir lisses au diamètre de 30 centimètres, et d'avoir alors le dos rond.

Rapports et différences. Très-voisine, par ses détails, de l'*A. Eudoxus*, cette espèce s'en distingue par ses tours plus embrassans, par six au lieu de trois petites côtes pour une des grosses.

Localité. Elle caractérise l'étage kimméridgien, et a été recueillie à Mauvage (Meuse), par M. Moreau, à Tonnerre (Yonne), par M. Rathier et par moi, au Bois-Rambert, à Hecourt (Oise), par M. Graves.

Explication des figures. Pl. 214, fig. 1. Coquille de grandeur naturelle. Fig. 2. La même, du côté de la bouche. —Fig. 3. Jeune individu, de grandeur naturelle. Fig. 4. Le même, vu du côté de la bouche. De ma collection.

N° 244. AMMONITES EUMELUS, d'Orb. 1847.

Pl. 216, fig. 1-3.

A. testâ compressâ; anfractibus subrotundatis, lateribus internè sulcis arcuatis, externè costis numerosis ornatis.

Dimensions. Diamètre, 18 millim.

Coquille comprimée dans son ensemble, non carénée. Spire formée de tours réguliers, non comprimés, presque ronds, ornés en travers, autour de l'ombilic, de quinze à vingt côtes flexueuses, arquées, qui occupent la moitié de la largeur, et sont remplacées extérieurement par de petites côtes égales qui passent sur le milieu du dos. Ombilic assez large. Bouche ronde. Lorsqu'elle est complète, elle offre de chaque côté une très-longue languette, creusée en dehors, oblique et terminée en pointe. Les seules différences que nous ayons remarquées consistent en la présence ou l'absence presque totale des côtes du pourtour de l'ombilic.

Rapports et différences. J'ai sous les yeux dix individus complets avec la bouche, tous identiques et de la même taille. Je crois dès lors qu'ils constituent bien une espèce distincte; car ils ne se rapportent aux jeunes d'aucune des autres Ammonites qu'on rencontre dans le même étage.

Localité. Elle appartient à l'étage kimméridgien, et a été recueillie à Mauvage (Meuse) par M. Moreau.

Explication des figures. Pl. 216, fig. 1. Coquille de grandeur naturelle.—Fig. 2. La même, vue du côté de la bouche.—Fig. 3. Une bouche grossie. (Elle est fautive dans le dessin, en ce qu'elle a la languette la moitié trop courte et pas assez oblique.) De ma collection.

N° 245. Ammonites Eupalus, d'Orb., 1847.

Pl. 217.

A. testâ compressâ; anfractibus compressiusculis, lateribus internè 50-60-costatis, externè bifurcatis; dorso rotundato; aperturâ compressâ.

Dimensions. Diamètre, 30 centimètres.—Par rapport au diamètre : largeur du dernier tour, $\frac{38}{100}$; épaisseur du dernier tour, $\frac{29}{100}$; recouvrement du dernier tour, $\frac{12}{100}$; larger de l'ombilic, $\frac{37}{100}$

Coquille comprimée dans son ensemble, non carénée. Spire formée de tours réguliers, comprimés, dont la plus grande épaisseur est à un tiers de la distance qui sépare l'ombilic du dos; ornés en travers, au pourtour de l'ombilic, d'environ 50 à 60 côtes droites égales, bifurquées régulièrement au tiers externe, et passent sur le dos. Celui-ci convexe, rond. Bouche comprimée, plus longue que large, arrondie en avant.

Observations. Cette espèce reste, comme je l'ai décrite, jusqu'au diamètre de 15 centimètres, où elle perd les côtes du dos, presque aussitôt les côtes latérales, et reste entièrement lisse ensuite.

Rapports et différences. Voisine, par ses tours et son dos, de l'*A. decipiens*, elle s'en distingue par ses côtes infiniment plus étroites et plus nombreuses, par ses tours plus étroits et plus comprimés.

Localité. M. Baudoin de Solène me l'a donné comme provenant de l'étage kimméridgien de Lucy-le-Bois (Yonne).

Explication des figures. Pl. 217, fig. 1. Coquille réduite de moitié, montrant l'instant où elle perd ses ornements extérieurs. — Fig. 2. La même, vue du côté de la bouche. De ma collection.

N° 246. Ammonites orthocera, d'Orb., 1848.

Pl. 218.

A. testâ compressiusculâ; anfractibus depressis, transversis, externè 9-mucronatis; dorso lato, rotundo; aperturâ transversâ, lateribus mucronatâ.

Dimensions. Diamètre 12 centimètres. — Par rapport au diamètre: largeur du dernier tour, $\frac{31}{100}$; épaisseur du dernier tour, $\frac{60}{100}$; recouvrement du dernier tour, $\frac{5}{100}$; largeur de l'ombilic, $\frac{33}{100}$.

Coquille à peine comprimée dans son ensemble, non carénée. Spire croissant très-rapidement, formée de tours réguliers, déprimés, c'est-à-dire plus épais que larges, lisses ou marqués seulement de lignes d'accroissement, ornés au pourtour de l'ombilic de neuf pointes larges à la base, très-saillantes et aiguës. Dos large, rond. Bouche transverse, déprimée en large croissant. *Cloisons* symétriques, composées, de chaque côté, de 3 lobes formés de parties impaires. Lobe dorsal plus large et aussi long que le lobe latéral-supérieur, orné de trois branches inégales obtuses. Selle dorsale le double plus large que le lobe latéral-supérieur, séparée en deux parties très-inégales dont la plus grande est en dehors, par des feuilles inégalement découpées. Lobe latéral-supérieur court, divisé en trois festons obtus. Selle latérale oblique, irrégulièrement laciniée; lobe latéral-supérieur un peu moins large que le premier, mais identique; le lobe suivant est encore plus petit et de même forme.

Observation. Avec le test, les pointes sont très aiguës, longues. Le moule ne montre que des pointes obtuses comme des tubercules. Les pointes paraissent quelquefois cesser au diamètre de 90 millimètres.

Rapports et différences. Voisine, par les pointes du pourtour de l'ombilic, de l'*A. Lallieri*, cette espèce s'en distingue par ses tours déprimés au lieu d'être comprimés, bien plus larges, pourvus de pointes aiguës droites au lieu de tubercules obtus, obliques vers l'ombilic. Ce sont deux espèces très-distinctes.

Localité. Elle a été recueillie par moi dans l'étage kimméridgien de Gyé-sur-Seine (Aube), et à Cirey-le-Château (Haute-Marne).

Explication des figures. Pl. 218, fig. 1. Coquille réduite d'un tiers, à l'instant où elle perd ses pointes. — Fig. 2. La même, vue du côté de la bouche. Avec les pointes restaurées. de ma collection.

Espèces de l'étage portlandien.

N° 247. AMMONITES ROTUNDUS, Sowerby, 1821.

Pl. 216. Fig. 3, 4, pl. 221. (Sous le nom de *Giganteus*)

Ammonites Rotundus, Sowerby, 1821. Minér. conch. 3, p. 167, pl. 293, fig. 3.

A. testâ compressâ; anfractibus rotundatis, lateribus transversim, 26-costatis; costis elevatis, acutis, externè trifurcatis; aperturâ rotundatâ.

Dimensions. Diamètre 20 mill. — Par rapport au diamètre: largeur du dernier tour, $\frac{26}{100}$; épaisseur du dernier tour, $\frac{24}{100}$; recouvrement du dernier tour, $\frac{2}{100}$; largeur de l'ombilic, $\frac{53}{100}$.

Coquille comprimée dans son ensemble, non carénée. *Spire* formée de tours réguliers, ronds, ou légèrement déprimés, alors plus épais que larges, ornés, de chaque côté, d'environ 26 côtes transverses, droites, égales, saillantes et aiguës, qui se bifurquent ou se trifurquent seulement près du dos, où elles passent sans s'interrompre. Dos large, peu convexe; bouche plus large que haute, presque ronde.

Observations. Jeune, jusqu'au diamètre de 7 centimètres, les côtes sont plus nombreuses, elles s'éloignent ensuite. Elles cessent sur le dos au diamètre de 15 centimètres, cette partie étant alors très-lisse. Il est probable que plus tard les tours deviennent lisses.

Rapports et différences. Voisine par son ensemble de l'*A. plicatilis*, cette espèce s'en distingue dans le jeune âge par ses côtes latérales bien plus espacées, et à tous les âges bifurquées ou trifurquées seulement près du dos.

Localité. Elle est propre à l'étage portlandien, et a été recueillie à Montblainville (Meuse), par M. Moreau; à Chablis (Yonne), par M. Rathier; à Saint-Jean-d'Angély (Charente-Inférieure); à Boulogne (Pas-de-Calais), par moi; à Bois-Aubert, à Montperhuis (Oise), par M. Graves; à Cirey-le-Château, à Bouzancourt (Haute-Marne), par M. Royer et par moi.

Explication des figures. Pl. 216, fig. 4. Coquille jeune, de grandeur naturelle.—Fig. 5. La même, du côté de la bouche. —Pl. 221, fig. 1. (Sous le nom d'*A. giganteus.*) Coquille réduite de moitié, à l'instant où elle perd ses côtes.—Fig. 2. La même, vue du côté de la bouche. De ma collection.

N° 248. Ammonites Gravesianus, d'Orb. 1847.

Pl. 219.

A. testâ globulosâ; anfractibus depressis, lateribus angulatis, 23-costatis; costis mucronatis, externè bi-vel trifurcatis, flexuosis, aperturâ transversâ externè angulatâ.

Dimensions. Diamètre, 29 centimètres. Par rapport au diamètre : largeur du dernier tour $\frac{30}{100}$; épaisseur du dernier tour $\frac{80}{100}$; recouvrement du dernier tour $\frac{13}{100}$; largeur de l'ombilic, $\frac{44}{100}$.

Coquille globuleuse, peu comprimée dans son ensemble. Spire formée de tours réguliers, fortement déprimés dans le sens de l'enroulement, bien plus hauts que larges, carénés sur les côtés, où se voient environ 23 tubercules, qui forment côtes simples vers l'ombilic, et en dehors, en s'infléchissant, se bifurquent ou se trifurquent en côtes qui passent sur le dos, qui est convexe et rond. Bouche transverse, déprimée, formant un angle de chaque côté.

Observations. Cette espèce reste avec ses côtes aussi serrées, jusqu'au diamètre de 20 centimètres, seulement l'angle latéral des tours s'émousse alors, et les tours s'arrondissent.

Rapports et différences. Voisine pour son ensemble globuleux de l'A. *gigas*, elle a les côtes bien plus rapprochées, les tours plus déprimés et anguleux extérieurement. Elle conserve toujours le premier caractère jusqu'au plus grand âge connu.

Localité. Elle caractérise l'étage portlandien, et a été recueillie à Hécourt (Oise), par M. Graves; à Auxerre (Yonne), par M. Cotteau.

Explication des figures.—Pl. 219, fig. 1. Jeune individu de grandeur naturelle. (Le dessinateur n'a pas mis assez de côtes au pourtour de l'ombilic, et des côtes trop espacées ailleurs, ce qui rend le dessin fautif.)—Fig. 2. Le même, vu du côté de la bouche. De ma collection.

N° 249. Ammonites Gigas. Zieten, 1830.

Pl. 220.

Ammonites gigas, Zieten, 1830. Wurtemberg, pl. 13, fig. 1.

A. testâ globulosâ, compressiusculâ; anfractibus depressis, lateribus subangulatis, 18-costatis; costis rectis, externè trifurcatis; aperturâ depressâ, semilunari.

Dimensions. Diamètre 50 centimètres. Par rapport au diamètre: largeur du dernier tour $\frac{30}{100}$; épaisseur du dernier tour $\frac{41}{100}$; recouvrement du dernier tour $\frac{6}{100}$; largeur de l'ombilic $\frac{46}{100}$.

Coquille légèrement comprimée dans son ensemble, non carénée. Spire formée de tours réguliers, très-convexes, déprimés dans le sens de l'enroulement, bien plus hauts que larges, non carénés sur le côté, mais légèrement anguleux et présentant environ 18 grosses côtes, qui chacune se trifurque et va passer ainsi sur le dos qui est rond. Bouche déprimée, transverse, arrondie sur les côtés.

Observations. Cette espèce est très-variable suivant l'âge ; jusqu'au diamètre de 20 centimètres, elle reste, comme nous l'avons décrite, seulement les côtes latérales sont au nombre de 15, et comme les petites côtes restent également espacées, il en résulte qu'il y en a souvent quatre pour une des grosses. Les côtes du dos s'effacent ensuite et disparaissent totalement. Les côtes du pourtour de l'ombilic restent seules jusqu'au diamètre variable, d'environ 30 centimètres, où la coquille devient tout-à-fait lisse.

Rapports et différences. Voisine pour son aspect des *A. Gravesianus* et *Irius,* elle se distingue de la première par ses côtes du pourtour de l'ombilic bien plus espacées, par cette partie non anguleuse. Elle se distingue de la seconde par ses côtes du pourtour de l'ombilic.

Localité. Elle caractérise l'étage portlandien, et a été recueillie à Auxerre, à Saint-Sauveur (Yonne), à Cirey-le-Château, à Bouzancourt (Haute-Marne), à Joinville (Aube), à Montperthuis, à Bazancourt (Oise), à Saint-Jean-d'Angély (Charente-Inférieure), par MM. Cotteau, Hébert, Royer, Graves, et par moi.

Explication des figures. Pl. 220, fig. 1. Coquille réduite au tiers, prise à l'instant où elle perd ses côtes latérales.—Fig. 2. La même, du côté de la bouche. Fig. 3. Jeune individu, de grandeur naturelle. Fig. 4. Le même, du côté de la bouche. De ma collection.

N° 250. AMMONITES IRIUS, d'Orb. 1847.

Pl. 222.

A. testâ globulosâ, compressiusculâ; anfractibus depressis, lateribus rotundatis, undatis, externè costis æqualibus ornatis; aperturâ transversâ, depressâ, semilunari.

Dimensions. Diamètre, 20 centimètres. — Par rapport au diamètre : largeur du dernier tour, $\frac{44}{100}$; épaisseur du dernier tour, $\frac{68}{100}$; recouvrement du dernier tour, $\frac{20}{100}$; largeur de l'ombilic, $\frac{30}{100}$.

Coquille renflée, globuleuse, légèrement comprimée dans son ensemble, non carénée. Spire formée de tours réguliers, très-convexes, déprimés dans le sens de l'enroulement, bien plus hauts que larges, arrondis au pourtour de l'ombilic, où sont quelques ondulations incertaines, mais aucunes côtes, ni tubercules. Sur les côtés, naissent des côtes égales, nombreuses, peu élevées, qui passent régulièrement sur le dos, qui est très-convexe, rond. Bouche transverse, déprimée, en croissant, à côtés arrondis.

Rapports et différences. Voisine, par sa forme bombée, des A. *Gravesianus* et *gigas*, cette espèce s'en distingue par le manque de côtes et de tubercules au pourtour de l'ombilic, par ses côtes externes moins élevées.

Localité. Elle caractérise l'étage portlandien. Elle a été recueillie à Cirey-le-Château, à Baudrecourt (Haute-Marne), près de Saint-Jean-d'Angély (Charente-Inférieure), à la Chaux-de-Charquemont (Doubs), à Joinville, par MM. Royer, Carteron et par moi.

Explication des figures. Pl. 222, fig. 1. Coquille réduite d'un quart, vue de côté.—Fig. 2. La même, vue du côté de la bouche. De ma collection.

N° 251. Ammonites Suprajurensis, d'Orb. 1849.

Pl. 223.

A. testâ compressâ; anfractibus compressis, convexiusculis, lateribus costatis, costis externè (jun.) *bifurcatis,* (adult.) *4-costatis, aperturâ compressâ*

Dimensions. Diamètre, 24 cent. Par rapport au diamètre: largeur du dernier tour, $\frac{33}{100}$; épaisseur du dernier tour, $\frac{29}{100}$; recouvrement du dernier tour, $\frac{6}{100}$; largeur de l'ombilic, $\frac{45}{100}$.

Coquille comprimée dans son ensemble, non carénée. Spire formée de tours réguliers, peu convexes, comprimés, plus larges que hauts, pourvus, au pourtour de l'ombilic, chez les adultes, de 19 grosses côtes très-saillantes, remplacées par quatre à cinq petites côtes qui passent sur le dos. Celui-ci, rond. Bouche comprimée, plus longue que large. Cloisons non obliques aux derniers lobes.

Observations. Cette espèce est très-variable suivant l'âge. Jeune, et jusqu'au diamètre de 15 centimètres, la coquille est très régulière, plus comprimée, sans sillons transverses, ornée d'environ 80 côtes saillantes, égales, qui, chacune, se bifurquent régulièrement à la partie externe du dos seulement. C'est au-delà de ce diamètre que l'espèce prend les grosses côtes de l'âge adulte, comme nous l'avons décrite.

Rapports et différences. Voisine, dans le jeune âge, de l'*A. plicatilis,* elle s'en distingue néanmoins par le manque de sillons transverses, par ses côtes bifurquées seulement sur le dos, et surtout par ses lobes non obliques aux dernières, caractère si marqué chez le *plicatilis*; elle s'en distingue tout-à-fait par son âge adulte.

Localité. M. Royer l'a découverte dans les couches perforées les plus supérieures de l'étage portlandien des environs de Cirey-le-Château (Haute-Marne), où elle est rare. C'est l'espèce la plus supérieure des terrains jurassiques.

Explication des figures. Pl. 223, fig. 1. Coquille réduite de moitié. —Fig. 2. La même, vue du côté de la bouche.— Fig. 3. Côtes des jeunes, de grandeur naturelle.

Espèces de supplément, à l'étage callovien.

N° 252. AMMONITES ARTHRITICUS, Sow. 1837.

Pl. 224.

Ammonites arthriticus, Sowerby, 1837, in Grant. Trans. geol. soc., 5, pl. 23, fig. 10.

A. testâ compressâ; anfractibus convexis, lateribus 13-tuberculis elevatis ornatis, internè lævigatis, externè 4-costatis; aperturâ lateribus angulatâ.

Dimensions. Diamètre, 9 centim. — Par rapport au diamètre : largeur du dernier tour, $\frac{31}{100}$; épaisseur du dernier tour, $\frac{40}{100}$; recouvrement du dernier tour, $\frac{6}{100}$; largeur de l'ombilic, $\frac{40}{100}$.

Coquille comprimée dans son ensemble, non carénée. Spire formée de tours réguliers, plus hauts que larges, très-convexes sur les côtés, où, un peu plus en dehors que la moitié de la largeur, sont 13 tubercules espacés, très-réguliers, qui, sans doute, devaient être terminés en pointe. En dedans de ces tubercules est une surface lisse, déclive vers l'ombilic ; en dehors, sont des côtes infléchies en avant, environ quatre par chaque tubercule. Elles passent sur le dos qui est convexe. Bouche plus large que haute, saillante de chaque côté par les tubercules.

Rapports et différences. Par ses tubercules, sa forme et ses détails, cette espèce ne peut être confondue avec aucune autre.

Localité. Elle se trouve en France et dans l'Inde dans l'étage callovien, ou oxfordien inférieur. Elle a été recueillie à Gigondas (Vaucluse) par M. Eugène Raspail. Elle s'y trouve avec les *A. jason, Hommairei*, etc. Dans l'Inde, elle s'est montrée dans la province de Coutch.

Explication des figures. Pl. 224, fig. 1. Coquille de grandeur naturelle. —Fig. 2. La même, du côté de la bouche.

Résumé géologique sur les Ammonites.

Avant de donner ce résumé, j'aurais pu faire représenter, en supplément, les espèces d'Ammonites qui, depuis que les étages géologiques auxquels ils appartiennent sont terminés, sont venues à ma connaissance, mais le nombre des espèces étant déjà très-considérable, j'ai préféré attendre, afin de changer plus promptement de genres. Ces espèces, que j'indique à la liste de leurs étages respectifs, feront partie de mon prochain supplément.

En réunissant tous les noms donnés par les auteurs aux Ammonites des terrains jurassiques rencontrées en Europe, je trouve, qu'avant mon travail, on connaissait environ 250 espèces d'Ammonites. En y appliquant une révision sévère : 1° de la synonymie, pour détruire les doubles emplois de noms donnés à la même espèces; 2° des différences apportées par la conservation des individus pourvus ou non de leur test; des différences énormes déterminées par l'âge et le sexe, différences que j'ai signalées aux consiradétions zoologiques des Ammonites des terrains crétacés (1). Je suis arrivé à trouver que, sur

(1) Voy. *Paléontologie française, terrains crétacés*; t. I, p. 370. Voy. surtout les *Ammonites Jason, plicatilis cordatus, oculatus*, etc.

ce nombre de 250 espèces, *cent cinquante*, ou plus de la moitié, ne sont que nominales ou de simples variétés des autres et l'analyse terminée, il ne reste de ces 250 espèces que *cent* espèces positives. En joignant à ces dernières les 122 espèces nouvelles que j'ai décrites ou figurées, j'ai le total de 222 espèces positives observées sur le sol européen.

Si je cherche maintenant quelle est la répartition suivant les étages, tels que je les considère aujourd'hui, que mes recherches générales (1) sont déterminées relativement aux lignes de séparation des faunes qu'ils renfernent, je trouverai les résultats suivants dans l'ordre chronologique.

Étage sinémurien	31 espèces.
Étage liasien	35 espèces.
Étage toarcien	31 espèces.
Étage bajocien	31 espèces.
Étage bathonien	13 espèces.
Étage callovien	39 espèces.
Étage oxfordien	25 espèces.
Étage corallien	5 espèces.
Étage kimméridgien	12 espèces.
Étage portlandien	7 espèces.

Ainsi, sans avoir égard aux formes, je trouve que les espèces d'Ammonites sont restées en nombre à peu près égal dans les quatre étages sinémurien, liasien, toarcien et bajocien; qu'elles ont beaucoup diminué pendant l'étage bathonien, pour avoir leur maximum de développement numérique dans l'étage suivant callovien. De cet étage, on peut dire qu'elles

(1) Voyez introduction au *Prodrome de paléontologie universelle stratigraphique*, p. XXIX, § 39; et la 4e partie de mon *Cours élementaire de paléontologie et de géologie stratigraphique*.

ont toujours été en diminnant de nombre jusqu'à l'étage portlandien, le dernier des terrains jurassiques.

Je vais étudier comparativement, par étage, les espèces qui s'y trouvent, afin de voir quelles sont les espèces qui leur sont spéciales ou communes à plusieurs à la fois.

Ammonites de l'étage sinémurien, ou lias inférieur.

A. bisulcatus, Brug.
obtusus, Sow.
stellaris, Sow.
liasicus, d'Orb.
tortilis, d'Orb.
Conybeari, Sow.
kridion, Hehl.
Scipionianus, d'Orb.
Johnstoni, Sow. Torus, (d'Orb.)
raricostatus, Ziet.
ophioides, d'Orb.
Carusensis, d'Orb.
Birchii, Sow.
rotiformis, Sow.
* Æduensis, Desplaces (1).

A.* Landrioti, d'Orb.
Boucaultianus, d'Orb.
Charmassei, d'Orb.
Laigneletii, d'Orb.
Moreanus, d'Orb.
catenatus, Sow.
Sinemuriensis, d'Orb.
Sauzeanus, d'Orb.
Collenoti, d'Orb.
Sismondœ, d'Orb.
Phillipsii, Sow.
articulatus, Sow.
Nodotianus, d'Orb.
* planorbis, Sow.
* Aballoensis, d'Orb.
* Hagenowi, Dunker.

Jusqu'à présent, je ne connais aucune espèce de l'étage sinémurien se trouvant en même temps dans l'étage saliférien. Aucune non plus ne passe de l'étage sinémurien à l'étage liasien ; au moins n'en ai-je jamais rencontré ; il résulte de ces

(1) Les espèces marquées d'une *, sont indiquées dans notre *Prodrome de paléontologie stratigraphique*, et seront figurées au supplément.

circonstances que toutes les espèces que j'indique sont caractéristiques de leur étage.

Ammonites de l'étage liasien, ou lias moyen.

A. spinatus, Brug.
Maceanus, d'Orb.
Acteon, d'Orb.
Ægion, d'Orb.
planicosta, Sow.
Engelhardti, d'Orb.
margaritatus, Montfort.
Boblayei, d'Orb.
Maugenestii, d'Orb.
Valdani, d'Orb.
Regnardi, d'Orb.
lynx, d'Orb.
Coynarti, d'Orb.
Normanianus, d'Orb.
Grenouillouxi, d'Orb.
Taylori, Sow.
Guibalianus, d'Orb.
Buvignieri, d'Orb.

A. Loscombi, Sow.
Centaurus, d'Orb.
subarmatus, Yung.
armatus, Sow.
brevispina, Sow.
muticus, d'Orb.
Davæi, Sow.
Bechei, Sow.
Henleyi, Sow.
hybridus, d'Orb.
fimbriatus, Sow.
* Jamesoni, Sow.
* Bronnii, Roemer.
* Davidsoni, d'Orb.
* Jupiter, d'Orb.
* latecosta, Sow.
* acanthus, d'Orb.

Des *trente-cinq* espèces que je connais dans l'étage liasien, aucune, jusqu'à présent, ne s'est rencontré dans l'étage inférieur, pas plus que dans l'étage supérieur, ainsi donc toutes sont caractéristiques et pourront faire reconnaître l'étage sous toutes les formes minéralogiques qu'il présente.

Ammonites de l'étage toarcien, ou lias supérieur.

A. serpentinus, Schloth.
bifrons, Brug.

A. Requineanus, d'Orb.
Desplacei, d'Orb.

Comensis, de Buch (A. Thouarsensis, d'Orb.).
radians, Schloth.
Levesquei, d'Orb.
primordialis, Schloth.
Aalensis, Zieten.
annulatus, Sow.
Cornucopiæ, Young.
Jurensis, Zieten.
Hircinus, Schloth. (Germani, d'Orb.)
Torulosus, Schubler.
Capricornus, Schloth. (Dudressieri, d'Orb.).
Braunianus, d'Orb.
mucronatus, d'Orb.
Hollandrei, d'Orb.
communis, Sow.
heterophyllus, Sow.
Mimatensis, d'Orb.
sternalis, de Buch.
insignis, Schubler.
variabilis, d'Orb.
complanatus, Brug.
discoïdes, Zieten.
concavus, Sow.
* Zetes, d'Orb.
* Sabinus, d'Orb.
Calypso, d'Orb.
* acanthopsis, d'Orb.

Ce que j'ai dit, à l'égard des deux précédents étages, peut être répété pour celui-ci. C'est que, jusqu'à présent, aucune espèce n'ayant été rencontrée dans les étages inférieurs ou supérieurs, les *trente-et-une* espèces citées peuvent être considérées comme caractéristiques de l'étage liasien.

Ammonites de l'étage bajocien ou l'Oolite inférieure.

A. Truellei, d'Orb.
subradiatus, Sow.
Sowerbyi, Miller,
Murchisonæ, Sow.
cycloides, d'Orb. (Cadoniensis).
Niortensis, d'Orb.
interruptus, Brug. (Parkinsoni).
A. pygmæus, d'Orb.
Tessonianus, d'Orb.
Edouardianus, d'Orb.
Blagdeni, Sow.
Humpriesianus, Sow.
Brackenridgii, Sow.
Brongniartii, Sow.
Deslongchampsii, Defrance.

Garantianus, d'Orb.
polymorphus, d'Orb.
Martiusii, d'Orb.
ooliticus, d'Orb.
Pictaviensis, d'Orb.
Eudesianus, d'Orb.
Linneanus, d'Orb.
Cadomensis, Defrance.
zig-zag, d'Orb.
Caumontii, d'Orb.
Sauzei, d'Orb.
Defrancii, d'Orb.
Ger villei, Sow.
dimorphus, d'Orb.
* Lucretius, d'Orb.
discus, Sow.

Parmi les *trente espèces* que je connais dans l'étage bajocien, une seule, l'*Ammonites discus*, que M. Deslongchamps croit avoir trouvée dans cet étage, et qui est ordinairement spéciale à l'étage suivant, où je l'ai toujours rencontrée, vient offrir un fait de passage. Si, en effet, on vient à prouver que cette espèce s'est bien rencontrée dans l'étage bajocien, il n'y aurait plus que vingt-neuf espèces caractéristiques spéciales à l'étage bajocien.

Ammonites de l'étage Bathonien (ou grande oolite).

** A. discus, Sow.
linguiferus, d'Orb.
arbustigerus, d'Orb.
planula, Hehl.
Julii, d'Orb.
contrarius, d'Orb.
subdiscus, d'Orb.
A. Herveyi, Sow.
hecticus, Reinecke.
macrocephalus, Schloth.
bullatus, d'Orb.
microstoma, d'Orb.
* Subbackeriæ, d'Orb. (A. Backeriæ) (pars).

Je connais treize espèces d'Ammonites dans l'étage bathonien. Sur ce nombre, l'*Ammonites discus* s'étant rencontrée dans l'étage bojocien, et les *A. Herveyi*, *hecticus* et *macrocephalus* ayant été recueillies en même temps dans l'étage callovien, il ne reste plus que neuf espèces caractéristiques de l'étage bathonien. Peut-être, néanmoins, faudra-t-il réduire le nombre des espèces communes, car je n'ai pas la certitude que l'*A. macrocephalus* de l'étage bathonien, identifiée avec l'espèce de l'étage callovien, soit bien réellement identique.

Ammonites de l'étage callovien, ou *oxfordien inférieur.*

** A. Hecticus, Hartm.
** macrocephalus, Schloth.
** Herveyi, Sow.
Backeriæ, Sow.
cristagalli, d'Orb.
pustulatus, Haan.
lenticularis, Phillips. (A. Chamouseti, d'Or.).
Funiferus, Phillips (A. Galdrinus, d'Orb.).
lunula, Zieten.
Athleta, Phillips.
Pottingeri, Sow. (A. Chauvinianus, d'Orb.).
Anceps, d'Orb.
coronatus, Brug.
modiolaris, Lwyd.
timidus, Zieten.
Duncani, Sow.
Calloviensis, Sow.
tripartitus, Raspail.
A. viator, d'Orb.
refractus, Haan.
Adelæ, d'Orb.
Hommairei, d'Orb.
Lamberti, Sow.
Tatricus, Pusch.
Zignodianus, d'Orb.
Sutherlandiæ, Murchis.
Mariæ, d'Orb.
Sabaudianus, d'Orb.
Lalandeanus, d'Orb.
Babeanus, d'Orb.
arthriticus, Sow.
bipartitus, Zieten.
Baugieri, d'Orb.
Jason, Zieten.
Banksii, Sow.
* Ajax, d'Orb.
* Raspaillii, d'Orb.
* Villersensis, d'Orb.
* Œropus, d'Orb.

En ôtant des *trente-neuf* espèces connues dans l'étage callovien les trois premières espèces déjà citées, dans le précédent étage, et l'*A. tatricus* que je retrouve dans le suivant, il restera encore *trente-cinq espèces* bien distinctes, toutes caractéristiques de l'étage callovien. C'est dans cette faune qu'on trouve le maximum de développement numérique des Ammonites dans les terrains jurassiques.

Ammonites de l'étage oxfordien.

**A. tatricus, Pusch.
tortisulcatus, d'Orb.
cordatus, Sow.
alternans, Schloth.
plicatilis, Sow.
Eugenii, Raspail.
Arduennensis, d'Orb.
perarmatus, d'Orb.
canaliculatus, Munster.
crenatus, Bruguère.
Constantii, d'Orb.
Edwardsianus, d'Orb.
Toucasianus, d'Orb.

A. Goliathus, d'Orb.
Henrici, d'Orb.
Eucharis, d'Orb.
oculatus, Bean.
Erato, d'Orb.
Hermione, d'Orb.
* nux, d'Orb.
*Hersilia, d'Orb.
*Hyacinthinus, d'Orb.
*Doublieri, d'Orb.
Williamsoni, Phillips.
Marantianus, d'Orb.

A l'exception de l'*A. tatricus*, que j'ai recueillie simultanément dans l'étage callovien de Pas-de-Yeu (Deux-Sèvres), et dans l'étage oxfordien, toutes les autres, ou vingt-quatre espèces, sont bien caractéristiques de celui qui m'occupe.

Ammonites de l'étage corallien.

A. Cymodoce, d'Orb.
Radisensis, d'Orb.
Altenensis, d'Orb.

A. Rupellensis, d'Orb.
Achiles, d'Orb.

L'*A. Cymodoce*, se montrant simultanément dans cet étage et dans le suivant, il ne reste plus que quatre espèces bien tranchées, caractéristiques de l'étage corallien.

Ammonites de l'étage kimméridgien.

** A. Cymodoce, d'Orb.	A. Calisto, d'Orb.
Lallierianus, d'Orb.	Eudoxus, d'Orb.
longispinus, Sow.	mutabilis, Sow.
Yo, d'Orb.	Eumelus, d'Orb.
decipiens, Sow.	Eupalus, d'Orb.
Erinus, d'Orb.	orthocera, d'Orb.

A l'exception de l'*A. Cymodoce*, déjà citée dans l'étage corallien, et de l'*A. longispinus* que M. Royer dit avoir rencontrée dans l'étage portlandien, mais que j'ai invariablement recueillie dans l'étage kimméridgien seulement, toutes les autres Ammonites sont caractéristiques de ce dernier.

Ammonites de l'étage portlandien.

** A. longispinus, Sow.	A. gigas, Zieten.
giganteus, Sow.	rotundus, Sow.
Irius, d'Orb.	suprajurensis, d'Orb.
Gravesianus, d'Orb.	

Parmi ces espèces, l'*A. longispinus* fait exception, car un géologue l'a recueillie dans l'étage précédent ; mais c'est le seul fait, car l'espèce partout ailleurs est spéciale à l'étage kimméridgien, aussi je ne le regarde pas comme bien certain. Il ne resterait donc que six espèces caractéristiques de l'étage portlandien de France.

En résumé, on voit, dans les terrains jurassiques, se renouveler dix fois les espèces d'Ammonites au sein des mers. Ainsi donc les céphalopodes, comme les autres séries animales, sont divisés en dix faunes successives qui se sont remplacées l'une l'autre dans les terrains jurassiques.

Quant aux espèces qui ont été signalées, comme se trouvant dans deux étages à la fois, nous avons cherché à expliquer ailleurs de quelle manière cela pouvait se faire, sans que ces coquilles eussent vécu dans les deux étages(1).

N'ayant remarqué aucune différence bien tranchée dans les faunes respectives des différents bassins de France, relativement aux terrains jurassiques, je n'entrerai dans aucun détail à cet égard. Tout, au contraire, porterait à supposer, au moins pour les premiers étages, que les mers jurassiques communiquaient alors entre elles et ne formaient en Europe aucune mer circonscrite, comme nous les trouvons aujourd'hui.

Genre ANCYLOCERAS, d'Orb., 1842.

Hamites auctorum.

Coquille multiloculaire, spirale, enroulée sur le même plan, puis se projetant en une longue crosse. *Spire* régulière dans le jeune âge seulement, alors composée de tours peu nombreux, disjoints, très-séparés les uns des autres. Le dernier tour s'allonge, reste droit ou plus ou moins arqué sur une certaine longueur, puis se recourbe en crosse à son extrémité. La crosse, sans doute destinée à contenir l'animal, est dépourvue de cloisons. *Bouche* ronde, ovale, ou pourvue de pointes à son pourtour, formant une légère saillie intérieure. Lorsqu'elle est complète, elle est bordée de légères côtes, toujours plus rapprochées que les autres et alors sans tubercules, ou d'un bourrelet. *Cloisons* symétriques, divisées régulièrement en lobes très-inégaux, invariablement formées de parties impaires très-allongées (le lobe dorsal excepté), et de selles divisées en parties presque paires. Siphon toujours externe.

Rapports et différences. En tout semblables aux *Crioceras*

(1) Voyez *Paléontologie française, terrains crétacés*, t. I, p. 429.

par leurs tours disjoints, les *Ancyloceras* s'en distinguent, ainsi que des *Toxoceras*, par le dernier tour, qui, à un certain âge, se projette en crosse, comme chez les Scaphites. Les *Ancyloceras* diffèrent des *Scaphites* par leurs tours disjoints, au lieu d'être contigus, par leurs lobes formés de parties impaires, au lieu d'être formés de parties paires. Les *Hamites*, telles que je les considère, se séparent du genre Ancyloceras par le manque de spire régulière; ainsi l'on voit que des tronçons d'Ancyloceras peuvent se distinguer des Hamites, des Scaphites et des Baculites, par la présence de lobes formés de parties impaires.

Observations. La bouche, à l'état complet, ne paraît offrir ni prolongement, ni rétrécissement; elle est tout simplement renforcée et pourvue de côtes plus rapprochées et sans tubercules. J'ai dit que la crosse était toujours sans cloisons; c'est en effet ce que j'ai rencontré chez tous les individus que j'ai vus complets. Il faudrait donc croire que cette modification si remarquable tient à la forme de l'animal qui l'occupe. Quoi qu'il en soit, il reste à éclaircir, pour les genres pourvus de cette crosse, une question zoologique importante. L'animal ne forme-t-il cette crosse que lorsqu'il a atteint tout son accroissement, comme les *Cyprea* forment leur bourrelet, ou bien cette crosse existe-t-elle à tous les âges? Si l'animal ne construisait cette crosse qu'à l'état complet, toutes les coquilles seraient à peu près de même taille, ce qui n'est pas. Il faudrait donc admettre que l'animal, tant qu'il n'avait pas atteint sa taille, ne se faisait qu'une crosse provisoire, qu'il défaisait ensuite au fur et à mesure de son accroissement par une résorbtion intérieure, que l'on connaît chez d'autres mollusques. Dans le cas contraire, on serait obligé de croire que l'animal changeait de forme lorsqu'il avait atteint son accroissement, ce qui est peu probable, ou du moins peu en rapport avec ce que l'on sait des Céphalopodes à cet égard.

L'âge embryonnaire de l'A. *Agassizii*, que j'ai pu observer prouve, au moins pour cette espèce, que dans le tout jeune âge la coquille est formée de tours embrassants comme dans certaines espèces d'Ammonites, et qu'ensuite elle se projette en tours disjoints, cylindriques, comme on connaît les Ancyloceras.

Les *Ancyloceras* n'existent pas à l'état vivant. Dans les couches terrestres, ils ont commencé à se montrer au sein des terrains jurassiques, à l'époque de l'étage bajocien ou de l'oolite inférieure. De là, ils disparaissent dans toutes les couches supérieures de ces terrains et se retrouvent en très-grand nombre dans l'étage inférieur des terrains crétacés, l'étage néocomien, où, après avoir atteint le maximum, de leur développement numérique, ils disparaissent entièrement dans l'étage cénomanien, pour ne plus se montrer à la surface du globe.

Histoire. Ce genre, avant mes observations, avait été confondu avec les *Hamites*, dont il diffère essentiellement, comme on peut le voir aux caractères. Pendant longtemps, tous les tronçons à cloisons découpées, rencontrés dans les différents terrains, avaient été placés dans le genre *Hamite*, réceptacle de tout ce qu'on connaissait mal, ce genre n'ayant encore aucun caractère extérieur bien arrêté. De ce nombre, je puis citer l'*Hamites annulatus*, de M. Deshayes, qui est l'*Ancyloceras annulatus*, d'Orb., et beaucoup d'autres espèces.

Espèce de l'étage bajocien.

N° 253. Ancyloceras annulatus, d'Orb., 1841.

Pl. 225. Fig. 1-7.

Hamites annulatus. Deshayes, 1831. Coq. caractérist., p. 228, pl. 6, f. 5.

Ancyloceras annulatus, d'Orb., 1841. Paléont. franc., ter. crét., 1, p. 464.

Toxoceras obliquus, Baugier et Sauzé, 1843. Notice sur, 1, pl. 3, f. 17, 18.

A. costatus, Morris, 1846. Ann. et mag. nat. hist., vol. 15, p. 33, pl. 6, f. 4.

A. Walcotii, Morris, 1846, id., pl. 6, f, 5.

A. annulatus, d'Orb., 1849. Prodrôme de paléontologie stratigraphique, t. 1, p. 262, n° 40.

A. testâ elongatâ; anfractibus cylindricis; costis annularibus, numerosis, externè mucronatis, dorso interruptis.

Dimensions. Longueur, 9 à 10 centimètres.

Coquille allongée, à un ou deux tours cylindriques, très-séparés ; le dernier se projette en une partie très-peu arquée, qui se termine par une légère courbure en crosse. Tours presque cylindriques, à peine comprimés, ornés en travers de côtes transverses, droites, saillantes, grossissant jusqu'en dehors où elles sont interrompues au milieu du dos. Ces côtes sont variables suivant le point où elles sont : A l'extrémité de la spire, elles sont très-saillantes, droites, elles passent sans s'interrompre sur la région intérieure de la coquille, et sur la région externe, elles sont terminées par deux tubercules ; un peu plus loin, en allant vers la crosse de la coquille, les tubercules cessent, et les côtes sont seulement interrompues extérieurement, où il ne reste que le tubercule externe; arrivées à la partie projetée, les côtes deviennent obliques, elles s'effacent intérieurement et s'abaissent partout. Quand la bouche est entière elle se termine par de grosses côtes et un labre supérieur projeté en avant. *Cloisons* symétriques, formées de chaque côté d'un lobe divisé en parties impaires. Lobe dorsal plus large et un peu moins long que le lobe latéral supérieur, formé de deux branches pourvues de pointes. La selle dorsale deux fois aussi large que le lobe dorsal, divisé en deux paires de feuilles par un lobe accessoire de moitié du lobe latéral supérieur. Lobe latéral-supérieur étroit et long, avec deux courtes branches formées de quelques pointes seulement. Le lobe ventral avec une branche latérale.

Localité. Elle est spéciale à l'étage bajocien, et a été recueillie à Bayeux (Calvados), à Mougon, près de Niort, par M. Baugier et par moi. En Angleterre, elle se trouve à Bridefort.

Explication des figures. Pl. 225, fig. 1. Individu entier, dont j'ai la crosse et la spire. — Fig. 2, le même, vu sur le dos. — Fig. 3. Une tranche en dessus. — Fig. 4. Partie tuberculeuse, vue sur le dos. — Fig. 5. Coupe de la même. — Fig. 6. Coupe des premiers tours de spire. De ma collection.

N° 254. ANCYLOCERAS BISPINATUS, Baugier et Sauzé, 1843.

Pl. 225. Fig. 8-11.

Ancyloceras bispinatus (pars), Baugier et Sauzé, 1843. Notice sur quelques coq., p. 12, pl. 3, f. 4. (non pl. 4, f. 6-8.)

A. id., d'Orb., 1849. Prodrome de pal. stratig., 1, p. 262, n° 41.

A. testâ elongatâ; anfractibus compressis, transversim costatis; costis obliquis, externè bituberculatis, interruptis; tuberculis approximatis.

Dimensions. Longueur totale, 4 à 5 centimètres.

Coquille allongée, à un ou deux tours comprimés, assez grêles, ornée partout de côtes obliques, non interrompues sur la région ventrale, et pourvues sur toutes les parties, même à la crosse, de deux rangées de tubercules de chaque côté du dos, au milieu duquel elles sont interrompues; le dernier tour presque droit, projeté en crosse peu arquée.

Rapports et différences. Voisine de la précédente, cette espèce s'en distingue par ses côtes semblables sur tous les points, même à la crosse, pourvues de deux pointes externes, obliques et non interrompues sur la région ventrale.

Localité. Elle est propre à l'étage bajocien, et a été recueillie à Mougon, près de Niort (Deux-Sèvres), par MM. Baugier, Sauzé, et par moi.

Explication des figures. Pl. 225, fig. 8. Coquille entière, restaurée sur des échantillons de M. Baugier. — Fig. 9. Coupe supérieure d'un tronçon. — Fig. 10. Une partie, vue sur le dos. — Fig. 11. Une partie, vue sur la région ventrale. De ma collection.

N° 255. Ancyloceras subannulatus, d'Orb., 1849.

Pl 225. Fig. 12-15.

Ancyloceras annulatus, Baugier et Sauzé, 1843. Notice sur quelques coq., p. 12, pl. 3, f. 1-3 (non d'Orb., 1841).

A. testâ arcuatâ; anfractibus subcylindricis, transversim costatis; costis rectis, externè bituberculatis.

Dimensions. Longueur totale, 4 centimètres.

Coquille ovale, formée d'un tour très-lâche, et d'une crosse à peine moins courbée que le reste. Tours ornés partout de côtes transverses, non obliques, à peine interrompues sur la région ventrale; plus grosses sur la région dorsale, où elles ont deux pointes saillantes, et une interruption médiane.

Rapports et différences. De la même taille que l'espèce précédente, celle-ci est moins allongée, pourvue de côtes non obliques, droites, interrompues sur la région ventrale, et dont les tubercules externes sont plus éloignés les uns des autres.

Localité. MM. Baugier, Sauzé et moi, nous l'avons rencontré à Mougon, près de Niort, dans l'étage bajocien, où elle est rare.

Explication des figures. Pl. 225, fig. 12. Individu entier, dessiné d'après un échantillon de M. Baugier. — Fig. 13. Tranche d'un tour. — Fig. 14. Un tour grossi, vu sur le dos. — Fig. 15. Le même, sur la région ventrale. De ma collection.

N° 256. Ancyloceras Baugieri, d'Orb. 1849.

Pl. 226, fig. 1-4.

A testâ arcuatâ; anfractibus cylindricis, sublevigatis, externè costis unituberculatis.

Dimensions. Elle doit avoir 15 cent. de développement.

Coquille allongée ; crosse presque droite, un peu comprimée, presque lisse, néanmoins montrant des indices légères de côtes, surtout vers la région externe où elles se marquent et sont terminées par un seul tubercule de chaque côté du dos, l'intervalle étant très lisse. Cloison symétrique ornée de chaque côté de trois lobes formés de parties impaires. Lobe dorsal plus large et plus long que les autres, terminé par une énorme branche. Les deux premiers lobes sont presque égaux en longueur, seulement l'inférieur est le plus large. Le lobe auxiliaire est la moitié des autres.

Rapports et différences. Par ses tours lisses, avec un seul tubercule externe, aussi bien que par ses lobes exceptionnels, elle se distingue nettement des autres.

Localité. M. Baugier l'a recueillie à Mougon près de Niort, dans les couches de l'étage bajocien.

Explication des figures. Pl. 226, fig. 1. Tronçon de grandeur naturelle, avec des parties supposées. Fig. 2. Un tronçon vu en dessus. Fig. 3. Le même vu sur le dos. Fig. 4. Une cloison du même grossie. Dessiné par moi. Collection de M. Baugier.

N° 257. ANCYLOCERAS LEVIGATUS, d'Orb. 1849.

Pl. 226, fig. 5-7.

A. testâ elongatâ; anfractibus cylindricis levigatis.

Coquille probablement allongée ; nous n'en connaissons qu'un tronçon cylindrique, légèrement comprimé, entièrement lisse, sans aucun indice de côtes. Cloisons symétriques ornées de chaque côté d'un seul lobe formé de parties impaires ; lobe dorsal bien plus large, mais moins long que le lobe latéral, terminé de deux pointes. Selle dorsale énorme, divisée en deux doubles feuilles par un lobe accessoire, la moitié du lobe latéral. Lobe latéral unique. Ensuite une selle divisée en deux feuilles.

Rapports et différences. Quoique ne connaissant qu'un tronçon de cette espèce, nous n'avons pas balancé à la regarder comme une espèce distincte, caractérisée par son manque de côtes et ses lobes.

Localité. M. Baugier l'a recueillie à Mougon, près de Niort, dans l'étage bajocien.

Explication des figures. Pl. 226, fig. 5. Un tronçon de grandeur naturelle. Fig. 6. Le même, vu en dessus, avec ses lobes. Fig. 7. Une cloison grossie, dessinée par moi. De la collection de M. Baugier.

N° 258. ANCYLOCERAS NODOSUS, d'Orb. 1849.

Pl. 227, fig. 1-4.

A. testâ elongatâ ; anfractibus subcylindricis, compressis, levigatis, externè tuberculatis.

Nous n'en connaissons qu'un tronçon droit, provenant

probablement de la partie projetée. Il est légèrement comprimé, lisse, avec une série de tubercules de chaque côté du dos. Cloisons symétriques, formées d'un seul lobe de chaque côté, comme dans l'*A. annulatus*.

Rapports et différences. Voisine de l'*A. Baugieri* par son manque de côtes et par son unique rangée de pointes de chaque côté du dos, elle s'en distingue complètement par ses cloisons munies d'un seul lobe latéral au lieu de trois.

Localité. M. Baugier l'a découverte avec les espèces précédentes à Mougon, près de Niort, dans l'étage bajocien.

Explication des figures. Pl. 227, fig. 1. Un tronçon de grandeur naturelle. Fig. 2. Le même, vu sur la région dorsale. Fig. 3. Un tronçon, vu en dessus. Fig. 4. Un lobe grossi, dessiné par moi. De la collection de M. Baugier.

N° 259. ANCYLOCERAS SAUZEANUS, d'Orb. 1849.

Pl. 227, fig. 5-7.

A. testâ elongatâ; anfractibus cylindricis, internè levigatis, transversìm rugosis, externè costis obliquis, bituberculatis.

Nous connaissons un tronçon de cette espèce, mais bien caractérisé. Il est cylindrique, presque lisse sur la région ventrale, marqué seulement de légères rides transverses. Sur la région externe, il naît des côtes incertaines qui s'élèvent et sont terminées chacune par les deux tubercules qui règnent en série de chaque côté du dos.

Rapports et différences. Par les rides transverses de sa région interne, par le manque de côtes, ainsi que par ses deux rangées de tubercules de chaque côté du dos, cette espèce se distingue bien des autres.

Localité. M. Baugier l'a rencontrée à Mougon avec les espèces précédentes.

Explication des figures. Pl. 227, fig. 5. Un tronçon de grandeur naturelle. Fig. 6. Le même, vu sur le dos. Fig. 7. Tranche, vue en dessus avec ses lobes. De la collection de M. Baugier.

N° 260. ANCYLOCERAS RARISPINA, d'Orb. 1849.

Pl. 227, fig. 8-10.

Toxoceras rarispina, Baugier et Sauzé, 1843. Notice L. p. 11, pl. 3, fig. 19-20.

Testâ elongatâ, anfractibus cylindricis, levigatis, externè rarè tuberculatis.

Deux tronçons que nous connaissons sont lisses, légèrement comprimés, avec, de distance en distance, des tubercules de chaque côté de la région dorsale.

Rapports et différences. Si les tubercules sont constants sur de grandes longueurs, comme nous les avons vus sur des tronçons, cette espèce serait très distincte des autres.

Localité. Elle a été également recueillie par M. Baugier à Mougon, dans l'étage bajocien.

Explication des figures. Pl. 227, fig. 8. Un tronçon, vu de côté. Fig. 9. Le même, vu sur la région dorsale. Fig. 10. Coupe du dessus. De la collection de M. Baugier.

N° 261. ANCYLOCERAS OBLIQUUS, d'Orb., 1849.

Pl. 228. Fig. 1-5.

A. testâ elongatâ; anfractibus cylindricis, transversìm costatis; costis obliquis, externè bituberculatis; septis lateribus 3-lobatis.

Plusieurs tronçons que nous connaissons de cette espèce, sont caractérisés par le dernier tour peu arqué, cylindrique, orné en travers de côtes non interrompues sur la région ventrale, épaissies et très-obliques vers la région dorsale, où elles se terminent chacune par deux tubercules de chaque côté du dos. Cloisons symétriques, divisées de chaque côté en trois lobes, formés de parties impaires. Le lobe dorsal très-grand, a deux branches terminales; les deux lobes latéraux grêles, sont presque égaux, néanmoins le plus long est l'inférieur. Le lobe auxiliaire est très-petit.

Rapports et différences. Voisine, par sa forme et ses côtes, de l'*A. annulatus*, cette espèce s'en distingue par ses côtes non-interrompues sur la région ventrale, par deux tubercules constants, et surtout par ses cloisons toutes différentes.

Localité. Elle est encore de Mougon, où M. Baugier et moi l'avons recueillie.

Explication des figures. Pl. 228, fig. 1. Un tronçon de grandeur naturelle, avec la supposition de l'ensemble. —Fig. 2. Coupe du dessus. — Fig. 3. Un tronçon, vu sur le dos. — Fig. 4. Le même, vu sur la région ventrale. — Fig. 5. Une cloison dessinée par moi. De ma collection.

Espèces de l'étage battonien.

N° 262. Ancyloceras spinatus, Baugier et Sauzé, 1843.

Pl. 228. Fig. 6-9.

Ancyloceras spinatus, Baugier et Sauzé, 1843. Notice sur quelques coq., p. 14, pl. 4, fig. 9-11.

Id., d'Orb., 1847. Prod. de paléont. univ., étage 11, p. 19.

A. testâ elongatâ; anfractibus cylindricis, compressis, transversìm obliquè costatis, costis externè interruptis.

Un tronçon que nous avons étudié, et qui dépend de la partie projetée de la spire, près de la crosse, est presque droit, un peu comprimé, orné en travers de côtes très-obliques, espacées, non-interrompues sur la région ventrale, plus épaisses sur la région dorsale, où elles sont toutes interrompues.

Rapports et différences. Par le manque de tubercules saillants sur la région dorsale, cette espèce se distingue nettement des autres.

Localité. M. Baugier l'a rencontrée aux environs de Niort, dans l'étage bathonien, ou grande oolite.

Explication des figures. Pl. 228, fig. 6. Tronçon de grandeur naturelle. — Fig. 7. Une partie, vue sur la région dorsale. — Fig. 8. La même, sur la région ventrale. — Fig. 9. Tranche de la même. De la collection de M. Baugier.

N° 663. Ancyloceras Agassizii, d'Orb. 1847.

Pl. 228, fig. 10, 11.

Ancyloceras Agassizii, d'Orb. 1847. Prod. de Pal. univ. Etage 11, n° 20, t. 1, p. 297.

A. testâ tenui; anfractibus gracilibus, sublævigatis transversìm undatis.

Nous ne connaissons de cette espèce que les deux premiers tours de spire, remarquables par leur ensemble cylindrique, lisse avec seulement des ondulations transverses formant presque des côtes. Cet échantillon est d'autant plus curieux qu'il nous fait connaître le nucleus du genre, consistant en une petite ammonite globuleuse à tours embrassants qui se séparent et deviennent cylindriques.

Rapports et différences. Par ses côtes incertaines, par ses tours grêles, cette espèce se distingue nettement de toutes les autres.

Localité. M. Agassiz l'a découverte à Buchsiten, dans le canton de Soleure, dans la couche à *Ostrea acuminata*.

Explication des figures. Pl. 228. fig. 10. Coquille entière un peu grossie. Fig. 11. Le nucleus fortement grossi pour montrer comment la spire de cette espèce est dans l'âge embryonnaire. De ma collection.

N° 164. Ancyloceras tenuis, d'Orb. 1847.

Pl. 529. Fig. 1-4.

Toxoceras tenuis, Baugier et Sauzé, 1843, notice, etc., p. 15, pl. 4, fig. 3-5.

Ancyloceras tenuis, d'Orb. 1847. Prodrôme de Pal. univ. Étage 11, n° 18.

A. testâ gracilis, anfractibus cylindricis compressis, transversìm obliquè costulatis, costis tenuibus in dorso interruptis, subtuberculatis, internè evanescentibus.

Coquille grêle. La crosse seule que je connais, est formée d'un ensemble grêle subcylindrique, comprimé, avec des petites côtes nombreuses, très-obliques, arquées en avant, interrompues aux côtés du dos, où l'on remarque l'indice d'un léger tubercule; elles s'affaiblissent peu à peu sur la région ventrale où elles cessent tout-à-fait.

Rapports et différences. Par ses côtes serrées, petites, interrompues sur la région dorsale et sur la région ventrale, cette espèce est bien distincte des autres.

Localité. Elle est propre à l'étage bathonien ou grande oolite et a été recueillie à Niort (Deux-Sèvres), par M. Baugier.

Explication des figures. Pl. 529, fig. 1. Fragment de la crosse du dernier tour, de grandeur naturelle. Fig. 2. Le même, vu du côté du dos. Fig. 3. Le même, vu du côté ventral. Fig. 4. Coupe supérieure.

Espèces de l'étage callovien.

N° 265. ANCYLOCERAS TUBERCULATUS, d'Orb. 1847.

Pl. 229, fig. 5-8.

Toxoceras tuberculatus, Baugier et Sauzé, 1843. Mém. de la Soc. de stat. de Niort, p. 11, pl. 4, fig. 1, 2.

Ancyloceras tuberculatus, d'Orb., 1847. Prod. de Pal. univ. 1. Étage 12, n° 65.

A. testâ dilatatâ spirali; anfractibus compressiusculis, transversìm costatis; costis elevatis, subæqualibus, obliquis, externè encrassatis, tuberculatis in dorso interruptis, internè arcuatis subevanescentibus. Dorso subcanaliculato.

Dimensions. Développement connu, 10 centimètres.

Coquille comprimée. Partie spirale assez régulière, à tours lâches, très disjoints, subcylindriques, à peine comprimés, ornés en travers de fortes côtes obliques, très-saillantes, allant en grossissant et s'élevant d'une manière régulière, jusqu'aux côtés du dos où elles forment un léger tubercule et s'interrompent tout-à-coup, laissant au milieu une surface lisse, presque canaliculée; les côtes, au contraire, s'affaiblissent beaucoup sur la région ventrale où elles s'infléchissent en avant, tout en disparaissant presque entièrement. Cloisons formées de deux lobes latéraux de chaque côté.

Rapports et différences. Par ses côtes régulières, par la présence d'un seul tubercule sur les côtés, cette espèce se distingue facilement des autres espèces de l'étage callovien.

Localité. Elle est propre à l'étage callovien et a été recueillie aux environs de la Clappe (Basse-Alpes), à Sainte-Marguerite près de Gap (Hautes-Alpes), près de Niort (Deux-

Sèvres), par MM. Astier, Jaubert, Rouy, Baugier, et par moi.

Explication des figures. Pl. 229, fig. 5. Coquille de grandeur naturelle. Fig. 6. Un tronçon vu sur la région ventrale. Fig. 8. Coupe supérieure. De ma collection.

N° 266. ANCYLOCERAS CALLOVIENSIS, Morris, 1846.

Pl. 230, fig. 1-4.

Ancyloceras calloviensis, Morris, 1846. Ann. et mag. nat. hist., 5, pag. 32, pl. 6, fig. 3.

Id., d'Orb., 1849. Prodrôme de Paléont., 1, pag. 332, étage 12, n° 63.

A. testâ elongatâ; anfractibus compressiusculis, transversìm costatis; costis obliquis, elevatis, externè bituberculatis, internè subevanescentibus; dorso subcanaliculato.

Dimensions. Développement, 10 centimètres.

Coquille comprimée, à tours grêles, peu séparés; le dernier seulement se déroule en crosse, peu arqué; tours légèrement comprimés, ornés en travers de côtes obliques, saillantes, grossissant vers la région dorsale où sont deux tubercules espacés de chaque côté, séparés au milieu par un intervalle lisse légèrement concave; du second tubercule interne les côtes vont en s'abaissant vers la région ventrale où, sans cesser d'exister, elles s'atténuent beaucoup. Cloisons symétriques, formées de chaque côté de deux lobes latéraux peu divisés, égaux, séparés par deux selles bilobées.

Rapports et différences. Voisine de la précédente par sa compression, cette espèce s'en distingue par deux tubercules au lieu d'un seul de chaque côté de la région dorsale des tours de spire.

Localité. Elle caractérise l'étage callovien et a été recueillie aux Vants (Ardèche), à La Clappe (Basses-Alpes), à Noyen

(Sarthe), à Niort (Deux-Sèvres), par MM. de Malbos, Astier, de Lorière, Baugier et par moi.

Explication des figures. Pl. 230, fig. 1. Individu entier restauré. Fig. 2. Un tronçon, vu sur le dos. Fig. 3. Le même, vu sur la région ventrale. Fig. 4. Coupe transversale. De ma collection.

N° 267. Ancyloceras distans, Baugier et Sauzé, 1843.

Pl. 230. Fig. 5-8.

Ancyloceras distans, Baugier et Sauzé, 1843. Mém. de la Soc. de statist. de Niort, pag. 13, pl. 3, fig. 8.

Id., d'Orb., 1849. Prodrôme de Paléont. stratig., 1, pag. 332, n° 64.

A. testâ compressâ, gracili; anfractibus gracilibus, transversim costatis; costis distantibus, elevatis, externè interruptis, bispinosis.

Dimensions. Développement connu, 4 centimètres.

Coquille comprimée, à tours très grêles, distants, peu comprimés, ornés en travers de côtes très-espacées, saillantes, non interrompues sur la région ventrale, mais, vers la région dorsale, interrompues au tiers externe, où elles sont terminées par une saillie épineuse, et ont encore, comme suite, un tubercule isolé de chaque côté du dos.

Rapports et différences. Par son tubercule séparé de la côte et placé de chaque côté du dos, aussi bien que par ses côtes espacées, cette espèce se distingue facilement des autres.

Localité. Elle est propre à l'étage callovien, et a été recueillie à La Mothe-Saint-Héray, aux environs de Niort (Deux-Sèvres), par M. Sauzé et par moi.

Explication des figures. Pl. 230. Fig. 5. Individu de

grandeur naturelle. Fig. 6. Un tronçon, vu sur le dos. Fig. 7. Le même, vu sur la région ventrale. Fig. 8. Coupe transversale.

N° 268. ANCYLOCERAS NIORTENSIS, d'Orb.

Pl. 230, fig. 9-12.

Ancyloceras bispinatus, Baugier et Sauzé, loc. cit., p. 12, pl. 4, fig. 6-8 (non pl. 3, fig. 4).

A. testâ elongatâ; anfractibus cylindricis, rotundatis, transversim costatis; costis rectis, elevatis, externè bituberculatis, interruptis; internè elevatis.

Dimensions. Développement connu, 7 centimètres.

Coquille allongée; crosse cylindrique, ronde, peu arquée, ornée de côtes droites, très-élevées et tranchantes, non interrompues sur la région ventrale, où elles sont aussi élevées qu'ailleurs, portant, sur la région dorsale, deux tubercules, après le dernier desquels elles s'interrompent tout-à-fait.

Rapports et différences. Pourvue comme les *A. calloviensis* et *distans* de deux tubercules de chaque côté du dos, cette espèce se distingue des deux par ses côtes droites, très-saillantes sur la région ventrale, par ses tours ronds non comprimés, et de la dernière par le dernier tubercule dorsal non séparé de la côte.

Localité. L'espèce est propre à l'étage callovien, et a été recueillie aux environs de La Mothe-Saint-Héray, et de Niort, par MM. Baugier et Sauzé. C'est à tort que ces auteurs l'ont indiquée dans l'oolite inférieure et la grande oolite; c'est d'après une confusion d'échantillon. Celui que j'ai pour type, et le seul qui doit rester dans l'espèce, est bien de l'étage callovien.

Explication des figures. Pl. 230. Fig. 9. Tronçon de la

crosse, de grandeur naturelle. Fig. 10. Un tronçon, vu sur le dos. Fig. 11. Le même, vu sur la région ventrale. Fig. 12. Coupetransversale.

Résumé géologique sur les Ancyloceras.

Je connais, jusqu'à présent, du genre Ancyloceras, dans les terrains jurassiques 16 espèces ainsi réparties :

Espèces de l'étage bajocien ou de l'Oolite inférieure.

A. annulatus, d'Orb.
bispinatus, Baug. et Sauzé.
subannulatus, d'Orb.
Sauzeanus, d'Orb.
obliquus, d'Orb.
A. Baugieri, d'Orb.
levigatus, d'Orb.
nodosus, d'Orb.
rarispina, d'Orb.

Espèces de l'étage bathonien, ou de la grande Oolite.

A. spinatus, Baug. et Sauzé.
tenuis, d'Orb.
A. Agassizii, d'Orb.

Espèces de l'étage callovien, ou de l'oxfordien inférieur.

A. tuberculatus, d'Orb.
distans, Baugier et Sauzé.
A. *calloviensis*, Morris.
Niortensis, d'Orb.

En résumé, les Ancyloceras des terrains jurassiques sont parfaitement caractérisés et distincts suivant les étages géologiques où ils se trouvent répartis. On les trouve, à la fois, dans les Alpes, en Angleterre, et dans le sud-ouest de la France, partout où il y a eu des dépôts littoraux bien caractérisés.

Genre Toxoceras, d'Orb., 1842.

Coquille multiloculaire, non spirale, représentant une corne oblique, plus ou moins arquée, sans l'être assez pour jamais former de spirale. C'est un simple cône renversé et arqué, croissant régulièrement, depuis le commencement jusqu'à la fin. Cavité supérieure aux cloisons occupant une grande surface. *Bouche* ovale, comprimée ou ronde, toujours entière et souvent oblique, saillante au bord interne. *Cloisons* symétriques, divisées régulièrement en six ou en huit lobes inégaux, invariablement formés de parties impaires. *Siphon* continu, toujours dorsal.

Rapports et différences. Les *Toxoceras* qui ont des *Crioceras* les caractères intérieurs de lobe et la même forme à tous les âges, en diffèrent par leur ensemble trop peu arqué pour jamais représenter un tour de spire, et ayant tout au plus la figure d'une corne plus ou moins courbe. Entier, ce genre est facile à distinguer des *Hamites*, des *Scaphites* et des *Baculites*, par sa courbure régulière peu prononcée. A l'état de tronçon, on le reconnaît encore à ses lobes formés de parties paires dans les genres *Hamites*, *Scaphites*, *Ptychoceras* et *Baculites*. Les côtes, les lignes d'accroissement à peine obliques des *Toxoceras* les distinguent, en quelque état qu'ils se trouvent, des tronçons de Baculites, dont les lignes d'accroissement sont toujours très-obliques, sinueuses, et représentant, à quelques égards, la courbure remarquable des bouches entières de ce dernier genre.

Observations. La bouche, dans les Crioceras, paraît être formée par un bourrelet, dont les grosses côtes extérieures viennent représenter les différens âges. Chez les Toxoceras, la bouche paraît avoir été la même, et les côtes plus saillantes, où les sillons transverses espacés ont dû, sans aucun doute, être la bouche des diverses périodes de l'accroissement.

Les *Toxoceras*, comme tous les autres genres de la famille des Ammonidées, ne vivent plus au sein des mers, ils sont ensevelis dans les couches terrestres. Si je scrute les faunes propres aux diverses formations, je n'en trouverai aucune trace dans les terrains paléozoïques, dans les terrains triasiques. Les *Toxoceras* ont paru pour la première fois sur le globe en même temps que les *Ancyloceras*, les *Helicoceras*, avec l'étage bajocien des terrains jurassiques, mais ont eu leur maximum de développement avec l'étage néocomien des terrains crétacés. Ils ont cessé d'exister avec cet étage, puisqu'on n'en trouve pas de traces dans les étages supérieurs des terrains crétacés.

N° 269. TOXOCERAS ORBIGNYI, Baugier et Sauzé, 1843.

Pl. 231.

Toxoceras Orbignyi, Baugier et Sauzé, 1843. Notice sur quelques coquilles, p. 6, pl. 1, fig. 1-4.

T. æqualicostatus, Baugier et Sauzé, 1843, *id.*, p. 8, pl. 2, fig. 4-7.

T. Orbignyi, d'Orb., 1849, Prodrome de Pal. strat., 1, p. 262, n° 42.

A. testâ elongatâ; arcuatâ, compressâ, transversim costatâ; costis inæqualibus, flexuosis, externè bituberculatis; septis lateribus bilobatis.

Dimensions. Longueur connue, 18 centimètres.

Coquille allongée, très-arquée, en corne comprimée, ornée en travers de côtes plus ou moins régulières, droites ou légèrement obliques, s'effaçant presque en entier en s'infléchissant en avant sur la région ventrale, mais au contraire devenant plus fortes sur la région dorsale où chacune est armée de deux pointes; puis elles s'interrompent au milieu du dos qui est lisse. *Bouche* pourvue d'une saillie inférieure, comprimée. *Cloisons* symétriques, ornées de chaque côté, de deux lobes formés de parties impaires. Lobe dorsal plus court et aussi large que le lobe latéral-supérieur, orné latéralement de trois branches. Selle dorsale énorme, divisée en deux parties égales par un lobe auxiliaire presque aussi long que le lobe dorsal ; lobe latéral-supérieur très-grand, pourvu de deux branches latérales de chaque côté indépendamment de la branche terminale. Lobe latéral-inférieur le quart du lobe latéral-supérieur et la moitié plus court que le lobe auxiliaire. Lobe ventral aussi long que le lobe dorsal, pourvu de cinq branches.

Observations. MM. Baugier et Sauzé ont cru devoir séparer de leur *T. Orbignyi*, le *T. æqualicostatus*, parce qu'il a les côtes régulières, et les lobes un peu différents. J'ai sous les yeux les types des deux espèces, et un grand nombre d'échantillons ; tous ces matériaux m'amènent à une conclusion opposée. La régularité des côtes ne me paraît pas arrêtée entre ces individus, car je trouve les deux caractères souvent réunis chez le même échantillon, et sans aucun doute que ces différences rentrent dans les limites de l'espèce. Pour la différence observée dans les lobes, elle me paraît encore rentrer dans les mêmes limites de variétés. On peut voir par les cloisons normales, pl. 231, fig. 5, que le lobe auxiliaire est tellement développé qu'il a été pris pour le lobe latéral-supérieur ; lorsque des individus l'ont encore un peu plus grand, il paraît être aussi long que le lobe latéral-supérieur ; mais ce caractère exceptionnel se trouve aussi bien que les cloisons normales, sur des individus à côtes régulières ou non, et n'est pas spécial à l'un en particulier. J'en conclus que ce n'est qu'une variété accidentelle.

Rapports et différences. Par les côtes simples à deux tubercules latéraux, cette espèce se distingue facilement des deux autres.

Localité. Elle caractérise l'étage bajocien ou de l'oolite inférieure. MM. Baugier, Sauzé et moi, nous l'avons rencontrée à Mougon et dans la vallée de Lambon, entre Thorigné et Vitré (Deux-Sèvres), elle y est très-abondante. Je l'ai encore recueillie à Chaudon (Basses-Alpes).

Explication des figures. Pl. 231, fig. 1. Individu à côtes irrégulières, de grandeur naturelle.—Fig. 2. Tronçon, vu sur le dos. — Fig. 3. Tronçon vu sur le ventre. — Fig. 5. Une cloison grossie, dessinée d'après nature. — Pl. 232, fig. 1. Coquille de la variété à côtes régulières, espacées. — Fig. 2. Variétés à côtes serrées et un peu obliques. De ma collection.

N° 270. TOXOCERAS CYLINDRICUS, Baugier et Sauzé, 1843.

Pl. 232, fig. 3-6.

Toxoceras cylindricus, Baugier et Sauzé, 1843. Loc. cit., p. 10, pl. 2, fig. 8-10.

A. testâ cylindricâ, rotundatâ, transversìm costulatâ; costis approximatis, annulatis, externè interruptis, internè attenuatis; flexuosis.

Coquille cylindrique, peu arquée, à peine comprimée, ornée en travers de très-petites côtes entières, égales, très-rapprochées, non tuberculeuses, et presque interrompues sur une petite surface du milieu du dos, très-atténuées et flexueuses en avant sur la région ventrale. Bouche arrondie.

Observations. En plaçant cette espèce dans le genre *Toxoceras* il me reste des doutes. Son ensemble est oblique, et pourrait annoncer un tronçon d'*Helicoceras*. Il reste à savoir si cette déviation de la forme symétrique dépend d'une déformation ou de l'état normal. Comme on ne connaît encore qu'un seul échantillon, il faut attendre la découverte de quelques autres pour faire cesser les doutes.

Rapports et différences. Elle se distingue de toutes les autres par ses petites côtes annulaires rapprochées.

Localité. Elle a été découverte par M. Baugier, dans l'étage bajocien de Mougon (Deux-Sèvres).

Explication des figures. Pl. 232, fig. 3. Tronçon de grandeur naturelle. — Fig. 4. Le même, sur la région dorsale.— Fig. 5. Le même, sur la région ventrale.

N° 271. TOXOCERAS BAUGIERI, d'Orb. 1850.

Pl. 233. Fig. 1-4.

T. testâ arcuatâ, compressâ, transversim inæqualiter costatâ; costis inæqualibus, externè bituberculatis, anastomosis.

Coquille allongée, très-arquée, en corne comprimée, ornée en travers de côtes inégales, droites, atténuées et infléchies en avant sur la région ventrale, épaisses vers la région dorsale sur le côté de laquelle chacune forme un premier tubercule; de là elles s'effacent, ou s'infléchissent pour se réunir irrégulièrement deux par deux à un second tubercule plus élevé que le premier placé de chaque côté du dos, où les tubercules ne sont pas régulièrement placés comme aux autres espèces. Bouche comprimée, saillante à la région ventrale.

Rapports et différences. L'irrégularité des côtes qui s'anastomosent au tubercule externe, caractère que je ne trouve chez aucun autre échantillon de *T. Orbignyi*, m'ont fait l'en séparer comme espèce distincte.

Localité. Il a été recueilli par M. Baugier, dans l'étage bajocien de Mougon (Deux-Sèvres).

Explication des figures. Pl. 233, fig. 1. Coquille de grandeur naturelle. Fig. 2. Un tronçon vu sur le dos. Fig. 6. Le même, vu sur la région ventrale. Fig. 4. Coupe supérieure.

Espèces de l'étage bathonien.

N° 272. TOXOCERAS GARANI, Baugier et Sauzé, 1843.

Pl. 233. Fig. 5-8.

Toxoceras Garani, Baugier et Sauzé, 1843. Notice, etc, p. 9, pl. 2, fig. 1-3.

Id. d'Orb. 1849. Prodrome de Paléont. stratig., 1. Étage 11, n° 17.

T. testâ elongatâ, arcuatâ, compressâ, transversìm costulatâ; costis inæqualibus, arcuatis, flexuosis, externèque interruptis.

Coquille allongée, très arquée, grêle, un peu comprimée, ornée en travers de petites côtes serrées, inégales, infléchies en avant, coudées au milieu, puis infléchies de nouveau en arrière, de manière a représenter des chevrons brisés. Elles s'atténuent et disparaissent sur les côtés du dos, et sur la région ventrale. Bouche peu comprimée.

Rapports et différences. Cette espèce se distingue de toutes les autres par ses côtes sans tubercules, en chevrons sur les côtés.

Localité. M. Sauzé l'a découverte à La Mothe-Saint-Héray (Deux-Sèvres), dans l'étage bathonien, ou de la grande oolite.

Explication des figures. Pl. 233, fig. 5. Coquille de grandeur naturelle. Fig. 6. Un tronçon, vu sur le dos. Fig. 7. Le même, vu sur la région ventrale. Fig. 8. Coupe supérieure. De ma collection.

Résumé géologique sur les Toxoceras.

Nous connaissons jusqu'à présent quatre espèces dans les terrains jurassiques; dont trois dans l'étage bajocien et une dans l'étage bathonien.

Genre HELICOCERAS, d'Orb. 1842.

Coquille multiloculaire, spirale, enroulée obliquement. Spire sénestre ou dextre, composée de tours arrondis, disjoints, dès lors entièrement séparés les uns des autres. Bouche entière, ovale. Cavité supérieure à la dernière cloison, occupant une grande partie du dernier tour de spire. Elles sont divisées comme celles des Turrilites. Siphon supérieur.

Rapports et différences. Les *Helicoceras*, tout en ayant l'enroulement spiral oblique, de même que les *Turrilites*, s'en distinguent par ce caractère singulier, que les tours de spire sont tout-à-fait disjoints et libres. En un mot, les *Helicoceras* sont aux *Turrilites* ce que sont les *Crioceras* relativement aux *Ammonites*, les premiers à tours enroulés obliquement, les derniers à tours enroulés sur le même plan.

Je connais de ce genre treize espèces; les premières de l'étage bajocien, deux de l'étage néocomien, huit de l'étage albien et deux de l'étage sénonien.

N° 273. Helicoceras Teilleuxii, Baugier et Sauzé, 1843.

Pl. 234.

Helicoceras Teilleuxi, Baugier et Sauzé, 1843. Notice etc., pag. 15, pl. 3, fig. 11-16.

Id., d'Orb., 1849. Prodrôme de Paléontologie stratigraphique, tom. 1, étage 10e, n° 45.

H. testâ depressâ; anfractibus subrotundatis, transversìm costatis; costis æqualibus, internè attenuatis, externè incrassatis, interruptis.

Coquille déprimée; spire senestre, formée de tours lâches, très-disjoints, ronds, ornés en travers de côtes simples, plus ou moins espacées, égales, régulières, atténuées sur la région interne, mais s'épaississant sur la région externe, où elles s'interrompent sans former de tubercules sur les côtés du dos, en laissant entre elles un espace légèrement déprimé et lisse. Ombilic large, bouche ronde.

Cette espèce varie suivant les échantillons, mais seulement par le plus ou moins d'éloignement des côtes.

Localité. MM. Baugier et Sauzé ont découvert cette jolie espèce dans l'étage bajocien de Mougon et de Celles (Deux-Sèvres).

Explication des figures. Pl. 234. Fig. 1. Coquille entière, de grandeur naturelle. Fig. 2. La même, vue du côté de la bouche. Fig. 3. La même, vue du côté du dos. Fig. 4. La même, grossie pour montrer les détails. Fig. 5. La même, vue du côté de la bouche. Fig. 6. La même, vue sur le dos. Fig. 7. Un autre individu de grandeur naturelle. Fig. 8. Le même, vu sur le dos. Fig. 9. Le même, vu sur la région ventrale. Fig. 10. Un autre tronçon, de grandeur naturelle.

RÉSUMÉ GÉOLOGIQUE

SUR LES CÉPHALOPODES DES TERRAINS JURASSIQUES.

J'appelle *terrains jurassiques* toute la succession d'étages et de couches qui occupe l'intervalle compris entre les marnes irisées, derniers dépôts triasiques, et l'étage néocomien, premier membre des terrains crétacés. En limitant ainsi les terrains jurassiques, comme l'ont fait MM. Dufrénoy et Élie de Beaumont, dans leur carte géologique de la France, j'y réunis, comme ces savants, tous les dépôts depuis et y compris les grès du lias des auteurs, jusqu'à l'étage portlandien inclusivement. Circonscrits de cette manière, les terrains jurassiques forment un ensemble régulier nettement séparé des terrains inférieurs et supérieurs par toutes les considérations stratigraphiques et paléontologiques qui, sur tous les points, offrent l'accord le plus parfait dans leurs résultats généraux.

Division des terrains jurassiques en étages.

Beaucoup de divisions ont déjà été proposées pour les terrains jurassiques, les unes déduites des caractères minéralogiques des couches, les autres basées sur la présence de tel ou tel fossile dominant. Je ne chercherai pas à discuter ici la valeur des coupes établies dans les méthodes; toutes, lorsqu'elles sont dues à l'observation immédiate, et non aux idées théoriques, offrent des faits partiels ou généraux d'un grand intérêt; mais lorsqu'il s'agit de les coordonner, on se trouve de suite arrêté. Comment grouper des faits basés sur la composition minéralogique seulement quand on a vu, par l'étude des causes actuelles, que ces limites sont tout-à-fait illusoires (1). D'un autre côté, comment oser se fier aux nomenclatures des fossiles indiquées dans une série quelconque de couches, quand on voit la détermination de ces fossiles si légèrement faite par les auteurs qu'il faut souvent en retrancher la moitié. Il devient donc impossible, dans l'état actuel des choses, d'établir une concordance parfaite entre les éléments hétérogènes inscrits dans les annales de la science géologique. Devant ces difficultés insurmontables je n'ai trouvé qu'une solution possible, c'était d'interroger la nature elle-même. Dès mes premières observations sur le sol de la France, j'ai reconnu qu'en remontant ou descendant la série des couches, je trouvais partout la même succession d'êtres fossiles cantonnée dans les mêmes limites de hauteur géologique, quelle que fût, du reste, la composition minéralogique des couches qui les renferment. J'ai également reconnu que le caractère minéralogique des couches n'avait servi qu'à tromper les observateurs en leur faisant voir quelquefois des parallélismes imaginaires, puisque les couches ferrugineuses d'un côté de la France contenaient de l'autre des faunes tout-à-fait distinctes et pourtant identifiées, tandis que les mêmes faunes fossiles se trouvaient, au contraire, sur des niveaux identiques dans des couches de natures minéralogiques différentes et au contraire souvent séparées. Je me suis alors attaché à suivre les horizons paléontologiques partout où ils se trouvaient, pour m'assurer s'ils dépendaient d'une époque marquée ou d'un simple facies local déterminé par les circonstances côtières ou pélagiennes des dépôts que j'avais préalablement étudiés (2). Après avoir rencontré sur tous les points de la France : au nord, au sud, à l'est et à l'ouest, en Provence comme en Normandie,

(1) Voyez *Cours élémentaire de Paléontologie et de Géologie stratigraphiques*, p. 81 et suivantes.

(2) Voyez *Cours élém. de Paléont. et de Géologie stratigraphiques.*

dans les Ardennes comme dans la Vendée, partout les mêmes résultats, et n'avoir marché pendant quinze années que de confirmations en confirmations, sans trouver un seul fait contradictoire, j'ai enfin acquis la certitude que les terrains jurassiques s'y divisent nettement en dix zones ou étages superposés, aussi bien limités par les faunes respectives qu'ils renferment que par les lignes de démarcation stratigraphiques relevées sur tous les points. Je les ai suivis l'un après l'autre au pourtour des bassins en France et en dehors; j'ai reconnu qu'ils ne se confondent sur aucun point et qu'ils représentent bien autant d'époques géologiques distinctes se succédant les unes aux autres dans un ordre constant et régulier. Ce fait acquis, il s'agissait ensuite de s'assurer positivement si ces différents étages tranchés sur notre sol, étaient le résultat d'une série de circonstances locales propres à la France, ou s'ils dépendaient de faits généraux marqués sur tous les points du globe à la fois. J'avais heureusement des moyens d'arriver à cette dernière résolution.

Les recherches exécutées en Russie par MM. Murchison, de Verneuil, de Keyserling et Hommaire de Hell, m'ont mis à portée de reconnaître, par les faunes renfermées dans les terrains jurassiques de ces contrées, étudiées comparativement avec celles de la France, que de la Crimée jusqu'à Moscou, et de ce point jusqu'au nord de l'Oural, les membres plus ou moins nombreux des terrains jurassiques observés en Russie, dépendaient tous, par leurs faunes respectives, de nos étages français. Il en est de même de l'Angleterre et de l'Allemagne où se trouve la continuation des mêmes anciens bassins qu'en France. Les fossiles des terrains jurassiques de l'Amérique méridionale, recueillis par MM. Darwin et Domeïko, m'ont amené aux mêmes résultats, ainsi que ceux de la province de Cutch dans les Indes-Orientales. En effet ces points isolés, placés à des distances immenses les uns des autres, offrent avec nos étages français, non-seulement des caractères communs dans l'ensemble de leurs faunes, mais souvent encore quelques espèces identiques qui prouvent leur parfaite contemporanéité. Ces confirmations lointaines qui, pour les terrains jurassiques, venaient corroborer mes observations, me donnaient en même temps la certitude que toutes les causes de séparation des étages ont été générales. Après ces confirmations il pouvait d'autant moins me rester de doutes sur la valeur des étages tels que je les envisageais, que tous les points intermédiaires, en Angleterre et en Allemagne, en montraient la continuation exacte. J'ai dû alors les adopter par la double raison qu'ils n'ont rien d'arbitraire et sont, au contraire, l'expression des divisions que la nature a tracée à grands traits sur le globle entier.

Ces divisions, en commençant par les plus inférieures, sont les suivantes : Étages *sinémurien*, *liasien*, *toarcien*, *bajocien*, *bathonien*, *callovien*, *oxfordien*, *corallien*, *kimméridgien* et *portlandien*. On verra par la synonymie de chacun en particulier que plusieurs avaient été parfaitement sentis, surtout par les géologues anglais, qui ont toujours tenu plus de compte des caractères paléontologiques dans leurs divisions de terrains; tandis que ces divisions, souvent méconnues ailleurs par suite de préocupations minéralogiques et du peu de valeur qu'on accordait aux fossiles, ont amené beaucoup de rapprochements erronés avec les coupes anglaises, ou beaucoup de divisions purement locales.

On trouvera peut-être ces divisions trop nombreuses; mais, comme je viens de le dire, elles sont l'expression des limites tracées par la nature et n'ont rien d'arbitraire. Elles ont encore toutes une égale valeur et sont toutes aussi importantes.

Il faut alors ou les adopter toutes sans exception, ou les supprimer entièrement, pour ne faire des diverses époques qui se sont succédées dans les terrains jurassiques qu'un seul tout, ce qui serait trop monstrueux. Il est certain que les étages tels que les donnent la superposition rigoureuse et les limites des faunes qu'elles renferment, sont aussi tranchés dans les terrains jurassiques que le sont, par exemple, les étages silurien, devonien et carboniférien dans les terrains paléozoïques.

On verra par la nomenclature adoptée dans la terminologie des noms d'étages que j'ai voulu pour les terrains jurassiques, comme je l'ai déjà fait pour les terrains crétacés, prendre des noms tirés des lieux où l'étage se trouve le mieux développé, afin de faire cesser cette nomenclature embrouillée tirée de la composition minéralogique locale, si variable suivant les lieux, et des fossiles dominants sur un point, qui peuvent manquer ailleurs. Voici, du reste, cette synonymie pour tous les étages, en commençant par les plus inférieurs (1).

1er Étage : sinémurien. D'Orb.. J'ai fait dériver ce nom de la ville de Semur (*Sinemurium*), où se trouve le meilleur type, un gisement que je puis regarder comme *étalon*, c'est-à-dire pouvant toujours servir de point de comparaison. C'est la zone de l'*Ostrea arcuata*, de l'*Ammonites bisulcatus*. Je connais jusqu'à présent 175 espèces caractéristiques, citées dans le *Prodrôme de paléontologie stratigraphique universelle*, t. 1, *étage septième*. Voici sa synonymie d'après les différents dérivés.

Suivant la position, c'est le *lias inférieur*, d'Orb., 1842

(1) Le cadre de cet ouvrage ne me permettant pas de donner de l'extension aux considérations géologiques spéciales, je renvoie pour les détails de stratification, pour l'extension géographique des étages, à la quatrième partie du *Cours élém. de Paléont. et de Géologie stratigraphiques*.

(le *lower-lias-shale*, Phillips; l'*infra-lias*, Moreau, Leymerie, etc.)

Suivant les fossiles, c'est le *calcaire à Gryphée arquée*, Thurmann, Dufrénoy et Élie de Beaumont; le *calcaire à griphytes*, de Charbant; le *gryphiten kalck*, Rœmer).

Suivant la composition minéralogique, c'est le *grès infraliasique*, Dufrénoy et Élie de Beaumont; le *grès du Luxembourg*, d'Omalius; le *grès liasique*, Terquiem; le *quader-sand-stein* (partie) des Allemands; le *calcaire de Valognes*, de Caumont; le *lias kalk*, le *lias sandstein*, de Rœmer, etc.

2e Étage : LIASIEN, d'Orb. J'ai conservé ce nom pour rappeler celui de *lias* donné primitivement par les Anglais et généralement adopté; c'est, avec la terminaison uniforme adoptée, un dérivé analogue à celui de *carboniférien*, de *falunien*, etc. Le type en France est à Landes, à Vieux-Pont (couches inférieures seulement) (Calvados); entre Avallon et Wassy (Yonne), à Nancy (Meurthe), etc. C'est la zone de l'*Ostrea cymbium*, de l'*Ammonites margaritatus*. Je connais 285 espèces caractéristiques, citées dans le *Prodrôme de paléontologie stratigraphique*, 8e étage. Voici sa synoymie d'après les différents dérivés.

Suivant la position stratigraphique, c'est le *lias moyen*, d'Orb., 1842; le *lias supérieur* (partie), Gressly; l'*upper-lias-shale*, de Phillips.

Suivant les fossiles. C'est le *calcaire à Bélemnites*, Simon, Terquiem; le *Belemniten mergel*, Mérian; le *Belemniten schichte*, Rœmer. Ce sont les *marnes à Gryphea cymbium*, Moreau.

Suivant la composition minéralogique, ce sont les *schistes du lias*, Mandelsloh; l'*Ironstone*, le *Marlstone*, Phillips; les *marnes grises micacées*, les *marnes grasses*, les *marnes feuilletées*, Terquiem.

3e ÉTAGE: TOARCIEN, d'Orb. Ce nom est dérivé de la ville de Thouars (*Toarcium*), Deux-Sèvres, où l'on ne trouve que cet étage sur les roches azoïques; où il a le plus beau développement en France, et peut être regardé comme point type, point étalon. C'est la zone du *Lima gigantea*, et de l'*Ammonites bifrons*. Je connais 287 espèces caractéristiques, mentionnées dans mon *Prodrôme de paléontologie stratigraphique universelle*, t. 1, étage 9e. Voici la synonymie, d'après les différents dérivés.

Suivant la position stratigraphique, c'est le *Lias supérieur*, d'Orbigny, 1842; l'*Upper-lias* (partie), Phillips.

Suivant les fossiles, c'est le *Possidonien-Schiefer*, Roemer.

Suivant la composition minéralogique; c'est l'*Oolite ferrugineuse*, Thurmann, mais non celle des Normands. Ce sont les *marnes supérieures du Lias*, Élie de Beaumont; le *grès supraliasique*, Simon; le *lias E.*; le *Brauner Jura* (partie) Jura brun, Quenstedt; les *marnes bitumineuses sans bitume*, les *schistes bitumineux*, Charbant, etc.

4e ÉTAGE: BAJOCIEN, d'Orb. Le nom est dérivé de la ville de Bayeux (*Bajoce*), Calvados, où se trouve le plus beau type français, le point étalon, en tout semblable à celui de Dundry, où se trouve le type anglais. Zone de la *Trigonia costata* de l'*Ammonites interruptus*, Brug. (*Parkinsoni*, Sow.). Je connais dans cet étage 602 espèces citées dans mon *Prodrôme de paléontologie stratigraphique universelle*, t. 1, étage 10e. Voici la synonymie, d'après les différents dérivés.

Suivant les fossiles, c'est le *calcaire à entroque*, de Bonnard, Moreau; le *calcaire à polypiers*, Marcou, mais non celui des Normands.

Suivant la composition minéralogique, c'est l'Oolite inférieure, d'Orbigny; l'*inferior oolite*, Sowerby; l'*Oolite infé-*

rieure; ce sont les *marnes de Port-en-Bessin*, Dufrénoy et Élie de Beaumont; la *Cave-oolite*, le *Gray-limestone*, Phillips.; l'*Oolite ferrugineuse* des Normands, Thiria, mais non celle de M. Thurmann; l'*oolite de Bayeux* (partie), Simon; le *Fuller's-Earth*, Morris, Thiria; la *terre à foulon*, et les *marnes à foulon*, des géologues français; les *marnes interoolitiques*, Boyé; le *Dogger*, l'*unterer oolite*, Roemer; le *calcaire lœdonien*, le *calcaire à polypiers*, et les *marnes vésuliennes*, Marcou; le *brauner-Jura* (partie), (Jura brun), des Allemands, Quenstedt.

5e ÉTAGE: BATHONIEN, d'Omalius. M. d'Omalius d'Halloy à établi ce nom pour la grande oolite des environs de Bath, en Angleterre. En France, je trouve le type côtier avec l'*Ammonites bullatus*, à Mansigny (Vendée), à Saint-Maixent (Deux-Sèvres), à Veselay (Yonne); le type sous-marin se montre à Luc, à Ranville (Calvados), à Marquise (Pas-de-Calais), à Ancliff (Angleterre), avec le *Terebratula digona*, l'*Ostrea acuminata*. Je connais de cet étage 532 espèces citées dans le *Prodrôme de paléontologie stratigraphique universelle*, t. 1, étage 11e. Voici la synonymie, d'après les divers dérivés.

Suivant la superposition, c'est l'*étage bathonien*, d'Orb.

Suivant les fossiles, c'est le *calcaire à polypiers*, des Normands, mais non celui de M. Marcou; ce sont les *marnes à Ostrea acuminata*, Thurmann, Thiria.

Suivant la composition minéralogique. C'est la *grande oolite* des géologues français; la *great-oolite*, l'*oolite de Bath*, des Anglais; la *great-oolite*, le *forest-marble*, le *stonesfield-slate*, Morris-Catalogue; le *cornbrash*, l'*upper-sandstone*, Phillips, Yorkhire; l'*oolite de Mamers*, Desnoyers; le *calcaire blanc-jaunâtre*, de Bonnard; le *calcaire de Caen*, l'*oolite de Caen*, le *calcaire de Ranville*, des Normands; la *Dale nacrée*, Thurmann ; le *brauner-Jura* (partie) (le Jura brun), des Allemands, Quenstedt.

6e ÉTAGE : CALLOVIEN, d'Orb. Je fais dériver ce nom de Kelloway (*Calloviensis*) qui, en Angleterre, a été le premier point où l'étage ait été bien défini. Le type français est à Dive, à Villers (Calvados), à Marault (Haute-Marne), à Pas-de-Jeux (Deux-Sèvres), à La Voulte (Ardèche), etc. C'est la zone des *Ammonites jason* et *refractus*, de l'*Ostrea dilatata*. Je connais dans l'étage 278 espèces citées dans le *Prodrôme de paléontologie stratigraphique universelle*, t. 1, étage 12e. Voici la synonymie d'après les divers dérivés.

Suivant la superposition. C'est l'*étage kellovien* ou l'*oxfordien inférieur*, d'Orb., 1844.

Suivant la composition minéralogique. C'est le *kelloway-rock*, Phillips ; ce sont les *marnes moyennes avec minerai de fer oolitique*, Thirria ; les *marnes oxfordiennes avec oolite ferrugineuse*, Thurmann ; l'*argile de Dive* des géologues normands ; le *minerai de fer oxfordien*, Boyé ; l'*oolite ferrugineuse de l'Oxford-Clay*, Gressly ; le *fer oolitique sous-oxfordien*, Marcou ; le *fer de l'oxfordien*, Mérian ; l'*oolite ferrugineuse*, Mandelsloh, mais non celle de M. Thurmann ni celle des Normands ; l'*oxford-thon*, Rœmer ; le *brauner-Jura* Jura brun) (partie), Quenstedt.

7e ÉTAGE : OXFORDIEN, d'Orb. Ce nom dérive de la ville d'Oxford, en Angleterre, où se trouve l'étage. En France, le type le mieux caractérisé se rencontre à Neuvizy (Ardennes), à Trouville (Calvados), dans les couches bleues oolitiques ; dans les argiles bleues de l'île Delle (Vendée), dans les calcaires blancs de Creué (Meuse), etc. C'est la zone de l'*Ammonites cordatus*, du *Plicatula tubifera* et du *Trigonia clavellata*. Je connais de cet étage 729 espèces mentionnées dans le *Prodrôme de paléontologie stratigraphique universelle*,

t. 1, étage 13e. Voici la synonymie d'après les divers dérivés.

Suivant la superposition, c'est l'*étage oxfordien*, d'Orbigny, 1844 ; l'*oxfordien supérieur*, Thurmann.

Suivant les fossiles, c'est le *scyphiakalck* (*calcaire à Scyphia*), Quenstedt.

Suivant la composition minéralogique, c'est le *terrain à chailles*, ce sont les *marnes oxfordiennes* de Thurmann, Gressly, Thirria ; le *calcaire marneux de l'oxfordien*, Mérian ; le *calcaire à schistes*, Nicolet ; le *calcaire gris-bleuâtre*, Thirria ; l'*étage argovien* et les *marnes oxfordiennes*, Marcou ; l'*Oxford-clay*, le *calcareous grit*, le *coralline oolite*, Phillips Yorckhire ; le *coral-rag*, Sowerby, Roemer (partie) ; l'*Oxford-thon*, Mandelsloh, non Roemer ; le *Weisser Jura*, le Jura blanc de Quenstedt.

8e ÉTAGE : CORALLIEN, d'Orb. J'ai conservé ce nom en le faisant dériver du *calcaire corallien*, de M. Thurmann, nom parfaitement appliqué depuis longtemps en France, et en rapport avec les polypiers qu'on y rencontre. Le type côtier se trouve en France à Dompierre (Charente-Inférieure). Le type de dépôts sous-marins ou de récif, à la pointe du Ché près de La Rochelle, à Tonnerre, à Sainpuis (Yonne), à Saint-Mihiel (Meuse), à Ohionax (Ain), etc. C'est la zone de l'*Ammonites altenensis*, du *Iceras arietina* ; j'ai cité dans cet étage 638 espèces dans le *Prodrôme de paléontologie stratigraphique universelle*, tom. 2e, étage 14e. Voici la synonymie d'après les divers dérivés.

Suivant la superposition, c'est l'*étage corallien*, d'Orbigny.

Suivant les fossiles, c'est le *calcaire à Nérinée*.

Suivant la composition minéralogique, c'est l'*oolite corallienne*, le *calcaire corallien*, Thurmann ; le *coral-rag* des Français ; le *groupe corallien*, Favre ; l'*oolite de la montagne de Lisieux*, Desnoyers; le *groupe séquanien*, Marcou; le *calcaire portlandien, facies de charriage*, Gressly ; le *pisolithe*, Smith? l'*Oberer coral-rag*, Roemer ; le *Weisser Jura* (le Jura blanc) des Allemands.

9e ÉTAGE : KIMMÉRIDGIEN, d'Orb. J'ai fait dériver ce nom de la ville de Kimmeridge, en Angleterre, où a été décrit le premier type. En France il se trouve à Tonnerre (Yonne), à Mauvage (Meuse), au Hâvre, et à Honfleur à l'embouchure de la Seine ; au Rocher, près de La Rochelle. C'est la zone de l'*Ammonites Lallieri*, de l'*Ostrea deltoïdea* et *virgula*. Je connais environ 200 espèces signalées dans le *Prodrôme de paléontologie stratigraphique universelle*, tom. 2e, étage 15e. Voici sa synonymie d'après les différents dérivés.

Suivant la superposition, c'est l'*étage kimméridgien*, d'Orbigny.

Suivant les fossiles, c'est le *calcaire à Gryphée virgule*, Thirria ; le *calcaire* et les *marnes à Ptérocères*, Boyé.

Suivant la composition minéralogique, c'est l'*argile d'Honfleur*, Dufrenoy; ce sont les *marnes kimméridgiennes*, ou les *marnes et le calcaire de Banné*, Thurmann; le *kimmeridge-clay*, le *weymouth-beds*, Fitton; le *terrain portlandien*, Gressly ; le *Portland-kalk*, Roemer.

10e ÉTAGE : PORTLANDIEN, d'Orb. Je fais dériver ce nom de l'île de Portland, en Angleterre, où le premier type a été décrit. Le type français se trouve à Biney (Charente-Inférieure), à Cirey-le-Château (Haute-Marne), à Auxerre, à Saint-Sauveur (Yonne), à Boulogne (Pas-de-Calais), etc. C'est la zone des *Ammonites giganteus* et *Irius* de la *Trigonia gibbosa*. Je ne connais jusqu'à présent que 61 espèces citées dans mon *Prodrôme de paléontologie stratigraphique universelle*, tome 2e, étage 16e. Voici la synonymie d'après les divers dérivés.

Suivant la superposition, c'est l'*étage portlandien*, d'Orbigny.

Suivant les fossiles, c'est le *calcaire à Tortues de Soleure*, Gressly.

Suivant la composition minéralogique, c'est le *calcaire portlandien d'Einsengen*, Mandelsloh ; ce sont *les dernières assises de l'étage supérieur*, Thirria ; le *calcaire compacte supérieur*, Boyer ; l'*oolite vasculaire*, le *calcaire verdâtre inférieur*, le *calcaire tacheté*, Cornuel ; le *Portland-stone*, le *Portland-sand*, Fitton.

Tels sont les dix étages que je crois devoir adopter comme l'expression des diverses époques qui se sont succédées dans les terrains jurassiques. S'il y avait pour quelques espèces contradiction entre l'âge indiqué dans le texte qui va suivre et le texte précédemment imprimé, on pourra prendre la distribution suivante, car elle est le résultat de nouvelles observations et de vérifications locales faites depuis l'impression de l'ouvrage.

Division des Céphalopodes par étages.

Je connais jusqu'à présent trois cent soixante-dix-sept espèces de Céphalopodes des terrains jurassiques ainsi distribuées :

Étage sinémurien.	35 espèces.
Étage liasien	11
Étage toarcien.	60
Étage bajocien.	53
Étage bathonien.	20
Étage callovien.	67
Étage oxfordien.	69
Étage corallien.	8
Étage kimméridgien. . . .	16
Étage portlandien.	8
	347

Par ce qui précède, on voit que les Céphalopodes se sont montrés déjà en nombre avec les premiers étages jurassiques ; qu'ils ont eu leur maximum de développement spécifique avec l'étage oxfordien, et qu'ensuite ils n'ont fait que décroître de nombre jusqu'aux derniers étages de ces terrains ; résultat d'autant plus curieux qu'ils recommencent à se montrer plus nombreux encore que dans les terrains jurassiques avec les premiers étages des terrains crétacés.

Espèces de Céphalopodes de l'étage sinémurien.

	P.
Belemnites.	
acutus, Miller.	94
Nautilus.	
striatus, Sow.	148
Ammonites.	
bisulcatus, Brug.	127
obtusus, Sow.	191
stellaris, Sow.	193
liasicus, d'Orb.	199
tortilis, d'Orb.	201
Conybeari, Sow.	202
Kridion, Hehl.	205
Scipionianus, d'Orb.	207
Johnstoni, Sow. (sous le nom d'*A. taurus*, d'Orb.).	212
raricostatus, Zieten.	213
ophioides, d'Orb.	241
carusensis, d'Orb.	

	P.
Ammonites.	
Birchii, Sow.	287
rotiformis, Sow.	295
Boucaultianus, d'Orb.	294
Charmassei, d'Orb.	296
Laigneletii, d'Orb.	298
Moreanus, d'Orb.	299
catenatus, Sow.	301
sinemuriensis, d'Orb.	303
Sauzeanus, d'Orb.	304
Collenoti, Sow.	305
Phillipsii, Sow.	310
articulatus, Sow.	312
Nodotianus, d'Orb.	198
planorbis, Sow. * (1).	
aballoensis, d'Orb. *.	
æduensis, Desplaces *.	
Agenowi, Dunker*.	
Landrioti, d'Orb. *.	

(1) Toutes les espèces suivies d'une astérisque dans les listes qui suivent sont indiquées dans le ***Prodrome de paléontologie stratigraphique universelle***, et seront figurées au supplément dans la paléontologie française, ou dans la paléontologie étrangère, lorsqu'elles ne seront pas françaises.

TURRILITES.	P.	TURRILITES.	P.
Boblayei, d'Orb.	178	Coynarti, d'Orb.	181
Valdani, d'Orb.	179		

Sur ce nombre de *trente-cinq espèces* de Céphalopodes de l'étage sinémurien, aucune ne se trouvant simultanément dans les étages supérieurs ou inférieurs, toutes peuvent être considérées comme caractéristiques de l'étage sinémurien où elles ont été recueillies.

Espèces de Céphalopodes de l'étage liasien.

BELEMNITES.	P.	AMMONITES.	P.
niger, Lister. (Belem.		Regnardi, d'Orb.	257
Bruguerianus, d'Orb.)	84	Loscombi, Sow.	262
umbilicatus, Blainv.	26	centaurus, d'Orb.	266
clavatus, Blainv.	103	subcarinatus, Young	268
Fournelianus, d'Orb.	98	armatus, Sow.	270
longissimus, Miller,		brevispina, Sow.	272
supplément.		muticus d'Orb.	274
NAUTILUS.		Davœi, Sow.	276
intermedius, Sow.	150	Bechei, Sow.	278
AMMONITES.		Henleyi, Sow.	280
spinatus, Brug.	209	hybridus, d'Orb.	285
Maceanus, d'Orb.	225	lynx, d'Orb.	288
Acteon, d'Orb.	232	Coynarti, d'Orb.	290
Ægion, d'Orb.	234	Normanianus, d'Orb.	291
planicosta, Sow.	242	Grenouillouxi, d'Orb.	207
Engelhardti, d'Orb.	245	fimbriatus, Sow.	313
margaritatus, Mont-		Taylori, Sow.	323
fort.	246	Guibalianns, d'Orb.	259
Boblayei, d'Orb.	251	Buvignieri, d'Orb.	261
Maugenestii, d'Orb.	255	Jamesoni, Sow. *.	
Valdani, d'Orb.	255	Bronnii, Roemer *.	

Ammonites.
Davidsoni, d'Orb. *.
Jupiter, d'Orb. *.

Ammonites.
latecosta, Sow. *.
acanthus, d'Orb. *.

Les *quarante-et-une espèces* de Céphalopodes que je connais dans l'étage liasien, sont toutes caractéristiques ; car, sur aucun des points que j'ai visité, je n'ai trouvé d'espèces se rencontrant en même temps, soit dans l'étage inférieur, soit dans l'étage supérieur.

Espèces de Céphalopodes de l'étage toarcien.

Loligo. Lamarck.
pyriformis, d'Orb.*
Teudopsis. Deslongchamps.
Bunellii, Deslongch.
ampullaris, d'Orb.*
bollensis, Voltz.*
Beloteuthis. Munster.
subcostata, Munster.*
Belemnosepia, Agassiz.
lata, d'Orb.*
flexuosa, d'Orb.*
Agassizii, d'Orb.*
Orbignyana, Munster.*
sagittata, d'Orb.*
hastata, d'Orb.*
speciosa, d'Orb.*
Bollensis, d'Orb.*
obconica, d'Orb.*
Belemnites, Lamarck.
brevis, Blainville. 92
tricanaliculatus, Hartmann. 100
exilis, d'Orb. 101

Belemnites. P.
Tessonianus, d'Orb. 103
Curtus, d'Orb. 96
Nodotianus, d'Orb. 98
irregularis, Schloth. (B. *irregularis* et *acuarius*). 76
tripartitus, Schloth. (B. *compressus*, *elongatus et unisulcatus*). 90
canaliculatus, Schloth. 199
Nautilus, Breymus.
toarcensis, d'Orb. (N. *latidorsatus*). 147
semistriatus, d'Orb. 149
inornatus, d'Orb. 152
truncatus, Sow. 153
astacoïdes, Phillips.*
Ammonites, Bruguière.
serpentinus, Schloth. 215
bifrons, Brug. 219
comensis, de Buch (A *toarcensis*, d'Orb.) 222

AMMONITES.	P.
radians, Schloth.	226
Levesquei, d'Orb.	230
primordialis, Schloth.	235
aalensis, Zieten.	238
annulatus, Sow.	265
cornucopiæ, Young.	316
jurensis, Zieten.	318
hircinus, Schloth (A *Germani*, d'Orb.)	320
torulosus, Schubl.	322
capricornus Schloth. (*A. Dudressieri*, d'Orb.)	325
Braunianus, d'Orb.	327
mucronatus, d'Orb.	328
Hollandrei, d'Orb.	330
Raquinianus, d'Orb.	332

AMMONITES.	P.
Desplacei, d'Orb.	334
communis, Sow.	336
heterophyllus, Sow.	339
Mimatensis, d'Orb.	344
sternalis, de Buch.	345
insignis, Schubler.	347
variabilis, d'Orb.	350
complanatus, Brug.	353
discoïdes, Zieten.	356
concavus, Sow.	358
Zetes, d'Orb.*	
Sabinus. d'Orb.*	
Calypso, d'Orb.	342
Greenoughi, Sow.*	
acanthopsis, d'Orb.*	

Des *soixante espèces* de Céphalopodes de l'étage toarcien, aucune jusqu'à présent ne s'étant montrée dans les étages inférieurs ni supérieurs, on peut les regarder toutes comme caractéristiques de cet étage.

Espèces de Céphalopodes de l'étage bajocien :

BELEMNITES, Lamarck.	
giganteus, Schloth.	112•
sulcatus, Miller.	105
unicanaliculatus, Hartm.	107
Bessinus, d'Orb.	110
NAUTILUS, Breynius.	
excavatus, Sow.	154
lineatus, Sow.	155
subsinuatus, d'Orb.	

NAUTILUS.	P.
(N. *Sinuatus*, Sow).	157
clausus, d'Orb.	158
bajocensis, d'Orb.*	
AMMONITES, Bruguiere.	
Truellei, d'Orb.	361
subradiatus, Sow.	362
Sowerbyi, Miller.	363
Murchisonæ, Sow.	367
cycloïdes, d'Orb.	370

AMMONITES.	P.
niortensis, d'Orb.	372
interruptus, Brug. (*A Parkinsoni*, Sow).	374
Garanianus, d'Orb.	377
polymorphus, d'Orb.	379
Martiusii, d'Orb.	381
ooliticus, d'Orb.	382
pictaviensis, d'Orb.	385
eudesianus, d'Orb.	386
Linneanus, d'Orb.	386
cadomensis, Defrance.	388
zigzag, d'Orb.	390
pygmœus, d'Orb.	391
Tessonianus, d'Orb.	392
Edouardianus, d'Orb.	362
Blagdeni, Sow.	396
Humpriesianus, Sow.	398
Brackenridgii, Sow.	400
Brongniartii, Sow.	403
Deslongchampsii, Defrance.	405
Caumontii, d'Orb.	406
Sauzei, d'Orb.	407*
Defrancei, d'Orb.	389

AMMONITES.	P.
Lucretius, d'Orb.*	
Gervillei, Sow.	409
dimorphus, d'Orb.	410
discus, Sow.	364
ANCYLOCERAS, d'Orb.	
annulatus, d'Orb.	
bispinatus, Baugier et Sauzé.	
subannulatus, d'Orb.	
Baugieri, d'Orb.	
levigatus, d'Orb.	
nodosus, d'Orb.	
Sauzeanus, d'Orb.	
rarispina, d'Orb.	
obliquus, d'Orb.	
TOXOCERAS, d'Orb.	
Orbignyi, Baugier et Sauzé.	
cylindricus, Baugier et Sauzé.	
Baugieri, d'Orb.	
HELICOCERAS, d'Orb.	
Teilleuxii, Baugier et Sauzé.	

Sur ce nombre de *cinquante-trois espèces* de Céphalopodes que je connais dans l'étage bajocien, exceptée une seule encore très douteuse (l'*Ammonites discus*) qu'on a indiqué dans cet étage et qui est spéciale à l'étage suivant, toutes les autres ou 52 sont jusqu'à présent spéciales et caractéristiques de cet étage.

Espèces de Céphalopodes de l'étage bathonien.

	P.		
Belemnites, Lamarck.		**Ammonites**, Suite	
Fleuriausus, d'Orb.	111	Subbackeriæ, d'Orb.	
Nautilus, Breynius		(*A. Backeriæ* pars.	
subbiangulatus, d'Orb.		d'Orb.)	424
(N. biangulatus,		Herveyi, Sow.	428
d'Orb.)	160	hecticus, Reinecke	438
Ammonites, Bruguière		macrocephalus, Schloth	430
discus, Sow	394	bullatus, d'Orb.	412
linguiferus, d'Orb.	402	microstoma, d'Orb.	413
arbustigerus, d'Orb.	414	**Toxoceras**, d'Orb.	
planula, Hebl.	416	Garani, Baugier et Sauzé	597
Julii, d'Orb.	420	**Ancyloceras**, d'Orb.	
contrarius, d'Orb.	418	spinatus, Baugier et Sauzé	
subdiscus, d'Orb.	421	Agassizii, d'Orb.	585
biflexuosus, d'Orb.	422	tenuis, d'Orb.	586

Sur les *vingt espèces* de Céphalopodes de l'étage bathonien que nous connaissons, quatre excepté, dont une est douteuse pour l'étage bajocien, et trois les *Ammonites hecticus*, *macrocephalus*, et Herveyi, qui se trouvent dans l'étage callovien, et sur lesquelles il reste encore des doutes, toutes les autres, ou seize espèces de Céphalopodes sont caractéristiques de l'étage bathonien. Ce petit nombre de Céphalopodes, comparé aux autres séries animales, si nombreuses en espèces, trouve son explication dans le peu de points littoraux au niveau des corps flottants, qu'on rencontre dans la géologie de la France. C'est à peine si quelques lambeaux des côtes anciennes sont venus nous révéler quelques débris de ces corps flottants, qui devaient peupler les mers à cette époque.

Espèces de Céphalopodes de l'étage callovien.

BELEMNITES, Lamarck.	P.
hastatus, Blainville	121
latesulcatus, d'Orb.	
Duvalianus, d'Orb.	127
Puzosianus, d'Orb.	118
altdorfensis, Blainiv.	118
Grantianus, d'Orb. *	
PALÆOTEUTHIS, d'Orb.	
Honoratianus, d'Orb. *	
RHYNCHOTEUTHIS, d'Orb.	
Honoratianus, d'Orb. *	
antiquatus, d'Orb.*	
Emerici, d'Orb. *	
larus, d'Orb. *	
NAUTILUS, Breynius	
hexagonus, Sow.	161
Granulosus, d'Orb.	162
Julii, Baugier *	
AMMONITES, Bruguière.	
hecticus, Hartm.	432
macrocephalus, Schloth.	430
Herveyi, Sow.	428
Backeriæ. Sow.	424
cristagalli, d'Orb.	434
pustulatus, Haan	435
lenticularis, Phillips (A. *Chamouseti*, d'Orb.)	437
funiferus, Phillips. (A. *Galdrynus*, d'Orb.)	438

AMMONITES, Brug.	P.
lunula, Zieten	439
athleta, Phillips.	457
Pottingeri, Sow. (A. *Chauvinianus*, d'Orb.)	
anceps, d'Orb. Rein.	462
coronatus, Brug.	465
modiolaris, Lwyd.	468
tumidus, Zieten	469
viator, d'Orb.	471
Hommairei, d'Orb.	474
Lamberti, Sow.	482
tatricus, Pusch.	489
Zignodianus, d'Orb.	478
Sutherlandiæ, Murch.	479
Mariæ, d'Orb.	486
Sabaudianus, d'Orb.	476
Lalandeanus, d'Orb.	477
Babeanus, d'Orb.	491
Œropus, d'Orb. *	
arthriticus, Sow.	564
bipartitus, Zieten.	443
Baugieri, d'Orb.	445
Jason, Zieten.	446
Duncani, Sow.	451
calloviensis, Sow.	455
tripartitus, Raspail	313
refractus, Haan.	475
Adelæ, d'Orb.	494

AMMONITES. P.

Ajax, d'Orb. *
Banksii, Sow. *
Raspaillii, d'Orb. *
Villersensis, d'Orb. *
fissus, Sow. *
torquatus, Sow. *
fornix, Sow. *
elephantinus, Sow. *
opis, Sow. *
orientalis, d'Orb. *

AMMONITES. P.

calvus, Sow. *
nepaulensis, Gray *
Wallichii, Gray *
Himalayæ, d'Orb. *

ANCYLOCERAS, d'Orb.

tuberculatus, d'Orb. 587
calloviensis, Morris 588
distans, Baugier et Sauzé 589
niortensis, d'Orb. 590

D'après la liste qui précède on connaît dans l'étage callovien *soixante-sept espèces* de Céphalopodes; sur ce nombre, trois s'étant déjà rencontrées dans l'étage callovien, et trois se continuant dans l'étage oxfordien, (les *Belemnites hastatus*, le *Nautilus granulosus*, et *l'Ammonites tatricus*) il ne reste que soixante-et-une espèces de Céphalopodes caractéristiques de l'étage callovien, ce nombre est immense pour cet étage, presque le mieux réparti sous ce rapport, et le plus rapproché, dans les terrains jurassiques, du maximum de développement des Céphalopodes.

Espèces de Céphalopodes de l'étage oxfordien.

SEPIA, Linné.

hastiformis, Ruppel*
antiqua, Munster *
caudata, Munster *
linguata, Munster *
venusta, Munster*

LEPTOTEUTHIS, Meyer*

gigas, Meyer*.

ENOPLOTEUTHIS, d'Orb.

subsagittata, d'Orb. *

ACANTHOTEUTHIS, Wagner.

prisca, d'Orb. *

OMMASTREPHES, d'Orb.

angustus, d'Orb. *
intermedius, d'Orb. *
cochlearis d'Orb. *

AMMONITES.	AMMONITES.
syssolæ, de Keyserl. *	Balduri, de Keyserl. *

On voit, en consultant la liste ci-dessus, que les espèces de Céphalopodes de l'étage oxfordien, s'élèvent au chiffre de *soixante-neuf*, si de ce nombre nous ôtons trois espèces déjà citées dans l'étage précédent, et une, le *Nautilus giganteus* commun avec l'étage corallien, il restera soixante-cinq espèces caractéristiques de cet étage où s'est manifesté le maximum de développement numérique des Céphaloqodes, dans les terrains jurassiques.

Espèces de Céphalopodes de l'étage corallien.

	P.		
BELEMNITES, Lamarck.	P.	AMMONITES.	
excentralis, Young	120	Cymodoce, d'Orb.	534
Royerianus, d'Orb.		radisensis, d'Orb.	536
NAUTILUS, Breynius.		altenensis, d'Orb.	537
giganteus, d'Orb.	163	rupellensis, d'Orb.	538
AMMONITES, Brug.		Achilles, d'Orb.	540

Sur les huit espèces de Céphalopodes que je connais dans l'étage corallien, deux s'étant montrées dans l'étage oxfordien, et une se rencontrant encore dans l'étage kimmeridgien, il ne reste que cinq espèces caractéristiques. Lorsqu'on compare ce résultat à celui des étages précédents, on en trouve l'explication dans la petite surface de dépôts côtiers qui s'est conservée jusqu'à présent dans les couches terrestres. C'est le même fait exceptionnel, que j'ai déjà signalé à l'étage bathonien.

Espèces de Céphalopodes de l'étage kimmeridgien.

BELEMNITES, Lamarck.		NAUTILUS.	
Troslayanus, d'Orb. *	P.	giganteus, d'Orb.	163
NAUTILUS, Breynius		inflatus d'Orb.	165

Nautilus.		**Ammonites.**	
Moreausus, d'Orb.	167	Erinus, d'Orb.	549
Ammonites, Bruguière		Calisto, d'Orb.	551
Cymodoce, d'Orb.	534	Eudoxus, d'Orb.	552
Lallierianus, d'Orb.	542	mutabilis, Sow.	553
longispinus, Sow.	544	Eumelus, d'Orb.	554
Yo, d'Orb.	545	Eupalus, d'Orb.	555
decipiens, Sow.	547	orthocera, d'Orb.	556

Des seize espèces de Céphalopodes de l'étage kimmeridgien, deux se trouvant déjà dans l'étage corallien, il ne reste que quatorze espèces caractéristiques.

Espèces de Céphalopodes de l'étage portlandien.

Belemnites, Lam.	P.	**Ammonites.**	
Souichii, d'Orb.	133	Irius, d'Orb.	562
Nautilus, Breynius		Gravesianus, d'Orb.	559
Marcousanus, d'Orb. *		gigas, Zieten	560
Ammonites, Brug.		rotundus, Sow.	558
giganteus, Sow. *		suprajurensis, d'Orb.	563

Les huit espèces de Céphalopodes que je signale dans l'étage portlandien, sont toutes caractéristiques de cet étage.

En résumé, comme je l'ai dit aux Ammonites, dans les terrains jurassiques, on voit se renouveler dix fois de suite les faunes des Céphalopodes, et chaque fois ces faunes prendre des formes différentes.

Pour le petit nombre d'espèces que j'ai signalé comme se trouvant dans deux étages simultanément, on peut expliquer leur présence dans deux étages, au moins pour la plupart, sans que cela prouve qu'elles y ont vécu. On peut voir ce que j'ai dit à cet égard, dans les *Terrains crétacés*, t. 1, p. 429. Je puis même dire, que pour des corps presque tous flottants, il est étonnant qu'il ne s'en montre pas un plus grand nombre dans plusieurs étages à la fois, surtout lorsque les étages se suivent régulièrement, presque sans discordance, comme dans le grand bassin nord-ouest de la France. Il est évident que la nature flottante de ces corps peut les transporter, même à l'état fossile, d'un étage dans un autre, puisque je possède un *Ammonites cordatus* de l'étage oxfordien, qui, après douze étages de temps, surnage encore lorsqu'on le plonge dans l'eau.

Toutes les autres considérations tenant à des questions géologiques générales qu'on ne peut traiter ici, je renvoie à la quatrième partie de mon cours élémentaire de Paléontologie et de géologie stratigraphiques, où toutes ces questions sont traitées à fond, pour tout ce qui regarde la France, et le monde géologique connu jusqu'à présent.

FIN DU TOME PREMIER.

TABLE ALPHABÉTIQUE

DU PREMIER VOLUME.

—

A.

AMMONITES.

B.

E LA TABLE ALPHABÉTIQUE DU PREMIER VOLUME.

www.ingramcontent.com/pod-product-compliance
Lightning Source LLC
LaVergne TN
LVHW011937220826
846092LV00001B/18